CBAC TGAU
MATHEMATEG
Llyfr y Myfyriwr, SYLFAENOL

Wyn Brice, Linda Mason a Tony Timbrell

Ail argraffiad

HODDER
EDUCATION
AN HACHETTE UK COMPANY

CBAC: TGAU
Mathemateg
Llyfr y Myfyriwr, Sylfaenol
Addasiad Cymraeg o *WJEC GCSE Mathematics Foundation Student's Book* a gyhoeddwyd gan Hodder Education.

Noddwyd gan Lywodraeth Cynulliad Cymru

Cyhoeddwyd dan nawdd
Cynllun Adnoddau Addysgu a Dysgu CBAC

Mae'r deunydd hwn wedi'i gymeradwyo gan CBAC ac mae'n cynnig cefnogaeth o ansawdd uchel ar gyfer cymwysterau CBAC. Er i'r deunydd fynd trwy broses gwirio ansawdd CBAC, y cyhoeddwr sy'n llwyr gyfrifol am y cynnwys.

Cydnabyddiaeth
Hoffai'r cyhoeddwyr ddiolch i CBAC am ganiatâd i atgynhyrchu cwestiynau o hen bapurau arholiad yn y llyfr hwn.

Cydnabyddiaeth ffotograffau: t.124 © Daniel Bosworth/Britain on View

Gwnaethpwyd pob ymdrech i olrhain deiliaid hawlfreintiau. Os oes rhai nas cydnabuwyd yma trwy amryfusedd, bydd y Cyhoeddwyr yn falch o wneud y trefniadau priodol ar y cyfle cyntaf.

Polisi Hachette UK yw defnyddio papurau sydd yn gynhyrchion naturiol, adnewyddadwy ac ailgylchadwy o goed a dyfwyd mewn coedwigoedd cynaliadwy. Disgwylir i'r prosesau torri coed a'u gweithgynhyrchu gydymffurfio â rheoliadau amgylcheddol y wlad y mae'r cynnyrch yn tarddu ohoni.

Archebion: cysyllter â Bookpoint Ltd, 130 Milton Park, Abingdon, Oxon OX14 4SB.
Ffôn: (44) 01235 827720. Ffacs: (44) 01235 400454. Mae'r llinellau ar agor 9.00–5.00, dydd Llun i ddydd Sadwrn, ac mae gwasanaeth ateb negeseuon 24-awr. Ewch i'n gwefan www.hoddereducation.co.uk.

© Howard Baxter, Wyn Brice, Michael Handbury, John Jeskins, Linda Mason, Jean Matthews, Mark Patmore, Brian Seager, Tony Timbrell, Eddie Wilde 2010 (Argraffiad Saesneg)
© CBAC 2011 (Argraffiad Cymraeg)

Cyhoeddwyd gyntaf yn 2007 gan
Hodder Education, an Hachette UK Company,
338 Euston Road
London NW1 3BH
Cyhoeddwyd yr ail argraffiad hwn yn 2011

Rhif yr argraffiad   5 4 3 2 1
Blwyddyn   2015 2014 2013 2012 2011

Addasiad Cymraeg gan Colin Isaac a Huw Roberts

Llun y clawr © Imagestate
Cysodwyd yn 10.5/14 pt TimesTen gan Tech-Set Ltd, Gateshead, Tyne a Wear.
Argraffwyd yn yr Eidal

Mae cofnod catalog ar gael gan y Llyfrgell Brydeinig.
ISBN: 978 1444 115 574

→ CYNNWYS

Y llyfr hwn

Mae'r llyfr hwn yn ymdrin â'r fanyleb gyfan ar gyfer TGAU Mathemateg Haen Sylfaenol. Cafodd ei ysgrifennu'n arbennig ar gyfer myfyrwyr sy'n dilyn manyleb Unedol a Llinol 2010 CBAC.

Mae'r penodau wedi cael eu grwpio yn ôl pedwar prif faes y manylebau.

- Penodau 1–10   Rhif
- Penodau 11–21   Algebra
- Penodau 22–38   Geometreg a mesurau
- Penodau 39–47   Ystadegaeth

Mae dwy bennod newydd sbon. Mae Pennod 48 yn cynnwys cwestiynau sy'n ymdrin ag elfennau gweithredol mathemateg. Mae Pennod 49 yn cynnwys cwestiynau sy'n ymdrin â datrys problemau mathemategol.

Cafodd y gwaith ei drefnu fel hyn er mwyn caniatáu i ganolfannau baratoi cynllun gwaith a chyflwyno topigau mewn ffordd sy'n bodloni anghenion myfyrwyr a gofynion y fanyleb a ddefnyddir. Dylai gynnig yr hyblygrwydd sydd ei angen i gwrdd â'r rhychwant eang o anghenion sydd gan fyfyrwyr y tu mewn i un grŵp addysgu ac ar draws gwahanol grwpiau addysgu yn yr un ganolfan.

Mae pob pennod yn cael ei chyflwyno mewn ffordd a fydd yn helpu myfyrwyr i ddeall y fathemateg, gydag esboniadau syml ac enghreifftiau sy'n ymdrin â phob math o broblem.

- Mae blychau 'Prawf sydyn' i wirio bod myfyrwyr yn deall gwaith sydd wedi ei wneud eisoes.
- Bydd adrannau 'Sylwi' yn annog myfyrwyr i ddarganfod rhywbeth drostynt eu hun, naill ai o ffynhonnell allanol fel y rhyngrwyd, neu drwy weithgaredd y gallwch eu harwain trwyddo.
- Mae blychau 'Her' ychydig yn fwy treiddgar gyda'r bwriad o wneud i fyfyrwyr feddwl mewn ffordd fathemategol.
- Mae digonedd o ymarferion i weithio trwyddynt er mwyn ymarfer a datblygu sgiliau.

- Ni ddylai cyfrifiannell gael ei ddefnyddio i ateb cwestiynau sy'n dangos y symbol ddi-gyfrifiannell, er mwyn paratoi'r myfyrwyr ar gyfer y papur lle na chânt ddefnyddio cyfrifiannell.
- Nodwch yr adrannau 'Awgrym' – mae'r rhain yn rhoi cyngor sut i wella perfformiad mewn arholiad, a hynny gan yr arholwyr profiadol a ysgrifennodd y llyfr hwn.
- Ar ddiwedd pob pennod mae 'Ymarfer cymysg' sy'n helpu myfyrwyr i adolygu'r holl bynciau sydd yn y bennod honno.

Rhannu eraill yn y gyfres

- Llyfr Gwaith Cartref
  Mae hwn yn cynnwys ymarferion sy'n debyg i'r rhai yn y llyfr hwn i roi mwy o ymarfer i fyfyrwyr.
- Gwefan Adnoddau i Athrawon
  Mae'r adnodd addysgu ar-lein yn cynnwys nodiadau defnyddiol ar sut i addysgu'r cwrs ynghyd â'r atebion i bob un o'r ymarferion yn Llyfrau'r Myfyriwr a'r Llyfrau Gwaith Cartref.

Deg awgrym gwerthfawr

Dyma rai awgrymiadau cyffredinol gan yr arholwyr a ysgrifennodd y llyfr hwn i helpu myfyrwyr i wneud yn dda yn eu harholiadau.

Cofiwch ymarfer

1 **cymryd amser** i weithio trwy bob cwestiwn yn ofalus;

2 ateb cwestiynau **heb** gyfrifiannell;

3 ateb cwestiynau lle mae angen **gwaith egluro**;

4 ateb cwestiynau **sydd heb eu strwythuro**;

5 lluniadu **manwl gywir**;

6 ateb cwestiynau lle mae **angen cyfrifiannell**, gan geisio ei ddefnyddio yn effeithlon;

7 **gwirio atebion**, yn enwedig ar gyfer maint a manwl gywirdeb priodol;

8 sicrhau bod eich gwaith **yn gryno** ac wedi'i osod allan yn dda;

9 gwirio eich bod wedi **ateb y cwestiwn**;

10 **talgrynnu** rhifau, ond ar yr adeg briodol yn unig.

1 → CYFANRIFAU, PWERAU AC ISRADDAU 1

YN Y BENNOD HON

- **Adio, tynnu, lluosi a rhannu cyfanrifau**
- **Lluosrifau a ffactorau**
- **Talgrynnu rhifau i'r 10 agosaf, 100 agosaf, 1000 agosaf, ...**
- **Lluosi a rhannu â 10, 100, 1000, …**
- **Sgwario, ciwbio a phwerau eraill**
- **Ail israddau**
- **Rhifau negatif**

DYLECH WYBOD YN BAROD

- **mai rhif cyfan yw cyfanrif, er enghraifft 7, 18 neu 253**
- **sut i adio, tynnu, lluosi a rhannu wrth wneud gwaith cyfrifo syml**
- **eich tablau lluosi hyd at y tabl 10**

Cofio eich rhifyddeg

Wrth wneud gwaith cyfrifo, ysgrifennwch y rhifau mewn colofnau: unedau o dan unedau, degau o dan ddegau, ac ati.

ENGHRAIFFT 1.1

Cyfrifwch y rhain.

a) $46 + 32$ **b)** $78 - 32$ **c)** $38 + 126$ **ch)** $164 - 38$

Datrysiad

a)
$$\begin{array}{r} 4\ 6 \\ +\ 3\ 2 \\ \hline 7\ 8 \end{array}$$

Yn syml iawn, adiwch y digidau ym mhob colofn.
$6 + 2 = 8$ a $4 + 3 = 7$.

b)
$$\begin{array}{r} 7\ 8 \\ -\ 3\ 2 \\ \hline 4\ 6 \end{array}$$

Yn syml iawn, tynnwch y digidau ym mhob colofn.
$8 - 2 = 6$ a $7 - 3 = 4$.

c)
$$\begin{array}{r} 3\ 8 \\ +\ 1\ 2\ 6 \\ \hline 1\ 6\ 4 \\ {\scriptstyle 1} \end{array}$$

$8 + 6 = 14$.
Ysgrifennwch y 4 yng ngholofn yr unedau ac
1 bach ar y gwaelod i ddangos eich bod yn 'cario'
1 'deg' drosodd o golofn yr unedau i golofn y degau.
$3 + 2 = 5$; $5 + 1$ wedi'i gario drosodd $= 6$.

ch)
$$\begin{array}{r} 1\,{}^5\!6\,{}^1\!4 \\ -\quad 3\,8 \\ \hline 1\,2\,6 \end{array}$$
Nid ydych yn gallu tynnu 8 o 4, felly newidiwch
y 6 deg yn 5 deg a 10 uned.
$14 - 8 = 6$ a $5 - 3 = 2$.

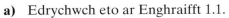

Her 1.1

a) Edrychwch eto ar Enghraifft 1.1.
   (i) Pa gyfrifiad arall y gallwch ei wneud â'r tri rhif 32, 46 a 78?
   (ii) Pa gyfrifiad arall y gallwch ei wneud â'r tri rhif 38, 126 a 164?

b) $56 + 79 = 135$. Ysgrifennwch ddau gyfrifiad arall y gallwch eu gwneud â'r rhifau hyn.

c) Ysgrifennwch dri chyfrifiad y gallwch eu gwneud â'r rhifau 78, 83 a 161.

ENGHRAIFFT 1.2

Cyfrifwch y rhain.

a) 32×3 **b)** $96 \div 3$ **c)** 18×7 **ch)** $126 \div 7$

a)
$$\begin{array}{r} 3\,2 \\ \times\quad 3 \\ \hline 9\,6 \end{array}$$
Lluoswch â 3, yr unedau yn gyntaf, wedyn y degau.
$2 \times 3 = 6$ a $3 \times 3 = 9$.

b)
$$\begin{array}{r} 3\,2 \\ 3\overline{)9\,6} \end{array}$$
Rhannwch â 3, y degau yn gyntaf, wedyn yr unedau.
$9 \div 3 = 3$ a $6 \div 3 = 2$.

c)
$$\begin{array}{r} 1\,8 \\ \times\quad 7 \\ \hline 1\,2\,6 \\ {}_{5} \end{array}$$
$8 \times 7 = 56$.
Ysgrifennwch y 6 yn y golofn unedau a chario
5 deg drosodd.
$1 \times 7 = 7; 7 + 5$ wedi'i gario drosodd $= 12$.

ch)
$$\begin{array}{r} 1\,8 \\ 7\overline{)1\,2\,{}^5\!6} \end{array}$$
Nid yw 7 yn rhannu i 1, felly edrychwch ar y digid nesaf.
Mae 7 yn rhannu i 12 gan roi 1, gweddill 5.
Edrychwch ar y gweddill ynghyd â'r digid nesaf.
Mae 7 yn rhannu i 56 gan roi 8.

AWGRYM
Mae $21 \div 7$, $7\overline{)21}$ a $\dfrac{21}{7}$ i gyd yn golygu 21 wedi'i rannu â 7.

a) Edrychwch eto ar Enghraifft 1.2.

   (i) Pa gyfrifiad arall y gallwch chi ei wneud â'r tri rhif 3, 32 a 96?

   (ii) Pa gyfrifiad arall y gallwch chi ei wneud â'r tri rhif 7, 18 a 126?

b) 65 × 6 = 390. Ysgrifennwch ddau gyfrifiad arall y gallwch eu gwneud â'r rhifau hyn.

c) Ysgrifennwch dri chyfrifiad y gallwch eu gwneud â'r rhifau 43, 20 ac 860.

YMARFER 1.1

1 Cyfrifwch y rhain.

    a) 46 + 53   **b)** 54 + 37   **c)** 78 + 46   **ch)** 158 + 23   **d)** 136 + 282   **dd)** 264 + 189

2 Cyfrifwch y rhain.

    a) 96 − 55   **b)** 64 − 27   **c)** 75 − 28   **ch)** 147 − 53   **d)** 236 − 129   **dd)** 562 − 286

3 Cyfrifwch y rhain.

    a) 23 × 3   **b)** 19 × 4   **c)** 36 × 5   **ch)** 68 × 7   **d)** 123 × 6   **dd)** 262 × 4

4 Cyfrifwch y rhain.

    a) 84 ÷ 4   **b)** 72 ÷ 3   **c)** 75 ÷ 5   **ch)** 91 ÷ 7   **d)** 144 ÷ 6   **dd)** 184 ÷ 4

5 Prynodd Iestyn gryno ddisg am £14, esgidiau rhedeg am £38 a thocyn i gêm bêl-droed am £17. Faint oedd cyfanswm y gost?

6 Cafodd Sioned £80 ar ei phen-blwydd. Prynodd ddillad am £53.
Faint oedd ganddi ar ôl?

7 Prynodd Emma chwe phecyn o fisgedi am 46c yr un.
Faint oedd cyfanswm y gost, mewn ceiniogau? Faint yw'r cyfanswm mewn £oedd?

8 Mae gan ysgol £182 i'w wario ar lyfrau. Pris y llyfrau yr hoffai'r ysgol eu prynu yw £7 yr un.
Faint o lyfrau maen nhw'n gallu eu prynu?

Lluosrifau

Rhifau'r tabl pump yw 5, 10, 15, 20, 25, ...

Mae'r rhifau 5, 10, 15, 20, 25, ... yn cael eu galw'n **lluosrifau** 5.

Dylech wybod eich tabl 5 hyd at '12 pump yw 60' ond nid yw
lluosrifau 5 yn dod i ben ar 60. Maen nhw'n parhau â 65, 70, 75, ...
Mewn gwirionedd, nid oes diwedd i restr y lluosrifau.

a) Rhestrwch luosrifau 2 sy'n llai na 35.

b) Rhestrwch luosrifau 6 sy'n llai na 100.

c) Rhestrwch luosrifau 9 sy'n llai na 100.

Datrysiad

Rhestrwch dabl 2, tabl 6 a thabl 9 a'u parhau nes cyrraedd 35 neu 100, yn ôl y gofyn.

a) 2, 4, 6, 8, 10, 12, 14, 16, 18, 20, 22, 24, 26, 28, 30, 32, 34

b) 6, 12, 18, 24, 30, 36, 42, 48, 54, 60, 66, 72, 78, 84, 90, 96

c) 9, 18, 27, 36, 45, 54, 63, 72, 81, 90, 99

Enw arall ar luosrifau 2 yw **eilrifau**.
Sylwch eu bod i gyd yn gorffen â 0, 2, 4, 6 neu 8.
Felly mae 1398 yn eilrif oherwydd ei fod yn gorffen ag 8.

Mae pob un o'r cyfanrifau eraill, 1, 3, 5, 7, 9, 11, 13, 15, 17, 19, 21, 23, ...
yn cael eu galw'n **odrifau**.
Sylwch eu bod i gyd yn gorffen ag 1, 3, 5, 7 neu 9.
Felly mae 6847 yn odrif oherwydd ei fod yn gorffen â 7.

Edrychwch eto ar Enghraifft 1.3.

Sylwch fod 18, 36, 54, 72 a 90 ar restr lluosrifau 6 a hefyd ar restr lluosrifau 9.

Dywedwn fod 18, 36, 54, 72 a 90 yn **lluosrifau cyffredin** 6 a 9 oherwydd eu bod yn y ddwy restr, neu'n gyffredin i'r ddwy restr.

Ffactorau

Sylwi 1.1

Mae 70 o felysion mewn jar.

a) Ydych chi'n gallu rhannu'r melysion yn gyfartal rhwng tri o bobl?

b) Darganfyddwch bob un o'r niferoedd o bobl y gallwch rannu'r melysion yn gyfartal rhyngddynt. Faint mae pob un yn ei dderbyn?

Mae rhif sy'n rhannu yn union i rif arall yn cael ei alw'n **ffactor** y rhif hwnnw.

Er enghraifft, mae

2 yn ffactor 8

7 yn ffactor 21

10 yn ffactor 100

1 yn ffactor 6

9 yn ffactor 9.

Sylwch fod 1 yn ffactor o bob rhif a bod pob rhif yn ffactor ohono'i hun.

Ffactorau 30 yw 1, 2, 3, 5, 6, 10, 15 a 30.
Ffactorau 50 yw 1, 2, 5, 10, 25 a 50.

Sylwch fod 1, 2, 5 a 10 yn y ddwy restr hyn o ffactorau.

Mae 1, 2, 5 a 10 yn cael eu galw'n **ffactorau cyffredin** 30 a 50 oherwydd eu bod yn gyffredin i'r ddwy restr.

> **AWGRYM**
>
> Unwaith y byddwch chi wedi mynd y tu hwnt i hanner y rhif, ni fydd ganddo unrhyw ffactorau newydd, ac eithrio'r rhif ei hun.

Her 1.3

Mae un golau'n fflachio bob 25 eiliad.

Mae golau arall yn fflachio bob 30 eiliad.

Ar amser arbennig, mae'r ddau yn fflachio gyda'i gilydd.

Mewn sawl eiliad y bydd y ddau olau'n fflachio gyda'i gilydd eto?

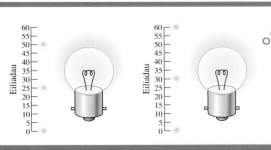

Talgrynnu rhifau

Mae siâp y Ddaear bron yn sffêr.
Nid yw'n union, fodd bynnag, ac mae'r radiws yn amrywio o tua 6356 km ym Mhegwn y Gogledd i 6378 km ar y Cyhydedd.
Y radiws cyfartalog yw 6367 km.

Gan ei fod yn amrywio cymaint, mae gwerth bras o'r radiws yn ddigon da ar gyfer y rhan fwyaf o waith cyfrifo.

Y brasamcan arferol yw 6400 km.
Mae hwn yn gywir i'r 100 km agosaf.

Pan fydd rhifau'n fawr iawn, byddwn fel arfer yn rhoi eu brasamcan i'r cant agosaf, y mil agosaf neu'r deg mil agosaf, ac ati.

Mae'r pellter o'r Ddaear i'r Haul yn amrywio ond fel arfer dywedwn ei fod yn 93 miliwn o filltiroedd, sy'n 93 000 000 i'r filiwn agosaf.

Dyma bennawd ymddangosodd mewn papur newydd.

Dyn Lleol yn Ennill £79 000!

Nid yw hyn yn golygu bod y dyn, mewn gwirionedd, wedi ennill £79 000 yn union.

Gallai'r wobr go iawn fod yn £78 632, ond mae'r pennawd yn fwy trawiadol os yw'n cael ei dalgrynnu i'r fil agosaf.

Wrth gyfrif mewn miloedd, mae 78 632 rhwng 78 000 a 79 000.

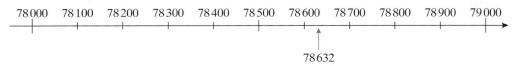

78 632

Mae'n nes at 79 000.
Felly, mae 78 632 yn 79 000 i'r mil agosaf.

Dyma ddull cyflym o dalgrynnu i'r fil agosaf.

Cam 1: Rhowch gylch o gwmpas digid y miloedd. Er enghraifft, 7⑧632.

Cam 2: Edrychwch ar y digid nesaf ar y dde iddo.
Os yw'n llai na 5, gadewch ddigid y miloedd fel y mae.
Os yw'n 5 neu fwy, adiwch 1 at ddigid y miloedd.

Cam 3: Rhowch sero yn lle pob digid arall. Felly, yn yr enghraifft uchod, mae'n 79 000.

Gallwn ddefnyddio dull tebyg i dalgrynnu i'r 100 agosaf, i'r 10 000 agosaf, ac ati.

ENGHRAIFFT 1.4

a) Talgrynnwch 45 240 i'r 100 agosaf.

b) Talgrynnwch 458 000 i'r 10 000 agosaf.

c) Talgrynnwch 6375 i'r 10 agosaf.

Datrysiad

a) 45②40   2 yw digid y 100oedd
45 200   Mae 4 yn llai na 5.

b) 4⑤8 000   5 yw digid y 10 000oedd
460 000   Mae 8 yn fwy na 5.

c) 63⑦5   7 yw digid y degau.
6380   Mae 5 yn 5 neu fwy.

Chwiliwch mewn papurau newydd neu gylchgronau am enghreifftiau o rifau sy'n debygol o fod wedi'u talgrynnu.

Ym mhob un, penderfynwch a yw'r rhif wedi'i dalgrynnu i'r 100 agosaf, 1000 agosaf, miliwn agosaf, ac ati.

YMARFER 1.2

1 Rhestrwch y canlynol.

   a) Lluosrifau 6 sy'n llai na 100   **b)** Lluosrifau 8 sy'n llai na 100

2 Defnyddiwch eich atebion i gwestiwn **1** i restru lluosrifau cyffredin 6 ac 8 sy'n llai na 100.

3 Edrychwch ar y rhifau hyn.

     2, 6, 15, 18, 30, 33

   a) Pa rai sydd â 2 yn ffactor?   **b)** Pa rai sydd â 3 yn ffactor?

   c) Pa rai sydd â 5 yn ffactor?

4 Rhestrwch y canlynol.

   a) Lluosrifau 12 sy'n llai na 100   **b)** Lluosrifau 15 sy'n llai na 100

5 Defnyddiwch eich atebion i gwestiwn **4** i restru lluosrifau cyffredin 12 ac 15 sy'n llai na 100.

6 Rhestrwch y canlynol.

   a) Ffactorau 18   **b)** Ffactorau 24

7 Defnyddiwch eich atebion i gwestiwn **6** i restru lluosrifau cyffredin 18 a 24.

8 Rhestrwch y canlynol.

   a) Ffactorau 40   **b)** Ffactorau 36

9 Defnyddiwch eich atebion i gwestiwn **8** i restru lluosrifau cyffredin 40 a 36.

10 Talgrynnwch y rhifau hyn i'r 1000 agosaf.

   a) 23 400   **b)** 196 700   **c)** 7800   **ch)** 147 534   **d)** 5 732 498

11 Talgrynnwch y rhifau hyn i'r 100 agosaf.

   a) 7669   **b)** 17 640   **c)** 789   **ch)** 654 349   **d)** 4980

12 Dyma nifer o benawdau papur newydd.

   Talgrynnwch y rhifau er mwyn eu gwneud yn fwy trawiadol.

   a) 67 846 yn gwylio'r Cochion!   **b)** Enillydd y Loteri yn cael £5 213 198!

   c) Rhestr aros wedi gostwng 7863!   **ch)** Cadeirydd yn cael bonws o £684 572!

Lluosi a rhannu

Lluosi â 10, 100, 1000, ...

Dyma ddwy frawddeg rif yn y tabl 10.

$$5 \times 10 = 50 \qquad 12 \times 10 = 120$$

Gallwch weld mai'r hyn a wnewch wrth luosi â 10 yw symud yr unedau i golofn y degau, y degau i golofn y cannoedd, ac ati. Rydych yn rhoi sero yng ngholofn yr unedau.

Felly, er enghraifft,

$$25 \times 10 = 250 \qquad 564 \times 10 = 5640 \qquad 120 \times 10 = 1200$$

Yn yr un ffordd,

$$4 \times 100 = 400 \qquad 6 \times 100 = 600$$

Gallwch weld mai'r hyn a wnewch wrth luosi â 100 yw symud yr unedau i golofn y cannoedd, y degau i golofn y miloedd, ac ati. Rydych yn rhoi seroau yng ngholofnau'r unedau a'r degau.

Yn yr un ffordd, yr hyn a wnewch wrth luosi â 1000 yw symud y digidau dri lle i'r chwith ac ychwanegu tri sero.

ENGHRAIFFT 1.5

Ysgrifennwch atebion i'r rhain.

a) 56×10
b) 47×100
c) 156×1000
ch) 420×100
d) $65 \times 10\,000$

Datrysiad

a) 560
b) 4700
c) 156 000
ch) 42 000
d) 650 000

Rhannu â 10, 100, 1000, ...

Gan mai'r gwrthdro i luosi yw rhannu, yr hyn a wnewch wrth rannu â 10 yw symud y digidau un lle i'r dde a diddymu sero o ddiwedd y rhif.

Yr hyn a wnewch wrth rannu â 100 yw symud y digidau ddau le i'r dde a diddymu dau sero o ddiwedd y rhif.

Ysgrifennwch atebion i'r rhain.

a) $580 \div 10$ **b)** $1400 \div 100$ **c)** $362\,000 \div 1000$ **ch)** $60\,000 \div 100$

Datrysiad

a) $58\cancel{0} \rightarrow 58$ **b)** $14\cancel{0}\cancel{0} \rightarrow 14$ **c)** $362\,\cancel{0}\cancel{0}\cancel{0} \rightarrow 362$ **ch)** $60\,0\cancel{0}\cancel{0} \rightarrow 600$

Lluosi â lluosrifau 10, 100, 1000, …

Gallwch luosi â 30 trwy yn gyntaf luosi â 3 ac wedyn â 10.

Gallwch luosi â 500 trwy yn gyntaf luosi â 5 ac wedyn â 100.

a) 300×40 **b)** 42×30 **c)** 54×40 **ch)** 27×500

Datrysiad

a) Yn gyntaf, lluoswch 300×4:

$$
\begin{array}{r}
3\,0\,0 \\
\times \quad 4 \\
\hline
1\,2\,0\,0 \\
\end{array}
$$

Wedyn rhaid lluosi â 10.
Mae'n rhwydd gwneud hyn trwy ychwanegu 0 at ddiwedd eich ateb.

$$1200 \times 10 = 12\,000$$

> **AWGRYM**
>
> Dull cyflym o gyfrifo'r ateb i rywbeth fel 300×40 yw dweud bod $3 \times 4 = 12$. Wedyn, cyfrwch sawl sero sydd yn y cwestiwn, tri yn yr enghraifft hon, a'u hychwanegu at ddiwedd eich ateb.
>
> Felly, yr ateb yw $12\,000$.

b)
$$
\begin{array}{r}
4\,2 \\
\times \quad 3 \\
\hline
1\,2\,6 \\
\end{array}
$$
$$126 \times 10 = 1260$$

c)
$$
\begin{array}{r}
5\,4 \\
\times \quad 4 \\
\hline
2\,1\,6 \\
\end{array}
$$
$$216 \times 10 = 2160$$

ch)
$$
\begin{array}{r}
2\,7 \\
\times \quad 5 \\
\hline
1\,3\,5 \\
\end{array}
$$
$$135 \times 100 = 13\,500$$

Gwaith lluosi mwy anodd

Dylech allu ateb cwestiynau tebyg i 53×38 neu 258×63 heb ddefnyddio cyfrifiannell.

Mae sawl dull o wneud hyn. Cewch weld dau ddull yma, ond efallai y bydd eich athrawon yn dangos rhagor i chi. Dewiswch ddull rydych chi'n mwynhau ei ddefnyddio a chadwch ato.

Dull 1

```
      5 3
×     3 8
  1 5 9 0    (53 × 30)
    4 2₂4    (53 × 8)
  2 0 1 4    Adio
  1   1
```

```
      2 5 8
×       6 3
1 5₃4₄8 0    (258 × 60)
    7₁7₂4    (258 × 3)
1 6 2 5 4
1   1
```

AWGRYM
Mae 63×258 yn rhoi yr un ateb â 258×63 ond, fel arfer, mae'n haws cael y rhif lleiaf ar y gwaelod.

Hwn yw'r dull traddodiadol, sy'n cael ei alw'n 'lluosi hir'. Mae'r ail ddull yn defnyddio grid.

Dull 2

53×38

×	50	3
30	1500	90
8	400	24

```
  1 5 0 0
    4 0 0
      9 0
+     2 4
  2 0 1 4
      1
```

258×63

×	200	50	8
60	12 000	3000	480
3	600	150	24

```
  1 2 0 0 0
    3 0 0 0
      4 8 0
      6 0 0
      1 5 0
+       2 4
  1 6 2 5 4
      1   1
```

1 Cyfrifwch y rhain.

   a) 52×10 **b)** 63×100 **c)** 54×1000 **ch)** 361×100

   d) $56 \times 10\,000$ **dd)** 60×100 **e)** 549×1000 **f)** 8100×100

   ff) 530×1000 **g)** $47 \times 10\,000$ **ng)** $923 \times 100\,000$ **h)** $62 \times 1\,000\,000$

2 Cyfrifwch y rhain.

   a) $530 \div 10$ **b)** $14\,000 \div 100$ **c)** $532\,000 \div 1000$

   ch) $64\,000 \div 100$ **d)** $6\,400\,000 \div 1000$ **dd)** $536\,000 \div 10$

   e) $675\,400 \div 100$ **f)** $7\,300\,000 \div 100$ **ff)** $58\,000\,000 \div 10\,000$

3 Cyfrifwch y rhain.

   a) 30×50 **b)** 70×80 **c)** 70×200 **ch)** 200×300

   d) 800×30 **dd)** 50×40 **e)** 600×3000 **f)** 600×500

   ff) 800×7000 **g)** 4000×3000 **ng)** $70\,000 \times 40$ **h)** 9000×8000

4 Cyfrifwch y rhain.

   a) 64×30 **b)** 72×60 **c)** 234×30 **ch)** 56×200

   d) 63×400 **dd)** 78×300 **e)** 432×600 **f)** 58×4000

5 Cyfrifwch y rhain.

   a) 54×32 **b)** 38×62 **c)** 57×82 **ch)** 98×18

   d) 66×29 **dd)** 84×74 **e)** 123×27 **f)** 264×35

   ff) 483×72 **g)** 691×43 **ng)** 542×81 **h)** 88×236

6 **a)** Sawl ceiniog sydd mewn £632?   **b)** Newidiwch 5600 ceiniog yn bunnoedd.

7 Mae 1 cilometr yn 1000 metr.
Sawl metr yw 47 cilometr?

8 Pris pâr o esgidiau rhedeg yw £40.
Faint yw pris chwe phâr?

9 Mae Gareth yn cerdded 400 metr i'r ysgol a 400 metr yn ôl adref.
Pa mor bell mae'n cerdded mewn 195 diwrnod ysgol?

10 Daeth 28 o bobl i barti pen-blwydd Rhian.
Rhoddodd becyn o felysion sy'n
costio 34c i bawb.
Faint oedd cyfanswm y gost
mewn ceiniogau?

Sgwario a chiwbio

Pan welwn ni 5^2, byddwn yn dweud '5 wedi'i sgwario'.

Ystyr 5^2 yw $5 \times 5 = 25$.

Mae pob **sgwario** o 1^2 i 10^2 yn eich tablau, ac felly dylech eu gwybod.

Ar gyfer sgwario mwy anodd, gallwch ddefnyddio cyfrifiannell.

ENGHRAIFFT 1.8

Darganfyddwch 18^2.

Datrysiad

Mae dau ddull o wneud hyn â chyfrifiannell.

Dull 1

Cyfrifwch $18 \times 18 = 324$.

Dull 2

Chwiliwch ar eich cyfrifiannell am y botwm sy'n dangos $\boxed{x^2}$.
Bwydwch 18 i'r cyfrifiannell, gwasgwch $\boxed{x^2}$ ac wedyn $\boxed{=}$. Dylech gael 324.

Pan welwn ni 2^3, byddwn yn dweud '2 wedi'i giwbio'.

Ystyr 2^3 yw $2 \times 2 \times 2 = 8$.

Dylech allu cyfrifo 2^3, 3^3, 10^3 ac efallai 4^3 a 5^3 yn eich pen, ond i giwbio rhifau eraill mae'n bosibl y bydd arnoch angen cyfrifiannell.

Nid oes botwm 'ciwbio', $\boxed{x^3}$, ar rai cyfrifianellau, felly efallai y byddai'n well defnyddio'r botwm $\boxed{\times}$ ddwywaith.

ENGHRAIFFT 1.9

Cyfrifwch 17^3.

Datrysiad

$17 \times 17 \times 17 = 4913$

Pwerau eraill

Mae sgwario a chiwbio yn enghreifftiau o ddefnyddio **pwerau**. Ffordd arall o ddweud 2^2 yw '2 i'r pŵer 2' ac, yn yr un modd, ffordd arall o ddweud 2^3 yw '2 i'r pŵer 3'. Sgwario a chiwbio yw'r unig bwerau sydd ag enwau arbennig.

Pan welwn ni 5^4, byddwn yn dweud '5 i'r pŵer 4'.

Ystyr 5^4 yw $5 \times 5 \times 5 \times 5 = 625$.

Ar hyn o bryd nid oes angen i chi gyfrifo pwerau y mwyafrif o rifau, ar wahân i'w sgwario neu eu ciwbio.

Mae pwerau 10, fodd bynnag, yn ffurfio dilyniant sy'n gyfarwydd i chi eisoes.

Sylwi 1.3

$10^2 = 10 \times 10 = 100$
$10^3 = 10 \times 10 \times 10 = 1000$

Cyfrifwch $10^4 = 10 \times 10 \times 10 \times 10 =$
Cyfrifwch 10^5.

Beth sy'n tynnu eich sylw ynghylch pŵer y 10 a nifer y seroau?

Ysgrifennwch werth   **a)** 10^6 **b)** 10^8

Ail israddau

Meddyliodd Alwyn am rif ac wedyn ei luosi â'r rhif ei hun.

Yr ateb oedd 36.

Beth oedd y rhif y meddyliodd Alwyn amdano gyntaf? $? \times ? = 36$

Trwy ddefnyddio eich tablau, dylech sylweddoli bod Alwyn wedi dechrau â'r rhif 6, oherwydd bod $6^2 = 36$.

Sylwi 1.4

Gweithiwch gyda ffrind.

Bob yn ail, meddyliwch am rif ac wedyn ei luosi ag ef ei hun. Rhowch yr ateb i'ch ffrind. Rhaid i'ch ffrind geisio darganfod beth oedd y rhif yr oeddech wedi meddwl amdano.

Parhewch â hyn nes methu darganfod rhagor.

Yr hyn a wnaethoch yn Sylwi 1.4 oedd darganfod **ail israddau** rhifau.
Y gwrthdro i sgwario rhif yw darganfod ei ail isradd.

I ysgrifennu 'ail isradd' byddwn yn defnyddio'r arwydd $\sqrt{}$ felly, $\sqrt{36} = 6$.

Ar gyfer ail israddau mwy anodd bydd arnoch angen cyfrifiannell.
Chwiliwch am y botwm $\boxed{\sqrt{}}$ ar eich cyfrifiannell.

ENGHRAIFFT 1.10

Darganfyddwch $\sqrt{289}$.

Datrysiad

Gwasgwch y botwm $\boxed{\sqrt{}}$ wedyn $\boxed{2}$ $\boxed{8}$ $\boxed{9}$ ac wedyn $\boxed{=}$.

Dylai eich cyfrifiannell ddangos 17.

Gwiriwch fod $17 \times 17 = 289$.

YMARFER 1.4

1 Cyfrifwch y rhain heb ddefnyddio cyfrifiannell.

  a) 7^2 **b)** 9^2 **c)** 11^2 **ch)** 12^2 **d)** 30^2

  dd) 50^2 **e)** 60^2 **f)** 200^2 **ff)** 400^2 **g)** 800^2

2 Defnyddiwch gyfrifiannell i gyfrifo'r rhain.

  a) 14^2 **b)** 22^2 **c)** 31^2 **ch)** 47^2 **d)** 89^2

  dd) 56^2 **e)** 34^2 **f)** 180^2 **ff)** 263^2 **g)** 745^2

3 Defnyddiwch gyfrifiannell i gyfrifo'r rhain.

  a) 6^3 **b)** 9^3 **c)** 11^3 **ch)** 14^3

  d) 25^3 **dd)** 37^3 **e)** 43^3 **f)** 147^3

4 Defnyddiwch gyfrifiannell i gyfrifo'r rhain.

  a) $\sqrt{225}$ **b)** $\sqrt{196}$ **c)** $\sqrt{361}$ **ch)** $\sqrt{529}$

  d) $\sqrt{1521}$ **dd)** $\sqrt{7569}$ **e)** $\sqrt{4624}$ **f)** $\sqrt{2916}$

5 Cyfrifwch y rhain heb ddefnyddio cyfrifiannell.

  a) $\sqrt{400}$ **b)** $\sqrt{900}$ **c)** $\sqrt{2500}$ **ch)** $\sqrt{6400}$ **d)** $\sqrt{40\,000}$

Rhifau negatif

Byddwn yn galw rhifau sy'n llai na sero yn rhifau negatif.

ENGHRAIFFT 1.11

Y tymheredd am 4 o'r gloch y prynhawn yw 3°C. Erbyn hanner nos mae wedi gostwng 8 gradd. Beth yw'r tymheredd am hanner nos?

Datrysiad

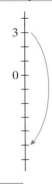

Wrth symud 8 gradd tuag i lawr rydym yn cyrraedd 5 islaw sero. Mae'r ateb yn cael ei ysgrifennu fel −5°C, a dywedwn 'minws 5' neu bydd rhai'n dweud 'negatif 5'.

Mae llinell rif yn ddefnyddiol iawn ar gyfer gweithio â rhifau negatif.

Sylwch po bellaf i'r chwith yw rhif, lleiaf i gyd yw ei werth.
Er enghraifft, mae −2 yn llai nag 1.

ENGHRAIFFT 1.12

Dechreuwch gyda −2.

a) Adiwch 5   **b)** Adiwch 2   **c)** Tynnwch 4

Datrysiad

Defnyddiwch y llinell rif.

a) Cyfrwch 5 i'r dde. Yr ateb yw 3.
b) Cyfrwch 2 i'r dde. Yr ateb yw 0.
c) Cyfrwch 4 i'r chwith. Yr ateb yw −6.

1 Cyfrifwch y rhain.

   a) -4 adio 7   **b)** -7 adio 4   **c)** 9 tynnu 12

2 Y tymheredd yw $-6°C$. Darganfyddwch y tymheredd newydd ar ôl

   a) codiad o $5°C$.   **b)** codiad o $10°C$.   **c)** 9 tynnu 12

3 Darganfyddwch y gwahaniaeth tymheredd rhwng

   a) $5°C$ a $21°C$.   **b)** $-5°C$ a $21°C$.   **c)** $-18°C$ a $-4°C$.

4 Gosodwch y rhifau hyn yn eu trefn, y lleiaf yn gyntaf.

   a) $1, -3, 7, -8$ **b)** $0, -4, 5, -6$ **c)** $1, 2, -3, -4, 5, -6$

5 Mae gan adeilad 20 llawr o swyddfeydd a thair lefel o faes parcio tanddaear.
Yn y lifft, y label ar fotwm y llawr gwaelod yw 0.
Beth ddylai'r label ar fotwm lefel isaf y maes parcio ei ddangos?

Her 1.4

Ysgrifennwch dymheredd pob un o'r dinasoedd sydd ar y map yn eu trefn, o'r oeraf i'r cynhesaf.

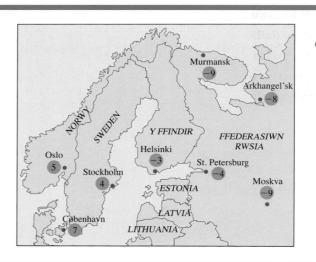

Her 1.5

Copïwch a chwblhewch y tabl hwn.

Tymheredd ar y dechrau	Newid	Tymheredd ar y diwedd
$-3°$	Codi 5°	
$7°$	Gostwng 10°	
$-6°$	Codi 4°	
$-4°$		$2°$
$3°$		$-8°$
$-7°$		$-3°$
	Codi 6°	$0°$
	Gostwng 7°	$-4°$
	Gostwng 3°	$-6°$

RYDYCH WEDI DYSGU

- beth yw lluosrifau a ffactorau
- beth yw lluosrifau cyffredin a ffactorau cyffredin
- sut i dalgrynnu rhifau i'r 10, 100, 1000, ... agosaf
- o leiaf un dull o luosi rhifau mawr heb ddefnyddio cyfrifiannell
- beth yw ystyr sgwario, ciwbio a phwerau eraill, a sut i ddefnyddio cyfrifiannell i'w cyfrifo
- beth yw ystyr ail israddau a sut i ddefnyddio cyfrifiannell i'w cyfrifo
- bod rhifau sy'n llai na sero yn negatif

Peidiwch â defnyddio cyfrifiannell i ateb cwestiynau **1** i **9**.

1 Cyfrifwch y rhain.

a) 59 + 73   **b)** 62 − 18   **c)** 456 − 187

ch) 58 × 6   **d)** 254 × 4   **dd)** 441 ÷ 7

2 Prynodd Jên chwe phin ysgrifennu am 38c yr un a llyfr nodiadau am 43c. Darganfyddwch gyfanswm y gost mewn ceiniogau.

3 **a)** Rhestrwch luosrifau 20 sy'n llai na 125.

    b) Rhestrwch luosrifau 12 sy'n llai na 125.

    c) Rhestrwch luosrifau cyffredin 12 a 20 sy'n llai na 125.

4 **a)** Rhestrwch ffactorau 12.   **b)** Rhestrwch ffactorau 18.

    c) Rhestrwch ffactorau 30.   **ch)** Rhestrwch ffactorau cyffredin 12, 18 a 30.

5 Talgrynnwch

    a) 5632 i'r 100 agosaf.   **b)** 17 849 i'r 1000 agosaf.

    c) 273 490 i'r 1000 agosaf.   **ch)** 273 490 i'r 100 agosaf

    d) 5 836 492 i'r filiwn agosaf.   **dd)** 3498 i'r 10 agosaf.

6 Cyfrifwch y rhain.

    a) 93 × 100   **b)** 630 × 100   **c)** 572 × 1000   **ch)** 7800 ÷ 100

    d) 6 300 000 ÷ 1000   **dd)** 50 × 80   **e)** 70 × 300   **f)** 47 × 30

    ff) 58 × 600   **g)** 28 × 5000   **ng)** 456 × 70   **h)** 732 × 400

7 Cyfrifwch y rhain. Dangoswch eich gwaith cyfrifo.

    a) 63 × 28   **b)** 83 × 57   **c)** 256 × 38

8 Cymerodd 186 o bobl ran mewn taith gerdded a cherddodd pob un 45 km. Beth oedd cyfanswm eu pellter cerdded? Dangoswch eich gwaith cyfrifo.

9 Cyfrifwch y rhain.

    a) 8^2 **b)** 40^2 **c)** 500^2 **ch)** 10^5 **d)** 20^3

10 Defnyddiwch gyfrifiannell i gyfrifo'r rhain.

    a) 29^2 **b)** 12^3 **c)** 53^2 **ch)** $\sqrt{484}$ **d)** $\sqrt{5184}$

11 Copïwch a chwblhewch y tabl.

Tymheredd (°C)	5		−4	
10° yn gynhesach		7		
5° yn oerach				−15

2 → FFRACSIYNAU

YN Y BENNOD HON

- **Ysgrifennu un rhif yn ffracsiwn o rif arall**
- **Ffracsiynau cywerth**
- **Cyfrifo ffracsiynau o feintiau**
- **Lluosi ffracsiynau â chyfanrifau**
- **Newid ffracsiynau pendrwm yn rhifau cymysg**

DYLECH WYBOD YN BAROD

- mewn diagramau fel y rhain, fod

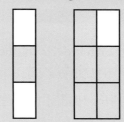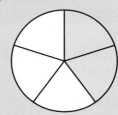

$\frac{1}{3}$ yn las $\frac{5}{6}$ yn las $\frac{2}{5}$ yn las

- mai'r ffracsiwn $\frac{3}{5}$ yw'r ateb i'r cyfrifiad $3 \div 5$, er enghraifft

Ffracsiynau cywerth

── Prawf sydyn 2.1 ──────────────

Copïwch y diagramau ac wedyn copïwch a chwblhewch y mynegiadau sydd o dan bob un.

a)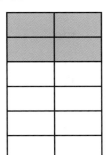

b)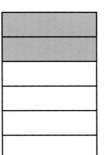

c)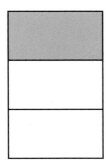

Mae $\frac{\square}{12}$ o'r siâp yn borffor.   Mae $\frac{\square}{6}$ o'r siâp yn borffor.   Mae $\frac{\square}{\square}$ o'r siâp yn borffor.

Beth sy'n tynnu eich sylw?

Ym Mhrawf sydyn 2.1 dylech fod wedi sylwi bod y rhannau porffor i gyd yn hafal.

Mae hyn yn golygu bod $\frac{4}{12} = \frac{2}{6} = \frac{1}{3}$.

Mae $\frac{4}{12}, \frac{2}{6}$ ac $\frac{1}{3}$ yn cael eu galw'n **ffracsiynau cywerth**.

■ Prawf sydyn 2.2 ■

Lluniadwch ddiagramau i ddangos bod y ffracsiynau yn y parau hyn yn ffracsiynau cywerth.

a) $\frac{6}{9}$ a $\frac{2}{3}$

b) $\frac{6}{10}$ a $\frac{3}{5}$

I wneud ffracsiynau cywerth rydych yn lluosi neu'n rhannu'r rhifiadur a'r enwadur â'r un rhif.

Cofiwch: y rhifiadur yw'r rhif sydd ar ben y ffracsiwn a'r enwadur yw'r rhif sydd ar waelod y ffracsiwn.

ENGHRAIFFT 2.1

Copïwch a chwblhewch y rhain.

a) $\frac{2}{5} = \frac{\square}{15}$

b) $\frac{6}{14} = \frac{3}{\square}$

Datrysiad

a) $\frac{2}{5} = \frac{6}{15}$ Mae'r enwadur, sef 5, wedi'i luosi â 3.
Mae lluosi'r rhifiadur â 3 yn rhoi $2 \times 3 = 6$.

b) $\frac{6}{14} = \frac{3}{7}$ Mae'r rhifiadur, sef 6, wedi'i rannu â 2.
Mae rhannu'r enwadur â 2 yn rhoi $14 \div 2 = 7$.

■ Prawf sydyn 2.3 ■

Ysgrifennwch dri ffracsiwn cywerth ar gyfer pob un o'r rhain.

a) $\frac{12}{20}$

b) $\frac{1}{4}$

c) $\frac{6}{18}$

Mynegi ffracsiwn yn ei ffurf symlaf

Edrychwch eto ar y rhestr o ffracsiynau cywerth ym Mhrawf sydyn 2.1.

$$\frac{4}{12} \qquad \frac{2}{6} \qquad \frac{1}{3}$$

Mae'n amlwg mai $\frac{1}{3}$ yw'r symlaf o'r ffracsiynau hyn. Ni allwn ei symleiddio ymhellach oherwydd nad oes unrhyw rif, ac eithrio 1, sy'n rhannu i 1 a hefyd i 3.

Wrth newid $\frac{4}{12}$ yn $\frac{1}{3}$ rydym yn mynegi $\frac{4}{12}$ yn ei **ffurf symlaf**. Weithiau, bydd yr enw **canslo** yn cael ei roi arno hefyd.

Sylwch eich bod yn gallu newid $\frac{4}{12}$ yn $\frac{1}{3}$

- mewn dau gam trwy rannu'r rhifiadur a hefyd yr enwadur â 2 ac wedyn â 2 eto, neu
- mewn un cam trwy rannu'r rhifiadur a hefyd yr enwadur â 4.

> **AWGRYM**
>
> Bob amser, ceisiwch adnabod y rhif mwyaf sy'n rhannu i'r rhifiadur a hefyd i'r enwadur.

ENGHRAIFFT 2.2

Mynegwch y ffracsiynau hyn yn eu ffurfiau symlaf.

a) $\frac{18}{20}$ **b)** $\frac{35}{40}$ **c)** $\frac{60}{80}$ **ch)** $\frac{45}{60}$

Datrysiad

a) Mae rhannu'r rhifiadur a hefyd yr enwadur â 2 yn rhoi $\frac{18}{20} = \frac{9}{10}$.
Gan nad oes unrhyw rif, ac eithrio 1, yn rhannu i 9 a hefyd i 10, mae, $\frac{9}{10}$ yn ei ffurf symlaf.

b) Mae rhannu'r rhifiadur a hefyd yr enwadur â 5 yn rhoi $\frac{35}{40} = \frac{7}{8}$.

c) Mae rhannu'r rhifiadur a hefyd yr enwadur â 10 yn rhoi $\frac{60}{80} = \frac{6}{8}$.
Nawr mae 2 yn rhannu i'r naill a'r llall gan roi $\frac{6}{8} = \frac{3}{4}$. Felly mae $\frac{3}{4}$ yn ei ffurf symlaf.
Sylwch y gallech fod wedi cyrraedd $\frac{3}{4}$ mewn un cam trwy rannu'r rhifiadur a hefyd yr enwadur â 20.

ch) Mae rhannu'r rhifiadur a hefyd yr enwadur â 5 yn rhoi $\frac{45}{60} = \frac{9}{12}$.
Nawr mae 3 yn rhannu i'r naill a'r llall gan roi $\frac{9}{12} = \frac{3}{4}$. Felly mae $\frac{3}{4}$ yn ei ffurf symlaf.

1 Pa ffracsiwn yw

   a) 7 o 14?   **b)** 5 o 15?   **c)** 8 o 18?   **ch)** 12 o 30?

   d) 16 o 24?   **dd)** 11 o 55?   **e)** 6 o 54?   **f)** 12 o 64?

   Ysgrifennwch y ffracsiynau yn eu ffurf symlaf.

2 Copïwch a chwblhewch y rhain.

   a) $\dfrac{1}{2} = \dfrac{\square}{4} = \dfrac{3}{\square} = \dfrac{10}{12} = \dfrac{\square}{\square} = \dfrac{\square}{200}$ **b)** $\dfrac{1}{5} = \dfrac{2}{\square} = \dfrac{\square}{15} = \dfrac{4}{\square} = \dfrac{\square}{30} = \dfrac{10}{\square}$

3 Copïwch a chwblhewch y rhain.

   a) $\dfrac{3}{4} = \dfrac{\square}{12}$ **b)** $\dfrac{10}{16} = \dfrac{5}{\square}$ **c)** $\dfrac{1}{2} = \dfrac{\square}{18}$ **ch)** $\dfrac{30}{50} = \dfrac{3}{\square}$

   d) $\dfrac{12}{18} = \dfrac{\square}{9}$ **dd)** $\dfrac{2}{7} = \dfrac{10}{\square}$ **e)** $\dfrac{4}{5} = \dfrac{\square}{30}$ **f)** $\dfrac{3}{21} = \dfrac{1}{\square}$

   ff) $\dfrac{2}{9} = \dfrac{\square}{27}$ **g)** $\dfrac{3}{11} = \dfrac{\square}{44}$ **ng)** $\dfrac{15}{35} = \dfrac{3}{\square}$ **h)** $\dfrac{28}{70} = \dfrac{\square}{10}$

4 Mynegwch y ffracsiynau hyn yn eu ffurf symlaf.

   a) $\dfrac{8}{10}$ **b)** $\dfrac{2}{12}$ **c)** $\dfrac{15}{21}$ **ch)** $\dfrac{12}{16}$

   d) $\dfrac{14}{21}$ **dd)** $\dfrac{25}{30}$ **e)** $\dfrac{20}{40}$ **f)** $\dfrac{18}{30}$

   ff) $\dfrac{16}{24}$ **g)** $\dfrac{150}{300}$ **ng)** $\dfrac{20}{120}$ **h)** $\dfrac{500}{1000}$

   i) $\dfrac{56}{70}$ **l)** $\dfrac{64}{72}$ **ll)** $\dfrac{60}{84}$ **m)** $\dfrac{120}{180}$

Darganfod gwerthoedd gwahanol ffracsiynau

Ffracsiynau ag 1 yn rhifiadur

Ystyr ffracsiwn tebyg i $\frac{1}{2}$ yw un cyfan wedi'i rannu â 2.

Os 20 yw'r cyfan, yna mae $\frac{1}{2}$ 20 = 10. Mae hyn yr un fath â dweud bod 20 ÷ 2 = 10.

Yn yr un ffordd, mae darganfod $\frac{1}{3}$ o rywbeth yr un fath â rhannu â 3, ac mae darganfod $\frac{1}{4}$ rhywbeth yr un fath â rhannu â 4, ac ati.

ENGHRAIFFT 2.3

a) Cyfrifwch $\frac{1}{4}$ o £34. **b)** Cyfrifwch $\frac{1}{5}$ o 24 metr.

Datrysiad

a)
$$\begin{array}{r} 8.5 \\ 4\overline{)34.^20} \end{array}$$
Ateb: £8.50

b)
$$\begin{array}{r} 4.8 \\ 5\overline{)24.^40} \end{array}$$
Ateb 4.8 metr

> Wrth drin arian, cofiwch fod rhaid rhoi'r ateb yn y ffurf £8.50 ac nid £8.5.

Ffracsiynau â rhifau eraill yn rhifiadur

Os ydych yn chwilio am ffracsiwn megis $\frac{3}{5}$, dull hawdd yw dechrau ag $\frac{1}{5}$ ac wedyn lluosi â 3.

ENGHRAIFFT 2.4

a) Cyfrifwch $\frac{3}{5}$ o 40. **b)** Cyfrifwch $\frac{2}{7}$ o 28.

Datrysiad

a) $40 \div 5 = 8$ Yn gyntaf, rhannwch â 5 i ddarganfod $\frac{1}{5}$.
$8 \times 3 = 24$ Wedyn, lluoswch â 3 i ddarganfod $\frac{3}{5}$.
Ateb: 24

b) $28 \div 7 = 4$ Yn gyntaf, rhannwch â 7 i ddarganfod $\frac{1}{7}$.
$4 \times 2 = 8$ Wedyn, lluoswch â 2 i ddarganfod $\frac{2}{7}$.
Ateb: 8

YMARFER 2.2

1 Cyfrifwch $\frac{1}{4}$ o bob un o'r gwerthoedd hyn.
   a) 20   **b)** 36   **c)** 68   **ch)** £100   **d)** £10

2 Cyfrifwch $\frac{1}{5}$ o bob un o'r gwerthoedd hyn.
   a) 30   **b)** 45   **c)** 80   **ch)** £120   **d)** 26 m

3 Cyfrifwch $\frac{3}{4}$ o bob un o'r gwerthoedd hyn.
   a) 24   **b)** 48   **c)** 200   **ch)** £56   **d)** £140

4 Cyfrifwch $\frac{5}{6}$ o bob un o'r gwerthoedd hyn.
   a) 30   **b)** 48   **c)** 120   **ch)** 42 cm   **d)** £90

5 Mae Emma yn cael £8 yn arian poced. Mae hi'n cynilo $\frac{1}{5}$ ohono. Faint mae hi'n ei gynilo?

6 Roedd Arwyn yn gwneud gwaith rhan-amser. Enillodd £24.

Gwariodd $\frac{1}{8}$ ohono ar felysion a $\frac{3}{8}$ ar lyfrau a chylchgronau..

a) Faint gwariodd Arwyn ar felysion?

b) Faint gwariodd Arwyn ar lyfrau a chylchgronau?

7 Mae gan Mr Gruffudd bibell ardd sydd â'i hyd yn 72 metr. Mae'n torri $\frac{2}{9}$ oddi arni. Faint yw hyd gweddill y bibell?

8 Aeth 180 o ddisgyblion ar daith. Roedd $\frac{2}{5}$ ohonyn nhw'n fechgyn. Sawl bachgen oedd yna?

9 Roedd 560 disgybl mewn ysgol. Cynhaliodd yr ysgol ffug-etholiad. Pleidleisiodd $\frac{3}{8}$ o'r disgyblion i'r Blaid Werdd. Sawl pleidlais gafodd y Blaid Werdd?

10 Pa un yw'r mwyaf, cyfran sy'n $\frac{5}{8}$ o £120 neu gyfran sy'n $\frac{3}{4}$ o £96? Dangoswch eich gwaith cyfrifo.

Her 2.1

Pa un o'r rhain y byddai'n well gennych ei gael? Dangoswch eich gwaith cyfrifo.

a) Cyfran sy'n $\frac{2}{5}$ o £54

b) Cyfran sy'n $\frac{3}{8}$ o £58

c) Cyfran sy'n $\frac{5}{12}$ o £51

ch) Cyfran sy'n $\frac{9}{10}$ o £24

Lluosi ffracsiwn â rhif cyfan

Yn y diagram hwn, mae $\frac{1}{8}$ yn goch.

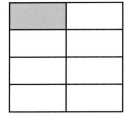

Yn y diagram hwn, mae pum gwaith cymaint yn goch ac felly mae $\frac{1}{8} \times 5 = \frac{5}{8}$.

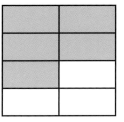

Mae hyn yn dangos, i luosi ffracsiwn â chyfanrif, y cyfan y mae rhaid ei wneud yw lluosi'r rhifiadur â'r cyfanrif.

Mae'r diagram hwn yn dangos $\frac{1}{2}$ cacen.

Mae'r diagram hwn yn dangos tri hanner cacen. Rydym yn ysgrifennu $\frac{3}{2}$.

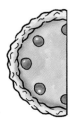

Yr enw ar y ffracsiwn $\frac{3}{2}$ yw **ffracsiwn pendrwm** oherwydd bod y rhifiadur yn fwy na'r enwadur. Mae pen y ffracsiwn yn 'drymach' na'i waelod!

Gallwn roi dau o'r haneri at ei gilydd i wneud un gacen gyfan.

Mae hyn yn dangos bod $3 \times \frac{1}{2} = \frac{3}{2} = 1$ cyfan $+\frac{1}{2}$.

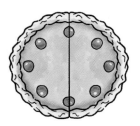

Byddwn yn ysgrifennu $1\frac{1}{2}$. Yr enw ar y rhif hwn yw **rhif cymysg** oherwydd bod rhan ohono'n gyfanrif a'r rhan arall yn ffracsiwn.

Prawf sydyn 2.4

Defnyddiwch siapiau fel hwn i lunio diagramau sy'n dangos bod $5 \times \frac{1}{3} = 1\frac{2}{3}$.

Gallwn newid ffracsiynau pendrwm yn rhifau cymysg. Mae hyn yn cael ei ddangos yn yr enghraifft nesaf.

ENGHRAIFFT 2.5

Ysgrifennwch y ffracsiynau pendrwm hyn fel rhifau cymysg.

a) $\frac{7}{3}$

b) $\frac{17}{5}$

a) $7 \div 3 = 2$ gweddill 1.

Mae hyn yn golygu bod $\frac{7}{3}$ yn ddau gyfan a bod $\frac{1}{3}$ dros ben. Felly mae $\frac{7}{3} = 2\frac{1}{3}$.

b) $17 \div 5 = 3$ gweddill 2.

Mae hyn yn golygu bod $\frac{17}{5}$ yn dri chyfan a bod $\frac{2}{5}$ dros ben. Felly mae $\frac{17}{5} = 3\frac{2}{5}$.

YMARFER 2.3

1 Cyfrifwch y rhain. Os yw'n bosibl, canslwch bob ffracsiwn i'w ffurf symlaf.

a) $\frac{1}{5} \times 3$ **b)** $\frac{1}{7} \times 4$ **c)** $\frac{3}{10} \times 2$ **ch)** $4 \times \frac{2}{9}$ **d)** $3 \times \frac{1}{12}$

2 Newidiwch y ffracsiynau pendrwm hyn yn rhifau cymysg.

a) $\frac{11}{5}$ **b)** $\frac{10}{7}$ **c)** $\frac{10}{3}$ **ch)** $\frac{13}{2}$ **d)** $\frac{14}{3}$

dd) $\frac{11}{6}$ **e)** $\frac{19}{8}$ **f)** $\frac{20}{7}$ **ff)** $\frac{23}{4}$ **g)** $\frac{33}{10}$

3 Cyfrifwch y rhain. Ysgrifennwch eich atebion fel ffracsiynau pendrwm yn gyntaf, wedyn fel rhifau cymysg. Os yw'n bosibl, canslwch bob ffracsiwn i'w ffurf symlaf.

a) $\frac{1}{2} \times 7$ **b)** $\frac{2}{5} \times 3$ **c)** $\frac{3}{4} \times 2$ **ch)** $5 \times \frac{2}{7}$ **d)** $4 \times \frac{3}{5}$

dd) $\frac{5}{6} \times 3$ **e)** $\frac{5}{9} \times 4$ **f)** $4 \times \frac{5}{8}$ **ff)** $7 \times \frac{3}{4}$ **g)** $\frac{3}{7} \times 8$

ng) $\frac{4}{5} \times 6$ **h)** $3 \times \frac{7}{10}$ **i)** $10 \times \frac{3}{4}$ **l)** $\frac{6}{11} \times 5$ **ll)** $7 \times \frac{3}{14}$

Her 2.2

Trwy lunio diagramau addas, cyfrifwch $3 \times 1\frac{3}{4}$ a $7 \times 4\frac{2}{7}$.

RYDYCH WEDI DYSGU

- sut i ysgrifennu un rhif yn ffracsiwn o rif arall
- sut i newid ffracsiynau yn ffracsiynau cywerth
- sut i ysgrifennu ffracsiwn yn ei ffurf symlaf
- sut i ddarganfod ffracsiwn o faint
- sut i luosi ffracsiwn â chyfanrif
- sut i newid ffracsiwn pendrwm yn rhif cymysg

1 Copïwch a chwblhewch y rhain.

a) $\frac{3}{4} = \frac{\square}{20}$ b) $\frac{15}{21} = \frac{5}{\square}$ c) $\frac{1}{2} = \frac{\square}{22}$ ch) $\frac{18}{60} = \frac{3}{\square}$

d) $\frac{16}{18} = \frac{\square}{9}$ dd) $\frac{3}{7} = \frac{12}{\square}$ e) $\frac{4}{9} = \frac{\square}{90}$ f) $\frac{8}{24} = \frac{1}{\square}$

2 Canslwch y ffracsiynau hyn i'w ffurfiau symlaf.

a) $\frac{16}{24}$ b) $\frac{80}{100}$ c) $\frac{20}{55}$ ch) $\frac{36}{60}$ d) $\frac{18}{45}$

dd) $\frac{21}{77}$ e) $\frac{66}{88}$ f) $\frac{75}{90}$ ff) $\frac{120}{150}$ g) $\frac{26}{52}$

3 Cyfrifwch y rhain.

a) $\frac{1}{4}$ o 32   b) $\frac{1}{5}$ o 55   c) $\frac{3}{4}$ o 60   ch) $\frac{4}{5}$ o 200

4 Mae hyd rhaff yn 48 metr. Mae Cerys yn torri $\frac{1}{6}$ ohoni.
Beth yw hyd y rhaff sy'n weddill?

5 Roedd 12 000 o wylwyr mewn gêm bêl-droed. Oedolion oedd $\frac{9}{10}$ o'r gwylwyr.
Faint o oedolion oedd yna?

6 Teithiodd Ieuan 42 km ar ei feic. Arhosodd i orffwys ar ôl $\frac{2}{3}$ o'r daith.
Pa mor bell oedd Iestyn wedi teithio cyn iddo aros?

7 Pa un yw'r mwyaf, $\frac{3}{4}$ o 180 neu $\frac{7}{10}$ o 200?
Dangoswch eich gwaith cyfrifo.

8 Cyfrifwch y rhain. Lle bo'n bosibl, canslwch y ffracsiynau i'w ffurfiau symlaf.

a) $\frac{1}{9} \times 5$ b) $\frac{1}{12} \times 4$ c) $4 \times \frac{3}{20}$ ch) $6 \times \frac{2}{17}$ d) $\frac{2}{9} \times 3$

9 Cyfrifwch y rhain. Ysgrifennwch eich atebion fel rhifau cymysg.

a) $\frac{3}{4} \times 5$ b) $\frac{2}{5} \times 7$ c) $6 \times \frac{3}{7}$ ch) $10 \times \frac{2}{3}$ d) $\frac{8}{15} \times 3$

10 Torrodd Glenda wyth darn o linyn fel bod hyd pob un yn $\frac{3}{5}$ metr.
Faint o linyn ddefnyddiodd hi?
Ysgrifennwch eich ateb fel rhif cymysg.

3 → DEGOLION

Gwerth lle a threfnu degolion

Edrychwch ar riwl neu bren mesur.

Ar rai prennau mesur, mae'r marciau mewn milimetrau, fel hyn.

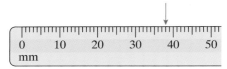

Mae'r saeth yn pwyntio at 38 mm.

Mae'r pwynt hwn rhwng 30 mm a 40 mm, ac $\frac{8}{10}$ o'r ffordd o 30 mm tuag at 40 mm.

Ar rai prennau mesur, mae'r marciau mewn centimetrau, fel hyn.

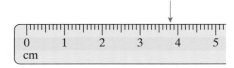

Mae'r saeth yn pwyntio at 3.8 cm.

Mae'r pwynt hwn rhwng 3 cm a 4 cm, ac $\frac{8}{10}$ o'r ffordd o 3 cm tuag at 4 cm.

Sylwi 3.1

Darganfyddwch safle 3.8 cm neu 38 mm ar eich riwl.

Wedyn, chwiliwch am safle 7.4 cm neu 74 mm ar eich riwl.

Gweithiwch mewn parau a disgrifiwch y safle fel y gwnaethom ar y dudalen flaenorol.

Dewiswch ragor o'r mesuriadau sydd ar eich riwl.

Disgrifiwch safleoedd y rhain ar y riwl yn yr un ffordd.

Gallwn ddefnyddio **degolion** i ddisgrifio rhifau nad ydynt yn gyfanrifau.

Byddwn yn defnyddio degolion wrth fesur hyd, fel yn Sylwi 3.1.

Byddwn hefyd yn eu defnyddio wrth drin arian. Er enghraifft, ystyr £0.42 yw 42c, neu $\frac{42}{100}$ o bunt.

Sylwi 3.2

Meddyliwch am sefyllfaoedd eraill lle gwyddoch fod degolion yn cael eu defnyddio. Faint o sefyllfaoedd ydych chi'n gallu eu darganfod?

Mae'r tabl hwn yn dangos gwerthoedd lle, gan gynnwys degolion.

Mae'n dangos rhai o'r rhifau rydych wedi'u gweld yn y bennod hon yn barod.

Gallwch ei ddefnyddio ag unrhyw rifau eraill hefyd.

M	C	D	U	.	$\frac{1}{10}$	$\frac{1}{100}$	$\frac{1}{1000}$
		7	4				
			3	.	8		
			0	.	4	2	

ENGHRAIFFT 3.1

Beth yw gwerth lle y digid 4 yn y rhifau hyn?

a) 74 000   **b)** 643.2   **c)** 8.415   **ch)** 0.04

Datrysiad

Defnyddiwch y tabl gwerth lle.

Deg M	M	C	D	U	.	$\frac{1}{10}$	$\frac{1}{100}$	$\frac{1}{1000}$
7	4	0	0	0				
		6	4	3	.	2		
				8	.	4	1	5
				0	.	0	4	

a) 4 mil   **b)** 4 deg   **c)** 4 degfed   **ch)** 4 canfed

Rydych wedi dysgu eisoes fod 530 yn rhif mwy na 92 er bod 5 yn llai na 9, oherwydd bod y 5 yn cynrychioli 500 tra bo'r 9 yn cynrychioli 90.

Mae gwerth lle yn bwysig hefyd wrth drefnu degolion. Gallwch ddefnyddio'r tabl gwerth lle eto.

AWGRYM

Mewn tabl gwerth lle, mae'r gwerthoedd sydd yn y colofnau yn mynd yn fwy i gyfeiriad y chwith. Felly, pan fo rhestr o rifau yn y tabl, y rhif mwyaf yw'r un â'r digid mwyaf yn y golofn bellaf i'r chwith.

ENGHRAIFFT 3.2

Rhowch y rhifau hyn yn eu trefn, y mwyaf yn gyntaf.

| 0.708 | 0.9 | 0.083 | 0.836 | 0.692 |

Datrysiad

Ysgrifennwch y rhifau yn y tabl gwerth lle.

U	.	$\frac{1}{10}$	$\frac{1}{100}$	$\frac{1}{1000}$
0	.	7	0	8
0	.	9		
0	.	0	8	3
0	.	8	3	6
0	.	6	9	2

Nawr gosodwch nhw yn eu trefn, gan ddechrau â'r golofn bellaf i'r chwith a'r digid mwyaf sydd yn y golofn hon.

Y rhifau, yn eu trefn, yw:

0.9,   0.836,   0.708,   0.692,   0.083

U	.	$\frac{1}{10}$	$\frac{1}{100}$	$\frac{1}{1000}$
0	.	9		
0	.	8	3	6
0	.	7	0	8
0	.	6	9	2
0	.	0	8	3

ENGHRAIFFT 3.3

Ysgrifennwch yr hydoedd hyn mewn centimetrau. Wedyn, gosodwch nhw yn eu trefn, y lleiaf yn gyntaf.

| 1.3 m | 34 mm | 57.4 cm | 580 mm | 0.26 m |

Datrysiad

Mae 10 milimetr mewn 1 centimetr a 100 centimetr mewn 1 metr. Felly, mewn centimetrau, mae'r hydoedd fel hyn:

| 130 cm | 3.4 cm | 57.4 cm | 58 cm | 26 cm |

Yn eu trefn, mae'r hydoedd fel hyn:

| 3.4 cm | 26 cm | 57.4 cm | 58 cm | 130 cm |

Newid ffracsiynau'n ddegolion

Wrth ddefnyddio gwerth lle, rydych yn gwybod yn barod fod $0.7 = \frac{7}{10}$ a bod $0.17 = \frac{17}{100}$.

Trwy weithio tuag yn ôl, gallwch ddefnyddio gwerth lle i newid degfedau a chanfedau yn ddegolion.

Er enghraifft, $\frac{29}{100} = 0.29$.

Edrychwch ar y lliwio yn y diagram hwn.

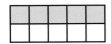

Gallwch weld bod $\frac{1}{2} = \frac{5}{10} = 0.5$.

Mae'r rhan sydd wedi'i lliwio yn y diagram nesaf yn dangos bod $\frac{1}{5} = \frac{2}{10} = 0.2$.

Yn yr un ffordd, mae'r rhan sydd heb ei lliwio'n dangos bod $\frac{4}{5} = \frac{8}{10} = 0.8$.

Mae 100 sgwâr yn y grid hwn.

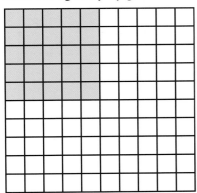

Mae 25 sgwâr wedi'u lliwio.
Mae hyn yn $\frac{1}{4}$ y grid. Felly mae $\frac{1}{4} = \frac{25}{100} = 0.25$.

Mae 75 sgwâr heb eu lliwio.
Mae hyn yn $\frac{3}{4}$ y grid. Felly mae $\frac{3}{4} = \frac{75}{100} = 0.75$.

Gallwch wirio'r canlyniadau hyn ar gyfrifiannell trwy rannu 3 â 4 i gael 0.75, ac ati.

Ym Mhennod 8 byddwch yn dysgu sut i newid ffracsiynau eraill yn ddegolion heb ddefnyddio cyfrifiannell.

1 Ysgrifennwch, mewn geiriau, werth lle'r digid 4 ym mhob un o'r rhifau hyn.

   a) 40   **b)** 0.4   **c)** 40 000   **ch)** 8.74   **d)** 0.014

2 Ysgrifennwch y rhifau hyn fel degolion.

   a) $\frac{3}{10}$ **b)** $4\frac{7}{10}$ **c)** $\frac{9}{100}$ **ch)** $52\frac{79}{100}$ **d)** $\frac{21}{1000}$

3 Ysgrifennwch y degolion hyn fel ffracsiynau neu rifau cymysg (rhifau cyfan a ffracsiynau) yn eu ffurf symlaf.

   a) 0.6   **b)** 4.3   **c)** 14.1   **ch)** 0.75   **d)** 9.03

4 Ysgrifennwch y symiau hyn i gyd mewn punnoedd. Wedyn, gosodwch nhw yn eu trefn, y lleiaf yn gyntaf.

   £1.42   92c   £6.07   £0.05   7c   £8.60

5 Ysgrifennwch y rhifau hyn yn eu trefn, y mwyaf yn gyntaf.

   0.927   7.29   0.209   0.072   9.207

6 Defnyddiwch y ffaith fod 1000 gram mewn cilogram i ysgrifennu'r pwysau hyn mewn cilogramau.

   a) 468 g   **b)** 1645 g   **c)** 72 g   **ch)** 6 g   **d)** 2450 g

7 Ysgrifennwch yr hydoedd hyn mewn metrau.

   a) 12 cm   **b)** 874 mm   **c)** 21.8 cm   **ch)** 56 mm   **d)** 138 cm

8 Ysgrifennwch yr hydoedd hyn yn eu trefn, y lleiaf yn gyntaf.

   47.6 cm   0.58 m   78 mm   1.07 m   6.4 cm

9 Ysgrifennwch y pwysau hyn yn eu trefn, y mwyaf yn gyntaf.

   486 g   1745 g   0.75 kg   1.54 kg   785 g

10 Ysgrifennwch y ffracsiynau hyn fel degolion.

   a) $\frac{1}{10}$ **b)** $\frac{1}{2}$ **c)** $\frac{2}{5}$ **ch)** $\frac{1}{4}$ **d)** $\frac{3}{100}$

Adio a thynnu degolion

Os oes gennym linell â'i hyd yn 75 mm, a phwynt 52 mm o un pen iddi, gallwn ddarganfod y pellter o'r pwynt i ben arall y llinell trwy wneud y gwaith tynnu hwn.

$$\begin{array}{r} 7\;5 \\ -\;5\;2 \\ \hline 2\;3 \end{array}\text{ mm}$$

Gan weithio mewn centimetrau, os oes gennym linell â'i hyd yn 7.5 cm, a phwynt 5.2 cm o un pen iddi, gallwn ddarganfod y pellter o'r pwynt i ben arall y llinell trwy wneud y gwaith tynnu hwn.

$$\begin{array}{r} 7\,.\,5 \\ -\;5\,.\,2 \\ \hline 2\,.\,3 \end{array}\text{ cm}$$

Wrth ddefnyddio'r dulliau colofnau o adio neu dynnu, cofiwch osod y pwyntiau degol i gyd yn union o dan ei gilydd. Wedyn gallwch adio neu dynnu fel y gwnewch chi â chyfanrifau.

Lluosi degolyn â chyfanrif

Cymharwch y ddau ddull hyn o luosi i gyfrifo cost 3 chryno ddisg am £4.95 yr un.

Gweithio mewn ceiniogau

Rydych yn gwybod bod £4.95 = 495c.

$$\begin{array}{r} 4\;9\;5 \\ \times\quad 3 \\ \hline 1\;4\;8\;5 \end{array}\text{c} = \text{£14.85}$$
Yn gyntaf, lluoswch yr unedau â 3, wedyn y degau ac wedyn y cannoedd.
Ysgrifennwch yr unedau o dan yr unedau, y degau o dan y degau, ac ati.
Newidiwch eich ateb o geiniogau i bunnoedd trwy rannu â 100.

Gweithio mewn punnoedd

$$\begin{array}{r} 4\,.\,9\,5 \\ \times\quad 3 \\ \hline 1\,4\,.\,8\,5 \end{array}$$

I luosi degolyn â chyfanrif, rhowch y pwyntiau degol o dan ei gilydd.

AWGRYM
Mae'n werth gwneud brasamcan sydyn i wirio bod eich ateb yn un synhwyrol. Yma bydd y gost yn llai na 3 × £5 = £15.

Cofiwch osod eich gwaith yn union o dan ei gilydd yn ofalus.
Rhowch y digid cyntaf rydych yn ei gyfrifo o dan y pwynt degol olaf.

Yn y naill ddull a'r llall, mae'r digidau yr un fath.

ENGHRAIFFT 3.4

Prynodd Ceridwen bedwar melon am £1.45 yr un.
Faint o newid gafodd hi o £10?

Datrysiad

Yn gyntaf, darganfyddwch gost y melonau.

$$\begin{array}{r} 1\,.\,4\,5 \\ \times\quad 4 \\ \hline 5\,.\,8\,0 \end{array}$$

Wedyn tynnwch o £10 i gael y newid.

$$\begin{array}{r} 1\,0\,.\,0\,0 \\ \times\,5\,.\,8\,0 \\ \hline 4\,.\,2\,0 \end{array}$$

Ateb: £4.20

AWGRYM
Byddai defnyddio cyfrifiannell i ddatrys y broblem hon wedi rhoi'r ateb 4.2.

Cofiwch, wrth drin arian, fod rhaid rhoi'r ateb yn y ffurf £4.20.

Her 3.1

Pa strategaethau y byddech chi'n eu defnyddio i ddatrys y broblem yn Enghraifft 3.4 yn eich pen?

ENGHRAIFFT 3.5

Hyd darn o bren yw 2.3 m. Mae 75 cm yn cael ei dorri oddi arno.
Faint sy'n weddill?

Datrysiad

Yn gyntaf, gwnewch yr unedau yr un fath.   75 cm = 0.75 m

Wedyn, gwnewch y gwaith tynnu.

$$\begin{array}{r} 2\,.\,3\,0 \\ -\,0\,.\,7\,5 \\ \hline 1\,.\,5\,5 \end{array}$$

Ateb 1.55 m

Gallech hefyd fod wedi datrys y broblem hon wrth weithio mewn centimetrau ac wedyn newid eich ateb i fod mewn metrau.

Lluosi degolyn â degolyn

Sylwi 3.4

a) Cyfrifwch yr atebion i 120×4, 12×4 ac 1.2×4.

b) Cyfrifwch yr atebion i 216×7, 21.6×7 a 2.16×7.

c) Cymharwch yr atebion ym mhob rhan. Beth sy'n tynnu eich sylw?

Edrychwch eto ar y gwaith cyfrifo yn Sylwi 3.4 ac ar eich atebion.
Ym mhob set o atebion, mae'r digidau yr un fath ond mae gwerth lle'r digidau yn wahanol.

Mae hyn yn eich helpu i wneud gwaith cyfrifo tebyg i 0.2×0.3.

Edrychwch ar y rhain.

$2 \times 3 = 6$

$0.2 \times 3 = 0.6$ Mae lluosi 2 ddegfed â 3 yn rhoi 6 degfed fel ateb.

$2 \times 0.3 = 0.3 \times 2 = 0.6$ Mae lluosi 2 â 3 degfed yn rhoi 6 degfed fel ateb.

Mae'r rhain yn eich helpu i weld bod

$0.2 \times 0.3 = 0.06$ Mae lluosi 2 ddegfed â 3 degfed yn rhoi 6 chanfed.

Dyma'r camau i'w dilyn wrth luosi degolion.

1 Gwneud y gwaith lluosi gan anwybyddu'r pwyntiau degol.
Bydd digidau'r ateb yr un fath â digidau'r ateb terfynol.

2 Adio nifer y lleoedd degol yn y ddau rif sydd i'w lluosi.

3 Rhoi'r pwynt degol yn yr ateb a gawsoch yng ngham 1 fel bod
gan yr ateb terfynol yr un nifer o leoedd degol â'r cyfanswm a
gawsoch yng ngham 2.

Mae'r camau hyn yn gweithio hefyd wrth luosi cyfanrif â degolyn, fel y
gwelsom yn Enghraifft 3.4.

ENGHRAIFFT 3.6

Cyfrifwch 0.8×0.7.

Datrysiad

1 Yn gyntaf cyfrifwch $8 \times 7 = 56$.

2 Cyfanswm nifer y lleoedd degol yn y 0.8 a'r
0.7 = $1 + 1 = 2$.

3 Yr ateb yw 0.56.

AWGRYM

Sylwch, wrth luosi
â rhif sydd rhwng
0 ac 1, er enghraifft
0.7, eich bod yn
lleihau'r rhif
gwreiddiol
(0.8 i 0.56).

1 Cyfrifwch y rhain.

a)   6.72
   + 7.19

b)   18.95
   + 23.14

c)   27.54
   + 83.61

ch)   5.91
   + 8.72

d)   16.74
   + 43.97

dd)   33.51
   + 79.86

2 Cyfrifwch y rhain.

a)   16.78
   − 7.13

b)   28.75
   − 13.84

c)   128.36
   − 73.52

ch)   13.49
   − 5.18

d)   47.51
   − 26.74

dd)   439.87
   − 218.03

3 Cyfrifwch y rhain.

a) £6.84 + 37c + £9.41

b) £16.83 + 94c + £6.81 + 32c

c) £61.84 + 76c + £9.72 + £41.32 + 83c

ch) £3.89 + 73c + 68c + £91.80

4 Cyfrifwch gost pum cryno ddisg am £11.58 yr un.

5 Mewn camp naid hir, mae Jim yn neidio 13.42 m ac mae Dai yn neidio 15.18 m. Cyfrifwch y gwahaniaeth rhwng hyd y ddwy naid.

6 Amser yr enillydd a'r olaf mewn ras 200 metr oedd 24.42 eiliad a 27.38 eiliad. Cyfrifwch y gwahaniaeth rhwng y ddau amser hyn.

7 Mae Cadi yn prynu'r tri phecyn cig unfath.

a) Faint yw cyfanswm eu pwysau?

b) Faint yw cyfanswm y gost?

8 Cyfrifwch gost 5 kg o datws newydd am £1.18 y cilogram.

9 Cyfrifwch y rhain. Rhowch eich atebion yn yr uned fwyaf.

  a) $6.1\,m + 92\,cm + 9.3\,m$ **b)** $3.2\,m + 28\,cm + 6.74\,m + 93\,cm$

  c) $7.2\,m - 165\,cm$ **ch)** $8.5\,m - 62\,cm$

  d) $7.6\,cm - 8\,mm$ **dd)** $8.5\,cm - 12\,mm$

10 Cyfrifwch y rhain. Lle bo'n briodol, rhowch eich atebion yn yr uned fwyaf.

  a) $300\,g + 1.4\,kg + 72\,g + 2.8\,kg$ **b)** $3.9\,kg + 760\,g - 2.7\,kg$

  c) $2.4\,kg - 786\,g$ **ch)** $2\,litr - 525\,ml$

  d) $4 \times 0.468\,litr$ **dd)** $\frac{1}{2}\,litr + 200\,ml$

11 Mae Pali yn prynu dau grys am £8.95 yr un, ac un pâr o drowsus am £17.99.
Faint o newid y mae Pali yn ei gael o £50?

12 Mae Glenda yn prynu dau giwcymer am 68c yr un a thair blodfresychen am £1.25 yr un.
Faint o newid y mae Glenda yn ei gael o £10?

13 Cyfrifwch y rhain.

  a) 5×0.7 **b)** 0.3×6 **c)** 4×0.6

  ch) 0.7×9 **d)** 0.3×0.1 **dd)** 0.9×0.6

  e) 50×0.3 **f)** 0.6×70 **ff)** 0.4×0.2

  g) 0.5×0.3 **ng)** $(0.5)^2$ **h)** $(0.1)^2$

RYDYCH WEDI DYSGU

- beth yw ystyr gwerth lle
- sut i newid ffracsiynau a rhifau cymysg yn ddegolion
- beth yw'r degolion sy'n gywerth â rhai ffracsiynau cyfarwydd eraill ar wahân i ddegfedau a chanfedau

Ffracsiwn	$\frac{1}{2}$	$\frac{1}{4}$	$\frac{3}{4}$	$\frac{1}{5}$	$\frac{2}{5}$	$\frac{3}{5}$	$\frac{4}{5}$
Degolyn	0.5	0.25	0.75	0.2	0.4	0.6	0.8

- sut i osod degolion yn eu trefn
- sut i adio a thynnu degolion
- sut i luosi degolyn â chyfanrif
- sut i luosi degolyn â degolyn

1 Beth yw gwerth lle'r digid 6 yn y rhifau hyn?

    a) 6000   **b)** 4.6   **c)** 8462   **ch)** 9.46   **d)** 176.09

2 Rhowch y rhifau hyn yn nhrefn eu maint, y lleiaf yn gyntaf.

    0.71   0.532   0.068   0.215   0.4

3 Ysgrifennwch y symiau hyn o arian mewn ceiniogau. Wedyn rhowch nhw yn eu trefn, y lleiaf yn gyntaf.

    87c   £1.56   £0.08   £0.26

4 Ysgrifennwch y rhifau hyn fel degolion.

    a) $\frac{9}{10}$ **b)** $2\frac{1}{10}$ **c)** $\frac{7}{100}$ **ch)** $16\frac{23}{100}$ **d)** $\frac{19}{1000}$

5 Ysgrifennwch y ffracsiynau hyn fel degolion.

    a) $\frac{3}{10}$ **b)** $\frac{1}{5}$ **c)** $\frac{3}{4}$ **ch)** $\frac{7}{10}$ **d)** $\frac{3}{5}$

6 Ysgrifennwch yr hydoedd hyn mewn centimetrau.

    a) 2.36 m   **b)** 83 mm   **c)** 0.57 m   **ch)** 5.8 m   **d)** 470 mm

7 Cyfrifwch y rhain.

    a) $\begin{array}{r} 6.82 \\ +2.49 \\ \hline \end{array}$ **b)** $\begin{array}{r} 26.92 \\ +18.54 \\ \hline \end{array}$ **c)** $\begin{array}{r} 27.36 \\ +91.48 \\ \hline \end{array}$

    ch) $\begin{array}{r} 9.16 \\ +7.72 \\ \hline \end{array}$ **d)** $\begin{array}{r} 13.84 \\ +37.67 \\ \hline \end{array}$ **dd)** $\begin{array}{r} 38.53 \\ +89.76 \\ \hline \end{array}$

8 Cyfrifwch y rhain.

    a) $\begin{array}{r} 21.74 \\ -8.13 \\ \hline \end{array}$ **b)** $\begin{array}{r} 36.86 \\ -12.78 \\ \hline \end{array}$ **c)** $\begin{array}{r} 130.46 \\ -83.92 \\ \hline \end{array}$

    ch) $\begin{array}{r} 12.59 \\ -7.16 \\ \hline \end{array}$ **d)** $\begin{array}{r} 35.57 \\ -28.74 \\ \hline \end{array}$ **dd)** $\begin{array}{r} 409.15 \\ -213.08 \\ \hline \end{array}$

9 Cyfrifwch gost saith cryno ddisg am £8.59 yr un.

10 Mae dau ddarn o bren yn cael eu gosod ben wrth ben. Eu hydoedd yw 2.5 m a 60 cm. Darganfyddwch gyfanswm hyd y pren, mewn metrau.

11 Mae Mair yn prynu dau gylchgrawn am £1.69 yr un a thusw o flodau am £3.70. Faint o newid y mae hi'n ei gael o £10?

12 Cyfrifwch y rhain.

    a) 3×0.4 **b)** 0.5×0.1 **c)** 0.7×0.8 **ch)** 1.2×0.4

4 → CANRANNAU

YN Y BENNOD HON

- Deall beth yw ystyr canran
- Trawsnewid rhwng ffracsiynau, degolion a chanrannau
- Cyfrifo canran o rywbeth
- Cyfrifo cynnydd canrannol a gostyngiad canrannol
- Cyfrifo swm fel canran o swm arall

DYLECH WYBOD YN BAROD

- sut i drawsnewid ffracsiynau syml yn ddegolion
- sut i gyfrifo ffracsiwn o rywbeth

Yr arwydd %

Mae'n siŵr y byddwch wedi gweld yr arwydd % yn aml mewn hysbysebion ac mewn papurau newydd.

SÊL! Gostyngiad o 20% ar bopeth

Chwyddiant yn 3%

52% yn llwyddo

Sylwi 4.1

Chwiliwch am gymaint ag y gallwch o enghreifftiau o ganrannau mewn papurau newyddion, cylchgronau a deunydd hysbysebu.

Ystyr 'y cant' yw allan o 100, felly mae 20% yn golygu 20 allan o bob 100.

ENGHRAIFFT 4.1

Cyfrifwch 20% o 300.

Datrysiad

Mae 3 chant mewn 300.
Ystyr 20% yw 20 allan o bob 100. Felly mae
$$20\% \text{ o } 300 = 3 \times 20$$
$$= 60$$

Ffracsiynau, degolion a chanrannau

Byddwch yn debygol o wybod eisoes fod $50\% = \frac{1}{2} = 0.5$.

Mae'r gosodiadau hyn i gyd yn dweud yr un peth.
    Bechgyn yw hanner $(\frac{1}{2})$ y dosbarth
    Bechgyn yw 50% o'r dosbarth
    Bechgyn yw 0.5 o'r dosbarth

Trawsnewid canrannau yn ffracsiynau

Ystyr 50% yw 50 allan o bob 100.

Felly gallwn ei ysgrifennu fel $\frac{50}{100}$.

Gwelsom ym Mhennod 2 sut i ganslo ffracsiynau i'w ffurf symlaf.

$\frac{50}{100} = \frac{5}{10} = \frac{1}{2}$ Rhannu'r rhifiadur a'r enwadur â 10 ac wedyn â 5.

neu $\frac{50}{100} = \frac{1}{2}$ Rhannu'r rhifiadur a'r enwadur â 50.

Gallwn newid canrannau eraill yn ffracsiynau yn yr un ffordd.

$20\% = \frac{20}{100} = \frac{2}{10} = \frac{1}{5}$ Rhannu'r rhifiadur a'r enwadur â 10 ac wedyn â 2.

Prawf sydyn 4.1

Newidiwch y canrannau hyn yn ffracsiynau.

a) 10%   **b)** 30%   **c)** 40%   **ch)** 60%   **d)** 70%

dd) 80%   **e)** 90%   **f)** 25%   **ff)** 75%

AWGRYM

Dylech ddysgu'r ffracsiynau sy'n gywerth â'r canrannau hyn ar gyfer eich papur arholiad digyfrifiannell.

Trawsnewid canrannau yn ddegolion

Gadewch i ni edrych eto ar 50%.

Ystyr 50% yw 50 allan o bob 100.

Felly gallwn ei ysgrifennu fel $\frac{50}{100}$.

Mae hyn yr un fath â $50.0 \div 100 = 0.500 = 0.5$ (symud y pwynt degol ddau le i'r chwith).

Yn yr un ffordd, mae $43\% = \frac{43}{100} = 43.0 \div 100 = 0.43$
ac mae $3\% = \frac{3}{100} = 3.0 \div 100 = 0.03$.

ENGHRAIFFT 4.2

Newidiwch y canrannau hyn yn ffracsiynau a degolion.

a) 15% **b)** 5% **c)** 140%

Datrysiad

a) Ffracsiwn $15\% = \frac{15}{100} = \frac{3}{20}$ Rhannu'r rhifiadur a'r enwadur â 5.

Degolyn $15\% = 15 \div 100 = 0.15$

b) Ffracsiwn $5\% = \frac{5}{100} = \frac{1}{20}$ Rhannu'r rhifiadur a'r enwadur â 5.

Degolyn $5\% = 5 \div 100 = 0.05$

c) Ffracsiwn $140\% = \frac{140}{100} = \frac{14}{10} = \frac{7}{5} = 1\frac{2}{5}$ Rhannu'r rhifiadur a'r enwadur â 10 ac wedyn â 2, a thrawsnewid yr ateb yn rhif cymysg.

Degolyn $140\% = 140 \div 100 = 1.40 = 1.4$

Sylwi 4.2

TAW (Treth ar Werth) yw treth sy'n cael ei hychwanegu at bris nwyddau.

a) Darganfyddwch y gyfradd TAW bresennol.

b) Ysgrifennwch y gyfradd TAW bresennol fel ffracsiwn ac fel degolyn.

Trawsnewid ffracsiynau a degolion yn ganrannau

I newid ffracsiynau a degolion yn ganrannau rydym yn gwrthdroi'r broses ac yn lluosi â 100. Mae'r enghraifft nesaf yn dangos hyn.

Newidiwch y ffracsiynau a'r degolion hyn yn ganrannau.

a) $\frac{2}{5}$ **b)** $\frac{8}{25}$ **c)** 0.37 **ch)** 0.06

Datrysiad

a) $\frac{2}{5} \times 100$

Ym Mhennod 2 dysgoch sut i luosi ffracsiwn â rhif cyfan trwy luosi'r rhifiadur yn unig â'r rhif cyfan hwnnw.

$2 \times 100 = 200$ felly mae $\frac{2}{5} \times 100 = \frac{200}{5}$.

$\frac{200}{5} = 40$

Wedyn darganfyddwch sawl 5 sydd mewn 200.

Felly mae $\frac{2}{5}$ fel canran, yn 40%.

b) $\frac{8}{25} \times 100$

$8 \times 100 = 800$ felly mae $\frac{8}{25} \times 100 = \frac{800}{25}$.

$\frac{800}{25} = 32$

Felly mae $\frac{8}{25}$ fel canran, yn 32%.

c) $0.37 \times 100 = 37$

Lluoswch y degolyn â 100.

Felly mae 0.37, fel canran, yn 37%.

ch) $0.06 \times 100 = 6$

Lluoswch y degolyn â 100.

Felly mae 0.06 , fel canran, yn 6%.

YMARFER 4.1

1 Newidiwch y canrannau hyn yn ffracsiynau. Ysgrifennwch bob ateb yn ei ffurf symlaf.

a) 35% **b)** 65% **c)** 8% **ch)** 120%

2 Newidiwch y canrannau hyn yn ddegolion.

a) 16% **b)** 27% **c)** 83% **ch)** 7%

d) 31% **dd)** 4% **e)** 17% **f)** 2%

ff) 150% **g)** 250% **ng)** 9% **h)** 12.5%

3 Newidiwch y canrannau hyn yn ddegolion.

a) 0.62 **b)** 0.56 **c)** 0.04 **ch)** 0.165 **d)** 1.32

4 Newidiwch y ffracsiynau hyn yn ganrannau.

a) $\frac{7}{10}$ **b)** $\frac{3}{5}$ **c)** $\frac{7}{20}$ **ch)** $\frac{10}{25}$ **d)** $\frac{17}{50}$

Cyfrifo canrannau

Ym Mhennod 2 gwelsom sut i gyfrifo ffracsiwn o rywbeth.
Mae'r enghraifft nesaf yn ein hatgoffa o hynny.

ENGHRAIFFT 4.4

Darganfyddwch $\frac{3}{10}$ o £60.

Datrysiad

Rhaid cyfrifo $\frac{3}{10} \times 60$.

$60 \div 10 = 6$ Yn gyntaf, rhannwch 60 â 10 i ddarganfod $\frac{1}{10}$ o 60.

$6 \times 3 = 18$ Wedyn, lluoswch yr ateb â 3 i ddarganfod $\frac{3}{10}$.

Ateb: £18

Gallwch ddarganfod 30% o £60 trwy ddefnyddio'r ffracsiwn cywerth neu'r degolyn cywerth.

Dull 1: Defnyddio ffracsiynau

$30\% = \frac{30}{100} = \frac{3}{10}$.

Wedyn, cyfrifwch $\frac{3}{10} \times 60 = £18$ fel yn Enghraifft 4.4.

Mae hyn yr un fath â dweud

     10% o £60 = £6

felly   30% o £60 = £6 $\times$ 3 = £18.

Dull 2: Defnyddio degolion

$30\% = 0.30 = 0.3$

$0.3 \times 60 = £18$

> **AWGRYM**
> Fel arfer, dyma'r dull gorau i'w ddefnyddio wrth sefyll y papur arholiad digyfrifiannell.

> **AWGRYM**
> Fel arfer, dyma'r dull gorau i'w ddefnyddio wrth sefyll y papur arholiad cyfrifiannell.

ENGHRAIFFT 4.5

Cyfrifwch 15% o £68.

Datrysiad

Dull 1: Defnyddio ffracsiynau

       $15\% = 10\% + 5\%$ Gallwch wahanu'r canran yn rhannau llai sy'n haws eu cyfrifo.

   10% o £68 = £68 $\div$ 10   Mae $10\% = \frac{1}{10}$ felly rhannwch £68 â 10.

            = £6.80

   5% o £68 = £6.80 $\div$ 2 $5\% = \frac{1}{2}$ o 10%, felly rhannwch eich ateb â 2.

            = £3.40

£6.80 + £3.40 = £10.20   10% + 5% = 15%

Dull 2: Defnyddio degolion

Gan ddefnyddio cyfrifiannell: £68 $\times$ 0.15 = £10.20

Peidiwch â defnyddio cyfrifiannell yng nghwestiynau **1** i **4**.

1 **a)** Darganfyddwch 20% o £80.

  b) Darganfyddwch 40% o £25.

  c) Darganfyddwch 35% o £60.

2 Mae Shamir yn buddsoddi £120 ac yn ennill llog o 5% yn y flwyddyn gyntaf. Cyfrifwch y llog.

3 Merched yw 60% o'r disgyblion mewn ysgol. Mae 400 disgybl yn yr ysgol. Faint sy'n ferched?

4 Cafodd 15% o'r arian crynswth am docynnau cyngerdd ei roi i elusen. Swm yr arian crynswth oedd £8400. Faint o arian gafodd ei roi i'r elusen?

 Cewch ddefnyddio cyfrifiannell yng nghwestiynau **5** i **9**.

5 **a)** Darganfyddwch 17% o £48.   **b)** Darganfyddwch 48% o £180.

6 Mae Fflur yn buddsoddi £450 ac yn ennill llog o 4% yn y flwyddyn gyntaf. Cyfrifwch y llog.

7 Darganfyddwch 120% o 32 metr.

8 Oedolion oedd 76% o'r dorf mewn gêm bêl-droed. Maint y dorf oedd 28 000. Faint oedd yn oedolion?

9 Mae Siân yn talu treth o 22% ar enillion o £380. Faint o dreth y mae hi'n ei dalu?

Her 4.1

Mae gan Dan £450 i'w fuddsoddi.

Mae banc A yn cynnig llog o 6% y flwyddyn.

Mae banc B yn cynnig llog o 3% bob chwe mis.

Gan ba fanc y byddai Dan yn derbyn y llog mwyaf mewn blwyddyn?

Faint yw'r gwahaniaeth?

Cynnydd a gostyngiad canrannol

Gallwn gyfrifo cynnydd canrannol trwy gyfrifo'r cynnydd yn gyntaf ac wedyn adio'r cynnydd hwn at y swm gwreiddiol.

Yn yr un ffordd, gallwn gyfrifo gostyngiad canrannol trwy gyfrifo'r gostyngiad yn gyntaf ac wedyn tynnu'r gostyngiad hwn o'r swm gwreiddiol.

Mae'r ddwy enghraifft ganlynol yn dangos hyn.

ENGHRAIFFT 4.6

Roedd gwerthiant blynyddol cyfrifiaduron mewn siop wedi cynyddu 20% yn 2010. Yn 2009, roedd y siop wedi gwerthu 1200 cyfrifiadur.
Heb ddefnyddio cyfrifiannell, cyfrifwch nifer y cyfrifiaduron a gafodd eu gwerthu yn 2010.

Datrysiad

$$10\% \text{ o } 1200 = 120$$
$$20\% \text{ o } 1200 = 120 \times 2 = 240$$
$$Y \text{ gwerthiant yn } 2010 = 1200 + 240 = 1440.$$

ENGHRAIFFT 4.7

Mae cwmni sy'n gwerthu yswiriant yn cynnig 15% o ostyngiad am drefnu polisïau trwy'r rhyngrwyd.
Pris arferol polisi yw £360.
Beth yw cost trefnu'r polisi hwn trwy'r rhyngrwyd?

Datrysiad

Heb ddefnyddio cyfrifiannell
$$10\% \text{ o } 360 = 36$$
$$5\% \text{ o } 360 = 18$$

Felly, y gostyngiad yw
$$36 + 18 = 54.$$

Wrth ddefnyddio cyfrifiannell
$$360 \times 0.15 = 54$$

Cost trefnu'r polisi trwy'r rhyngrwyd
$$= £360 - £54 = £306.$$

AWGRYM

Pan fydd cwmnïau'n cynnig gostyngiad fel hwn, bydd yn aml yn cael ei alw'n **ddisgownt**.

Peidiwch â defnyddio cyfrifiannell yng nghwestiynau **1** i **6**.

1 Cynyddwch £400 â'r canrannau hyn.

   a) 20%   **b)** 45%   **c)** 6%   **ch)** 80%

2 Gostyngwch £240 â'r canrannau hyn.

   a) 30%   **b)** 15%   **c)** 3%   **ch)** 60%

3 Cyflog Simon yw £12 000 y flwyddyn. Mae'n cael codiad cyflog o 4%. Cyfrifwch ei gyflog newydd.

4 Cewch dalu biliau trwy ddebyd uniongyrchol (taliadau misol yn syth o gyfrif banc). Mae cwmni trydan yn cynnig disgownt o 5% am dalu trwy ddebyd uniongyrchol. Y bil arferol yw £36 y mis. Faint yw'r bil os yw'n cael ei dalu trwy ddebyd uniongyrchol?

5 Y gyfradd TAW ar filiau tanwydd yw 8%. Mae bil nwy Llion yn £120 cyn TAW. Faint yw'r bil ar ôl ychwanegu TAW ato?

6 Mae siop offer trydanol yn cynnal arwerthiant.

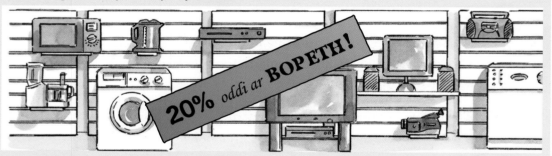

Cwblhewch y tabl i ddarganfod pris yr eitemau hyn yn yr arwerthiant.

Eitem	Pris gwreiddiol (£)	Gostyngiad (£)	Pris yn yr arwerthiant (£)
Set deledu	150		
Peiriant golchi	360		
Chwaraewr DVD	40		
System gyfrifiadurol	550		

 Cewch ddefnyddio cyfrifiannell yng nghwestiynau **7** i **12**.

7 Cynyddwch £68 â'r canrannau hyn.

   a) 12%   **b)** 26%   **c)** 7%   **ch)** 64%

8 Gostyngwch £312 â'r canrannau hyn.

  a) 18% **b)** 32% **c)** 9% **ch)** 78%

9 Gostyngodd gwerth car 13% yn y flwyddyn gyntaf. Ei bris yn newydd oedd £8500. Beth oedd ei werth ar ôl blwyddyn?

10 Roedd 76% yn fwy o ddisgyblion yn astudio TGCh yn 2008 nag ym 1998. Roedd 46 000 yn astudio TGCh ym 1998. Faint oedd yn astudio TGCh yn 2008?

11 Pris soffa yw £340 cyn ychwanegu TAW. Os yw'r gyfradd TAW yn 17.5%, beth yw pris y soffa ar ôl ychwanegu TAW?

12 Mae cwmni egni'n cynnig disgownt o 6% os yw trydan a hefyd nwy yn cael eu prynu ganddo. Maint bil nwy Jên yw £42 a maint ei bil trydan yw £34. Faint fydd cyfanswm ei bil os bydd hi'n prynu'r ddau gan yr un cwmni ac yn derbyn y disgownt o 6%?

Cyfrifo un maint fel canran o faint arall

Cafodd Dan 16 allan o 20 yn ei brawf mathemateg diwethaf.
Faint yw hyn fel canran?

Rhoddodd athrawes Dan y marc $\frac{16}{20}$ ar ei bapur.

Dyma'r ffracsiwn sgoriodd Dan o gyfanswm y marciau.

Fel y gwelsom eisoes, i drawsnewid ffracsiwn yn ganran rydym yn lluosi â 100.

Felly, marc Dan fel canran yw $\frac{16}{20} \times 100$.

Y ffordd hawsaf i wneud hyn yw dechrau trwy ganslo $\frac{16}{20}$ i roi $\frac{8}{10}$.

Wedyn cyfrifo $\frac{8}{10} \times 100$.

$8 \times 100 = 800$ ac $800 \div 10 = 80$.

Ar gyfrifiannell, gallwn wneud y cyfan yn hawdd trwy gyfrifo $16 \div 20 \times 100 = 80$.

Felly, marc Dan fel canran yw 80%.

Mae hyn yn arwain at y rheol gyffredinol hon.

I ddarganfod A fel canran o B, yn gyntaf ei ysgrifennu fel ffracsiwn, $\frac{A}{B}$, ac wedyn cyfrifo $\frac{A}{B} \times 100$.

ENGHRAIFFT 4.8

Darganfyddwch 18 fel canran o 40.

Datrysiad

Ysgrifennwch 18 fel ffracsiwn o 40 $\quad \frac{18}{40}$

Wedyn, lluoswch â 100 $\qquad \frac{18}{40} \times 100 = \frac{9}{20} \times 100 \quad$ (trwy ganslo)

$$9 \times 100 = 900$$
$$900 \div 20 = 45$$

Ateb: 45%

ENGHRAIFFT 4.9

Darganfyddwch 40 centimetr fel canran o 2 fetr.

Datrysiad

Yn gyntaf, newidiwch i'r un unedau $\quad$ 2 m = 200 cm

Wedyn, ysgrifennwch y ffracsiwn a lluoswch â 100

$$\frac{40}{200} \times 100 = \frac{20}{100} \times 100 = 20\%$$

ENGHRAIFFT 4.10

Prynodd Siwan dŷ am £90 000 a'i werthu am £110 000.
Cyfrifwch yr elw a wnaeth Siwan fel canran o'r hyn a dalodd hi am y tŷ.

Datrysiad

Elw = 110 000 − 90 000 = 20 000

Rhaid darganfod 20 000 fel canran o 90 000.

Ysgrifennwch y ffracsiwn $\qquad \frac{20\,000}{90\,000}$

Lluoswch â 100 $\qquad \frac{20\,000}{90\,000} \times 100$

Â chyfrifiannell $\qquad 20\,000 \div 90\,000 \times 100 = 22.2\%$ (i 1 lle degol)

Peidiwch â defnyddio cyfrifiannell yng nghwestiynau **1** i **5**.

1 Cyfrifwch £2 fel canran o £20.

2 Cyfrifwch 5 metr fel canran o 20 metr.

3 Cyfrifwch 80c fel canran o £2.

4 Cyflog Jên yw £5 yr awr. Mae hi'n cael codiad cyflog o 25c yr awr.
   Cyfrifwch ei chodiad cyflog fel canran o £5.

5 Mae pris teledu, oedd yn arfer costio £150, wedi'i ostwng £30.
   Cyfrifwch y gostyngiad fel canran o'r pris arferol.

Cewch ddefnyddio cyfrifiannell yng nghwestiynau **6** i **10**.

6 Cyfrifwch £26 fel canran o £200.

7 Cyfrifwch 3 metr fel canran o 40 metr.

8 Mewn ysgol mae 800 o ddisgyblion. Merched yw 425 ohonyn nhw.
   Pa ganran o'r disgyblion sy'n ferched?
   Rhowch eich ateb i'r rhif cyfan agosaf.

9 Cafodd Gwyn 66 allan o 80 mewn prawf Cymraeg. Faint yw hyn fel canran?

10 Cafodd car ei brynu am £9000. Ymhen blwyddyn cafodd ei werthu am £7500.
   Cyfrifwch y golled yng ngwerth y car fel canran o £9000.
   Rhowch eich ateb i'r rhif cyfan agosaf.

Her 4.2

Cynyddodd siop ei holl brisiau 20%.
Wedyn, adeg sêl, gostyngodd ei phrisiau 20%.

Pris gwreiddiol peiriant golchi oedd £350.
Dywedodd Dewi fod hynny'n golygu y byddai pris y peiriant golchi yn y sêl yr un peth â'i bris gwreiddiol.
Dywedodd Catrin y byddai'n rhatach na £350 yn y sêl.

Pwy sy'n gywir? Eglurwch eich ateb.
Os Catrin sy'n gywir, cyfrifwch y gostyngiad fel canran o'r £350 gwreiddiol.

- beth yw canran
- sut i newid canran yn ffracsiwn
- sut i newid canran yn ddegolyn
- sut i newid degolyn neu ffracsiwn yn ganran
- beth yw ffracsiwn cywerth a degolyn cywerth rhai canrannau
- sut i gyfrifo canran o rywbeth
- sut i gyfrifo cynnydd canrannol a gostyngiad canrannol
- sut i gyfrifo un maint fel canran o faint arall

YMARFER CYMYSG 4

Peidiwch â defnyddio cyfrifiannell yng nghwestiynau **1** i **4**.

1 Newidiwch y canrannau hyn yn ddegolion.

   a) 27%   **b)** 96%   **c)** 2%   **ch)** 16.5%   **d)** 350%

2 Trawsnewidiwch y rhain yn ganrannau.

   a) 0.08   **b)** $\frac{7}{10}$ **c)** 0.72   **ch)** $\frac{16}{40}$ **d)** 1.23

3 Cyfrifwch 30% o £28.

4 Mae Juliet yn rhoi £150 mewn cyfrif banc sy'n ennill llog o 5% yn y flwyddyn gyntaf. Cyfrifwch y llog.

Cewch ddefnyddio cyfrifiannell yng nghwestiynau **5** i **10**.

5 Cyn TAW, pris cryno ddisg yw £12. Os yw'r gyfradd TAW yn 17.5%, faint yw'r TAW?

6 Cyflog Carl yw £16 000 y flwyddyn. Mae'n cael codiad cyflog o 3%. Beth yw ei gyflog newydd?

7 Mewn arwerthiant, mae pob pris yn cael ei ostwng 15%. Cyfrifwch bris tostydd yn yr arwerthiant os oedd yn arfer costio £35.

8 Cafodd hen ddodrefnyn ei brynu am £120. Wedyn cafodd ei werthu am elw o 80%. Beth oedd ei bris gwerthu?

9 Cyflog Kate yw £240 yr wythnos. Mae hi'n cael codiad cyflog o £10 yr wythnos. Cyfrifwch y codiad fel canran o £240. Rhowch eich ateb i 1 lle degol.

10 Mewn arolwg gan Karim, roedd 17 allan o 60 o bobl wedi bod yn gwylio'r teledu am fwy na 3 awr ar y diwrnod blaenorol. Beth yw hyn fel canran? Rhowch eich ateb i'r rhif cyfan agosaf.

5 → DULLIAU GWAITH PEN 1

YN Y BENNOD HON

- Adio a thynnu parau o rifau dau ddigid
- Galw i gof a defnyddio ffeithiau lluosi a rhannu ar gyfer cyfanrifau hyd at 10×10
- Galw i gof y cyfanrifau hyd at 10 wedi'u sgwario a'r ail israddau cyfatebol
- Galw i gof a defnyddio 1, 2, 3, 4, 5 a 10 wedi'u ciwbio
- Talgrynnu i'r cyfanrif agosaf, i nifer penodol o leoedd degol, ac i 1 ffigur ystyrlon
- Adio a thynnu rhifau negatif

DYLECH WYBOD YN BAROD

- beth yw cyfanrifau
- y ffeithiau adio a thynnu ar gyfer cyfanrifau sy'n adio i 10
- sut i adio rhif un digid at rif un digid neu rif dau ddigid
- sut i dynnu rhif un digid o rif un digid neu rif dau ddigid
- sut i ysgrifennu rhifau positif a negatif ar linell rif

Adio a thynnu

Mae adio, swm, plws, cyfanswm a + i gyd yn golygu gwneud gwaith adio.

Mae tynnu, minws, darganfod y gwahaniaeth a − i gyd yn golygu gwneud gwaith tynnu.

Prawf sydyn 5.1

Write down the answers to the following.

a) $4 + 5$ b) $6 + 8$ c) $5 + 9$ ch) $7 + 6$

d) $8 + 9$ dd) $22 + 4$ e) $39 + 5$ f) $56 + 6$

Ysgrifennwch atebion i'r rhain.

a) 9 − 3   **b)** 12 − 4   **c)** 14 − 7   **ch)** 16 − 8

d) 15 − 9   **dd)** 27 − 5   **e)** 49 − 8   **f)** 96 − 7

Adio a thynnu lluosrif deg a rhif dau ddigid

ENGHRAIFFT 5.1

Ysgrifennwch atebion i'r rhain.

a) 14 + 40   **b)** 27 + 50   **c)** 83 − 20   **ch)** 65 − 20

Datrysiad

a) 14 + 40 = 54   Adiwch y degau ac wedyn ychwanegwch yr unedau.

b) 27 + 50 = 77

c) 83 − 20 = 63   Tynnwch y degau ac wedyn ychwanegwch yr unedau.

ch) 65 − 20 = 45

Adio parau o rifau dau ddigid

Mae sawl ffordd o wneud gwaith adio a thynnu syml yn y pen.

Dyma enghraifft sy'n dangos un ffordd o wneud gwaith adio syml.

ENGHRAIFFT 5.2

Cyfrifwch y rhain.

a) 23 + 36   **b)** 58 + 32   **c)** 64 + 53

Datrysiad

a) 23 + 36 = 23 + 30 + 6   Gwahanwch yr ail rif yn ddegau ac unedau.

             = 53 + 6 = 59

b) 58 + 34 = 58 + 30 + 4

             = 88 + 4 = 92

c) 64 + 53 = 64 + 50 + 3

             = 114 + 3 = 117

AWGRYM

Nid yw trefn y rhifau'n bwysig wrth adio.

Er enghraifft, 23 + 42 = 42 + 23 = 65.

Cyfrifwch y rhain.

1 20 + 50	**2** 21 + 10	**3** 44 + 30	**4** 69 + 20
5 76 + 60	**6** 15 + 22	**7** 23 + 34	**8** 17 + 43
9 26 + 47	**10** 54 + 18	**11** 38 + 53	**12** 49 + 24
13 63 + 29	**14** 52 + 47	**15** 25 + 48	**16** 31 + 85
17 44 + 73	**18** 86 + 36	**19** 78 + 27	**20** 96 + 87

Her 5.1

Mae 27 dyn a 38 menyw yn y gampfa.

Faint o bobl sydd yn y gampfa?

Mae'r enghraifft hon yn dangos un ffordd o wneud gwaith tynnu syml.

ENGHRAIFFT 5.3

Cyfrifwch y rhain.

a) $35 - 23$ **b)** $55 - 28$ **c)** $125 - 87$

Datrysiad

a) $35 - 23 = 35 - 20 - 3$ Gwahanwch yr ail rif yn ddegau ac unedau.
$= 15 - 3 = 12$

b) $55 - 28 = 55 - 20 - 8$
$= 35 - 8 = 27$

c) $125 - 87 = 125 - 80 - 7$
$= 45 - 7 = 38$

AWGRYM

Mae trefn y rhifau yn bwysig wrth dynnu.

Er enghraifft, $42 - 23 \neq 23 - 42$.

Cyfrifwch y rhain.

1	90 − 20	**2**	55 − 30	**3**	91 − 50	**4**	63 − 40
5	152 − 80	**6**	39 − 17	**7**	49 − 8	**8**	39 − 23
9	86 − 21	**10**	48 − 27	**11**	73 − 4	**12**	55 − 9
13	45 − 8	**14**	47 − 28	**15**	62 − 27	**16**	100 − 33
17	46 − 39	**18**	94 − 25	**19**	100 − 18	**20**	34 − 17

Her 5.2

Teithiodd Josh 43 cilometr ar ei feic.
Teithiodd 16 cilometr o'r daith yn y bore a'r gweddill yn y prynhawn.
Pa mor bell y teithiodd Josh yn y prynhawn?

Her 5.3

Yn Enghraifft 5.3 gwelsoch fod 35 − 23 = 12.
Gallwch hefyd weld bod 35 − 12 = 23 a bod 23 + 12 = 35.
Mae'r tri rhif wedi'u cysylltu mewn tri chyfrifiad gwahanol.

Ar gyfer y setiau hyn o dri rhif, ysgrifennwch dri chyfrifiad gwahanol.

a) 56, 22, 34   **b)** 79, 91, 12   **c)** 17, 84, 67   **ch)** 43, 62, 19   **d)** 100, 19, 81

ENGHRAIFFT 5.4

Faint y mae'n rhaid ei adio at
a) 61 i wneud 100?   **b)** 24 i wneud 55?

Datrysiad

a) 61 + 9 = 70   Yn gyntaf, ewch at luosrif nesaf deg.
    70 + 30 = 100   Wedyn, adiwch ddegau i wneud 100.
     9 + 30 = 39   Rhaid adio 39 at 61 i wneud 100.
    Ffordd arall yw dweud bod hyn yr un fath â gofyn beth yw 100 − 61.
    100 − 61 = 100 − 60 − 1   Gwahanwch yr ail rif yn ddegau ac unedau.
           = 40 − 1 = 39

b)

$24 + 6 = 30$	Yn gyntaf, ewch at luosrif nesaf deg.
$30 + 20 = 50$	Adiwch ddegau i wneud 50.
$50 + 5 = 55$	Wedyn, gwnewch 55.
$6 + 20 + 5 = 31$	Rhaid adio 31 at 24 i wneud 55.

Ffordd arall yw dweud bod hyn yr un fath â gofyn beth yw $55 - 24$.

$55 - 24 = 55 - 20 - 4$ Gwahanwch yr ail rif yn ddegau ac unedau.

$\quad\quad\quad = 35 - 4 = 31$

 YMARFER 5.3

Yn y cwestiynau hyn, defnyddiwch y dull sydd orau gennych chi.

Faint y mae'n rhaid ei adio at

1 44 i wneud 100?

2 58 i wneud 100?

3 27 i wneud 100?

4 23 i wneud 65?

5 71 i wneud 85?

6 47 i wneud 90?

7 21 i wneud 78?

8 49 i wneud 98?

9 35 i wneud 62?

10 47 i wneud 86?

Her 5.4

 Roedd 37 teithiwr mewn bws pan gyrhaeddodd arhosfan. Gadawodd 16 teithiwr y bws a daeth 21 i'r bws.

Sawl teithiwr oedd yn y bws pan adawodd yr arhosfan?

Her 5.5

 Dau bâr o rifau sy'n adio i roi 30 yw $11 + 19$ a $23 + 7$.

Ysgrifennwch gymaint ag y gallwch o barau sy'n adio i roi 30.

Lluosi a rhannu

Mae lluosi, sawl gwaith, darganfod lluoswm, a $\times$ i gyd yn golygu'r un peth.

Mae rhannu, rhoi nifer cyfartal, yn mynd i, a $\div$ i gyd yn golygu'r un peth.

Copïwch a chwblhewch
y grid lluosi hwn.

O'ch grid, gwiriwch fod 7×8
ac 8×7 yn rhoi yr un ateb.

×	1	2	3	4	5	6	7	8	9	10
1										
2	2	4	6	8	10	12	14	16	18	20
3										
4										
5										
6										
7										
8										
9										
10										

AWGRYM

Nid yw trefn y rhifau'n
bwysig wrth luosi.

Er enghraifft,
$7 \times 8 = 8 \times 7 = 56$.

YMARFER 5.4

Cyfrifwch y rhain.

1 4×3 **2** 3×4 **3** 9×5 **4** 5×9

5 7×5 **6** 6×2 **7** 8×6 **8** 3×9

9 6×6 **10** 5×3 **11** 7×4 **12** 8×5

13 6×3 **14** 9×4 **15** 5×10 **16** 8×7

17 7×7 **18** 3×6 **19** 6×9 **20** 7×9

Mewn cystadleuaeth bêl-droed dan do, mae wyth tîm o saith chwaraewr.
Sawl chwaraewr sydd yn gyfan gwbl?

I gyfrifo $56 \div 7$ gallwch ddefnyddio eich grid lluosi a gweithio'n ôl,
ond mae gwybod eich tablau yn ei wneud yn llawer cyflymach.

AWGRYM

Mae $21 \div 7$, $7\overline{)21}$ a $\frac{21}{7}$ yn dair ffordd o ddweud rhannu
21 â 7.

Cyfrifwch y rhain.

1	$18 \div 3$	**2**	$\frac{12}{3}$	**3**	$15 \div 5$	**4**	$16 \div 4$
5	$25 \div 5$	**6**	$2\overline{)14}$	**7**	$40 \div 8$	**8**	$36 \div 4$
9	$27 \div 9$	**10**	$\frac{54}{6}$	**11**	$48 \div 6$	**12**	$\frac{56}{8}$
13	$42 \div 6$	**14**	$7\overline{)63}$	**15**	$36 \div 9$	**16**	$2\overline{)16}$
17	$28 \div 4$	**18**	$48 \div 8$	**19**	$49 \div 7$	**20**	$\frac{32}{8}$

Her 5.7

 Roedd Jasmine yn rhannu 63 o felysion yn gyfartal rhwng 7 o bobl. Faint gafodd pob un?

Her 5.8

 Fel adio a thynnu, mae cyswllt rhwng lluosi a rhannu.
Gallwn gysylltu'r rhifau 24, 6 a 4 fel hyn: $4 \times 6 = 24$, $24 \div 4 = 6$ a $24 \div 6 = 4$.

Ar gyfer pob un o'r setiau hyn o dri rhif, ysgrifennwch dri chyfrifiad gwahanol.

a) $5, 7, 35$ **b)** $63, 9, 7$ **c)** $9, 45, 5$ **ch)** $36, 9, 4$ **d)** $8, 72, 9$

Sgwario ac ail israddau

Gallwch weld yn eich grid lluosi fod $4 \times 4 = 16$.
Tair ffordd arall o ysgrifennu hyn yw $4^2 = 16$, neu fod 4 i'r pŵer 2 yn 16, neu fod 4 wedi'i **sgwario** yn 16.

Rydym eisoes wedi sôn am sgwario rhifau ym Mhennod 1.

Prawf sydyn 5.4

 Ysgrifennwch werthoedd $1^2, 2^2, 3^2, 4^2, 5^2, 6^2, 7^2, 8^2, 9^2$ a 10^2.

Rydym yn galw 1, 4, 9, ... yn **rhifau sgwâr**.

Y gwrthwyneb i sgwario rhif yw darganfod ei **ail isradd**, sy'n cael ei ysgrifennu fel $\sqrt{16} = 4$.
Os ydych yn gwybod y rhifau sgwâr, yna rydych hefyd yn gwybod eu hail israddau.

Rydym eisoes wedi sôn am ail israddau ym Mhennod 1.

Prawf sydyn 5.5

Ysgrifennwch werth pob un o'r rhain.
$\sqrt{1}$, $\sqrt{4}$, $\sqrt{9}$, $\sqrt{16}$, $\sqrt{25}$, $\sqrt{36}$, $\sqrt{49}$, $\sqrt{64}$, $\sqrt{81}$ a $\sqrt{100}$.

Amcangyfrif ail israddau

Rydych yn gwybod bod $\sqrt{25} = 5$ a bod $\sqrt{36} = 6$.

Felly, rydych yn gwybod bod $\sqrt{28}$ yn gorfod bod rhwng 5 a 6.

Mae 28 yn agosach at 25 nag at 36, felly gallwch amcangyfrif bod $\sqrt{28}$ tua 5.3.

Gan mai amcangyfrif yw hwn, byddai unrhyw ateb rhwng 5.2 a 5.4 yn ddigon da.

ENGHRAIFFT 5.5

Amcangyfrifwch werth pob un o'r rhain.

a) $\sqrt{54}$ **b)** $\sqrt{46}$

Datrysiad

a) Mae 54 rhwng 49 a 64, felly mae $\sqrt{54}$ rhwng 7 ac 8.
Mae 54 yn agosach at 49 ac felly mae $\sqrt{54}$ tua 7.3.

b) Mae 46 rhwng 36 a 49 felly mae $\sqrt{46}$ rhwng 6 a 7.
Mae 46 yn agosach at 49 ac felly mae $\sqrt{46}$ tua 6.8.

AWGRYM

Peidiwch â cheisio bod yn rhy fanwl gywir wrth amcangyfrif ail israddau.

Os defnyddiwch chi gyfrifiannell, mae $\sqrt{54} = 7.348...$ ond mae 7.2, 7.3 neu 7.4 yn amcangyfrifon derbyniol.

YMARFER 5.6

Amcangyfrifwch werth pob un o'r rhain.

1 $\sqrt{13}$ **2** $\sqrt{24}$ **3** $\sqrt{87}$ **4** $\sqrt{61}$ **5** $\sqrt{32}$

6 $\sqrt{48}$ **7** $\sqrt{39}$ **8** $\sqrt{55}$ **9** $\sqrt{91}$ **10** $\sqrt{77}$

Ciwbio

Fel y gwelsom ym Mhennod 1, byddwn yn ysgrifennu 5 wedi'i giwbio
fel $5^3 = 5 \times 5 \times 5 = 125$.

Prawf sydyn 5.6

Ysgrifennwch werth pob un o'r rhain.
$1^3, 2^3, 3^3, 4^3$ a 10^3.

Talgrynnu rhifau

Ym Mhennod 1 dysgoch ddull o dalgrynnu rhifau i'r 10, 100, 1000, ...
agosaf. Gallwn ddefnyddio'r dull hwn i dalgrynnu i raddau eraill o
fanwl gywirdeb.

Talgrynnu i'r rhif cyfan agosaf

Edrychwch ar y llinell rif hon.

Mae 1.7 yn agosach at 2 nag at 1. Felly 1.7 i'r rhif cyfan agosaf yw 2.
Mae 2.4 yn agosach at 2 nag at 3. Felly 2.4 i'r rhif cyfan agosaf yw 2.

Edrychwch ar y llinell rif hon.

Mae 6.5 hanner ffordd rhwng 6 a 7.
Pan fo rhif yn y canol fel hyn, byddwn bob amser yn ei dalgrynnu i fyny.
Felly 6.5 i'r rhif cyfan agosaf yw 7.

Er mwyn talgrynnu i'r rhif cyfan agosaf, edrychwch ar y lle degol cyntaf.

- Os yw'n llai na 5, gadewch y rhif cyfan fel y mae.
- Os yw'n 5 neu fwy, adiwch 1 at y rhif cyfan.

Anwybyddwch unrhyw ddigidau sydd yn yr ail le degol ac ymhellach
i'r dde.

ENGHRAIFFT 5.6

Talgrynnwch y rhain i'r rhif cyfan agosaf.

a) 4.91   **b)** 17.32   **c)** 91.5   **ch)** 4.032   **d)** 146.9

Datrysiad

a) 5   Y lle degol cyntaf yw 9, felly adiwch 1 at y 4.
b) 17   Y lle degol cyntaf yw 3, felly gadewch yr 17 fel y mae.
c) 92   Y lle degol cyntaf yw 5, felly adiwch 1 at y 91.
ch) 4   Y lle degol cyntaf yw 0, felly gadewch y 4 fel y mae.
d) 147   Y lle degol cyntaf yw 9, felly adiwch 1 at y 146.

Talgrynnu i nifer penodol o leoedd degol

Pan fo rhif wedi'i ysgrifennu fel degolyn, mae'r digidau sydd ar yr ochr dde i'r pwynt degol yn cael eu galw'n **lleoedd degol**. Mae rhifau'n gallu cael nifer o wahanol leoedd degol.

Mae 65.3 wedi'i ysgrifennu i 1 lle degol.
Mae 25.27 wedi'i ysgrifennu i 2 le degol.
Mae 98.654 wedi'i ysgrifennu i 3 lle degol.
Ac yn y blaen.

Cawsom olwg ar ddegolion ym Mhennod 3. Gallwn fyrhau 'lle degol' yn 'll.d.'.
   Efallai y bydd gofyn i chi dalgrynnu rhif neu ateb i nifer penodol o leoedd degol. Gallwch addasu'r dull o dalgrynnu a ddysgoch ym Mhennod 1 ar gyfer gwneud hyn.

- Cyfrif y lleoedd degol o'r pwynt degol ac edrych ar y digid cyntaf y mae angen i chi ei ddiddymu.
- Os yw'r digid hwnnw'n llai na 5, yn syml diddymu'r holl leoedd degol diangen.
- Os yw'r digid hwnnw'n 5 neu fwy, adio 1 at y digid sydd yn y lle degol olaf rydych am ei gadw, a diddymu'r lleoedd degol diangen.

ENGHRAIFFT 5.7

Talgrynnwch y rhifau hyn i'r nifer angenrheidiol o leoedd degol.

a) 65.533 i 1 lle degol
b) 21.334 i 2 le degol
c) 88.653 i 1 lle degol
ch) 327.556 i 2 le degol
d) 2.658 97 i 3 lle degol

a) 65.5   Mae'r ail le degol yn llai na 5, felly diddymwch yr holl leoedd degol diangen.

b) 21.33   Mae'r trydydd lle degol yn llai na 5, felly diddymwch yr holl leoedd degol diangen.

c) 88.7   Mae'r ail le degol yn 5, felly adiwch 1 at y digid sydd yn y lle degol cyntaf.

ch) 327.56   Mae'r trydydd lle degol yn fwy na 5, felly adiwch 1 at y digid sydd yn yr ail le degol.

d) 2.659   Mae'r pedwerydd lle degol yn fwy na 5, felly adiwch 1 at y digid sydd yn y trydydd lle degol.

Mae talgrynnu i nifer penodol o leoedd degol yn cael ei ddefnyddio'n aml mewn sefyllfaoedd dydd i ddydd.

ENGHRAIFFT 5.8

Mae £50 yn cael ei rannu'n gyfartal rhwng saith o bobl. Faint y mae pawb yn ei gael?

Datrysiad

Wrth ddefnyddio cyfrifiannell, $50 \div 7 = 7.142\,857\,143$.

Gan mai ceiniog yw'r darn arian lleiaf sydd gennym, mae'n synhwyrol talgrynnu'r ateb hwn i 2 le degol.

Mae hyn yn gwneud yr ateb yn £7.14 (gan fod y trydydd lle degol yn llai na 5).

Talgrynnu i 1 ffigur ystyrlon

I ddarganfod **ffigur ystyrlon** cyntaf rhif, rydym yn cychwyn ar y *chwith* i'r rhif ac yn edrych ar y digid ansero cyntaf. Yr ail ffigur ystyrlon yw'r digid nesaf i'r dde.

Yn 19 765   y ffigur ystyrlon cyntaf yw 1 ac mae'n cynrychioli 10 000 a'r ail ffigur ystyrlon yw 9 ac mae'n cynrychioli 9000.

Yn 202 322   y ffigur ystyrlon cyntaf yw 2 ac mae'n cynrychioli 200 000 a'r ail ffigur ystyrlon yw 0 sy'n dweud wrthym nad oes unrhyw ddeg miloedd.

Sylwch fod sero yn gallu bod yn ffigur ystyrlon pan nad yw yn y safle cyntaf. Gallwn fyrhau 'ffigur ystyrlon' yn 'ffig. yst.' neu 'ff.y.'.

Gwelwn rifau wedi'u talgrynnu i 1 ffigur ystyrlon yn aml mewn papurau newydd.

Gallai pennawd yn y papur ddweud '20 000 yn gwylio'r gêm brawf' er mai'r union nifer oedd 19 765.

Gallai pennawd arall ddweud 'Lladron yn dwyn £200 000' er mai'r union swm oedd £202 322.

Gallwn addasu'r dull o dalgrynnu rhif i 1 ffigur ystyrlon a oedd gennym o'r blaen.

- Gan gychwyn ar y chwith i'r rhif, darganfod y ffigur ystyrlon cyntaf a'r ail ffigur ystyrlon.
- Os yw'r ail ffigur ystyrlon yn llai na 5, gadael y ffigur ystyrlon cyntaf fel y mae a rhoi seroau yn lle pob digid arall.
- Os yw'r ail ffigur ystyrlon yn 5 neu fwy, adio 1 at y ffigur ystyrlon cyntaf a rhoi seroau yn lle pob digid arall.

Bydd y seroau hyn sy'n cymryd lle pob ffigur ystyrlon ac eithrio'r cyntaf yn dangos beth yw maint y rhif.

ENGHRAIFFT 5.9

Talgrynnwch y rhifau hyn i 1 ffigur ystyrlon.

a) 5210 **b)** 69 140 **c)** 406 **ch)** 45 200

Datrysiad

a) 5000 Yr ail ffigur ystyrlon yw 2, felly gadewch y 5 fel y mae a rhowch dri sero yn lle'r tri digid arall.

b) 70 000 Yr ail ffigur ystyrlon yw 9, felly adiwch 1 at y 6 a rhowch bedwar sero yn lle'r pedwar digid arall.

c) 400 Yr ail ffigur ystyrlon yw 0, felly gadewch y 4 fel y mae a rhowch ddau sero yn lle'r ddau ddigid arall.

ch) 50 000 Yr ail ffigur ystyrlon yw 5, felly adiwch 1 at y 4 a rhowch bedwar sero yn lle'r pedwar digid arall.

AWGRYM

Camgymeriad cyffredin yw rhoi'r nifer anghywir o seroau wrth dalgrynnu.

Cofiwch mai'r hyn sydd i'w ddarganfod yw gwerth bras y rhif a bod rhaid iddo felly fod tua'r un faint â'r rhif gwreiddiol.

1 Talgrynnwch y rhifau hyn i'r rhif cyfan agosaf.

   a) 14.2   **b)** 16.5   **c)** 581.4   **ch)** 204.6   **d)** 8.96

   dd) 28.48   **e)** 319.6   **f)** 924.23   **ff)** 1.12   **g)** 34.57

2 Talgrynnwch y rhifau hyn i 1 lle degol.

   a) 5.237   **b)** 48.124   **c)** 0.8945   **ch)** 7.6666   **d)** 9.8876

3 Talgrynnwch y rhifau yng nghwestiwn **2** i 2 le degol.

4 Talgrynnwch y rhifau hyn i 1 ffigur ystyrlon.

   a) 1402   **b)** 3121   **c)** 59 104   **ch)** 42   **d)** 616 312

   dd) 8 546 217   **e)** 294   **f)** 4092   **ff)** 631

5 Mae 23 214 o bobl ar faes yr Eisteddfod.
   Faint yw hyn yn gywir i 1 ffigur ystyrlon?

Her 5.9

Enillodd wyth o bobl gyfanswm o £1 842 625 yn y loteri.
Maen nhw'n rhannu'r arian yn gyfartal.
Faint y mae pob un yn ei dderbyn?
Rhowch eich ateb i'r bunt agosaf.

Her 5.10

Cost adeiladu estyniad yw £8000, yn gywir i 1 ffigur ystyrlon.

Beth yw'r swm lleiaf y gallai'r estyniad fod yn ei gostio?

Adio a thynnu rhifau negatif

Daethoch ar draws rhifau negatif ym Mhennod 1. Rhif sy'n llai na sero yw rhif negatif. Mae llinell rif yn ddefnyddiol iawn wrth adio neu dynnu â rhifau negatif.

Defnyddiwch linell rif i gyfrifo'r rhain.

a) $-2 + 4$　　　　　　　　　　　　　**b)** $5 - 7$

Datrysiad

a) Cychwynnwch ar -2 a symudwch 4 i'r dde.

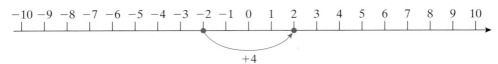

Yr ateb yw 2.

b) Cychwynnwch ar 5 a symudwch 7 i'r chwith.

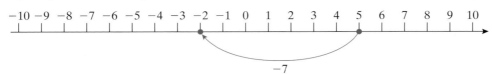

Yr ateb yw -2.

Sylwi 5.1

Copïwch a chwblhewch y patrymau hyn.

a)	**b)**	**c)**	**ch)**
$5 - 2 =$	$-2 + 4 =$	$-2 + 4 =$	$1 - 4 =$
$5 - 3 =$	$-2 + 3 =$	$-2 + 3 =$	$1 - 3 =$
$5 - 4 =$	$-2 + 2 =$	$-2 + 2 =$	$1 - 2 =$
$5 - 5 =$	$-2 + 1 =$	$-2 + 1 =$	$1 - 1 =$
$5 - 6 =$	$-2 + 0 =$	$-2 + 0 =$	$1 - 0 =$
$5 - 7 =$	$-2 + (-1) =$	$-2 - 1 =$	$1 - (-1) =$
$5 - 8 =$	$-2 + (-2) =$	$-2 - 2 =$	$1 - (-2) =$
$5 - 9 =$	$-2 + (-3) =$	$-2 - 3 =$	$1 - (-3) =$

Edrychwch ar eich atebion i Sylwi 5.1. Dylech allu gweld y canlynol.

- Pan fo rhif llai yn cael ei dynnu o rif mwy, mae'r ateb yn bositif.
- Pan fo rhif mwy yn cael ei dynnu o rif llai, mae'r ateb yn negatif.

- Pan fo rhif negatif yn cael ei dynnu o rif negatif arall, rydych yn adio'r rhifau ac yn gwneud yr ateb yn negatif.
- Mae adio rhif negatif yr un fath â thynnu rhif positif.
- Mae tynnu rhif negatif yr un fath ag adio rhif positif.

ENGHRAIFFT 5.11

Cyfrifwch y rhain.

a) $4 - 6$ **b)** $3 - 7$ **c)** $8 - 4$

ch) $-2 - 6$ **d)** $-4 + (-3)$ **dd)** $-2 - (-5)$

Datrysiad

a) $4 - 6 = -2$ $6 - 4 = 2$ ac mae'r rhif sy'n cael ei dynnu yn fwy.

b) $3 - 7 = -4$ $7 - 3 = 4$ ac mae'r rhif sy'n cael ei dynnu yn fwy.

c) $8 - 4 = 4$ $8 - 4 = 4$ ac mae'r rhif sy'n cael ei dynnu yn llai.

ch) $-2 - 6 = -8$ $2 + 6 = 8$ ac mae'r ddau rif yn negatif.

d) $-4 + (-3) = -7$ Mae adio rhif negatif yr un fath â thynnu rhif positif: $-4 + (-3) = -4 - 3$.
$4 + 3 = 7$ ac mae'r ddau rif yn negatif.

dd) $-2 - (-5) = 3$ Mae tynnu rhif negatif yr un fath ag adio rhif positif: $-2 - (-5) = -2 + 5$.
Nid yw'r drefn yn bwysig wrth adio: $-2 + 5 = 5 + (-2)$.
Mae adio rhif negatif yr un fath â thynnu rhif positif: $5 + (-2) = 5 - 2 = 3$.

YMARFER 5.8

Cyfrifwch y rhain.

1 $4 - 5$ **2** $6 - 2$ **3** $7 - 5$ **4** $3 - 6$

5 $6 - 4$ **6** $5 + 3$ **7** $-2 + 3$ **8** $-4 + 3$

9 $4 + 1$ **10** $-2 + 1$ **11** $2 - 3$ **12** $-5 + 6$

13 $-5 + 2$ **14** $-6 + 5$ **15** $-3 - 2$ **16** $-3 + 4$

17 $4 + (-2)$ **18** $-6 - (-3)$ **19** $2 + (-1)$ **20** $-1 - (-4)$

Her 5.11

Dydd Mawrth, y tymheredd am hanner dydd oedd 6 °C.

a) Erbyn hanner nos roedd y tymheredd 10 °C yn is.
Beth oedd y tymheredd am hanner nos?

b) Am 6 a.m. y tymheredd oedd 21 °C.
Faint roedd y tymheredd wedi newid oddi ar hanner nos?

Wrth adio a thynnu llawer o rifau, mae'n well adio'r rhifau positif ac adio'r rhifau negatif ar wahân, wedyn darganfod y gwahaniaeth rhwng y ddau gyfanswm, a rhoi arwydd y cyfanswm mwyaf i'r ateb.

ENGHRAIFFT 5.12

Cyfrifwch y rhain.

a) $4 + 2 - 3 - 4$ **b)** $6 - 2 - 3 + 1 + 5$ **c)** $8 - 1 - 3 - 2 + 4$

Datrysiad

a) $4 + 2 - 3 - 4 = (4 + 2) - (3 + 4)$
$= 6 - 7$
$= -1$

b) $6 - 2 - 3 + 1 + 5 = (6 + 1 + 5) - (2 + 3)$
$= 12 - 5$
$= 7$

c) $8 - 1 - 3 - 2 + 4 = (8 + 4) - (1 + 3 + 2)$
$= 12 - 6$
$= 6$

◎ YMARFER 5.9

Cyfrifwch y rhain.

1 $4 + 3 - 2 - 1$ **2** $6 - 3 - 5 + 4$

3 $4 + 3 + 2 - 5$ **4** $9 - 2 - 3 + 2$

5 $-4 + 2 - 2 + 5$ **6** $4 - 1 - 3 - 4$

7 $2 - 3 + 4 - 7$ **8** $2 - 3 - 5 - 6 + 4 + 1$

9 $7 + 3 + 2 - 5 - 4 + 3$ **10** $-4 - 3 + 2 + 7 - 5 - 1$

- sut i adio a thynnu parau o rifau dau ddigid
- sut i luosi a rhannu â chyfanrifau hyd at 10×10
- gwerthoedd rhifau wedi'u sgwario hyd at 10^2 a'r ail israddau cyfatebol
- sut i amcangyfrif ail isradd rhif hyd at 100
- gwerthoedd rhifau wedi'u ciwbio, $1^3 = 1, 2^3 = 8, 3^3 = 27, 4^3 = 64, 5^3 = 125$ a $10^3 = 1000$
- sut i dalgrynnu rhifau i'r rhif cyfan agosaf
- sut i dalgrynnu rhifau i nifer penodol o leoedd degol
- mai ffigur ystyrlon cyntaf rhif yw'r digid ansero cyntaf wrth gychwyn ar y chwith i'r rhif a symud i'r dde
- sut i dalgrynnu i 1 ffigur ystyrlon
- bod adio rhif negatif yr un fath â thynnu rhif positif
- bod tynnu rhif negatif yr un fath ag adio rhif positif

YMARFER CYMYSG 5

1 Cyfrifwch y rhain.
   a) $13 + 45$ **b)** $75 + 19$ **c)** $35 + 47$ **ch)** $47 + 86$ **d)** $34 + 28$

2 Cyfrifwch y rhain.
   a) $47 - 12$ **b)** $53 - 17$ **c)** $61 - 24$ **ch)** $93 - 69$ **d)** $56 - 48$

3 Ar gyfer pob un o'r setiau hyn o dri rhif, ysgrifennwch dri chyfrifiad + neu − gwahanol.
   a) $66, 21, 45$ **b)** $39, 53, 14$ **c)** $15, 52, 67$ **ch)** $37, 55, 18$ **d)** $90, 36, 54$

4 Faint y mae'n rhaid ei adio at
   a) 14 i wneud 57?   **b)** 19 i wneud 33?
   c) 45 i wneud 61?   **ch)** 59 i wneud 63?

5 Cyfrifwch y rhain.
   a) 3×5 **b)** 4×7 **c)** 6×8 **ch)** 8×4 **d)** 9×7

6 Cyfrifwch y rhain.
   a) $32 \div 4$ **b)** $40 \div 5$ **c)** $42 \div 6$ **ch)** $18 \div 9$ **d)** $56 \div 8$

7 Ar gyfer pob un o'r setiau hyn o dri rhif, ysgrifennwch dri chyfrifiad × neu ÷ gwahanol.

a) $6, 7, 42$ **b)** $56, 8, 7$ **c)** $8, 40, 5$ **ch)** $24, 6, 4$ **d)** $6, 54, 9$

8 Ysgrifennwch werth pob un o'r rhain. Ysgrifennwch werth pob un o'r rhain.

a) 1^2 **b)** 5^2 **c)** 7^2 **ch)** 8^2
d) 2^3 **dd)** 5^3 **e)** $\sqrt{16}$ **f)** $\sqrt{36}$

9 Amcangyfrifwch werth pob un o'r rhain.

a) $\sqrt{18}$ **b)** $\sqrt{88}$ **c)** $\sqrt{72}$ **ch)** $\sqrt{45}$ **d)** $\sqrt{56}$

10 Talgrynnwch y rhifau hyn i'r rhif cyfan agosaf.

a) 47.3 **b)** 1.624 **c)** 98.37 **ch)** 104.53 **d)** 6.75

11 Talgrynnwch y rhifau hyn i 1 lle degol.

a) 9.14 **b)** 1.64 **c)** 68.67
ch) 1.385 **d)** 3.879 **dd)** 16.375

12 Talgrynnwch y rhifau hyn i 2 le degol.

a) 1.385 **b)** 3.879 **c)** 16.375
ch) 43.9543 **d)** 1.33333 **dd)** 2.666666

13 Talgrynnwch y rhifau hyn i 1 ffigur ystyrlon.

a) 41 **b)** $29\,184$ **c)** 8162 **ch)** $756\,324$ **d)** 9871

14 Mae 16 478 o bobl mewn gêm bêl-droed.
Faint o bobl sydd yna, yn gywir i 1 ffigur ystyrlon?

15 Cyfrifwch y rhain.

a) $-4 - 2$ **b)** $-2 + 4$ **c)** $2 - 6$ **ch)** $5 + (-3)$ **d)** $3 - (-2)$

16 Cyfrifwch y rhain.

a) $5 + 4 - 2 - 1$ **b)** $3 - 5 - 4 + 5$
c) $6 + 3 - 2 - 1$ **ch)** $3 - 2 + 1 - 5 + 4$

YN Y BENNOD HON

- **Defnyddio'r botymau sgwario ac ail isradd ar gyfrifiannell**
- **rhoi ateb o fanwl gywirdeb penodol**
- **Deall ym mha drefn mae cyfrifiannell yn gwneud gwaith cyfrifo**
- **Defnyddio cyfrifiannell yn effeithlon i wneud gwaith cyfrifo mwy anodd**

DYLECH WYBOD YN BAROD

- sut i ddefnyddio'r pedwar botwm rhifyddeg syml +, −, ×, ÷ ar gyfrifiannell
- ystyr y geiriau *sgwario* ac *ail isradd*
- sut i dalgrynnu rhifau i lefel penodol o fanwl gywirdeb

Sgwario

Dysgoch am sgwario rhifau ym Mhennod 1. Byddwch yn cofio mai 5^2 yw 5 wedi'i sgwario a'i fod yn golygu 5×5. Felly, $5^2 = 25$.

I sgwario rhifau ar gyfrifiannell gallwch ddefnyddio'r botwm $\boxed{\times}$ neu'r botwm $\boxed{x^2}$.

Sylwi 6.1

Chwiliwch am y botwm $\boxed{x^2}$ ar eich cyfrifiannell a chofiwch ble i gael hyd iddo.

a) Cyfrifwch 3.4^2 trwy wasgu'r botymau $\boxed{3}$ $\boxed{\cdot}$ $\boxed{4}$ $\boxed{\times}$ $\boxed{3}$ $\boxed{\cdot}$ $\boxed{4}$.

Gwnewch y gwaith cyfrifo eto trwy wasgu $\boxed{3}$ $\boxed{\cdot}$ $\boxed{4}$ $\boxed{x^2}$.
Gwiriwch eich bod wedi cael yr un ateb.

b) Defnyddiwch y ddau ddull i sgwario pob un o'r rhain.

    (i) 5.3^2 **(ii)** 12.7^2 **(iii)** 29^2 **(iv)** 168^2 **(v)** 0.86^2 **(vi)** 0.17^2

Her 6.1

Edrychwch eto ar atebion y ddau gwestiwn olaf yn Sylwi 6.1.

O'r blaen, roedd sgwario bob amser yn rhoi ateb oedd yn fwy na'r rhif gwreiddiol. Mae'r ddau ateb olaf yn llai na'r rhif gwreiddiol.

Pa bryd mae rhif wedi'i sgwario yn llai na'r rhif gwreiddiol?
Oes unrhyw rifau sydd â'r rhif wedi'i sgwario yr un faint â'r rhif gwreiddiol?

Ail israddau

I ddarganfod ail isradd rhif rhaid chwilio am y rhif sy'n lluosi ag ef ei hun i roi'r rhif gwreiddiol.

Er enghraifft, ail isradd 9 yw 3 oherwydd bod $3 \times 3 = 9$.

Byddwn yn ysgrifennu $\sqrt{9} = 3$.

Sylwi 6.2

Chwiliwch am y botwm $\boxed{\sqrt{}}$ ar eich cyfrifiannell a chofiwch ble i gael hyd iddo.

a) Cyfrifwch ail isradd 60.84 trwy wasgu $\boxed{\sqrt{}}$ $\boxed{6}$ $\boxed{0}$ $\boxed{\cdot}$ $\boxed{8}$ $\boxed{4}$.

Wedyn gwiriwch eich ateb trwy wasgu $\boxed{\text{ANS}}$ $\boxed{x^2}$. Dylech gael 60.84.

b) Darganfyddwch ail isradd pob un o'r rhain a gwiriwch eich atebion trwy ddefnyddio'r dull uchod.

(**i**) $\sqrt{27.04}$ (**ii**) $\sqrt{8.41}$ (**iii**) $\sqrt{21.16}$

(**iv**) $\sqrt{2916}$ (**v**) $\sqrt{0.5184}$ (**vi**) $\sqrt{0.1849}$

Her 6.2

Edrychwch ar yr ail israddau rydych wedi'u cyfrifo yn Sylwi 6.2.
Pa ail israddau sy'n fwy na'r rhif gwreiddiol?

Pa bryd mae ail isradd rhif yn fwy na'r rhif gwreiddiol?
Oes unrhyw rifau sydd â'u hail isradd yn hafal i'r rhif gwreiddiol?

Manwl gywirdeb

Wrth gyfrifo 2.63^2 ar gyfrifiannell, bydd y sgrin yn dangos 6.9169.

Wrth gyfrifo $\sqrt{6.8}$ ar gyfrifiannell, bydd y sgrin yn dangos 2.607 680 9… .
(Efallai y bydd nifer y lleoedd degol yn wahanol ar rai cyfrifianellau.)

Go brin y bydd angen rhoi cymaint o leoedd degol yn yr ateb.
Fel arfer, bydd talgrynnu'r ateb i 2 neu 3 lle degol yn ddigon manwl gywir.
Weithiau, bydd y cwestiwn yn nodi pa mor fanwl mae angen rhoi'r ateb.

Mae $2.63^2 = 6.92$ neu 6.917 yn debygol o fod yn ddigon manwl gywir.

Mae $\sqrt{6.8} = 2.61$ neu 2.608 yn debygol o fod yn ddigon manwl gywir.

Cofiwch dalgrynnu'r ateb terfynol yn unig. Peidiwch â thalgrynnu rhifau
yn ystod y cyfrifo.

AWGRYM
- Os ydych yn talgrynnu rhif, nodwch bob tro i sawl lle degol rydych wedi'i dalgrynnu, e.e. 2.61 yn gywir i 2 le degol.
- Os byddwch wedi talgrynnu rhif i roi ateb i un rhan o gwestiwn ac mae angen defnyddio'r ateb hwnnw mewn rhan arall o'r cwestiwn, cofiwch fynd yn ôl at y fersiwn mwy manwl gywir.
- Mae'n syniad da cadw ateb yn eich cyfrifiannell hyd nes eich bod yn gwybod na fyddwch ei eisiau yn rhan nesaf y cwestiwn.

YMARFER 6.1

1 Sgwariwch bob un o'r rhain.

  a) 2.7^2 **b)** 4.7^2 **c)** 38^2 **ch)** 328^2 **d)** 0.62^2

  dd) 0.19^2 **e)** 0.07^2 **f)** 1.8^2 **ff)** 2.16^2 **g)** 31.6^2

2 Cyfrifwch yr ail israddau hyn.

  a) $\sqrt{16.81}$ **b)** $\sqrt{59.29}$ **c)** $\sqrt{2.56}$ **ch)** $\sqrt{295.84}$ **d)** $\sqrt{1296}$

  dd) $\sqrt{0.0961}$ **e)** $\sqrt{0.2401}$ **f)** $\sqrt{0.7396}$ **ff)** $\sqrt{14.0625}$ **g)** $\sqrt{0.002\,209}$

3 Cyfrifwch yr ail israddau hyn. Rhowch eich atebion i 2 le degol.

  a) $\sqrt{17.32}$ **b)** $\sqrt{29.8}$ **c)** $\sqrt{88}$ **ch)** $\sqrt{567}$ **d)** $\sqrt{2348}$

  dd) $\sqrt{0.345}$ **e)** $\sqrt{0.9}$ **f)** $\sqrt{23\,790}$ **ff)** $\sqrt{1.87}$ **g)** $\sqrt{0.078}$

4 Arwynebedd sgwâr yw 480 cm². Cyfrifwch hyd ei ochr.
  Rhowch eich ateb i 1 lle degol.

Gwaith cyfrifo mwy anodd

Sylwi 6.3

a) Beth yw'r atebion i'r rhain?

    (i) $4 + 8 \div 2$ **(ii)** $2 + 3 \times 4 - 5$

b) Gwasgwch y dilyniant hwn o fotymau ar eich cyfrifiannell.

    (i) $\boxed{4}\,\boxed{+}\,\boxed{8}\,\boxed{\div}\,\boxed{2}\,\boxed{=}$ **(ii)** $\boxed{2}\,\boxed{+}\,\boxed{3}\,\boxed{\times}\,\boxed{4}\,\boxed{-}\,\boxed{5}\,\boxed{=}$

    Ai dyma'r atebion roeddech chi'n eu disgwyl?

Os oes gennych gyfrifiannell gwyddonol, bydd bob amser yn lluosi a rhannu cyn adio a thynnu.

Os oes gennych gyfrifiannell sydd ond yn adio, tynnu, lluosi a rhannu, bydd yn gwneud y cyfrifo yn y drefn o'r chwith i'r dde.

Gwiriwch beth mae eich cyfrifiannell chi'n ei wneud.

Yn Sylwi 6.3, os 6 oedd ateb eich cyfrifiannell i $4 + 8 \div 2$, yna mae'n gweithio o'r chwith i'r dde. Os 8 oedd yr ateb, yna mae eich cyfrifiannell yn lluosi a rhannu cyn adio a thynnu. Dyma'r dull cywir o gyfrifo.

Felly, yr atebion cywir i Sylwi 6.3 yw $4 + 8 \div 2 = 8$ a $2 + 3 \times 4 - 5 = 9$.

Un dull o osgoi'r broblem yw defnyddio cromfachau.

Er enghraifft, wrth gyfrifo $(3 + 4) \times 2$ mae'r cromfachau yn golygu cyfrifo $3 + 4$ yn gyntaf ac wedyn lluosi â 2. Felly, yr ateb yw $7 \times 2 = 14$.

Yr hyn sydd yn y cromfachau sy'n cael ei wneud gyntaf bob tro.

Os oes gan eich cyfrifiannell fotymau cromfachau, gallwch eu defnyddio yn hytrach nag ysgrifennu'r cam canol ar bapur.

ENGHRAIFFT 6.1

Cyfrifwch $(5.9 + 3.3) \div 2.3$.

Datrysiad

Os oes cromfachau ar eich cyfrifiannell, gwasgwch y dilyniant hwn o fotymau.

$\boxed{(}\,\boxed{5}\,\boxed{.}\,\boxed{9}\,\boxed{+}\,\boxed{3}\,\boxed{.}\,\boxed{3}\,\boxed{)}\,\boxed{\div}\,\boxed{2}\,\boxed{.}\,\boxed{3}\,\boxed{=}$

Os nad oes cromfachau ar eich cyfrifiannell, cyfrifwch 5.9 + 3.3 yn gyntaf. Ysgrifennwch yr ateb, sef 9.2.

Wedyn cyfrifwch 9.2 ÷ 2.3.

Dylai'r naill ffordd neu'r llall roi'r un ateb, sef 4.

ENGHRAIFFT 6.2

Defnyddiwch gyfrifiannell i gyfrifo'r rhain.

a) $\sqrt{(5.2 + 2.7)}$ **b)** $5.2 \div (3.7 \times 2.8)$

Datrysiad

a) Mae'r cromfachau'n dangos bod angen cyfrifo 5.2 + 2.7 cyn darganfod yr ail isradd.
Gwasgwch y dilyniant hwn o fotymau.

$\boxed{\checkmark}\ \boxed{(}\ \boxed{5}\ \boxed{\cdot}\ \boxed{2}\ \boxed{+}\ \boxed{2}\ \boxed{\cdot}\ \boxed{7}\ \boxed{)}\ \boxed{=}$

Yr ateb yw 2.811 yn gywir i 2 le degol.

b) Rhaid cyfrifo 3.7 × 2.8 cyn gwneud y gwaith rhannu.
Gwasgwch y dilyniant hwn o fotymau.

$\boxed{5}\ \boxed{\cdot}\ \boxed{2}\ \boxed{\div}\ \boxed{(}\ \boxed{3}\ \boxed{\cdot}\ \boxed{7}\ \boxed{\times}\ \boxed{2}\ \boxed{\cdot}\ \boxed{8}\ \boxed{)}\ \boxed{=}$

Yr ateb yw 0.502 yn gywir i 3 lle degol.

YMARFER 6.2

Cyfrifwch y rhain ar gyfrifiannell.
Os nad yw'r atebion yn union, rhowch nhw'n gywir i 3 lle degol.

1 $(5.2 + 2.3) \div 3.1$	**2** $(127 - 31) \div 25$	**3** $(5.3 + 4.2) \times 3.6$
4 $\sqrt{(15.7 - 3.8)}$	**5** $3.2^2 + \sqrt{5.6}$	**6** $(6.2 + 1.7)^2$
7 $6.2^2 + 1.7^2$	**8** $5.3 \div (4.1 \times 3.1)$	**9** $2.8 \times (5.2 - 3.6)$
10 $6.3^2 - 3.7^2$	**11** $\sqrt{(5.3 \times 9.2)}$	**12** $25.2 \div (6.1 + 3.8)$

- sut i ddefnyddio'r botymau x^2 ac $\sqrt{}$ ar gyfrifiannell i sgwario rhifau a darganfod eu hail israddau
- sut i roi ateb o fanwl gywirdeb penodol
- ym mha drefn y mae gwahanol gyfrifianellau'n gwneud gwaith cyfrifo
- sut i ddefnyddio cromfachau i newid trefn y cyfrifo ar gyfrifiannell

YMARFER CYMYSG 6

1 Sgwariwch bob un o'r rhain.

a) 7.1^2 **b)** 6.4^2 **c)** 38^2 **ch)** 521^2 **d)** 0.46^2

2 Cyfrifwch yr ail israddau hyn.

a) $\sqrt{23.04}$ **b)** $\sqrt{68.89}$ **c)** $\sqrt{590.49}$ **ch)** $\sqrt{0.1089}$ **d)** $\sqrt{0.003\,969}$

3 Cyfrifwch yr ail israddau hyn. Rhowch eich atebion i 2 le degol.

a) $\sqrt{37.3}$ **b)** $\sqrt{537}$ **c)** $\sqrt{40\,682}$ **ch)** $\sqrt{0.389}$ **d)** $\sqrt{0.0786}$

4 Arwynebedd cae sgwâr yw 9650 m^2.
Cyfrifwch hyd ochr y cae.
Rhowch eich ateb mewn metrau i 1 lle degol.

5 Cyfrifwch y rhain ar gyfrifiannell.
Os nad yw'r atebion yn union, rhowch nhw'n gywir i 3 lle degol.

a) $(4.2 + 8.6) \div 1.7$ **b)** $\sqrt{(148 - 37)}$ **c)** $(6.3 - 1.9)^2$

ch) $5.7 \times (6.8 + 9.2)$ **d)** $4.3^2 + \sqrt{28.3}$ **dd)** $54.2 \div (5.3 \times 4.1)$

7 → CYFANRIFAU, PWERAU AC ISRADDAU 2

YN Y BENNOD HON

- **Rhifau cysefin a ffactorau**
- **Ysgrifennu rhif fel lluoswm ei ffactorau cysefin**
- **Ffactorau cyffredin mwyaf a lluosrifau cyffredin lleiaf**
- **Lluosi a rhannu â rhifau negatif**
- **Pwerau, israddau a chilyddion**

DYLECH WYBOD YN BAROD

- sut i adio a thynnu, lluosi a rhannu cyfanrifau
- sut i ddefnyddio nodiant indecs ar gyfer rhifau sgwâr, rhifau ciwb a phwerau 10
- ystyr y geiriau *ffactor, lluosrif, rhif sgwâr, rhif ciwb, ail isradd*

Rhifau cysefin a ffactorau

Ym Mhennod 1 gwelsoch mai **ffactor** rhif yw unrhyw rif sy'n rhannu'n union i'r rhif hwnnw. Mae hyn yn cynnwys 1 a'r rhif ei hun.

Prawf sydyn 7.1

Ffactorau 2 yw 1 a 2.
Ffactorau 22 yw 1, 2, 11 a 22.

Ysgrifennwch holl ffactorau'r rhifau hyn.

a) 14 **b)** 16 **c)** 40

Sylwi 7.1

a) Ysgrifennwch holl ffactorau'r rhifau eraill o 1 i 20.

b) Ysgrifennwch yr holl rifau dan 20 sydd â dau ffactor gwahanol yn unig.

Byddwn yn galw'r rhifau a gawsoch yn rhan **b)** o Sylwi 7.1 yn **rhifau cysefin**. Sylwch nad yw 1 yn rhif cysefin gan mai un ffactor yn unig sydd ganddo.

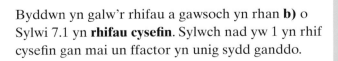 **AWGRYM** Mae'n ddefnyddiol dysgu'r rhifau cysefin hyd at 50.

Ysgrifennu rhif fel lluoswm ei ffactorau cysefin

Pan fyddwn yn lluosi dau neu fwy o rifau â'i gilydd **lluoswm** yw'r canlyniad.

Pan fyddwn yn ysgrifennu rhif fel lluoswm ei ffactorau cysefin, byddwn yn cyfrifo pa rifau cysefin sy'n cael eu lluosi â'i gilydd i roi'r rhif hwnnw.

Y rhif 6 wedi'i ysgrifennu fel lluoswm ei ffactorau cysefin yw 2×3.

Mae'n hawdd ysgrifennu ffactorau cysefin 6 oherwydd ei fod yn rhif bach.
I ysgrifennu rhif mwy fel lluoswm ei ffactorau cysefin, defnyddiwch y dull canlynol.

- Rhoi cynnig ar rannu'r rhif â 2.
- Os gallwch ei rannu â 2 yn union, ceisio ei rannu â 2 eto.
- Parhau i rannu â 2 nes methu rhannu'r ateb â 2.
- Wedyn rhoi cynnig ar rannu â 3.
- Parhau i rannu â 3 nes methu rhannu'r ateb â 3.
- Wedyn rhoi cynnig ar rannu â 5.
- Parhau i rannu â 5 nes methu rhannu'r ateb â 5.
- Parhau i weithio'n systematig fel hyn trwy'r rifau cysefin.
- Rhoi'r gorau iddi pan fydd yr ateb yn 1.

ENGHRAIFFT 7.1

a) Ysgrifennwch 12 fel lluoswm ei ffactorau cysefin.

b) Ysgrifennwch 126 fel lluoswm ei ffactorau cysefin.

Datrysiad

a) $2\overline{)12}$

   $2\overline{)6}$

   $3\overline{)3}$

   1

   $12 = 2 \times 2 \times 3$

Rydych yn gwybod yn barod y gallwch ysgrifennu 2×2 fel 2^2.

Felly gallwch ysgrifennu $2 \times 2 \times 3$ yn fwy cryno fel $2^2 \times 3$.

b)

$$2\overline{)126}$$
$$3\overline{)63}$$
$$3\overline{)21}$$
$$7\overline{)7}$$
$$1$$

$126 = 2 \times 3 \times 3 \times 7 = 2 \times 3^2 \times 7$

AWGRYM Gwiriwch eich ateb trwy luosi'r ffactorau cysefin â'i gilydd. Dylai eich ateb fod y rhif gwreiddiol.

Cofiwch fod 3^2 yn golygu 3 wedi'i sgwario, a dyma'r enw arbennig ar 3 i'r pŵer 2.

Yr enw ar y pŵer, sef 2 yn yr achos hwn, yw'r **indecs**.

YMARFER 7.1

Ysgrifennwch bob un o'r rhifau hyn fel lluoswm ei ffactorau cysefin.

1 6	**2** 10	**3** 15	**4** 21	**5** 32
6 36	**7** 140	**8** 250	**9** 315	**10** 420

Her 7.1

Ffactorau 24 yw 1, 2, 3, 4, 6, 8, 12, 24.

Dyma wyth ffactor gwahanol. Gallwch ysgrifennu hyn fel F(24) = 8.

24 wedi'i ysgrifennu fel lluoswm ei ffactorau cysefin yw $2 \times 2 \times 2 \times 3 = 2^3 \times 3^1$.

(Os 1 yw'r indecs ni fyddwn, fel arfer, yn ei nodi ond mae ei angen ar gyfer y gweithgaredd hwn.)

Nawr adiwch 1 at bob un o'r indecsau: (3 + 1) = 4 ac (1 + 1) = 2.

Wedyn lluoswch y rhifau hyn: $4 \times 2 = 8$.

Mae'r ateb yr un fath ag F(24), sef sawl ffactor sydd gan 24.

Dyma enghraifft arall.

Ffactorau 8 yw 1, 2, 4, 8.

Dyma bedwar ffactor gwahanol, felly F(8) = 4.

8 wedi'i ysgrifennu fel lluoswm ei ffactorau cysefin yw 2^3.

Dim ond un pŵer sydd y tro hwn.

Adiwch 1 at yr indecs: (3 + 1) = 4.

Mae hwn yr un fath ag F(8), sef sawl ffactor sydd gan 8.

a) Rhowch gynnig ar hyn ar gyfer 40.

b) Ymchwiliwch i weld a oes cysylltiad tebyg rhwng nifer y ffactorau a phwerau'r ffactorau cysefin ar gyfer ychydig o rifau eraill.

Ffactorau cyffredin mwyaf a lluosrifau cyffredin lleiaf

Ffactor cyffredin mwyaf (FfCM) set o rifau yw'r rhif mwyaf fydd yn rhannu'n union i bob un o'r rhifau hynny.

Y rhif mwyaf fydd yn rhannu i 8 ac 12 yw 4.

Felly 4 yw ffactor cyffredin mwyaf 8 ac 12.

Gallwn ddarganfod ffactor cyffredin mwyaf 8 ac 12 heb ddefnyddio unrhyw ddulliau arbennig. Rhestrwch ffactorau 8 ac 12, efallai yn eich meddwl, a chymharwch y rhestri i ddarganfod y rhif mwyaf sydd i'w weld yn y ddwy restr.

Pan fyddwch yn gallu rhoi'r ateb heb ddefnyddio unrhyw ddulliau arbennig, y term am hynny yw darganfod **trwy archwiliad**.

Prawf sydyn 7.3

Darganfyddwch, trwy archwiliad, ffactor cyffredin mwyaf (FfCM) pob un o'r parau hyn o rifau.

a) 12 ac 18 **b)** 27 a 36 **c)** 48 ac 80

Nid yw'r ffactor cyffredin mwyaf byth yn fwy na'r lleiaf o'r rhifau.

Mae'n debyg y cawsoch rannau **a)** a **b)** o Brawf Sydyn 7.3 yn weddol hawdd ond y cawsoch ran **c)** yn fwy anodd.

Dyma'r dull i'w ddefnyddio pan nad yw'n hawdd darganfod y ffactor cyffredin mwyaf trwy archwiliad.

- Ysgrifennu pob rhif fel lluoswm ei ffactorau cysefin.
- Darganfod y ffactorau cyffredin.
- Eu lluosi nhw â'i gilydd.

Mae'r enghraifft nesaf yn dangos y dull hwn.

Darganfyddwch ffactor cyffredin mwyaf pob un o'r parau hyn o rifau.

a) 28 a 72 **b)** 96 a 180

Datrysiad

a) Ysgrifennwch bob rhif fel lluoswm ei ffactorau cysefin.

$28 = ②×②× 7 = 2^2 × 7$

$72 = ②×②× 2 × 3 × 3 = 2^3 × 3^2$

Y ffactorau cyffredin yw 2 a 2.

Y ffactor cyffredin mwyaf yw $2 × 2 = 2^2 = 4$.

b) Ysgrifennwch bob rhif fel lluoswm ei ffactorau cysefin.

$96 = ②×②× 2 × 2 × 2 × ③ = 2^5 × 3$

$180 = ②×②×③× 3 × 5 = 2^2 × 3^2 × 5$

Y ffactorau cyffredin yw 2, 2 a 3.

Y ffactor cyffredin mwyaf yw $2 × 2 × 3 = 2^2 × 3 = 12$.

Lluosrif cyffredin lleiaf (LlCLl) set o rifau yw'r rhif lleiaf y bydd pob aelod o'r set yn rhannu iddo.

Y rhif lleiaf y bydd 8 ac 12 yn rhannu iddo yw 24.

Felly 24 yw lluosrif cyffredin lleiaf 8 ac 12.

Fel yn achos y ffactor cyffredin mwyaf, gallwch ddarganfod lluosrif cyffredin lleiaf rhifau bach trwy archwiliad. Un ffordd yw rhestru lluosrifau pob un o'r rhifau a chymharu'r rhestri i ddarganfod y rhif lleiaf sydd i'w weld yn y ddwy restr.

Prawf sydyn 7.4

Trwy archwiliad, darganfyddwch luosrif cyffredin lleiaf pob un o'r parau hyn o rifau.

a) 3 ac 5 **b)** 12 ac 16 **c)** 48 ac 80

Mae'n debyg y cawsoch rannau **a)** a **b)** o Brawf Sydyn 7.4 yn weddol hawdd ond y cawsoch ran **c)** yn fwy anodd.

Dyma'r dull i'w ddefnyddio pan nad yw'n hawdd darganfod y lluosrif cyffredin lleiaf trwy archwiliad.

AWGRYM

Nid yw'r lluosrif cyffredin lleiaf byth yn llai na'r mwyaf o'r rhifau.

- Ysgrifennu pob rhif fel lluoswm ei ffactorau cysefin.
- Darganfod pŵer mwyaf pob un o'r ffactorau sydd i'w gweld yn y naill restr a'r llall.
- Lluosi'r rhifau hyn â'i gilydd.

Mae'r enghraifft nesaf yn dangos y dull hwn.

ENGHRAIFFT 7.3

Darganfyddwch luosrif cyffredin lleiaf pob un o'r parau hyn o rifau.

a) 28 a 42 **b)** 96 a 180

Datrysiad

a) Ysgrifennwch bob rhif fel lluoswm ei ffactorau cysefin.

$28 = 2 \times 2 \times 7 = \boxed{2^2} \times 7$

$42 = 2 \times \boxed{3} \times \boxed{7}$

Pŵer mwyaf 2 yw 2^2.
Pŵer mwyaf 3 yw $3^1 = 3$.
Pŵer mwyaf 7 yw $7^1 = 7$.

Y lluosrif cyffredin lleiaf yw $2^2 \times 3 \times 7 = 84$

Sylwch fod rhif yn gallu cael ei ysgrifennu fel y rhif hwnnw i'r pŵer 1.
Er enghraifft, cafodd 3 ei ysgrifennu fel 3^1. Mae rhif i'r pŵer 1 yn hafal i'r rhif ei hun. $3^1 = 3$.

b) Ysgrifennwch bob rhif fel lluoswm ei ffactorau cysefin.

$96 = 2 \times 2 \times 2 \times 2 \times 2 \times 3 = \boxed{2^5} \times 3$

$180 = 2 \times 2 \times 3 \times 3 \times 5 \quad = 2^2 \times \boxed{3^2} \times \boxed{5}$

Pŵer mwyaf 2 yw 2^5.
Pŵer mwyaf 3 yw 3^2.
Pŵer mwyaf 5 yw $5^1 = 5$.

Y lluosrif cyffredin lleiaf yw $2^5 \times 3^2 \times 5 = 1440$.

- I ddarganfod y ffactor cyffredin mwyaf (FfCM), defnyddiwch y rhifau cysefin sydd i'w gweld yn y *ddwy* restr a defnyddiwch bŵer *lleiaf* pob rhif cysefin.
- I ddarganfod y lluosrif cyffredin lleiaf (LlCLl), defnyddiwch yr holl rifau cysefin sydd i'w gweld yn y rhestri a defnyddiwch bŵer mwyaf pob rhif cysefin.

AWGRYM

Cofiwch wirio eich atebion.

Ydy'r FfCM yn rhannu i'r ddau rif?

Ydy'r ddau rif yn rhannu i'r LlCLl?

Ar gyfer pob un o'r parau hyn o rifau

- ysgrifennwch y rhifau fel lluosymiau eu ffactorau cysefin.
- nodwch y ffactor cyffredin mwyaf.
- nodwch y lluosrif cyffredin lleiaf.

1 4 a 6   **2** 12 ac 16   **3** 10 ac 15   **4** 32 a 40   **5** 35 a 45

6 27 a 63   **7** 20 a 50   **8** 48 ac 84   **9** 50 a 64   **10** 42 a 49

Her 7.2

Mae disgyblion Blwyddyn 11 mewn ysgol i gael eu rhannu'n grwpiau o faint cyfartal.

Dau faint posibl ar gyfer y grwpiau yw 16 a 22.

Beth yw'r nifer lleiaf o ddisgyblion sy'n gallu bod ym Mlwyddyn 11?

Lluosi a rhannu â rhifau negatif

Sylwi 7.2

a) Cyfrifwch y dilyniant hwn o gyfrifiadau.

$$5 \times 5 = 25$$
$$5 \times 4 = 20$$
$$5 \times 3 =$$
$$5 \times 2 =$$
$$5 \times 1 =$$
$$5 \times 0 =$$

Beth yw'r patrwm yn yr atebion?

Defnyddiwch y patrwm i barhau'r dilyniant.

$$5 \times -1 =$$
$$5 \times -2 =$$
$$5 \times -3 =$$
$$5 \times -4 =$$

b) Cyfrifwch y dilyniant hwn o gyfrifiadau.

$$5 \times 4 =$$
$$4 \times 4 =$$
$$3 \times 4 =$$
$$2 \times 4 =$$
$$1 \times 4 =$$
$$0 \times 4 =$$

Nodwch y patrwm a pharhewch y dilyniant.

Dylech fod wedi gweld yn Sylwi 7.2 fod lluosi rhif positif â rhif negatif
yn rhoi ateb negatif.

Sylwi 7.3

Cyfrifwch y dilyniant hwn o gyfrifiadau.

$-3 \times 5 =$
$-3 \times 4 =$
$-3 \times 3 =$
$-3 \times 2 =$
$-3 \times 1 =$
$-3 \times 0 =$

Beth yw'r patrwm yn yr atebion?
Defnyddiwch y patrwm i barhau'r dilyniant.

$-3 \times -1 =$
$-3 \times -2 =$
$-3 \times -3 =$
$-3 \times -4 =$
$-3 \times -5 =$

Mae'r atebion i Sylwi 7.2 a Sylwi 7.3 yn awgrymu'r rheolau hyn.

$+ \times - = -$	$+ \times + = +$
a	a
$- \times + = -$	$- \times - = +$

ENGHRAIFFT 7.4

Cyfrifwch y rhain.

a) 6×-4 **b)** -7×-3 **c)** -5×8

Datrysiad

a) $+ \times - = -$
$6 \times 4 = 24$
Felly $6 \times -4 = -24$

b) $- \times - = +$
$7 \times 3 = 21$
Felly $-7 \times -3 = +21 = 21$

c) $- \times + = -$
$5 \times 8 = 40$
Felly $-5 \times 8 = -40$

$4 \times 3 = 12$ O'r cyfrifiad hwn gallwn ddweud bod $12 \div 4 = 3$ a bod $12 \div 3 = 4$.

$10 \times 6 = 60$ O'r cyfrifiad hwn gallwn ddweud bod $60 \div 6 = 10$ a bod $60 \div 10 = 6$.

Yn Enghraifft 7.4 gwelsom fod $6 \times -4 = -24$.

Felly, yn yr un ffordd ag ar gyfer y cyfrifiadau uchod, gallwn ddweud bod

$$-24 \div 6 = -4 \text{ a bod } -24 \div -4 = 6$$

a) Cyfrifwch 2×-9.
Wedyn ysgrifennwch ddau gyfrifiad rhannu yn yr un ffordd â'r uchod.

b) Cyfrifwch -7×-4.
Wedyn ysgrifennwch ddau gyfrifiad rhannu yn yr un ffordd â'r uchod.

Mae'r atebion i Sylwi 7.4 yn awgrymu'r rheolau hyn.

$+ \div - = -$	$+ \div + = +$
a	a
$- \div + = -$	$- \div - = +$

Nawr mae gennym set gyflawn o reolau ar gyfer lluosi a rhannu rhifau positif a negatif.

$+ \times - = -$	$+ \times + = +$
$+ \div - = -$	$+ \div + = +$
$- \times + = -$	$- \times - = +$
$- \div + = -$	$- \div - = +$

Dyma ffordd arall o feddwl am y rheolau hyn.

Arwyddion gwahanol: ateb negatif.   Arwyddion yr un fath: ateb positif.

ENGHRAIFFT 7.5

Cyfrifwch y rhain.

a) 5×-3 　　　**b)** -2×-3 　　　**c)** $-10 \div 2$ 　　　**ch)** $-15 \div -3$

Datrysiad

Yn gyntaf, datryswch yr arwyddion. Wedyn, cyfrifwch y rhifau.

a) -15 　$(+ \times - = -)$ 　　　**b)** $+6 = 6$ 　$(- \times - = +)$

c) -5 　$(- \div + = -)$ 　　　**ch)** $+5 = 5$ 　$(- \div - = +)$

Gallwn estyn y rheolau i gyfrifiadau sydd â mwy na dau rif.

Os oes nifer eilrif o arwyddion negatif mae'r ateb yn bositif.
Os oes nifer odrif o arwyddion negatif mae'r ateb yn negatif.

ENGHRAIFFT 7.6

Cyfrifwch $-2 \times 6 \div -4$.

Datrysiad

Gallwch gyfrifo hyn trwy gymryd pob rhan o'r gwaith cyfrifo yn ei thro.

$$-2 \times 6 = -12 \quad (- \times + = -)$$
$$-12 \div -4 = 3 \quad (- \div - = +)$$

Neu gallwch gyfrif nifer yr arwyddion negatif ac yna cyfrifo'r rhifau.

Mae dau arwydd negatif, felly mae'r ateb yn bositif.

$$-2 \times 6 \div -4 = 3$$

 YMARFER 7.3

Cyfrifwch y rhain.

1 4×3	**2** -5×4	**3** -6×-5	**4** -9×6
5 4×-7	**6** -2×8	**7** -3×-6	**8** $24 \div -6$
9 $-25 \div -5$	**10** $-32 \div 4$	**11** $18 \div 6$	**12** $-14 \div -7$
13 $-45 \div 5$	**14** $49 \div -7$	**15** $36 \div -9$	**16** $6 \times 10 \div -5$
17 $-84 \div -12 \times -3$	**18** $4 \times 9 \div -6$	**19** $-3 \times -6 \div -2$	**20** $-6 \times 2 \times -5 \div -3$

 Her 7.3

Darganfyddwch werth pob un o'r mynegiadau hyn pan fo $x = -3, y = 4$ a $z = -1$.

a) $5xy$ **b)** $x^2 + 2x$ **c)** $2y^2 - 2yz$ **ch)** $3xz - 2xy + 3yz$ **d)** $4xyz$

Pwerau ac israddau

Ym Mhennod 1 dysgoch am sgwario a chiwbio rhifau. Rhif wedi'i
sgwario yw'r rhif wedi'i luosi â'i hun.

Er enghraifft, ysgrifennwn 2 wedi'i sgwario fel 2^2 ac mae'n hafal i $2 \times 2 = 4$.

Rhif wedi'i **giwbio** yw y rhif $\times$ y rhif $\times$ y rhif.

Er enghraifft, ysgrifennwn 2 wedi'i giwbio fel 2^3 ac mae'n hafal i $2 \times 2 \times 2 = 8$.

Mae'n ddefnyddiol gwybod beth yw gwerth y rhifau 1 i 15 wedi'u sgwario, y rhifau 1 i 5 wedi'u ciwbio, a 10 wedi'i giwbio.

Prawf sydyn 7.5

a) Beth yw'r rhifau 1 i 15 wedi'u sgwario?

b) Beth yw'r rhifau 1 i 5 wedi'u ciwbio, a 10 wedi'i giwbio?

Rydym yn galw cyfanrifau wedi'u sgwario yn **rhifau sgwâr**.

Rydym yn galw cyfanrifau wedi'u ciwbio yn **rhifau ciwb**.

Oherwydd bod $4^2 = 4 \times 4 = 16$, **ail isradd** 16 yw 4.

Ysgrifennwn hyn fel $\sqrt{16} = 4$.

Ond mae $(-4)^2 = -4 \times -4 = 16$. Felly mae ail isradd 16 yn -4 hefyd.

Yn aml ysgrifennwn hyn fel $\sqrt{16} = \pm 4$. Yn yr un ffordd, mae $\sqrt{81} = \pm 9$ ac yn y blaen.

Mewn llawer o broblemau ymarferol lle mae'r ateb yn ail isradd, nid oes ystyr i'r ateb negatif ac ni ddylech ei gynnwys.

Oherwydd bod $5^3 = 5 \times 5 \times 5 = 125$, **trydydd isradd** 125 yw 5.

Ysgrifennwn hyn fel $\sqrt[3]{125} = 5$. Mae hwn ond yn gallu bod yn rhif positif.

$(-5)^3 = -5 \times -5 \times -5 = -125$. Felly mae $\sqrt[3]{-125} = -5$.

Y gwrthdro i sgwario rhif yw darganfod yr ail isradd. Hefyd, y gwrthdro i giwbio yw darganfod y trydydd isradd. Felly gallwn ddarganfod ail israddau a thrydydd israddau y rhifau sgwâr a'r rhifau ciwb rydym yn eu gwybod.

Gwnewch yn siŵr hefyd eich bod yn gwybod sut i ddefnyddio cyfrifiannell i gyfrifo ail israddau a thrydydd israddau.

> **AWGRYM**
> Gwall cyffredin yw meddwl bod $1^2 = 2$ yn hytrach nag 1.

ENGHRAIFFT 7.7

a) Darganfyddwch ail isradd 57. Rhowch eich ateb yn gywir i 2 le degol.

b) Darganfyddwch drydydd isradd 86. Rhowch eich ateb yn gywir i 2 le degol.

Datrysiad

a) $\sqrt{57} = \pm 7.55$ Gwasgwch $\boxed{\sqrt{}}$ $\boxed{5}$ $\boxed{7}$ ar eich cyfrifiannell.

b) $\sqrt[3]{86} = 4.41$ Gwasgwch $\boxed{\sqrt[3]{}}$ $\boxed{8}$ $\boxed{6}$ ar eich cyfrifiannell.

Peidiwch â defnyddio cyfrifiannell i ateb cwestiynau **1** a **2**.

1 Ysgrifennwch werth pob un o'r rhain.

    a) 7^2 **b)** 11^2 **c)** $\sqrt{36}$ **ch)** $\sqrt{144}$

    d) 2^3 **dd)** 10^3 **e)** $\sqrt[3]{64}$ **f)** $\sqrt[3]{1}$

2 Arwynebedd sgwâr yw 36 cm². Beth yw hyd un o'r ochrau?

Cewch ddefnyddio cyfrifiannell i ateb cwestiynau **3** i **7**.

3 Sgwariwch bob un o'r rhifau hyn.

    a) 25   **b)** 40   **c)** 35   **ch)** 32   **d)** 1.2

4 Ciwbiwch bob un o'r rhifau hyn.

    a) 12   **b)** 2.5   **c)** 6.1   **ch)** 30   **d)** 5.4

5 Darganfyddwch ail isradd pob un o'r rhifau hyn.
Lle bo angen, rhowch eich ateb yn gywir i 2 le degol.

    a) 400   **b)** 575   **c)** 1284   **ch)** 3684   **d)** 15 376

6 Darganfyddwch drydydd isradd pob un o'r rhifau hyn.
Lle bo angen, rhowch eich ateb yn gywir i 2 le degol.

    a) 512   **b)** 676   **c)** 8000   **ch)** 9463   **d)** 10 000

7 Darganfyddwch ddau rif sy'n llai na 200 ac sy'n rhif sgwâr a hefyd yn rhif ciwb.

Her 7.4

    a) Hyd ochr sgwâr yw 2.2 m.
        Beth yw arwynebedd y sgwâr?

    b) Hyd ymylon ciwb yw 14 cm.
        Beth yw ei gyfaint?

Sylwi 7.5

$2^2 \times 2^5 = (2 \times 2) \times (2 \times 2 \times 2 \times 2 \times 2) = (2 \times 2 \times 2 \times 2 \times 2 \times 2 \times 2) = 2^7$

$3^5 \div 3^2 = (3 \times 3 \times 3 \times 3 \times 3) \div (3 \times 3) = (3 \times 3 \times 3) = 3^3$

Copïwch a chwblhewch y canlynol.

a) $5^2 \times 5^3 = (5 \times 5) \times (\ldots\ldots\ldots\ldots) = (\ldots\ldots\ldots\ldots) = \ldots\ldots\ldots$

b) $2^4 \times 2^2 =$ **c)** $6^5 \times 6^3 =$ **ch)** $5^5 \div 5^3 =$ **d)** $3^6 \div 3^3 =$ **dd)** $7^5 \div 7^2 =$

Beth welwch chi?

Roedd yr atebion i Sylwi 7.5 yn enghreifftiau o'r ddwy reol hyn.

$$n^a \times n^b = n^{a+b} \qquad \text{ac} \qquad n^a \div n^b = n^{a-b}$$

Rydym eisoes wedi gweld rhif sydd â'r indecs 1 yn Enghraifft 7.3.
Mae rhif i'r pŵer 1 yn hafal i'r rhif ei hun.

$n^1 = n$ Er enghraifft, $3^1 = 3$.

Mae unrhyw rif sydd â'r indecs 0 yn 1.

$n^0 = 1$ Er enghraifft, $3^0 = 1$.

> **AWGRYM**
> I gadarnhau hyn, rhowch $a = b$ yn $n^a \div n^b = n^{a-b}$.
> $n^a \div n^a = 1$ ac $n^{a-a} = n^0$.

ENGHRAIFFT 7.8

Ysgrifennwch bob un o'r rhain fel 3 i bŵer sengl.

a) $3^4 \times 3^2$ **b)** $3^7 \div 3^2$ **c)** $\dfrac{3^5 \times 3}{3^6}$

Datrysiad

a) Wrth luosi pwerau, adiwch yr indecsau.
$3^4 \times 3^2 = 3^{4+2} = 3^6$

b) Wrth rannu pwerau, tynnwch yr indecsau.
$3^7 \div 3^2 = 3^{7-2} = 3^5$

c) Gallwch gyfuno'r ddau hefyd.
$\dfrac{3^5 \times 3}{3^6} = 3^{5+1-6} = 3^0$

> **AWGRYM**
> $3^0 = 1$, ond roedd y cwestiwn yn gofyn i chi ysgrifennu'r ateb fel pŵer 3. Felly rhowch yr ateb fel 3^0.
>
> Os bydd cwestiwn yn gofyn i chi symleiddio'r mynegiad, ysgrifennwch $3^0 = 1$.

◎ YMARFER 7.5

1 Ysgrifennwch y rhain ar ffurf symlach gan ddefnyddio indecsau.

a) $3 \times 3 \times 3 \times 3 \times 3$ **b)** $7 \times 7 \times 7$ **c)** $3 \times 3 \times 3 \times 3 \times 5 \times 5$
Awgrym: Ysgrifennwch y digidau 3 ar wahân i'r digidau 5.

2 Cyfrifwch y rhain, gan roi eich atebion ar ffurf indecs.

a) $5^2 \times 5^3$ **b)** $10^5 \times 10^2$ **c)** 8×8^3 **ch)** $3^6 \times 3^4$ **d)** $2^5 \times 2$

3 Cyfrifwch y rhain, gan roi eich atebion ar ffurf indecs.

    a) $5^4 \div 5^2$ **b)** $10^5 \div 10^2$ **c)** $8^6 \div 8^3$ **ch)** $3^6 \div 3^4$ **d)** $2^3 \div 2^3$

4 Cyfrifwch y rhain, gan roi eich atebion ar ffurf indecs.

    a) $5^4 \times 5^2 \div 5^2$ **b)** $10^7 \times 10^6 \div 10^2$ **c)** $8^4 \times 8 \div 8^3$ **ch)** $3^5 \times 3^3 \div 3^4$

5 Cyfrifwch y rhain, gan roi eich atebion ar ffurf indecs.

    a) $\dfrac{2^6 \times 2^3}{2^4}$ **b)** $\dfrac{3^6}{3^2 \times 3^2}$ **c)** $\dfrac{5^3 \times 5^4}{5 \times 5^2}$ **ch)** $\dfrac{7^4 \times 7^4}{7^2 \times 7^3}$

Cilyddion

Cilydd rhif yw $\dfrac{1}{\text{y rhif}}$.

Er enghraifft, cilydd 2 yw $\frac{1}{2}$.

Cilydd n yw $\dfrac{1}{n}$.

Cilydd $\dfrac{1}{n}$ yw n.

Cilydd $\dfrac{a}{b}$ yw $\dfrac{b}{a}$.

Nid oes cilydd gan 0.

I ddarganfod cilydd rhif heb ddefnyddio cyfrifiannell byddwn yn rhannu 1 â'r rhif.

I ddarganfod cilydd rhif â chyfrifiannell byddwn yn defnyddio'r botwm $\boxed{x^{-1}}$.

ENGHRAIFFT 7.9

Heb ddefnyddio cyfrifiannell, darganfyddwch y cilydd ar gyfer pob un o'r rhain.

    a) 5   **b)** $\frac{5}{8}$ **c)** $1\frac{1}{8}$

Datrysiad

    a) I ddarganfod cilydd rhif, rhannwch 1 â'r rhif.
        Cilydd 5 yw $\frac{1}{5}$ neu 0.2.

    b) Cilydd $\frac{5}{8}$ yw $\frac{8}{5} = 1\frac{3}{5}$.
        Sylwch: Dylech drawsnewid ffracsiynau pendrwm yn rhifau cymysg bob tro oni bai
        bod y cwestiwn yn dweud wrthych am beidio â gwneud hynny.

    c) Yn gyntaf trawsnewidiwch $1\frac{1}{8}$ yn ffracsiwn pendrwm.
        $1\frac{1}{8} = \frac{9}{8}$
        Cilydd $\frac{9}{8}$ yw $\frac{8}{9}$.

ENGHRAIFFT 7.10

Defnyddiwch gyfrifiannell i ddarganfod cilydd 1.25.
Rhowch eich ateb fel degolyn.

Datrysiad

Dyma drefn gwasgu'r botymau.

$\boxed{1}\ \boxed{\cdot}\ \boxed{2}\ \boxed{5}\ \boxed{x^{-1}}\ \boxed{=}$

Dylai'r sgrin ddangos 0.8.

Prawf sydyn 7.6

Ysgrifennwch y cilydd i bob un o'r rhifau hyn.

a) 2 **b)** 5 **c)** 10 **ch)** $\frac{3}{5}$

Sylwi 7.6

a) Lluoswch bob rhif ym Mhrawf Sydyn 7.6 â chilydd y rhif.
Beth mae eich atebion yn ei ddangos?

b) Nawr rhowch gynnig ar y lluosymiau hyn ar gyfrifiannell.
   (i) 55 × 2 (gwasgwch $\boxed{=}$) × $\frac{1}{2}$ (gwasgwch $\boxed{=}$)
   (ii) 15 × 4 (gwasgwch $\boxed{=}$) × $\frac{1}{4}$ (gwasgwch $\boxed{=}$)
   (iii) 8 × 10 (gwasgwch $\boxed{=}$) × 0.1 (gwasgwch $\boxed{=}$)
   Beth mae eich atebion yn ei ddangos?

c) Rhowch gynnig ar fwy o gyfrifiadau ac eglurwch beth sy'n digwydd.

Her 7.5

Mae **gweithrediad gwrthdro** yn mynd â ni yn ôl at y rhif blaenorol.

Mae lluosi â rhif a lluosi â chilydd y rhif hwnnw yn weithrediadau gwrthdro.

Ysgrifennwch gymaint ag y gallwch o weithrediadau a'u gweithrediadau gwrthdro.

Peidiwch â defnyddio cyfrifiannell i ateb cwestiynau **1** i **3**.

1 Ysgrifennwch y cilydd i bob un o'r rhifau hyn.

   a) 3   **b)** 6   **c)** 49   **ch)** 100   **d)** 640

2 Ysgrifennwch y rhifau y mae pob un o'r rhain yn gilyddion iddynt.

   a) $\frac{1}{16}$ **b)** $\frac{1}{9}$ **c)** $\frac{1}{52}$ **ch)** $\frac{1}{67}$ **d)** $\frac{1}{1000}$

3 Darganfyddwch y cilydd i bob un o'r rhifau hyn.
   Rhowch eich atebion fel ffracsiynau neu rifau cymysg.

   a) $\frac{4}{5}$ **b)** $\frac{3}{8}$ **c)** $1\frac{3}{5}$ **ch)** $3\frac{1}{3}$ **d)** $\frac{2}{25}$

Cewch ddefnyddio cyfrifiannell i ateb cwestiwn **4**.

4 Darganfyddwch y cilydd i bob un o'r rhifau hyn.

   Rhowch eich atebion fel degolion.

   a) 2.5   **b)** 0.5   **c)** 125   **ch)** 0.16   **d)** 3.2

RYDYCH WEDI DYSGU

- bod gan rif cysefin ddau ffactor yn unig, sef 1 a'r rhif ei hun
- sut i ysgrifennu rhif fel lluoswm ei ffactorau cysefin
- mai ffactor cyffredin mwyaf (FfCM) set o rifau yw'r rhif mwyaf fydd yn rhannu'n union i bob un o'r rhifau
- sut i ddefnyddio ffactorau cysefin i ddarganfod ffactor cyffredin mwyaf pâr o rifau
- mai lluosrif cyffredin lleiaf (LlCLl) set o rifau yw'r rhif lleiaf y bydd pob aelod o'r set yn rhannu'n union iddo
- sut i ddefnyddio ffactorau cysefin i ddarganfod y lluosrif cyffredin lleiaf
- wrth luosi neu rannu rhifau positif a negatif, bod

    $+ \times + = +$ $- \times - = +$ $+ \times - = -$ $- \times + = -$
    $+ \div + = +$ $- \div - = +$ $+ \div - = -$ $- \div + = -$

- bod $5^3 = 5 \times 5 \times 5 = 125$, felly trydydd isradd 125 yw 5
- wrth luosi a rhannu pwerau, bod

    $n^a \times n^b = n^{a+b}$ ac $n^a \div n^b = n^{a-b}$

- mai cilydd rhif yw 1 wedi'i rannu â'r rhif: cilydd n yw $\frac{1}{n}$
- mai cilydd $\frac{a}{b}$ yw $\frac{b}{a}$
- nad oes cilydd gan 0

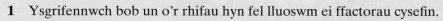

1 Ysgrifennwch bob un o'r rhifau hyn fel lluoswm ei ffactorau cysefin.

   a) 75   **b)** 140   **c)** 420

2 I bob un o'r parau hyn o rifau
- ysgrifennwch y rhifau fel lluoswm ei ffactorau cysefin.
- nodwch y ffactor cyffredin mwyaf.
- nodwch y lluosrif cyffredin lleiaf.

   a) 24 a 60   **b)** 100 a 150   **c)** 81 a 135

 Peidiwch â defnyddio cyfrifiannell i ateb cwestiynau **3** i **6**.

3 Cyfrifwch y rhain.

   a) 4×-3 **b)** -2×8 **c)** $-48 \div -6$ **ch)** $2 \times -6 \div -4$

4 Sgwariwch a chiwbiwch bob un o'r rhifau hyn.

   a) 4   **b)** 6   **c)** 10

5 Ysgrifennwch ail isradd pob un o'r rhifau hyn.

   a) 64   **b)** 196

6 Ysgrifennwch drydydd isradd pob un o'r rhifau hyn.

   a) 125   **b)** 27

 Cewch ddefnyddio cyfrifiannell i ateb cwestiynau **7** ac **8**.

7 Sgwariwch a chiwbiwch bob un o'r rhifau hyn.

   a) 4.6   **b)** 21   **c)** 2.9

8 Darganfyddwch ail isradd a thrydydd isradd pob un o'r rhifau hyn.
Rhowch eich atebion yn gywir i 2 le degol.

   a) 89   **b)** 124   **c)** 986

9 Cyfrifwch y rhain, gan roi eich atebion ar ffurf indecs.

   a) $5^5 \times 5^2$ **b)** $10^5 \div 10^2$ **c)** $8^4 \times 8^3 \div 8^5$ **ch)** $\dfrac{2^4 \times 2^4}{2^2}$ **d)** $\dfrac{3^9}{3^4 \times 3^2}$

10 Darganfyddwch y cilydd i bob un o'r rhifau hyn.

   a) 5   **b)** 8   **c)** $\frac{1}{8}$ **ch)** 0.1   **d)** 1.6

8 → FFRACSIYNAU, DEGOLION A CHANRANNAU

Cymharu ffracsiynau

Weithiau mae'n amlwg pa un o ddau ffracsiwn yw'r mwyaf. Os na, y ffordd orau yw defnyddio ffracsiynau cywerth.

I ddarganfod ffracsiynau cywerth addas, mae angen chwilio yn gyntaf am rif y bydd y ddau enwadur (y rhifau ar y gwaelod) yn rhannu'n union iddo.

Er enghraifft, os ydym yn dymuno cymharu $\frac{1}{2}$ a $\frac{1}{3}$ mae angen dod o hyd i rif y mae 2 a 3 yn rhannu'n union iddo. Gan fod 2 a 3 yn ffactorau 6, gallwn drawsnewid y ddau ffracsiwn yn chwechedau.

I drawsnewid $\frac{1}{2}$ yn chwechedau mae angen lluosi'r enwadur a'r rhifiadur â $6 \div 2 = 3$.

I drawsnewid $\frac{1}{3}$ yn chwechedau mae angen lluosi'r enwadur a'r rhifiadur â $6 \div 3 = 2$.

$$\frac{1 \times 3}{2 \times 3} = \frac{3}{6} \text{ ac } \frac{1 \times 2}{3 \times 2} = \frac{2}{6}$$

Nawr bod y ddau ffracsiwn wedi'u mynegi fel chwechedau, gallwn ddweud yn hawdd pa un yw'r mwyaf trwy edrych ar y rhifiaduron.

Dywedwn fod **cyfenwadur** (neu enwadur cyffredin) gan ffracsiynau sydd â'r un enwadur.

Pa un yw'r mwyaf, $\frac{3}{4}$ neu $\frac{5}{6}$?

Datrysiad

Yn gyntaf, darganfyddwch gyfenwadur. Mae 24 yn un amlwg gan fod $4 \times 6 = 24$, ond mae 12 yn un llai.

12 yw lluosrif cyffredin lleiaf (LlCLl) 4 a 6. Rydych wedi dysgu sut i ddod o hyd i luosrifau cyffredin lleiaf ym Mhennod 7.

Wedyn trawsnewidiwch y ddau ffracsiwn yn ddeuddegfedau.

$$\frac{3 \times 3}{4 \times 3} = \frac{9}{12} \qquad \frac{5 \times 2}{6 \times 2} = \frac{10}{12}$$

Mae $\frac{10}{12}$ yn fwy na $\frac{9}{12}$, felly mae $\frac{5}{6}$ yn fwy na $\frac{3}{4}$.

> **AWGRYM**
>
> Bydd lluosi'r ddau enwadur â'i gilydd yn gweithio bob tro i ddarganfod cyfenwadur, ond weithiau mae'r LlCLl yn llai.

Prawf sydyn 8.1

Pa un o'r ffracsiynau hyn yw'r mwyaf?

a) $\frac{3}{4}$ neu $\frac{5}{8}$ **b)** $\frac{7}{9}$ neu $\frac{5}{6}$ **c)** $\frac{3}{10}$ neu $\frac{4}{15}$

> **AWGRYM**
>
> Ym mhob achos mae'r LlCLl yn llai na'r rhif a gewch drwy luosi'r ddau enwadur â'i gilydd.

Prawf sydyn 8.2

Rhowch y ffracsiynau hyn yn eu trefn, y lleiaf yn gyntaf.

$\frac{2}{5}$ $\frac{1}{2}$ $\frac{9}{20}$ $\frac{17}{40}$ $\frac{3}{8}$

Adio a thynnu ffracsiynau a rhifau cymysg

Ni allwn adio a thynnu ffracsiynau oni bai bod ganddynt gyfenwadur.
Weithiau mae hyn yn golygu bod rhaid i ni ddarganfod y cyfenwadur yn gyntaf.

Adio a thynnu ffracsiynau sydd â chyfenwadur

Mae'r petryal hwn wedi'i rannu'n ddeuddeg rhan, hynny yw yn ddeuddegfedau.

Mae $\frac{4}{12}$ o'r petryal wedi'i liwio'n las ac mae $\frac{3}{12}$ wedi'i liwio'n goch. Cyfanswm y ffracsiwn sydd wedi'i liwio yw $\frac{7}{12}$.

Mae hyn yn dangos bod $\frac{4}{12} + \frac{3}{12} = \frac{7}{12}$.

I adio ffracsiynau sydd â chyfenwadur, y cyfan y mae'n rhaid ei wneud yw adio'r rhifiaduron.

Peidiwch ag adio'r enwaduron.

Byddwn yn tynnu ffracsiynau mewn ffordd debyg.

Efallai y bydd angen canslo'r ateb, er mwyn rhoi'r ffracsiwn yn ei ffurf symlaf.

Er enghraifft, $\frac{7}{12} - \frac{5}{12} = \frac{2}{12} = \frac{1}{6}$.

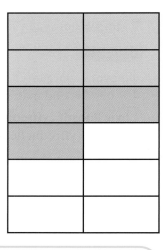

AWGRYM

Oni bai bod cwestiwn yn dweud wrthych am beidio â gwneud hynny, dylech ganslo eich ateb bob tro.

Adio a thynnu ffracsiynau sydd ag enwaduron gwahanol

I adio a thynnu ffracsiynau sydd ag enwaduron gwahanol, defnyddiwn yr un dull ag ar gyfer cymharu ffracsiynau, sef eu trawsnewid yn ffracsiynau cywerth sydd â chyfenwadur.

ENGHRAIFFT 8.2

Cyfrifwch $\frac{3}{8} + \frac{1}{4}$.

Datrysiad

Yn gyntaf, darganfyddwch y cyfenwadur. LlCL1 4 ac 8 yw 8.

Mae $\frac{3}{8}$ eisoes ag 8 yn enwadur.

$\frac{1}{4} = \frac{2}{8}$ Lluoswch y rhifiadur a'r enwadur â 2.

$\frac{3}{8} + \frac{1}{4} = \frac{3}{8} + \frac{2}{8} = \frac{5}{8}$ Adiwch y rhifiaduron yn unig.

AWGRYM

Cofiwch adio'r rhifiaduron yn unig.
Peidiwch ag adio'r enwaduron.

Cyfrifwch $\frac{2}{3} - \frac{3}{5}$.

Datrysiad

Yn gyntaf, darganfyddwch y cyfenwadur. LlCLl 3 a 5 yw 15.

$\frac{2}{3} = \frac{10}{15}$ Lluoswch y rhifiadur a'r enwadur â 5.

$\frac{3}{5} = \frac{9}{15}$ Lluoswch y rhifiadur a'r enwadur â 3.

$\frac{10}{15} - \frac{9}{15} = \frac{1}{15}$ Tynnwch y rhifiaduron yn unig.

Cyfrifwch $\frac{3}{4} + \frac{2}{5}$.

Datrysiad

Y cyfenwadur lleiaf yw 20.

$\frac{3}{4} + \frac{2}{5} = \frac{15}{20} + \frac{8}{20}$

$\qquad = \frac{23}{20}$ Mae $\frac{23}{20}$ yn ffracsiwn pendrwm.

$\qquad = 1\frac{3}{20}$ Mae angen ei newid yn rhif cymysg.

Adio a thynnu rhifau cymysg

I adio rhifau cymysg byddwn yn adio'r rhifau cyfan ac wedyn yn adio'r ffracsiynau.

Cyfrifwch $1\frac{1}{4} + 2\frac{1}{2}$.

Datrysiad

$1\frac{1}{4} + 2\frac{1}{2} = 1 + 2 + \frac{1}{4} + \frac{1}{2}$

$\qquad = 3 + \frac{1}{4} + \frac{1}{2}$ Adiwch y rhifau cyfan yn gyntaf.

$\qquad = 3 + \frac{1}{4} + \frac{2}{4}$ Newidiwch y ffracsiynau yn
$\qquad\qquad\qquad\qquad\quad$ ffracsiynau cywerth sydd â chyfenwadur.

$\qquad = 3\frac{3}{4}$ Adiwch y ffracsiynau.

Cyfrifwch $2\frac{3}{5} + 4\frac{2}{3}$.

Datrysiad

$$2\frac{3}{5} + 4\frac{2}{3} = 6 + \frac{3}{5} + \frac{2}{3}$$ Adiwch y rhifau cyfan yn gyntaf.

$$= 6 + \frac{9}{15} + \frac{10}{15}$$ Newidiwch y ffracsiynau yn ffracsiynau cywerth sydd â chyfenwadur.

$$= 6 + \frac{19}{15}$$ Adiwch y ffracsiynau. Mae $\frac{19}{15}$ yn ffracsiwn pendrwm. Mae angen newid hwn yn rhif cymysg ac adio'r rhif cyfan at y 6 sydd gennych yn barod.

$$= 7\frac{4}{15}$$ $\frac{19}{15} = 1\frac{4}{15}$ a $6 + 1 = 7$.

Byddwn yn tynnu rhifau cymysg mewn ffordd debyg.

ENGHRAIFFT 8.7

Cyfrifwch $3\frac{3}{4} - 1\frac{1}{3}$.

Datrysiad

$$3\frac{3}{4} - 1\frac{1}{3} = 3 - 1 + \frac{3}{4} - \frac{1}{3}$$ Holltwch y cyfrifiad yn ddwy ran.

$$= 2 + \frac{3}{4} - \frac{1}{3}$$ Tynnwch y rhifau cyfan yn gyntaf.

$$= 2 + \frac{9}{12} - \frac{4}{12}$$ Newidiwch y ffracsiynau yn ffracsiynau cywerth sydd â chyfenwadur.

$$= 2\frac{5}{12}$$ Tynnwch y ffracsiynau.

ENGHRAIFFT 8.8

Cyfrifwch $5\frac{3}{10} - 2\frac{3}{4}$.

Datrysiad

$$5\frac{3}{10} - 2\frac{3}{4} = 5 - 2 + \frac{3}{10} - \frac{3}{4}$$ Holltwch y cyfrifiad yn ddwy ran.

$$= 3 + \frac{3}{10} - \frac{3}{4}$$ Tynnwch y rhifau cyfan yn gyntaf.

$$= 3 + \frac{6}{20} - \frac{15}{20}$$ Newidiwch y ffracsiynau yn ffracsiynau cywerth sydd â chyfenwadur.

$$= 2 + \frac{20}{20} + \frac{6}{20} - \frac{15}{20}$$ Mae $\frac{6}{20}$ yn llai nag $\frac{15}{20}$ a byddai'n rhoi ateb negatif. Felly newidiwch un o'r rhifau cyfan yn $\frac{20}{20}$.

$$= 2 + \frac{26}{20} - \frac{15}{20}$$ Adiwch hwn at $\frac{6}{20}$.

$$= 2\frac{11}{20}$$ Tynnwch y ffracsiynau.

1 I bob pâr o ffracsiynau
- darganfyddwch y cyfenwadur.
- nodwch pa un yw'r ffracsiwn mwyaf.

a) $\frac{2}{3}$ neu $\frac{7}{9}$ **b)** $\frac{5}{6}$ neu $\frac{7}{8}$ **c)** $\frac{3}{8}$ neu $\frac{7}{20}$

2 Cyfrifwch y rhain.

a) $\frac{2}{9} + \frac{5}{9}$ **b)** $\frac{4}{11} + \frac{3}{11}$ **c)** $\frac{5}{12} - \frac{1}{12}$ **ch)** $\frac{7}{13} - \frac{2}{13}$

d) $\frac{7}{12} + \frac{3}{12}$ **dd)** $\frac{5}{8} + \frac{4}{8}$ **e)** $\frac{8}{9} - \frac{5}{9}$ **f)** $\frac{7}{10} + \frac{9}{10}$

ff) $1\frac{5}{12} + 2\frac{1}{12}$ **g)** $3\frac{5}{8} - 1\frac{3}{8}$ **ng)** $4\frac{5}{9} - \frac{4}{9}$ **h)** $5\frac{4}{7} - 2\frac{5}{7}$

3 Cyfrifwch y rhain.

a) $\frac{1}{2} + \frac{3}{8}$ **b)** $\frac{4}{9} + \frac{1}{3}$ **c)** $\frac{5}{6} - \frac{1}{4}$ **ch)** $\frac{11}{12} - \frac{2}{3}$

d) $\frac{4}{5} + \frac{1}{2}$ **dd)** $\frac{5}{7} + \frac{3}{4}$ **e)** $\frac{8}{9} - \frac{1}{6}$ **f)** $\frac{7}{10} + \frac{4}{5}$

ff) $\frac{8}{9} + \frac{5}{6}$ **g)** $\frac{7}{15} + \frac{3}{10}$ **ng)** $\frac{4}{9} - \frac{1}{12}$ **h)** $\frac{7}{20} + \frac{5}{8}$

4 Cyfrifwch y rhain.

a) $3\frac{1}{2} + 2\frac{1}{5}$ **b)** $4\frac{7}{8} - 1\frac{3}{4}$ **c)** $4\frac{2}{7} + \frac{1}{2}$ **ch)** $6\frac{5}{12} - 3\frac{1}{3}$

d) $4\frac{3}{4} + 2\frac{5}{8}$ **dd)** $5\frac{5}{6} - 1\frac{1}{4}$ **e)** $4\frac{7}{9} + 2\frac{5}{6}$ **f)** $4\frac{7}{13} - 4\frac{1}{2}$

ff) $3\frac{5}{7} + 2\frac{1}{3}$ **g)** $7\frac{2}{5} - 1\frac{3}{4}$ **ng)** $5\frac{2}{7} - 3\frac{1}{2}$ **h)** $4\frac{1}{12} - 3\frac{1}{4}$

Her 8.1

Mae gan Branwen bensiliau.

Mae $\frac{1}{4}$ ei phensiliau yn goch, mae $\frac{2}{5}$ yn felyn ac mae'r gweddill yn oren.

Pa ffracsiwn sy'n oren?

Her 8.2

Mae Siôn yn dweud bod $\frac{1}{3}$ o'i ddosbarth yn dod i'r ysgol mewn car, mae $\frac{1}{6}$ yn cerdded ac mae $\frac{5}{8}$ yn dod ar y bws.

Dangoswch sut rydych yn gwybod bod hyn yn anghywir.

Darganfyddwch fformiwla i adio'r ffracsiynau hyn.

$$\frac{a}{b} + \frac{c}{d}$$

Lluosi a rhannu ffracsiynau a rhifau cymysg

Gwelsoch ym Mhennod 2 sut i luosi ffracsiwn â rhif cyfan. Gallwn luosi dau ffracsiwn hefyd.

Lluosi ffracsiynau bondrwm

Rydych yn gwybod bod $\frac{1}{3}$ yr un fath ag $1 \div 3$.

I luosi ffracsiwn arall, er enghraifft $\frac{2}{5}$ ag $\frac{1}{3}$, rydym yn rhannu $\frac{2}{5}$ â 3.

Mae'r diagram yn dangos $\frac{2}{5}$ wedi'i rannu â 3, sydd yr un fath â $\frac{1}{3}$ o $\frac{2}{5}$.

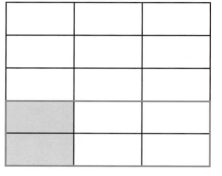

$\frac{1}{3}$ o $\frac{2}{5}$ yw $\frac{2}{15}$.

Sylwch fod $1 \times 2 = 2$ (y rhifiaduron) a bod $3 \times 5 = 15$ (yr enwaduron).

Felly $\frac{1}{3} \times \frac{2}{5} = \frac{1 \times 2}{3 \times 5} = \frac{2}{15}$.

I luosi ffracsiynau rydym yn

lluosi'r rhifiaduron a lluosi'r enwaduron.

ENGHRAIFFT 8.9

Cyfrifwch $\frac{2}{3} \times \frac{5}{7}$.

Datrysiad

$$\frac{2}{3} \times \frac{5}{7} = \frac{2 \times 5}{3 \times 7} = \frac{10}{21}$$

ENGHRAIFFT 8.10

Darganfyddwch $\frac{3}{4}$ o $\frac{6}{7}$.

Datrysiad

$\frac{3}{4} \times \frac{6}{7} = \frac{18}{28}$ Mae 'o' yn golygu yr un peth â '×'.

$\frac{18}{28} = \frac{9}{14}$ Canslwch trwy rannu'r rhifiadur a'r enwadur â 2.

Gadewch i ni edrych ar Enghraifft 8.10 eto.

$$\tfrac{3}{4} \times \tfrac{6}{7}$$

Mae'r rhifau 4 a 6 yn lluosrifau 2.

Mae hynny'n golygu y gallwn ganslo cyn lluosi'r ffracsiynau. Mae hyn yn gwneud y rhifyddeg yn haws.

$$\tfrac{3}{\cancel{4}_2} \times \tfrac{\cancel{6}^3}{7} = \tfrac{9}{14}$$
  Rhannwch y 4 a hefyd y 6 â 2, wedyn lluoswch y rhifiaduron a'r enwaduron.

ENGHRAIFFT 8.11

Cyfrifwch $4 \times \tfrac{3}{10}$.

Datrysiad

$$4 \times \tfrac{3}{10} = \tfrac{4}{1} \times \tfrac{3}{10}$$
  Yn gyntaf, ysgrifennwch 4 fel $\tfrac{4}{1}$.

$$= \tfrac{{}^2\cancel{4}}{1} \times \tfrac{3}{\cancel{10}_5}$$
  Canslwch trwy rannu'r 4 a'r 10 â 2.

$$= \tfrac{6}{5} = 1\tfrac{1}{5}$$

Rhannu ffracsiynau bondrwm

Pan fyddwn yn cyfrifo $6 \div 3$, byddwn yn darganfod sawl 3 sydd mewn 6.

Mae darganfod $6 \div \tfrac{1}{3}$ yr un fath â darganfod sawl $\tfrac{1}{3}$ sydd mewn 6, a'r ateb yw $6 \times 3 = 18$. Felly mae rhannu ag $\tfrac{1}{3}$ yr un fath â lluosi â 3.

Sylwch mai cilydd 3 yw $\tfrac{1}{3}$.

I ddarganfod $6 \div \tfrac{2}{3}$, mae angen lluosi â 3 a hefyd rhannu â 2, oherwydd bod $\tfrac{2}{3}$ yn rhannu hanner y nifer o weithiau ag y mae $\tfrac{1}{3}$.

Mae hynny'n golygu lluosi â $\tfrac{3}{2}$, sef cilydd $\tfrac{2}{3}$.

$$6 \div \tfrac{2}{3} = \tfrac{6}{1} \times \tfrac{3}{2} = \tfrac{18}{2} = 9$$

Mae rhannu â ffracsiwn yr un fath â lluosi â chilydd y ffracsiwn.

AWGRYM

Cilydd ffracsiwn yw ffracsiwn sydd â'r rhifiadur a'r enwadur wedi'u cydgyfnewid. Gallwch feddwl am hyn fel 'troi'r ffracsiwn â'i wyneb i waered'.

Cyfrifwch $\frac{3}{4} \div \frac{2}{7}$.

Datrysiad

$\frac{3}{4} \div \frac{2}{7} = \frac{3}{4} \times \frac{7}{2}$ Cilydd $\frac{2}{7}$ yw $\frac{7}{2}$.

$= \frac{21}{8}$ Lluoswch y rhifiaduron a'r enwaduron.

$= 2\frac{5}{8}$ Newidiwch y ffracsiwn pendrwm yn rhif cymysg.

Cyfrifwch $\frac{5}{8} \div \frac{3}{4}$.

Datrysiad

$\frac{5}{8} \div \frac{3}{4} = \frac{5}{8} \times \frac{4}{3}$ Cilydd $\frac{3}{4}$ yw $\frac{4}{3}$.

$= \frac{5}{\underset{2}{8}} \times \frac{\overset{1}{4}}{3}$ Canslwch trwy rannu'r 4 a'r 8 â 4.

$= \frac{5}{6}$

AWGRYM   Peidiwch byth â chanslo ffracsiynau yn ystod y cam rhannu. Arhoswch nes bod y gwaith cyfrifo wedi'i newid yn lluosi.

Her 8.4

a) Cyfrifwch arwynebedd y petryal hwn.

b) Darganfyddwch berimedr y petryal hwn.

Rhowch eich atebion yn eu ffurf symlaf.

$5\frac{1}{4}$ cm

$3\frac{2}{3}$ cm

Cilyddion

Sylwi 8.1

Cyfrifwch y rhain.

a) $1 \div \frac{3}{4}$ **b)** $1 \div \frac{5}{6}$ **c)** $1 \div \frac{5}{3}$

Beth welwch chi?

Gwelsoch ym Mhennod 7 mai cilydd rhif yw 1 ÷ y rhif. Nawr cawn weld bod y diffiniad hwn yn berthnasol i ffracsiynau hefyd.

Mae botwm cilydd ar gyfrifiannell. Efallai ei fod wedi'i labelu'n $\boxed{x^{-1}}$.

Defnyddiwch gyfrifiannell i geisio cyfrifo cilydd 0 (sero).

Dylech gael y neges *error*. Y rheswm yw na allwn rannu â sero.
Nid oes cilydd gan sero.

Lluosi a rhannu rhifau cymysg

Wrth luosi a rhannu rhifau cymysg, rhaid yn gyntaf newid y rhifau
cymysg yn ffracsiynau pendrwm.

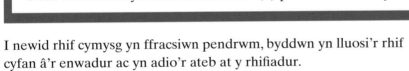

Sylwi 8.2

a) **(i)** Sawl hanner sydd mewn dwy uned gyfan?
   (ii) Sawl hanner sydd mewn $2\frac{1}{2}$?

b) **(i)** Sawl chwarter sydd mewn tair uned gyfan?
   (ii) Sawl chwarter sydd mewn $3\frac{3}{4}$?

c) **(i)** Sawl pumed sydd mewn dwy uned gyfan?
   (ii) Sawl pumed sydd mewn $2\frac{4}{5}$?

Beth welwch chi yn eich atebion i ran **(ii)** pob un o'r cwestiynau hyn?

I newid rhif cymysg yn ffracsiwn pendrwm, byddwn yn lluosi'r rhif
cyfan â'r enwadur ac yn adio'r ateb at y rhifiadur.

ENGHRAIFFT 8.14

Newidiwch $3\frac{2}{3}$ yn ffracsiwn pendrwm.

Datrysiad

$3\frac{2}{3} = \dfrac{3 \times 3 + 2}{3}$ Lluoswch y rhif cyfan (3) â'r enwadur (3) ac
adio'r ateb at y rhifiadur (2).

$\quad = \frac{11}{3}$ Mae hyn yn rhoi rhifiadur y ffracsiwn pendrwm.
Mae'r enwadur yn aros yr un fath.

ENGHRAIFFT 8.15

Newidiwch $4\frac{3}{5}$ yn ffracsiwn pendrwm.

Datrysiad

$4\frac{3}{5} = \dfrac{4 \times 5 + 3}{5}$

$\quad = \frac{23}{5}$

Mae lluosi a rhannu rhifau cymysg yr un fath â lluosi a rhannu ffracsiynau, ond yn gyntaf rhaid newid y rhifau cymysg yn ffracsiynau pendrwm.

ENGHRAIFFT 8.16

Cyfrifwch $2\frac{1}{2} \times 4\frac{3}{5}$.

Datrysiad

$2\frac{1}{2} \times 4\frac{3}{5} = \frac{5}{2} \times \frac{23}{5}$ Yn gyntaf, newidiwch y rhifau cymysg yn ffracsiynau pendrwm.

$= \frac{\overset{1}{\cancel{5}}}{2} \times \frac{23}{\underset{1}{\cancel{5}}}$ Canslwch y ddau 5. Mae hyn yn gwneud y rhifyddeg yn haws o lawer.

$= \frac{23}{2}$ Lluoswch y rhifiadur a'r enwadur.

$= 11\frac{1}{2}$ Rhowch yr ateb fel rhif cymysg.

ENGHRAIFFT 8.17

Cyfrifwch $2\frac{3}{4} \div 1\frac{5}{8}$.

Datrysiad

$2\frac{3}{4} \div 1\frac{5}{8} = \frac{11}{4} \div \frac{13}{8}$ Newidiwch y rhifau cymysg yn ffracsiynau pendrwm. Rhaid gwneud hyn cyn troi'r gwaith cyfrifo yn lluosi.

$= \frac{11}{\underset{1}{\cancel{4}}} \times \frac{\overset{2}{\cancel{8}}}{13}$ Cilydd $\frac{13}{8}$ yw $\frac{8}{13}$. Mae'r rhifau 4 ac 8 yn lluosrifau 4.

$= \frac{22}{13}$

$= 1\frac{9}{13}$ Rhowch yr ateb fel rhif cymysg.

AWGRYM

Os byddwch yn lluosi neu'n rhannu â rhif cyfan, er enghraifft 6, gallwch ei ysgrifennu fel $\frac{6}{1}$.

YMARFER 8.2

1 Newidiwch y rhifau cymysg hyn yn ffracsiynau pendrwm.

    a) $4\frac{3}{4}$ **b)** $5\frac{2}{3}$ **c)** $6\frac{1}{2}$ **ch)** $2\frac{5}{8}$

    d) $3\frac{2}{7}$ **dd)** $1\frac{5}{12}$ **e)** $2\frac{5}{6}$ **f)** $5\frac{7}{11}$

2 Cyfrifwch y rhain.

Ysgrifennwch eich atebion fel ffracsiynau bondrwm neu rifau cymysg yn eu ffurf symlaf.

a) $\frac{3}{5} \times 4$ b) $\frac{3}{4} \times 6$ c) $\frac{2}{3} \div 5$

ch) $7 \times \frac{5}{8}$ d) $\frac{5}{7} \div 3$ dd) $6 \div \frac{2}{3}$

3 Cyfrifwch y rhain.

Ysgrifennwch eich atebion fel ffracsiynau bondrwm neu rifau cymysg yn eu ffurf symlaf.

a) $\frac{1}{2} \times \frac{3}{8}$ b) $\frac{4}{9} \times \frac{1}{3}$ c) $\frac{5}{6} \times \frac{1}{4}$ ch) $\frac{11}{12} \div \frac{2}{3}$

d) $\frac{4}{5} \div \frac{1}{2}$ dd) $\frac{5}{7} \times \frac{3}{4}$ e) $\frac{8}{9} \times \frac{1}{6}$ f) $\frac{7}{10} \div \frac{4}{5}$

ff) $\frac{8}{9} \times \frac{5}{6}$ g) $\frac{7}{15} \div \frac{3}{10}$ ng) $\frac{4}{9} \div \frac{1}{12}$ h) $\frac{7}{20} \times \frac{5}{8}$

4 Cyfrifwch y rhain.

Ysgrifennwch eich atebion fel ffracsiynau bondrwm neu rifau cymysg yn eu ffurf symlaf.

a) $3\frac{1}{2} \times 2\frac{1}{5}$ b) $4\frac{2}{7} \times \frac{1}{2}$ c) $2\frac{3}{4} \div 1\frac{3}{4}$ ch) $1\frac{5}{12} \div 3\frac{1}{3}$

d) $3\frac{1}{5} \times 2\frac{5}{8}$ dd) $2\frac{7}{8} \div 1\frac{3}{4}$ e) $2\frac{7}{9} \times 3\frac{3}{5}$ f) $5\frac{5}{6} \div 1\frac{3}{4}$

ff) $3\frac{5}{7} \times 2\frac{1}{13}$ g) $5\frac{2}{5} \div 2\frac{1}{4}$ ng) $5\frac{2}{7} \times 3\frac{1}{2}$ h) $4\frac{1}{12} \div 3\frac{1}{4}$

Ffracsiynau ar gyfrifiannell

Mae'n bwysig eich bod yn gallu cyfrifo â ffracsiynau heb gyfrifiannell.

Fodd bynnag, pan fydd cyfrifiannell yn cael ei ganiatáu gallwch ddefnyddio'r botwm ffracsiynau.

Mae'r botwm ffracsiynau yn edrych fel hyn $\boxed{\mathsf{a^{b/c}}}$.

I fwydo ffracsiwn fel $\frac{2}{5}$ i gyfrifiannell gwasgwch $\boxed{2}$ $\boxed{\mathsf{a^{b/c}}}$ $\boxed{5}$ $\boxed{=}$.

Bydd y sgrin yn edrych fel hyn $\boxed{\mathsf{2 \, \lrcorner \, 5}}$

Dyma ffordd y cyfrifiannell o ddangos y ffracsiwn $\frac{2}{5}$.

Sylwi 8.3

Efallai y bydd y symbol ⌐ yn edrych ychydig yn wahanol ar rai cyfrifianellau.

Gwiriwch eich cyfrifiannell chi trwy weld beth gewch chi wrth wasgu $\boxed{2}$ $\boxed{\mathsf{a^{b/c}}}$ $\boxed{5}$ $\boxed{=}$.

I gyfrifo rhywbeth fel $\frac{2}{5} + \frac{1}{2}$, trefn gwasgu'r botymau fyddai

[2] [aᵇ/c] [5] [+] [1] [aᵇ/c] [2] [=].

Ar y sgrin dylech weld [9 ⌐ 10].

Wrth gwrs, rhaid ysgrifennu'r ateb fel $\frac{9}{10}$.

ENGHRAIFFT 8.18

Defnyddiwch gyfrifiannell i gyfrifo $\frac{3}{4} + \frac{5}{6}$.

Datrysiad

Dyma drefn gwasgu'r botymau.

[3] [aᵇ/c] [4] [+] [5] [aᵇ/c] [6] [=]

Dylai sgrin y cyfrifiannell edrych fel hyn. [1 ⌐ 7 ⌐ 12]

Dyma ffordd y cyfrifiannell o ddangos y rhif cymysg $1\frac{7}{12}$.

Felly yr ateb yw $1\frac{7}{12}$.

I fwydo rhif cymysg fel $2\frac{3}{5}$ i gyfrifiannell gwasgwch

[2] [aᵇ/c] [3] [aᵇ/c] [5] [=].

Bydd y sgrin yn edrych fel hyn. [2 ⌐ 3 ⌐ 5]

ENGHRAIFFT 8.19

Defnyddiwch gyfrifiannell i gyfrifo'r rhain.

a) $2\frac{3}{5} - 1\frac{1}{4}$ **b)** $2\frac{2}{3} \times 3\frac{3}{4}$

Datrysiad

a) Dyma drefn gwasgu'r botymau.

[2] [aᵇ/c] [3] [aᵇ/c] [5] [−] [1] [aᵇ/c] [1] [aᵇ/c] [4] [=]

Dylai sgrin y cyfrifiannell edrych fel hyn. [1 ⌐ 7 ⌐ 20]

Felly yr ateb yw $1\frac{7}{20}$.

b) Dyma drefn gwasgu'r botymau.

[2] [aᵇ/c] [2] [aᵇ/c] [3] [×] [3] [aᵇ/c] [3] [aᵇ/c] [4] [=]

Yr ateb yw 10.

Canslo ffracsiynau

Ym Mhennod 2 gwelsoch sut i **ganslo** ffracsiynau i'w **ffurf symlaf** trwy rannu'r rhifiadur a'r enwadur â'r un rhif.

Er enghraifft $\frac{8}{12} = \frac{2}{3}$ (trwy rannu'r rhifiadur a'r enwadur â 4).

Gallwn wneud hyn ar gyfrifiannell hefyd.

Os gwasgwch $\boxed{8}$ $\boxed{a^{b/c}}$ $\boxed{1}$ $\boxed{2}$, dylech weld $\boxed{8 \lrcorner 12}$.

Os gwasgwch $\boxed{=}$, bydd y sgrin yn newid yn $\boxed{2 \lrcorner 3}$, sy'n golygu $\frac{2}{3}$.

Pan fyddwn yn gwneud cyfrifiadau â ffracsiynau ar gyfrifiannell, bydd yn rhoi'r ateb fel ffracsiwn yn ei ffurf symlaf yn awtomatig.

Os byddwn yn gwneud cyfrifiad sy'n gymysgedd o ffracsiynau a degolion, bydd y cyfrifiannell yn rhoi'r ateb fel degolyn.

ENGHRAIFFT 8.20

Defnyddiwch gyfrifiannell i gyfrifo $2\frac{3}{4} \times 1.5$.

Datrysiad

Dyma drefn gwasgu'r botymau.

$\boxed{2}$ $\boxed{a^{b/c}}$ $\boxed{3}$ $\boxed{a^{b/c}}$ $\boxed{4}$ $\boxed{\times}$ $\boxed{1}$ $\boxed{.}$ $\boxed{5}$ $\boxed{=}$

Yr ateb yw 4.125.

Ffracsiynau pendrwm

Os byddwn yn bwydo ffracsiwn pendrwm i gyfrifiannell ac yn gwasgu'r botwm $\boxed{=}$ bydd y cyfrifiannell yn ei newid yn rhif cymysg yn awtomatig.

ENGHRAIFFT 8.21

Defnyddiwch gyfrifiannell i newid $\frac{187}{25}$ yn rhif cymysg.

Datrysiad

Dyma drefn gwasgu'r botymau.

$\boxed{1}$ $\boxed{8}$ $\boxed{7}$ $\boxed{a^{b/c}}$ $\boxed{2}$ $\boxed{5}$ $\boxed{=}$

Dylai sgrin y cyfrifiannell edrych fel hyn. $\boxed{7 \lrcorner 12 \lrcorner 25}$

Felly yr ateb yw $7\frac{12}{25}$.

1 Cyfrifwch y rhain.

a) $\frac{2}{7} + \frac{1}{3}$ **b)** $\frac{3}{4} - \frac{2}{5}$ **c)** $\frac{5}{8} \times \frac{4}{11}$ **ch)** $\frac{11}{12} \div \frac{5}{8}$

d) $2\frac{3}{7} + 3\frac{1}{2}$ **dd)** $5\frac{2}{3} - 3\frac{3}{4}$ **e)** $4\frac{2}{7} \times 3$ **f)** $5\frac{7}{8} \div 1\frac{5}{6}$

2 Ysgrifennwch y ffracsiynau hyn yn eu ffurf symlaf.

a) $\frac{24}{60}$ **b)** $\frac{35}{56}$ **c)** $\frac{84}{180}$ **ch)** $\frac{175}{400}$ **d)** $\frac{18}{162}$

3 Ysgrifennwch y ffracsiynau pendrwm hyn fel rhifau cymysg.

a) $\frac{124}{60}$ **b)** $\frac{130}{17}$ **c)** $\frac{73}{15}$ **ch)** $\frac{168}{35}$ **d)** $\frac{107}{13}$

4 Cyfrifwch

    a) perimedr y petryal hwn.   **b)** arwynebedd y petryal hwn.

$6\frac{3}{4}$ cm

$3\frac{2}{3}$ cm

Newid ffracsiynau yn ddegolion

Gan fod ffracsiwn fel $\frac{5}{8}$ yn golygu yr un peth â $5 \div 8$, gallwn ddefnyddio rhannu i newid ffracsiwn yn ddegolyn.

ENGHRAIFFT 8.22

Trawsnewidiwch $\frac{5}{8}$ yn ddegolyn.

Datrysiad

Yn gyntaf, ysgrifennwch 5 fel 5.000. Efallai y bydd arnoch angen mwy neu lai o seroau, yn dibynnu ar y ffracsiwn.

Nawr cyfrifwch $5.000 \div 8$.

$$\begin{array}{r} 0.6\ 2\ 5 \\ 8\overline{)5.0^2 0^4 0} \end{array}$$

Os nad yw'n rhannu yn union, efallai y bydd angen talgrynnu'r ateb i nifer penodol o leoedd degol.

Her 8.5

Defnyddiwch y dull yn Enghraifft 8.22 i drawsnewid $\frac{1}{3}$ yn ddegolyn.

Ym mha ffordd mae'r ateb hwn yn wahanol i'r enghraifft?

Mae rhai ffracsiynau, fel $\frac{5}{8}$, yn trawsnewid yn ddegolion sy'n dod i ben. **Degolion terfynus** yw'r rhain. Mae eraill, fel $\frac{1}{3}$, yn parhau'n ddiddiwedd. **Degolion cylchol** yw'r rhain.

> **AWGRYM**
> Yn achos degolion cylchol mae yna batrwm bob tro.

Sylwi 8.4

Trawsnewidiwch y ffracsiynau hyn yn ddegolion.

a) $\frac{1}{2}$ **b)** $\frac{1}{3}$ **c)** $\frac{3}{4}$ **ch)** $\frac{2}{5}$

d) $\frac{5}{6}$ **dd)** $\frac{2}{7}$ **e)** $\frac{7}{8}$ **f)** $\frac{8}{9}$

Nodwch ffracsiynau eraill a thrawsnewidiwch nhw.

Beth y gallwch chi ei ddweud am y rhifau sydd yn enwaduron y ffracsiynau sy'n rhoi degolion terfynus?

ENGHRAIFFT 8.23

Nodwch a yw pob un o'r ffracsiynau hyn yn rhoi degolyn terfynus neu ddegolyn cylchol.

a) $\frac{1}{6}$ **b)** $\frac{1}{5}$ **c)** $\frac{1}{7}$ **ch)** $\frac{1}{11}$

Datrysiad

a) Mae $\frac{1}{6}$ yn ddegolyn cylchol

$1 \div 6 = 0.166\,666\ldots$

b) Mae $\frac{1}{5}$ yn ddegolyn terfynus

$1 \div 5 = 0.2$

c) Mae $\frac{1}{7}$ yn ddegolyn cylchol

$1 \div 7 = 0.142\,857\,142\ldots$

ch) Mae $\frac{1}{11}$ yn ddegolyn cylchol

$1 \div 11 = 0.090\,909\ldots$

> **AWGRYM**
> Os ffactorau sy'n ffactorau 10 yn unig sydd gan enwadur ffracsiwn, bydd yn rhoi degolyn terfynus. Os oes gan enwadur ffracsiwn ffactorau nad ydynt yn ffactorau 10, bydd yn rhoi degolyn cylchol.

1 Newidiwch bob un o'r ffracsiynau hyn yn ddegolyn.
Os oes angen, rhowch eich ateb yn gywir i 3 lle degol.

a) $\frac{4}{5}$ **b)** $\frac{3}{8}$ **c)** $\frac{2}{11}$ **ch)** $\frac{1}{9}$ **d)** $\frac{9}{20}$

2 Nodwch a yw pob un o'r ffracsiynau hyn yn rhoi degolyn cylchol neu ddegolyn terfynus. Rhowch reswm dros bob ateb.

a) $\frac{3}{5}$ **b)** $\frac{2}{3}$ **c)** $\frac{4}{9}$ **ch)** $\frac{1}{16}$ **d)** $\frac{3}{7}$

3 a) Darganfyddwch y degolyn cylchol sy'n gywerth â $\frac{5}{7}$.

b) Faint o ddigidau sydd yn y patrwm sy'n cael ei ailadrodd?

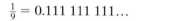

Her 8.6

a) Yng nghwestiynau **1** a **2** yn Ymarfer 8.4, gwelsoch y rhain.

$\frac{1}{9} = 0.111\ 111\ 111...$ $\frac{4}{9} = 0.444\ 444\ 444...$

Heb ddefnyddio cyfrifiannell ysgrifennwch y degolyn sy'n gywerth â phob un o'r rhain.

$\frac{2}{9}$ $\quad$ $\frac{3}{9}$ $\quad$ $\frac{5}{9}$ $\quad$ $\frac{6}{9}$ $\quad$ $\frac{7}{9}$ $\quad$ $\frac{8}{9}$

b) Yn Enghraifft 8.23 gwelsoch fod $\frac{1}{11} = 0.090\ 909\ 090...$.

Hefyd, $\frac{2}{11} = 0.181\ 818\ 181...$ a $\frac{5}{11} = 0.454\ 545\ 454...$.

Heb ddefnyddio cyfrifiannell ysgrifennwch y degolyn sy'n gywerth â phob un o'r rhain.

$\frac{3}{11}$ $\quad$ $\frac{4}{11}$ $\quad$ $\frac{6}{11}$ $\quad$ $\frac{7}{11}$ $\quad$ $\frac{8}{11}$ $\quad$ $\frac{9}{11}$ $\quad$ $\frac{10}{11}$

Rhifyddeg pen â degolion

Dylech fod yn gallu adio a thynnu degolion syml yn eich pen. Mae'n debyg i adio a thynnu rhifau cyfan.

Er enghraifft, gallwn gyfrifo $63 + 24$ trwy adio 20 i gael 83 ac yna adio 4 i gael 87.

Yn yr un ffordd, gallwn gyfrifo $6.3 + 2.4$ trwy adio 2 i gael 8.3 ac yna adio 0.4 i gael 8.7.

Gallwn wneud gwaith tynnu fesul cam fel hyn hefyd.

ENGHRAIFFT 8.24

Cyfrifwch y rhain.

a) 5.8 + 7.3   **b)** 8.5 − 3.7

Datrysiad

a) 5.8 + 7 = 12.8   Adiwch yr unedau yn gyntaf.
    12.8 + 0.3 = 13.1   Wedyn adiwch y degfedau.

b) 8.5 − 3 = 5.5   Tynnwch yr unedau yn gyntaf.
    5.5 − 0.5 = 5   Mae angen tynnu 7 degfed. Tynnwch 5 degfed yn gyntaf.
    5 − 0.2 = 4.8   Wedyn tynnwch y 2 ddegfed sy'n weddill.

Prawf sydyn 8.3

Gweithiwch mewn parau. Bob yn ail, cyfrifwch swm adio degolion ar gyfrifiannell. Gwnewch yn siŵr bod gan bob rhif un lle degol yn unig. Gofynnwch i'ch partner wneud y cyfrifiad yn ei ben/phen. Gwiriwch eich atebion gan ddefnyddio'r cyfrifiannell.

Yna rhowch gynnig ar symiau tynnu degolion.

 YMARFER 8.5

Cyfrifwch y rhain. Hyd y gallwch, ysgrifennwch eich ateb terfynol yn unig.

1 4.2 + 3.5   **2** 5.1 + 2.8   **3** 7.8 − 4.2   **4** 5.6 − 3.4

5 5.8 + 1.3   **6** 4.6 + 3.5   **7** 6.5 − 0.8   **8** 6.4 − 2.6

9 7.9 + 4.3   **10** 7.8 + 8.7   **11** 7.8 − 6.9   **12** 7.6 − 1.8

Lluosi a rhannu degolion

Ym Mhennod 3 cawsoch ymarfer lluosi degolion syml.

Prawf sydyn 8.4

Cyfrifwch y rhain.

a) **(i)** 5 × 3   **(ii)** 5 × 0.3   **(iii)** 0.5 × 3   **(iv)** 0.5 × 0.3

b) **(i)** 4 × 2   **(ii)** 4 × 0.2   **(iii)** 0.4 × 2   **(iv)** 0.4 × 0.2

Mae'r adran hon yn dangos sut mae'r technegau rydym wedi eu defnyddio i luosi degolion syml yn cael eu hestyn i luosi unrhyw ddegolion.

Sylwi 8.5

a) $39 \times 8 = 312$.
Heb ddefnyddio cyfrifiannell, ysgrifennwch yr atebion i'r rhain.

(i) 3.9×8 **(ii)** 39×0.8

(iii) 0.39×8 **(iv)** 0.39×0.8

b) $37 \times 56 = 2072$.
Heb ddefnyddio cyfrifiannell, ysgrifennwch yr atebion i'r rhain.

(i) 3.7×56 **(ii)** 37×5.6

(iii) 3.7×5.6 **(iv)** 0.37×56

(v) 0.37×5.6 **(vi)** 0.37×0.56

Yna gwiriwch eich atebion â chyfrifiannell.

Edrychwch eto ar eich atebion i Sylwi 8.5.

Dyma eich camau wrth luosi degolion.

1 Gwneud y lluosi gan anwybyddu'r pwyntiau degol. Bydd y digidau yn yr ateb yr un fath â'r digidau yn yr ateb terfynol.

2 Cyfrif cyfanswm nifer y lleoedd degol yn y ddau rif sydd i gael eu lluosi.

3 Rhoi'r pwynt degol yn yr ateb a gawsoch yng ngham 1 fel mae gan yr ateb terfynol yr un nifer o leoedd degol ag a gawsoch yng ngham 2.

ENGHRAIFFT 8.25

Cyfrifwch 8×0.7.

Datrysiad

1 Yn gyntaf, lluoswch $8 \times 7 = 56$.

2 Cyfanswm nifer y lleoedd degol yn 8 a 0.7 yw $0 + 1 = 1$.

3 Yr ateb yw 5.6.

AWGRYM

Sylwch: wrth luosi â rhif rhwng 0 ac 1, fel 0.7, rydych yn lleihau'r rhif gwreiddiol (o 8 i 5.6).

ENGHRAIFFT 8.26

Cyfrifwch 8.3×3.4.

Datrysiad

1   Yn gyntaf, lluoswch 83×34.

$$
\begin{array}{r}
8\ 3 \\
\times\quad 3\ 4 \\
\hline
2\ 4\ 9\ 0 \\
3\ 3\ 2 \\
\hline
2\ 8\ 2\ 2
\end{array}
$$

Lluosi hir traddodiadol yw'r dull hwn.
Efallai eich bod chi wedi dysgu dull arall.

2   Cyfanswm nifer y lleoedd degol yn 8.3 a 3.4 yw $1 + 1 = 2$.

3   Yr ateb yw 28.22.

ENGHRAIFFT 8.27

Cyfrifwch 8.32×2.6.

Datrysiad

1   Yn gyntaf, lluoswch 832×26.

$$
\begin{array}{r}
8\ 3\ 2 \\
\times\quad 2\ 6 \\
\hline
1\ 6\ 6\ 4\ 0 \\
4\ 9\ 9\ 2 \\
\hline
2\ 1\ 6\ 3\ 2
\end{array}
$$

2   Cyfanswm nifer y lleoedd degol yn 8.32 a 2.6 yw $2 + 1 = 3$.

3   Yr ateb yw 21.632.

Sylwi 8.6

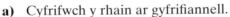

a) Cyfrifwch y rhain ar gyfrifiannell.

    (i) $26 \div 1.3$ **(ii)** $260 \div 13$

b) Beth welwch chi?

c) Nawr cyfrifwch y rhain ar gyfrifiannell.

    (i) $5.92 \div 3.7$ **(ii)** $59.2 \div 37$

    (iii) $3.995 \div 2.35$ **(iv)** $399.5 \div 235$

ch) Allwch chi egluro eich canlyniadau?

Nid yw canlyniad swm rhannu yn newid pan fyddwn yn lluosi'r ddau rif â 10 (h.y. yn symud y pwynt degol un lle yn y ddau rif).

Nid yw'r canlyniad yn newid chwaith pan fyddwn yn lluosi'r ddau rif â 100 (h.y. yn symud y pwynt degol ddau le yn y ddau rif).

Mae'r rheol hon yn union yr un fath â phan fyddwn yn ysgrifennu ffracsiynau cywerth.

Er enghraifft, $\frac{3}{5} = \frac{30}{50} = \frac{300}{500}$.

Defnyddiwn y rheol hon pan fyddwn yn rhannu degolion.

ENGHRAIFFT 8.28

Cyfrifwch $6 \div 0.3$.

Datrysiad

Yn gyntaf, lluoswch y ddau rif â 10, er mwyn gallu rhannu â rhif cyfan.

Nawr y cyfrifiad yw $60 \div 3$.

$$60 \div 3 = 20$$

felly mae $\quad 6 \div 0.3$ yn 20 hefyd.

> **AWGRYM**
> Sylwch: pan fyddwn yn rhannu â rhif rhwng 0 ac 1, fel 0.3, byddwn yn cynyddu'r rhif gwreiddiol (o 6 i 20).

ENGHRAIFFT 8.29

Cyfrifwch $4.68 \div 0.4$.

Datrysiad

Yn gyntaf, lluoswch y ddau rif â 10 (symud y pwynt degol un lle).

Nawr y cyfrifiad yw $46.8 \div 4$.

$$4 \overline{)46.^28} \quad \begin{array}{c} 11.7 \end{array}$$

Rhowch y pwynt degol yn yr ateb uwchben y pwynt degol ym 46.8.

Mae $4.68 \div 0.4$ yn 11.7 hefyd.

ENGHRAIFFT 8.30

Cyfrifwch $3.64 \div 1.3$.

Datrysiad

Yn gyntaf, lluoswch y ddau rif â 10 (symud y pwynt degol un lle).

Nawr y cyfrifiad yw $36.4 \div 13$.

$$13 \overline{)36.^{10}4} \quad \begin{array}{c} 2.8 \end{array}$$

Efallai y cawsoch eich dysgu i wneud hyn trwy rannu hir yn hytrach na rhannu byr.

Mae $3.64 \div 1.3$ yn 2.8 hefyd.

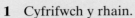
1 Cyfrifwch y rhain.

  a) 4×0.3 **b)** 0.5×7 **c)** 3×0.6 **ch)** 0.8×9

  d) 0.6×0.4 **dd)** 0.8×0.6 **e)** 40×0.3 **f)** 0.5×70

  ff) 0.3×0.2 **g)** 0.8×0.1 **ng)** $(0.7)^2$ **h)** $(0.3)^2$

2 Cyfrifwch y rhain.

  a) $8 \div 0.2$ **b)** $1.2 \div 0.3$ **c)** $2.8 \div 0.7$ **ch)** $3.6 \div 0.4$

  d) $24 \div 1.2$ **dd)** $50 \div 2.5$ **e)** $9 \div 0.3$ **f)** $15 \div 0.3$

  ff) $16 \div 0.2$ **g)** $24 \div 0.8$ **ng)** $1.55 \div 0.5$ **h)** $48.8 \div 0.4$

3 Cyfrifwch y rhain.

  a) 4.2×1.5 **b)** 6.2×2.3 **c)** 5.9×6.1 **ch)** 7.2×2.7

  d) 63×1.8 **dd)** 72×5.4 **e)** 5.6×8.9 **f)** 10.9×2.4

  ff) 12.7×0.4 **g)** 2.34×0.8 **ng)** 5.46×0.7 **h)** 6.23×1.6

4 Cyfrifwch y rhain.

  a) $14.7 \div 0.3$ **b)** $13.6 \div 0.8$ **c)** $14.4 \div 0.6$ **ch)** $22.4 \div 0.7$

  d) $47.7 \div 0.9$ **dd)** $85.8 \div 1.1$ **e)** $3.42 \div 0.6$ **f)** $1.96 \div 0.4$

  ff) $1.45 \div 0.5$ **g)** $3.51 \div 1.3$ **ng)** $5.55 \div 1.5$ **h)** $6.3 \div 1.4$

Her 8.7

Mewn ras gyfnewid 4 wrth 400 metr, amserau rhedeg pedwar aelod y tîm oedd.

  44.5 eiliad   45.6 eiliad   45.8 eiliad   43.9 eiliad

Beth oedd eu hamser cyfartalog?

Her 8.8

a) Cyfrifwch arwynebedd y petryal.

    6.3 cm

    2.6 cm

b) Mae gan y petryal hwn yr un arwynebedd
    ag sydd gan y petryal yn rhan **a)**.
    Cyfrifwch hyd y petryal hwn.

    3.9 cm

Cynnydd a gostyngiad canrannol

Gwelsoch un ffordd o gyfrifo cynnydd a gostyngiad canrannol ym Mhennod 4.

Cynnydd canrannol

I gynyddu £240 â 23%, yn gyntaf byddwn yn cyfrifo 23% o £240. $240 \times 0.23 = £55.20$

Yna byddwn yn adio £55.20 at £240. $240 + 55.20 = £295.20$

Mae ffordd gyflymach o wneud yr un cyfrifiad.

I gynyddu maint â 23% mae angen darganfod y maint gwreiddiol plws 23%.

Felly i gynyddu £240 â 23% mae angen darganfod 100% o £240 + 23% o £240 = 123% o £240.

Y degolyn sy'n gywerth â 123% yw 1.23.

Felly gallwn wneud y cyfrifiad mewn un cam: $240 \times 1.23 = £295.20$

Y term am y rhif y byddwn yn lluosi'r maint gwreiddiol ag ef (1.23 yma) yw'r **lluosydd**.

ENGHRAIFFT 8.31

Cyflog Amir yw £17 000 y flwyddyn. Mae'n derbyn cynnydd o 3%. Darganfyddwch ei gyflog newydd.

Datrysiad

Mae cyflog newydd Amir yn 103% o'i gyflog gwreiddiol. Felly'r lluosydd yw 1.03.

£17 000 $\times$ 1.03 = £17 510

Mae'r dull hwn yn gyflymach o lawer pan fydd angen gwneud gwaith cyfrifo dro ar ôl tro.

ENGHRAIFFT 8.32

Buddsoddwch nawr a derbyn adlog o 6% wedi'i warantu dros 5 mlynedd

Mae adlog yn golygu bod llog yn cael ei dalu ar y swm cyfan sydd yn y cyfrif. Mae'n wahanol i log syml, lle mae llog ond yn cael ei dalu ar y swm gwreiddiol sydd wedi'i fuddsoddi.

Mae Sioned yn buddsoddi £1500 am y 5 mlynedd gyfan.
Beth fydd gwerth ei buddsoddiad ar ddiwedd y 5 mlynedd?

Datrysiad

Ar ddiwedd blwyddyn 1 bydd y buddsoddiad yn werth   £1500 × 1.06 = £1590.00

Ar ddiwedd blwyddyn 2 bydd y buddsoddiad yn werth   £1590 × 1.06 = £1685.40
Mae hyn yr un fath â   £1500 × 1.06 × 1.06 = £1685.40
                                            neu £1500 × 1.06^2 = £1685.40

Ar ddiwedd blwyddyn 3 bydd y buddsoddiad yn werth   £1685.40 × 1.06 = £1786.524
Mae hyn yr un fath â   £1500 × 1.06 × 1.06 × 1.06 = £1786.524
                                            neu £1500 × 1.06^3 = £1786.524

Ar ddiwedd blwyddyn 4 bydd y buddsoddiad yn werth   £1786.524 × 1.06 = £1893.7154
Mae hyn yr un fath â   £1500 × 1.06 × 1.06 × 1.06 × 1.06 = £1893.7154
                                            neu £1500 × 1.06^4 = £1893.7154

Ar ddiwedd blwyddyn 5 bydd y buddsoddiad yn werth   £1893.7154 × 1.06 = £2007.34
Mae hyn yr un fath â   £1500 × 1.06 × 1.06 × 1.06 × 1.06 × 1.06 = £2007.34
                                            neu £1500 × 1.06^5 = £2007.34
                                                    (i'r geiniog agosaf)

Sylwch: ar ddiwedd blwyddyn n mae angen lluosi £1500 ag 1.06^n.

AWGRYM

Defnyddiwch y botwm pwerau ($\boxed{\wedge}$ neu $\boxed{x^y}$ neu $\boxed{y^x}$) ar y cyfrifiannell.

Gostyngiad canrannol

Gallwn gyfrifo gostyngiad canrannol mewn ffordd debyg.

ENGHRAIFFT 8.33

Sêl! Gostyngiad o 15% ar bopeth!

Mae Kieran yn prynu recordydd DVD yn y sêl. Y pris gwreiddiol oedd £225.
Cyfrifwch y pris yn y sêl.

Datrysiad

£225 × 0.85 = £191.25   Mae gostyngiad canrannol o 15% yr un fath â
                          100% − 15% = 85%. Felly y lluosydd yw 0.85.

Unwaith eto, mae'r dull hwn yn ddefnyddiol iawn ar gyfer gwaith
cyfrifo drosodd a throsodd.

Mae gwerth car yn gostwng 12% bob blwyddyn.

Pris car Sara, yn newydd, oedd £9000.

Cyfrifwch ei werth 4 blynedd yn ddiweddarach. Rhowch eich ateb i'r bunt agosaf.

Datrysiad

$100\% - 12\% = 88\%$

Gwerth ar ôl 4 blynedd $= £9000 \times 0.88^4$ Ar ddiwedd blwyddyn 4 lluoswch
$= £5397.26$ £9000 ag 0.88^4.
$= £5397$ i'r bunt agosaf.

AWGRYM

'Dibrisiad' yw'r term y byddwn yn ei ddefnyddio fel rheol wrth sôn am ostyngiad canrannol mewn gwerth ariannol.

YMARFER 8.7

1. Ysgrifennwch y lluosydd a fydd yn cynyddu swm
   a) 13%.   b) 20%.   c) 68%.   ch) 8%.
   d) 2%.   dd) 17.5%.   e) 100%.   f) 150%.

2. Ysgrifennwch y lluosydd a fydd yn gostwng swm
   a) 14%.   b) 20%.   c) 45%.   ch) 7%.
   d) 3%.   dd) 23%.   e) 86%.   f) 16.5%.

3. Mae Andrew yn ennill £4.60 yr awr o'i waith dydd Sadwrn.
   Os bydd yn cael cynnydd o 4%, faint y bydd yn ei ennill?
   Rhowch eich ateb yn gywir i'r geiniog agosaf.

4. Mewn sêl, cafodd pob eitem ei gostwng 30%. Prynodd Abi bâr o esgidiau.
   Y pris gwreiddiol oedd £42. Beth oedd y pris yn y sêl?

5. Buddsoddodd Marc £2400 ar adlog o 5%.
   Beth oedd gwerth y buddsoddiad ar ddiwedd 4 blynedd?
   Rhowch eich ateb yn gywir i'r bunt agosaf.

6. Roedd y paentiad hwn yn werth £15 000 yn 2004.
   Cynyddodd gwerth y paentiad 15% bob blwyddyn am
   6 blynedd.
   Beth oedd ei werth ar ddiwedd y 6 blynedd?
   Rhowch eich ateb yn gywir i'r bunt agosaf.

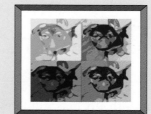

7 Gostyngodd gwerth car 9% y flwyddyn.
Roedd yn werth £14 000 yn newydd.
Beth oedd ei werth ar ôl 5 mlynedd?
Rhowch eich ateb yn gywir i'r bunt agosaf.

8 Cynyddodd prisiau tai 12% yn 2006, 11% yn 2007 a 8% yn 2008.
Ar ddechrau 2006 pris tŷ oedd £120 000.
Beth oedd y pris ar ddiwedd 2008?
Rhowch eich ateb yn gywir i'r bunt agosaf.

9 Cynyddodd gwerth buddsoddiad 8% yn 2008 a gostyngodd 8% yn 2009. Os £3000
oedd gwerth y buddsoddiad ar ddechrau 2008, beth oedd y gwerth ar ddiwedd 2009?

RYDYCH WEDI DYSGU

- sut i gymharu ffracsiynau, trwy eu trawsnewid yn ffracsiynau cywerth sydd â chyfenwadur
- wrth adio a thynnu ffracsiynau, y byddwch yn defnyddio cyfenwadur
- wrth adio neu dynnu rhifau cymysg, y byddwch yn trin y rhifau cyfan yn gyntaf ac yna'r rhannau sy'n ffracsiynau
- wrth luosi ffracsiynau, y byddwch yn lluosi'r rhifiaduron ac yn lluosi'r enwaduron
- y gallwch ganslo weithiau cyn gwneud y lluosi
- wrth rannu ffracsiynau, y byddwch yn darganfod cilydd yr ail ffracsiwn (ei droi â'i wyneb i waered) ac yna'n lluosi
- wrth luosi a rhannu rhifau cymysg, fod rhaid newid y rhifau cymysg yn ffracsiynau pendrwm yn gyntaf
- sut i weithio â ffracsiynau a rhifau cymysg ar gyfrifiannell gan ddefnyddio'r botwm $\boxed{a^{b/c}}$
- wrth newid ffracsiwn yn ddegolyn, y byddwch yn rhannu'r rhifiadur â'r enwadur
- wrth luosi degolion, y byddwch yn lluosi'r rhifau heb y pwynt degol ac yna'n cyfrif cyfanswm nifer y lleoedd degol yn y ddau rif
- wrth rannu â degolyn sydd ag un lle degol, y byddwch yn lluosi'r ddau rif â 10 (yn symud y pwynt degol un lle i'r dde) ac yna'n gwneud y rhannu
- mai ffordd gyflym o gynyddu maint e.e. 12% neu 7% yw lluosi ag 1.12 neu 1.07
- mai ffordd gyflym o ostwng maint 15% neu 8% yw lluosi â 0.85 neu 0.92

Peidiwch â defnyddio cyfrifiannell i ateb cwestiynau **1** i **9**.

1 Darganfyddwch y cyfenwadur ar gyfer pob pâr o ffracsiynau a nodwch pa un yw'r ffracsiwn mwyaf.

   a) $\frac{4}{5}$ neu $\frac{5}{6}$ **b)** $\frac{1}{3}$ neu $\frac{2}{7}$ **c)** $\frac{13}{20}$ neu $\frac{5}{8}$

2 Cyfrifwch y rhain.

   a) $\frac{3}{5} + \frac{4}{5}$ **b)** $\frac{3}{7} + \frac{2}{3}$ **c)** $\frac{5}{8} - \frac{1}{6}$ **ch)** $\frac{7}{10} + \frac{2}{15}$ **d)** $\frac{11}{12} - \frac{3}{8}$

3 Cyfrifwch y rhain.

   a) $3\frac{1}{4} + 2\frac{1}{6}$ **b)** $4\frac{3}{4} - 1\frac{2}{5}$ **c)** $5\frac{1}{2} + 2\frac{7}{8}$ **ch)** $3\frac{5}{6} + 2\frac{2}{9}$ **d)** $4\frac{1}{4} - 2\frac{3}{5}$

4 Cyfrifwch y rhain.

   a) $\frac{3}{5} \times \frac{2}{3}$ **b)** $\frac{4}{7} \times \frac{5}{6}$ **c)** $\frac{5}{8} \div \frac{2}{3}$ **ch)** $\frac{9}{10} \div \frac{3}{7}$ **d)** $\frac{15}{16} \times \frac{12}{25}$

5 Cyfrifwch y rhain.

   a) $1\frac{2}{3} \times 2\frac{1}{5}$ **b)** $2\frac{5}{6} \div 1\frac{3}{4}$ **c)** $2\frac{5}{8} \times 1\frac{3}{7}$ **ch)** $1\frac{7}{10} \div 4\frac{2}{5}$ **d)** $2\frac{3}{4} \times 3\frac{3}{7}$

6 Newidiwch bob un o'r ffracsiynau hyn yn ddegolyn. Lle bo angen, rhowch eich ateb yn gywir i 3 lle degol.

   a) $\frac{1}{8}$ **b)** $\frac{2}{9}$ **c)** $\frac{5}{7}$ **ch)** $\frac{3}{11}$

7 Cyfrifwch y rhain.

   a) $4.3 + 5.4$ **b)** $9.6 - 4.3$ **c)** $5.8 + 2.9$ **ch)** $6.4 - 1.8$

8 Cyfrifwch y rhain.

   a) 5×0.4 **b)** 0.7×0.1 **c)** 0.9×0.8
   ch) 1.8×6 **d)** 2.7×3.4 **dd)** 5.2×3.6

9 Cyfrifwch y rhain.

   a) $9 \div 0.3$ **b)** $3.2 \div 0.4$ **c)** $6.9 \div 2.3$
   ch) $56 \div 0.7$ **d)** $86.9 \div 1.1$ **dd)** $5.22 \div 0.6$

Cewch ddefnyddio cyfrifiannell i ateb cwestiynau **10** i **12**.

10 Defnyddiwch gyfrifiannell i gyfrifo'r rhain.

   a) $\frac{2}{11} + \frac{5}{6}$ **b)** $\frac{7}{8} - \frac{3}{5}$ **c)** $2\frac{2}{7} \times 1\frac{3}{8}$ **ch)** $8\frac{2}{5} \div 2\frac{7}{10}$

11 Buddsoddodd Sam £3500 ar adlog o 6%. Beth oedd gwerth y buddsoddiad ar ddiwedd 7 mlynedd? Rhowch eich ateb yn gywir i'r bunt agosaf.

12 Mewn sêl, cafodd y prisiau eu gostwng 10% bob dydd. Cost wreiddiol pâr o jîns oedd £45. Prynodd Nicola bâr o jîns ar bedwerydd diwrnod y sêl. Faint dalodd hi amdanynt? Rhowch eich ateb yn gywir i'r geiniog agosaf.

9 → CYMAREBAU A CHYFRANEDDAU

YN Y BENNOD HON

- Deall cymarebau a sut i'w nodi
- Ysgrifennu cymhareb yn ei ffurf symlaf
- Ysgrifennu cymhareb yn y ffurf 1 : n
- Defnyddio cymarebau wrth gyfrifo cyfraneddau
- Rhannu maint yn ôl cymhareb benodol
- Cymharu cyfraneddau

DYLECH WYBOD YN BAROD

- sut i luosi a rhannu heb gyfrifiannell
- sut i ddarganfod ffactorau cyffredin
- sut i symleiddio ffracsiynau
- ystyr *helaethiad*
- sut i newid rhwng unedau metrig

Beth yw cymhareb?

Mae cymhareb yn cael ei defnyddio i gymharu dau faint neu fwy.

Os oes gennych dri afal ac rydych yn penderfynu cadw un a rhoi dau i'ch ffrind gorau, mae gennych chi a'ch ffrind afalau yn ôl y gymhareb 1 : 2. Byddwn yn dweud hyn fel '1 i 2'.

Gallwn gymharu rhifau mwy mewn cymhareb hefyd.

Os oes gennych chwe afal ac rydych yn penderfynu cadw dau a rhoi pedwar i'ch ffrind gorau, mae gennych chi a'ch ffrind afalau yn ôl y gymhareb 2 : 4.

Gwelsoch ym Mhennod 2 sut i roi ffracsiwn yn ei **ffurf symlaf**, trwy **ganslo**.

Gallwn wneud yr un fath â chymarebau.

2 : 4 = 1 : 2   Mae 2 a 4 yn lluosrifau 2. Felly gallwn rannu pob rhan o'r gymhareb â 2.

ENGHRAIFFT 9.1

Cyflogau tri pherson yw £16 000, £20 000 a £32 000.
Ysgrifennwch hyn fel cymhareb yn ei ffurf symlaf.

Datrysiad

16 000 : 20 000 : 32 000	Yn gyntaf ysgrifennwch y cyflogau fel cymhareb.
= 16 : 20 : 32	Rhannwch bob rhan o'r gymhareb â 1000.
= 8 : 10 : 16	Rhannwch bob rhan â 2.
= 4 : 5 : 8	Rhannwch bob rhan â 2.

Sylwch na ddylai'r ateb gynnwys unedau. Byddai £4 : £5 : £8 yn anghywir.
Gweler Enghraifft 9.3.

I ysgrifennu cymhareb yn ei ffurf symlaf mewn un cam, darganfyddwch ffactor cyffredin mwyaf (FfCM) y rhifau yn y gymhareb. Yna rhannwch bob rhan o'r gymhareb â'r FfCM.

ENGHRAIFFT 9.2

Ysgrifennwch y cymarebau hyn yn eu ffurf symlaf.

a) $20:50$ **b)** $16:24$ **c)** $9:27:54$

Datrysiad

a) $20:50 = 2:5$ Rhannwch bob rhan â 10.

b) $16:24 = 2:3$ Rhannwch bob rhan ag 8.

c) $9:27:54 = 1:3:6$ Rhannwch bob rhan â 9.

Prawf sydyn 9.1

a) Mae Siwan yn 4 oed ac mae Petra yn 8 oed.
Ysgrifennwch gymhareb eu hoedrannau yn ei ffurf symlaf.

b) Mae rysáit yn defnyddio 500 g o flawd, 300 g o siwgr a 400 g o resins.
Ysgrifennwch gymhareb y symiau hyn yn ei ffurf symlaf.

Weithiau bydd yn rhaid newid unedau un rhan o'r gymhareb yn gyntaf.

ENGHRAIFFT 9.3

Ysgrifennwch bob un o'r cymarebau hyn yn ei ffurf symlaf.

a) 1 mililitr : 1 litr **b)** 1 cilogram : 200 gram

Datrysiad

a) 1 mililitr : 11 litr = 1 mililitr : 1000 mililitr   Ysgrifennwch bob rhan yn yr un unedau.

$= 1:1000$ Os bydd yr unedau yr un fath, peidiwch â'u cynnwys yn y gymhareb.

b) 1 cilogram : 200 gram = 1000 gram : 200 gram   Ysgrifennwch bob rhan yn yr un unedau.

$= 5:1$ Rhannwch bob rhan â 200.

ENGHRAIFFT 9.4

Ysgrifennwch bob un o'r cymarebau hyn yn ei ffurf symlaf.

a) 50c : £2 **b)** 2 cm : 6 mm **c)** 600 g : 2 kg : 750 g

Datrysiad

a) 50c : £2 = 50c : 200c   Ysgrifennwch bob rhan yn yr un unedau.
                 = 1 : 4   Rhannwch bob rhan â 50.

b) 2 cm : 6 mm = 20 mm : 6 mm   Ysgrifennwch bob rhan yn yr un unedau.
                  = 10 : 3   Rhannwch bob rhan â 2.

c) 600 g : 2 kg : 750 g = 600 g : 2000 g : 750 g   Ysgrifennwch bob rhan yn yr un unedau.
                       = 12 : 40 : 15   Rhannwch bob rhan â 50.

YMARFER 9.1

1 Ysgrifennwch bob un o'r cymarebau hyn yn ei ffurf symlaf.

a) 6 : 3 **b)** 25 : 75 **c)** 30 : 6
ch) 5 : 15 : 25 **d)** 6 : 12 : 8

2 Ysgrifennwch bob un o'r cymarebau hyn yn ei ffurf symlaf.

a) 50 g : 1000 g **b)** 30c : £2 **c)** 2 funud : 30 eiliad
ch) 4 m : 75 cm **d)** 300 ml : 2 litr

3 Mewn cyngerdd mae 350 o ddynion a 420 o fenywod.
Ysgrifennwch gymhareb y dynion i'r menywod yn ei ffurf symlaf.

4 Mae Alwyn yn buddsoddi £500 mewn busnes, mae Parri'n buddsoddi £800 ynddo ac
mae Dafydd yn buddsoddi £1000 ynddo.
Ysgrifennwch gymhareb eu buddsoddiadau yn ei ffurf symlaf.

5 Mae rysáit ar gyfer cawl llysiau yn defnyddio 1 kg o datws, 500 g o gennin a 750 g o seleri.
Ysgrifennwch gymhareb y cynhwysion yn ei ffurf symlaf.

Her 9.1

a) Eglurwch pam nad yw'r gymhareb 20 munud : 1 awr yn 20 : 1.

b) Beth ddylai'r gymhareb fod?

Ysgrifennu cymhareb yn y ffurf 1 : n

Weithiau mae'n ddefnyddiol cael cymhareb sydd ag 1 ar y chwith.
Graddfa gyffredin ar gyfer model wrth raddfa yw 1 : 24.
Yn aml mae graddfa map neu helaethiad yn cael ei roi yn y ffurf 1 : n.

I newid cymhareb i'r ffurf hon, rhannwch y ddau rif â'r rhif ar y
chwith. Gallwn ysgrifennu hyn mewn ffurf gyffredinol fel 1 : n.

ENGHRAIFFT 9.5

Ysgrifennwch y cymarebau hyn yn y ffurf 1 : n.

a) 2 : 5   b) 8 mm : 3 cm   c) 25 mm : 1.25 km

Datrysiad

a) 2 : 5 = 1 : 2.5   Rhannwch bob rhan â 2.

b) 8 mm : 3 cm = 8 mm : 30 mm   Ysgrifennwch bob rhan yn yr un unedau.
               = 1 : 3.75   Rhannwch bob rhan ag 8.

c) 25 mm : 1.25 km = 25 : 1 250 000   Ysgrifennwch bob rhan yn yr un unedau.
               = 1 : 50 000   Rhannwch bob rhan â 25.

Mae 1 : 50 000 yn raddfa gyffredin ar gyfer map. Mae'n
golygu bod 1 cm ar y map yn cynrychioli 50 000 cm, neu
500 m, ar y ddaear.

AWGRYM

Os oes angen, defnyddiwch
gyfrifiannell i drawsnewid
y gymhareb i'r ffurf 1 : n.

YMARFER 9.2

1 Ysgrifennwch bob un o'r cymarebau hyn yn y ffurf 1 : n.

    a) 2 : 6   b) 3 : 15   c) 6 : 15   ch) 4 : 7
    d) 20c : £1.50   dd) 4 cm : 5 m   e) 10 : 2   f) 2 mm : 1 km

2 Ar fap mae pellter o 8 mm yn cynrychioli pellter o 2 km.
    Beth yw graddfa'r map yn y ffurf 1 : n?

3 Hyd ffotograff yw 35 mm. Hyd helaethiad o'r llun yw 21 cm.
    Beth yw cymhareb y llun i'w helaethiad yn y ffurf 1 : n?

Defnyddio cymarebau

Weithiau rydym yn gwybod un o'r meintiau yn y gymhareb, ond nid y llall.

Os yw'r gymhareb yn y ffurf $1 : n$, gallwn gyfrifo'r ail faint trwy luosi'r cyntaf ag n.

Gallwn gyfrifo'r maint cyntaf trwy rannu'r ail faint ag n.

ENGHRAIFFT 9.6

a) Mae negatif ffotograff yn cael ei helaethu yn ôl y gymhareb $1 : 20$ i wneud llun.
Mae'r negatif yn mesur 36 mm wrth 24 mm.
Pa faint yw'r helaethiad?

b) Mae helaethiad arall $1 : 20$ yn mesur 1000 mm $\times$ 1000 mm.
Pa faint yw'r negatif?

Datrysiad

a) $36 \times 20 = 720$ Bydd yr helaethiad 20 gwaith cymaint â'r negatif,
$24 \times 20 = 480$ felly lluoswch y ddau fesuriad â 20.

Mae'r helaethiad yn mesur 720 mm wrth 480 mm.

b) $1000 \div 20 = 50$ Bydd y negatif 20 gwaith yn llai na'r helaethiad, felly rhannwch y
mesuriadau â 20.

Mae'r negatif yn mesur 50 mm $\times$ 50 mm.

ENGHRAIFFT 9.7

Mae map yn cael ei luniadu wrth raddfa 1 cm : 2 km.

a) Ar y map, y pellter rhwng Amanwy a Dafan yw 5.4 cm.
Beth yw'r gwir bellter mewn cilometrau?

b) Hyd trac rheilffordd syth rhwng dwy orsaf yw 7.8 km.
Beth yw hyd y trac hwn ar y map mewn centimetrau?

Datrysiad

a) $2 \times 5.4 = 10.8$ Mae'r gwir bellter, mewn cilometrau,
Gwir bellter $= 10.8$ km.   ddwywaith cymaint â'r pellter ar y map, mewn centimetrau.
Felly lluoswch â 2.

b) $7.8 \div 2 = 3.9$ Mae'r pellter ar y map, mewn centimetrau,
Pellter ar y map $= 3.9$ cm.   hanner cymaint â'r gwir bellter, mewn cilometrau.
Felly rhannwch â 2.

Her 9.2

Beth fyddai'r ateb mewn centimetrau i ran **a)** yn Enghraifft 9.7?

Pa gymhareb y gallech ei defnyddio i gyfrifo hyn?

Weithiau rhaid defnyddio cymhareb nad yw yn y ffurf $1 : n$ i gyfrifo meintiau.

I gyfrifo maint anhysbys, byddwn yn lluosi pob rhan o'r gymhareb â'r un rhif er mwyn cael cymhareb gywerth sy'n cynnwys y maint sy'n hysbys. Y term am y rhif hwn yw'r **lluosydd**.

ENGHRAIFFT 9.8

I wneud jam, mae ffrwythau a siwgr yn cael eu cymysgu yn ôl y gymhareb $2 : 3$. Felly os oes gennych 2 kg o ffrwythau, mae angen 3 kg o siwgr; os oes gennych 4 kg o ffrwythau, mae angen 6 kg o siwgr.

Faint o siwgr y bydd ei angen os bydd y ffrwythau'n pwyso

a) 6 kg? **b)** 10 kg? **c)** 500 g?

Datrysiad

a) $6 \div 2 = 3$ Rhannwch bwysau'r ffrwythau â rhan y ffrwythau o'r gymhareb i ddarganfod y lluosydd.

$2 : 3 = 6 : 9$ Lluoswch bob rhan o'r gymhareb â'r lluosydd, sef 3.
9 kg o siwgr.

b) $10 \div 2 = 5$ Rhannwch bwysau'r ffrwythau â rhan y ffrwythau o'r gymhareb i ddarganfod y lluosydd.

$2 : 3 = 10 : 15$ Lluoswch bob rhan o'r gymhareb â'r lluosydd, sef 5.
15 kg o siwgr

c) $500 \div 2 = 250$ Rhannwch bwysau'r ffrwythau â rhan y ffrwythau o'r gymhareb i ddarganfod y lluosydd.

$2 : 3 = 500 : 750$ Lluoswch bob rhan o'r gymhareb â'r lluosydd, sef 250.
750 g o siwgr.

ENGHRAIFFT 9.9

Cymhareb maint y ddau ffotograff hyn yw $2 : 5$.

a) Beth yw uchder y ffotograff mwyaf?

b) Beth yw lled y ffotograff lleiaf?

5 cm

9 cm

Datrysiad

a) $5 \div 2 = 2.5$ Rhannwch uchder y ffotograff lleiaf â'r rhan leiaf o'r gymhareb i ddarganfod y lluosydd.

    $2 : 5 = 5 : 12.5$ Lluoswch bob rhan o'r gymhareb â'r lluosydd, sef 2.5.

    Uchder y ffotograff mwyaf $= 12.5$ cm.

b) $9 \div 5 = 1.8$ Rhannwch led y ffotograff mwyaf â'r rhan fwyaf o'r gymhareb i ddarganfod y lluosydd.

    $2 : 5 = 3.6 : 9$ Lluoswch bob rhan o'r gymhareb â'r lluosydd, sef 1.8.

    Lled y ffotograff lleiaf $= 3.6$ cm.

ENGHRAIFFT 9.10

I wneud paent llwyd, mae paent gwyn a phaent du yn cael eu cymysgu yn ôl y gymhareb $5 : 2$.

a) Faint o baent du fyddai'n cael ei gymysgu ag 800 ml o baent gwyn?

b) Faint o baent gwyn fyddai'n cael ei gymysgu â 300 ml o baent du?

Datrysiad

Yn aml mae tabl yn ddefnyddiol ar gyfer y math hwn o gwestiwn.

	Paent	Gwyn	Du
	Cymhareb	5	2
a)	Cyfaint	800 ml	$2 \times 160 = 320$ ml
	Lluosydd	$800 \div 5 = 160$	
b)	Cyfaint	$5 \times 150 = 750$ ml	300 ml
	Lluosydd		$300 \div 2 = 150$

AWGRYM Gofalwch nad ydych wedi gwneud camgymeriad gwirion. Gwiriwch mai ochr fwyaf y gymhareb sydd â'r maint mwyaf.

a) Paent du $= 320$ ml   **b)** Paent gwyn $= 750$ ml

ENGHRAIFFT 9.11

I wneud stiw ar gyfer pedwar person, mae rysáit yn defnyddio 1.6 kg o gig eidion. Faint o gig eidion sydd ei angen ar gyfer chwe pherson gan ddefnyddio'r rysáit?

Datrysiad

Cymhareb y bobl yw $4 : 6$.

$4 : 6 = 2 : 3$ Ysgrifennwch y gymhareb yn ei ffurf symlaf.

$1.6 \div 2 = 0.8$ Rhannwch bwysau'r cig eidion sydd ei angen ar gyfer pedwar person â rhan gyntaf y gymhareb i ddarganfod y lluosydd.

$0.8 \times 3 = 2.4$ Lluoswch ail ran y gymhareb â'r lluosydd, 0.8.

Cig eidion sydd ei angen ar gyfer chwe pherson $= 2.4$ kg

1 Cymhareb hydoedd dau sgwâr yw 1:6.
   a) Hyd ochr y sgwâr bach yw 2 cm.
      Beth yw hyd ochr y sgwâr mawr?
   b) Hyd ochr y sgwâr mawr yw 21 cm.
      Beth yw hyd ochr y sgwâr bach?

2 Rhaid i gymhareb y gofalwyr i'r babanod mewn meithrinfa fod yn 1:4.
   a) Mae 6 gofalwr yno ar ddydd Mawrth.
      Faint o fabanod sy'n cael bod yno?
   b) Mae 36 o fabanod yno ar ddydd Iau.
      Faint o ofalwyr sy'n gorfod bod yno?

3 Mae Sanjay yn cymysgu paent pinc.
   I gael y lliw y mae'n ei ddymuno, mae'n cymysgu paent coch a gwyn yn ôl y gymhareb 1:3.
   a) Faint o baent gwyn y dylai ei gymysgu â 2 litr o baent coch?
   b) Faint o baent coch y dylai ei gymysgu â 12 litr o baent gwyn?

4 Hyd ffotograff yw 35 mm. Mae helaethiad o 1:4 yn cael ei wneud.
   Beth yw hyd yr helaethiad?

5 Graddfa atlas ffyrdd Cymru yw 1 fodfedd i 4 milltir.
   a) Ar y map y pellter rhwng Trawsfynydd a Machynlleth yw 7 modfedd.
      Beth yw'r gwir bellter rhwng y ddau le hyn mewn milltiroedd?
   b) Mae'n 40 milltir rhwng Aberaeron a Llanwrtyd. Pa mor bell yw hyn ar y map?

6 Wrth ddilyn rysáit, mae Catrin yn cymysgu dŵr a cheuled lemon yn ôl y gymhareb 2:3.
   a) Faint o geuled lemon y dylai ei gymysgu â 20 ml o ddŵr?
   b) Faint o ddŵr y dylai ei gymysgu â 15 llwyaid de o geuled lemon?

7 I wneud hydoddiant cemegyn, mae gwyddonydd yn cymysgu 3 rhan o'r cemegyn â 20 rhan o ddŵr .
   a) Faint o ddŵr y dylai ei gymysgu ag 15 ml o'r cemegyn?
   b) Faint o'r cemegyn y dylai ei gymysgu â 240 ml o ddŵr ?

8 Mae aloi'n cael ei wneud trwy gymysgu 2 ran o arian â 5 rhan o nicel.
   a) Faint o nicel y mae'n rhaid ei gymysgu â 60 g o arian?
   b) Faint o arian y mae'n rhaid ei gymysgu â 120 g o nicel?

9   Mae Siân a Rhian yn rhannu fflat. Maen nhw'n cytuno i rannu'r rhent yn ôl yr un gymhareb â'u cyflogau. Mae Siân yn ennill £600 y mis ac mae Rhian yn ennill £800 y mis.

Os yw Siân yn talu £90, faint y mae Rhian yn ei dalu?

10   Mae rysáit ar gyfer hotpot yn defnyddio winwns, moron a stêc stiwio yn y gymhareb 1 : 2 : 5 yn ôl màs.

   a) Faint o stêc sydd ei angen os oes 100 g o winwns?
   b) Faint o foron sydd ei angen os oes 450 g o stêc?

Rhannu maint yn ôl cymhareb benodol

Sylwi 9.1

Mae gan Mari swydd gyda'r nos yn llenwi bagiau parti ar gyfer trefnydd partïon plant. Mae hi'n rhannu melysion lemon a melysion mafon yn ôl y gymhareb 2 : 3.
Mae pob bag yn cynnwys 5 o felysion.

   a) Ddydd Llun mae Mari'n llenwi 10 bag parti.
      (i)   Faint o felysion y mae hi'n eu defnyddio i gyd?
      (ii) Faint o felysion lemon y mae hi'n eu defnyddio?
      (iii) Faint o felysion mafon y mae hi'n eu defnyddio?
   b) Ddydd Mawrth mae Mari'n llenwi 15 bag parti.
      (i)   Faint o felysion y mae hi'n eu defnyddio i gyd?
      (ii) Faint o felysion lemon y mae hi'n eu defnyddio?
      (iii) Faint o felysion mafon y mae hi'n eu defnyddio?

Ar beth rydych chi'n sylwi?

Mae cymhareb yn cynrychioli nifer y rhannau y mae maint yn cael ei rannu ynddynt. I ddarganfod y maint cyfan sy'n cael ei rannu yn ôl cymhareb, byddwn yn adio rhannau'r gymhareb at ei gilydd.

I ddarganfod meintiau'r gwahanol rannau mewn cymhareb byddwn yn:
- darganfod cyfanswm nifer y rhannau
- rhannu'r maint cyfan â chyfanswm nifer y rhannau er mwyn darganfod y lluosydd
- lluosi pob rhan o'r gymhareb â'r lluosydd.

AWGRYM

Efallai na fydd y lluosydd yn rhif cyfan. Gweithiwch â'r degolyn neu'r ffracsiwn a thalgrynnwch yr ateb terfynol os oes angen.

I wneud pwnsh ffrwythau, mae sudd oren a sudd grawnffrwyth yn cael eu cymysgu yn ôl y gymhareb 5 : 3.

Mae Eirian yn dymuno gwneud 1 litr o bwnsh.

a) Faint o sudd oren sydd ei angen arni mewn mililitrau?

b) Faint o sudd grawnffrwyth sydd ei angen arni mewn mililitrau?

Datrysiad

$5 + 3 = 8$ Yn gyntaf, cyfrifwch gyfanswm nifer y rhannau.

$1000 \div 8 = 125$ Trawsnewidiwch 1 litr yn fililitrau a rhannu ag 8 i ddarganfod y lluosydd.

Yn aml mae tabl yn ddefnyddiol wrth ateb y math hwn o gwestiwn.

Pwnsh	Oren	Grawnffrwyth
Cymhareb	5	3
Swm	$5 \times 125 = 625$ ml	$3 \times 125 = 375$ ml

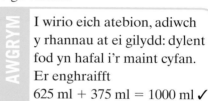

I wirio eich atebion, adiwch y rhannau at ei gilydd: dylent fod yn hafal i'r maint cyfan. Er enghraifft
625 ml $+ 375$ ml $= 1000$ ml ✓

a) Sudd oren $= 625$ ml

b) Sudd grawnffrwyth $= 375$ ml

YMARFER 9.4

Peidiwch â defnyddio cyfrifiannell i ateb cwestiynau **1** i **5**.

1 Rhannwch £20 rhwng Dewi a Sam yn ôl y gymhareb 2 : 3.

2 Mae paent yn cael ei gymysgu yn ôl y gymhareb 3 rhan o goch i 5 rhan o wyn i wneud 40 litr o baent pinc.
    a) Faint o baent coch sy'n cael ei ddefnyddio?
    b) Faint o baent gwyn sy'n cael ei ddefnyddio?

3 Mae Arwyn yn gwneud morter trwy gymysgu tywod a sment yn ôl y gymhareb 5 : 1. Faint o dywod sydd ei angen i wneud 36 kg o forter?

4 I wneud hydoddiant cemegyn, mae gwyddonydd yn cymysgu 1 rhan o'r cemegyn â 5 rhan o ddŵr. Mae hi'n gwneud 300 ml o'r hydoddiant.
    a) Faint o'r cemegyn y mae hi'n ei ddefnyddio?
    b) Faint o ddŵr y mae hi'n ei ddefnyddio?

5 Mae Alun, Bryn a Carwyn yn rhannu £1600 rhyngddynt yn ôl y gymhareb 2 : 5 : 3. Faint y mae pob un yn ei gael?

Cewch ddefnyddio cyfrifiannell i ateb cwestiynau **6** i **8**.

6 Mewn etholiad lleol, mae 5720 o bobl yn pleidleisio.
Maen nhw'n pleidleisio i Blaid Cymru, Llafur a phleidiau eraill yn ôl y gymhareb 6 : 3 : 2.
Faint o bobl sy'n pleidleisio i Lafur?

7 Cododd Ffair Haf Coleg Sant Afan £1750. Mae'r llywodraethwyr yn penderfynu
rhannu'r arian rhwng y coleg ac elusen leol yn ôl y gymhareb 5 i 1.
Faint gafodd yr elusen leol? Rhowch eich ateb yn gywir i'r bunt agosaf.

8 Mae Sali'n gwneud grawnfwyd brecwast trwy gymysgu bran, cyrens a bywyn gwenith
yn y gymhareb 8 : 3 : 1 yn ôl màs.
a) Faint o fran y mae hi'n ei ddefnyddio i wneud 600 g o'r grawnfwyd?
b) Un diwrnod, dim ond 20 g o gyrens oedd ganddi.
Faint o rawnfwyd mae hi'n gallu ei wneud? Mae ganddi ddigon o fran a bywyn
gwenith.

Her 9.3

Mae gan Owain ffotograff sy'n mesur 13 cm wrth 17 cm. Mae'n dymuno ei helaethu.
Mae Ffot Argraff yn cynnig dau faint: 24 modfedd wrth 32 modfedd a 20 modfedd
wrth 26.5 modfedd.
Mae'n dymuno cadw'r un cyfraneddau, neu mor agos â phosibl at hynny.

a) **(i)** Ar gyfer y ffotograff a'r ddau helaethiad, cyfrifwch gymhareb y lled i'r hyd yn y
ffurf 1 : n.
  (ii) Pa un o'r ddau helaethiad sy'n agosach at gyfraneddau'r ffotograff? Eglurwch
eich ateb.

b) Beth fyddai'r rheswm dros ddewis y llall?

Gwerth gorau

Sylwi 9.2

Mae dau becyn o greision ŷd ar
gael mewn uwchfarchnad.

Pa un yw'r gwerth gorau am arian?

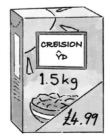

Er mwyn cymharu eu gwerth, rhaid cymharu naill ai

- faint a gawn ni am swm penodol o arian neu
- faint y mae maint penodol (er enghraifft, cyfaint neu fàs) yn ei gostio.

Yn y naill achos a'r llall byddwn yn cymharu **cyfraneddau**, naill ai o faint neu o gost.

Yr eitem sydd â'r gwerth gorau yw'r un â'r **gost isaf yr uned** neu'r **nifer mwyaf o unedau am bob ceiniog** (neu bunt).

ENGHRAIFFT 9.13

Mae olew blodau haul yn cael ei werthu mewn poteli 700 ml am 95c ac mewn poteli 2 litr am £2.45. Dangoswch pa botel yw'r gwerth gorau.

Datrysiad

Dull 1

Cyfrifwch y pris am bob mililitr ar gyfer y naill botel a'r llall.

Maint	Bach	Mawr
Cynhwysedd	700 ml	2 litr = 2000 ml
Pris	95c	£2.45 = 245c
Pris am bob ml	95c ÷ 700 = 0.14c	245c ÷ 2000 = 0.12c

Defnyddiwch yr un unedau ar gyfer pob potel.

Talgrynnwch eich atebion i 2 le degol os oes angen.

Mae'r pris am bob mililitr yn is yn achos y botel 2 litr. Y botel honno sydd â'r gost isaf yr uned. Yn yr achos hwn mililitr yw'r uned.

Y botel 2 litr yw'r gwerth gorau.

Dull 2

Cyfrifwch faint a gewch chi am bob ceiniog ar gyfer y naill botel a'r llall.

Maint	Bach	Mawr
Cynhwysedd	700 ml	2 litr = 2000 ml
Pris	95c	£2.45 = 245c
Faint am bob ceiniog	700 ml ÷ 95 = 7.37 ml	2000 ml ÷ 245 = 8.16 ml

Eto defnyddiwch yr un unedau ar gyfer pob potel.

Talgrynnwch eich atebion i 2 le degol os oes angen.

Rydych yn cael mwy am bob ceiniog yn y botel 2 litr. Ganddi hi y mae'r nifer mwyaf o unedau am bob ceiniog.

Y botel 2 litr yw'r gwerth gorau.

AWGRYM

Gwnewch hi'n amlwg a ydych yn cyfrifo cost yr uned neu faint am bob ceiniog, a chynhwyswch yr unedau yn eich atebion. Dangoswch eich gwaith cyfrifo bob tro.

1 Mae bag 420 g o farrau Sioco yn costio £1.59 ac mae bag 325 g o farrau Sioco yn costio £1.09. Pa un yw'r gwerth gorau am arian?

2 Mae dŵr ffynnon yn cael ei werthu mewn poteli 2 litr am 85c ac mewn poteli 5 litr am £1.79. Dangoswch pa un yw'r gwerth gorau.

3 Prynodd Waldo ddau becyn o gaws: pecyn 680 g am £3.20 a phecyn 1.4 kg am £5.40. Pa un oedd y gwerth gorau?

4 Mae hoelion yn cael eu gwerthu mewn pecynnau o 50 am £1.25 ac mewn pecynnau o 144 am £3.80. Pa becyn yw'r gwerth gorau?

5 Mae rholiau papur toiled yn cael eu gwerthu mewn pecynnau o 12 am £1.79 ac mewn pecynnau o 50 am £7.20. Dangoswch pa un yw'r gwerth gorau.

6 Mae past dannedd gwyn Sglein yn cael ei werthu mewn tiwbiau 80 ml am £2.79 ac mewn tiwbiau 150 ml am £5.00. Pa diwb yw'r gwerth gorau?

7 Mae uwchfarchnad yn gwerthu cola mewn poteli o dri maint gwahanol: mae potel 3 litr yn costio £1.99, mae potel 2 litr yn costio £1.35 ac mae potel 1 litr yn costio 57c. Pa botel sy'n rhoi'r gwerth gorau?

8 Mae creision ŷd Creisgar yn cael eu gwerthu mewn tri maint: 750 g am £1.79, 1.4 kg am £3.20 a 2 kg am £4.89. Pa becyn sy'n rhoi'r gwerth gorau?

RYDYCH WEDI DYSGU

- er mwyn ysgrifennu cymhareb yn ei ffurf symlaf, y byddwch yn rhannu pob rhan o'r gymhareb â'u ffactor cyffredin mwyaf (FfCM)
- er mwyn ysgrifennu cymhareb yn y ffurf 1 : n, y byddwch yn rhannu'r ddau rif â'r rhif ar y chwith
- os yw'r gymhareb yn y ffurf 1 : n, y gallwch gyfrifo'r ail faint trwy luosi'r maint cyntaf ag n, a gallwch gyfrifo'r maint cyntaf trwy rannu'r ail faint ag n
- er mwyn darganfod maint anhysbys mewn cymhareb, rhaid lluosi pob rhan o'r gymhareb â'r un rhif, sef y lluosydd
- er mwyn darganfod y meintiau sydd wedi'u rhannu yn ôl cymhareb benodol, y byddwch yn gyntaf yn darganfod cyfanswm nifer y rhannau, yna'n rhannu'r maint cyfan â chyfanswm nifer y rhannau i ddarganfod y lluosydd, yna'n lluosi pob rhan o'r gymhareb â'r lluosydd
- er mwyn cymharu gwerth, y byddwch yn cyfrifo'r gost am bob uned neu nifer yr unedau am bob ceiniog (neu bunt). Yr eitem sydd â'r gwerth gorau yw'r un â'r gost isaf am bob uned neu'r nifer mwyaf o unedau am bob ceiniog (neu bunt)

1 Ysgrifennwch bob cymhareb yn ei ffurf symlaf.

   a) 50 : 35   **b)** 30 : 72   **c)** 1 munud : 20 eiliad

   ch) 45 cm : 1 m   **d)** 600 ml : 1 litr

2 Ysgrifennwch y cymarebau hyn yn y ffurf 1 : n.

   a) 2 : 8   **b)** 5 : 12   **c)** 2 mm : 10 cm

   ch) 2 cm : 5 km   **d)** 100 : 40

3 Mae hysbysiad yn cael ei helaethu yn ôl y gymhareb 1 : 20.

   a) Lled y gwreiddiol yw 3 cm.
      Beth yw lled yr helaethiad?

   b) Hyd yr helaethiad yw 100 cm.
      Beth yw hyd y gwreiddiol?

4 I wneud 12 sgonsen mae Meleri'n defnyddio 150 g o flawd.
   Faint o flawd y mae hi'n ei ddefnyddio i wneud 20 sgonsen?

5 I wneud cymysgedd ffrwythau a chnau, mae resins a chnau yn cael eu cymysgu yn y gymhareb 5 : 3, yn ôl màs.

   a) Faint o gnau sy'n cael eu cymysgu â 100 g o resins?

   b) Faint o resins sy'n cael eu cymysgu â 150 g o gnau?

6 Gwnaeth Prys bwnsh ffrwythau trwy gymysgu sudd oren, sudd lemon a sudd grawnffrwyth yn ôl y gymhareb 5 : 1 : 2.

   a) Gwnaeth bowlen 2 litr o bwnsh ffrwythau.
      Faint o fililitrau o sudd grawnffrwyth a ddefnyddiodd?

   b) Faint o bwnsh ffrwythau y gallai ei wneud â 150 ml o sudd oren?

7 Dangoswch pa un yw'r fargen orau: 5 litr o olew am £18.50 neu 2 litr o olew am £7.00.

8 Mae Siopada yn gwerthu llaeth mewn peintiau am 43c ac mewn litrau am 75c.
   Mae peint yn hafal i 568 ml.
   Pa un yw'r fargen orau?

YN Y BENNOD HON

YN Y BENNOD HON

- Datblygu strategaethau ar gyfer cyfrifo yn y pen
- Galw i gof rifau sgwâr, rhifau ciwb ac ail israddau
- Talgrynnu i nifer penodol o ffigurau ystyrlon
- Amcangyfrif atebion i broblemau trwy dalgrynnu
- Defnyddio π heb gyfrifiannell
- Deillio ffeithiau anhysbys o ffeithiau sy'n hysbys i chi

DYLECH WYBOD YN BAROD

- bondiau rhif a thablau lluosi i fyny at 10
- ystyr *rhifau sgwâr* ac *ail israddau*
- sut i gyfrifo cylchedd ac arwynebedd cylchoedd

Strategaethau gwaith pen

Gallwn ddatblygu ein sgiliau meddwl trwy eu hymarfer a thrwy fod yn barod i dderbyn syniadau newydd a gwell.

Adio, tynnu, lluosi a rhannu

Sylwi 10.1

Mewn sawl gwahanol ffordd y gallwch chi gyfrifo'r ateb i bob un o'r canlynol yn eich pen?

Nodwch ar bapur y dulliau a ddefnyddiwch.

Pa ddulliau oedd fwyaf effeithlon?

a)	$39 + 47$	**b)**	$126 \div 3$	**c)**	$290 \div 5$	**ch)**	$164 - 37$
d)	23×16	**dd)**	21×19	**e)**	13×13	**f)**	$10 - 1.7$
ff)	$14.6 + 2.9$	**g)**	3.6×30	**ng)**	$-6 + (-4)$	**h)**	$-10 - (-7)$
i)	$0.7 + 9.3$	**l)**	4×3.7	**ll)**	$12 \div 0.4$	**m)**	15% o £176

Cymharwch eich canlyniadau a'ch dulliau â gweddill y dosbarth.

A oedd gan unrhyw un syniadau nad oeddech chi wedi meddwl amdanynt ac sy'n gweithio'n dda yn eich barn chi?

Pa gyfrifiadau y gwnaethoch yn hawdd ac yn gyfan gwbl yn eich pen?

Ym mha gyfrifiadau roedd arnoch eisiau ysgrifennu rhai atebion yng nghanol y gwaith cyfrifo?

Gallwn ddefnyddio nifer o strategaethau ar gyfer adio a thynnu.

- Defnyddio bondiau rhif sy'n hysbys i chi
- Cyfrif ymlaen neu yn ôl o un rhif
- Defnyddio talu'n ôl: adio neu dynnu gormod, yna talu'n ôl. Er enghraifft, i adio 9, yn gyntaf adio 10 ac yna tynnu 1
- Defnyddio'r hyn a wyddoch am werth lle i'ch helpu wrth adio neu dynnu degolion
- Defnyddio dosrannu. Er enghraifft, i dynnu 63, yn gyntaf tynnu 60 ac yna tynnu 3
- Rhoi llinell rif ar bapur

Mae strategaethau eraill ar gyfer lluosi a rhannu.

- Defnyddio ffactorau. Er enghraifft, i luosi â 20, yn gyntaf lluosi â 2 ac yna lluosi'r canlyniad â 10
- Defnyddio dosrannu. Er enghraifft, i luosi ag 13, yn gyntaf lluosi'r rhif â 10, yna lluosi'r rhif â 3 ac yn olaf adio'r canlyniadau
- Defnyddio'r hyn a wyddoch am werth lle wrth luosi a rhannu degolion
- Adnabod achosion arbennig lle y gallwch chi ddefnyddio dyblu a haneru
- Defnyddio'r berthynas rhwng lluosi a rhannu
- Galw i gof berthnasoedd rhwng canrannau a ffracsiynau. Er enghraifft, $25\% = \frac{1}{4}$.

> **AWGRYM**
> Gwiriwch eich atebion trwy eu cyfrifo eto, gan ddefnyddio strategaeth arall.

Rhifau sgwâr a rhifau ciwb

Dysgoch am rifau sgwâr a rhifau ciwb ym Mhenodau 1 a 7.

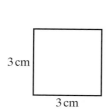

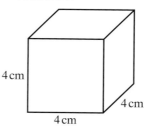

Arwynebedd y sgwâr $= 3 \times 3$
$= 3^2$
$= 9 \text{ cm}^2$

Cyfaint y ciwb $= 4 \times 4 \times 4$
$= 4^3$
$= 64 \text{ cm}^3$

Mae rhifau fel $9(= 3^2)$ yn cael eu galw'n **rhifau sgwâr**.
Mae rhifau fel $64(= 4^3)$ yn cael eu galw'n **rhifau ciwb**.

Fel y gwelsoch ym Mhennod 7, oherwydd bod $4^2 = 4 \times 4 = 16$,
ail isradd 16 yw 4.

Byddwn yn ysgrifennu hyn fel $\sqrt{16} = 4$.

Dylech ddysgu ar eich cof sgwariau'r rhifau 1 i 15 a chiwbiau'r rhifau 1 i 5 a 10.

Rhif	1	2	3	4	5	6	7	8	9	10	11	12	13	14	15
Ei sgwâr	1	4	9	16	25	36	49	64	81	100	121	144	169	196	225
Ei giwb	1	8	27	64	125					1000					

Bydd gwybod y rhifau sgwâr i fyny at 15^2 yn eich helpu pan fydd angen cyfrifo ail isradd.

Er enghraifft, os ydych yn gwybod bod $7^2 = 49$, rydych yn gwybod hefyd fod $\sqrt{49} = 7$.

Gallwn ddefnyddio'r ffeithiau hyn mewn cyfrifiadau eraill hefyd.

ENGHRAIFFT 10.1

Cyfrifwch 50^2 yn eich pen.

Datrysiad

$50^2 = (5 \times 10)^2$ $50 = 5 \times 10$.
$\quad = 5^2 \times 10^2$ Sgwariwch bob term sydd y tu mewn i'r cromfachau.
$\quad = 25 \times 100 = 2500$ Rydych yn gwybod bod $5^2 = 25$ a bod $10^2 = 100$.

Dyma un strategaeth bosibl. Efallai y byddwch chi'n meddwl am un arall.

YMARFER 10.1

Cyfrifwch y rhain yn eich pen. Hyd y gallwch, ysgrifennwch yr ateb terfynol yn unig.

1
  a) $9 + 17$
  b) $0.6 + 0.9$
  c) $13 + 45$
  ch) $143 + 57$
  d) $72 + 8.4$
  dd) $13.6 + 6.5$
  e) $614 + 47$
  f) $6.2 + 3.9$
  ff) $246 + 37$
  g) $92 + 183$

2
  a) $24 - 8$
  b) $1.5 - 0.6$
  c) $132 - 45$
  ch) $76 - 18$
  d) $78 - 8.4$
  dd) $102 - 37$
  e) $165 - 96$
  f) $403 - 126$
  ff) $98 - 12.3$
  g) $1200 - 204$

3
  a) 9×8
  b) 13×4
  c) 0.6×4
  ch) 32×5
  d) 0.8×1000
  dd) 21×16
  e) 37×5
  f) 130×4
  ff) 125×8
  g) 31×25

4 **a)** $28 \div 7$ **b)** $160 \div 2$ **c)** $65 \div 5$ **ch)** $128 \div 8$ **d)** $156 \div 12$
   dd) $96 \div 24$ **e)** $8 \div 100$ **f)** $3 \div 0.5$ **ff)** $4 \div 0.2$ **g)** $1.8 \div 0.6$

5 **a)** $5 + (-1)$ **b)** $-6 + 2$ **c)** $-2 + (-5)$ **ch)** $-10 + 16$ **d)** $12 + (-14)$
   dd) $6 - (-4)$ **e)** $-7 - (-1)$ **f)** $-10 - (-6)$ **ff)** $12 - (-12)$ **g)** $-8 - (-8)$

6 **a)** 4×-2 **b)** -6×2 **c)** -3×-4 **ch)** 7×-5 **d)** -4×-10
   dd) $6 \div -2$ **e)** $-20 \div 5$ **f)** $-12 \div -4$ **ff)** $18 \div -9$ **g)** $-32 \div -2$

7 Sgwariwch bob un o'r rhifau hyn.

   a) 6 **b)** 5 **c)** 11 **ch)** 10 **d)** 13
   dd) 20 **e)** 300 **f)** 0.4 **ff)** 0.7 **g)** 0.3

8 Ysgrifennwch ail isradd pob un o'r rhifau hyn.

   a) 16 **b)** 9 **c)** 49 **ch)** 169 **d)** 225

9 Ciwbiwch bob un o'r rhifau hyn.

   a) 1 **b)** 5 **c)** 2 **ch)** 40 **d)** 0.3

10 Darganfyddwch 2% o £460.

11 Arwynebedd sgwâr yw 64 cm². Beth yw hyd ei ochr?

12 Mae Iorwerth yn gwario £34.72. Faint o newid y mae'n ei gael o £50?

13 Mae potel yn cynnwys 750 ml o ddŵr. Mae Jo yn arllwys 330 ml i wydryn. Faint o ddŵr sy'n weddill yn y botel?

14 Hyd ochrau petryal yw 4.5 cm a 4.0 cm. Cyfrifwch

   a) perimedr y petryal. **b)** arwynebedd y petryal.

15 Darganfyddwch ddau rif sydd â'u swm yn 13 a'u lluoswm yn 40.

Talgrynnu i 1 ffigur ystyrlon

Yn aml byddwn yn defnyddio rhifau wedi'u talgrynnu yn hytrach na rhai union gywir. Gwelsoch rifau wedi'u talgrynnu ym Mhennod 5 a byddwn yn eu hadolygu yma.

Yn y gosodiadau canlynol, pa rifau sy'n debygol o fod yn union gywir a pha rai sydd wedi'u talgrynnu?

a) Ddoe, gwariais £14.62.

b) Fy nhaldra i yw 180 cm.

c) Costiodd ei gwisg newydd £40.

ch) Y nifer a aeth i weld gêm Caerdydd oedd 32 000.

d) Cost adeiladu'r ysgol newydd yw £27 miliwn.

dd) Gwerth π yw 3.142.

e) Roedd y gemau Olympaidd yn Beijing yn 2008.

f) Roedd 87 o bobl yn y cyfarfod.

Sylwi 10.2

Edrychwch ar bapur newydd.

Darganfyddwch 5 erthygl neu hysbyseb lle mae rhifau union gywir yn cael eu defnyddio.

Darganfyddwch 5 erthygl neu hysbyseb lle mae rhifau wedi'u talgrynnu yn cael eu defnyddio.

Wrth amcangyfrif yr atebion i gyfrifiadau, mae talgrynnu i 1 ffigur ystyrlon yn ddigon fel arfer.

Mae hynny'n golygu rhoi un ffigur yn unig nad yw'n sero, gan ychwanegu seroau i gadw'r gwerth lle fel bod y rhif y maint cywir.

Er enghraifft, mae 87 yn 90 i 1 ffigur ystyrlon. Mae rhwng 80 a 90 ond mae'n agosach at 90.

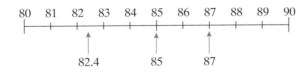

Mae 82.4 yn 80 i 1 ffigur ystyrlon. Mae rhwng 80 a 90 ond mae'n agosach at 80.
Mae 85 yn 90 i 1 ffigur ystyrlon. Mae hanner ffordd rhwng 80 a 90.
Er mwyn osgoi drysu, mae 5 yn cael ei dalgrynnu i fyny bob tro.

Y ffigur ystyrlon cyntaf yw'r digid cyntaf nad yw'n sero.

Er enghraifft, y ffigur ystyrlon cyntaf yn 6072 yw 6.
Y ffigur ystyrlon cyntaf yn 0.005402 yw 5.

Felly, i dalgrynnu i 1 ffigur ystyrlon:

- Darganfod y digid cyntaf nad yw'n sero. Edrych ar y digid sy'n ei ddilyn.
  Os yw'n llai na 5, gadael y digid cyntaf nad yw'n sero fel y mae.
  Os yw'n 5 neu fwy, adio 1 at y digid cyntaf nad yw'n sero.
- Yna edrych ar werth lle y digid cyntaf nad yw'n sero ac ychwanegu seroau, os oes angen, i gadw'r gwerth lle fel bod y rhif y maint cywir.

ENGHRAIFFT 10.2

Talgrynnwch bob un o'r rhifau hyn i 1 ffigur ystyrlon.

a) £29.95 **b)** 48 235 **c)** 0.072

Datrysiad

a) £29.95 = £30 i 1 ffig.yst. Yr ail ddigid nad yw'n sero yw 9, felly talgrynnwch y 2 i fyny i 3.
O edrych ar werth lle, mae'r 2 yn 20, felly dylai'r 3 fod yn 30.

b) 48 235 = 50 000 i 1 ffig.yst. Yr ail ddigid nad yw'n sero yw 8, felly talgrynnwch y 4 i fyny i 5.
O edrych ar werth lle, mae'r 4 yn 40 000, felly dylai'r 5 fod yn 50 000.

c) 0.072 = 0.07 i 1 ffig.yst. Yr ail ddigid nad yw'n sero yw 2, felly mae'r 7 yn aros fel y mae.
O edrych ar werth lle, mae'r 7 yn 0.07, sy'n aros fel y mae.

I amcangyfrif atebion i broblemau, byddwn yn talgrynnu pob rhif i 1 ffigur ystyrlon.

Defnyddiwch strategaethau gwaith pen neu strategaethau gwaith pensil a phapur i'ch helpu i wneud y cyfrifiad.

ENGHRAIFFT 10.3

Amcangyfrifwch gost pedwar cryno ddisg sy'n £7.95 yr un.

Datrysiad

Cost ≈ £8 × 4   £7.95 wedi'i dalgrynnu i 1 ffigur ystyrlon yw £8
    = £32

AWGRYM

Mewn sefyllfaoedd ymarferol, mae'n aml yn ddefnyddiol gwybod a yw eich amcangyfrif yn rhy fawr neu'n rhy fach. Yma, mae £32 yn fwy na'r ateb union gywir, gan fod £7.95 wedi cael ei dalgrynnu i fyny.

Amcangyfrifwch yr ateb i'r cyfrifiad hwn. $\dfrac{4.62 \times 0.61}{52}$

Datrysiad

$\dfrac{4.62 \times 0.61}{52} \approx \dfrac{5 \times 0.6}{50}$ Talgrynnwch bob rhif yn y cyfrifiad i 1 ffigur ystyrlon.

$= \dfrac{\overset{1}{\cancel{5}} \times 0.6}{\underset{10}{\cancel{50}}}$ Canslwch drwy rannu 5 a 50 â 5.

$= \dfrac{0.6}{10} = 0.06$

Dyma un strategaeth bosibl. Efallai y byddwch chi'n meddwl am un arall.

Talgrynnu i nifer penodol o ffigurau ystyrlon

Mae talgrynnu i nifer penodol o ffigurau ystyrlon yn golygu defnyddio dull tebyg i dalgrynnu i 1 ffigur ystyrlon: edrychwn ar faint y digid cyntaf nad oes ei angen.

Er enghraifft, i dalgrynnu i 3 ffigur ystyrlon, dechreuwn gyfrif o'r digid cyntaf nad yw'n sero ac edrychwn ar faint y pedwerydd ffigur.

a) Talgrynnwch 52 617 i 2 ffigur ystyrlon.
b) Talgrynnwch 0.072 618 i 3 ffigur ystyrlon.
c) Talgrynnwch 17 082 i 3 ffigur ystyrlon.

> **AWGRYM**
> Bob tro y byddwch yn talgrynnu atebion, nodwch eu manwl gywirdeb.

Datrysiad

a) 52|617 = 53 000 i 2 ffig.yst.   I dalgrynnu i 2 ffigur ystyrlon, edrychwch ar y trydydd ffigur.
6 yw hwnnw, felly mae'r ail ffigur yn newid o 2 yn 3. Rhaid cofio ychwanegu seroau i gadw'r gwerth lle.

b) 0.072 6|18 = 0.0726 i 3 ffig.yst.   Y ffigur ystyrlon cyntaf yw 7.
I dalgrynnu i 3 ffigur ystyrlon, edrychwch ar y pedwerydd ffigur ystyrlon. 1 yw hwnnw, felly nid yw'r trydydd ffigur yn newid.

c) 17 0|82 = 17 100 i 3 ffig.yst.   Mae'r 0 yn y canol yma yn ffigur ystyrlon.
I dalgrynnu i 3 ffigur ystyrlon, edrychwch ar y pedwerydd ffigur.
8 yw hwnnw, felly mae'r trydydd ffigur yn newid o 0 yn 1. Rhaid cofio ychwanegu seroau i gadw'r gwerth lle.

1 Talgrynnwch bob un o'r rhifau hyn i 1 ffigur ystyrlon.

   a) 8.2   **b)** 6.9   **c)** 17   **ch)** 25.1

   d) 493   **dd)** 7.0   **e)** 967   **f)** 0.43

   ff) 0.68   **g)** 3812   **ng)** 4199   **h)** 3.09

2 Talgrynnwch bob un o'r rhifau hyn i 1 ffigur ystyrlon.

   a) 14.9   **b)** 167   **c)** 21.2   **ch)** 794

   d) 6027   **dd)** 0.013   **e)** 0.58   **f)** 0.037

   ff) 1.0042   **g)** 20 053   **ng)** 0.069   **h)** 1942

3 Talgrynnwch bob un o'r rhifau hyn i 2 ffigur ystyrlon.

   a) 17.6   **b)** 184.2   **c)** 5672   **ch)** 97 520

   d) 50.43   **dd)** 0.172   **e)** 0.0387   **f)** 0.006 12

   ff) 0.0307   **g)** 0.994

4 Talgrynnwch bob un o'r rhifau hyn i 3 ffigur ystyrlon.

   a) 8.261   **b)** 69.77   **c)** 16 285   **ch)** 207.51

   d) 12 524   **dd)** 7.103   **e)** 50.87   **f)** 0.4162

   ff) 0.038 62   **g)** 3.141 59

Yng nghwestiynau **5** i **12**, talgrynnwch y rhifau yn eich cyfrifiadau i 1 ffigur ystyrlon. Dangoswch eich gwaith cyfrifo.

5 Yn ffair yr ysgol gwerthodd Tomos 245 hufen iâ am 85c yr un. Amcangyfrifwch ei dderbyniadau.

6 Roedd gan Elen £30. Faint o gryno ddisgiau, sy'n £7.99 yr un, y gallai hi eu prynu?

7 Mae petryal yn mesur 5.8 cm wrth 9.4 cm. Amcangyfrifwch ei arwynebedd.

8 Diamedr cylch yw 6.7 cm. Amcangyfrifwch ei gylchedd. $\pi = 3.142 \ldots$.

9 Pris car newydd yw £14 995 heb gynnwys TAW. Rhaid talu TAW o 17.5% arno. Amcangyfrifwch swm y TAW sydd i'w thalu.

10 Hyd ochr ciwb yw 3.7 cm. Amcangyfrifwch ei gyfaint.

11 Gyrrodd Prys 415 o filltiroedd mewn 7 awr 51 munud. Amcangyfrifwch ei fuanedd cyfartalog.

12 Amcangyfrifwch yr atebion i'r cyfrifiadau hyn.

a) 46×82 **b)** $\sqrt{84}$ **c)** $\dfrac{1083}{8.2}$

ch) 7.05^2 **d)** $43.7 \times 18.9 \times 29.3$ **dd)** $\dfrac{2.46}{18.5}$

e) $\dfrac{29}{41.6}$ **f)** 917×38 **ff)** $\dfrac{283 \times 97}{724}$

g) $\dfrac{614 \times 0.83}{3.7 \times 2.18}$ **ng)** $\dfrac{6.72}{0.051 \times 39.7}$ **h)** $\sqrt{39 \times 80}$

Her 10.1

Ysgrifennwch rif a fydd yn talgrynnu i 500 i 1 ffigur ystyrlon.
Ysgrifennwch rif a fydd yn talgrynnu i 500 i 2 ffigur ystyrlon.
Ysgrifennwch rif a fydd yn talgrynnu i 500 i 3 ffigur ystyrlon.

Cymharwch eich canlyniadau â chanlyniadau aelodau eraill o'r dosbarth.
Ar beth rydych chi'n sylwi?

Defnyddio π heb gyfrifiannell

Wrth ddarganfod arwynebedd a chylchedd cylch, mae angen i ni ddefnyddio π.

Gan fod $\pi = 3.141\ 592\ \ldots$, byddwn yn aml yn ei dalgrynnu i 1 ffigur ystyrlon wrth weithio heb gyfrifiannell. Dyma a wnaethoch yng nghwestiwn **8** yn Ymarfer 10.2.

Dewis arall yw rhoi ateb union gywir drwy adael π yn yr ateb.

ENGHRAIFFT 10.6

Darganfyddwch arwynebedd cylch sydd â'i radiws yn 5 cm, gan adael π yn eich ateb.

Datrysiad

Area $= \pi r^2$ Mae'r fformiwla ar gyfer arwynebedd cylch yn cael ei rhoi ym Mhennod 31.

$\quad\ = \pi \times 5^2$

$\quad\ = \pi \times 25$

$\quad\ = 25\pi \text{ cm}^2$

ENGHRAIFFT 10.7

Radiws pwll crwn yw 3 m ac o amgylch y pwll
mae llwybr sydd â'i led yn 2 m.
Darganfyddwch arwynebedd y llwybr.
Rhowch eich ateb fel lluosrif π.

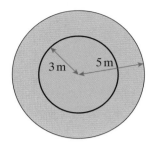

Datrysiad

Arwynebedd y llwybr = arwynebedd y cylch mawr − arwynebedd y cylch bach
$$= \pi \times 5^2 - \pi \times 3^2$$
$$= 25\pi - 9\pi$$
$$= 16\pi \text{ m}^2$$

YMARFER 10.3

Rhowch eich atebion i'r cwestiynau hyn mor syml ag sy'n bosibl.
Gadewch π yn eich atebion lle bo'n briodol.

1 **a)** $2 \times 4 \times \pi$ **b)** $\pi \times 8^2$ **c)** $\pi \times 6^2$

   ch) $2 \times 13 \times \pi$ **d)** $\pi \times 9^2$ **dd)** $2 \times \pi \times 3.5$

2 **a)** $4\pi + 10\pi$ **b)** $\pi \times 8^2 + \pi \times 4^2$ **c)** $\pi \times 6^2 - \pi \times 2^2$

   ch) $2 \times 25\pi$ **d)** $\dfrac{24\pi}{6\pi}$ **dd)** $2 \times \pi \times 5 + 2 \times \pi \times 3$

3 Cymhareb cylcheddau dau gylch yw $10\pi : 4\pi$. Symleiddiwch y gymhareb hon.

4 Darganfyddwch arwynebedd cylch sydd â'i radiws yn 15 cm.

5 Mae twll crwn sydd â'i radiws yn 2 cm yn cael ei ddrilio mewn sgwâr sydd â'i ochrau'n 8 cm.
Darganfyddwch yr arwynebedd sy'n weddill.

Deillio ffeithiau anhysbys o ffeithiau sy'n hysbys

Yn gynharach yn y bennod, gwelsom fod gwybod rhif sgwâr yn golygu
ein bod yn gwybod hefyd yr ail isradd cyfatebol.
Er enghraifft, os ydym yn gwybod bod $11^2 = 121$, rydym yn gwybod
hefyd fod $\sqrt{121} = 11$.

Mewn ffordd debyg, mae gwybod ffeithiau adio yn golygu hefyd ein bod yn gwybod y ffeithiau tynnu cyfatebol.

Er enghraifft, os ydym yn gwybod bod $91 + 9 = 100$, rydym yn gwybod hefyd fod $100 - 9 = 91$ a bod $100 - 91 = 9$.

Mae gwybod ffeithiau lluosi yn golygu ein bod yn gwybod hefyd y ffeithiau rhannu cyfatebol.

Er enghraifft, os ydym yn gwybod bod $42 \times 87 = 3654$, rydym yn gwybod hefyd fod $3654 \div 42 = 87$ a bod $3654 \div 87 = 42$.

Bydd eich gwybodaeth am werth lle ac am luosi a rhannu â phwerau o 10 yn golygu y gallwch ateb problemau eraill hefyd.

ENGHRAIFFT 10.8

O wybod bod $73 \times 45 = 3285$, cyfrifwch y rhain.

a) 730×45 **b)** $\dfrac{32.85}{450}$

Datrysiad

a) $730 \times 45 = 10 \times 73 \times 45$ Gallwch wahanu 730 yn 10×73.

$ = 10 \times 3285$ Rydych yn gwybod bod $73 \times 45 = 3285$.

$ = 32\,850$

b) $\dfrac{32.85}{450} = \dfrac{3285}{45\,000}$ Lluoswch y rhifiadur a'r enwadur â 100 fel bo'r rhifiadur yn 3285.

$\phantom{\dfrac{32.85}{450}} = \dfrac{3285}{1000 \times 45}$ Gallwch wahanu 45 000 yn 1000×45.

$\phantom{\dfrac{32.85}{450}} = \dfrac{3285}{45} \div 1000$ Rydych yn gwybod bod $73 \times 45 = 3285$, felly rydych yn gwybod hefyd fod $3285 \div 45 = 73$.

$\phantom{\dfrac{32.85}{450}} = 73 \div 1000$

$\phantom{\dfrac{32.85}{450}} = 0.073$

AWGRYM

Gwiriwch eich ateb trwy amcangyfrif.

Mae $\dfrac{32.85}{450}$ ychydig yn llai na $\dfrac{45}{450}$ felly bydd yr ateb ychydig yn llai na 0.1.

Her 10.2

$352 \times 185 = 65\,120$

Ysgrifennwch 5 mynegiad lluosi arall, ynghyd â'u hatebion, gan ddefnyddio'r canlyniad hwn.
Ysgrifennwch 5 mynegiad rhannu, ynghyd â'u hatebion, gan ddefnyddio'r canlyniad hwn.

1 Cyfrifwch y rhain.

a) 0.7×7000 b) 0.06×0.6 c) 0.8×0.05 ch) $(0.04)^2$

d) $(0.2)^2$ dd) 600×50 e) 70×8000 f) 5.6×200

ff) 40.1×3000 g) 4.52×2000 ng) 0.15×0.8 h) 0.05×1.2

2 Cyfrifwch y rhain.

a) $500 \div 20$ b) $10 \div 200$ c) $2.6 \div 20$ ch) $35 \div 0.5$

d) $2.4 \div 400$ dd) $2.7 \div 0.03$ e) $0.06 \div 0.002$ f) $7 \div 0.2$

ff) $600 \div 0.04$ g) $80 \div 0.02$ ng) $0.52 \div 40$ h) $70 \div 0.07$

3 O wybod bod $1.6 \times 13.5 = 21.6$, cyfrifwch y rhain.

a) 16×135 b) $21.6 \div 16$ c) $2160 \div 135$

ch) 0.16×0.0135 d) $216 \div 0.135$ dd) 160×1.35

4 O wybod bod $988 \div 26 = 38$, cyfrifwch y rhain.

a) 380×26 b) $98.8 \div 26$ c) $9880 \div 38$

ch) $98.8 \div 2.6$ d) $9.88 \div 260$ dd) $98.8 \div 3.8$

5 O wybod bod $153 \times 267 = 40\ 851$, cyfrifwch y rhain.

a) 15.3×26.7 b) $15\ 300 \times 2.67$ c) $40\ 851 \div 26.7$

ch) 0.153×26.7 d) $408.51 \div 15.3$ dd) $408\ 510 \div 26.7$

RYDYCH WEDI DYSGU

- **sut i ddefnyddio gwahanol strategaethau gwaith pen ar gyfer adio a thynnu, a lluosi a rhannu**

- **er mwyn talgrynnu i nifer penodol o ffigurau ystyrlon, y byddwch yn edrych ar faint y digid cyntaf nad oes ei angen**

- **wrth ddefnyddio π heb gyfrifiannell, i'w dalgrynnu i 1 ffigur ystyrlon, neu i roi ateb union gywir trwy adael π yn yr ateb, gan symleiddio'r rhifau eraill**

- **bod gwybod rhif sgwâr yn golygu eich bod yn gwybod hefyd yr ail isradd cyfatebol**

- **bod gwybod ffeithiau adio yn golygu eich bod yn gwybod hefyd y ffeithiau tynnu cyfatebol**

- **bod gwybod ffeithiau lluosi yn golygu eich bod yn gwybod hefyd y ffeithiau rhannu cyfatebol**

1 Cyfrifwch y rhain yn y pen. Hyd y gallwch, ysgrifennwch eich ateb terfynol yn unig.

   a) 16 + 76   **b)** 0.7 + 0.9   **c)** 135 + 6.9

   ch) 12.3 + 8.8   **d)** 196 + 245   **dd)** 13.6 − 6.4

   e) 205 − 47   **f)** 12 − 3.9   **ff)** 601 − 218

   g) 15.2 − 8.3

2 Cyfrifwch y rhain yn y pen. Hyd y gallwch, ysgrifennwch eich ateb terfynol yn unig.

   a) 17 × 9   **b)** 0.6 × 0.9   **c)** 0.71 × 1000

   ch) 23 × 15   **d)** 41 × 25   **dd)** 85 ÷ 5

   e) 0.7 ÷ 2   **f)** 82 ÷ 100   **ff)** 1.8 ÷ 0.2

   g) 6 ÷ 0.5

3 Cyfrifwch y rhain yn y pen. Hyd y gallwch, ysgrifennwch eich ateb terfynol yn unig.

   a) 2 + (−6)   **b)** −3 + 9   **c)** 15 − (−2)

   ch) −8 + (−1)   **d)** −3 − (−4)   **dd)** 7 × −4

   e) −6 × −5   **f)** 18 ÷ −2   **ff)** −50 ÷ −10

   g) −12 ÷ 4

4 Sgwariwch bob un o'r rhifau hyn.

   a) 7   **b)** 0.9   **c)** 12   **ch)** 100   **d)** 14

5 Mae Meinir yn gwario £84.59. Faint o newid y mae hi'n ei gael o £100?

6 Talgrynnwch bob un o'r rhifau hyn i 1 ffigur ystyrlon.

   a) 9.2   **b)** 3.9   **c)** 26   **ch)** 34.9   **d)** 582

   dd) 6.0   **e)** 985   **f)** 0.32   **ff)** 0.57   **g)** 45 218

7 Mae petryal yn mesur 3.9 cm wrth 8.1 cm. Amcangyfrifwch ei arwynebedd.

8 Gyrrodd Pam am 2 awr 5 munud a theithiodd 106 o filltiroedd. Amcangyfrifwch ei buanedd cyfartalog.

9 Amcangyfrifwch yr atebion i bob un o'r cyfrifiadau hyn.

   a) 46 × 82   **b)** $\sqrt{107}$ **c)** $\dfrac{983}{5.2}$

   ch) 6.09^2 **d)** 72.7 × 19.6 × 3.3   **dd)** $\dfrac{2.46}{18.5}$

   e) $\dfrac{59}{1.96}$ **f)** 307 × 51   **ff)** $\dfrac{586 \times 97}{187}$

   g) $\dfrac{318 \times 0.72}{5.1 \times 2.09}$

10 Talgrynnwch bob un o'r rhifau hyn i 2 ffigur ystyrlon.

    a) 9.16   **b)** 4.72   **c)** 0.0137   **ch)** 164 600   **d)** 507

11 Talgrynnwch bob un o'r rhifau hyn i 3 ffigur ystyrlon.

    a) 1482   **b)** 10.16   **c)** 0.021 85   **ch)** 20.952   **d)** 0.005 619

12 Symleiddiwch bob un o'r cyfrifiadau hyn, gan adael π yn eich atebion.

    a) $2 \times 5 \times \pi$ **b)** $\pi \times 7^2$ **c)** $14\pi + 8\pi$

    ch) $\pi \times 5^2 - \pi \times 4^2$ **d)** $\pi \times 9^2 + \pi \times 2^2$ **dd)** $\pi \times 8^2 - \pi \times 1^2$

13 Cyfrifwch y rhain.

    a) 500×30 **b)** 0.2×400 **c)** 2.4×20

    ch) 0.3^2 **d)** 5.13×300 **dd)** $600 \div 30$

    e) $3.2 \div 20$ **f)** $2.1 \div 0.03$ **ff)** $90 \div 0.02$

    g) $600 \div 0.05$

14 O wybod bod $1.9 \times 23.4 = 44.46$, cyfrifwch y rhain.

    a) 19×234 **b)** $44.46 \div 19$ **c)** $4446 \div 234$

    ch) 0.19×0.0234 **d)** $444.6 \div 0.234$ **dd)** 190×0.0234

15 O wybod bod $126 \times 307 = 38\ 682$, cyfrifwch y rhain.

    a) 12.6×3.07 **b)** $12\ 600 \times 3.07$ **c)** $38\ 682 \div 30.7$

    ch) 0.126×30.7 **d)** $386.82 \div 12.6$ **dd)** $38.682 \div 30.7$

11 → ALGEBRA 1

YN Y BENNOD HON

- **Defnyddio llythrennau i gynrychioli rhifau**
- **Ysgrifennu mynegiadau syml**

DYLECH WYBOD YN BAROD

- **sut i adio, tynnu, lluosi a rhannu rhifau syml**

Defnyddio llythrennau i gynrychioli rhifau

Mae gan John 4 marblen ac mae gan Leroy 6 marblen.
Gallwn ddarganfod faint sydd gan y ddau
gyda'i gilydd trwy adio.

Cyfanswm nifer y marblys = 4 + 6 = 10

Os nad ydym yn gwybod sawl marblen sydd
gan un o'r bechgyn, gallwn ddefnyddio llythyren
i gynrychioli'r rhif anhysbys.

Er enghraifft, mae gan John a marblen ac mae gan Leroy 6 marblen.
Gallwn adio'r marblis at ei gilydd.

Cyfanswm nifer y marblys = $a + 6$

Mae $a + 6$ yn enghraifft o **fynegiad**. Mae mynegiad yn gallu cynnwys
rhifau a llythrennau, ond nid hafalnod.
Nid ydym yn gallu ysgrifennu $a - 6, x + 3, a + b$ a mynegiadau tebyg
i'r rhain, yn fwy syml na hyn.

Prawf sydyn 11.1

a) Cerddodd Siwan 2 filltir yn y bore a 3 milltir yn y prynhawn.
Pa mor bell y cerddodd Siwan?

b) Cerddodd Penny 2 filltir yn y bore ac x milltir yn y prynhawn.
Ysgrifennwch fynegiad am gyfanswm y pellter a gerddodd.

ENGHRAIFFT 11.1

a) Mae pum merch a phedwar bachgen yn aros am fws.
Sawl plentyn sy'n disgwyl y bws?

b) Mae p merch a chwe bachgen yn aros am fws.
Ysgrifennwch fynegiad am nifer y plant sy'n disgwyl y bws.

c) Mae p merch a q bachgen yn aros am fws.
Ysgrifennwch fynegiad am nifer y plant sy'n disgwyl y bws.

Datrysiad

a) $5 + 4 = 9$ Yn syml, adiwch nifer y merched a nifer
y bechgyn.

b) $p + 6$ Mae p yn cynrychioli nifer y merched.
Adiwch nifer y bechgyn, sef 6. Ni allwch
ysgrifennu hyn yn fwy syml.

c) $p + q$ Nawr mae gennych lythrennau'n cynrychioli
nifer y bechgyn yn ogystal â nifer y merched,
ond maen nhw'n llythrennau gwahanol ac felly
ni allwch ysgrifennu'r mynegiad yn fwy syml.

> **AWGRYM**
> Mae $6 + p$ yr un fath â $p + 6$.
> Mae $p + q$ yr un fath â $q + p$.

ENGHRAIFFT 11.2

a) Mae'r llinell hon wedi'i gwneud o
ddau ddarn. Beth yw hyd y llinell?

| 2 | 5 |

b) Mae'r llinell hon wedi'i gwneud o
ddau ddarn. Ysgrifennwch fynegiad
am hyd y llinell.

| x | 5 |

c) Ysgrifennwch fynegiad am hyd y
llinell hon.

| x | y |

Datrysiad

a) $2 + 5 = 7$ Yn syml, adiwch y ddau hyd.

b) $x + 5$ Nawr mae llythyren yn cynrychioli
un hyd. Gallwch adio'r ddau hyd,
ond ni allwch symleiddio'r
mynegiad ymhellach.

c) $x + y$ Y tro hwn mae llythrennau'n
cynrychioli'r ddau hyd. Gallwch
adio'r ddau hyd, ond ni allwch
symleiddio'r mynegiad ymhellach.

> **AWGRYM**
> Gallwch wirio bod eich mynegiad yn gywir trwy ddefnyddio rhifau yn lle'r llythrennau.
> Er enghraifft, yn rhan **c)** Enghraifft 11.2, os yw $x = 3$ ac $y = 2$ gallwch weld mai hyd y llinell fyddai 5. Mae hyn yr un fath â gwerth y mynegiad $x + y = 2 + 3 = 5$, felly gallwch weld bod yr ateb yn gywir.

a) Mae gan Tina 3 phensil coch, 2 bensil glas a 4 pensil gwyrdd.
Sawl pensil sydd ganddi i gyd?

b) Mae gan Sam x pensil coch, y pensil glas a 2 pensil gwyrdd.
Ysgrifennwch fynegiad am nifer y pensiliau sydd ganddo i gyd.

c) Mae gan Rhian x pensil coch, 4 pensil glas ac x pensil gwyrdd.
Ysgrifennwch fynegiad am nifer y pensiliau sydd ganddi i gyd.

Datrysiad

a) $3 + 2 + 4 = 9$

b) $x + y + 2$

c) $x + 4 + x = 2x + 4$
Mae $x + x$ yn $2 \times x$. Gallwch ysgrifennu hwn yn haws, sef $2x$.
Mae gan Rhian x pensil coch ac x pensil gwyrdd.
Nifer y pensiliau sy'n bwysig yma, nid y lliw.

> **AWGRYM**
> Does dim rhaid i chi ysgrifennu'r arwydd $\times$. Rydym yn ysgrifennu $2 \times x$ fel $2x$.

Mae bisged siocled yn costio 15c.

a) Faint yw cost 6 bisged?

b) Ysgrifennwch fynegiad am gost, mewn ceiniogau, b bisged.

Datrysiad

a) $6 \times 15 = 90$c   Lluoswch 15c â 6 i gael cost 6 bisged.

b) $b \times 15 = 15b$ Lluoswch 15c â b i gael cost b bisged.

> **AWGRYM**
> Peidiwch ag ysgrifennu $15b$ c, gan fod hyn yn ddryslyd.
> Gallech ysgrifennu $15b$ ceiniog.

Prawf sydyn 11.2

a) Mae gan Sali x melysen. Mae gan Siôn hefyd x melysen.
Sawl melysen sydd ganddyn nhw gyda'i gilydd?

b) Mae gan Dan y melysen. Mae gan Sara deirgwaith cymaint o felysion ag sydd gan Dan.
Sawl melysen sydd gan Sara?

1 **a)** Mae gan Tom 4 pensil glas a 2 bensil coch.
   Sawl pensil sydd ganddo i gyd?

   b) Mae gan Sara x pensil glas a 2 bensil coch.
   Ysgrifennwch fynegiad am nifer y pensiliau sydd ganddi i gyd.

   c) Mae gan Robat g pensil glas ac c pensil coch.
   Ysgrifennwch fynegiad am nifer y pensiliau sydd ganddo i gyd.

2 **a)** Mae Mrs Huws yn prynu 2 beint o laeth ddydd Llun a 3 pheint ddydd Mawrth.
   Sawl peint mae hi'n ei brynu i gyd?

   b) Mae Mrs Lewis yn prynu 2 beint o laeth ddydd Llun a p peint ddydd Mawrth.
   Ysgrifennwch fynegiad am nifer y peintiau mae hi'n ei brynu i gyd.

   c) Mae Mrs Morus yn prynu q peint o laeth ddydd Llun ac r peint ddydd Mawrth.
   Ysgrifennwch fynegiad am nifer y peintiau mae hi'n ei brynu i gyd.

3 **a)** Beth yw hyd y llinell hon?

   2   3

   b) Ysgrifennwch fynegiad am hyd y llinell hon.

   x 3

   c) Ysgrifennwch fynegiad am hyd y llinell hon.

   2   x

4 **a)** Beth yw hyd y llinell hon?

   4   9

   b) Ysgrifennwch fynegiad am hyd y llinell hon.

   p 9

   c) Ysgrifennwch fynegiad am hyd y llinell hon.

   4   q

5 Ysgrifennwch fynegiad am hyd pob un o'r llinellau hyn.

a)
$$x \qquad 5$$

b)
$$x \qquad 3 \qquad 5$$

c)
$$x \qquad 2 \qquad y$$

ch)
$$x \qquad 4 \qquad x$$

6 a) Mae Dafydd yn 4 blwydd oed ac mae Sam yn x blwydd oed.
Ysgrifennwch fynegiad am swm eu hoedrannau.

b) Mae Padrig yn x blwydd oed ac mae Mair yn y blwydd oed.
Ysgrifennwch fynegiad am swm eu hoedrannau.

c) Mae Gareth ac Anna ill dau yn x blwydd oed.
Ysgrifennwch fynegiad am swm eu hoedrannau.

7 Mae Siwan 6 blynedd yn hŷn na Paula.

a) Beth oedd oedran Siwan pan oedd Paula yn 4 blwydd oed?

b) Beth oedd oedran Siwan pan oedd Paula yn 8 mlwydd oed?

c) Ysgrifennwch fynegiad am oedran Siwan pan oedd Paula yn x blwydd oed.

8 Pris pecyn o greision yw 25c.

a) Beth yw pris 3 phecyn?

b) Beth yw pris 6 phecyn?

c) Ysgrifennwch fynegiad am bris x pecyn, mewn ceiniogau.

9 Mae bag o flawd yn costio x ceiniog.
Ysgrifennwch fynegiad am gost

a) 2 bag.   **b)** 5 bag.   **c)** 7 bag.

10 Cafodd Angharad, Pat ac Anwen felysion bob un.
Cafodd Pat ddwywaith cymaint ag Angharad.
Cafodd Anwen chwe gwaith cymaint ag Angharad.
Cafodd Angharad m melysen.
Ysgrifennwch fynegiad am nifer y melysion a gafodd

a) Pat.   **b)** Anwen.

Ysgrifennu mynegiadau syml

Hyd yn hyn, mae pob cwestiwn yn y bennod hon wedi bod yn ymwneud ag adio neu luosi. Nawr byddwn yn edrych ar fynegiadau sy'n defnyddio tynnu a rhannu.

ENGHRAIFFT 11.5

Yn Nosbarth 3A mae x disgybl.

Ysgrifennwch fynegiad am nifer y disgyblion sy'n bresennol pan fo

a) tri disgybl yn absennol.

b) m disgybl yn absennol.

Datrysiad

a) $x - 3$ I ddarganfod nifer y disgyblion sy'n bresennol tynnwch y nifer sy'n absennol, sef 3, o'r nifer sydd yn y dosbarth, sef x. Nid ydych yn gallu ysgrifennu hyn yn fwy syml.

b) $x - y$ Mae'r gwaith cyfrifo hwn yn debyg ond mae nifer y disgyblion sy'n absennol yn cael ei gynrychioli gan lythyren hefyd.

ENGHRAIFFT 11.6

Ysgrifennwch fynegiadau am hyd rhan goch y llinellau hyn.

a)

b)

c)

Datrysiad

a) $15 - x$ I ddarganfod hyd rhan goch y llinell tynnwch hyd y rhan las, sef x, o gyfanswm yr hyd, sef 15.

b) $p - 7$ I ddarganfod hyd rhan goch y llinell tynnwch hyd y rhan las, sef 7, o gyfanswm yr hyd, sef p.

c) $z - t$ I ddarganfod hyd rhan goch y llinell tynnwch hyd y rhan las, sef t, o gyfanswm yr hyd, sef z.

Prynodd Tony bedwar oren.

a) Beth oedd pris un oren os talodd Tony 60c?

b) Ysgrifennwch fynegiad am bris un oren os talodd Tony x ceiniog.

Datrysiad

a) $60 \div 4 = 15c$ I ddarganfod pris un oren, rhannwch gyfanswm y gost, sef 60c, â nifer yr orennau, sef 4.

b) $x \div 4$ I ddarganfod pris un oren, rhannwch gyfanswm y gost, sef x, â nifer yr orennau, sef 4.

Prawf sydyn 11.3

a) Mae gan Pamela x llyfr. Mae gan Selina bum llyfr yn llai. Ysgrifennwch fynegiad am nifer y llyfrau sydd gan Selina.

b) Talodd Beti 85c am bum eirinen. Beth oedd pris un eirinen?

c) Talodd Dafydd x ceiniog am wyth afal. Beth oedd pris un afal?

YMARFER 11.2

1 Mae gan ysgol ddawnsio saith yn llai o fechgyn nag o ferched.

  a) Faint o fechgyn sydd yn yr ysgol os oes yna
    (i) 15 merch?   **(ii)** 10 merch?

  b) Ysgrifennwch fynegiad am nifer y bechgyn os oes yna m merch.

2 Mae gan Beth dri phin ysgrifennu yn llai na Gwenda.

  a) Sawl pin ysgrifennu sydd gan Beth os oes gan Gwenda
    (i) bum pin ysgrifennu?   **(ii)** ddeg pin ysgrifennu?

  b) Ysgrifennwch fynegiad am nifer y pinnau ysgrifennu sydd gan Beth os oes p pin ysgrifennu gan Gwenda.

3 Ysgrifennwch fynegiadau am hyd rhan goch y llinellau hyn.

a)

r

$\longleftarrow$ 12 $\longrightarrow$

b)

8

$\longleftarrow$ s $\longrightarrow$

c)

t

$\longleftarrow$ v $\longrightarrow$

4 Mae lled petryal 3 cm yn llai na'i hyd.

    a) Beth yw lled y petryal os yw ei hyd yn
      (i) 9 cm?   **(ii)** 14 cm?

    b) Ysgrifennwch fynegiad am led y petryal os yw ei hyd yn p cm.

5 Mae Llion 5 cm yn fyrrach nag Emyr.

    a) Beth yw taldra Llion os yw taldra Emyr yn
      (i) 160 cm?   **(ii)** 189 cm?

    b) Ysgrifennwch fynegiad am daldra Llion os yw taldra Emyr yn t cm.

6 Roedd x teithiwr yn y bws pan gyrhaeddodd arhosfan. Gadawodd rhai pobl y bws. Ysgrifennwch fynegiad am nifer y teithwyr a oedd wedi aros ar y bws os oedd y nifer a adawodd yn

    a) 14.   **b)** 21.   **c)** t.

7 **a)** Prynodd Simon chwe thaten fawr am 72c.
      Beth oedd pris un daten?

    b) Prynodd Susan chwe thaten fawr am a ceiniog.
      Ysgrifennwch fynegiad am bris un daten.

8 Mae p plentyn yn Ysgol Feithrin Cwm Gwennol.
Ysgrifennwch fynegiad am y nifer sy'n fechgyn os yw'r nifer sy'n ferched yn

    a) 10.   **b)** 15.   **c)** m.

9 Mae n yn llai o afalau nag o fananas ar stondin ffrwythau.
Ysgrifennwch fynegiad am nifer yr afalau os oes yna

    a) 25 banana.   **b)** 15 banana.   **c)** b banana.

10 Pris pum tun o ffa yw f ceiniog.
Ysgrifennwch fynegiad am bris un tun o ffa.

Her 11.1

Aeth Ben a Caerwyn i nofio.

Nofiodd Caerwyn bedwar hyd y pwll yn bellach na Ben.

a) Sawl hyd roedd Caerwyn wedi'i nofio os oedd Ben wedi nofio 15 hyd?

b) Sawl hyd roedd Caerwyn wedi'i nofio os oedd Ben wedi nofio x hyd?

c) Sawl hyd roedd Ben wedi'i nofio os oedd Caerwyn wedi nofio 16 hyd?

ch) Sawl hyd roedd Ben wedi'i nofio os oedd Caerwyn wedi nofio z hyd?

Her 11.2

Mae'r sgwâr hwn wedi'i wneud â phedair coes matsen.

Mae'r patrwm hwn yn ddau sgwâr ac wedi'i wneud â saith coes matsen.

a) Tynnwch lun y patrwm yn dri sgwâr.
Sawl coes matsen fyddai'n ei wneud?

b) Tynnwch lun y patrwm yn bedwar, pump a chwe sgwâr.
Allwch chi weld unrhyw batrwm yn nifer y coesau matsys?

c) Sawl coes matsen fyddai'n gwneud y patrwm pan fo'n ddeg sgwâr?

ch) Ysgrifennwch fynegiad am nifer y coesau matsys fyddai'n gwneud y patrwm pan fo'n s sgwâr.

RYDYCH WEDI DYSGU

- **y gallwch ddefnyddio llythrennau yn lle rhifau nad ydych yn gwybod eu gwerth**
- **bod mynegiad yn gyfuniad o lythrennau a rhifau, heb hafalnod**
- **sut i ysgrifennu mynegiadau syml**

YMARFER CYMYSG 11

1 Yn Siop Sglodion Syd mae pris pysgodyn p ceiniog yn fwy na phris phecyn o sglodion.
Ysgrifennwch fynegiad am bris pysgodyn os yw pris pecyn o sglodion yn
    a) 35c.   **b)** 60c.   **c)** s ceiniog.

2 a) Ysgrifennwch fynegiad am hyd y llinell hon.

b) Ysgrifennwch fynegiad am hyd rhan goch y llinell hon.

c) Ysgrifennwch fynegiad am hyd rhan las y llinell hon.

3 Prynodd Iestyn yr un nifer o afalau, orennau a gellyg.

a) Sawl ffrwyth oedd ganddo i gyd os oedd y nifer a brynodd o bob un yn
   (i) 3?   **(ii)** 5?

b) Ysgrifennwch fynegiad am nifer y ffrwythau oedd ganddo i gyd os oedd y nifer a brynodd o bob un yn h.

4 Mae p sedd ar awyren.
Ysgrifennwch fynegiad am nifer y seddi sy'n llawn os yw nifer y seddi gwag yn
   a) 29.   **b)** 53.   **c)** g.

5 Ysgrifennwch fynegiad am gyfanswm hyd pedair ochr y sgwâr hwn.

6 Mae pensiliau'n costio 20c yr un.
   a) Faint yw cost prynu   **(i)** 8 pensil?   **(ii)** 12 pensil?
   b) Ysgrifennwch fynegiad am gost prynu x pensil

7 Mewn arwerthiant, roedd pob poster yn cael ei werthu am yr un pris.
Prynodd Tracey wyth poster am £a.
Ysgrifennwch fynegiad am bris un poster.

8 Mae gan Alwen t darn arian yn ei phwrs.
Mae gan Rebecca bedwar yn fwy nag Alwen.
Mae gan Siân ddau yn llai nag Alwen
Mae gan Jessica ddwywaith cymaint ag Alwen.
Ysgrifennwch fynegiad am nifer y darnau arian sydd gan bob un o'r merched hyn.
   a) Rebecca   **b)** Siân   **c)** Jessica

9 Mae Iwan yn x blwydd oed.
Mae Pedr chwe blynedd yn hŷn nag Iwan.
Mae Catrin dair blynedd yn iau nag Iwan.
Mae oedran Manon yn deirgwaith oedran Iwan.
Ysgrifennwch fynegiad am
   a) oedran Pedr.   **b)** oedran Catrin.   **c)** oedran Manon.

10 Roedd t teithiwr mewn bws pan gyrhaeddodd arhosfan.
Ysgrifennwch fynegiad am nifer y teithwyr oedd yn y bws pan ailgychwynnodd o'r arhosfan os
   a) gadawodd 4 ac ymunodd 6.   **b)** gadawodd 3 ac ymunodd q.
   c) gadawodd r ac ymunodd s.

12 → ALGEBRA 2

YN Y BENNOD HON

- **Casglu termau tebyg**

DYLECH WYBOD YN BAROD

- sut i ddefnyddio llythrennau i gynrychioli rhifau
- sut i ysgrifennu mynegiadau syml

Casglu termau tebyg

Wrth ysgrifennu algebra, nid oes raid ysgrifennu'r arwydd lluosi $\times$.

Yn lle $1 \times a$, byddwn yn ysgrifennu a.

Yn lle $2 \times a$, ysgrifennu $2a$; yn lle $3 \times a$, ysgrifennu $3a$, … .

Os yw'r ateb yn $0a$ byddwn yn ysgrifennu 0, er enghraifft, $3a - 3a = 0$.

ENGHRAIFFT 12.1

Ysgrifennwch, mor syml â phosibl, fynegiad am hyd y llinell hon.

$$\begin{array}{cccc} r & r & r & r \end{array}$$

Datrysiad

$\begin{aligned} r + r + r + r &= 4 \times r \qquad & \text{Mae pedwar darn, ac mae hyd pob un yn } r. \\ &= 4r & \text{Nid oes angen ysgrifennu'r arwydd } \times \end{aligned}$

Mae'r mynegiad $r + r + r + r$ wedi'i symleiddio i $4r$.

Ystyr **symleiddio** yw ysgrifennu mor syml â phosibl.

Mae r a $4r$ yn enghreifftiau o **dermau**. Dywedwn fod termau sy'n defnyddio yr un llythyren neu'r un cyfuniad o lythrennau yn dermau **tebyg**. Gallwn symleiddio termau tebyg trwy adio neu dynnu.

Symleiddiwch y rhain.

a) $3a + 4a$ **b)** $5x - x$ **c)** $2b + 3b$ **ch)** $3x - 3x$

Datrysiad

a) $3a + 4a = 7a$ Mae $3a$ a $4a$ yn dermau tebyg.
Mae 3 set o a adio 4 set o a yn gwneud 7 set o a.

b) $5x - x = 4x$ Mae 5 set o x tynnu 1 set o x yn gwneud 4 set o x.

c) $2b + 3b = 5b$ Mae $2b$ a $3b$ yn dermau tebyg.
Mae 2 set o b adio 3 set o b yn gwneud 5 set o b.

ch) $3x - 3x = 0$ Mae 3 set o x tynnu 3 set o x yn sero set o x.
Byddwn yn ysgrifennu $0x$ yn 0.

AWGRYM

Wrth adio neu dynnu x, mae'n well meddwl ei fod yn $1x$.

Prawf sydyn 12.1

Symleiddiwch y mynegiadau hyn.

a) $x + x + x + x + x$ **b)** $3 \times a$ **c)** $6p - 2p$
ch) $2c + 3c$ **d)** $3a - 2a + 4a$

 YMARFER 12.1

Symleiddiwch y mynegiadau hyn.

1 $p + p + p + p + p$ **2** $a + a + a + a + a + a + a$ **3** $5 \times x$

4 $4 \times c$ **5** $4p + 3p$ **6** $b + 2b + 3b$

7 $p \times 3$ **8** $s + 2s + s$ **9** $4a - 2a$

10 $8c - 3c$ **11** $5x - 2x + 4x$ **12** $2m - m + 3m$

13 $2a + 3a + 5a - 2a$ **14** $2c + 3c - c - 2c$ **15** $4b - 3b + b - 2b$

16 $2p - p$ **17** $4b - 2b$ **18** $4x + 5x$

19 $a + 2a - 3a + 4a + 5a$ **20** $3 \times a + 2 \times a$

Termau tebyg ac annhebyg

Dywedwn fod termau sy'n defnyddio gwahanol lythrennau yn dermau **annhebyg**. Ni allwn symleiddio termau megis $x + y$ ymhellach oherwydd nid yw'n bosibl adio na thynnu termau annhebyg.

Gwelsom eisoes sut y gallwn ysgrifennu $2 \times a$ yn symlach fel $2a$.
Yn yr un ffordd, gallwn ysgrifennu $a \times b$ fel ab a $3 \times a \times b \times c$ fel $3abc$.

Ysgrifennwn $a \times a = a^2$.

AWGRYM

Ni allwch adio na thynnu termau annhebyg.
Er enghraifft, ni allwch symleiddio $2p + 5q$.

Gallwch luosi termau annhebyg. Er enghraifft, mae $2p \times 5q = 10pq$.

ENGHRAIFFT 12.3

Symleiddiwch y mynegiadau hyn lle bo'n bosibl.

a) $3a + 4b$ **b)** $a + b + 3a - 3b$ **c)** $2 \times a \times c$

ch) $b \times b$ **d)** $2a \times 3b$

Datrysiad

a) $3a + 4b$ Mae $3a + 4b$ yn dermau annhebyg; ni allwch eu hadio.

b) $4a - 2b$ Symleiddiwch y mynegiad trwy gasglu ynghyd bob term a i ffurfio un term, a chasglu pob term b i ffurfio un term:
$a + 3a = 4a$ a $b - 3b = -2b$.

c) $2ac$ Gallwch luosi termau annhebyg. Ysgrifennwch y lluoswm heb yr arwydd $\times$.

ch) b^2 Wrth luosi termau tebyg â'i gilydd, ysgrifennwch nhw fel pwerau.

d) $6ab$ $2a \times 3b = 2 \times 3 \times a \times b = 6ab$

Prawf sydyn 12.2

Symleiddiwch y mynegiadau hyn lle bo'n bosibl.

a) $x + 3y + 3x - y$ **b)** $x \times y \times 7$ **c)** $4x + 4y$

ch) $x \times x$ **d)** $3y + 7x - y - 2x - 2y$

Symleiddiwch y mynegiadau hyn lle bo'n bosibl.

1 $2a + 3b - a$	**2** $3x - 2x + 3y$	**3** $4 \times a \times b$
4 $3p + q$	**5** $3a + 2b + 3a + 4b$	**6** $2 \times a + 3 \times c$
7 $2 \times p \times 4 \times q$	**8** $4x + y + 3y + 2x$	**9** $3 \times p \times p$
10 $5a + 2b + 1 + 2b + a + 3$	**11** $3ab + 2bc$	**12** $a \times a$
13 $4a + 2c - 3a + c$	**14** $4 \times a \times b + 2a \times a$	**15** $4s + 2s - 3s$
16 $3a + 2 - a + 2$	**17** $a \times a \times b$	**18** $3x + y + 2y - 2x$
19 $4a + 2b + 6a - 4b$	**20** $3 \times a \times a \times b \times b$	

Her 12.1

Symleiddiwch y mynegiadau hyn lle bo'n bosibl.

a) $3a \times b + 2a$ **b)** $a \times a + 3a$ **c)** $3a + 3b + 3a \times 3b$

ch) $2a - 3a \times a + 4a^2$ **d)** $4ab + 3ba - 2ab$

Her 12.2

Mae hyd petryal 3 cm yn fwy na'i led.
Lled y petryal yw x cm.

Ysgrifennwch, mor syml â phosibl, fynegiad am
a) hyd y petryal.
b) perimedr y petryal.

Her 12.3

Mae Dafydd yn x blwydd oed. Mae Padrig 4 blynedd yn hŷn na Dafydd ac mae Simon 6 blynedd yn iau na Dafydd.
a) Ysgrifennwch fynegiad am oedran pob un o'r bechgyn.
b) Ysgrifennwch, mor syml â phosibl, fynegiad am swm eu hoedrannau.

Her 12.4

Prynodd Okera bump o ganiau cola am $2a$ ceiniog yr un a 3 bar siocled am a ceiniog yr un.

Darganfyddwch y cyfanswm a wariodd Okera, a symleiddiwch yr ateb.

RYDYCH WEDI DYSGU

- **sut i symleiddio mynegiad trwy gasglu termau tebyg**

◎ YMARFER CYMYSG 12

Symleiddiwch y mynegiadau hyn lle bo'n bosibl.

1 $a + a + a + a$

2 $2 \times a$

3 $a \times b \times c$

4 $y \times y$

5 $c + c + c - c$

6 $4a - 2b + 3b$

7 $2 \times y + 3 \times s$

8 $2a + 3b + 4a - 2b$

9 $2 \times p \times p$

10 $3x + 2y$

11 $x + 3y + 2x - 3y$

12 $2a \times 3b$

13 $5ab + 3ac - 2ab$

14 $5x + 3y - 2x - y$

15 $3a + 2b + 3c + b + 3a - 3c$

16 $4 + 2x - 3 + 2y + 2 + 3x$

17 $3 \times a \times b \times b$

18 $1 + a + 2 - b + 3 + c$

19 $2p \times 4q$

20 $3a - 2b + 3 - a + 4 + 5b$

13 → ALGEBRA 3

YN Y BENNOD HON

- **Ehangu a symleiddio cromfachau mewn algebra**
- **Ffactorio mynegiadau**
- **Nodiant indecs mewn algebra**

DYLECH WYBOD YN BAROD

- **fod llythrennau'n gallu cael eu defnyddio i gynrychioli rhifau**

Ehangu cromfachau

Gwaith Iwan yw gwneud brechdanau caws.
Mae'n defnyddio dwy dafell o fara ac un dafell o gaws ar gyfer pob brechdan.
Mae arno eisiau gwybod beth fydd cost gwneud 25 brechdan.

Mae Iwan yn defnyddio 50 tafell o fara a 25 tafell o gaws i wneud 25 brechdan.

Gallwn ddefnyddio llythrennau i gynrychioli cost cynhwysion y brechdanau.
Gall b gynrychioli cost pob tafell o fara mewn ceiniogau.
Gall c gynrychioli cost pob tafell o gaws mewn ceiniogau.

Yna gallwn ysgrifennu bod un frechdan yn costio $b + b + c = 2b + c$.

(Byddwn yn ysgrifennu $1c$ fel c yn unig.)

Mae 25 brechdan yn costio 25 gwaith y swm hwn. Gallwn ysgrifennu $25(2b + c)$.

Byddwn yn galw'r $2b$ a'r c yn **dermau**, ac yn galw'r $25(2b + c)$ yn **fynegiad**.

I gyfrifo cost 25 brechdan gallwn ysgrifennu

$$25(2b + c) = 25 \times 2b + 25 \times c = 50b + 25c.$$

Mae hyn yn cael ei alw'n **ehangu'r cromfachau**. Byddwn yn lluosi *pob* term sydd y tu mewn i'r cromfachau â'r rhif sydd y tu allan i'r cromfachau. (Weithiau byddwn yn dweud ein bod yn **diddymu'r cromfachau** wrth wneud y gwaith lluosi hwn.)

ENGHRAIFFT 13.1

Cyfrifwch y rhain.

a) $10(2b + c)$ **b)** $35(2b + c)$ **c)** $16(2b + c)$ **ch)** $63(2b + c)$

Datrysiad

a) $10(2b + c) = 10 \times 2b + 10 \times c = 20b + 10c$

b) $35(2b + c) = 35 \times 2b + 35 \times c = 70b + 35c$

c) $16(2b + c) = 16 \times 2b + 16 \times c = 32b + 16c$

ch) $63(2b + c) = 63 \times 2b + 63 \times c = 126b + 63c$

Byddwn yn ehangu cromfachau â llythrennau eraill neu arwyddion eraill, â rhifau neu â mwy o dermau yn yr un ffordd.

ENGHRAIFFT 13.2

Ehangwch y rhain.

a) $12(2b + 7g)$ **b)** $6(3m - 4n)$ **c)** $8(2x - 5)$ **ch)** $3(4p + 2v - c)$

Datrysiad

a) $12(2b + 7g) = 12 \times 2b + 12 \times 7g = 24b + 84g$

b) $6(3m - 4n) = 6 \times 3m - 6 \times 4n = 18m - 24n$

c) $8(2x - 5) = 8 \times 2x - 8 \times 5 = 16x - 40$

ch) $3(4p + 2v - c) = 3 \times 4p + 3 \times 2v - 3 \times c = 12p + 6v - 3c$

YMARFER 13.1

Ehangwch y rhain.

1 $10(2a + 3b)$ **2** $3(2c + 7d)$ **3** $5(3e - 8f)$

4 $7(4g - 3h)$ **5** $5(2u + 3v)$ **6** $6(5w + 3x)$

7 $7(3y + z)$ **8** $8(2v + 5)$ **9** $6(2 + 7w)$

10 $4(3 - 8a)$ **11** $2(4g - 3)$ **12** $5(7 - 4b)$

13 $2(3i + 4j - 5k)$ **14** $4(5m - 3n + 2p)$ **15** $6(2r - 3s - 4t)$

Ehangwch y rhain.

a) $6(5a + 4b - 3c - 2d)$ **b)** $4(3w - 5x + 7v - 9z)$

c) $9(4p - 7q - 8r + 3s)$ **ch)** $12(7e - 9f + 12g - 16h)$

Cyfuno termau

Ym Mhennod 5 gwelsoch fod termau sydd â'r un llythyren yn cael eu galw'n **dermau tebyg.** Mae'n bosibl adio termau tebyg.

Un penwythnos gweithiodd Iwan ar ddydd Sadwrn a dydd Sul.
Ar y dydd Sadwrn gwnaeth 75 brechdan gaws ac ar y dydd Sul gwnaeth 45 brechdan gaws.
Gallwn gyfrifo cyfanswm cost y bara a'r caws a ddefnyddiodd fel hyn.

Ysgrifennu mynegiadau ar gyfer y ddau ddiwrnod ac ehangu'r cromfachau.

$75(2b + c) + 45(2b + c) = 150b + 75c + 90b + 45c$

Symleiddio'r mynegiad trwy gasglu termau tebyg.

$150b + 75c + 90b + 45c = 150b + 90b + 75c + 45c = 240b + 120c$

ENGHRAIFFT 13.3

Ehangwch y cromfachau a symleiddiwch y rhain.

a) $10(2b + c) + 5(2b + c)$ **b)** $35(b + c) + 16(2b + c)$

c) $16(2b + c) + 63(b + 2c)$ **ch)** $30(b + 2c) + 18(b + c)$

Datrysiad

a) $\begin{aligned}10(2b + c) + 5(2b + c) &= 20b + 10c + 10b + 5c \\ &= 20b + 10b + 10c + 5c \\ &= 30b + 15c\end{aligned}$

b) $\begin{aligned}35(b + c) + 16(2b + c) &= 35b + 35c + 32b + 16c \\ &= 35b + 32b + 35c + 16c \\ &= 67b + 51c\end{aligned}$

c) $\begin{aligned}16(2b + c) + 63(b + 2c) &= 32b + 16c + 63b + 126c \\ &= 32b + 63b + 16c + 126c \\ &= 95b + 142c\end{aligned}$

ch) $\begin{aligned}30(b + 2c) + 18(b + c) &= 30b + 60c + 18b + 18c \\ &= 30b + 18b + 60c + 18c \\ &= 48b + 78c\end{aligned}$

Byddwn yn ehangu a symleiddio cromfachau sydd â llythrennau eraill neu arwyddion eraill, neu â rhifau, yn yr un ffordd. Rhaid bod yn arbennig o ofalus pan fydd arwyddion minws yn y mynegiad.

ENGHRAIFFT 13.4

Ehangwch y cromfachau a symleiddiwch y rhain.

a) $2(3c + 4d) + 5(3c + 2d)$ **b)** $5(4e + f) - 3(2e - 4f)$

c) $5(4g + 3) - 2(3g + 4)$

Datrysiad

a) Lluoswch bob term yn y set gyntaf o gromfachau â'r rhif sydd o flaen y cromfachau hynny.

Lluoswch bob term yn yr ail set o gromfachau â'r rhif sydd o flaen y cromfachau hynny.

Wedyn casglwch dermau tebyg at ei gilydd.

$$2(3c + 4d) + 5(3c + 2d) = 6c + 8d + 15c + 10d$$
$$= 6c + 15c + 8d + 10d$$
$$= 21c + 18d$$

b) Byddwch yn ofalus â'r arwyddion.

Ystyriwch ail ran y mynegiad, sef $- 3(2e - 4f)$, fel $+ (-3) \times (2e + (-4f))$.

Rhaid lluosi'r ddau derm yn yr ail set o gromfachau â -3.

Rydych wedi dysgu'r rheolau ar gyfer cyfrifo â rhifau negatif ym Mhennod 7.

$$5(4e + f) - 3(2e - 4f) = 5(4e + f) + (-3) \times (2e + (-4f))$$
$$= 5 \times 4e + 5 \times f + (-3) \times 2e + (-3) \times (-4f)$$
$$= 20e + 5f + (-6e) + (+12f)$$
$$= 20e + (-6e) + 5f + 12f$$
$$= 20e - 6e + 5f + 12f$$
$$= 14e + 17f$$

c) Eto byddwch yn ofalus â'r arwyddion.

Ystyriwch ail ran y mynegiad, sef $- 2(3g + 4)$, fel $+ (-2) \times (3g + 4)$.

Rhaid lluosi'r ddau derm yn yr ail set o gromfachau â -2.

$$5(4g + 3) - 2(3g + 4) = 5(4g + 3) + (-2) \times (3g + 4)$$
$$= 20g + 15 + (-2) \times 3g + (-2) \times 4$$
$$= 20g + 15 + (-6g) + (-8)$$
$$= 20g + (-6g) + 15 + (-8)$$
$$= 20g - 6g + 15 - 8$$
$$= 14g + 7$$

Ehangwch y cromfachau a symleiddiwch y rhain.

1 **a)** $8(2a + 3) + 2(2a + 7)$ **b)** $5(3b + 7) + 6(2b + 3)$

    c) $2(3 + 8c) + 3(2 + 7c)$ **ch)** $6(2 + 3a) + 4(5 + a)$

2 **a)** $5(2s + 3t) + 4(2s + 7t)$ **b)** $2(2v + 7w) + 5(2v + 7w)$

    c) $7(3x + 8y) + 3(2x + 7y)$ **ch)** $3(2v + 5w) + 4(8v + 3w)$

3 **a)** $4(3x + 5) + 3(3x - 4)$ **b)** $2(4y + 5) + 3(2y - 3)$

    c) $5(2 + 7z) + 4(3 - 8z)$ **ch)** $3(2 + 5x) + 5(6 - x)$

4 **a)** $3(2n + 7p) + 2(5n - 6p)$ **b)** $5(3q + 8r) + 3(2q - 9r)$

    c) $7(2d + 3e) + 3(3d - 5e)$ **ch)** $4(2f + 7g) + 3(2f - 9g)$

    d) $3(3h - 8j) - 5(2h - 7j)$ **dd)** $6(2k - 3m) - 3(2k - 7m)$

Ffactorio

Gwelsoch ym Mhennod 7 mai ffactor cyffredin mwyaf set o rifau yw'r rhif mwyaf fydd yn rhannu i bob un o'r rhifau yn y set.

Cofiwch fod algebra'n defnyddio llythrennau i gynrychioli rhifau. Er enghraifft, $2x = 2 \times x$ a $3x = 3 \times x$.

Nid ydym yn gwybod beth yw x ond rydym yn gwybod y gallwn rannu $2x$ a $3x$ ag x. Felly x yw ffactor cyffredin mwyaf $2x$ a $3x$.

Pan fydd gennym dermau annhebyg, er enghraifft $2x$ a $4y$, rhaid tybio nad oes gan x ac y unrhyw ffactorau cyffredin. Fodd bynnag, gallwn chwilio am ffactorau cyffredin yn y rhifau. Ffactor cyffredin mwyaf 2 a 4 yw 2, felly ffactor cyffredin mwyaf $2x$ a $4y$ yw 2.

Ffactorio yw'r gwrthdro i ehangu cromfachau. Rydym yn rhannu pob un o'r termau yn y cromfachau â'r ffactor cyffredin mwyaf ac yn ysgrifennu'r ffactor cyffredin hwnnw y tu allan i'r cromfachau.

ENGHRAIFFT 13.5

Ffactoriwch y rhain.

a) $(12x + 16)$

b) $(x - x^2)$

c) $(8x^2 - 12x)$

Datrysiad

a) $(12x + 16)$ Ffactor cyffredin mwyaf $12x$ ac 16 yw 4.

4(   )   Ysgrifennwch y ffactor hwn y tu allan i'r cromfachau.

Wedyn rhannwch bob term sydd y tu mewn i'r cromfachau gwreiddiol â'r ffactor cyffredin, sef 4.

$12x \div 4 = 3x$ ac $16 \div 4 = 4$.

$4(3x + 4)$ Ysgrifennwch y termau newydd y tu mewn i'r cromfachau.

$(12x + 16) = 4(3x + 4)$

> **AWGRYM**
> Gwiriwch fod yr ateb yn gywir trwy ei ehangu.
> $4(3x + 4) = 4 \times 3x + 4 \times 4 = 12x + 16$

b) $(x - x^2)$ Ffactor cyffredin x ac x^2 yw x.
(Cofiwch mai x^2 yw $x \times x$.)

$x(   )$ Ysgrifennwch y ffactor hwn y tu allan i'r cromfachau.

Wedyn rhannwch bob term sydd y tu mewn i'r cromfachau gwreiddiol â'r ffactor cyffredin, sef x.

$x \div x = 1$ ac $x^2 \div x = x$

$(x - x^2) = x(1 - x)$

c) $(8x^2 - 12x)$ Ystyriwch y rhifau a'r llythrennau ar wahân ac yna eu cyfuno.
Ffactor cyffredin mwyaf 8 ac 12 yw 4 a ffactor cyffredin x^2 ac x yw x.
Felly ffactor cyffredin mwyaf $8x^2$ ac $12x$ yw $4 \times x = 4x$.

$4x(   )$ Ysgrifennwch y ffactor hwn y tu allan i'r cromfachau.

Wedyn rhannwch bob term sydd y tu mewn i'r cromfachau gwreiddiol â'r ffactor cyffredin, sef $4x$.

$8x^2 \div 4x = 2x$ ac $12x \div 4x = 3$

$(8x^2 - 12x) = 4x(2x - 3)$

YMARFER 13.3

Ffactoriwch y rhain mor llawn â phosibl.

1 a) $(10x + 15)$ **b)** $(2x + 6)$ **c)** $(8x - 12)$ **ch)** $(4x - 20)$

2 a) $(14 + 7x)$ **b)** $(8 + 12x)$ **c)** $(15 - 10x)$ **ch)** $(9 - 12x)$

3 a) $(3x^2 + 5x)$ **b)** $(5x^2 + 20x)$ **c)** $(12x^2 - 8x)$ **ch)** $(6x^2 - 8x)$

Ffactoriwch y rhain.

a) $(24x + 32y)$ **b)** $(15ab - 20ac)$ **c)** $(30f^2 - 18fg)$ **ch)** $(42ab + 35a^2)$

Ehangu dau bâr o gromfachau

Yn gynharach yn y bennod gwelsoch sut i ehangu cromfachau o'r math $25(2b + c)$. Yn yr achos hwnnw roeddem yn lluosi pâr o gromfachau ag un term. Gall term fod yn rhif neu'n llythyren neu'n gyfuniad o'r ddau, fel $3x$.

Gallwn ehangu dau bâr o gromfachau hefyd. Yn yr achos hwn byddwn yn lluosi un pâr o gromfachau â phâr arall o gromfachau. Rhaid lluosi pob term sydd y tu mewn i'r ail bâr o gromfachau â phob term sydd y tu mewn i'r pâr cyntaf o gromfachau. Mae'r enghreifftiau sy'n dilyn yn dangos dau ddull o wneud hyn.

ENGHRAIFFT 13.6

Ehangwch y rhain.

a) $(a + 2)(a + 5)$ **b)** $(b + 4)(2b + 7)$ **c)** $(2m + 5)(3m - 4)$

Datrysiad

a) **Dull 1**

Defnyddiwch grid i luosi pob term sydd yn yr ail bâr o gromfachau â phob term sydd yn y pâr cyntaf o gromfachau.

$\times$	a	$+2$
a	a^2	$+2a$
$+5$	$+5a$	$+10$

$= a^2 + 2a + 5a + 10$ Casglwch dermau tebyg at ei gilydd: $2a + 5a = 7a$.
$= a^2 + 7a + 10$

Dull 2

Defnyddiwch y 'gair' CAMO i wneud yn siŵr eich bod yn lluosi pob term sydd yn yr ail bâr o gromfachau â phob term sydd yn y pâr cyntaf o gromfachau.

C: cyntaf $\times$ cyntaf
A: allanol $\times$ allanol
M: mewnol $\times$ mewnol
O: olaf $\times$ olaf

Os tynnwch saethau i ddangos y lluosiadau, gallwch feddwl am wyneb sy'n gwenu.

$= a \times a + a \times 5 + 2 \times a + 2 \times 5$
$= a^2 + 5a + 2a + 10$
$= a^2 + 7a + 10$

b) **Dull 1**

×	b	$+4$
$2b$	$2b^2$	$+8b$
$+7$	$+7b$	$+28$

$= 2b^2 + 8b + 7b + 28$
$= 2b^2 + 15b + 28$

Dull 2

$$(b + 4)\,(2b + 7)$$

$= b \times 2b + b \times 7 + 4 \times 2b + 4 \times 7$
$= 2b^2 + 7b + 8b + 28$
$= 2b^2 + 15b + 28$

c) **Dull 1**

×	$2m$	$+5$
$3m$	$6m^2$	$+15m$
-4	$-8m$	-20

$= 6m^2 + 15m - 8m - 20$
$= 6m^2 + 7m - 20$

Dull 2

$$(2m + 5)\,(3m - 4)$$

$= 2m \times 3m + 2m \times -4 + 5 \times 3m + 5 \times -4$
$= 6m^2 - 8m + 15m - 20$
$= 6m^2 + 7m - 20$

AWGRYM

Dewiswch y dull sy'n well gennych a'i ddefnyddio bob tro.

YMARFER 13.4

Ehangwch y cromfachau a symleiddiwch y rhain. Defnyddiwch y dull sy'n well gennych.

1 a) $(a + 3)(a + 7)$ **b)** $(b + 7)(b + 4)$ **c)** $(3 + c)(2 + c)$

2 a) $(3d + 5)(3d - 4)$ **b)** $(4e + 5)(2e - 3)$ **c)** $(2 + 7f)(3 - 8f)$

3 a) $(2g - 3)(2g - 7)$ **b)** $(2h - 7)(2h - 7)$ **c)** $(3j - 8)(2j - 7)$

4 a) $(2k + 7)(5k - 6)$ **b)** $(3 + 8m)(2 - 9m)$ **c)** $(2 + 3n)(3 - 5n)$

5 a) $(2 + 7p)(2 - 9p)$ **b)** $(3r - 8)(2r - 7)$ **c)** $(2s - 3)(2s - 7)$

Her 13.3

Ehangwch y rhain.

a) $(2a + 3)(4 - 5a)$ **b)** $(5x + 7)(4 - x)$ **c)** $(3 - 4m)(2m - 5)$

Nodiant indecs

Ym Mhennod 7 gwelsoch ein bod yn ysgrifennu 2 i'r pŵer 4 fel 2^4 ac mai'r enw a roddwn ar y pŵer, sef 4 yn yr achos hwn, yw'r indecs. Gallwn ddweud bod 2^4 wedi cael ei ysgrifennu mewn **nodiant indecs**.

Gallwn ddefnyddio nodiant indecs mewn algebra hefyd. Rydym eisoes wedi gweld x^2. Mae hyn yn golygu x wedi'i sgwario neu x i'r pŵer 2.

Mae y^5 yn enghraifft arall o fynegiad sydd wedi cael ei ysgrifennu gan ddefnyddio nodiant indecs. Mae'n golygu y i'r pŵer 5 neu $y \times y \times y \times y \times y$. 5 yw'r indecs.

ENGHRAIFFT 13.7

Ysgrifennwch y rhain gan ddefnyddio nodiant indecs.

a) $5 \times 5 \times 5 \times 5 \times 5 \times 5$

b) $x \times x \times x \times x \times x \times x \times x$

c) $p \times p \times p \times p \times r \times r \times r$

ch) $3w \times 4w \times 5w$

Datrysiad

a) $5 \times 5 \times 5 \times 5 \times 5 \times 5 = 5$ i'r pŵer $6 = 5^6$

b) $x \times x \times x \times x \times x \times x \times x = x$ i'r pŵer $7 = x^7$

c) $p \times p \times p \times p \times r \times r \times r = p^4 \times r^3 = p^4 r^3$

ch) Mae $3w$, $4w$ a $5w$ yn dermau tebyg, felly rydych yn lluosi'r rhifau â'i gilydd yn gyntaf, yna'r llythrennau.

$3w \times 4w \times 5w = (3 \times 4 \times 5) \times (w \times w \times w) = 60 \times w^3 = 60w^3$

YMARFER 13.5

Symleiddiwch bob un o'r canlynol, gan ddefnyddio nodiant indecs i ysgrifennu eich ateb.

1 a) $3 \times 3 \times 3 \times 3$ b) $7 \times 7 \times 7$ c) $10 \times 10 \times 10 \times 10 \times 10$

2 a) $x \times x \times x \times x \times x$ b) $y \times y \times y \times y$ c) $z \times z \times z \times z \times z \times z \times z$

3 a) $m \times m \times n \times n \times n \times n$

b) $f \times f \times f \times f \times g \times g \times g \times g \times g$

c) $p \times p \times p \times r \times r \times r \times r$

4 a) $2k \times 4k \times 7k$ b) $3y \times 5y \times 8y$ c) $4d \times 2d \times d$

Her 13.4

Symleiddiwch bob un o'r canlynol, gan ddefnyddio nodiant indecs i ysgrifennu eich ateb.

a) $m^2 \times m^4$ b) $x^3 \times 5x^6$ c) $5y^4 \times 3y^3$ ch) $2b^3 \times 3b^2 \times 4b$

RYDYCH WEDI DYSGU

- sut i symleiddio cromfachau trwy gasglu termau tebyg at ei gilydd
- wrth ehangu cromfachau fel $25(2b + c)$ y byddwch yn lluosi pob un o'r termau sydd y tu mewn i'r cromfachau â'r rhif (neu'r term) sydd y tu allan i'r cromfachau
- wrth ehangu cromfachau fel $(a + 2)(a + 5)$ y byddwch yn lluosi pob un o'r termau sydd yn yr ail bâr o gromfachau â phob un o'r termau sydd yn y pâr cyntaf o gromfachau
- mai un ffordd o ehangu cromfachau yw defnyddio grid. Ffordd arall yw defnyddio'r 'gair' CAMO i wneud yn siŵr eich bod yn gwneud y lluosiadau i gyd
- mai ffactorio mynegiadau yw'r gwrthwyneb i ehangu cromfachau
- y byddwch, i ffactorio mynegiad, yn cymryd y ffactorau cyffredin y tu allan i'r cromfachau
- sut i ddefnyddio nodiant indecs mewn algebra

YMARFER CYMYSG 13

1 Ehangwch y rhain.

a) $8(3a + 2b)$ b) $5(4a + 3b)$ c) $12(3a - 5b)$

ch) $9(a - 2b)$ d) $3(4x + 5y)$ dd) $6(3x - 2y)$

e) $4(5x - 3y)$ f) $2(4x + y)$ ff) $5(3f - 4g)$

g) $3(2j + 5k)$ ng) $7(r + 2s)$ h) $4(3v - w)$

2 Ehangwch y cromfachau a symleiddiwch y rhain.

a) $2(3x + 4) + 3(2x + 1)$ b) $4(2x + 3) + 3(4x + 5)$

c) $2(2x + 3) + 3(x + 2)$ ch) $5(2y + 3) + 2(3y - 5)$

d) $3(3y + 5) + 2(3y - 4)$ dd) $3(5y + 2) + 2(3y - 1)$

e) $3(2a + 4) - 3(a + 2)$ f) $2(6m + 2) - 3(2m + 1)$

ff) $6(3p + 4) - 3(4p + 2)$ g) $4(5t + 3) - 3(2t - 4)$

ng) $2(4j + 8) - 3(3j - 5)$ h) $6(2w + 5) - 4(3w - 4)$

3 Ffactoriwch y rhain mor llawn â phosibl.

a) $(4x + 8)$ b) $(6x + 12)$ c) $(9x - 6)$

ch) $(12x - 18)$ d) $(6 - 10x)$ dd) $(10 - 15x)$

e) $(24 + 8x)$ f) $(16x + 12)$ ff) $(6x + 8)$

g) $(32x - 12)$ ng) $(20 - 16x)$ h) $(15 + 20x)$

i) $(2x - x^2)$ l) $(3y - 7y^2)$ ll) $(5z^2 + 2z)$

4 Ehangwch y cromfachau a symleiddiwch y rhain.

a) $(a + 5)(a + 4)$ b) $(a + 2)(a + 3)$ c) $(3 + a)(4 + a)$

ch) $(x - 1)(x + 8)$ d) $(x + 9)(x - 5)$ dd) $(x - 2)(x - 1)$

e) $(3x + 4)(x + 9)$ f) $(y - 3)(2y + 7)$ ff) $(2 - 3p)(7 - 2p)$

g) $(2p + 4)(3p - 2)$ ng) $(t - 5)(4t - 3)$ h) $(2a - 3)(3a + 5)$

5 Symleiddiwch bob un o'r canlynol, gan ddefnyddio nodiant indecs i ysgrifennu eich ateb.

a) $4 \times 4 \times 4 \times 4 \times 4 \times 4$ b) $5 \times 5 \times 5 \times 5$

c) $2 \times 2 \times 2 \times 2 \times 2$ ch) $a \times a \times a \times a \times a \times a \times a$

d) $j \times j \times j$ dd) $t \times t \times t \times t \times t \times t$

e) $v \times v \times v \times w \times w \times w$ f) $d \times d \times d \times e \times e \times e \times e \times e \times e$

ff) $x \times x \times x \times y \times y \times y \times y \times y$ g) $5p \times 4p \times 3p$

14 → FFORMIWLÂU 1

Fformiwlâu wedi'u hysgrifennu mewn geiriau

Dyma ddwy enghraifft sy'n dangos sut i ddefnyddio fformiwla sydd wedi'i hysgrifennu mewn geiriau.

ENGHRAIFFT 14.1

I gyfrifo cyflog wythnosol John, lluoswch nifer ei oriau gwaith â £6.

Faint mae John yn ei ennill os yw'n gweithio

a) 10 awr?   **b)** 40 awr?   **c)** 25 awr?

Datrysiad

a) $10 \times 6 = £60$ **b)** $40 \times 6 = £240$ **c)** $25 \times 6 = £150$

ENGHRAIFFT 14.2

I ddarganfod perimedr petryal, adiwch yr hyd a'r lled, a lluoswch y cyfanswm â 2.

Cyfrifwch berimedr y petryalau sydd â'r dimensiynau hyn.

a) Hyd 5 cm a lled 4 cm

b) Hyd 19 m a lled 8 m

c) Hyd 3.2 cm a lled 6.1 cm

a) $5 + 4 = 9$ Adiwch yr hyd a'r lled yn gyntaf.
        $9 \times 2 = 18 \text{ cm}$ Wedyn lluoswch y cyfanswm â 2.

b) $19 + 8 = 27$ $27 \times 2 = 54 \text{ m}$

c) $3.2 + 6.1 = 9.3$ $9.3 \times 2 = 18.6 \text{ cm}$

AWGRYM

Sylwch nad yw'r unedau yn cael eu cynnwys yn y gwaith cyfrifo.

Maen nhw'n tueddu i fod yn y ffordd. Fodd bynnag, rhaid eu cynnwys yn eich ateb.

YMARFER 14.1

1 I ddarganfod gost carped rydych yn lluosi arwynebedd yr ystafell â £5.
Cyfrifwch gost carpedu ystafelloedd sydd â'r arwynebeddau hyn.

    a) 9 m^2 **b)** 20 m^2 **c)** 12 m^2 **ch)** 15 m^2

2 I ddarganfod oedran Bob, tynnwch 14 o oedran Sioned.
Beth yw oedran Bob pan fo Sioned yn

    a)   17 oed?   **b)**   46 oed?   **c)**   30 oed?   **ch)** 51 oed?

3 Mae Tanya yn mynd ar daith gerdded i godi arian at elusen.
Bydd hi'n derbyn £4 am bob milltir y bydd hi'n ei cherdded.
Faint o arian y bydd hi'n ei godi os bydd yn cerdded

    a)   6 milltir?   **b)**   15 milltir?   **c)** $3\frac{1}{2}$ milltir?   **ch)** 23 milltir?

4 Mae grŵp o bobl wedi ennill arian mewn cwis.
I gyfrifo faint y mae pawb wedi'i ennill, rhaid rhannu cyfanswm yr arian â nifer y bobl.
Faint y mae pawb wedi'i ennill os yw

    a)   4 o bobl yn ennill £100?   **b)**   5 o bobl yn ennill £60?

    c)   3 o bobl yn ennill £840?   **ch)** 2 o bobl yn ennill £37?

5 Cost llogi cymysgydd sment yw £50 plws £10 yr awr.
Faint fydd cost llogi'r cymysgydd am

    a)   4 awr?   **b)**   10 awr?   **c)** $5\frac{1}{2}$ awr?   **ch)** 24 awr?

6 Gallwch ddarganfod arwynebedd triongl trwy luosi'r sail â'r uchder, a rhannu'r ateb â 2.
Cyfrifwch arwynebedd pob un o'r trionglau hyn.

    a)   Sail 3 cm ac uchder 6 cm   **b)**   Sail 10 cm ac uchder 15 cm

    c)   Sail $2\frac{1}{2}$ m ac uchder 4 m   **ch)** Sail 8.2 mm ac uchder 3 mm

7 I ddarganfod y buanedd, rhannwch y pellter teithio â'r amser y mae'r daith yn ei gymryd.

Cyfrifwch y rhain.

a) Buanedd car, mewn milltiroedd yr awr, sy'n teithio 80 milltir mewn 2 awr.

b) Buanedd trên, mewn cilometrau yr awr, sy'n teithio 240 km mewn 3 awr.

c) Buanedd rhedwr, mewn metrau yr eiliad, sy'n rhedeg 200 m mewn 25 eiliad.

ch) Buanedd awyren, mewn milltiroedd yr awr, sy'n teithio 920 milltir mewn 4 awr.

8 I ddarganfod cost mynd i'r sinema, lluoswch nifer yr oedolion â £6 a nifer y plant â £2.50. Wedyn adiwch y ddau ateb.

Cyfrifwch y gost ar gyfer

a) 2 oedolyn a 2 blentyn.

b) 3 oedolyn a 4 plentyn.

c) 8 oedolyn ac 1 plentyn.

ch) 5 oedolyn a 3 phlentyn.

9 Mae cost llogi fan, mewn punnoedd, yn cael ei rhoi gan y fformiwla:

COST = NIFER YR ORIAU × 5 + 20

a) Cyfrifwch gost llogi fan am 3 awr.

b) Cyfrifwch gost llogi fan am 7 awr.

c) Cyfrifwch gost llogi fan am 12 awr.

10 I gael gwybod faint o dreth y mae rhywun yn ei dalu, rhannwch eu cyflog â 5. Cyfrifwch faint o dreth sy'n daladwy pan fo rhywun yn ennill

a) £300.　　**b)** £2000.　　**c)** £50.　　**ch)** £240.

Rhai rheolau algebra

Rydych wedi dysgu rhai rheolau algebra eisoes ym Mhennod 11. Dyma ragor.

- Nid oes rhaid ysgrifennu'r arwydd ×:

  yn lle $4 \times t$ rydym yn ysgrifennu $4t$.

- Wrth luosi, rydym bob amser yn ysgrifennu'r rhif o flaen y llythyren:

  yn lle $p \times 6 - 30$ rydym yn ysgrifennu $6p - 30$.

- Rydym bob amser yn rhoi'r llythyren unigol sydd i'w ddarganfod ar ddechrau'r fformiwla:

  yn lle $2 \times l + 2 \times w = P$ rydym yn ysgrifennu $P = 2l + 2w$.

- Os oes gwaith rhannu i'w wneud mewn fformiwla, rydym bob amser yn ysgrifennu'r rhan honno fel ffracsiwn:

  yn lle $y = k \div 6$ rydym yn ysgrifennu $y = \dfrac{k}{6}$.

Ysgrifennwch y fformiwlâu hyn yn y ffurf algebraidd gywir.

1 $I = 7 \times V$ **2** $p = s \times 4$ **3** $m \times a = F$ **4** $10 - x = y$

5 $r = d \div 2$ **6** $t \times 10 = v$ **7** $z \div y = w$ **8** $t = 30 \times n + 50$

9 $A = w \times 6 \times h$ **10** $m = k \times 5 \div 8$ **11** $u - t \times 10 = v$

Defnyddio llythrennau i ysgrifennu fformiwlâu

Gallwch ysgrifennu fformiwla eiriau fel fformiwla sy'n defnyddio llythrennau. Wrth wneud hyn mae'n werth dewis llythyren sy'n dweud rhywbeth am yr hyn y mae hi'n ei gynrychioli.

ENGHRAIFFT 14.3

I gyfrifo cyflog wythnosol John, lluoswch nifer ei oriau gwaith â £6.

Defnyddiwch fformiwla i gyfrifo cyflog wythnosol John, mewn punnoedd.

Datrysiad

Cyflog = oriau $\times$ 6
Defnyddiwch **c** i gynrychioli cyflog John mewn £ ac **a** i gynrychioli sawl **a**wr o waith.

$c = a \times 6$

ac felly ysgrifennwch $c = 6a$

> **AWGRYM**
>
> Sylwch nad oes unrhyw unedau'n cael eu cynnwys yn y fformiwla.

ENGHRAIFFT 14.4

I ddarganfod yr amser sydd ei angen i goginio darn o gig, caniatewch 30 munud am bob cilogram ac ychwanegwch 20 munud arall.

Ysgrifennwch fformiwla ar gyfer cyfrifo, mewn munudau, yr amser sydd ei angen i goginio darn o gig.

Datrysiad

amser = 30 $\times$ nifer y cilogramau + 20

Defnyddiwch **a** i gynrychioli'r **a**mser mewn munudau ac **c** i gynrychioli nifer y **c**ilogramau.

$a = 30 \times c + 20$

ac felly ysgrifennwch $a = 30c + 20$

Yng nghwestiynau **1** i **10**, defnyddiwch y llythrennau **bras** i ysgrifennu fformiwla ar gyfer y sefyllfa.

1   I gyfrifo **c**ost carped, rydych yn lluosi **a**rwynebedd yr ystafell â £5.

2   I ddarganfod oedran **B**ob, rhaid tynnu 14 o oedran **J**anice.

3   Mae Tanya yn mynd ar daith gerdded noddedig.
Bydd yn **d**erbyn £4 am bob **m**illtir y bydd hi'n ei cherdded.

4   Mae grŵp o bobl wedi ennill arian mewn cwis.
I gyfrifo'r **s**wm y bydd pawb yn ei gael, rhannwch gyfanswm yr **a**rian â nifer y bobl.

5   Y **p**ris am logi cymysgydd sment yw £50 plws £10 yr **a**wr.

6   I gyfrifo **a**rwynebedd triongl, rydych yn lluosi'r **s**ail â'r **u**chder a rhannu'r ateb â 2.

7   I ddarganfod y **b**uanedd, rhannwch y **p**ellter teithio â'r **a**mser y mae'r daith yn ei gymryd.

8   I gyfrifo cyfanswm cost mynd i'r sinema, lluoswch nifer yr **o**edolion â £6 a nifer y **p**lant â £2.50. Wedyn adiwch y ddau ateb.

9   I ddarganfod **c**yfaint bocs, lluoswch ei **h**yd â'i **l**ed â'i **u**chder.

10   I gael gwybod faint yw eich bil **t**reth, rhaid i chi luosi eich **c**yflog â 0.2.

Yng nghwestiynau **11** i **15**, defnyddiwch lythrennau addas i ysgrifennu fformiwla ar gyfer y sefyllfa a nodwch beth y mae pob llythyren yn ei gynrychioli.

11   Cyfanswm yr arian y mae Tim yn ei gasglu wrth gynilo £4.50 yr wythnos.

12   Nifer y stribedi 3 m o hyd y gallwch eu torri o rolyn o bapur.

13   Pris cyfrifiadur mewn arwerthiant os oes gostyngiad wedi'i dynnu o'r pris arferol.

14   Mae cwmni tacsi'n cyfrifo pris taith trwy rannu'r pellter â 5 ac wedyn adio 3.

15   Pan drefnodd ysgol daith, cyfanswm y gost oedd £100 am logi bws a phris mynediad o £7 am bob disgybl.

Her 14.1

Mae teulu o bump yn ymweld â pharc saffari.

Maen nhw'n defnyddio'r fformiwla $C = 5r + 3m + 2p$ ti gyfrifo cyfanswm eu cost mynediad.

a) Beth mae'r llythrennau C, r, m, p yn eu cynrychioli?

b) Cyfanswm eu cost mynediad oedd £17.

Chwiliwch am y cyfuniadau posibl o bobl a fyddai'n gallu bod yn y teulu.

Holwch i gael gweld sawl ateb gwahanol a gafodd eich partner.

Amnewid mewn fformiwla

Os ydych yn gwybod beth yw gwerth y llythrennau sydd mewn mynegiad neu fformiwla, gallwch gyfrifo gwerth y mynegiad hwnnw neu'r fformiwla honno. Rydych yn **amnewid**, sef yn defnyddio'r gwerthoedd a wyddoch yn lle'r llythrennau.

ENGHRAIFFT 14.5

Cyfrifwch werth pob un o'r mynegiadau hyn os yw $p = 2, q = 3$ ac $r = 4$.

a) $p + q$ **b)** $r - p$ **c)** $5p$ **ch)** $r + 2q$

d) $4p + 6q$ **dd)** $5pq$ **e)** pqr **f)** $\dfrac{qr}{6}$

ff) q^2 **g)** $r^2 - 3p^2$

Datrysiad

a) $p + q = 2 + 3$
$= 5$

b) $r - p = 4 - 2$
$= 2$

c) $5p = 5 \times p$
$= 5 \times 2$
$= 10$

ch) $r + 2q = r + 2 \times q$
$= 4 + 2 \times 3$
$= 4 + 6 = 10$

d) $4p + 6q = 4 \times 2 + 6 \times 3$
$= 8 + 18$
$= 26$

dd) $5pq = 5 \times p \times q$
$= 5 \times 2 \times 3$
$= 30$

e) $pqr = p \times q \times r$
$= 2 \times 3 \times 4$
$= 24$

f) $\dfrac{qr}{6} = \dfrac{q \times r}{6}$
$= \dfrac{3 \times 4}{6}$
$= 2$

ff) $q^2 = q \times q$
$= 3 \times 3$
$= 9$

g) $r^2 - 3p^2 = r \times r - 3 \times p \times p$
$= 4 \times 4 - 3 \times 2 \times 2$
$= 16 - 12 = 4$

1 Cyfrifwch werth pob un o'r mynegiadau hyn os yw $a = 5, b = 4$ ac $c = 2$.

a) $a + b$ **b)** $b + c$ **c)** $a - c$ **ch)** $a + b + c$

d) $2a$ **dd)** $3b$ **e)** $5c$ **f)** $3a + b$

ff) $3c - b$ **g)** $a + 6c$ **ng)** $4a + 2b$ **h)** $2b + 3c$

i) $a - 2c$ **l)** $8c - 2b$ **ll)** bc **m)** $4ac$

n) abc **o)** $ac + bc$ **p)** $ab - bc - ca$ **ph)** a^2

r) $\dfrac{a + b}{3}$ **rh)** $\dfrac{ab}{c}$ **s)** $b^2 + c^2$ **t)** $3c^2$

th) a^2b **u)** c^3

2 Cyfrifwch werth pob un o'r mynegiadau hyn os yw $t = 3$.

a) $t + 2$ **b)** $t - 4$ **c)** $5t$ **ch)** $4t - 7$ **d)** $2 + 3t$

dd) $10 - 2t$ **e)** t^2 **f)** $10t^2$ **ff)** $t^2 + 2t$ **g)** t^3

3 Defnyddiwch y fformiwla $A = 5k + 4$ i gyfrifo gwerth A os oes gan k y gwerthoedd canlynol.

a) $k = 3$ **b)** $k = 7$ **c)** $k = 0$ **ch)** $k = \frac{1}{2}$ **d)** $k = 2.1$

4 Defnyddiwch y fformiwla $y = mx + c$ i gyfrifo gwerth y os oes gan m, x ac c y gwerthoedd canlynol.

a) $m = 3, x = 2, c = 4$ **b)** $m = \frac{1}{2}, x = 8, c = 6$

c) $m = 10, x = 15, c = 82$

5 Defnyddiwch y fformiwla $D = \dfrac{m}{v}$ i gyfrifo gwerth D os oes gan m a v y gwerthoedd canlynol.

a) $m = 24, v = 6$ **b)** $m = 150, v = 25$

c) $m = 17, v = 2$ **ch)** $m = 4, v = \frac{1}{2}$

Her 14.2

Cyfrifwch werth pob un o'r mynegiadau hyn os yw $x = -2, y = 3$ a $z = -4$.

a) $x + y$ **b)** $y - z$ **c)** $3y + z$

ch) $5z + 2y$ **d)** yz **dd)** xz

Mae plymwr yn codi £20 yr awr am ei waith a thâl o £30 am gael ei alw i'ch cartref. Mae cyfanswm y gost, £C, am waith sy'n cymryd *a* awr i'w gwblhau, yn cael ei roi gan y fformiwla hon.

$$C = 20a + 30$$

a) Darganfyddwch gyfanswm cost gwaith sy'n cymryd
   (i) 2 awr. **(ii)** 4 awr. **(iii)** 8 awr. **(iv)** $6\frac{1}{2}$ awr.

b) Sawl awr y mae gwaith yn ei gymryd os yw cyfanswm y gost yn
   (i) £90? **(ii)** £130? **(iii)** £200?

Cod fformiwlâu

Rhowch rif i bob un o lythrennau'r wyddor Saesneg, yn eu trefn, o 1 i 26.

$a = 1$	$b = 2$	$c = 3$	$d = 4$	$e = 5$	...	$x = 24$	$y = 25$	$z = 26$

a) Rhowch rifau yn lle'r llythrennau ym mhob un o'r fformiwlâu isod.
   Chwiliwch am y llythyren sy'n cyfateb i bob ateb a rhowch y llythrennau at ei gilydd i wneud gair.
   Mae'r llythyren gyntaf wedi'i darganfod yn barod i chi.

$a + c = 1 + 3 = 4 \rightarrow d$
$t - s$
$2g$
$\dfrac{u}{c}$
$2p - 3i$
$dt + b - h^2$

b) Gwnewch eich negeseuon eich hun.
   Cyfnewidiwch eich neges chi â neges eich ffrind a cheisiwch eu datrys.

c) Rhowch gynnig ar rifo llythrennau'r wyddor mewn ffordd wahanol, er enghraifft
   $a = 26, b = 25, c = 24, \ldots$ a defnyddio'r rhain i ysgrifennu negeseuon.
   Cyfnewidiwch eich neges chi â neges eich ffrind a cheisiwch ddatrys y cod newydd.

Her 14.5

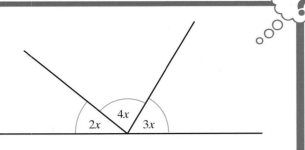

a) Ysgrifennwch fformiwla mewn x ar gyfer cyfanswm, C, yr onglau ar y llinell syth hon.

b) Mae'r onglau sydd ar linell syth yn adio i $180°$.
- **(i)** Defnyddiwch y ffaith hon i ysgrifennu hafaliad mewn x.
- **(ii)** Datryswch yr hafaliad i ddarganfod x.
- **(iii)** Cyfrifwch faint pob un o'r tair ongl.

Her 14.6

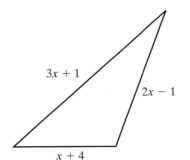

a) Ysgrifennwch fformiwla mewn x ar gyfer perimedr, P, y triongl hwn. Ysgrifennwch eich fformiwla mor syml â phosibl.

b) Perimedr y triongl yw 22 cm.
- **(i)** Ysgrifennwch hafaliad mewn x.
- **(ii)** Datryswch yr hafaliad i ddarganfod x.
- **(iii)** Cyfrifwch hyd pob un o dair ochr y triongl.

RYDYCH WEDI DYSGU

- sut i ddefnyddio fformiwla sydd wedi'i hysgrifennu mewn geiriau
- rhai rheolau ar gyfer defnyddio algebra i ysgrifennu mynegiadau
- sut i ddefnyddio llythrennau i ysgrifennu fformiwla
- sut i amnewid mewn fformiwla, sef rhoi rhifau yn lle llythrennau

1 Gallwn gyfrifo, yn fras, y pellter o amgylch llyn crwn trwy luosi diamedr y llyn â 3. Cyfrifwch y pellter o amgylch llynnoedd crwn sydd â'r diamedrau hyn.

    a) 5 m   **b)** 14 m   **c)** 25 m   **ch)** 3.5 m

2 I newid tymheredd mewn graddau Celsius i dymheredd mewn graddau Fahrenheit, rydym yn lluosi'r tymheredd mewn graddau Celsius ag 1.8 ac wedyn yn adio 32. Cyfrifwch y tymheredd Fahrenheit sy'n gywerth â phob un o'r rhain.

    a) 10 °C   **b)** 0 °C   **c)** 30 °C   **ch)** 12 °C

3 Gallwn gyfrifo'r amser y mae taith yn ei gymryd trwy rannu'r pellter â'r buanedd. Cyfrifwch yr amser y mae'n ei gymryd

    a) i drên deithio pellter o 200 milltir ar fuanedd o 100 m.y.a.

    b) i gar deithio pellter o 180 milltir ar fuanedd o 40 m.y.a.

    c) i awyren deithio pellter o 3500 milltir ar fuanedd o 250 m.y.a.

    ch) i redwr deithio pellter o 400 m ar fuanedd o 5 metr yr eiliad.

4 Defnyddiwch lythrennau i ysgrifennu fformiwla ar gyfer pob un o'r sefyllfaoedd yng nghwestiynau **1** i **3** a nodwch beth y mae pob llythyren yn ei gynrychioli.

5 Cyfrifwch werth pob un o'r mynegiadau hyn os yw $x = 2$, $y = 3$ a $z = 5$.

    a) $x + 7$ **b)** $6 - y$ **c)** $6z$ **ch)** $9y$

    d) yz **dd)** $4xy$ **e)** $8z - y$ **f)** $4x + 6y$

    ff) $8z - 12x$ **g)** $x + 4y - 2z$ **ng)** $\dfrac{xyz}{6}$ **h)** $\dfrac{5x + 9y + 8z}{x + y + z}$

    i) z^2 **l)** $y^2 + x^2$ **ll)** x^3 **m)** $5z^2 - 2y^2$

15 → FFORMIWLÂU 2

YN Y BENNOD HON

- **Defnyddio fformiwlâu syml**
- **Ysgrifennu a chreu fformiwlâu**
- **Ad-drefnu fformiwlâu**

DYLECH WYBOD YN BAROD

- **sut i amnewid (rhoi rhifau yn lle llythrennau) mewn fformiwlâu syml**
- **sut i symleiddio a datrys hafaliadau llinol**
- **sut i symleiddio fformiwla trwy, er enghraifft, gasglu termau 'tebyg' at ei gilydd**

Defnyddio fformiwlâu

Ym Mhennod 8 gwelsoch sut i **amnewid** (rhoi rhifau yn lle llythrennau) mewn fformiwlâu. Mae fformiwlâu hefyd yn cael eu defnyddio mewn penodau eraill: er enghraifft, ym Mhennod 35 mae arwynebedd cylch yn cael ei ddarganfod gan ddefnyddio'r fformiwla $A = \pi r^2$.

Prawf sydyn 15.1

Y fformiwla am arwynebedd cylch yw $A = \pi r^2$.

Darganfyddwch A pan fo $r = 10$ cm. Defnyddiwch $\pi = 3.14$.

Gwelsoch hefyd sut i ysgrifennu fformiwla mewn llythrennau ar gyfer sefyllfa benodol. Byddwn yn datrys y fformiwlâu hyn yn yr un ffordd, trwy amnewid.

ENGHRAIFFT 15.1

I gyfrifo cost llogi car am nifer penodol o ddiwrnodau, lluoswch nifer y diwrnodau â'r gyfradd ddyddiol ac adiwch y tâl sefydlog.

a) Ysgrifennwch fformiwla gan ddefnyddio llythrennau i gyfrifo cost llogi car.

b) Os yw'r tâl sefydlog yn £20 a'r gyfradd ddyddiol yn £55, darganfyddwch gost llogi car am 5 diwrnod.

Datrysiad

a) $c = nd + s$ Mae hyn yn defnyddio c i gynrychioli'r gost, n i gynrychioli nifer y diwrnodau, d i gynrychioli'r gyfradd ddyddiol ac s i gynrychioli'r tâl sefydlog.

b) $c = 5 \times 55 + 20$ Amnewidiwch, sef rhoi'r rhifau yn y fformiwla.
$c = 275 + 20$
$c = 295$
Cost = £295

YMARFER 15.1

1 I ddarganfod yr amser sydd ei angen, mewn munudau, i goginio cig eidion, lluoswch bwysau'r cig eidion mewn cilogramau â 40 ac adiwch 10.
Faint o funudau sydd eu hangen i goginio darn o gig eidion sy'n pwyso

a) 2 gilogram? **b)** 5 cilogram?

2 Po uchaf yr ewch i fyny mynydd, yr oeraf yw hi.
Mae fformiwla syml sy'n dangos yn fras faint y bydd y tymheredd yn gostwng.

Gostyngiad tymheredd (°C) = uchder wedi'i ddringo mewn metrau ÷ 200.

Os byddwch yn dringo 800 m, tua faint y bydd y tymheredd yn gostwng?

3 Mae cyfanswm tâl tocyn bws, £T, ar gyfer grŵp sy'n mynd i'r maes awyr yn cael ei roi gan y fformiwla

$$T = 8N + 5P$$

Yma N yw nifer yr oedolion a P yw nifer y plant.
Cyfrifwch y gost ar gyfer dau oedolyn a thri phlentyn.

4 Buanedd cyfartalog (b) taith yw'r pellter (p) wedi'i rannu â'r amser (a).
a) Ysgrifennwch y fformiwla ar gyfer hyn.
b) Roedd taith o 150 km mewn car wedi cymryd 2 awr 30 munud.
Beth oedd buanedd cyfartalog y daith?

5 Mae'r pellter, p, mewn metrau, y mae carreg yn disgyn mewn t eiliad ar ôl cael ei gollwng yn cael ei roi gan y fformiwla

$$p = \frac{9.8t^2}{2}.$$

Darganfyddwch p pan fo $t = 10$ eiliad.

6 Mae'r fformiwla hon yn dangos nifer y gwresogyddion sydd eu hangen i wresogi swyddfa.

$$\text{Nifer y gwresogyddion} = \frac{\text{hyd y swyddfa} \times \text{lled y swyddfa}}{10}$$

Mae swyddfa'n mesur 15 m wrth 12 m.
Faint o wresogyddion sydd eu hangen?

7 Mae siop fara yn cyfrifo nifer y brechdanau, B, sydd eu hangen ar gyfer parti gan ddefnyddio'r fformiwla $B = 3P + 10$. Yma P yw nifer y bobl y maen nhw'n ei ddisgwyl.

   a) Faint o frechdanau sydd eu hangen pan fyddan nhw'n disgwyl 15 o bobl?

   b) Faint o bobl y maen nhw'n eu disgwyl pan fo 70 o frechdanau yn cael eu darparu?

8 Mae'r diagram yn dangos petryal.

   a) Beth yw perimedr y petryal yn nhermau x?

   b) Beth yw arwynebedd y petryal yn nhermau x?

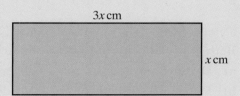

9 Mae'r amser, A o funudau, sydd ei angen i goginio coes oen yn cael ei roi gan y fformiwla

$$A = 50P + 30$$

Yma P yw pwysau'r goes oen mewn cilogramau.

   a) Faint o amser, mewn oriau a munudau, y mae'n ei gymryd i goginio coes oen sy'n pwyso 2 gilogram?

   b) Beth yw pwysau coes oen y mae'n cymryd 105 o funudau i'w choginio?

10 Y fformiwla sy'n cysylltu **c**yfaint, **a**rwynebedd a **h**yd prism yw $H = \dfrac{C}{A}$.

   Os yw $C = 200$ ac $A = 40$, darganfyddwch H.

11 Mae Ann yn cerdded am 5 awr ar fuanedd cyfartalog o 3 m.y.a.
   Defnyddiwch y fformiwla $p = ba$ i gyfrifo'r pellter a gerddodd.
   Mae p yn cynrychioli'r pellter mewn milltiroedd.
   Mae b yn cynrychioli'r buanedd cyfartalog mewn m.y.a.
   Mae a yn cynrychioli'r amser mewn oriau.

12 Mae Cai yn gwneud ffens addurnol.
   Mae'n cysylltu 3 phostyn â 6 chadwyn fel yn y diagram.

   a) Mae Cai'n gosod 5 postyn yn y ddaear. Faint o gadwyni sydd eu hangen?

b) Copïwch a chwblhewch y tabl hwn.

Nifer y pyst, P	1	2	3	4	5	6
Nifer y cadwyni, C	0	3	6			

c) Ysgrifennwch y fformiwla sy'n rhoi nifer y cadwyni ar gyfer unrhyw nifer o byst. Gadewch i C = cyfanswm nifer y cadwyni, a P = nifer y pyst.

ch) Faint o gadwyni sydd eu hangen ar gyfer ffens sydd â 30 postyn?

13 Mae arwynebedd paralelogram yn hafal i'r sail wedi'i lluosi â'r uchder fertigol. Beth yw arwynebedd paralelogram sydd â'r mesuriadau hyn?

a) Sail = 6 cm ac uchder fertigol = 4 cm

b) Sail = 4.5 cm ac uchder fertigol = 5 cm

14 Cyfaint ciwboid yw'r hyd wedi'i luosi â'r lled wedi'i luosi â'r uchder. Beth yw cyfaint ciwboid sydd â'r mesuriadau hyn?

a) Hyd = 5 cm, lled = 4 cm ac uchder = 6 cm

b) Hyd = 4.5 cm, lled = 8 cm ac uchder = 6 cm

15 Cost taith hir mewn tacsi yw tâl sefydlog o £20 ynghyd â £1 am bob milltir o'r daith.

a) Beth yw cost taith o 25 milltir?

b) Cost taith oedd £63. Pa mor bell oedd y daith?

■ Her 15.1 ■

Ysgrifennwch y 'fformiwla' a gewch trwy ddilyn y setiau hyn o gyfarwyddiadau.

a)
- Dewis unrhyw rif
- Ei luosi â 2
- Adio 5
- Lluosi â 5
- Tynnu 25

b)
- Dewis unrhyw rif
- Ei ddyblu
- Adio 9
- Adio'r rhif gwreiddiol
- Rhannu â 3
- Tynnu 3

Pa ateb a gewch i bob set os 10 yw eich rhif cychwynnol?

Ad-drefnu fformiwlâu

Weithiau bydd angen darganfod gwerth llythyren nad yw ar ochr chwith y fformiwla. I ddarganfod gwerth y llythyren, bydd angen yn gyntaf **ad-drefnu** y fformiwla.

Er enghraifft, mae'r fformiwla $s = vt$ yn cysylltu pellter (s), buanedd (v) ac amser (t). Os ydym yn gwybod y pellter teithio a'r amser a gymerodd y daith, ac rydym eisiau darganfod y buanedd cyfartalog, bydd angen cael y v ar ei phen ei hun.

Mae'r dull a ddefnyddiwn i ad-drefnu fformiwla yn debyg i'r dull a ddefnyddiwn i ddatrys hafaliadau (gw. Pennod 20).

Yn yr achos hwn, i gael y v ar ei phen ei hun, mae angen ei rhannu â t. Fel wrth drin hafaliadau, rhaid gwneud yr un peth i ddwy ochr y fformiwla.

$s = vt$

$\dfrac{s}{t} = \dfrac{vt}{t}$ Rhannu'r ddwy ochr â t.

$\dfrac{s}{t} = v$

$v = \dfrac{s}{t}$ Fel arfer mae fformiwla'n cael ei hysgrifennu â'r term sengl (yn yr achos hwn, v) ar yr ochr chwith.

Nawr v yw **testun** y fformiwla.
Mae'r fformiwla'n rhoi v yn nhermau s a t.

ENGHRAIFFT 15.2

$y = mx + c$
Gwnewch x yn destun.

Datrysiad

$y = mx + c$

$y - c = mx + c - c$ Tynnwch c o'r ddwy ochr

$y - c = mx$

$\dfrac{y - c}{m} = \dfrac{mx}{m}$ Rhannwch y ddwy ochr ag m.

$\dfrac{y - c}{m} = x$

$x = \dfrac{y - c}{m}$ Ad-drefnwch y fformiwla fel bo x ar yr ochr chwith.

ENGHRAIFFT 15.3

Y fformiwla ar gyfer cyfaint, c, pyramid sylfaen sgwâr sydd â'i ochr yn a a'i uchder fertigol yn u yw $c = \frac{1}{3}a^2u$. Ad-drefnwch y fformiwla i wneud u yn destun.

Datrysiad

$c = \frac{1}{3}a^2u$ Rhaid cael gwared â'r ffracsiwn yn gyntaf.

$3c = a^2u$ Lluoswch y ddwy ochr â 3.

$\dfrac{3c}{a^2} = u$ Rhannwch y ddwy ochr ag a^2.

$u = \dfrac{3c}{a^2}$ Ad-drefnwch y fformiwla fel bo u ar yr ochr chwith.

ENGHRAIFFT 15.4

Ad-drefnwch y fformiwla $A = \pi r^2$ i wneud r yn destun.

Datrysiad

$A = \pi r^2$

$\dfrac{A}{\pi} = r^2$ Rhannwch y ddwy ochr â π.

$r^2 = \dfrac{A}{\pi}$ Ad-drefnwch y fformiwla fel bo r^2 ar yr ochr chwith.

$r = \sqrt{\dfrac{A}{\pi}}$ Rhowch ail isradd y ddwy ochr.

YMARFER 15.2

1 Ad-drefnwch bob un o'r fformiwlâu hyn i wneud y llythyren yn y cromfachau yn destun.

a) $a = b - c$ (b) b) $4a = wx + y$ (x) c) $v = u + at$ (t)

ch) $c = p - 3t$ (t) d) $A = p(q + r)$ (q) dd) $p = 2g - 2f$ (g)

e) $F = \dfrac{m + 4n}{t}$ (n)

2 Gwnewch u yn destun y fformiwla $s = \dfrac{3uv}{bn}$.

3 Ad-drefnwch y fformiwla $a = \dfrac{bh}{2}$ i roi h yn nhermau a a b.

4 Y fformiwla ar gyfer cyfrifo llog syml yw $I = \dfrac{PRT}{100}$.

Gwnewch R yn destun y fformiwla hon.

5 Mae cyfaint côn yn cael ei roi gan y fformiwla $C = \dfrac{\pi r^2 u}{3}$. Yma C yw'r cyfaint mewn cm³,

r yw radiws y sylfaen mewn cm ac u yw'r uchder mewn cm.

  a) Ad-drefnwch y fformiwla i wneud u yn destun.

  b) Cyfrifwch uchder côn sydd â'i radiws yn 5 cm a'i gyfaint yn 435 cm³.
  Defnyddiwch $\pi = 3.14$ a rhowch eich ateb yn gywir i 1 lle degol.

6 I newid o raddau Celsius (°C) i raddau Fahrenheit (°F), gallwch ddefnyddio'r fformiwla:

$F = \frac{9}{5}(C + 40) - 40.$

  a) Y tymheredd yw 60°C. Beth yw hynny mewn °F?

  b) Ad-drefnwch y fformiwla i ddarganfod C yn nhermau F.

7 Ad-drefnwch y fformiwla $C = \dfrac{\pi r^2 u}{3}$ i wneud r yn destun.

8 a) Gwnewch a yn destun y fformiwla $v^2 = u^2 + 2as$.

  b) Gwnewch u yn destun y fformiwla $v^2 = u^2 + 2as$.

RYDYCH WEDI DYSGU

- **sut i greu fformiwlâu, sut i'w defnyddio a sut i amnewid mewn fformiwlâu**
- **er mwyn ad-drefnu fformiwla, y byddwch yn gwneud yr un peth i bob rhan o ddwy ochr y fformiwla nes cael y term angenrheidiol ar ei ben ei hun ar ochr chwith y fformiwla**

YMARFER CYMYSG 15

1 I drawsnewid tymereddau ar y raddfa Celsius (°C) i'r raddfa Fahrenheit (°F) gallwch ddefnyddio'r fformiwla: $F = 1.8C + 32$.

Cyfrifwch y tymheredd Fahrenheit pan fo'r tymheredd yn

  a) 40°C. **b)** 0°C. **c)** −5°C.

2 Mae cost tocyn plentyn ar fws yn hanner cost tocyn oedolyn plws 25c.
Darganfyddwch gost tocyn plentyn pan fo tocyn oedolyn yn £1.40.

3 I ddarganfod arwynebedd rhombws rydych yn lluosi hyd y ddwy groeslin â'i gilydd ac yna'n rhannu â 2.
Darganfyddwch arwynebedd rhombws sydd â hyd ei groesliniau yn

   a) 4 cm a 6 cm.   **b)** 5.4 cm ac 8 cm.

4 Mae cwmni bysiau Trelaw yn amcangyfrif yr amser ar gyfer ei deithiau bws lleol, mewn munudau, trwy ddefnyddio'r fformiwla $A = 1.2m + 2s$. Yma m yw nifer y milltiroedd
mewn taith ac s yw nifer y stopiau.

   a) $m = 5$ ac $s = 14$.   **b)** $m = 6.5$ ac $s = 20$.

5 Ad-drefnwch bob un o'r fformiwlâu hyn i wneud y llythyren yn y cromfachau yn destun.

   a) $p = q + 2r$ (q) **b)** $x = s + 5r$ (r)

   c) $m = \dfrac{pqr}{s}$ (r) **ch)** $A = t(x - 2y)$ (y)

6 Mae'r amser coginio, A o funudau, ar gyfer p kg o gig yn cael ei roi gan y fformiwla
   $A = 45p + 40$.

   a) Gwnewch p yn destun y fformiwla.

   b) Beth yw gwerth p pan fo'r amser coginio yn 2 awr 28 munud?

7 Mae arwynebedd triongl yn cael ei roi gan y fformiwla $A = s \times u \div 2$.
Yma s yw'r sail ac u yw'r uchder.

   a) Darganfyddwch hyd y sail pan fo $A = 12$ cm^2 ac $u = 6$ cm.

   b) Darganfyddwch yr uchder pan fo $A = 22$ cm^2 ac $s = 5.5$ cm.

8 Mae cost hysbyseb mewn papur lleol yn cael ei rhoi gan y fformiwla $C = 12 + \dfrac{g}{5}$.
Yma g yw nifer y geiriau yn yr hysbyseb.
Faint o eiriau y gallwch eu cael os ydych yn fodlon talu:

   a) £18?   **b)** £24?

Dilyniannau

Edrychwch ar y rhestr hon o rifau: 1, 2, 3, 4, 5, 6, ...

Mae'r patrwm yn parhau a dylech wybod mai 7 yw'r rhif nesaf, ac wedyn 8, oherwydd y rhain yw'r **rhifau cyfrif**.

Nawr edrychwch ar y rhestr hon o rifau: 2, 4, 6, 8, 10, 12, ...

Y rhif nesaf yw 14, ac wedyn 16, oherwydd bod y gwahaniaeth rhwng y rhifau yn 2 bob tro. Y rhain yw'r **eilrifau**.

Mae gan y rhestr 1, 3, 5, 7, 9, 11, ... wahaniaeth o 2 rhwng pob rhif hefyd. Y rhain yw'r **odrifau**.

Mewn rhestr arall, 1, 4, 9, 16, 25, 36, ... , nid yw'r gwahaniaeth rhwng y rhifau yr un faint bob tro ond mae yma batrwm serch hynny. Y rhain yw'r **rhifau sgwâr**.

Yr enw ar unrhyw restr o rifau sydd â phatrwm yn cysylltu'r rhifau yw **dilyniant**.

Rheolau term-i-derm

Yn y rhestr hon o rifau: 3, 8, 13, 18, 23, 28, ... , y rhif nesaf yw 33, ac wedyn 38, oherwydd eu bod yn cynyddu 5 bob tro.

Yr enw ar rif sy'n rhan o ddilyniant yw **term** ac mae'r patrwm sy'n cysylltu'r rhifau yn cael ei alw'n **rheol term-i-derm**. Mae dilyniannau sy'n ymwneud ag adio neu dynnu yr un rhif bob tro yn cael eu galw'n ddilyniannau **llinol**.

I gynhyrchu dilyniant o wybod y rheol term-i-derm, mae angen rhif cychwyn, sef y term cyntaf.

ENGHRAIFFT 16.1

Darganfyddwch bedwar term cyntaf pob un o'r dilyniannau hyn.

a) Term cyntaf 5, rheol term-i-derm Adio 3

b) Term cyntaf 20, rheol term-i-derm Tynnu 2

c) Term cyntaf 1, rheol term-i-derm Adio 10

Datrysiad

a) Y term cyntaf yw 5.
Yr ail derm yw $5 + 3 = 8$.
Y trydydd term yw $8 + 3 = 11$.
Y pedwerydd term yw $11 + 3 = 14$.
Felly, pedwar term cyntaf y dilyniant yw $5, 8, 11, 14$.

b) $20, 18, 16, 14$

c) $1, 11, 21, 31$

ENGHRAIFFT 16.2

Ysgrifennwch y term nesaf ym mhob un o'r dilyniannau hyn a rhowch y rheol term-i-derm.

a) $1, 4, 7, 10, 13, 16, \ldots$ **b)** $2, 7, 12, 17, 22, 27, \ldots$

c) $3, 7, 11, 15, 19, 23, \ldots$ **ch)** $47, 43, 39, 35, 31, 27, \ldots$

Datrysiad

a) 19   Mae'r rhifau'n cynyddu 3 bob tro (neu +3).

b) 32   Mae'r rhifau'n cynyddu 5 bob tro (neu +5).

c) 27   Mae'r rhifau'n cynyddu 4 bob tro (neu +4).

ch) 23   Mae'r rhifau'n lleihau 4 bob tro (neu −4).

Yn y dilyniannau yn Enghraifft 16.3 mae rhai o'r rhifau ar goll. Mae'n bosibl cyfrifo'r rhain trwy edrych ar y rhifau sydd yn y dilyniant ac wedyn darganfod y rheol term-i-derm.

ENGHRAIFFT 16.3

Darganfyddwch y rhifau coll ym mhob un o'r dilyniannau hyn a rhowch y rheol term-i-derm.

a) $10, 17, \ldots, \ldots, 38, 45$ **b)** $35, \ldots, 23, 17, \ldots, 5$ **c)** $\ldots, 15, \ldots, 23, 27, 31$

a) 24 a 31   Mae'r rhifau'n cynyddu 7 bob tro (neu +7).

b) 29 ac 11   Mae'r rhifau'n lleihau 6 bob tro (neu −6).

c) 11 ac 19   Mae'r rhifau'n cynyddu 4 bob tro (neu +4).

⊙ YMARFER 16.1

1 Darganfyddwch bum term cyntaf pob un o'r dilyniannau hyn.

    a)   Term cyntaf 1, rheol term-i-derm Adio 4

    b)   Term cyntaf −4, rheol term-i-derm Adio 3

    c)   Term cyntaf 21, rheol term-i-derm Tynnu 3

    ch) Term cyntaf 5, rheol term-i-derm Adio 5

    d)   Term cyntaf 100, rheol term-i-derm Tynnu 40

    dd) Term cyntaf 1, rheol term-i-derm Adio $\frac{1}{2}$

2 Ysgrifennwch y ddau derm nesaf ym mhob un o'r dilyniannau hyn a rhowch y rheol term-i-derm.

    a)   1, 5, 9, 13, 17, 21, …   b)   3, 9, 15, 21, 27, 33, …

    c)   5, 12, 19, 26, 33, 40, …   ch) 7, 10, 13, 16, 19, 22, …

    d)   8, 13, 18, 23, 28, 33, …   dd) 23, 32, 41, 50, 59, 68, …

3 Ysgrifennwch y ddau derm nesaf ym mhob un o'r dilyniannau hyn a rhowch y rheol term-i-derm.

    a)   19, 17, 15, 13, 11, 9, …   b)   33, 29, 25, 21, 17, 13, …

    c)   45, 39, 33, 27, 21, 15, …   ch) 28, 24, 20, 16, 12, 8, …

    d)   23, 19, 15, 11, 7, 3, …   dd) 28, 23, 18, 13, 8, 3, …

4 Darganfyddwch y rhifau coll ym mhob un o'r dilyniannau hyn a rhowch y rheol term-i-derm.

    a)   1, 8, … , 22, 29, …   b)   11, … , 23, 29, … , 41

    c)   76, … , 54, 43, 32, … , 10   ch) … , 57, 48, 39, … , 21

    d)   6, 14, … , … , 38, 46   dd) 23, … , 13, 8, 3, …

Dilyniannau o ddiagramau

Mae cyfres o ddiagramau'n gallu ffurfio dilyniant hefyd.

ENGHRAIFFT 16.4

Lluniadwch y diagram nesaf ym mhob un o'r dilyniannau hyn.
I bob dilyniant, cyfrwch y dotiau ym mhob diagram a
darganfyddwch y rheol term-i-derm.

a)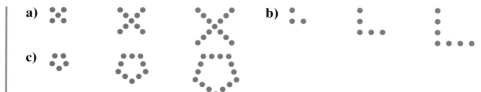

b)

c)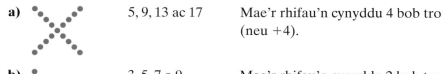

Datrysiad

a) 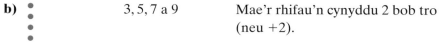   5, 9, 13 ac 17   Mae'r rhifau'n cynyddu 4 bob tro (neu +4).

b)   3, 5, 7 a 9   Mae'r rhifau'n cynyddu 2 bob tro (neu +2).

c)   5, 10, 15 a 20   Mae'r rhifau'n cynyddu 5 bob tro (neu +5).

◉ YMARFER 16.2

1 Lluniadwch y diagram nesaf ym mhob un o'r dilyniannau hyn.
I bob dilyniant, cyfrwch y dotiau ym mhob diagram a darganfyddwch y rheol term-i-derm.

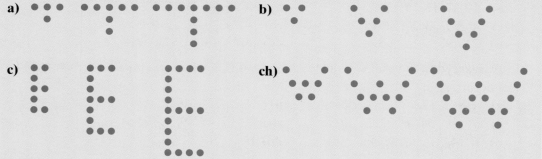

a)   **b)**

c)   **ch)**

2 Lluniadwch y diagram nesaf ym mhob un o'r dilyniannau hyn.
I bob dilyniant, cyfrwch y llinellau ym mhob diagram a darganfyddwch y rheol term-i-derm.

a)   **b)**

c)   **ch)**

Lluniadwch ddilyniant o ddiagramau o'ch dewis chi.
Cyfnewidiwch eich dilyniant chi â phartner a darganfyddwch reol term-i-derm dilyniant eich partner.

Rheolau safle-i-derm

Mae rheolau term-i-derm yn ddefnyddiol os ydym am ddarganfod y rhif nesaf mewn dilyniant, ond nid yw'r rheolau mor ddefnyddiol pan fyddwn eisiau gwybod beth yw term sydd ymhell i mewn i'r dilyniant. Gallwn wneud hyn yn haws os oes gennym fformiwla sy'n rhoi gwerth term o wybod ei safle, er enghraifft, y 98fed term.

Yr enw ar fformiwla o'r fath yw **rheol safle-i-derm**. Fel arfer mae'n cael ei mynegi ar gyfer yr $n$fed term, er enghraifft, yr $n$fed term $= 3n + 1$.

ENGHRAIFFT 16.5

I bob un o'r dilyniannau hyn, ysgrifennwch y pedwar term cyntaf a'r 98fed term.

a) $n$fed term $= 3n + 2$

b) $n$fed term $= 2n - 1$

c) $n$fed term $= 5n + 6$

Datrysiad

a) I gael y term cyntaf, $n = 1$. $3n + 2 = 3 \times 1 + 2 = 5$
I gael yr ail derm, $n = 2$. $3n + 2 = 3 \times 2 + 2 = 8$
I gael y trydydd term, $n = 3$. $3n + 2 = 3 \times 3 + 2 = 11$
I gael y pedwerydd term, $n = 4$. $3n + 2 = 3 \times 4 + 2 = 14$
I gael y 98fed term, $n = 98$. $3n + 2 = 3 \times 98 + 2 = 296$

b) Pan fo $n = 1$ $2n - 1 = 2 \times 1 - 1 = 1$
Pan fo $n = 2$ $2n - 1 = 2 \times 2 - 1 = 3$
Pan fo $n = 3$ $2n - 1 = 2 \times 3 - 1 = 5$
Pan fo $n = 4$ $2n - 1 = 2 \times 4 - 1 = 7$
Pan fo $n = 98$ $2n - 1 = 2 \times 98 - 1 = 195$
Yr odrifau yw'r rhain.

c) Pan fo $n = 1$ $5n + 6 = 5 \times 1 + 6 = 11$
Pan fo $n = 2$ $5n + 6 = 5 \times 2 + 6 = 16$
Pan fo $n = 3$ $5n + 6 = 5 \times 3 + 6 = 21$
Pan fo $n = 4$ $5n + 6 = 5 \times 4 + 6 = 26$
Pan fo $n = 98$ $5n + 6 = 5 \times 98 + 6 = 496$

1 Ysgrifennwch bum term cyntaf y dilyniannau sydd â'r *n*fed term canlynol.

a) $4n + 7$ **b)** $8n + 5$ **c)** $7n + 5$

ch) $3n - 1$ **d)** $5n + 8$ **dd)** $9n + 7$

2 Darganfyddwch 200fed term y dilyniannau sydd â'r *n*fed term canlynol.

a) $3n + 3$ **b)** $4n - 1$ **c)** $11n - 6$

ch) $6n + 2$ **d)** $12n + 13$ **dd)** $9n - 5$

RYDYCH WEDI DYSGU

- mai'r enw ar restr o rifau sydd â phatrwm yw dilyniant
- sut i ddefnyddio'r rheol term-i-derm i symud o unrhyw derm mewn dilyniant i'r term nesaf yn y dilyniant
- bod y rheol term-i-derm ar gyfer dilyniant llinol fel $\pm A$, lle mae A yn cynrychioli'r gwahaniaeth rhwng un term a'r nesaf
- sut i ddefnyddio'r rheol safle-i-derm i ddarganfod gwerth unrhyw derm mewn dilyniant o wybod ei safle yn y dilyniant

---

1 Darganfyddwch bum term cyntaf pob un o'r dilyniannau hyn.
   a) Term cyntaf 1, rheol term-i-derm Adio 5
   b) Term cyntaf 50, rheol term-i-derm Tynnu 4
   c) Term cyntaf -6, rheol term-i-derm Adio 2

2 Ysgrifennwch y term nesaf ym mhob un o'r dilyniannau hyn a rhowch y rheol term-i-derm.
   a) $2, 6, 10, 14, 18, 22, \ldots$
   b) $3, 11, 19, 27, 35, 43, \ldots$
   c) $4, 9, 14, 19, 24, 29, \ldots$

3 Ysgrifennwch y ddau derm nesaf ym mhob un o'r dilyniannau hyn a rhowch y rheol term-i-derm.
   a) $33, 29, 25, 21, 17, 13, \ldots$
   b) $23, 20, 17, 14, 11, 8, \ldots$
   c) $76, 63, 50, 37, 24, 11, \ldots$

4 Darganfyddwch y rhifau coll ym mhob un o'r dilyniannau hyn a rhowch y rheol term-i-derm.

    a) 7, 12, 17, … , … , 32, …

    b) 25, … , 19, 16, … , 10, …

    c) 4, 15, … , … , 48, 59, …

5 Lluniadwch y patrwm nesaf ym mhob un o'r dilyniannau hyn.
I bob dilyniant, cyfrwch y dotiau ym mhob patrwm a darganfyddwch y rheol term-i-derm.

    a)   **b)**

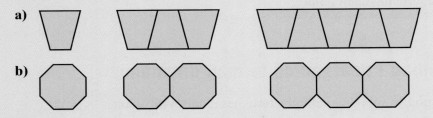

6 Lluniadwch y patrwm nesaf ym mhob un o'r dilyniannau hyn.
I bob dilyniant, cyfrwch y llinellau ym mhob patrwm a darganfyddwch y rheol term-i-derm.

    a)

    b)

7 **a)** Darganfyddwch bedwar term cyntaf a 150fed term y dilyniant sydd â'i $n$fed term yn $4n + 1$.

    b) Darganfyddwch bedwar term cyntaf a 78fed term y dilyniant sydd â'i $n$fed term yn $9n - 5$.

    c) Darganfyddwch bedwar term cyntaf a 92fed term y dilyniant sydd â'i $n$fed term yn $8n + 2$.

17 → DILYNIANNAU 2

YN Y BENNOD HON

- **Defnyddio rheolau i ddarganfod termau dilyniannau**
- **Gweld patrymau mewn dilyniannau**
- **Egluro sut y gwnaethoch ddarganfod term arall mewn dilyniant**
- **Adnabod dilyniannau o gyfanrifau cyffredin, er enghraifft rhifau sgwâr neu rifau trionglog**
- **Darganfod _n_fed term dilyniant llinol**

DYLECH WYBOD YN BAROD

- **sut i ddarganfod termau dilyniannau syml gan ddefnyddio rheolau term-i-derm a safle-i-derm**

Defnyddio rheolau i ddarganfod termau dilyniannau

Gwelsom ym Mhennod 16 sut i ddarganfod y **term** nesaf mewn **dilyniant**.

Er enghraifft, yn y dilyniant 3, 8, 13, 18, 23, 28, ... , byddwn yn darganfod y term nesaf trwy adio 5.

Rheol **term-i-derm** yw'r enw ar hyn.

Dysgoch hefyd sut i ddarganfod term o wybod ei **safle** yn y dilyniant gan ddefnyddio rheol **safle-i-derm**.

Er enghraifft, yn y dilyniant 3, 8, 13, 18, 23, 28, ... , mae cymryd rhif y safle (n), ei luosi â 5 ac yna tynnu 2 yn rhoi'r term.

Mae rheol term-i-derm a rheol safle-i-derm unrhyw ddilyniant yn gallu cael eu mynegi ar ffurf fformiwlâu gan ddefnyddio'r nodiant canlynol.

Mae T_1 yn cynrychioli term cyntaf y dilyniant.
Mae T_2 yn cynrychioli ail derm y dilyniant.
Mae T_3 yn cynrychioli trydydd term y dilyniant.
ac yn y blaen.

Mae T_n yn cynrychioli $n$fed term y dilyniant.

Mae Mari'n gwneud patrymau coesau matsys. Dyma ei thri phatrwm cyntaf.

I gael y patrwm nesaf o'r patrwm blaenorol, mae Mari'n ychwanegu tair coes matsen arall i gwblhau sgwâr arall.

Mae hi'n gwneud y tabl hwn.

Patrwm	1	2	3
Nifer y coesau matsys	4	7	10

a) Darganfyddwch y rheol term-i-derm.

b) Yr $n$fed term yn y dilyniant yw $3n + 1$.
Gwiriwch mai'r tri therm cyntaf yw 4, 7 a 10.
Beth yw'r 4ydd term?

Datrysiad

a) Yn gyntaf darganfyddwch y rheol mewn geiriau.

Y term cyntaf yw 4.   Rhaid nodi gwerth y term cyntaf bob tro
I gael y term nesaf, adiwch 3.   wrth roi rheol term-i-derm.

Wedyn ysgrifennwch y rheol gan ddefnyddio'r nodiant.

$T_1 = 4$
$T_{n+1} = T_n + 3$ Adiwch 3 at bob term i gael yr un nesaf.
                       Er enghraifft, $T_4 = T_3 + 3$
                                      $= 10 + 3 = 13$

b) $n$fed term $= 3n + 1$
       Term cyntaf $= 3(1) + 1 = 4$ ✓
         Ail derm $= 3(2) + 1 = 7$ ✓
     Trydydd term $= 3(3) + 1 = 10$ ✓
   Pedwerydd term $= 3(4) + 1 = 13$

Mewn dilyniant mae $T_1 = 10$ a $T_{n+1} = T_n - 4$.
Darganfyddwch bedwar term cyntaf y dilyniant

Datrysiad

$T_1 = 10$ $T_2 = T_1 - 4$ $T_3 = T_2 - 4$ $T_4 = T_3 - 4$
                  $= 10 - 4$ $= 6 - 4$ $= 2 - 4$
                  $= 6$ $= 2$ $= -2$

Y pedwar term cyntaf yw 10, 6, 2 a -2.

Mae rheol safle-i-derm yn ddefnyddiol iawn os oes angen darganfod term sydd ymhell i mewn i'r dilyniant, fel y 100fed term. Mae'n golygu y gallwn ei defnyddio ar unwaith heb orfod darganfod y 99 term blaenorol fel y byddai'n rhaid ei wneud o ddefnyddio rheol term-i-derm.

ENGHRAIFFT 17.3

Yr $n$fed term mewn dilyniant yw $5n + 1$.

a) Darganfyddwch bedwar term cyntaf y dilyniant.

b) Darganfyddwch 100fed term y dilyniant.

Datrysiad

a) $T_1 = 5 \times 1 + 1$ $\quad$ $T_2 = 5 \times 2 + 1$ $\quad$ $T_3 = 5 \times 3 + 1$ $\quad$ $T_4 = 5 \times 4 + 1$
$\quad\quad = 6$ $\quad\quad\quad\quad\quad = 11$ $\quad\quad\quad\quad\quad = 16$ $\quad\quad\quad\quad\quad = 21$

Y pedwar term cyntaf yw 6, 11, 16 a 21.

b) $T_{100} = 5 \times 100 + 1$
$\quad\quad = 501$

YMARFER 17.1

1 Edrychwch ar y dilyniant hwn o gylchoedd.

Mae'r pedwar patrwm cyntaf yn y dilyniant wedi cael eu lluniadu.

a) Disgrifiwch reol safle-i-derm y dilyniant hwn.

b) Faint o gylchoedd fydd yn y 100fed patrwm?

2 Edrychwch ar y dilyniant hwn o batrymau coesau matsys.

a) Copïwch a chwblhewch y tabl.

Rhif y patrwm	1	2	3	4	5
Nifer y coesau matsys					

b) Pa batrymau y gallwch eu gweld yn y niferoedd?

c) Darganfyddwch nifer y coesau matsys yn y 50fed patrwm.

3 Dyma ddilyniant o batrymau sêr.

a) Lluniadwch y patrwm nesaf yn y dilyniant.

b) Heb luniadu'r patrwm, darganfyddwch nifer y sêr yn yr 8fed patrwm.
Eglurwch sut y cawsoch eich ateb.

4 Mae'r rhifau mewn dilyniant yn cael eu rhoi gan y rheol 'Lluosi rhif y safle â 3, yna tynnu 5'.

a) Dangoswch mai term cyntaf y dilyniant yw -2.

b) Darganfyddwch y pedwar term nesaf yn y dilyniant.

5 Darganfyddwch bedwar term cyntaf y dilyniannau sydd â'r canlynol yn $n$fed term.

a) $6n - 2$ b) $4n + 1$ c) $6 - 2n$

6 Darganfyddwch 5 term cyntaf y dilyniannau sydd â'r canlynol yn $n$fed term.

a) n^2 b) $n^2 + 2$ c) n^3

7 Term cyntaf dilyniant yw 2.
Y rheol gyffredinol ar gyfer y dilyniant yw 'Lluosi term â 2 i gael y term nesaf'.
Ysgrifennwch bum term cyntaf y dilyniant.

8 Mewn dilyniant mae $T_1 = 5$ a $T_{n+1} = T_n - 3$.
Ysgrifennwch bedwar term cyntaf y dilyniant.

9 Lluniadwch batrymau addas i gynrychioli'r dilyniant hwn.

$1, 5, 9, 13, \ldots$

10 Lluniadwch batrymau addas i gynrychioli'r dilyniant hwn.

$1, 4, 9, 16, \ldots$

Her 17.1

Lluniadwch dri phatrwm cyntaf dilyniant coesau matsys neu ddilyniant dotiau.

Ar gefn y papur, ysgrifennwch sut y byddech yn parhau â'r patrwm.
ysgrifennwch hefyd nifer y coesau matsys neu ddotiau sydd ym mhob patrwm.

Rhowch y tri phatrwm cyntaf i rywun arall i gael gweld a ydyn nhw'n gallu parhau â'ch dilyniant chi.

Rhowch dri rhif cyntaf eich dilyniant i rywun gwahanol i gael gweld a ydyn nhw'n gallu parhau â'ch dilyniant chi.

Darganfod $n$fed term dilyniant llinol

Edrychwch ar y dilyniant llinol hwn.

$$4 \quad 9 \quad 14 \quad 19 \quad 24 \quad \ldots$$
$$\quad +5 \quad +5 \quad +5 \quad +5$$

I fynd o un term i'r term nesaf, byddwn yn adio 5 bob tro. Ffordd arall o ddweud hyn yw fod **gwahaniaeth cyffredin** rhwng y termau, sef 5.

Yr enw ar ddilyniant fel hwn, sydd â gwahaniaeth cyffredin, yw **dilyniant llinol**.

Os plotiwn dermau dilyniant llinol ar graff, cawn linell syth.

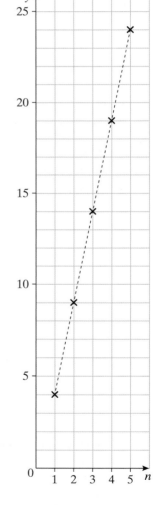

Term (n)	1	2	3	4	5
Gwerth (y)	4	9	14	19	24

Gan fod 5 yn cael ei adio bob tro,

$$T_2 = T_1 + 5$$
$$\quad = 4 + 5$$
$$T_3 = 4 + 5 \times 2$$
$$T_4 = 4 + 5 \times 3, \text{ ac ati.}$$

Felly $\quad T_n = 4 + 5(n - 1)$
$$\quad = 5n - 1$$

Yr $n$fed term yn y dilyniant hwn yw $5n - 1$.

Nawr edrychwch ar rai o'r dilyniannau llinol eraill a welsoch hyd yma yn y bennod hon.

Dilyniant	Gwahaniaeth cyffredin	Term cyntaf − Gwahaniaeth cyffredin	$n$fed term
4, 7, 10, 13, …	3	$4 - 3 = 1$	$3n + 1$
6, 11, 16, 21, …	5	$6 - 5 = 1$	$5n + 1$
10, 6, 4, −2, …	−4	$10 - (-4) = 14$	$-4n + 14$
2, 4, 6, 8, …	2	$2 - 2 = 0$	$2n$
4, 10, 16, 22, …	6	$4 - 6 = -2$	$6n - 2$

O edrych ar y patrymau yn y tabl, gallwn weld tystiolaeth ar gyfer y fformiwla isod.

$n$fed term dilyniant llinol = gwahaniaeth cyffredin $\times n +$ (term cyntaf − gwahaniaeth cyffredin)

Gallwn ysgrifennu hyn fel

$$n\text{fed term} = An + b$$

lle mae A yn cynrychioli'r gwahaniaeth cyffredin a b yw'r term cyntaf tynnu A.

Gallwn ddarganfod b hefyd trwy gymharu An ag unrhyw derm yn y dilyniant.

ENGHRAIFFT 17.4

Darganfyddwch $n$fed term y dilyniant hwn: $4, 7, 10, 13, \ldots$.

Datrysiad

4   7   10   13   …
  +3   +3   +3

Y gwahaniaeth cyffredin (A) yw 3, felly mae'r fformiwla'n cynnwys $3n$.

Pan fo $n = 1$, mae $3n = 3$. Y term cyntaf yw 4, sydd 1 yn fwy.
Felly yr $n$fed term yw $3n + 1$.

Gallwch wirio'r ateb trwy ddefnyddio term gwahanol.

Pan fo $n = 2$, mae $3n = 6$. Yr ail derm yw 7, sydd 1 yn fwy.
Mae hyn yn cadarnhau mai'r $n$fed term yw $3n + 1$.

Gallwn ddefnyddio dilyniannau a rheolau safle-i-derm i ddatrys problemau.

ENGHRAIFFT 17.5

Mae gan Lisa 10 cryno ddisg. Mae hi'n penderfynu prynu 3 chryno ddisg ychwanegol bob mis.

a) Copïwch a chwblhewch y tabl i ddangos nifer y cryno ddisgiau sydd gan Lisa ar ôl pob un o'r pedwar mis cyntaf.

Nifer y misoedd	1	2	3	4
Nifer y cryno ddisgiau				

b) Darganfyddwch y fformiwla ar gyfer nifer y cryno ddisgiau fydd ganddi ar ôl n o fisoedd.

c) Ar ôl faint o fisoedd y bydd gan Lisa 58 cryno ddisg?

Datrysiad

a)

Nifer y misoedd	1	2	3	4
Nifer y cryno ddisgiau	13	16	19	22

b) $n$fed term $= An + b$

$A = 3$ A yw'r gwahaniaeth cyffredin.

$b = 10$ b yw'r term cyntaf tynnu'r gwahaniaeth cyffredin.

$n$fed term $= 3n + 10$

c) $3n + 10 = 58$ Datryswch yr hafaliad i ddarganfod n pan fo'r $n$fed term yn 58.

$ 3n = 48$

$ n = 16$

Bydd gan Lisa 58 cryno ddisg ar ôl 16 mis.

Rhai dilyniannau arbennig

Rydym wedi gweld rhai dilyniannau arbennig yn barod yn yr enghreifftiau ac yn Ymarfer 17.1.

Sylwi 17.1

Edrychwch ar y dilyniannau hyn.

Eilrifau	$2, 4, 6, 8, \ldots$
Odrifau	$1, 3, 5, 7, \ldots$
Lluosrifau	$4, 8, 12, 16, \ldots$
Pwerau 2	$2, 4, 8, 16, \ldots$
Rhifau sgwâr	$1, 4, 9, 16, \ldots$
Rhifau trionglog	$1, 3, 6, 10, \ldots$

Chwiliwch am batrymau gwahanol ym mhob un o'r dilyniannau.

a) Disgrifiwch y rheol term-i-derm.

b) Disgrifiwch y rheol safle-i-derm.

Ar gyfer rhifau trionglog gallai fod yn ddefnyddiol edrych ar y diagram hwn.

1 Darganfyddwch yr $n$fed term ym mhob un o'r dilyniannau hyn.

   a) 5, 7, 9, 11, 13, ...   **b)** 2, 5, 8, 11, 14, ...   **c)** 7, 8, 9, 10, 11, ...

2 Darganfyddwch yr $n$fed term ym mhob un o'r dilyniannau hyn.

   a) 17, 14, 11, 8, 5, ...   **b)** 5, 0, −5, −10, −15, ...   **c)** 0, −1, −2, −3, −4, ...

3 Pa rai o'r dilyniannau hyn sy'n llinol?
Darganfyddwch y ddau derm nesaf ym mhob un o'r dilyniannau llinol.

   a) 5, 8, 11, 14, ...   **b)** 2, 4, 7, 11, ...   **c)** 6, 12, 18, 24, ...   **ch)** 2, 6, 18, 54, ...

4 **a)** Ysgrifennwch bum term cyntaf y dilyniant sydd â'i $n$fed term yn $12 - 6n$.

   b) Ysgrifennwch $n$fed term y dilyniant hwn: 8, 2, −4, −10, −16, ...

5 Mae asiantaeth theatr yn codi £15 y tocyn, plws tâl archebu cyffredinol o £2.

   a) Copïwch a chwblhewch y tabl.

Nifer y tocynnau	1	2	3	4
Cost mewn £				

   b) Ysgrifennwch fynegiad ar gyfer y gost, mewn punnoedd, o gael n tocyn.

   c) Mae Gwyneth yn talu £107 am ei thocynnau. Faint o docynnau y mae hi'n eu prynu?

6 Ysgrifennwch y deg rhif trionglog cyntaf.

7 Yr $n$fed rhif trionglog yw $\dfrac{n(n + 1)}{2}$. Darganfyddwch yr 20fed rhif trionglog.

8 Yr $n$fed term mewn dilyniant yw 10^n.

   a) Ysgrifennwch bum term cyntaf y dilyniant hwn.

   b) Disgrifiwch y dilyniant hwn.

9 **a)** Ysgrifennwch y pum rhif sgwâr cyntaf.

   b) **(i)** Cymharwch y dilyniant isod â dilyniant y rhifau sgwâr.

            4, 7, 12, 19, 28, ...

     (ii) Ysgrifennwch $n$fed term y dilyniant hwn.

     (iii) Darganfyddwch 100fed term y dilyniant hwn.

10 **a)** Cymharwch y dilyniant isod â dilyniant y rhifau sgwâr.

          3, 12, 27, 48, 75, ...

   b) Ysgrifennwch $n$fed term y dilyniant hwn.

   c) Darganfyddwch 20fed term y dilyniant hwn.

Her 17.2

Gweithiwch mewn parau.

Rydych yn mynd i ddefnyddio taenlenni i archwilio dilyniannau. Peidiwch â gadael i'ch partner eich gweld yn teipio eich fformiwla, na gweld eich fformiwla ar sgrin y cyfrifiadur: cliciwch ar Gweld *(View)* yn y bar offer a gwirio nad oes tic gyferbyn â Bar Fformiwla *(Formula Bar)*.

1 Agorwch daenlen newydd.

2 Rhowch y rhif 1 yng nghell A1.
   Dewiswch gell A1, daliwch fotwm y llygoden i lawr a llusgo i lawr y golofn. Yna cliciwch ar Golygu *(Edit)* yn y bar offer a dewis Llenwi *(Fill)*, yna Cyfres *(Series)* i alw am y blwch deialog Cyfres *(Series)*. Gwnewch yn siŵr bod ticiau yn y blychau Colofnau a Rhesi *(Columns* a *Linear)* ac mai Gwerth y cam *(Step)* yw 1. Cliciwch *OK*.

3 Rhowch fformiwla yng nghell B1. Er enghraifft **=A1*3+5**. Gwasgwch ENTER.
   Cliciwch ar gell B1, cliciwch ar Golygu *(Edit)* yn y bar offer a dewis Copïo *(Copy)*.
   Cliciwch ar gell B2, daliwch fotwm y llygoden i lawr a llusgo i lawr y golofn. Yna cliciwch ar Golygu *(Edit)* yn y bar offer a dewis Gludo *(Paste)*.

4 Gofynnwch i'ch partner geisio darganfod y fformiwla a chynhyrchu'r un dilyniant yng ngholofn C.

Os oes amser gennych, gallech archwilio rhai dilyniannau aflinol hefyd. Er enghraifft, teipiwch y fformiwla **=A1^2+A1**.

RYDYCH WEDI DYSGU

- bod dilyniannau yn gallu cael eu disgrifio gan restr o rifau, diagramau mewn patrwm, rheol term-i-derm (er enghraifft, $T_{n+1} = T_n + 3$ pan fo $T_1 = 4$) neu reol safle-i-derm (er enghraifft, *n*fed term $= 3n + 1$ neu $T_n = 3n + 1$)
- bod *n*fed term dilyniant llinol $= An + b$, os A yw'r gwahaniaeth cyffredin a b yw'r term cyntaf tynnu A
- y dilyniannau pwysig canlynol:

Enw	Dilyniant	*n*fed term	Rheol term-i-derm
Eilrifau	$2, 4, 6, 8, \ldots$	$2n$	Adio 2
Odrifau	$1, 3, 5, 7, \ldots$	$2n - 1$	Adio 2
Lluosrifau e.e. lluosrifau 6	$6, 12, 18, 24, \ldots$	$6n$	Adio 6
Pwerau 2	$2, 4, 8, 16, \ldots$	2^n	Lluosi â 2
Rhifau sgwâr	$1, 4, 9, 16, \ldots$	n^2	Adio 3, yna 5, yna 7, ac ati (yr odrifau)
Rhifau trionglog	$1, 3, 6, 10, \ldots$	$\dfrac{n(n + 1)}{2}$	Adio 2, yna 3, yna 4, ac ati (cyfanrifau dilynol)

1 Edrychwch ar y dilyniant hwn o gylchoedd. Mae'r pedwar patrwm cyntaf yn y dilyniant wedi cael eu lluniadu.

a) Faint o gylchoedd sydd yn y 100fed patrwm?

b) Disgrifiwch reol ar gyfer y dilyniant hwn.

2 Dyma ddilyniant o batrymau sêr.

a) Lluniadwch y patrwm nesaf yn y dilyniant.

b) Heb luniadu'r patrwm, darganfyddwch nifer y sêr yn yr 8fed patrwm. Eglurwch sut y cawsoch eich ateb.

3 Mae'r rhifau mewn dilyniant yn cael eu rhoi gan y rheol, 'Lluosi rhif y safle â 6, yna tynnu 2'.

a) Dangoswch mai term cyntaf y dilyniant yw 4.

b) Darganfyddwch y pedwar term nesaf yn y dilyniant.

4 Darganfyddwch bedwar term cyntaf y dilyniannau sydd â'r canlynol yn $n$fed term.

a) $5n + 2$ **b)** $n^2 + 1$ **c)** $90 - 2n$

5 Term cyntaf dilyniant yw 4.
Y rheol gyffredinol ar gyfer y dilyniant yw 'Lluosi term â 2 i gael y term nesaf'.
Ysgrifennwch bum term cyntaf y dilyniant hwn.

6 Darganfyddwch yr $n$fed term ym mhob un o'r dilyniannau hyn.

a) $5, 8, 11, 14, 17, \ldots$ **b)** $1, 7, 13, 19, 25, \ldots$ **c)** $2, -3, -8, -13, -18, \ldots$

7 Pa rai o'r dilyniannau hyn sy'n llinol?
Darganfyddwch y ddau derm nesaf ym mhob un o'r dilyniannau llinol.

a) $4, 9, 14, 19, \ldots$ **b)** $3, 6, 10, 15, \ldots$ **c)** $5, 10, 20, 40, \ldots$ **ch)** $12, 6, 0, -6, \ldots$

8 Yr $n$fed term mewn dilyniant yw 3^n.

a) Ysgrifennwch bum term cyntaf y dilyniant hwn.

b) Disgrifiwch y dilyniant hwn.

9 Lluniadwch ddiagramau addas i ddangos y pum rhif trionglog cyntaf.
Ysgrifennwch y rhifau trionglog dan eich diagramau.

10 **a)** Ysgrifennwch bum term cyntaf y dilyniant sydd â'i $n$fed term yn n^2.

b) Trwy hynny, darganfyddwch $n$fed term y dilyniant isod.

$5, 8, 13, 20, 29, \ldots$

18 → CYFESURYNNAU

YN Y BENNOD HON

- Darllen cyfesurynnau
- Plotio cyfesurynnau
- Cwblhau siapiau geometrig
- Hafaliadau llinellau syth
- Plotio llinellau syth o'u hafaliadau

DYLECH WYBOD YN BAROD

- beth yw priodweddau trionglau a phedrochrau arbennig
- sut i roi rhifau positif a negatif yn lle llythrennau (amnewid) mewn fformiwlâu syml

Cyfesurynnau

Byddwn yn galw'r llinellau sydd ar waelod ac ochr chwith y grid hwn yn **echelinau**.

Yr enw ar y llinell waelod yw **echelin x**.
Yr enw ar y llinell ar y chwith yw **echelin y**.

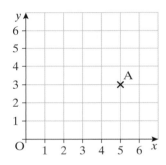

> **AWGRYM**
>
> Sylwch mai'r llinellau sydd wedi'u rhifo, nid y bylchau rhyngddynt.

Cyfesurynnau yw pâr o rifau sy'n nodi beth yw safle unrhyw bwynt.

Cyfesurynnau'r pwynt A yw $(5, 3)$.

5 yw'r pellter ar draws y grid. Hwn yw'r **cyfesuryn x**.
3 yw'r pellter i fyny'r grid. Hwn yw'r **cyfesuryn y**.

Tarddbwynt yw'r enw ar y pwynt sydd â'r cyfesurynnau $(0, 0)$.
Byddwn yn aml yn defnyddio'r llythyren O i nodi'r tarddbwynt.

> **AWGRYM**
>
> Y cyfesuryn 'ar draws' sy'n dod gyntaf bob tro.
> Un ffordd i gofio hyn yw meddwl am awyren.
> Mae hi bob amser yn mynd ar hyd y rhedfa cyn codi i'r awyr.
>
> ar draws ⟶ cyn codi ↑

Dyma fap o bentref ar grid.

a) Ysgrifennwch gyfesurynnau neuadd y pentref, yr ysgol a'r groesffordd.

b) Beth sydd yn y pwynt $(9, 6)$?

c) Pa ddau beth sydd â'r un cyfesuryn y?

ch) Pa ddau beth sydd â'r un cyfesuryn x?

d) Beth yw cyfesurynnau corneli'r cae pêl-droed?

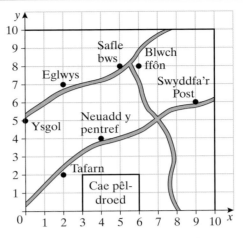

YMARFER 18.1

1 Ysgrifennwch gyfesurynnau'r pwyntiau A, B, C, Ch, D, Dd, E, F, Ff ac G.

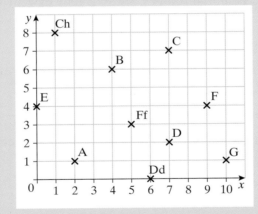

2 Ar grid, lluniadwch echelinau x ac y o 0 i 8.
Plotiwch y pwyntiau hyn a'u labelu.

A(5, 2)   B(7, 6)   C(3, 4)   D(7, 0)   E(0, 2)

Her 18.1

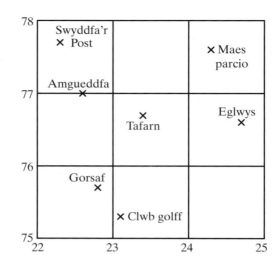

Wrth ddarllen map, byddwn yn defnyddio cyfeirnodau chwe ffigur. Math o gyfesurynnau yw cyfeirnodau map. Ar gyfer pob cyfesuryn rhaid amcangyfrif sawl degfed o uned yw'r pwynt i'r dde neu uwchben y rhif sydd wedi'i nodi ar y grid.

Felly, ar gyfer y dafarn sydd ar y map, mae'r cyfesuryn 'ar draws' rhwng 23 a 24.

Mae ei safle tua 4 degfed o'r pellter ar draws y sgwâr ac felly dywedwn mai'r cyfesuryn 'ar draws' yw 234.

Mae'r cyfesuryn 'i fyny' rhwng 76 a 77.

Mae ei safle tua 7 degfed o'r pellter i fyny'r sgwâr ac felly dywedwn mai'r cyfesuryn 'i fyny' yw 767.

Y cyfeirnod map chwe ffigur cyflawn ar gyfer y dafarn yw 234 767.

Sylwch nad oes cromfachau nac atalnod yma ond, fel arall, mae'r rheol yn union yr un fath ag ar gyfer cyfesurynnau 'ar draws, i fyny'.

Amcangyfrifon yn unig yw'r trydydd a'r chweched ffigur.

a) Beth sydd yn 243 776?

b) Ysgrifennwch gyfeirnodau chwe ffigur i'r rhain.
   (i) Yr orsaf   **(ii)** Yr eglwys
   (iii) Swyddfa'r Post   **(iv)** Y clwb golff
   (v) Yr amgueddfa

Pwyntiau ym mhob un o'r pedwar pedrant

Trwy ddefnyddio rhifau positif a negatif, gallwn
nodi pwyntiau unrhyw le mewn dau ddimensiwn.

Mae'r grid hwn yn dangos
- yr echelin x ar draws y dudalen ac wedi'i labelu o
  -5 i $+5$.
- yr echelin y i fyny'r dudalen ac wedi'i labelu o
  -5 i $+5$.

Mae'r echelinau hyn yn rhannu'r grid yn bedair rhan,
sy'n cael eu galw'n bedwar **pedrant**. Mae un o'r
pedwar pwynt, A, B, C ac Ch, ym mhob pedrant.

A yw'r pwynt $(4, 2)$.
Ei safle yw 4 i'r dde ar yr echelin x a 2 i fyny ar yr echelin y.

B yw'r pwynt $(-1, 3)$.
Ei safle yw 1 i'r chwith ar yr echelin x a 3 i fyny ar yr echelin y.

C yw'r pwynt $(-5, -3)$.
Ei safle yw 5 i'r chwith ar yr echelin x a 3 i lawr ar yr echelin y.

Ch yw'r pwynt $(2, -4)$.
Ei safle yw 2 i'r dde ar yr echelin x a 4 i lawr ar yr echelin y.

Ysgrifennwch gyfesurynnau'r pwyntiau
A, B, C ac Ch.

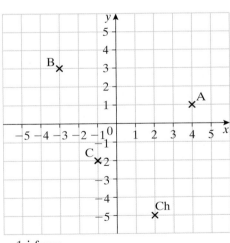

Datrysiad

I gyrraedd y pwynt A, rhaid mynd 4 ar draws ac 1 i fyny.
Felly, cyfesurynnau'r pwynt A yw $(4, 1)$.

Gan ddilyn yr un drefn, cyfesurynnau'r pwyntiau eraill yw
B$(-3, 3)$ C$(-1, -2)$ Ch$(2, -5)$.

Lluniadwch echelinau x ac y o -5 i $+5$.
Plotiwch y pwyntiau $A(5, 2)$, $B(-2, 4)$, $C(-4, -3)$ ac $Ch(0, -2)$, a'u labelu.

Datrysiad

I blotio'r pwynt A rhaid mynd 5 ar draws a 2 i fyny.
Plotiwch y pwyntiau eraill yn yr un ffordd.

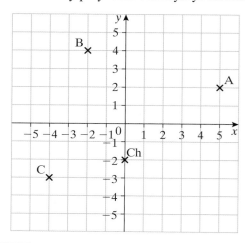

AWGRYM

Y ffordd orau i blotio pwyntiau yw nodi croes â phensil miniog. Mae hynny'n fanwl gywir ac yn hawdd ei weld. Byddai defnyddio dot sy'n ddigon mawr i'w weld yn gwneud ei safle'n llai manwl gywir.

Her 18.2 ?

- Lluniadwch echelinau x ac y o -7 i $+7$.
- Plotiwch bob pâr o bwyntiau a'u cysylltu â llinell syth.
- Ysgrifennwch gyfesurynnau canolbwynt pob llinell.

Pwynt cyntaf	Ail bwynt	Canolbwynt
$(1, 3)$	$(3, 7)$	
$(5, 6)$	$(-1, 6)$	
$(-1, 5)$	$(3, 1)$	
$(4, -2)$	$(0, 2)$	
$(-4, -1)$	$(-2, 27)$	

a) Ysgrifennwch gyfesurynnau canolbwynt y llinell fyddai'n uno pwynt (a, b) â phwynt (c, d).

b) Heb blotio'r pwyntiau, ysgrifennwch gyfesurynnau canolbwynt llinell fyddai'n uno'r pwyntiau $(4, 6)$ a $(6, 5)$.

Lluniadu a chwblhau siapiau

Gallwn ddefnyddio cyfesurynnau i luniadu a chwblhau siapiau. Wrth wneud hyn byddwn yn aml yn defnyddio'r priodweddau sy'n perthyn i drionglau a phedrochrau arbennig. Byddwch yn dysgu am y rhain ym Mhenodau 23 a 26.

ENGHRAIFFT 18.3

- Lluniadwch echelin x o -5 i $+5$ ac echelin y o -4 i $+4$.
- Plotiwch y pwyntiau A(5, 2), B(3, -2), C(-3, -2) a D(-1, 2), a'u labelu.
- Unwch y pwyntiau i ffurfio siâp ABCD.

Beth yw enw arbennig y siâp hwn?

Datrysiad

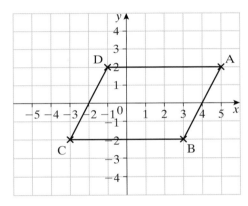

Paralelogram yw'r siâp.

ENGHRAIFFT 18.4

- Lluniadwch echelinau x ac y o -4 i $+4$.
- Plotiwch y pwyntiau A(3, 4), B(3, -1) ac C(-1, -1), a'u labelu.
- Nodwch y pwynt D fyddai'n gwneud ABCD yn betryal.

Ysgrifennwch gyfesurynnau'r pwynt D.

Datrysiad

I ddarganfod y pwynt D tynnwch linell lorweddol o A a llinell fertigol o C.

Nodwch y pwynt D lle mae'r ddwy linell hyn yn croesi ei gilydd.

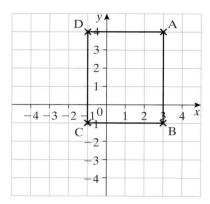

D yw'r pwynt $(-1, 4)$.

YMARFER 18.2

1 Ysgrifennwch gyfesurynnau'r pwyntiau A, B, C, Ch, D, Dd, E, F, Ff a G.

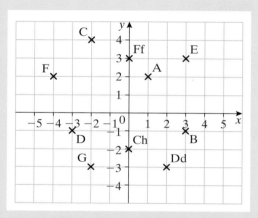

Yng nghwestiynau **2** i **8** bydd angen lluniadu echelinau x ac y o -5 to $+5$..

2 Plotiwch y pwyntiau A(4, 3), B(4, −2), C(−1, −2) a D(−1, 3), a'u labelu.
 Unwch y pwyntiau i ffurfio siâp ABCD. Beth yw enw arbennig y siâp ABCD?

3 Plotiwch y pwyntiau A(3, 4), B(3, −2) ac C(−5, 1), a'u labelu.
 Unwch y pwyntiau i ffurfio siâp ABC. Beth yw enw arbennig y siâp ABC?

4 Plotiwch y pwyntiau A(3, 3), B(3, −5), C(−2, −3) a D(−2, 2), a'u labelu.
 Unwch y pwyntiau i ffurfio siâp ABCD. Beth yw enw arbennig y siâp ABCD?

5 Plotiwch y pwyntiau A(5, 1), B(1, −2), C(−3, 1) a D(1, 4), a'u labelu.
 Unwch y pwyntiau i ffurfio siâp ABCD. Beth yw enw arbennig y siâp ABCD?

6 Plotiwch y pwyntiau A(4, 3), B(4, −2) ac C(−2, −2), a'u labelu.
 Nodwch y pwynt D sy'n gwneud ABCD yn betryal.
 Ysgrifennwch gyfesurynnau'r pwynt D.

7 Plotiwch y pwyntiau A(5, 3), B(3, −1) a D(−1, 3), a'u labelu.
Nodwch y pwynt C sy'n gwneud ABCD yn baralelogram.
Ysgrifennwch gyfesurynnau'r pwynt C.

8 Plotiwch y pwyntiau A(2, 5), B(2, −2) a D(−3, 3), a'u labelu.
Nodwch y pwynt C sy'n gwneud ABCD yn baralelogram.
Ysgrifennwch gyfesurynnau'r pwynt C.

Her 18.3

Lluniadwch echelinau x ac y o −5 i 5.
Plotiwch y pwyntiau (1, 1) a (−1, 3) a'u cysylltu.

a) Gan ddefnyddio'r llinell hon fel un o'r ochrau, tynnwch dair llinell arall i ffurfio sgwâr.
Ysgrifennwch gyfesurynnau'r ddau fertig arall.
Oes yna fwy nag un ateb?

b) Beth sy'n digwydd os yw'r llinell gyntaf yn cael ei defnyddio'n groeslin ar gyfer ffurfio sgwâr?

Hafaliadau llinellau syth

Hafaliad llinell yw perthynas yn nhermau x neu yn nhermau y, neu berthynas rhwng x ac y, sy'n wir ar gyfer pob pwynt ar y llinell.

Llinellau sy'n baralel i'r echelinau

Edrychwch ar y pwyntiau A, B, C, Ch, D ac Dd ar y grid hwn.

Maen nhw i gyd ar linell sy'n baralel i'r echelin y.

Cyfesurynnau'r pwyntiau yw (2, 4), (2, 3), (2, 1), (2, 0), (2, −2) a (2, −3), yn ôl eu trefn.

Sylwch mai cyfesuryn x pob un o'r pwyntiau yw 2.
Mae hyn yn wir am unrhyw bwynt ar y llinell.

Hafaliad y llinell yw $x = 2$.

Nawr edrychwch ar y pwyntiau E, F, Ff, G, Dd ac Ng.

Cyfesurynnau'r pwyntiau hyn yw (−3, −3), (−2, −3), (0, −3), (1, −3), (2, −3) a (4, −3)

Sylwch mai cyfesuryn y pob un o'r pwyntiau yw −3.
Mae hyn yn wir am unrhyw bwynt ar y llinell.

Hafaliad y llinell yw $y = −3$.

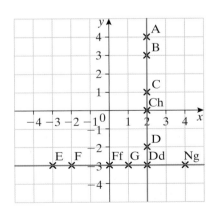

Mae'n hawdd drysu rhwng llinellau sy'n baralel i'r echelinau.
Hafaliad llinell ar draws y dudalen yw y = rhif.
Hafaliad llinell i fyny'r dudalen yw x = rhif.

Prawf sydyn 18.2

Beth yw hafaliad

a) yr echelin x?

b) yr echelin y?

Her 18.4

Llinellau eraill

Edrychwch ar y llinell goch ar y grid hwn.
Ysgrifennwch gyfesurynnau chwe phwynt
ar y llinell goch.
Beth sy'n tynnu eich sylw ynglŷn â'r
cyfesurynnau?
Allwch chi awgrymu beth yw hafaliad y
llinell goch?

Nawr edrychwch ar gyfesurynnau rhai o'r
pwyntiau ar y llinell las. Allwch chi awgrymu
beth yw hafaliad y llinell las?

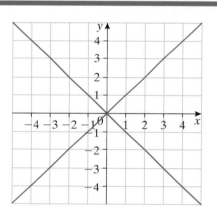

Plotio llinell o wybod ei hafaliad

Mae $y = x + 3$ yn hafaliad llinell syth. Ystyr yr hafaliad yw ein bod yn cael y
cyfesuryn y wrth adio 3 at y cyfesuryn x.

I blotio'r llinell gallwn ddewis unrhyw werthoedd x a ffurfio tabl
gwerthoedd. Fel arfer, byddwn yn dewis nifer o werthoedd ar bob ochr i sero.

x	-3	-2	-1	0	1	2	3
y							

I gwblhau'r tabl, rydym yn adio 3 at bob cyfesuryn x i gael y cyfesuryn y.

x	-3	-2	-1	0	1	2	3
y	0	1	2	3	4	5	6

Nawr gallwn blotio'r pwyntiau a'u cysylltu â llinell syth.

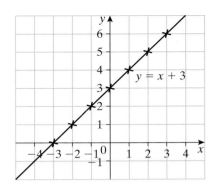

ENGHRAIFFT 18.5

Cwblhewch y tabl hwn ar gyfer yr hafaliad $y = 2x + 1$.

x	-3	-2	-1	0	1	2	3
y	-5	-3		1	3		

Tynnwch y llinell syth sydd â'r hafaliad $y = 2x + 1$.

Datrysiad

Pan fo $x = -1$ $y = 2 \times -1 + 1 = -2 + 1 = -1$
Pan fo $x = 2$ $y = 2 \times 2 + 1 = 4 + 1 = 5$
Pan fo $x = 3$ $y = 2 \times 3 + 1 = 6 + 1 = 7$

Dyma'r tabl cyflawn.

x	-3	-2	-1	0	1	2	3
y	-5	-3	-1	1	3	5	7

Dyma'r graff.

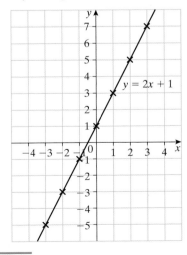

AWGRYM Os nad yw'r pwyntiau'n ffurfio llinell syth, bydd gwall yn rhywle. Gwiriwch y tabl eto. Gwneud camgymeriad â'r rhifau negatif yw'r gwall mwyaf tebygol.

ENGHRAIFFT 18.6

- Cwblhewch y tablau ar gyfer yr hafaliadau $y = x - 1$ ac $x + y = 3$.
- Lluniadwch echelin x o -4 i $+4$, echelin y o -5 i $+7$, a phlotiwch y llinellau.
- Ysgrifennwch gyfesurynnau'r pwynt lle mae'r ddwy linell yn croesi ei gilydd.

Y tabl ar gyfer $y = x - 1$

x	−3	−2	−1	0	1	2	3
y	−4		−2	−1		1	

Y tabl ar gyfer $x + y = 3$

x	−3	−2	−1	0	1	2	3
y	6		4		2		0

Datrysiad

Y tabl ar gyfer $y = x - 1$

x	−3	−2	−1	0	1	2	3
y	−4	−3	−2	−1	0	1	2

Y tabl ar gyfer $x + y = 3$

x	−3	−2	−1	0	1	2	3
y	6	5	4	3	2	1	0

Dyma'r graff.

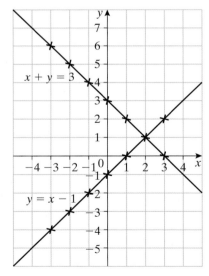

Y pwynt lle mae'r ddwy linell yn croesi ei gilydd yw (2, 1).

1 Ysgrifennwch hafaliadau'r llinellau **a)**, **b)**, **c)** ac **ch)**.

Yng nghwestiynau **2** i **4**, defnyddiwch yr un grid a labelwch ei echelinau o -7 i $+7$.

2 Copïwch a chwblhewch y tabl gwerthoedd hwn ar gyfer yr hafaliad $y = x + 4$.

x	-3	-2	-1	0	1	2	3
y	1		3		5		7

Plotiwch y pwyntiau ar eich grid a'u cysylltu â llinell syth.

3 Copïwch a chwblhewch y tabl gwerthoedd hwn ar gyfer yr hafaliad $y = x - 2$.

x	-3	-2	-1	0	1	2	3
y	-5		-3	-2		0	

Plotiwch y pwyntiau ar eich grid a'u cysylltu â llinell syth.

4 Copïwch a chwblhewch y tabl gwerthoedd hwn ar gyfer yr hafaliad $x + y = 6$.

x	-1	0	1	2	3	4	5	6
y				4			1	

Plotiwch y pwyntiau ar eich grid a'u cysylltu â llinell syth.

Yng nghwestiynau **5** a **6**, defnyddiwch yr un grid a labelwch ei echelinau o -5 i $+7$.

5 Copïwch a chwblhewch y tabl gwerthoedd hwn ar gyfer yr hafaliad $y = 3x + 1$.

x	-2	-1	0	1	2
y	-5			4	

Plotiwch y pwyntiau ar eich grid a'u cysylltu â llinell syth.

6 Copïwch a chwblhewch y tabl gwerthoedd hwn ar gyfer yr hafaliad $y = 5 - x$.
Cofiwch: $5 - (-2) = 5 + 2 = 7$.

x	-2	-1	0	1	2	3	4	5
y	7					2		

Plotiwch y pwyntiau ar eich grid a'u cysylltu â llinell syth.

7 Beth yw cyfesurynnau'r pwynt lle mae'r llinellau yng nghwestiynau **5** a **6** yn croesi ei gilydd?

RYDYCH WEDI DYSGU

- **bod yr echelin x ar draws y dudalen a'r echelin y i fyny'r dudalen**
- **mai cyfesurynnau'r pwynt lle mae'r ddwy echelin yn croesi ei gilydd yw $(0, 0)$ ac mai'r tarddbwynt yw ei enw**
- **sut i blotio cyfesurynnau ym mhob un o'r pedwar pedrant**
- **bod gan linell ar draws y dudalen yr hafaliad $y = a$**
- **bod gan linell i fyny'r dudalen yr hafaliad $x = b$**
- **sut i blotio corneli siapiau a sut i gwblhau siapiau**
- **sut i blotio llinell syth trwy baratoi tabl o werthoedd x ac y**

◎ YMARFER CYMYSG 18

1 Ysgrifennwch gyfesurynnau'r pwyntiau A, B, C, Ch, D, Dd ac E.

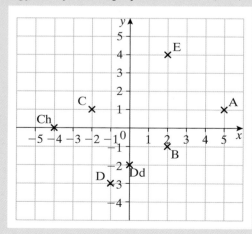

Ym mhob un o'r cwestiynau **2** i **6**, lluniadwch grid gwahanol gan labelu'r echelinau o -5 i $+5$.

2   Plotiwch y pwyntiau hyn a'u labelu.

A(5, 3)   B(−4, 2)   C(4, −1)   D(0, −3)   E(−2, 0)   F(−5, −4)   G(2.5, 1)

3   Plotiwch y pwyntiau A(−5, 0), B(3, 0), C(4, 4) a D(−4, 4), a'u labelu.
Unwch y pwyntiau i ffurfio siâp ABCD.
Beth yw enw arbennig y siâp ABCD?

4   Plotiwch y pwyntiau A(−4, −3), B(−4, 4), C(2, 3) a D(2, −1), a'u labelu.
Unwch y pwyntiau i ffurfio siâp ABCD.
Beth yw enw arbennig y siap ABCD?

5   Plotiwch y pwyntiau A(−1, 4), B(2, 2) ac C (2, −5), a'u labelu.
Nodwch y pwynt D sy'n gwneud ABCD yn baralelogram.
Ysgrifennwch gyfesurynnau'r pwynt D.

6   Plotiwch y pwyntiau (5, −2) a (−1, −2).
Nodwch ddau bwynt arall er mwyn ffurfio sgwâr.
Ysgrifennwch gyfesurynnau'r ddau bwynt hyn.
Mae dau ateb gwahanol yn bosibl. Ceisiwch ddarganfod pâr arall o bwyntiau.

Yng nghwestiynau **7** i **10**, defnyddiwch yr un grid a labelwch ei echelinau o -7 i $+7$.

7   Copïwch a chwblhewch y tabl gwerthoedd hwn ar gyfer yr hafaliad $y = x + 1$.

x	−3	−2	−1	0	1	2	3
y	−2		0				4

Plotiwch y pwyntiau ar eich grid a'u cysylltu â llinell syth. Labelwch hi'n llinell A.

8   Copïwch a chwblhewch y tabl gwerthoedd hwn ar gyfer yr hafaliad $x + y = 2$.

x	−3	−2	−1	0	1	2	3	4
y	5						−1	

Plotiwch y pwyntiau ar eich grid a'u cysylltu â llinell syth. Labelwch hi'n llinell B.

9   Copïwch a chwblhewch y tabl gwerthoedd hwn ar gyfer yr hafaliad $y = 2x − 1$.

x	−2	−1	0	1	2	3	4
y	−5			1			

Plotiwch y pwyntiau ar eich grid a'u cysylltu â llinell syth. Labelwch hi'n llinell C.

10   Ysgrifennwch gyfesurynnau'r pwynt
   a)   lle mae llinell A yn croesi llinell C.   **b)**   lle mae llinell B yn croesi llinell C.
   c)   lle mae llinell A yn croesi llinell B.

19 → DATRYS HAFALIADAU

YN Y BENNOD HON

- **Datrys hafaliadau syml**

DYLECH WYBOD YN BAROD

- **eich bod yn defnyddio llythyren i gynrychioli'r nifer o wrthrychau sydd gennych ac nid i gynrychioli'r gwrthrychau eu hunain**
- **sut i ysgrifennu mynegiadau a fformiwlâu**
- **sut i symleiddio mynegiad trwy gasglu termau tebyg at ei gilydd**

Hafaliadau un cam

I ddatrys hafaliad, rhaid gwneud yr un peth i ddwy ochr yr hafaliad. Mae'r enghraifft nesaf yn dangos hyn.

ENGHRAIFFT 19.1

Datryswch yr hafaliadau hyn.

a) $3d = 12$

b) $m - 5 = 9$

Datrysiad

a) $3d = 12$

$3d \div 3 = 12 \div 3$

I ddarganfod d, rhaid rhannu â 3. I gadw'r ddwy ochr yr un fath, rhaid rhannu'r 12 â 3 hefyd.

$d = 4$

b) $m - 5 = 9$

$m - 5 + 5 = 9 + 5$

I ddarganfod m, rhaid adio 5. I gadw'r ddwy ochr yr un fath, rhaid adio 5 at y 9 hefyd.

$m = 14$

> **AWGRYM**
>
> Gwnewch yr un peth i ddwy ochr yr hafaliad bob tro.

Datryswch yr hafaliadau hyn.

1 $3a = 15$	**2** $4p = 20$	**3** $2x = 16$	**4** $4m = 8$
5 $a + 1 = 8$	**6** $x + 3 = 6$	**7** $n - 3 = 9$	**8** $h + 6 = 9$
9 $r + 5 = 16$	**10** $n - 3 = 1$	**11** $x - 17 = 11$	**12** $m - 12 = 1$
13 $b - 12 = 4$	**14** $p - 22 = 14$	**15** $x + 6 = 10$	**16** $x + 8 = 3$
17 $x + 6 = 2$	**18** $x + 2 = -6$	**19** $x - 2 = -6$	**20** $x + 4 = -10$

Hafaliadau dau gam

Weithiau bydd angen mwy nag un cam i ddatrys hafaliad. Mae'r enghraifft nesaf yn dangos hyn.

ENGHRAIFFT 19.2

Datryswch yr hafaliadau hyn.

a) $12 = 14 - x$

b) $3x - 1 = 8$

Datrysiad

a)
$$12 = 14 - x$$
$$12 + x = 14 - x + x \qquad \text{Yn gyntaf, adiwch } x \text{ at y ddwy ochr.}$$
$$12 + x = 14$$
$$12 + x - 12 = 14 - 12 \qquad \text{Wedyn, tynnwch 12 o'r ddwy ochr.}$$
$$x = 2$$

b)
$$3x - 1 = 8$$
$$3x - 1 + 1 = 8 + 1 \qquad \text{Adiwch 1 at y ddwy ochr.}$$
$$3x = 9$$
$$3x \div 3 = 9 \div 3 \qquad \text{Rhannwch y ddwy ochr â 3.}$$
$$x = 3$$

Datryswch yr hafaliadau hyn.

1 $11 = 17 - x$ **2** $1 = 12 - m$ **3** $4 = 12 - b$ **4** $14 = 22 - p$

5 $5x + 2 = 17$ **6** $4x - 11 = 5$ **7** $2x - 5 = 9$ **8** $3x - 7 = 8$

9 $3x + 7 = 13$ **10** $5x - 8 = 12$ **11** $4x - 12 = 8$ **12** $5x - 6 = 39$

13 $2x - 6 = 22$ **14** $6x - 7 = 41$ **15** $4x - 3 = 29$ **16** $5x + 10 = 5$

Her 19.1

a) Dychmygwch eich bod newydd ddatrys hafaliad.
Y gweithredoedd oedd adio 2 a rhannu â 5.
Y datrysiad oedd $x = 4$.
Allwch chi ddod o hyd i'r hafaliad rydych chi wedi'i ddatrys?

b) Gweithiwch mewn parau. Bob yn ail, ysgrifennwch weithredoedd a datrysiadau
eraill, ac wedyn darganfyddwch yr hafaliadau.

Hafaliadau sy'n cynnwys ffracsiynau

Pan welwch chi ffracsiwn mewn hafaliad, byddwch yn gwybod bod
rhannu wedi digwydd.
I ddatrys yr hafaliad, rhaid lluosi'r ddwy ochr ag enwadur y ffracsiwn.

ENGHRAIFFT 19.3

Datryswch yr hafaliad $\dfrac{x}{7} = 4$.

Datrysiad

$\dfrac{x}{7} = 4$ Cofiwch: mae $\dfrac{x}{7}$ yn golygu $x \div 7$.

$\dfrac{x}{7} \times 7 = 4 \times 7$ Lluoswch y ddwy ochr â 7.

$x = 28$

Datryswch yr hafaliadau hyn.

1 $\dfrac{x}{3} = 2$ **2** $\dfrac{p}{2} = 6$ **3** $\dfrac{p}{5} = 5$ **4** $\dfrac{x}{2} = 9$

5 $\dfrac{a}{6} = 1$ **6** $\dfrac{m}{4} = 12$ **7** $\dfrac{t}{2} = 2$ **8** $\dfrac{b}{8} = 16$

9 $\dfrac{d}{3} = 6$ **10** $\dfrac{y}{10} = 100$ **11** $\dfrac{x}{3} = 18$ **12** $\dfrac{x}{2} = 9$

13 $\dfrac{x}{4} = 1$ **14** $\dfrac{x}{7} = 3$ **15** $\dfrac{x}{6} = 12$ **16** $12 = \dfrac{x}{2}$

17 $20 = \dfrac{x}{4}$ **18** $3 = \dfrac{x}{10}$ **19** $-2 = \dfrac{x}{5}$ **20** $-4 = \dfrac{x}{4}$

Problemau mewn geiriau

Pan fydd problem mewn geiriau, rhaid dod o hyd i'r hafaliad sydd i'w ddatrys.

ENGHRAIFFT 19.4

Mae pecyn o felysion yn cael ei rannu'n gyfartal rhwng 5 o blant.
Mae pob plentyn yn cael 4 o felysion.
Faint o felysion oedd yn y pecyn?

Datrysiad

Defnyddiwch y llythyren x i gynrychioli nifer y melysion sydd yn y pecyn.
Felly, yr hafaliad i'w ddatrys yw

$\dfrac{x}{5} = 4$ oherwydd os rhannwch chi'r melysion rhwng 5 o blant, mae pob un yn cael 4 o felysion.

$\dfrac{x}{5} \times 5 = 4 \times 5$ Lluoswch y ddwy ochr â 5.

$x = 20$ Roedd 20 o felysion yn y pecyn.

1   Mae'r onglau sydd ar linell syth yn adio i 180°.
    Ysgrifennwch hafaliad a'i ddatrys i ddarganfod gwerth yr ongl sydd wedi'i nodi â
    llythyren ym mhob un o'r diagramau hyn.

2   Mae Sam ddwy flynedd yn hŷn na'i frawd. Mae ei frawd yn 16 blwydd oed.
    Ysgrifennwch hafaliad sy'n defnyddio x i gynrychioli oedran Sam.
    Datryswch eich hafaliad i ddarganfod oedran Sam.

3   Mae wyth plentyn yn mynd â'r un faint o arian, sef £x, i'r ysgol er mwyn talu am daith.
    Cyfanswm yr arian sy'n cael ei gasglu yw £72.
    Ysgrifennwch hafaliad a'i ddatrys i ddarganfod x.

4   Wrth adio 5 at ddwywaith rif, yr ateb yw 13.
    Defnyddiwch x i gynrychioli'r rhif.
    Ysgrifennwch hafaliad a'i ddatrys i ddarganfod x.

5   Mae tynnu 6 o deirgwaith rhif yn rhoi'r ateb 18.
    Defnyddiwch x i gynrychioli'r rhif.
    Ysgrifennwch hafaliad a'i ddatrys i ddarganfod x.

6   Mae Lowri yn meddwl am rif.
    Mae hi'n ei luosi â 3 ac wedyn yn tynnu 5. Yr ateb yw 10.
    Defnyddiwch x i gynrychioli rhif Lowri.
    Ysgrifennwch hafaliad a'i ddatrys i ddarganfod rhif Lowri.

Her 19.2

a) Allwch chi feddwl am broblem mewn geiriau i roi'r hafaliad $4x - 3 = 7$?
    Gweithiwch mewn parau a rhowch eich problem i'ch partner i ddod o hyd
    i'r hafaliad. Ai yr un hafaliad sydd gan eich partner?

b) Meddyliwch am hafaliad o'ch dewis eich hun.
    Newidiwch eich hafaliad yn broblem mewn geiriau a rhowch hi i'ch partner i ddod
    o hyd i'r hafaliad.

- **sut i ddatrys hafaliadau syml**
- **sut i ysgrifennu hafaliadau ar gyfer problemau geiriau**

YMARFER CYMYSG 19

Datryswch yr hafaliadau hyn.

1 $5x = 20$ **2** $4x = 24$ **3** $5x = 35$ **4** $2x = 12$

5 $x - 19 = 4$ **6** $x + 10 = -16$ **7** $x - 12 = 2$ **8** $6 + x = 5$

9 $4 = 11 - x$ **10** $5x + 6 = 31$ **11** $3m - 9 = 0$ **12** $4p + 4 = 12$

13 $7y - 6 = 50$ **14** $3x + 2 = 14$ **15** $2x - 2 = 8$ **16** $3x - 6 = 12$

17 $8x - 1 = 15$ **18** $2x + 4 = 36$ **19** $\dfrac{x}{5} = 15$ **20** $\dfrac{x}{2} = -8$

21 Mae Jac yn meddwl am rif.
Mae'n ei luosi â 10, wedyn mae'n adio 5. Yr ateb yw 95.
Defnyddiwch x i gynrychioli rhif Jac.
Ysgrifennwch hafaliad a'i ddatrys i ddarganfod rhif Jac.

20 → HAFALIADAU AC ANHAFALEDDAU

Datrys hafaliadau

Weithiau mae'r term x yn yr hafaliad wedi'i sgwario (x^2). Os oes term x^2 yn yr hafaliad heb unrhyw derm x arall, gallwn ddefnyddio'r dull a welsom ym Mhennod 19. Fodd bynnag, rhaid cofio os byddwn yn sgwario rhif negatif fod y canlyniad yn bositif. Er enghraifft, $(-6)^2 = 36$.

Pan fyddwn yn datrys hafaliad sy'n cynnwys x^2, fel arfer bydd dau werth sy'n bodloni'r hafaliad.

ENGHRAIFFT 20.1

Datryswch yr hafaliadau hyn.

a) $5x + 1 = 16$

b) $x^2 + 3 = 39$

AWGRYM Cofiwch fod rhaid gwneud yr un peth i ddwy ochr yr hafaliad bob tro.

Datrysiad

a)
$$5x + 1 = 16$$
$$5x + 1 - 1 = 16 - 1 \qquad \text{Yn gyntaf tynnwch 1 o'r ddwy ochr.}$$
$$5x = 15$$
$$5x \div 5 = 15 \div 5 \qquad \text{Nawr rhannwch y ddwy ochr â 5.}$$
$$x = 3$$

b)
$$x^2 + 3 = 39$$
$$x^2 + 3 - 3 = 39 - 3 \qquad \text{Yn gyntaf tynnwch 3 o'r ddwy ochr.}$$
$$x^2 = 36$$
$$x = \sqrt{36} \qquad \text{Nawr darganfyddwch ail isradd y ddwy ochr.}$$
$$x = 6 \text{ neu } x = -6$$

Datryswch yr hafaliadau hyn.

1 $2x - 1 = 13$ **2** $2x - 1 = 0$ **3** $2x - 13 = 1$ **4** $3x - 2 = 19$

5 $6x + 12 = 18$ **6** $3x - 7 = 14$ **7** $4x - 8 = 12$ **8** $4x + 12 = 28$

9 $3x - 6 = 24$ **10** $5x - 10 = 20$ **11** $x^2 + 3 = 28$ **12** $x^2 - 4 = 45$

13 $y^2 - 2 = 62$ **14** $m^2 + 3 = 84$ **15** $m^2 - 5 = 20$ **16** $x^2 + 10 = 110$

17 $x^2 - 4 = 60$ **18** $20 + x^2 = 36$ **19** $16 - x^2 = 12$ **20** $200 - x^2 = 100$

Datrys hafaliadau sydd â chromfachau

Dysgoch sut i **ehangu cromfachau** ym Mhennod 13.

Os byddwn yn datrys hafaliad sydd â chromfachau ynddo, byddwn yn ehangu (neu ddiddymu) y cromfachau yn gyntaf.

AWGRYM Cofiwch luosi *pob* term sydd y tu mewn i'r cromfachau â'r rhif sydd y tu allan i'r cromfachau.

ENGHRAIFFT 20.2

Datryswch yr hafaliadau hyn.

a) $3(x + 4) = 24$ **b)** $4(p - 3) = 20$

Datrysiad

a) $3(x + 4) = 24$
$\quad\quad 3x + 12 = 24$ Lluoswch bob term sydd y tu mewn i'r cromfachau â 3.
$\quad\quad\quad\quad 3x = 12$ Tynnwch 12 o'r ddwy ochr.
$\quad\quad\quad\quad\quad x = 4$ Rhannwch y ddwy ochr â 3.

b) $4(p - 3) = 20$
$\quad\quad 4p - 12 = 20$ Lluoswch bob term sydd y tu mewn i'r cromfachau â 4.
$\quad\quad\quad\quad 4p = 32$ Adiwch 12 at y ddwy ochr.
$\quad\quad\quad\quad\quad p = 8$ Rhannwch y ddwy ochr â 4.

Datryswch yr hafaliadau hyn.

1 $3(p - 4) = 36$ **2** $3(4 + x) = 21$ **3** $6(x - 6) = 6$ **4** $4(x + 3) = 16$

5 $2(x - 8) = 14$ **6** $2(x + 4) = 10$ **7** $2(x - 4) = 20$ **8** $5(x + 1) = 30$

9 $3(x + 7) = 9$	**10** $2(x - 7) = 6$	**11** $5(x - 6) = 20$	**12** $7(a + 3) = 28$
13 $3(2x + 3) = 40$	**14** $5(3x - 1) = 40$	**15** $2(5x - 3) = 14$	**16** $4(3x - 2) = 28$
17 $7(x - 4) = 28$	**18** $3(5x - 12) = 24$	**19** $2(4x + 2) = 20$	**20** $2(2x - 5) = 12$

Hafaliadau sydd ag x ar y ddwy ochr

Mewn rhai hafaliadau, fel $3x + 4 = 2x + 5$, mae x ar y ddwy ochr.

Dylech roi'r holl dermau x gyda'i gilydd ar ochr chwith yr hafaliad a'r holl dermau cyson gyda'i gilydd ar yr ochr dde.

$$3x + 4 = 2x + 5$$
$$3x + 4 - 2x = 2x + 5 - 2x$$
$$x + 4 = 5$$
$$x + 4 - 4 = 5 - 4$$
$$x = 1$$

Dechreuwch drwy dynnu $2x$ o'r ddwy ochr. Bydd hynny'n canslo'r $2x$ ar yr ochr dde ac yn cael yr holl dermau x gyda'i gilydd ar ochr chwith yr hafaliad. Nawr tynnwch 4 o'r ddwy ochr. Bydd hynny'n canslo'r 4 ar ochr chwith yr hafaliad.

ENGHRAIFFT 20.3

Datryswch yr hafaliadau hyn.

a) $8x - 3 = 3x + 7$

b) $18 - 5x = 4x + 9$

Datrysiad

a)
$$8x - 3 = 3x + 7$$
$$8x - 3 - 3x = 3x + 7 - 3x$$
$$5x - 3 = 7$$
$$5x - 3 + 3 = 7 + 3$$
$$5x = 10$$
$$\frac{5x}{5} = \frac{10}{5}$$
$$x = 2$$

Dechreuwch drwy dynnu $3x$ o'r ddwy ochr. Bydd hynny'n canslo'r $3x$ ar yr ochr dde ac yn rhoi'r holl dermau x gyda'i gilydd ar ochr chwith yr hafaliad. Nawr adiwch 3 at y ddwy ochr. Bydd hynny'n canslo'r 3 ar ochr chwith yr hafaliad. Rhannwch y ddwy ochr â chyfernod x, hynny yw, â 5.

b)
$$18 - 5x = 4x + 9$$
$$18 - 5x - 4x = 4x + 9 - 4x$$
$$18 - 9x = 9$$
$$18 - 9x - 18 = 9 - 18$$
$$-9x = -9$$
$$\frac{-9x}{-9} = \frac{-9}{-9}$$
$$x = 1$$

Dechreuwch drwy dynnu $4x$ o'r ddwy ochr. Bydd hynny'n canslo'r $4x$ ar yr ochr dde ac yn rhoi'r holl dermau x gyda'i gilydd ar ochr chwith yr hafaliad. Nawr tynnwch 18 o'r ddwy ochr. Bydd hynny'n canslo'r 18 ar ochr chwith yr hafaliad. Rhannwch y ddwy ochr â chyfernod x, hynny yw, â -9.

YMARFER 20.3

Datryswch yr hafaliadau hyn.

1 $7x - 4 = 3x + 8$ **2** $5x + 4 = 2x + 13$ **3** $6x - 2 = x + 8$

4 $5x + 1 = 3x + 21$ **5** $9x - 10 = 3x + 8$ **6** $5x - 12 = 2x - 6$

7 $4x - 23 = x + 7$ **8** $8x + 8 = 3x - 2$ **9** $11x - 7 = 6x + 8$

10 $5 + 3x = x + 9$ **11** $2x - 3 = 7 - 3x$ **12** $4x - 1 = 2 + x$

13 $2x - 7 = x - 4$ **14** $3x - 2 = x + 7$ **15** $x - 5 = 2x - 9$

16 $x + 9 = 3x - 3$ **17** $3x - 4 = 2 - 3x$ **18** $5x - 6 = 16 - 6x$

19 $3(x + 1) = 2x$ **20** $49 - 3x = x + 21$

Her 20.1

Mae hyd cae petryal 10 metr yn fwy na'i led.

Perimedr y cae yw 220 metr.

Beth yw lled a hyd y cae?

Awgrym: gadewch i x gynrychioli'r lled a lluniadwch fraslun o'r petryal.

Her 20.2

Mae petryal yn mesur $(2x + 1)$ cm wrth $(x + 9)$ cm.

Darganfyddwch werth ar gyfer x sy'n sicrhau mai sgwâr yw'r petryal.

Ffracsiynau mewn hafaliadau

Rydych yn gwybod yn barod fod $k \div 6$ yn gallu cael ei ysgrifennu fel $\frac{k}{6}$.

Gwelsoch ym Mhennod 19 sut i ddatrys hafaliad fel $\frac{k}{6} = 2$ trwy luosi dwy

ochr yr hafaliad ag enwadur y ffracsiwn.

Prawf sydyn 20.1

Datryswch yr hafaliadau hyn.

a) $\frac{x}{3} = 10$ **b)** $\frac{m}{4} = 2$ **c)** $\frac{m}{2} = 6$ **ch)** $\frac{p}{3} = 9$ **d)** $\frac{y}{7} = 4$

Mae'n cymryd mwy nag un cam i ddatrys rhai hafaliadau sy'n cynnwys ffracsiynau. I ddatrys y rhain byddwn yn defnyddio'r un dull ag ar gyfer hafaliadau heb ffracsiynau. Gallwn gael gwared â'r ffracsiwn drwy luosi dwy ochr yr hafaliad ag enwadur y ffracsiwn, ar y diwedd.

ENGHRAIFFT 20.4

Datryswch yr hafaliad $\frac{x}{8} + 3 = 5$.

Datrysiad

$\frac{x}{8} + 3 = 5$

$\frac{x}{8} = 2$ Tynnwch 3 o'r ddwy ochr.

$x = 16$ Lluoswch y ddwy ochr ag 8.

YMARFER 20.4

Datryswch yr hafaliadau hyn.

1 $\frac{x}{4} + 3 = 7$ **2** $\frac{a}{5} - 2 = 6$ **3** $\frac{x}{4} - 2 = 3$ **4** $\frac{y}{5} - 5 = 5$

5 $\frac{y}{6} + 3 = 8$ **6** $\frac{p}{7} - 4 = 1$ **7** $\frac{m}{3} + 4 = 12$ **8** $\frac{x}{8} + 8 = 16$

9 $\frac{x}{9} + 7 = 10$ **10** $\frac{y}{3} - 9 = 2$

Her 20.3

Ceisiwch ddatrys y pos hwn.

Mae rhif, wrth adio tri-chwarter y rhif hwnnw, adio hanner y rhif gwreiddiol, adio un pumed o'r rhif gwreiddiol, yn gwneud 49. Beth yw'r rhif?

Her 20.4

Rwy'n meddwl am rif. Rwy'n ei sgwario ac yn adio 1. Mae rhannu'r ateb â 10 yn rhoi 17. Beth yw'r rhif?

Datrys hafaliadau trwy gynnig a gwella

Weithiau bydd angen datrys hafaliad trwy **gynnig a gwella**. Mae hyn yn golygu amnewid gwahanol werthoedd yn yr hafaliad nes cael y datrysiad.

Mae'n bwysig gweithio mewn ffordd systematig a pheidio â dewis ar hap y rhifau i'w cynnig.

Yn gyntaf, mae angen dod o hyd i ddau rif y mae'r datrysiad yn rhywle rhyngddynt. Yna, rhoi cynnig ar y rhif sydd hanner ffordd rhwng y ddau rif hyn. Wedyn parhau â'r broses hon nes cael ateb o fanwl gywirdeb priodol.

ENGHRAIFFT 20.5

Darganfyddwch ddatrysiad i'r hafaliad $x^3 - x = 40$.
Rhowch eich ateb yn gywir i 1 lle degol.

Datrysiad

$x^3 - x = 40$

Cynigiwch $x = 3$ $3^3 - 3 = 24$ Rhy fach. Cynigiwch rif mwy.

Cynigiwch $x = 4$ $4^3 - 4 = 60$ Rhy fawr. Rhaid bod y datrysiad rhwng 3 a 4.

Cynigiwch $x = 3.5$ $3.5^3 - 3.5 = 39.375$ Rhy fach. Cynigiwch rif mwy.

Cynigiwch $x = 3.6$ $3.6^3 - 3.6 = 43.056$ Rhy fawr. Rhaid bod y datrysiad rhwng 3.5 a 3.6.

Cynigiwch $x = 3.55$ $3.55^3 - 3.55 = 41.118\ldots$ Rhy fawr. Rhaid bod y datrysiad rhwng 3.5 a 3.55.

Felly yr ateb yw $x = 3.5$, yn gywir i 1 lle degol.

ENGHRAIFFT 20.6

a) Dangoswch fod gan yr hafaliad $x^3 - x = 18$ wreiddyn rhwng $x = 2.7$ ac $x = 2.8$.

b) Darganfyddwch y datrysiad hwn yn gywir i 2 le degol.

Datrysiad

a) $x^3 - x = 18$

Cynigiwch $x = 2.7$ $2.7^3 - 2.7 = 16.983$ Rhy fach.

Cynigiwch $x = 2.8$ $2.8^3 - 2.8 = 19.152$ Rhy fawr.

Mae 18 rhwng 16.983 ac 19.152. Felly mae yna ddatrysiad o $x^3 - x = 18$ rhwng $x = 2.7$ ac $x = 2.8$.

b) Cynigiwch hanner ffordd rhwng $x = 2.7$ ac $x = 2.8$, hynny yw cynigiwch $x = 2.75$.

Cynigiwch $x = 2.75$ $2.75^3 - 2.75 = 18.04688$ Rhy fawr. Cynigiwch rif llai.

Cynigiwch $x = 2.74$ $2.74^3 - 2.74 = 17.83082$ Rhy fach. Cynigiwch rif mwy.

Mae 18 rhwng 17.83082 ac 18.04688. Felly mae yna ddatrysiad o $x^3 - x = 18$ rhwng $x = 2.74$ ac $x = 2.75$.

Cynigiwch hanner ffordd rhwng $x = 2.74$ ac $x = 2.75$, hynny yw cynigiwch $x = 2.745$.

$2.745^3 - 2.745 = 17.93864$ Rhy fach.

Rhaid bod x yn fwy na 2.745. Felly yr ateb, yn gywir i 2 le degol, yw $x = 2.75$.

YMARFER 20.5

1   Darganfyddwch ddatrysiad, rhwng $x = 1$ ac $x = 2$, i'r hafaliad $x^3 = 5$.
Rhowch eich ateb yn gywir i 1 lle degol.

2   **a)**   Dangoswch fod datrysiad i'r hafaliad $x^3 - 5x = 8$ rhwng $x = 2$ ac $x = 3$.

b)   Darganfyddwch y datrysiad yn gywir i 1 lle degol.

3   **a)**   Dangoswch fod datrysiad i'r hafaliad $x^3 - x = 90$ rhwng $x = 4$ ac $x = 5$.

b)   Darganfyddwch y datrysiad yn gywir i 1 lle degol.

4   **a)**   Dangoswch fod gan yr hafaliad $x^3 - x = 50$ wreiddyn rhwng $x = 3.7$ ac $x = 3.8$.

b)   Darganfyddwch y gwreiddyn hwn yn gywir i 2 le degol.

5   Darganfyddwch ddatrysiad i'r hafaliad $x^3 + x = 15$.
Rhowch eich ateb yn gywir i 1 lle degol.

6   Darganfyddwch ddatrysiad i'r hafaliad $x^3 + x^2 = 100$.
Rhowch eich ateb yn gywir i 2 le degol.

7   Pa rif cyfan sydd, o gael ei giwbio, yn rhoi'r gwerth agosaf at 10 000?

8   Defnyddiwch gynnig a gwella i ddarganfod pa rif sydd, o gael ei sgwario, yn rhoi 1000.
Rhowch eich ateb yn gywir i 1 lle degol.

9   Lluoswm dau rif cyfan yw 621 a'r gwahaniaeth rhwng y ddau rif yw 4.
a)   Ysgrifennwch hyn fel fformiwla yn nhermau x.
b)   Defnyddiwch gynnig a gwella i ddarganfod y ddau rif.

10   Defnyddiwch gynnig a gwella i ddarganfod pa rif, o gael ei sgwario, sy'n rhoi 61.
Rhowch eich ateb yn gywir i 1 lle degol.

Anhafaleddau

Os ydych am brynu pecyn o felysion sy'n costio 79c, mae angen o leiaf 79c arnoch.

Efallai fod gennych fwy na hynny yn eich poced. Rhaid i'r swm yn eich poced fod yn fwy na neu'n hafal i 79c.

Os x yw'r swm sydd yn eich poced, gallwch ysgrifennu hyn fel $x \geq 79$. Anhafaledd yw hwn.

> Ystyr y symbol $\geq$ yw 'yn fwy na neu'n hafal i'.
>
> Ystyr y symbol $>$ yw 'yn fwy na'.
>
> Ystyr y symbol $\leq$ yw 'yn llai na neu'n hafal i'.
>
> Ystyr y symbol $<$ yw 'yn llai na'.

Ar linell rif defnyddiwn gylch gwag i gynrychioli $>$ neu $<$, a chylch wedi'i lenwi (â lliw, efallai) i gynrychioli $\geq$ neu $\leq$.

I ddatrys anhafaleddau byddwn yn defnyddio dulliau tebyg i'r rhai sy'n datrys hafaliadau.

ENGHRAIFFT 20.7

Datryswch yr anhafaledd $2x - 1 > 8$.
Dangoswch y datrysiad ar linell rif.

Datrysiad

$2x - 1 > 8$

$\quad 2x > 9$ Adiwch 1 at y ddwy ochr.

$\quad\ x > 4.5$ Rhannwch y ddwy ochr â 2.

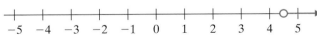

Mae anhafaleddau negatif yn gweithio ychydig yn wahanol.

Rheolau ar gyfer anhafaleddau

Mae anhafaledd yn ymddwyn yn union yr un fath â hafaliad:

- wrth adio neu dynnu'r un maint o ddwy ochr yr anhafaledd;
- wrth luosi neu rannu dwy ochr yr anhafaledd â rhif **positif**.

Fodd bynnag, pan fyddwn yn lluosi neu'n rhannu dwy ochr yr anhafaledd â rhif **negatif**, mae anhafaledd yn ymddwyn yn wahanol i hafaliad.

Ystyriwch yr anhafaledd $-2x \leqslant -4$

Mae adio $2x$ at y ddwy ochr ac adio 4 at y ddwy ochr yn rhoi $-2x + 2x + 4 \leqslant -4 + 2x + 4$

sy'n symleiddio i $4 \leqslant 2x$

Mae rhannu'r ddwy ochr â 2 yn rhoi $2 \leqslant x$

neu $x \geqslant 2$

Felly, os byddwn yn rhannu dwy ochr yr anhafaledd $-2x \leqslant -4$ â -2, rhaid i ni newid $\leqslant$ yn $\geqslant$ i gael y canlyniad cywir.

Felly, o rannu'r ddwy ochr â -2, mae $-2x \leqslant -4$ yn dod yn

$$\frac{-2x}{-2} \geqslant \frac{-4}{-2}$$

gan roi $x \geqslant 2$

Mae hyn yn rhoi'r rheol ganlynol ar gyfer lluosi neu rannu anhafaledd â rhif **negatif**:

Pryd bynnag y byddwn yn lluosi neu'n rhannu dwy ochr anhafaledd â rhif **negatif**, rhaid cildroi arwydd yr anhafaledd hefyd, hynny yw newid $<$ yn $>$, neu $\leqslant$ yn $\geqslant$, ac yn y blaen.

Edrychwch ar Enghraifft 20.8 i weld sut mae hyn yn gweithio.

ENGHRAIFFT 20.8

Datryswch yr anhafaledd $7 - 3x \leqslant 1$.

Datrysiad

$7 - 3x \leqslant 1$

$7 - 3x - 7 \leqslant 1 - 7$

$-3x \leqslant -6$

$\dfrac{-3x}{-3} \geqslant \dfrac{-6}{-3}$

$x \geqslant 2$

Tynnwch 7 o'r ddwy ochr. Bydd hynny'n canslo'r 7 ar yr ochr chwith ac yn rhoi'r holl dermau x gyda'i gilydd ar yr ochr chwith a'r holl dermau cyson ar yr ochr dde. Rhannwch y ddwy ochr â chyfernod x, hynny yw, â -3. Cofiwch fod yn rhaid i'r arwydd $\leqslant$ gildroi i fod yn $\geqslant$ oherwydd eich bod yn rhannu â rhif negatif.

Ym mhob un o'r cwestiynau **1** i **6**, datryswch yr anhafaledd a dangoswch y datrysiad ar linell rif.

1 $x - 3 > 10$ **2** $x + 1 < 5$ **3** $5 > x - 8$

4 $2x + 1 \leqslant 9$ **5** $3x - 4 \geqslant 5$ **6** $10 \leqslant 2x - 6$

Ym mhob un o'r cwestiynau **7** i **20**, datryswch yr anhafaledd.

7 $5x < x + 8$ **8** $2x \geqslant x - 5$ **9** $4 + x < -5$

10 $2(x + 1) > x + 3$ **11** $6x > 2x + 20$ **12** $3x + 5 \leqslant 2x + 14$

13 $5x + 3 \leqslant 2x + 9$ **14** $8x + 3 > 21 + 5x$ **15** $5x - 3 > 7 + 3x$

16 $6x - 1 < 2x$ **17** $5x < 7x - 4$ **18** $9x + 2 \geqslant 3x + 20$

19 $5x - 4 \leqslant 2x + 8$ **20** $5x < 2x + 12$

RYDYCH WEDI DYSGU

- er mwyn datrys hafaliadau sy'n cynnwys cromfachau, eich bod yn ehangu (neu ddiddymu) y cromfachau yn gyntaf
- er mwyn datrys hafaliadau sydd ag x ar y ddwy ochr, rhowch dermau x gyda'i gilydd ar ochr chwith yr hafaliad
- eich bod yn datrys hafaliadau sy'n cynnwys ffracsiynau yn yr un ffordd â hafaliadau heb ffracsiynau, ac yn trin y ffracsiwn ar y diwedd
- er mwyn datrys hafaliad trwy gynnig a gwella, y bydd angen i chi yn gyntaf ddarganfod dau rif y mae'r datrysiad yn rhywle rhyngddynt. Yna byddwch yn cynnig y rhif sydd hanner ffordd rhwng y ddau rif hyn ac yn parhau â'r broses nes cael yr ateb i'r manwl gywirdeb angenrheidiol
- mai ystyr y symbol $\geqslant$ yw 'yn fwy na neu'n hafal i', ystyr $>$ yw 'yn fwy na', ystyr $\leqslant$ yw 'yn llai na neu'n hafal i' ac ystyr $<$ yw 'yn llai na'
- bod $x \geqslant 4$, $x > 3$, $y \leqslant 6$ ac $y < 7$ yn anhafaleddau
- eich bod yn gallu datrys anhafaleddau yn yr un ffordd â hafaliadau
- eich bod yn gallu dangos datrysiadau anhafaleddau ar linell rif
- wrth luosi neu rannu anhafaledd â rhif positif, nad yw'r arwydd anhafaledd yn newid
- wrth luosi neu rannu anhafaledd â rhif negatif, fod yr arwydd anhafaledd yn cael ei gildroi. Er enghraifft, mae $<$ yn newid yn $>$ ac mae $\geqslant$ yn newid yn $\leqslant$

Datryswch yr hafaliadau hyn.

1 $2(m - 4) = 10$

2 $5(p + 6) = 40$

3 $7(x - 2) = 42$

4 $3(4 + x) = 21$

5 $4(p - 3) = 20$

6 $3x^2 = 48$

7 $2x^2 = 72$

8 $5p^2 + 1 = 81$

9 $4x^2 - 3 = 61$

10 $2a^2 - 3 = 47$

11 $\frac{x}{5} - 1 = 4$

12 $\frac{x}{6} + 5 = 10$

13 $\frac{y}{3} + 7 = 13$

14 $\frac{y}{7} - 6 = 1$

15 $\frac{a}{4} - 8 = 1$

Datryswch bob un o'r anhafaleddau hyn a dangoswch y datrysiad ar linell rif.

16 $5x + 1 \leqslant 11$

17 $10 + 3x \leqslant 5x + 4$

18 $7x + 3 < 5x + 9$

19 $6x - 8 > 4 + 3x$

20 $5x - 7 > 7 - 2x$

21 → GRAFFIAU

Lluniadu graffiau llinell syth

Mae gan y graffiau llinell syth mwyaf cyffredin hafaliadau yn y ffurf $y = 3x + 2$, $y = 2x - 3$, ac ati.

Gallwn ysgrifennu hyn mewn ffurf gyffredin fel

$$y = mx + c$$

I luniadu graff llinell syth, byddwn yn cyfrifo tri phâr o gyfesurynnau trwy amnewid gwerthoedd x yn y fformiwla i ddarganfod y.

Gallwn dynnu llinell syth â dau bwynt yn unig, ond wrth luniadu graff mae'n werth cyfrifo trydydd pwynt bob tro fel gwiriad.

Lluniadwch graff $y = -2x + 1$ ar gyfer gwerthoedd x o -4 i 2.

Datrysiad

Darganfyddwch werthoedd y pan fo $x = -4, 0$ a 2.

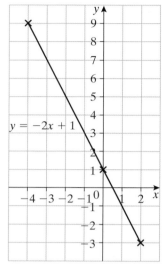

$y = -2x + 1$

Pan fo $x = -4$
$y = -2 \times -4 + 1$
$y = 9$

Pan fo $x = 0$
$y = -2 \times 0 + 1$
$y = 1$

Pan fo $x = 2$
$y = -2 \times 2 + 1$
$y = -3$

Mae angen gwerthoedd y o -3 i 9.
Lluniadwch yr echelinau a phlotiwch y pwyntiau $(-4, 9)$, $(0, 1)$ a $(2, -3)$.
Wedyn cysylltwch nhw â llinell syth a labelwch y llinell yn $y = -2x + 1$.

| AWGRYM | Defnyddiwch riwl i luniadu graff llinell syth bob tro. |

| AWGRYM | Os yw echelinau wedi'u eu lluniadu ar eich cyfer, gwiriwch y raddfa cyn plotio pwyntiau neu ddarllen gwerthoedd. |

YMARFER 21.1

1 Lluniadwch graff $y = 4x$ ar gyfer gwerthoedd x o -3 i 3.

2 Lluniadwch graff $y = x + 3$ ar gyfer gwerthoedd x o -3 i 3.

3 Lluniadwch graff $y = 3x - 4$ ar gyfer gwerthoedd x o -2 i 4.

4 Lluniadwch graff $y = 4x - 2$ ar gyfer gwerthoedd x o -2 i 3.

5 Lluniadwch graff $y = -3x - 4$ ar gyfer gwerthoedd x o -4 i 2.

Graffiau llinell syth mwy anodd

Weithiau rhaid lluniadu graffiau â hafaliadau o fath gwahanol.

I ddatrys hafaliadau fel $2y = 3x + 1$, byddwn yn cyfrifo tri phwynt yn yr un ffordd ag o'r blaen, gan gofio rhannu â 2 i ddarganfod gwerth y.

ENGHRAIFFT 21.2

Lluniadwch graff $2y = 3x + 1$ ar gyfer gwerthoedd x o -3 i 3.

Datrysiad

Darganfyddwch werthoedd y pan fo $x = -3, 0$ a 3.

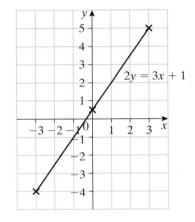

$2y = 3x + 1$

Pan fo $x = -3$

$2y = 3 \times -3 + 1$

$2y = -8$

$y = -4$

Pan fo $x = 0$

$2y = 3 \times 0 + 1$

$2y = 1$

$y = \frac{1}{2}$

Pan fo $x = 3$

$2y = 3 \times 3 + 1$

$2y = 10$

$y = 5$

Mae angen gwerthoedd y o -4 i 5.

Lluniadwch yr echelinau a phlotiwch y pwyntiau $(-3, -4), (0, \frac{1}{2})$ a $(3, 5)$.
Wedyn cysylltwch nhw â llinell syth a labelwch y llinell yn $2y = 3x + 1$.

Ar gyfer hafaliadau fel $4x + 3y = 12$, byddwn yn cyfrifo y pan fo $x = 0$, ac x pan fo $y = 0$. Mae'r rhain yn hawdd eu cyfrifo.
Darganfyddwch drydydd pwynt fel gwiriad ar ôl tynnu'r llinell.

Lluniadwch graff $4x + 3y = 12$.

Datrysiad

Byddwn yn darganfod gwerth y pan fo $x = 0$ a gwerth x pan fo $y = 0$.

$4x + 3y = 12$

Pan fo $x = 0$

$3y = 12$ $4 \times 0 = 0$ felly mae'r term x yn 'diflannu'.

$y = 4$

Pan fo $y = 0$

$4x = 12$ $3 \times 0 = 0$ felly mae'r term y yn 'diflannu'

$x = 3$

Mae angen gwerthoedd x o 0 i 3. Mae angen gwerthoedd y o 0 i 4.

Lluniadwch yr echelinau a phlotiwch y pwyntiau $(0, 4)$ a $(3, 0)$.
Cysylltwch nhw â llinell syth a labelwch y llinell yn $4x + 3y = 12$.

Dewiswch bwynt ar y llinell rydych wedi'i thynnu a'i wirio trwy amnewid, sef rhoi gwerthoedd y pwynt yn lle x ac y yn yr hafaliad.

Er enghraifft, mae'r llinell yn mynd trwy $(1\frac{1}{2}, 2)$.

$4x + 3y = 12$

$4 \times 1\frac{1}{2} + 3 \times 2 = 6 + 6 = 12$ ✓

> **AWGRYM**
> Gofalwch wrth blotio'r pwyntiau. Peidiwch â rhoi $(0, 4)$ yn $(4, 0)$ trwy gamgymeriad.

YMARFER 21.2

1. Lluniadwch graff $2y = 3x - 2$ ar gyfer $x = -2$ i 4.
2. Lluniadwch graff $2x + 5y = 15$.
3. Lluniadwch graff $7x + 2y = 14$.
4. Lluniadwch graff $2y = 5x + 3$ ar gyfer $x = -3$ i 3.
5. Lluniadwch graff $2x + y = 7$.

Her 21.1

Mae plastrwr yn cyfrifo'r gost i'w hawlio am ei waith ($£C$) trwy ddefnyddio'r hafaliad $C = 12n + 40$, lle mae n yn cynrychioli nifer yr oriau y mae'r gwaith yn ei gymryd.

a) Lluniadwch graff o C yn erbyn n, ar gyfer gwerthoedd n o hyd at 10.

b) Defnyddiwch eich graff i ddarganfod am faint o oriau mae'r plastrwr wedi gweithio os yw'n hawlio £130.

Graffiau pellter–amser

Cerddodd Gwyn i'r arhosfan bysiau i aros am y bws.

Pan gyrhaeddodd y bws aeth Gwyn arno ac aeth y bws ag ef i'r ysgol heb stopio.

Pa un o'r graffiau pellter–amser hyn sy'n dangos orau taith Gwyn i'r ysgol?
Eglurwch eich ateb.

a)
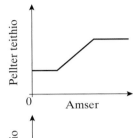

b)
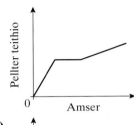

c)
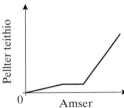

ch)
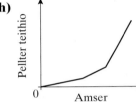

Sylwi 21.1

Cerddodd Gwyn i'r arhosfan bysiau ar
4 km/awr.
Cymerodd hyn 15 munud.
Arhosodd 5 munud yn yr arhosfan
bysiau.
Roedd y daith fws yn 12 km a
chymerodd hynny 20 munud. Roedd y
bws yn teithio ar fuanedd cyson.

a) Copïwch yr echelinau hyn a
lluniadwch graff manwl gywir o
daith Gwyn.

b) Beth oedd buanedd y bws mewn
km/awr?

c) Ar ôl 30 munud pa mor bell oedd
Gwyn o'i gartref?

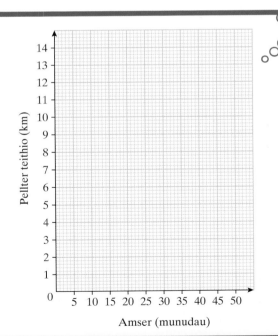

Pan fydd graff yn darlunio meintiau go iawn, defnyddiwn y term **cyfradd newid** am ba mor serth y mae'n mynd i fyny neu i lawr.

Pan fydd y graff yn dangos pellter (fertigol) yn erbyn amser (llorweddol), mae'r gyfradd newid yn hafal i'r **buanedd**.

Graffiau bywyd go-iawn

Pan fyddwch yn ateb cwestiynau am graff penodol, dylech wneud fel hyn:

- edrych yn ofalus ar y labeli ar yr echelinau i weld beth mae'r graff yn ei gynrychioli.
- gwirio beth yw'r unedau ar bob echelin.
- edrych i weld a yw'r llinellau'n syth neu'n grwm.

Os yw'r graff yn syth, mae'r gyfradd newid yn gyson. Y mwyaf serth yw'r llinell, y mwyaf yw'r gyfradd newid.	Mae llinell lorweddol yn cynrychioli rhan o'r graff le nad oes newid yn y maint ar yr echelin fertigol.	Os yw'r graff yn gromlin amgrwm (wrth edrych arni o'r gwaelod), mae'r gyfradd newid yn cynyddu.	Os yw'r graff yn gromlin geugrwm (wrth edrych arni o'r gwaelod), mae'r gyfradd newid yn lleihau.

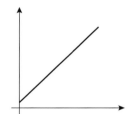 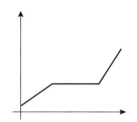 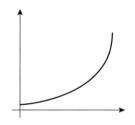 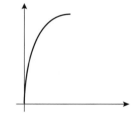

Mae'r graff yn dangos cost argraffu tocynnau.

ENGHRAIFFT 21.4

Mae'r graff yn dangos cost argraffu tocynnau.

a) Darganfyddwch gyfanswm cost argraffu 250 o docynnau.

b) Mae'r gost yn cynnwys tâl sefydlog a thâl ychwanegol am bob tocyn sy'n cael ei argraffu.

  (i) Beth yw'r tâl sefydlog?

  (ii) Darganfyddwch y tâl ychwanegol am bob tocyn sy'n cael ei argraffu.

  (iii) Darganfyddwch gyfanswm cost argraffu 800 o docynnau.

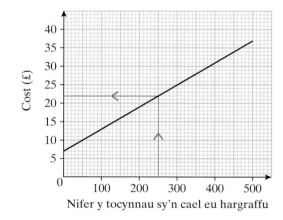

Datrysiad

a) £22   Tynnwch linell o 250 ar yr echelin 'Nifer y tocynnau sy'n cael eu hargraffu', i gwrdd â'r llinell syth.
Yna tynnwch linell lorweddol a darllen y gwerth lle mae'n croesi yr echelin 'Cost'.

b) (i) £7   Darllenwch o'r graff gost sero tocyn
(lle mae'r graff yn croesi'r echelin 'Cost').

(ii) Mae 250 o docynnau yn costio £22.
Y tâl sefydlog yw £7.
Felly y tâl ychwanegol am 250 o docynnau yw
$22 - 7 = £15$.
Y tâl ychwanegol am bob tocyn yw $\frac{15}{250} = £0.06$ neu 6c

(iii) Cost mewn punnoedd = 7 + nifer y tocynnau × 0.06
Cost 800 o docynnau = 7 + 800 × 0.06
$$= 7 + 48$$
$$= £55$$

> **AWGRYM**
> Gweithiwch mewn punnoedd neu geiniogau. Os gweithiwch mewn punnoedd, ni fydd angen i chi drawsnewid eich ateb terfynol yn ôl o geiniogau.

◎ YMARFER 21.3

1 Mae Jên ac Eleri yn byw yn yr un bloc o fflatiau ac yn mynd i'r un ysgol.
Mae'r graffiau'n cynrychioli eu teithiau adref o'r ysgol.

a) Disgrifiwch daith Eleri adref.

b) Ar ôl faint o funudau mae Eleri yn mynd heibio i Jên?

c) Cyfrifwch fuanedd Jên mewn
(i) cilometrau y munud.
(ii) cilometrau yr awr.

ch) Cyfrifwch fuanedd cyflymaf Eleri mewn
(i) cilometrau y munud.
(ii) cilometrau yr awr.

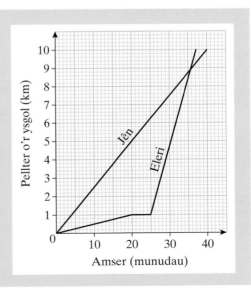

2   Mae Ann, Bethan a Catrin yn rhedeg ras 10 km.

Mae'r llinellau A, B ac C ar y graff yn dangos hynt y merched yn eu trefn.

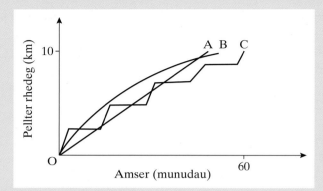

Dychmygwch eich bod yn sylwebydd a rhowch ddisgrifiad o'r ras.

3   Mae gyrrwr tacsi yn codi tâl yn ôl y cyfraddau canlynol.

Tâl sefydlog o £a

\+

x ceiniog y cilometr am y 20 km cyntaf

\+

40 ceiniog am bob cilometr yn fwy na 20 km

Mae'r graff yn dangos y taliadau am y 20 km cyntaf.

a)   Beth yw'r tâl sefydlog, £a?

b)   Cyfrifwch x, y tâl y cilometr, am y
20 cilometr cyntaf.

c)   Copïwch y graff ac ychwanegwch
segment llinell i ddangos y taliadau
am y pellterau o 20 km i 50 km.

ch) Beth yw cyfanswm y tâl am daith
o 35 km?

d)   Beth yw'r tâl cyfartalog y cilometr
ar gyfer taith o 35 km?

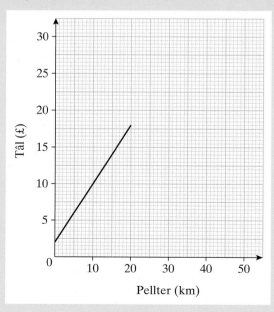

4 Mae dŵr yn cael ei arllwys i bob un o'r gwydrau hyn ar gyfradd gyson nes eu bod yn llawn.

a)
b)
c)
ch)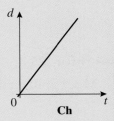

Mae'r graffiau hyn yn dangos dyfnder y dŵr (*d*) yn erbyn amser (*a*).
Dewiswch y graff mwyaf addas ar gyfer pob gwydryn.

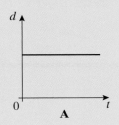
A

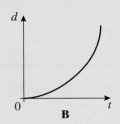
B

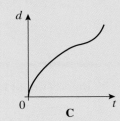
C

Ch

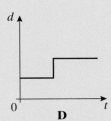
D

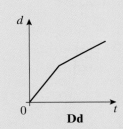
Dd

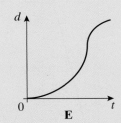
E

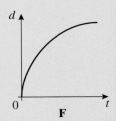
F

5 Mae cwmni sy'n gwerthu nwyddau swyddfa yn hysbysebu'r strwythur prisiau canlynol ar gyfer blychau o bapur cyfrifiadur.

Nifer y blychau	1 i 4	5 i 9	10 neu fwy
Pris am bob blwch	£6.65	£5.50	£4.65

a) Beth yw cost 9 blwch?

b) Beth yw cost 10 blwch?

c) Lluniadwch graff i ddangos cyfanswm cost prynu 1 i 12 blwch.
Defnyddiwch y raddfa 1 cm ar gyfer 1 blwch ar yr echelin lorweddol a 2 cm ar gyfer £1 ar yr echelin fertigol.

6 Mae cwmni dŵr yn codi'r taliadau canlynol ar gwsmeriaid sydd â mesurydd dŵr.

Tâl sylfaenol	£20.00
Tâl am bob metr ciwbig am y 100 metr ciwbig cyntaf sy'n cael ei ddefnyddio	£1.10
Tâl am bob metr ciwbig am ddŵr sy'n cael ei ddefnyddio uwchlaw 100 metr ciwbig	£0.80

a) Lluniadwch graff i ddangos y tâl am hyd at 150 o fetrau ciwbig.
Defnyddiwch raddfa 1 cm ar gyfer 10 metr ciwbig ar yr echelin lorweddol ac 1 cm ar gyfer £10 ar yr echelin fertigol.

b) Mae cwsmeriaid yn cael dewis talu swm sefydlog o £120.
Ar gyfer pa symiau o ddŵr y mae'n rhatach cael mesurydd dŵr?

Her 21.2

Mae'r graff yn dangos buanedd (v m/s) trên ar amser t eiliad.

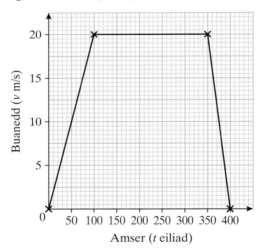

a) Beth sy'n digwydd rhwng yr amserau $t = 100$ a $t = 350$?

b) **(i)** Beth yw'r gyfradd newid rhwng $t = 0$ a $t = 100$?
(ii) Pa faint mae'r gyfradd newid yn ei gynrychioli?
(iii) Beth yw unedau'r gyfradd newid?

c) **(i)** Beth yw'r gyfradd newid rhwng $t = 350$ a $t = 400$?
(ii) Pa faint mae'r gyfradd newid yn ei gynrychioli?

Graffiau cwadratig

Ystyr **ffwythiant cwadratig** yw ffwythiant lle mae pŵer uchaf x yn 2. Felly bydd term x^2 yn y ffwythiant.

Efallai hefyd y bydd term x a therm rhifiadol yno hefyd.

Ni fydd term yno sydd ag unrhyw bŵer arall o x.

Mae'r ffwythiant $y = x^2 + 2x - 3$ yn ffwythiant cwadratig nodweddiadol.

Prawf sydyn 21.2

Nodwch a yw pob un o'r ffwythiannau hyn yn gwadratig ai peidio.

a) $y = x^2$ **b)** $y = x^2 + 5x - 4$ **c)** $y = \dfrac{5}{x}$ **ch)** $y = x^2 - 3x$

d) $y = x^2 - 3$ **dd)** $y = x^3 + 5x^2 - 2$ **e)** $y = x(x - 2)$

Fel gyda phob graff ffwythiannau sydd yn y ffurf '$y =$', er mwyn plotio'r graff rhaid yn gyntaf oll ddewis rhai gwerthoedd x a chwblhau tabl gwerthoedd.

Y ffwythiant cwadratig symlaf yw $y = x^2$.

x	-3	-2	-1	0	1	2	3
$y = x^2$	9	4	1	0	1	4	9

> **AWGRYM** Cofiwch fod sgwario rhif negatif yn rhoi rhif positif.

Wedyn gallwn blotio'r pwyntiau a'u huno i ffurfio cromlin lefn.

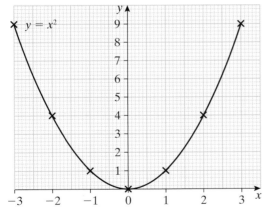

> **AWGRYM** Nid oes rhaid i'r raddfa y fod yr un fath â'r raddfa x.

> **AWGRYM** Trowch eich papur o amgylch a lluniadu'r gromlin o'r tu mewn. Bydd ysgubiad eich llaw yn rhoi cromlin fwy llyfn.
>
> Lluniadwch y gromlin heb godi eich pensil oddi ar y papur.
>
> Edrychwch tuag at y pwynt nesaf wrth i chi luniadu'r gromlin.

Gallwn ddefnyddio'r graff i ddarganfod gwerth y ar gyfer unrhyw werth x neu werth x ar gyfer unrhyw werth y.

Efallai y bydd angen rhesi ychwanegol yn y tabl i gael y gwerthoedd y terfynol ar gyfer rhai graffiau cwadratig.

ENGHRAIFFT 21.5

a) Cwblhewch y tabl gwerthoedd ar gyfer $y = x^2 - 2x$.

b) Plotiwch graff $y = x^2 - 2x$.

c) Defnyddiwch eich graff i wneud y canlynol:
    (i) darganfod gwerth y pan fo $x = 2.6$.   **(ii)** datrys $x^2 - 2x = 5$.

Datrysiad

a)

x	-2	-1	0	1	2	3	4
x^2	4	1	0	1	4	9	16
$-2x$	4	2	0	-2	-4	-6	-8
$y = x^2 - 2x$	8	3	0	-1	0	3	8

AWGRYM

Mae'r ail res a'r drydedd res wedi'u cynnwys yn y tabl er mwyn ei gwneud yn haws cyfrifo gwerthoedd y; ar gyfer y graff hwn, adiwch y rhifau yn yr ail res a'r drydedd res i ddarganfod gwerthoedd y.

Y gwerthoedd y byddwch yn eu plotio yw gwerthoedd x (rhes gyntaf) a gwerthoedd y (rhes olaf).

b) $y = x^2 - 2x$

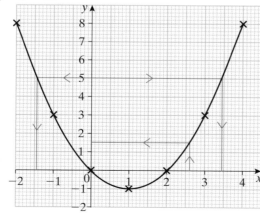

c) **(i)** $y = 1.5$ Darllenwch i fyny o $x = 2.6$.

     (ii) $x = -1.45$ neu $x = 3.45$ Mae $x^2 - 2x = 5$ yn golygu bod $y = 5$.

                                               O ddarllen ar draws o 5, fe welwch fod

                                               dau ateb yn bosibl.

ENGHRAIFFT 21.6

a) Cwblhewch y tabl gwerthoedd ar gyfer $y = x^2 + 3x - 2$.

b) Plotiwch graff $y = x^2 + 3x - 2$.

c) Defnyddiwch eich graff i wneud y canlynol:

     (i) darganfod gwerth y pan fo $x = -4.3$.   **(ii)** datrys $x^2 + 3x - 2 = 0$.

Datrysiad

a)

x	-5	-4	-3	-2	-1	0	1	2
x^2	25	16	9	4	1	0	1	4
$3x$	-15	-12	-9	-6	-3	0	3	6
-2	-2	-2	-2	-2	-2	-2	-2	-2
$y = x^2 + 3x - 2$	8	2	-2	-4	-4	-2	2	8

b)

Yn y tabl, gwerthoedd isaf y yw -4 (mewn dau le), ond mae'r gromlin yn mynd yn is na -4. Mewn sefyllfaoedd o'r fath, mae'n aml yn ddefnyddiol cyfrifo cyfesurynnau pwynt isaf (neu uchaf) y gromlin.

Gan fod y gromlin yn gymesur, rhaid bod pwynt isaf $y = x^2 + 3x - 2$ hanner ffordd rhwng $x = -2$ ac $x = -1$, hynny yw yn $x = -1.5$.

Pan fo $x = -1.5$, $y = (-1.5)^2 + 3 \times -1.5 - 2 = 2.25 - 4.5 - 2 = -4.25$.

c) **(i)** $y = 3.5$ Darllenwch i fyny o $x = -4.3$.
       (ii) $x = -3.6$ neu $x = 0.6$ Mae $x^2 + 3x - 2 = 0$ golygu bod $y = 0$.
                                        O ddarllen ar draws y graff pan fo $y = 0$,
                                        fe welwch fod dau ateb yn bosibl.

Yr un siâp sylfaenol sydd i bob graff cwadratig. Y term am y siâp hwn yw **parabola**.

Siâp ∪ sydd i'r tri graff a welsoch hyd yma. Yn y graffiau hyn roedd y term x^2 yn bositif.

Os yw'r term x^2 yn negatif, bydd y parabola yn wynebu'r ffordd arall (∩).

AWGRYM

Os nad oes siâp parabola i'ch graff, ewch yn ôl a gwirio eich tabl.

ENGHRAIFFT 21.7

  a) Cwblhewch y tabl gwerthoedd ar gyfer $y = 5 - x^2$.
  b) Plotiwch graff $y = 5 - x^2$.
  c) Defnyddiwch eich graff i ddatrys   **(i)** $5 - x^2 = 0$.   **(ii)** $5 - x^2 = 3$.

Datrysiad

a)

x	-3	-2	-1	0	1	2	3
5	5	5	5	5	5	5	5
$-x^2$	-9	-4	-1	0	-1	-4	-9
$y = 5 - x^2$	-4	1	4	5	4	1	-4

b)

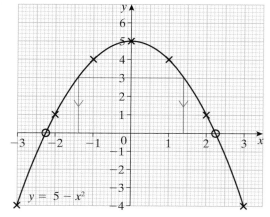

  c) **(i)** $x = -2.25$ neu $x = 2.25$ Darllenwch ar draws lle mae $y = 0$.
       (ii) $x = -1.4$ neu $x = 1.4$ Darllenwch ar draws lle mae $y = 3$.

1 a) Copïwch a chwblhewch y tabl gwerthoedd ar gyfer $y = x^2 - 2$.

x	-3	-2	-1	0	1	2	3
x^2	9					4	
-2	-2					-2	
$y = x^2 - 2$	7					2	

b) Plotiwch graff $y = x^2 - 2$.
Defnyddiwch y raddfa 2 cm ar gyfer 1 uned ar yr echelin x ac 1 cm ar gyfer 1 uned ar yr echelin y.

c) Defnyddiwch eich graff i wneud y canlynol:
(i) darganfod gwerth y pan fo $x = 2.3$. **(ii)** datrys $x^2 - 2 = 4$.

2 a) Copïwch a chwblhewch y tabl gwerthoedd ar gyfer $y = x^2 - 4x$.

x	-1	0	1	2	3	4	5
x^2					9		
$-4x$					-12		
$y = x^2 - 4x$					-3		

b) Plotiwch graff $y = x^2 - 4x$.
Defnyddiwch y raddfa 2 cm ar gyfer 1 uned ar yr echelin x ac 1 cm ar gyfer 1 uned ar yr echelin y.

c) Defnyddiwch eich graff i wneud y canlynol:
(i) darganfod gwerth y pan fo $x = 4.2$. **(ii)** datrys $x^2 - 4x = -2$.

3 a) Copïwch a chwblhewch y tabl gwerthoedd ar gyfer $y = x^2 + x - 3$.

x	-4	-3	-2	-1	0	1	2	3
x^2			4					
x			-2					
-3			-3					
$y = x^2 + x - 3$			-1					

b) Plotiwch graff $y = x^2 + x - 3$.
Defnyddiwch y raddfa 2 cm ar gyfer 1 uned ar yr echelin x ac 1 cm ar gyfer 1 uned ar yr echelin y.

c) Defnyddiwch eich graff i wneud y canlynol:
(i) darganfod gwerth y pan fo $x = 0.7$. **(ii)** datrys $x^2 + x - 3 = 0$.

4 a) Gwnewch dabl gwerthoedd ar gyfer $y = x^2 - 3x + 4$. Dewiswch werthoedd x o -2 i 5.

  b) Plotiwch graff $y = x^2 - 3x + 4$.

  Defnyddiwch y raddfa 2 cm ar gyfer 1 uned ar yr echelin x ac 1 cm ar gyfer 1 uned ar yr echelin y.

  c) Defnyddiwch eich graff i wneud y canlynol:

  (i) darganfod gwerth lleiaf y. **(ii)** datrys $x^2 - 3x + 4 = 10$.

5 a) Copïwch a chwblhewch y tabl gwerthoedd ar gyfer $y = 3x - x^2$.

x	-2	-1	0	1	2	3	4	5
$3x$				3			12	
$-x^2$				-1			-16	
$y = 3x - x^2$				2			-4	

  b) Plotiwch graff $y = 3x - x^2$.

  Defnyddiwch y raddfa 2 cm ar gyfer 1 uned ar yr echelin x ac 1 cm ar gyfer 1 uned ar yr echelin y.

  c) Defnyddiwch eich graff i wneud y canlynol:

  (i) darganfod gwerth mwyaf y. **(ii)** datrys $3x - x^2 = -2$.

6 a) Gwnewch dabl gwerthoedd ar gyfer $y = x^2 - x - 5$. Dewiswch werthoedd x o -3 i 4.

  b) Plotiwch graff $y = x^2 - x - 5$.

  Defnyddiwch y raddfa 2 cm ar gyfer 1 uned ar yr echelin x ac 1 cm ar gyfer 1 uned ar yr echelin y

  c) Defnyddiwch eich graff i ddatrys:

  (i) $x^2 - x - 5 = 0$. **(ii)** $x^2 - x - 5 = 3$.

7 a) Gwnewch dabl gwerthoedd ar gyfer $y = 2x^2 - 5$. Dewiswch werthoedd x o -3 i 3.

  b) Plotiwch graff $y = 2x^2 - 5$.

  Defnyddiwch y raddfa 2 cm ar gyfer 1 uned ar yr echelin x ac 1 cm ar gyfer 1 uned ar yr echelin y.

  c) Defnyddiwch eich graff i ddatrys:

  (i) $2x^2 - 5 = 0$. **(ii)** $2x^2 - 5 = 10$.

8 Mae arwynebedd arwyneb cyfan (A cm^2) y ciwb hwn yn cael ei roi gan $A = 6x^2$.

  a) Gwnewch dabl gwerthoedd ar gyfer $A = 6x^2$.

  Dewiswch werthoedd x o 0 i 5.

  b) Plotiwch graff $A = 6x^2$.

  Defnyddiwch y raddfa 2 cm ar gyfer 1 uned ar yr echelin x ac 1 cm ar gyfer 10 uned ar yr echelin A.

  c) Defnyddiwch eich graff i ddarganfod hyd ochr ciwb sydd â'r arwynebedd arwyneb:

  (i) 20 cm^2. **(ii)** 80 cm^2.

Mae'r diagram yn dangos corlan defaid. Mae ffens ar dair ochr.
Wal yw'r bedwaredd ochr.

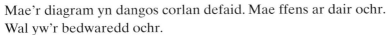
Wal

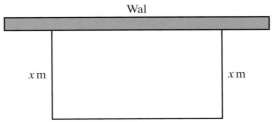
x m x m

Hyd ochrau'r gorlan yw x metr.

Cyfanswm hyd y ffens yw 50 metr.

a) Eglurwch pam mae arwynebedd y gorlan wedi'i fynegi fel $A = x(50 - 2x)$

b) Gwnewch dabl gwerthoedd ar gyfer A gan ddefnyddio $0, 5, 10, 15, 20, 25$ fel gwerthoedd x.

c) Plotiwch graff gydag x ar yr echelin lorweddol ac A ar yr echelin fertigol.

ch) Defnyddiwch eich graff i ddarganfod:

    (i) arwynebedd y gorlan pan fo $x = 8$.

    (ii) gwerthoedd x pan fo'r arwynebedd yn $150\,\text{m}^2$.

    (iii) arwynebedd mwyaf y gorlan.

RYDYCH WEDI DYSGU

- er mai dau bwynt yn unig sydd eu hangen er mwyn lluniadu graff llinell syth, y dylech wirio â thrydydd pwynt bob tro
- wrth ateb cwestiynau am graff penodol, y dylech edrych yn ofalus ar y labeli a'r unedau ar yr echelinau a gweld a yw'r llinell yn syth neu'n grwm
- bod llinell syth yn cynrychioli cyfradd newid sy'n gyson, a pho fwyaf serth yw'r llinell, po fwyaf yw'r gyfradd newid
- bod llinell lorweddol yn golygu nad oes newid yn y maint ar yr echelin y
- bod cromlin amgrwm (o edrych arni o'r gwaelod) yn cynrychioli cyfradd newid sy'n cynyddu
- bod cromlin geugrwm (o edrych arni o'r gwaelod) yn cynrychioli cyfradd newid sy'n lleihau
- mai'r gyfradd newid ar graff pellter–amser yw'r buanedd
- ar graff cost, mai'r gwerth lle mae'r graff yn torri echelin y gost yw'r tâl sefydlog
- mewn ffwythiant cwadratig mai x^2 yw pŵer uchaf x. Efallai y bydd ganddo derm x a therm rhifiadol hefyd. Ni fydd ganddo derm ag unrhyw bŵer arall o x
- mai parabola yw siâp pob graff cwadratig. Os yw'r term x^2 yn bositif, siâp $\cup$ sydd i'r gromlin. Os yw'r term x^2 yn negatif, siâp $\cap$ sydd i'r gromlin

1   Lluniadwch graff $y = 2x - 1$ ar gyfer gwerthoedd x o -1 i 4.

2   Lluniadwch graff $2x + y - 8 = 0$ ar gyfer gwerthoedd x o 0 i 4.

3   Mae'r graff yn dangos faint yw cost cyflenwad trydan fesul chwarter blwyddyn am hyd at 500 kWawr o drydan.

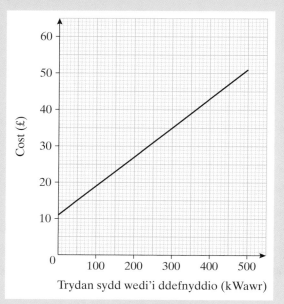

   a) Beth yw cyfanswm cost defnyddio 350 kWawr?

   Mae'r cyfanswm yn cynnwys tâl sefydlog sy'n ychwanegol at bris pob kWawr o drydan sydd wedi'i ddefnyddio.

   b) **(i)** Beth yw'r tâl sefydlog?
       (ii) Cyfrifwch gost pob kWawr mewn ceiniogau.

4   Mae'r un cyflenwr egni yn codi tâl sefydlog o £15 y chwarter am nwy.
    Yn ogystal â hyn mae tâl o 2c am bob kWawr.

   a) Lluniadwch graff i ddangos y bil chwarterol am ddefnyddio hyd at 1500 kWawr o nwy.
       Defnyddiwch y raddfa 1 cm ar gyfer 100 kWawr ar yr echelin lorweddol a 2 cm ar gyfer £10 ar yr echelin fertigol.

   b) Edrychwch ar y graff hwn a'r graff yng nghwestiwn **3**.
       A yw'n rhatach prynu 400 kWawr o drydan neu 400 kWawr o nwy?
       Faint yn rhatach ydyw?

5   Mae dŵr yn cael ei arllwys i'r cynwysyddion hyn ar raddfa gyson.
    Brasluniwch graffiau dyfnder y dŵr (fertigol) yn erbyn amser (llorweddol).

   a)

   b)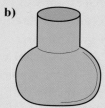

6 Mae'r graff yn dangos taith siopa Ceri ar fore Sadwrn.

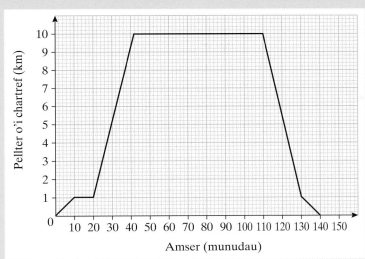

a) Beth ddigwyddodd rhwng 10 munud ac 20 munud ar ôl i Ceri adael ei chartref?

b) Faint o amser dreuliodd hi yn y siopau?

c) Aeth adref ar y bws. Beth oedd buanedd y bws?

ch) Pa mor bell o gartref Ceri yw

    (i) yr arhosfan bysiau?   **(ii)** y ganolfan siopa?

7 Pa rai o'r ffwythiannau hyn sy'n gwadratig?

Ar gyfer pob un o'r ffwythiannau sy'n gwadratig, nodwch ai siâp ∪ neu siâp ∩ sydd i'r graff.

a) $y = x^2 + 3x$ **b)** $y = x^3 + 5x^2 + 3$ **c)** $y = 5 + 3x - x^2$

ch) $y = (x + 1)(x - 3)$ **d)** $y = \dfrac{4}{x^2}$ **dd)** $y = x^2(x + 1)$

e) $y = x(5 - 2x)$

8 **a)** Copïwch a chwblhewch y tabl gwerthoedd ar gyfer $y = x^2 + 3x$.

x	−5	−4	−3	−2	−1	0	1	2
x^2	25			4				4
$3x$	−15			−6				6
$y = x^2 + 3x$	10			−2				10

b) Plotiwch graff $y = x^2 + 3x$.

Defnyddiwch y raddfa 2 cm ar gyfer 1 uned ar yr echelin x ac 1 cm ar gyfer 1 uned ar yr echelin y.

c) Defnyddiwch eich graff i wneud y canlynol:

    (i) darganfod gwerth lleiaf y.   **(ii)** datrys $x^2 + 3x = 3$.

9 a) Copïwch a chwblhewch y tabl gwerthoedd ar gyfer $y = (x + 3)(x - 2)$.

x	-4	-3	-2	-1	0	1	2	3
$(x + 3)$			1		3			6
$(x - 2)$			-4		-2			1
$y = (x + 3)(x - 2)$			-4		-6			6

b) Plotiwch graff $y = (x + 3)(x - 2)$.
Defnyddiwch y raddfa 2 cm ar gyfer 1 uned ar yr echelin x ac 1 cm ar gyfer 1 uned ar yr echelin y.

c) Defnyddiwch eich graff i wneud y canlynol:
   (i) darganfod gwerth lleiaf y.
   (ii) datrys $(x + 3)(x - 2) = -2$.

10 a) Gwnewch dabl gwerthoedd ar gyfer $y = x^2 - 2x - 1$. Dewiswch werthoedd x o -2 i 4.

b) Plotiwch graff $y = x^2 - 2x - 1$.
Defnyddiwch y raddfa 2 cm ar gyfer 1 uned ar yr echelin x ac 1 cm ar gyfer 1 uned ar yr echelin y.

c) Defnyddiwch eich graff i ddatrys:
   (i) $x^2 - 2x - 1 = 0$.
   (ii) $x^2 - 2x - 1 = 4$.

11 a) Gwnewch dabl gwerthoedd ar gyfer $y = 5x - x^2$. Dewiswch werthoedd x o -1 i 6.

b) Plotiwch graff $y = 5x - x^2$.
Defnyddiwch y raddfa 2 cm ar gyfer 1 uned ar yr echelin x ac 1 cm ar gyfer 1 uned ar yr echelin y.

c) Defnyddiwch eich graff i wneud y canlynol:
   (i) datrys $5x - x^2 = 3$.
   (ii) darganfod gwerth lleiaf y.

22 → ONGLAU, PWYNTIAU A LLINELLAU

YN Y BENNOD HON

- Adnabod gwahanol fathau o onglau
- Adnabod llinellau perpendicwlar a llinellau paralel
- Sut i adnabod onglau mewn diagram
- Tair ffaith sylfaenol y mae rhaid eu cofio am onglau

DYLECH WYBOD YN BAROD

- beth yw ongl
- bod onglau'n cael eu mesur mewn graddau

Onglau cyfarwydd

90°: ongl sgwâr neu $\frac{1}{4}$ tro

Mae dwy linell sy'n cwrdd ar ongl sgwâr yn llinellau **perpendicwlar**.

 neu

Mae'r arwydd hwn yn dangos 90°.

180°: llinell syth neu $\frac{1}{2}$ tro

neu

Dwy ongl 90°.

360°: cylch cyfan neu dro cyfan

neu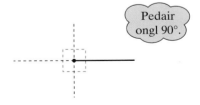

Pedair ongl 90°.

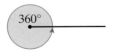

Mae dwy linell sydd bob amser yr un pellter oddi wrth ei gilydd yn llinellau **paralel**.

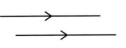

Pa ongl sydd yr un fath ag

a) $\frac{1}{4}$ tro? **b)** $\frac{1}{2}$ tro? **c)** $\frac{3}{4}$ tro?

Sylwi 22.1

Edrychwch ar y cloc hwn.
Mae ongl rhwng bysedd y cloc.
Darganfyddwch un amser ar y cloc
pryd bydd yr ongl rhwng ei fysedd yn union

a) $0°$. **b)** $90°$. **c)** $180°$.

Sylwi 22.2

Edrychwch o amgylch eich ystafell ddosbarth. Ysgrifennwch

a) pedwar lle sydd ag ongl $90°$.

b) dau le sydd ag ongl $180°$.

c) un lle sydd ag ongl $360°$.

ch) dau le sydd â llinellau paralel.

Gwahanol fathau o onglau

Ongl lem yw'r enw ar ongl sydd rhwng $0°$ a $90°$. Yr enw ar fwy nag un
ongl lem yw **onglau llym**.

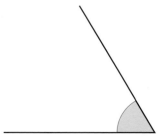
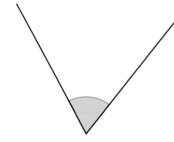
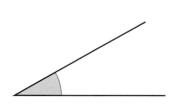

Ongl aflem yw'r enw ar ongl sydd rhwng 90° a 180°. Yr enw ar fwy nag un ongl aflem yw **onglau aflym**.

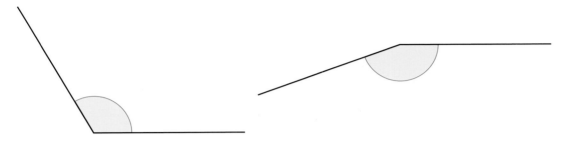

Mae ongl sydd rhwng 180° a 360° yn cael ei galw'n ongl atblyg.

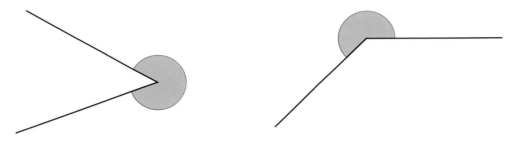

Bydd angen i chi gofio enwau'r mathau gwahanol hyn o onglau.

Prawf sydyn 22.2

Dyma lun o du blaen tŷ.

Copïwch y llun a nodwch y rhain arno:

- pob ongl lem â'r llythyren *a*
- pob ongl sgwâr â'r llythyren *b*
- pob ongl aflem â'r llythyren *c*
- pob ongl atblyg â'r llythyren *d*
- llinellau paralel â phennau saethau.

Faint o bob gwahanol fath wnaethoch chi eu darganfod?

Gwiriwch â'ch cymdogion.

Gawson nhw hyd i fwy na chi?

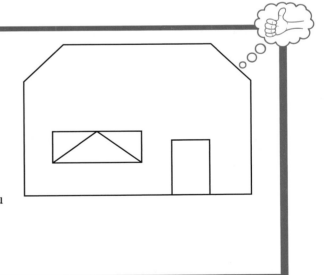

1 Rhowch yr onglau hyn yn nhrefn eu maint, y lleiaf yn gyntaf.

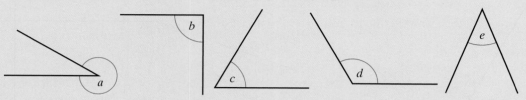

2 Ydy'r rhain yn onglau llym, onglau sgwâr, onglau aflym neu onglau atblyg?

a)   **b)**   **c)**   **ch)**

d)   **dd)**   **e)**   **f)**

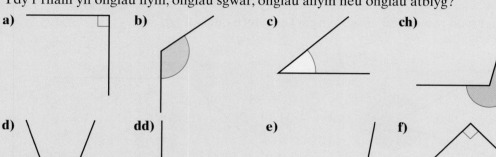

3 Ydy onglau o'r meintiau hyn yn onglau llym, onglau sgwâr, onglau aflym neu onglau atblyg?

     a) $145°$ **b)** $86°$ **c)** $350°$ **ch)** $190°$ **d)** $126°$

     dd) $226°$ **e)** $90°$ **f)** $26°$ **ff)** $270°$ **g)** $99°$

Adnabod onglau

Yn y diagram, $65°$ yw'r ongl rhwng y llinellau BA a BC.

Byddwn yn defnyddio tair llythyren i adnabod ac enwi ongl.

Gallwn enwi'r ongl sydd yn y diagram fel hyn:

     Ongl ABC $= 65°$ neu $\angle ABC = 65°$ neu $A\widehat{B}C = 65°$

     Ongl CBA $= 65°$ neu $\angle CBA = 65°$ neu $C\widehat{B}A = 65°$

AWGRYM

> Y ganol o'r tair llythyren sy'n nodi ble mae'r ongl. Nid yw trefn y ddwy lythyren bob ochr iddi yn gwneud unrhyw wahaniaeth.

Mae'n bwysig iawn defnyddio tair llythyren pan fo mwy nag un ongl ar bwynt.

Enwch y ddwy ongl sydd yn y diagram hwn, a nodwch eu meintiau.

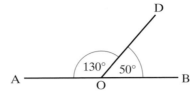

Datrysiad

$A\widehat{O}D = 130°$ ac $B\widehat{O}D = 50°$.

Sylwch y gallech fod wedi enwi'r onglau yn $D\widehat{O}A$ a $D\widehat{O}B$.

Her 22.1

Adnabyddwch ac enwch bedair ongl yn y diagram hwn.

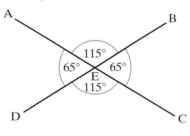

Her 22.2

Mae *chwe* ongl wahanol yn y diagram hwn. Adnabyddwch ac enwch bob un.

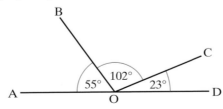

Ffeithiau am onglau

Ffaith 1 am onglau: mae onglau ar linell syth yn adio i 180°

Os edrychwch eto ar dudalen 259 fe welwch fod llinell syth yn ongl 180°.

Felly, yn y ddau ddiagram hyn

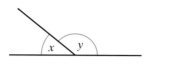   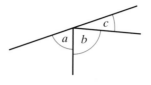

$$x + y = 180°$$ ac $$a + b + c = 180°$$

> **Ffaith 1 am onglau: mae onglau ar linell syth yn adio i 180°**

ENGHRAIFFT 22.2

Cyfrifwch faint yr ongl x yn y diagram hwn.

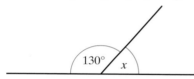

> **AWGRYM**
> Nid yw'r onglau yn y diagramau hyn byth yn cael eu lluniadu wrth raddfa. Felly *peidiwch* â cheisio eu mesur.

Datrysiad

Defnyddiwch y ffaith fod onglau sydd ar linell syth yn adio i 180°.

$$x = 180 - 130$$
$$x = 50°$$

> **AWGRYM**
> Nid oes angen cynnwys yr arwyddion graddau yn eich gwaith cyfrifo, ond *rhaid* rhoi'r arwydd graddau yn eich ateb.

ENGHRAIFFT 22.3

Cyfrifwch faint yr ongl y yn y diagram hwn.

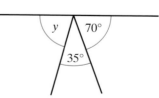

Datrysiad

$$y = 180 - (35 + 70)$$
$$y = 180 - 105$$
$$y = 75°$$

Defnyddiwch y ffaith fod onglau sydd ar linell syth yn adio i 180°. Adiwch yr onglau sydd wedi'u rhoi i chi ac wedyn tynnwch eu swm o 180.

Cyfrifwch faint yr ongl anhysbys ym mhob un o'r diagramau hyn.

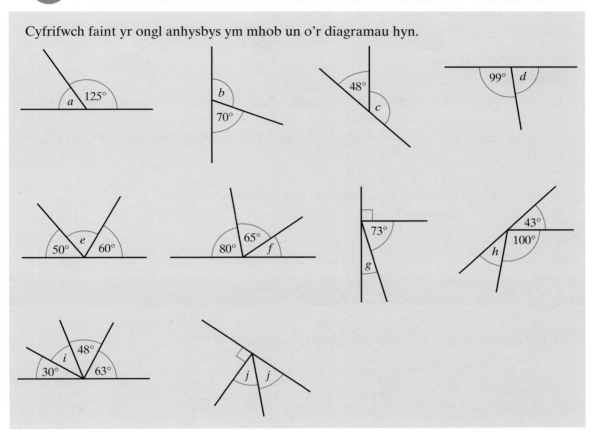

Ffaith 2 am onglau: mae onglau o amgylch pwynt yn adio i 360°

Os edrychwch eto ar dudalen 259 fe welwch fod cylch cyfan yn ongl 360°.

Felly, yn y diagram hwn

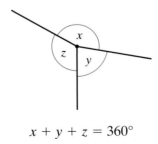

$$x + y + z = 360°$$

Ffaith 2 am onglau: mae onglau o amgylch pwynt yn adio i 360°

Cyfrifwch faint yr ongl x yn y diagram hwn.

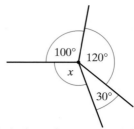

Datrysiad

$x = 360 - (100 + 120 + 30)$ Defnyddiwch y ffaith fod onglau o amgylch pwynt yn adio i 360°.

$x = 360 - 250$ Adiwch yr onglau sydd wedi eu rhoi i chi ac wedyn tynnwch

$x = 110°$ eu swm o 360.

AWGRYM

Gwiriwch eich ateb trwy adio'r onglau i gyd a gwneud yn siŵr mai 360 yw'r cyfanswm. Yma, mae $100 + 120 + 30 + 110 = 360$.

YMARFER 22.3

Cyfrifwch faint yr ongl anhysbys ym mhob un o'r diagramau hyn.

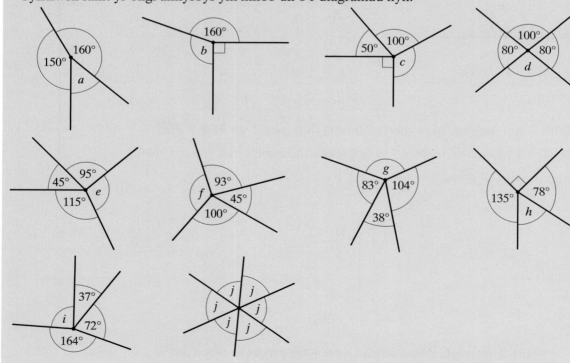

Mewn sawl gwahanol ffordd y gallwch chi osod yr onglau hyn

a) ar linell syth?

b) o amgylch pwynt?

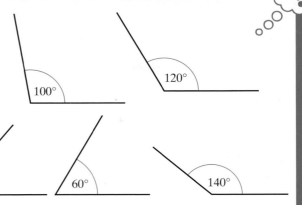

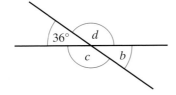

Gwiriwch gyda ffrind. Pwy oedd â'r mwyaf o ffyrdd?

Ffaith 3 am onglau: mae onglau croesfertigol yn hafal

Os yw dwy linell yn croesi ei gilydd, maen nhw'n ffurfio pedair ongl.
Mae onglau sydd gyferbyn â'i gilydd yn hafal.
Dywedwn fod yr onglau ym mhob pâr yn **onglau croesfertigol**.

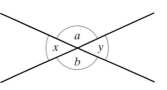

Felly, yn y diagram hwn, mae $x = y$ ac mae $a = b$.

> **Ffaith 3 am onglau: mae onglau croesfertigol yn hafal.**

ENGHRAIFFT 22.5

Cyfrifwch feintiau'r onglau b, c a d yn y diagram hwn.
Rhowch reswm dros bob un o'ch atebion.

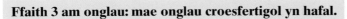

AWGRYM
Cyfrifwch yr onglau yn nhrefn yr wyddor.
Dyma'r ffordd hawsaf fel arfer.

AWGRYM
Pan fo cwestiwn yn gofyn am reswm, rhaid i chi ddweud pa ffaith am onglau rydych chi wedi ei defnyddio.

Datrysiad

$b = 36°$ Mae onglau croesfertigol yn hafal.

$c = 180 - 36$

$\quad = 144°$ Mae onglau ar linell syth yn adio i $180°$.

$d = 144°$ Mae onglau croesfertigol yn hafal.

I ateb pob cwestiwn
- Copïwch y diagram.
- Cyfrifwch faint pob ongl anhysbys.
- Rhowch reswm dros eich ateb.

1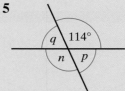

2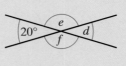

3

4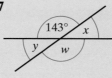

5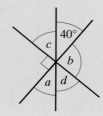

6

7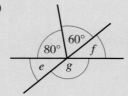

8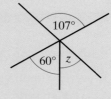

9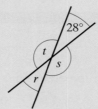

10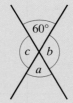

RYDYCH WEDI DYSGU

- bod 90° mewn $\frac{1}{4}$ tro, 180° mewn $\frac{1}{2}$ tro a 360° mewn tro cyfan
- beth yw maint ongl lem, ongl aflem ac ongl atblyg
- sut i adnabod llinellau perpendicwlar a llinellau paralel
- sut i ddefnyddio llythrennau i adnabod onglau.
  Er enghraifft, yn y diagram, $\widehat{ABC} = 20°$
- bod onglau ar linell syth yn adio i 180°
- bod onglau o amgylch pwynt yn adio i 360°
- bod onglau croesfertigol yn hafal

1 Edrychwch ar wyneb y cloc.
Ydy'r bys oriau yn symud trwy ongl lem, ongl sgwâr,
ongl aflem neu ongl atblyg wrth iddo droi

a) o 12 o'r gloch i 3 o'r gloch? **b)** o 2 o'r gloch i 7 o'r gloch?

c) o 10 o'r gloch i 1 o'r gloch? **ch)** o 8 o'r gloch i 5 o'r gloch?

Gall tynnu braslun o'r clociau hyn fod o help i chi.

2 Ym mhob diagram, cyfrifwch faint yr ongl anhysbys.

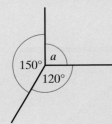 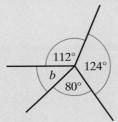 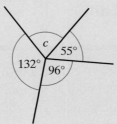

3 Ym mhob diagram, cyfrifwch faint yr ongl anhysbys.

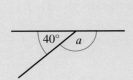 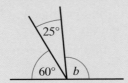 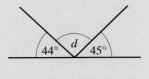 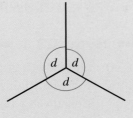

4 Cyfrifwch faint pob ongl anhysbys.
Rhowch reswm dros bob un o'ch atebion.

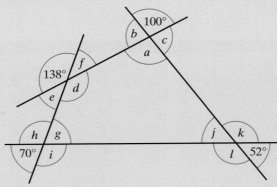

23 → TRIONGLAU, PEDROCHRAU A CHIWBOIDAU

Yr onglau mewn triongl

Sylwi 23.1

a) Lluniadwch gopi bras o'r triongl hwn ar ddarn o bapur.
Torrwch y tair cornel oddi ar y triongl.
Gosodwch y tair cornel ochr-yn-ochr.
Beth sy'n tynnu eich sylw?

b) Ailadroddwch hyn â thriongl gwahanol.
Ydy'r un peth yn digwydd?

c) Copïwch a chwblhewch y frawddeg hon.
Mae'r tair ongl y tu mewn i driongl yn adio i ....°.

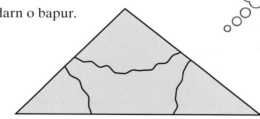

Mae'r onglau mewn triongl yn adio i 180°.

Yn y triongl hwn, mae un ongl sgwâr (90°) a dwy ongl 45°.
90° + 45° + 45° = 180°

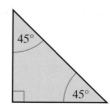

ENGHRAIFFT 23.1

Darganfyddwch faint yr ongl *a* yn y triongl hwn.

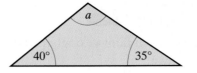

Datrysiad

Swm yr onglau mewn triongl yw 180°. Felly mae

$$a + 40° + 35° = 180°$$
$$a + 75° = 180°$$
$$a = 105°$$

ENGHRAIFFT 23.2

Darganfyddwch feintiau'r onglau sydd wedi'u nodi â llythrennau yn y diagram hwn.

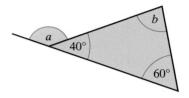

Datrysiad

Mae'r onglau ar linell syth yn adio i 180°. Felly mae

$$a + 40° = 180°$$
$$a = 140°$$

Swm yr onglau mewn triongl yw 180°. Felly mae

$$b + 40° + 60° = 180°$$
$$b + 100° = 180°$$
$$b = 80°$$

Priodweddau trionglau

Triongl	Priodweddau
Hafalochrog	• Mae'r tair ochr i gyd yr un hyd • Mae'r tair ongl i gyd yr un faint (60°) (Sylwch sut y defnyddiwn arcau bach yn yr onglau i ddangos eu bod yn onglau hafal.)
Isosgeles	• Mae hyd dwy ochr yn hafal • Mae'r onglau sydd gyferbyn â'r ochrau hafal yn onglau hafal (Yn aml, defnyddiwn linellau bach ar draws ochrau triongl i ddangos bod yr ochrau'n hafal, fel yn y diagram.)
Ongl sgwâr	• Mae un ongl yn ongl sgwâr • Mae'n gallu bod yn driongl isosgeles

ENGHRAIFFT 23.3

Darganfyddwch faint yr ongl *m* yn y triongl isosgeles hwn.

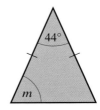

Datrysiad

Gan mai triongl isosgeles yw hwn, mae'r ongl sydd heb ei nodi hefyd yn *m*.
Swm yr onglau mewn triongl yw 180°. Felly mae

$$2m + 44 = 180°$$
$$2m = 136°$$
$$m = 68°$$

YMARFER 23.1

1 Cyfrifwch yr onglau sydd wedi'u nodi â llythrennau yn y trionglau hyn.

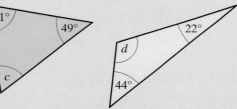

2 Cyfrifwch yr onglau sydd wedi'u nodi â llythrennau yn y diagramau hyn.

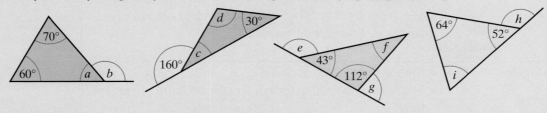

3 Cyfrifwch yr onglau sydd wedi'u nodi â llythrennau yn y trionglau isosgeles hyn.

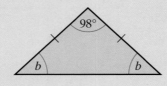
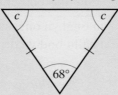
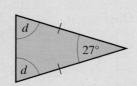

4 a) Cyfrifwch yr onglau sydd wedi'u nodi â llythrennau yn y trionglau hyn.

(i)

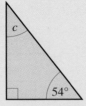

(ii)

(iii)

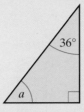

b) Beth sy'n arbennig ynglŷn â'r triongl yn rhan **a)(ii)**?

Siapiau cyfath

Dywedwn fod siapiau sydd yn union yr un faint a'r un siâp â'i gilydd yn siapiau **cyfath**. Os torrwch ddau siâp cyfath o bapur, bydd un siâp yn ffitio'n union dros y llall.

Yn y tangram hwn, mae trionglau A a B yn gyfath.

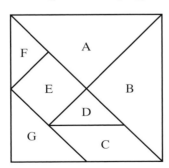

Prawf sydyn 23.1

a) Yn y tangram uchod, pa siapiau eraill sy'n gyfath?

b) Beth y gallwch chi ei ddweud am drionglau A ac G yn y tangram?

1 Pa rai o'r siapiau hyn sy'n gyfath â siâp A?

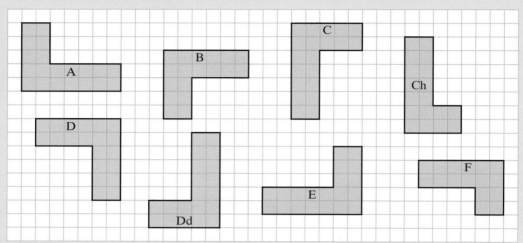

2 Yn y cwestiwn hwn, mae ochrau sy'n hafal wedi'u nodi â llinellau cyfatebol, ac mae onglau sy'n hafal wedi'u nodi ag arcau cyfatebol.

Pa rai o'r parau hyn o drionglau sy'n gyfath?

a)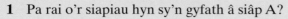

b)

c)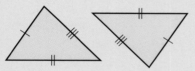

ch)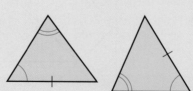

d)

dd)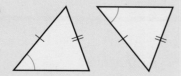

Priodweddau pedrochrau

Pedrochr yw siâp sydd â phedair ochr. Bydd disgwyl i chi allu adnabod y pedrochrau canlynol.

Pedrochr	Priodweddau
Sgwâr	• Y pedair ochr yn hafal • Pob ongl yn ongl sgwâr
Petryal	• Dau bâr o ochrau hafal • Pob ongl yn ongl sgwâr
Paralelogram	• Ochrau cyferbyn yn hafal a pharalel (Mae pennau saethau bach ar yr ochrau i ddangos eu bod yn ochrau paralel.)
Rhombws	• Y pedair ochr yn hafal • Ochrau cyferbyn yn baralel
Barcut	• Dau bâr o ochrau hafal; yr ochrau hafal yn gyfagos, sef y nesaf at ei gilydd • Un pâr o onglau hafal (Gallwch ystyried bod hwn yn ddau driongl isosgeles wedi'u glynu wrth ei gilydd, sail wrth sail.)
Trapesiwm	• Un pâr o ochrau paralel

Edrychwch ar groesliniau pob un o'r pedrochrau.
Ar wahân i'r ffaith fod dwy groeslin gan bob pedrochr, allwch chi ddarganfod priodweddau eraill sydd gan y croesliniau?

⊚ YMARFER 23.3

1 Enwch bob un o'r siapiau A i D yn y diagram, mor gyflawn ag y gallwch.

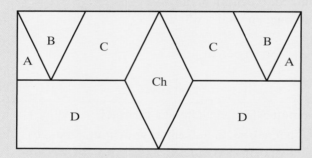

2 **a)** Yn y diagram isod, pa bedwar triongl sy'n ffurfio barcut?

   b) Ysgrifennwch bâr o drionglau sy'n ffurfio paralelogram.

   c) Pa drionglau *nad* ydynt yn isosgeles?

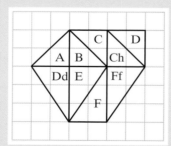

Ciwboidau

Ciwb yw hwn.

Mae ganddo chwe wyneb: pob un yn sgwâr.

Ciwboid yw hwn.

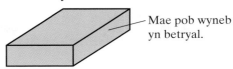

Mae pob wyneb yn betryal.

Gallwch ddefnyddio'r geiriau hyn i ddisgrifio siâp 3-D, er enghraifft ciwb neu giwboid.

- **Wyneb**: ochr fflat
- **Fertig**: cornel
- **Ymyl**: y llinell sy'n uno dau fertig, y ffin rhwng dau wyneb

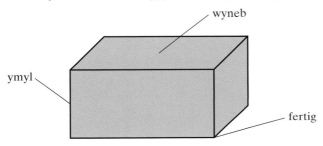

Sylwi 23.3

Sawl wyneb, ymyl a fertig sydd gan giwboid?

Rhwydi

Rhwyd yw siâp fflat y gallwch ei blygu i ffurfio siâp 3-D.

Dyma ddwy rwyd sy'n bosibl ar gyfer ciwb.

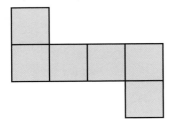

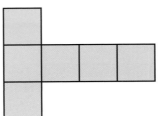

Her 23.1

Allwch chi luniadu tair rhwyd arall fydd yn plygu i ffurfio ciwb?

1 Gallwch blygu'r rhwyd hon i ffurfio ciwb.

   a) Pa fertig fydd yn uno ag N?

   b) Pa linell fydd yn uno ag CD?

   c) Pa linell fydd yn uno ag IH?

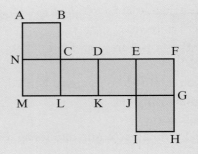

2 Lluniadwch rwyd maint llawn ar gyfer y ciwboid hwn.

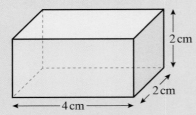

3 Dyma siâp wedi'i wneud o giwboidau.

   a) Sawl ciwboid sydd wedi'i ddefnyddio?

   b) Beth yw dimensiynau pob ciwboid?

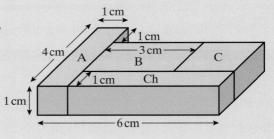

Her 23.2

Mae'r braslun yn dangos ymylon ciwb.

Mae pob fertig wedi'i labelu.

a) Yn eich barn chi, sawl ymyl y byddwch chi'n ei ddefnyddio i ddilyn llwybr sy'n ymweld â phob fertig ond heb fynd dros unrhyw un o'r ymylon fwy nag unwaith?

b) Nawr rhowch gynnig ar ddarganfod llwybr fel sy'n cael ei ddisgrifio yn rhan **a)**.

Sawl ymyl ddefnyddioch chi mewn gwirionedd?

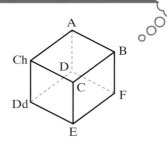

Lluniadau isometrig

Edrychwch ar y diagram yn Her 23.2.

Mae'n darlunio ciwb tri-dimensiwn mewn dau ddimensiwn.
Dull sydyn o wneud lluniad o'r fath yw trwy ddefnyddio papur **isometrig**.
Grid arbennig o ddotiau neu linellau yw hwn.

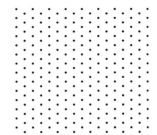

ENGHRAIFFT 23.4

Mae'r siâp hwn wedi'i wneud o bedwar ciwb solet.
Gwnewch luniad isometrig o'r siâp.

Datrysiad

Mae'r siâp yn solet, felly yr unig ymylon y
gallwch eu lluniadu yw'r rhai a welwch.

Gallwch ddefnyddio lliw i wneud i'r lluniad
ymddangos yn fwy realistig (a solet).

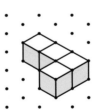

Mae'r siapiau solet canlynol wedi'u gwneud o giwbiau centimetr.

Defnyddiwch bapur isometrig i luniadu'r siapiau.

1   **2**   **3**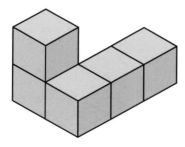

4   **5**   **6**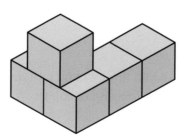

Her 23.3

Bydd arnoch angen pum ciwb unfath ar gyfer y dasg hon.

Ymchwiliwch i'r gwahanol siapiau y gallwch eu gwneud trwy ddefnyddio pum ciwb wedi'u huno wyneb wrth wyneb, fel yn y lluniad ar y chwith, a heb unrhyw orgyffwrdd, fel yn y lluniad ar y dde.

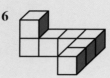

Dewch o hyd i'r trefniant o'r pum ciwb sydd â'r nifer lleiaf o fertigau, a'i luniadu.

- sut i gyfrifo onglau mewn trionglau trwy ddefnyddio priodweddau trionglau
- sut i adnabod siapiau cyfath
- sut i adnabod pedrochrau
- sut i adnabod ciwbiau a chiwboidau
- sut i luniadu rhwydi
- sut i wneud lluniadau isometrig

YMARFER CYMYSG 23

1 Darganfyddwch yr onglau sydd wedi'u nodi â llythrennau yn y trionglau hyn.

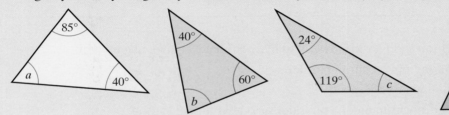

2 Cyfrifwch yr onglau *x* ac *y* yn y diagram hwn.
Rhowch resymau dros eich atebion.

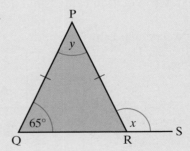

3 Mae'r siâp L hwn yn dangos bloc dur sydd â rhan wedi'i thynnu ohono.

   a) Beth yw siâp y rhan sydd wedi'i thynnu o'r bloc dur?

   b) Beth yw ei dimensiynau?

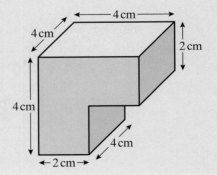

4 Copïwch a chwblhewch y tabl hwn. Mae'n dangos y priodweddau sydd bob amser yn wir am y pedrochrau arbennig hyn.

Pedrochr	Ochrau		Croesliniau	Ochrau paralel	
	4 ochr hafal	2 bâr gwahanol o ochrau hafal	Croesliniau hafal	2 bâr o ochrau paralel	Un pâr yn unig o ochrau paralel
Sgwâr	✓		✓	✓	
Petryal		✓	✓	✓	
Rhombws					
Paralelogram					
Trapesiwm					
Barcut					

5 Pa bedrochrau sydd â'r priodweddau hyn? Efallai fod mwy nag un ateb.

   a) Un pâr yn unig o ochrau paralel

   b) Croesliniau ar ongl sgwâr

   c) Dau bâr o ochrau hafal a pharalel, ac o leiaf un ongl sgwâr

   ch) Dau bâr o ochrau cyfagos hafal ac un ongl fewnol sy'n fwy na 180°

6 Rhannwch y siâp L hwn yn bedwar siâp L llai sydd i gyd yn gyfath.

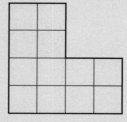

7 Mae'r siâp hwn wedi'i wneud o giwbiau centimetr.
Lluniadwch y siâp ar bapur isometrig.

24 → CYLCHOEDD A PHOLYGONAU

YN Y BENNOD HON

- Yr iaith sy'n perthyn i gylchoedd
- Deall beth yw polygon a gwybod enwau polygonau cyfarwydd
- Llunio polygonau rheolaidd mewn cylch

DYLECH WYBOD YN BAROD

- sut i fesur onglau a phellterau
- ffeithiau am drionglau a phedrochrau

Cylchoedd

Cylch yw'r llwybr y mae pwynt yn ei ddilyn mewn plân sydd ar bellter sefydlog o bwynt penodol.
Y pwynt penodol dan sylw yw **canol** y cylch.

Y pellter sefydlog dan sylw yw **radiws** y cylch.

Yr enw ar y llwybr cyflawn y mae'r pwynt yn ei ddilyn yw **cylchyn** y cylch a'r enw ar y pellter o amgylch y cylch yw'r **cylchedd**.

Mae rhan o'r llwybr cyflawn yn cael ei galw'n **arc** y cylch.

Yr enw ar linell syth sy'n uno dau bwynt ar y cylchyn yw **cord**.

Mae'r **diamedr** yn gord sy'n mynd trwy ganol y cylch.
Hyd y diamedr = 2 × hyd y radiws

Tangiad yw llinell sy'n cyffwrdd â'r cylchyn yn un pwynt yn unig.

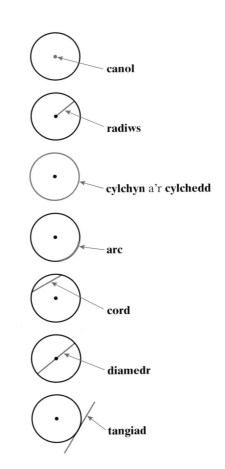

canol

radiws

cylchyn a'r **cylchedd**

arc

cord

diamedr

tangiad

a) Defnyddiwch eich cwmpas i luniadu cylch.

b) Gan gadw breichiau'r cwmpas wedi'u hagor yr un faint, gosodwch bwynt eich cwmpas ar gylchyn y cylch. Lluniadwch arc cylch sy'n cychwyn ar y cylchyn, yn mynd trwy ganol y cylch, ac yn cwrdd â'r cylchyn eto.

c) Gosodwch bwynt eich cwmpas ar y pwynt lle mae'r arc yn cwrdd â'r cylchyn ac ailadroddwch ran **b)**.

ch) Gwnewch yr un peth drosodd a throsodd nes cwblhau'r patrwm.

Os ydych wedi'i luniadu'n fanwl gywir, bydd gennych batrwm petalau fel hwn.
Gallwch liwio eich patrwm.

Sylwi 24.1

Edrychwch o amgylch eich ystafell ddosbarth.
Sawl cylch welwch chi?
Pa wrthrych sydd â'r diamedr mwyaf?
Pa wrthrych sydd â'r radiws lleiaf?

Polygonau

Polygon yw unrhyw siâp sydd â llawer o ochrau.

Rydych yn gyfarwydd â thrionglau (polygonau tair ochr) a phedrochrau (polygonau pedair ochr) yn barod. Dyma enwau rhai polygonau eraill.

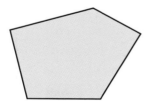

Pentagon. Mae gan hwn bum ochr.

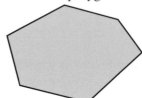

Hecsagon. Mae gan hwn chwe ochr.

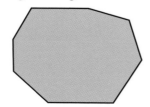

Octagon. Mae gan hwn wyth ochr.

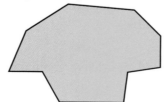

Decagon. Mae gan hwn ddeg ochr.

Os yw polygon â hyd pob ochr a maint pob ongl yr un fath, dywedwn ei fod yn bolygon **rheolaidd**.

Pentagon rheolaidd

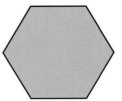

Hecsagon rheolaidd

Gallwn **lunio** hecsagon rheolaidd trwy ddefnyddio'r cylch sydd i'w weld yn yr enghraifft nesaf. Mae **llunio** siâp yn golygu defnyddio cwmpas, riwl ac onglydd i'w luniadu'n fanwl gywir.

ENGHRAIFFT 24.1

Defnyddiwch gylch, radiws 5 cm, i lunio pentagon rheolaidd.

Datrysiad

Cam 1: Agorwch freichiau'r cwmpas i 5 cm a lluniadwch gylch.
Cam 2: Lluniadwch radiws i fod yn llinell gychwyn ar gyfer mesur.
Cam 3: Cyfrifwch yr ongl sydd i'w mesur.
Rydych wedi dysgu ym Mhennod 22 fod yr onglau o amgylch pwynt yn adio i 360°.
Ar gyfer pentagon, mae angen pum ongl, felly bydd pob un yn 360 ÷ 5 = 72°.
Cam 4: Mesurwch ongl 72° a lluniadwch y radiws.
Cam 5: Parhewch â hyn o amgylch y cylch, gan fesur onglau 72° a lluniadu radiws ar gyfer pob un.
Cam 6: Unwch y pwyntiau sydd ar y cylchyn i ffurfio pentagon rheolaidd.

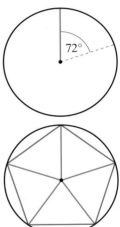

◎ YMARFER 24.1

1 Enwch y rhannau hyn o gylch.

a)

b)

c)

2 Enwch y polygonau hyn.

a)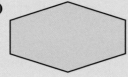

b)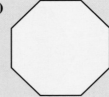

c)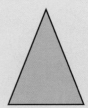

3 Lluniadwch unrhyw bentagon.
Tynnwch groesliniau ar draws y pentagon o bob fertig (cornel) i fertig arall.
Sawl croeslin ydych chi'n gallu ei thynnu yn y pentagon?

4 Lluniadwch unrhyw octagon.
Tynnwch groesliniau ar draws yr octagon o bob fertig i fertig arall.
Sawl croeslin rydych chi'n gallu ei thynnu yn yr octagon?

5 Mae decagon rheolaidd wedi'i lunio mewn cylch.
Sawl gradd yw'r mesuriad yn y canol ar gyfer lluniadu pob radiws sydd ei angen?

6 Mae polygon rheolaidd naw ochr wedi'i lunio mewn cylch.
Sawl gradd yw'r mesuriad yn y canol ar gyfer lluniadu pob radiws sydd ei angen?

7 Lluniadwch gylch, radiws 5 cm, a'i ddefnyddio i lunio hecsagon rheolaidd.
Mesurwch hyd ochr eich hecsagon.

8 Lluniadwch gylch, radiws 6 cm, a'i ddefnyddio i lunio octagon rheolaidd.
Mesurwch hyd ochr eich octagon.

Her 24.2

- Lluniadwch gylch.
- Defnyddiwch onglau 72° yn y canol i nodi pum pwynt yr un pellter oddi wrth ei gilydd (pwyntiau cytbell) ar y cylchyn.
- Unwch bwynt â'r pwynt nesaf-ond-un a pharhau i uno pwyntiau fel hyn i ffurfio siâp seren y tu mewn i'r cylch.

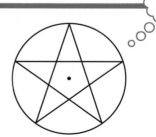

Lluniadwch gylch arall a defnyddiwch fwy o bwyntiau ar ei gylchyn i ffurfio siâp seren wahanol, er enghraifft seren chwe phwynt. Bydd rhaid cyfrifo'r ongl sydd i'w defnyddio.

- mai'r pellter yr holl ffordd o amgylch cylch yw ei gylchedd
- mai radiws cylch yw'r pellter o ganol y cylch i'w ymyl
- mai diamedr cylch yw llinell sy'n mynd yr holl ffordd ar draws cylch a thrwy ei ganol
- mai polygon yw siâp sydd â llawer o ochrau
- bod gan bolygon rheolaidd bob ongl yn hafal a phob ochr yn hafal
- sut i lunio polygon rheolaidd y tu mewn i gylch. I gyfrifo'r ongl sydd ei hangen yn y canol, rhaid rhannu 360° â nifer yr ochrau sydd gan y polygon
- beth yw enwau rhai polygonau

YMARFER CYMYSG 24

1 Copïwch a chwblhewch y brawddegau hyn.

a) Y pellter o ganol cylch i'w ymyl yw'r ....

b) Y pellter o amgylch cylch yw'r ....

c) Llinell ar draws cylch, gan fynd trwy ei ganol, yw'r ....

2 Lluniadwch gylch â'i radiws yn 5 cm.
Lluniadwch ddiamedr y cylch. Beth yw ei hyd?

3 I ffurfio'r seren bedwar pwynt hon, mae angen wyth ochr hafal.
Eglurwch pam nad yw'n octagon rheolaidd.

4 Beth yw'r enw arbennig sydd gennym am bedrochr rheolaidd?

5 Brasluniwch bedrochr sydd â'i ochrau i gyd yn hafal ond nid pob un o'i onglau. Beth yw ei enw?

6 Mae polygon rheolaidd yn cael ei lunio mewn cylch trwy dynnu llinellau o'r canol ag onglau 60° rhwng pob un.
Mae'r pwyntiau lle mae'r llinellau'n cyfarfod â'r cylch yn cael eu huno i ffurfio'r polygon.
Sawl ochr sydd gan y polygon hwn?

7 Mae octagon rheolaidd wedi'i lunio mewn cylch.
Sawl gradd yw'r mesuriad yn y canol ar gyfer lluniadu pob radiws sydd ei angen?

8 Yn y seren hon mae pum triongl sydd â dwy ochr hafal.

   a) Beth yw enw arbennig y math hwn o driongl?
   b) Beth yw'r siâp sydd yng nghanol y seren?

9 Lluniadwch unrhyw hecsagon afreolaidd.
Unwch ganolbwyntiau pob un o'i ochrau i ffurfio hecsagon llai.

10 Lluniadwch sgwâr sydd â'i ochrau'n 4 cm.
Unwch ganolbwyntiau pob un o'i ochrau i ffurfio sgwâr llai.
Ailadroddwch y broses i ffurfio patrwm sy'n nifer o sgwariau y tu mewn i'w gilydd.

- Darllen gwybodaeth oddi ar wahanol fathau o graffiau
- Disgrifio sefyllfaoedd sy'n cael eu cynrychioli gan graffiau

- sut i blotio a darllen cyfesurynnau pwyntiau
- unedau amser, pellter, tymheredd ac arian

Graffiau trawsnewid

Gallwn ddefnyddio'r graffiau hyn i ddarganfod meintiau cywerth mewn gwahanol unedau.

ENGHRAIFFT 25.1

Mae'r graff hwn yn trawsnewid rhwng punnoedd (£) ac ewros(€).

a)   Sawl ewro yw £40?

b)   Sawl punt yw €30?

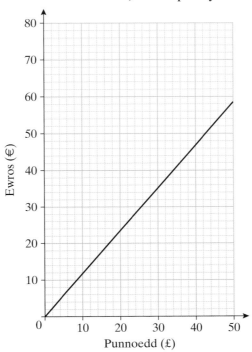

Datrysiad

a) Darllenwch o £40 ar yr echelin lorweddol i linell y graff. Wedyn o linell y graff i'r echelin fertigol. Mae'r saethau coch ar y graff yn dangos hyn.

Y gwerth ar yr echelin fertigol yw €47, ac felly mae £40 yn €47.

b) Yn yr un ffordd, darllenwch o €30 ar yr echelin fertigol i linell y graff. Wedyn o linell y graff i'r echelin lorweddol. Mae'r saethau gwyrdd ar y graff yn dangos hyn.

Y gwerth ar yr echelin lorweddol yw £26, ac felly mae €30 yn £26.

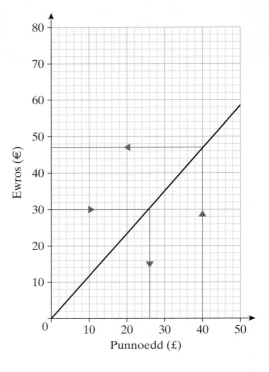

Sylwi 25.1

Yn ôl y graff, sawl ewro yw gwerth pob punt?

Darganfyddwch strategaeth sy'n rhoi ateb manwl gywir.

Chwiliwch i gael gwybod beth yw'r gyfradd drawsnewid heddiw.

1 Mae'r graff hwn yn trawsnewid rhwng punnoedd (£) a doleri ($).

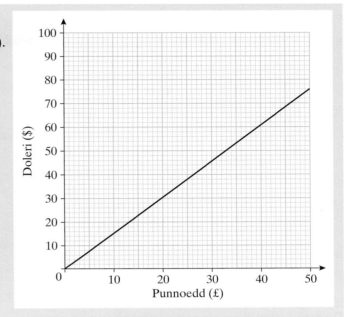

Defnyddiwch y graff i ddarganfod

a) sawl doler yw £35.

b) sawl punt yw $70.

c) sawl doler yw £1.

2 Mae'r graff hwn yn trawsnewid rhwng galwyni a litrau.

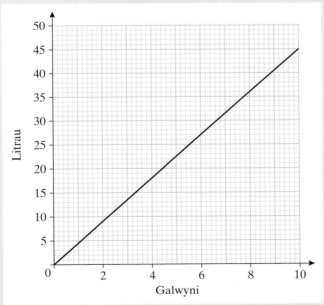

Defnyddiwch y graff i ddarganfod

a) sawl litr yw 5 galwyn.   **b)** sawl galwyn yw 40 litr.   **c)** sawl litr yw 1 galwyn.

3 Mae'r graff hwn yn trawsnewid rhwng cilometrau a milltiroedd.

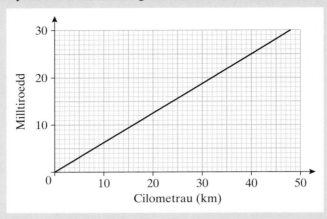

Defnyddiwch y graff i ddarganfod

a) sawl milltir yw 40 km.
b) sawl cilometr yw 15 milltir.
c) sawl cilometr yw 1 filltir.

Graffiau'n dangos newid dros amser

Mewn unrhyw graff sy'n dangos newid yn digwydd dros gyfnod o amser, yr echelin lorweddol sy'n cynrychioli'r amser.

ENGHRAIFFT 25.2

Mae'r graff hwn yn dangos tymheredd cwpanaid o de wrth iddo oeri.

a) Beth yw'r tymheredd ar ôl 15 munud?

b) Ar ôl faint o amser mae tymheredd y te yn 37°C?

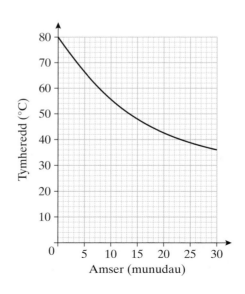

Darllenwch y graff yn union yr un ffordd ag y gwnaethoch yn Enghraifft 25.1.

a) Mae'r saethau coch yn dangos mai'r tymheredd ar ôl 15 munud yw 48°C.

b) Mae'r saethau gwyrdd yn dangos bod tymheredd y te yn 37°C ar ôl 28 munud.

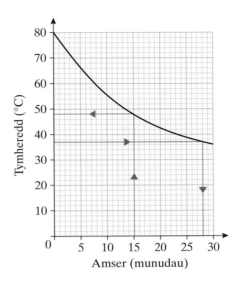

YMARFER 25.2

1 Mae'r graff yn dangos tymheredd darn o haearn wrth iddo oeri.

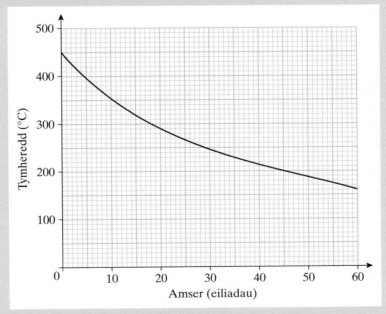

a) Faint o amser y mae'r haearn yn ei gymryd i oeri i 200°C?

b) Sawl gradd yw'r gostyngiad tymheredd yn ystod yr 20 eiliad cyntaf?

2 Mae'r graff yn dangos sut y newidiodd gwerth car gyda'i oedran.

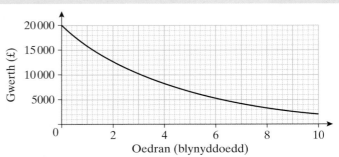

a) Faint oedd gwerth y car yn newydd?

b) Ymhen sawl blwyddyn roedd y car ond yn werth £5000?

c) Gwerthodd y perchennog cyntaf y car ar ôl 5 mlynedd. Faint oedd ei golled?

3 Mae'r graff hwn yn dangos y darlleniadau tymheredd yn ystod un diwrnod, y tu mewn i dŷ a'r tu allan.

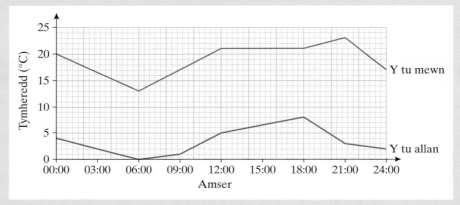

a) Pa bryd oedd hi oeraf y tu allan?

b) Beth oedd y tymheredd y tu mewn am hanner dydd?

c) Pa bryd oedd y gwahaniaeth mwyaf rhwng y tymheredd y tu mewn a'r tymheredd y tu allan?

4 Mae Sara'n rhoi £100 y flwyddyn mewn cyfrif cynilo. Mae'r graff hwn yn dangos faint sydd ganddi yn ei chyfrif bob blwyddyn.

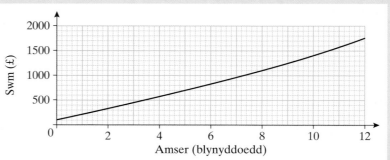

a) Ymhen sawl blwyddn y bydd ganddi £1000 yn ei chyfrif?

b) Faint sydd ganddi yn ei chyfrif ar ôl 10 miynedd?

Her 25.1

Edrychwch ar y graff yng nghwestiwn **4** yn Ymarfer 25.2. Nid yw'n graff llinell syth.

Allwch chi egluro hyn?

Mae Siôn yn rhoi £100 y flwyddyn mewn blwch o dan y llawr.

Lluniadwch graff i ddangos faint sydd ganddo yn y blwch dros gyfnod o 12 mlynedd.

Faint yn fwy sydd gan Sara ar ôl 12 mlynedd?

Graffiau teithio

Byddwn yn lluniadu graffiau teithio trwy blotio'r pellter yn erbyn yr amser.

ENGHRAIFFT 25.3

Mae'r graff hwn yn dangos taith Enid i'w gwaith.

Dehonglwch y graff. Beth y mae pob cymal yn ei gynrychioli?

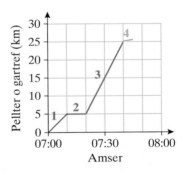

AWGRYM

Bob tro, cymerwch amser i benderfynu beth y mae'r graddfeydd yn eu cynrychioli.

Yn yr enghraifft hon, y raddfa amser yw'r cloc 24 awr. Gan fod 60 munud mewn awr, mae pob sgwâr bach yn cynrychioli 10 munud.

Datrysiad

Mae cymal 1 o 07:00 i 07:10 ac mae Enid yn teithio 5 km. Gallai fod yn gyrru i'r orsaf.

Mae cymal 2 o 07:10 i 07:20 ac nid oes unrhyw symudiad. Gallai Enid fod yn aros am y trên.

Yn ystod cymal 3 mae Enid yn teithio 20 km. Gallai fod yn y trên, gan gyrraedd am 07:40.

Mae cymal 4 yn cymryd 5 munud o amser. Gallai Enid fod yn cerdded o'r orsaf i'w swyddfa. Mae'r pellter tua 500 m.

1 Mae'r graff hwn yn dangos taith car o Gaergybi.
Disgrifiwch ac eglurwch bob cymal.

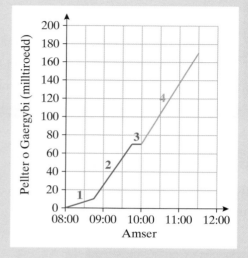

2 Dyma graff i ddangos y ras enwog rhwng yr ysgyfarnog a'r crwban.
Mae'r llinell las yn dangos taith yr ysgyfarnog.
Mae'r llinell goch yn dangos taith y crwban.
Disgrifiwch beth ddigwyddodd.
Gallai gwybod y stori eich helpu!

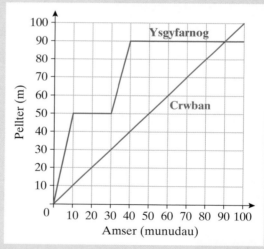

3 Mae'r graff hwn yn cynrychioli dwy daith rhwng Casnewydd ac Abertawe.
Mae'r llinell goch yn cynrychioli beic.
Mae'r llinell las yn cynrychioli car.
a) Disgrifiwch y ddwy daith.
b) Beth ddigwyddodd lle mae'r ddwy linell yn croesi ei gilydd?

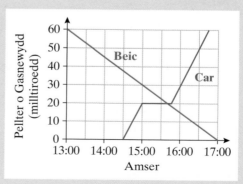

Her 25.2

Edrychwch ar y graff yn Enghraifft 25.3.

Mae'r trydydd cymal yn fwy serth na'r cymal cyntaf. Mae'r ail gymal yn wastad.

Beth yw ystyr hyn?

Her 25.3

Lluniadwch graff o'ch taith chi i'r ysgol.

Pa mor serth yw'r gwahanol gymalau?

RYDYCH WEDI DYSGU

- sut i ddefnyddio graffiau trawsnewid
- sut i ddehongli graffiau sy'n dangos newidiadau dros amser
- sut i ddefnyddio graffiau teithio

⊙ YMARFER CYMYSG 25

1 Mae'r graff hwn yn trawsnewid rhwng doleri ($) ac ewros (€). Defnyddiwch y graff i ddarganfod

   a) sawl ewro yw $40.

   b) sawl doler yw €35.

   c) sawl doler yw €1.

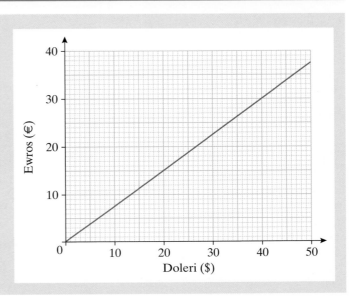

2 Mae'r graff hwn yn dangos y tymheredd cyfartalog am bob mis yn Sydney a Moskva.

Y llinell werdd sy'n dangos y tymheredd yn Sydney.

Y llinell las sy'n dangos y tymheredd yn Moskva.

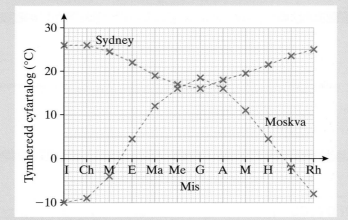

a) Ym mha fis mae'r tymheredd cyfartalog yn Moskva yn uwch nag yn Sydney?

b) Ym mha ddinas mae'r tymheredd yn amrywio fwyaf?

c) Rhwng pa ddau fis mae'r gwahaniaeth mwyaf yn y tymheredd cyfartalog

    (i) yn Moskva?   **(ii)** yn Sydney?

3 Mae'r graff teithio hwn yn dangos taith Ian i'w waith.

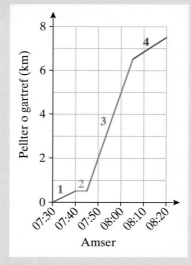

Disgrifiwch bob cymal o'r daith.

4 Dyma graff o amrediad y tymheredd yn Moskva yn ystod gwahanol fisoedd y flwyddyn. Mae'r llinell goch yn dangos y tymheredd uchaf tra bo'r llinell las yn dangos y tymheredd isaf.

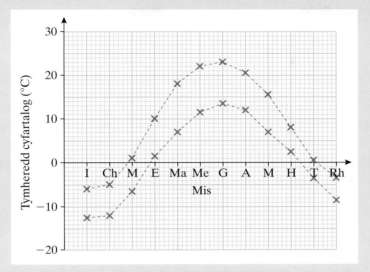

a) Beth yw'r tymheredd uchaf ym mis Gorffennaf?

b) Beth yw'r tymheredd isaf ym mis Mawrth?

c) Ym mha fis mae'r tymheredd yn amrywio leiaf?

ch) Ym mha fis mae'r tymheredd yn amrywio fwyaf?

5 Cafodd prawf ei gynnal i fesur amser ymateb gyrrwr car ar ôl iddo fod yn gyrru am wahanol gyfnodau o amser.

a) Beth oedd amser ymateb y gyrrwr ar ôl iddo fod yn gyrru am 4 awr?

b) Am faint o amser roedd y gyrrwr wedi bod yn gyrru pan oedd ei amser ymateb gyflymaf?

c) Disgrifiwch y tueddiad sy'n cael ei ddangos gan y graff.

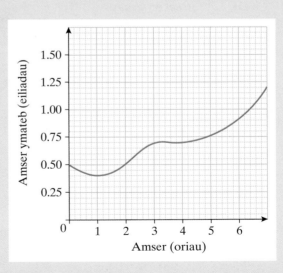

YN Y BENNOD HON

- Priodweddau onglau sy'n gysylltiedig â llinellau paralel
- Swm onglau triongl, pedrochr ac unrhyw bolygon
- Onglau allanol triongl a pholygonau eraill
- Priodweddau pedrochrau arbennig

DYLECH WYBOD YN BAROD

- bod yr onglau ar linell syth yn adio i 180°
- bod yr onglau o amgylch pwynt yn adio i 360°
- pan fo dwy linell syth yn croesi, fod yr onglau croesfertigol yn hafal
- ystyr y gair *paralel*
- bod pedair ochr i bedrochr
- rhai o briodweddau pedrochrau arbennig

Onglau sy'n cael eu gwneud gan linellau paralel

Sylwi 26.1

Dyma fap o ran o Efrog Newydd.

a) Darganfyddwch *Broadway* a *W 32nd Street* ar y map. Darganfyddwch ragor o onglau sy'n hafal i'r ongl rhwng *Broadway* a *W 32nd Street*

Y term a ddefnyddir am ddwy ongl sy'n adio i 180° yw onglau **atodol**.

b) Darganfyddwch ongl sy'n atodol i'r ongl rhwng *Broadway* a *W 32nd Street*.

c) Eglurwch eich canlyniadau.

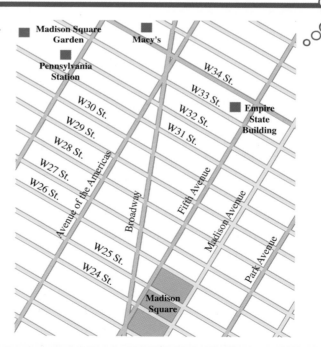

Yn Sylwi 26.1 dylech fod wedi gweld tri math o onglau sy'n cael eu gwneud â llinellau paralel.

Onglau cyfatebol

Mae'r diagramau'n dangos onglau hafal sy'n cael eu gwneud gan linell yn torri ar draws pâr o linellau paralel. Byddwn yn galw'r onglau hafal hyn yn onglau **cyfatebol**. Mae onglau cyfatebol yn digwydd mewn siâp F.

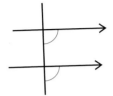 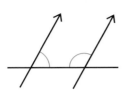 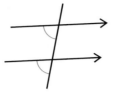 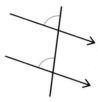

Onglau eiledol

Mae'r diagramau hyn hefyd yn dangos onglau hafal sy'n cael eu gwneud gan linell yn torri ar draws pâr o linellau paralel. Byddwn yn galw'r onglau hafal hyn yn onglau **eiledol**. Mae onglau eiledol yn digwydd mewn siâp Z.

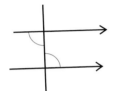 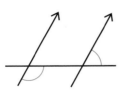 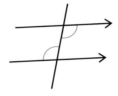 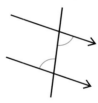

Onglau cydfewnol

Gallwch weld nad yw'r ddwy ongl sydd wedi'u marcio yn y diagramau hyn yn hafal. Yn hytrach, maen nhw'n atodol. (Cofiwch fod onglau atodol yn adio i 180°.) Byddwn yn galw'r onglau hyn yn onglau **cydfewnol** ac maen nhw'n digwydd mewn siâp C.

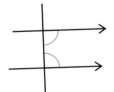 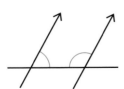 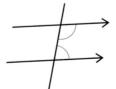 

> **AWGRYM**
>
> Yn aml bydd cwestiynau ynglŷn â darganfod maint onglau yn gofyn i chi roi rhesymau dros eich atebion. Mae hynny'n golygu bod rhaid i chi ddweud, er enghraifft, pam mae onglau'n hafal. Byddai nodi bod yr onglau'n onglau eiledol neu'n onglau cyfatebol yn rhesymau posibl. Mae'r enghraifft nesaf yn dangos hyn.

Cyfrifwch faint pob ongl sydd wedi'i nodi â llythyren.
Rhowch reswm dros bob ateb.

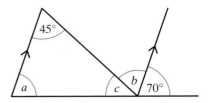

Datrysiad

$a = 70°$ Onglau cyfatebol

$b = 45°$ Onglau eiledol

$c = 65°$ Mae onglau ar linell syth yn adio i 180°

                      neu Mae onglau cydfewnol yn adio i 180°

                      neu Mae'r onglau mewn triongl yn adio i 180°

YMARFER 26.1

Darganfyddwch faint pob ongl sydd wedi'i nodi â llythyren. Rhowch reswm dros bob ateb.

1

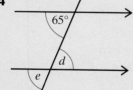

74°

a

2

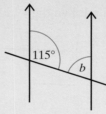

115°

b

3

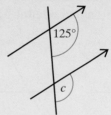

125°

c

4

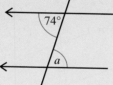

65°

d

e

5

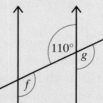

110°

g

f

6

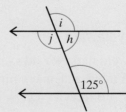

i

j h

125°

7

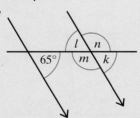

65°

l n

m k

8

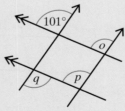

101°

o

q p

9

t

s 68°

r

83°

10

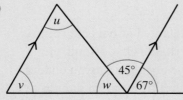

u

45°

v w 67°

Yr onglau mewn triongl

Ym Mhennod 23 gwelsoch fod yr onglau mewn triongl yn adio i 180°.
Gallwn ddefnyddio priodweddau onglau sy'n gysylltiedig â llinellau
paralel i brofi'r ffaith hon.

Blwch profi 26.1

Tynnwch linell yn baralel i sail y triongl.

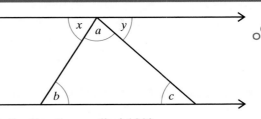

$x + a + y = 180°$ Mae onglau ar linell syth yn adio i 180°
$b = x$ Onglau eiledol
$c = y$ Onglau eiledol

Felly $b + a + c = 180°$ Gan fod $b = x$ ac $c = y$

Mae hyn yn profi bod y tair ongl mewn triongl yn adio i 180°.

Mae'r onglau y tu mewn i driongl (neu bolygon) yn cael eu galw yn
onglau **mewnol**. Os byddwn yn estyn un o ochrau'r triongl, mae yna
ongl rhwng yr ochr estynedig a'r ochr nesaf. Dyma'r ongl **allanol**.

> Mae ongl allanol triongl yn hafal i swm yr onglau mewnol cyferbyn.

Dyma brofi'r ffaith hon.

Blwch profi 26.2

Mae un ochr wedi'i hestyn, fel y gwelwch
yn y diagram.
Mae'r ongl allanol wedi'i marcio yn x.

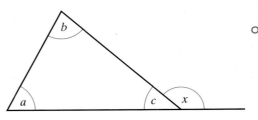

$x + c = 180°$ Mae onglau ar linell syth yn adio i 180°.
$a + b + c = 180°$ Mae'r onglau mewn triongl yn adio i 180°.

Felly $x = a + b$ Gan fod $x = 180° - c$ ac $a + b = 180° - c$

Mae hyn yn profi bod ongl allanol triongl yn hafal i swm yr onglau mewnol cyferbyn.

Her 26.1

Mae ffordd arall o brofi bod ongl allanol triongl yn hafal i swm yr onglau mewnol cyferbyn. Mae'n defnyddio ffeithiau am onglau sy'n gysylltiedig â llinellau paralel.

Cwblhewch brawf ar gyfer y diagram hwn. Cofiwch roi rheswm dros bob cam.

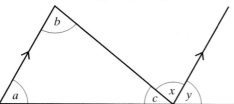

Gallwn ddefnyddio'r ffeithiau am onglau sy'n gysylltiedig â thrionglau i gyfrifo onglau coll. Mae'r enghraifft nesaf yn dangos hyn.

ENGHRAIFFT 26.2

Cyfrifwch faint pob ongl sydd wedi'i nodi â llythyren.
Rhowch reswm dros bob ateb.

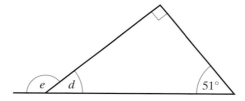

Datrysiad

$d = 180° - (51° + 90°)$ Mae'r onglau mewn triongl yn adio i 180°.
$d = 39°$
$e = 51° + 90°$ Mae ongl allanol triongl yn hafal i swm
$e = 141°$ yr onglau mewnol cyferbyn.

Yr onglau mewn pedrochr

Gwelsoch ym Mhennod 23 mai siâp sydd â phedair ochr yw pedrochr.

> Mae'r onglau mewn pedrochr yn adio i 360°.

Gallwn rannu pedrochr yn ddau driongl. Yna gallwn ddefnyddio'r ffaith fod yr onglau mewn triongl yn adio i 180° i brofi'r ffaith hon.

Mae pedrochr yn cael ei rannu'n ddau driongl, fel y gwelwch yn y diagram.

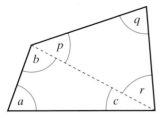

$a + b + c = 180°$ Mae'r onglau mewn triongl yn adio i $180°$.

$p + q + r = 180°$ Mae'r onglau mewn triongl yn adio i $180°$.

$a + b + c + p + q + r = 360°$

Felly mae onglau mewnol pedrochr yn adio i $360°$.

Gallwn ddefnyddio'r ffaith hon i gyfrifo onglau coll mewn pedrochrau.

ENGHRAIFFT 26.3

Cyfrifwch faint ongl x.
Rhowch reswm dros eich ateb.

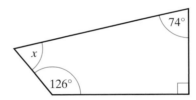

Datrysiad

$x = 360° − (126° + 90° + 74°)$ Mae'r onglau mewn pedrochr yn adio i $360°$.

$x = 70°$

YMARFER 26.2

Darganfyddwch faint pob ongl sydd wedi'i nodi â llythyren. Rhowch reswm dros bob ateb.

1

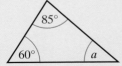

2

3

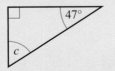

4

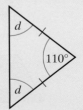

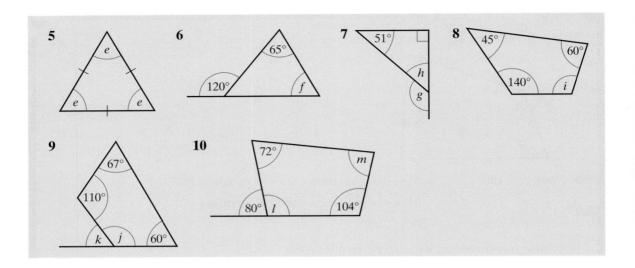

Pedrochrau arbennig

Ym Mhennod 23 dysgoch am y pedrochrau arbennig hyn: sgwâr, petryal, paralelogram, rhombws, barcut a thrapesiwm. Mae pen saeth yn bedrochr arbennig arall. Hefyd mae yna fath arbennig o drapesiwm sef trapesiwm isosgeles.

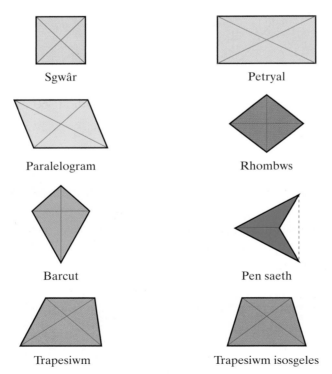

Sgwâr

Petryal

Paralelogram

Rhombws

Barcut

Pen saeth

Trapesiwm

Trapesiwm isosgeles

Copïwch y goeden benderfynu hon.

Dewiswch bob un o'r wyth pedrochr arbennig yn ei dro.

Ewch drwy'r goeden benderfynu ar gyfer pob siâp a llenwch y blychau ar y gwaelod.

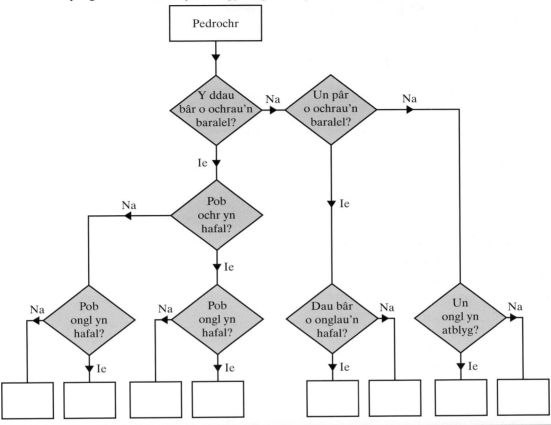

Prawf sydyn 26.1

Gadewch i ni edrych ar ddiagram y barcut eto. Mae un pâr o'i onglau cyferbyn yn hafal. Mae ochrau sydd nesaf at ei gilydd yn cael eu galw'n ochrau **cyfagos**.

Mae gan farcut ddau bâr o ochrau cyfagos sy'n hafal. Edrychwch ar y croesliniau.

Maen nhw'n croesi ei gilydd ar ongl sgwâr ac mae un o'r croesliniau'n cael ei dorri'n ddwy ran hafal, yn cael ei **haneru**, gan y llall.

Copïwch a chwblhewch y tabl canlynol ar gyfer pob un o'r pedrochrau arbennig.

Enw	Diagram	Onglau	Hyd yr ochrau	Ochrau paralel	Croesliniau

1 Enwch bob un o'r pedrochrau hyn.

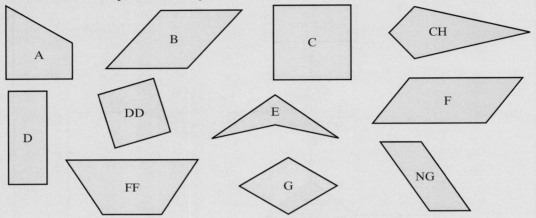

2 Enwch y pedrochr neu'r pedrochrau sydd â'r priodweddau canlynol.
   a) Mae hyd pob ochr yn hafal.
   b) Mae hyd dau bâr o ochrau yn hafal.
   c) Mae hyd ochrau cyferbyn yn hafal ond nid yw hyd y pedair ochr yn hafal.
   ch) Dim ond dwy ochr sy'n baralel.
   d) Mae'r croesliniau yn croesi ar 90°.

3 Plotiwch bob set o bwyntiau ar bapur sgwariau ac unwch nhw er mwyn gwneud pedrochr. Defnyddiwch grid gwahanol ar gyfer pob rhan. Ysgrifennwch enw arbennig pob pedrochr.
   a) $(3, 0), (5, 4), (3, 8), (1, 4)$
   b) $(8, 1), (6, 3), (2, 3), (1, 1)$
   c) $(1, 2), (3, 1), (7, 2), (5, 3)$
   ch) $(6, 2), (2, 3), (1, 2), (2, 1)$

4 Mae petryal yn fath arbennig o baralelogram.
   Pa briodweddau ychwanegol sydd gan betryal?

5 Onglau pedrochr yw 70°, 70°, 110° a 110°.
   Pa bedrochrau arbennig allai fod â'r onglau hyn?
   Lluniadwch bob un o'r pedrochrau hyn a marciwch yr onglau arnynt.

Yr onglau mewn polygon

Siâp caeedig ag ochrau syth yw polygon.

Yn gynharach yn y bennod hon gwelsoch, trwy rannu pedrochr yn ddau driongl, fod onglau mewnol pedrochr yn adio i 360°.

Yn yr un ffordd gallwn rannu polygon yn drionglau i ddarganfod swm onglau mewnol unrhyw bolygon.

Copïwch a chwblhewch y tabl hwn, fydd yn eich helpu i ddarganfod y fformiwla ar gyfer swm onglau mewnol polygon sydd ag *n* ochr.

Nifer yr ochrau	Diagram	Enw	Swm yr onglau mewnol
3		Triongl	$1 \times 180° = 180°$
4		Pedrochr	$2 \times 180° = 360°$
5			$3 \times 180° =$
6			
7			
8			
9			
10			
n			

Ar bob un o **fertigau**, neu gorneli, polygon mae ongl fewnol ac ongl allanol.

Gan fod y rhain yn ffurfio llinell syth rydym yn gwybod swm yr onglau.

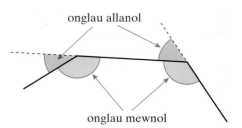

Ongl fewnol + ongl allanol = 180°

Sylwi 26.3

Dyma bentagon sy'n dangos ei holl onglau allanol.

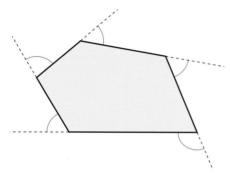

a) Mesurwch bob un o'r onglau allanol a chyfrifwch y cyfanswm.
Cymharwch eich ateb â'r person nesaf atoch. A gawsoch chi'r un cyfanswm?

b) Lluniadwch bolygon arall.
Estynnwch ei ochrau a mesurwch bob un o'r onglau allanol.
A yw cyfanswm yr onglau hyn yr un fath ag ar gyfer y pentagon?

Efallai eich bod wedi sylwi bod pum ongl allanol y pentagon yn mynd o amgylch mewn cylch cyflawn. Mae hyn yn rhoi i ni ffaith arall am onglau polygon.

Swm onglau allanol polygon yw 360°.

ENGHRAIFFT 26.4

Mae dwy o onglau allanol y pentagon hwn yn hafal.
Cyfrifwch eu maint.

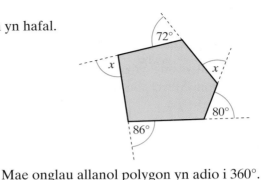

Datrysiad

$x + x + 72° + 80° + 86° = 360°$ Mae onglau allanol polygon yn adio i $360°$.

$$2x = 360° - 238°$$
$$2x = 122°$$
$$x = 61°$$

Polygonau rheolaidd

Rydych yn gwybod yn barod fod hyd yr ochrau i gyd yr un fath a bod
yr onglau mewnol i gyd yr un maint mewn polygon rheolaidd. Nawr
byddwch chi'n gweld bod maint yr onglau allanol i gyd yr un fath hefyd.

ENGHRAIFFT 26.5

Darganfyddwch faint onglau allanol a mewnol octagon rheolaidd.

Datrysiad

Wyth ochr sydd i octagon.

Ongl allanol $= \dfrac{360°}{8}$ Gan fod swm onglau allanol unrhyw bolygon yn $360°$.

Ongl allanol $= 45°$

Ongl fewnol $= 180° - 45°$ Gan fod yr ongl fewnol a'r ongl allanol yn adio i $180°$.

Ongl fewnol $= 135°$

Prawf sydyn 26.2

Cyfrifwch onglau allanol a mewnol pob un o'r polygonau rheolaidd hyn:
triongl (triongl hafalochrog), pedrochr (sgwâr), pentagon, hecsagon, heptagon,
nonagon (naw ochr) a decagon.

Ar gyfer unrhyw bolygon rheolaidd, cofiwch fod

$$\text{Yr ongl yn y canol} = \frac{360°}{\text{nifer yr ochrau}}$$

Sylwch fod maint yr ongl yng nghanol polygon yr un fath ag ongl allanol y polygon. Allwch chi weld pam?

Prawf sydyn 26.3

Mae llinellau wedi'u tynnu o ganol pentagon rheolaidd i bob un o'i fertigau.

a) Beth y gallwch chi ei ddweud am y trionglau sy'n cael eu ffurfio?

b) Pa fath o drionglau ydyn nhw?

c) Cyfrifwch faint pob ongl sydd wedi'i nodi â llythyren. Rhowch reswm dros bob un o'ch atebion.

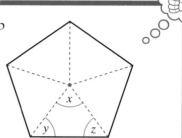

◎ YMARFER 26.4

1 Mae gan bolygon 15 ochr.
Cyfrifwch swm onglau mewnol y polygon hwn.

2 Mae gan bolygon 20 ochr.
Cyfrifwch swm onglau mewnol y polygon hwn.

3 Tair o onglau allanol pedrochr yw 94°, 50° ac 85°.
a) Cyfrifwch faint y bedwaredd ongl allanol.
b) Cyfrifwch faint pob un o onglau mewnol y pedrochr.

4 Pedair o onglau allanol pentagon yw 90°, 80°, 57° a 75°.
a) Cyfrifwch faint yr ongl allanol arall.
b) Cyfrifwch faint pob un o onglau mewnol y pentagon.

5 Mae gan bolygon rheolaidd 12 ochr.
Cyfrifwch faint onglau allanol a mewnol y polygon hwn.

6 Mae gan bolygon rheolaidd 100 o ochrau.
Cyfrifwch faint onglau allanol a mewnol y polygon hwn.

7 Maint ongl allanol polygon rheolaidd yw 24°.
Cyfrifwch nifer yr ochrau sydd gan y polygon.

8 Maint ongl mewnol polygon rheolaidd yw 162°.
Cyfrifwch nifer yr ochrau sydd gan y polygon.

- pan fo llinell yn croesi pâr o linellau paralel, fod onglau cyfatebol yn hafal
- pan fo llinell yn croesi pâr o linellau paralel, fod onglau eiledol yn hafal
- pan fo llinell yn croesi pâr o linellau paralel, fod onglau cydfewnol yn adio i 180°
- bod onglau mewnol triongl yn adio i 180°
- bod ongl allanol triongl yn hafal i swm yr onglau mewnol cyferbyn
- bod onglau mewnol pedrochr yn adio i 360°
- priodweddau pedrochrau arbennig
- bod swm onglau mewnol polygon sydd ag n ochr yn $180° \times (n - 2)$
- bod ongl fewnol ac ongl allanol polygon yn adio i 180°
- bod swm onglau allanol polygon yn 360°
- bod yr ongl yng nghanol polygon rheolaidd sydd ag n ochr yn $\dfrac{360°}{n}$

YMARFER CYMYSG 26

1 Darganfyddwch faint pob ongl sydd wedi'i nodi â llythyren. Rhowch reswm dros bob ateb.

a)
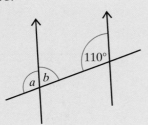

b)
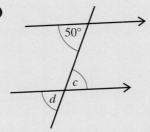

c)
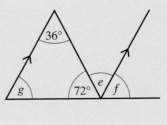

2 Darganfyddwch faint pob ongl sydd wedi'i nodi â llythyren. Rhowch reswm dros bob ateb.

a)
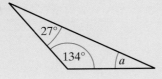

b)
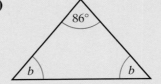

c)
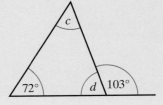

3 Darganfyddwch faint pob ongl sydd wedi'i nodi â llythyren. Rhowch reswm dros bob ateb.

a)

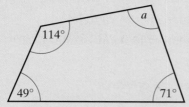

b)

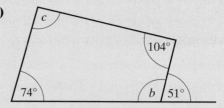

4 Ysgrifennwch enw'r pedrochr neu'r pedrochrau sydd

    a) yn gallu cael eu gwneud gan ddefnyddio'r hydoedd 10 cm, 10 cm, 5 cm a 5 cm.

    b) yn gallu cael eu gwneud gan ddefnyddio'r onglau 110°, 110°, 70° a 70°.

    c) â hyd ei ddwy groeslin yn hafal.

5 **a)** Mae gan bolygon 7 ochr.
       Cyfrifwch swm onglau mewnol y polygon hwn.

    b) Mae gan bolygon rheolaidd 15 ochr.
       Darganfyddwch faint onglau allanol a mewnol y polygon hwn.

    c) Maint ongl allanol polygon rheolaidd yw 10°.
       Cyfrifwch nifer yr ochrau sydd gan y polygon.

27 → LLUNIADAU 1

Mesur hyd

Edrychwch ar y riwl hwn.

Y rhifau ar y raddfa yw'r marciau centimetr (cm).
Y rhain yw'r marciau hiraf ar y raddfa hefyd.
Y marciau bach ar y raddfa yw'r marciau milimetr (mm).
Hyd y llinell yw 4.7 cm. Mae hynny'n 4 cm a 7 mm.

AWGRYM

Sylwch *nad* yw man cychwyn y raddfa yn union ar ymyl y riwl. Wrth fesur hyd linellau, rhaid sicrhau bob tro fod man cychwyn y raddfa gyferbyn â phen y llinell.

⊙ YMARFER 27.1

1 Mesurwch hyd pob un o'r llinellau hyn mewn centimetrau.

a) _____

b) _____

c) _____

ch) _____

d) _____

dd) _____

e) _____

f) _____

ff) _____

g) _____

2 Mesurwch hyd pob un o'r rhain.

a)    **b)**

c)    **ch)**

3 Mesurwch hyd a lled pob un o'r stampiau hyn.

a)   **b)**   **c)**

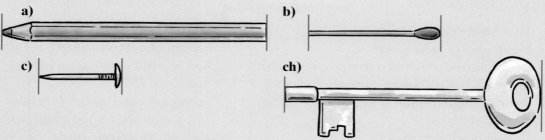

┌─ **Sylwi 27.1** ─────────────────────

Gweithiwch mewn parau.

• Mesurwch hyd eich bys canol. Gwnewch hyn mor fanwl gywir ag y gallwch.

• Wedyn gofynnwch i'ch partner fesur hyd eich bys canol.

Gawsoch chi'r un ateb? Os naddo, trafodwch pam maen nhw'n wahanol.

┌─ **Sylwi 27.2** ─────────────────────

Gweithiwch mewn parau.

• Trafodwch â'ch partner sut y gallwch fesur hyd eich troed.

• Defnyddiwch eich dull i fesur hyd eich troed chi a throed eich partner.

• Gwiriwch fesuriadau eich gilydd.

Mesur onglau

Byddwn yn defnyddio onglydd i fesur onglau.

Rhaid bod yn ofalus iawn wrth ddefnyddio onglydd oherwydd bod ganddo ddwy raddfa o amgylch ei ymyl. Mae'n bwysig dewis y raddfa gywir bob tro.

Ym Mhennod 22 dysgoch am y gwahanol fathau o onglau. Cyn mesur ongl, mae'n werth adnabod pa fath o ongl yw hi a defnyddio hyn i amcangyfrif ei maint. Mae gwybod ymlaen llaw beth yn fras yw maint yr ongl yn ein helpu i osgoi defnyddio'r raddfa anghywir.

ENGHRAIFFT 27.1

Mesurwch yr ongl hon.

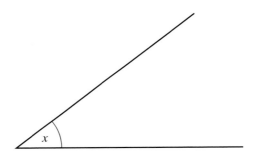

Datrysiad

- Yn gyntaf, amcangyfrifwch.
  Mae hon yn ongl lem ac felly bydd yn llai na $90°$.
  Brasamcan o'i maint yw tua $40°$ oherwydd ei bod ychydig yn llai na hanner ongl sgwâr.
- Wedyn gosodwch eich onglydd fel bod y llinell sero ar hyd un o freichiau'r ongl.
  Gwnewch yn siŵr hefyd fod canol yr onglydd yn union ar bwynt yr ongl.

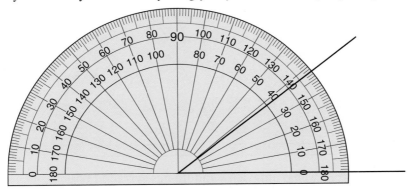

- Cychwynnwch o sero. Ewch o amgylch y raddfa nes cyrraedd braich arall yr ongl.
  Darllenwch faint yr ongl oddi ar y raddfa.

  Ongl $x = 38°$

Mesurwch yr ongl PQR.

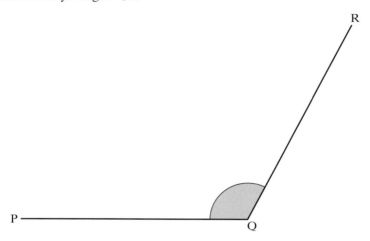

Datrysiad

- Yn gyntaf, amcangyfrifwch.
  Mae hon yn ongl aflem ac felly bydd ei maint rhwng 90° a 180°.
  Brasamcan o'i maint yw tua 120°.
- Wedyn gosodwch eich onglydd fel bod y llinell sero ar hyd un o
  freichiau'r ongl a chanol yr onglydd ar bwynt yr ongl.

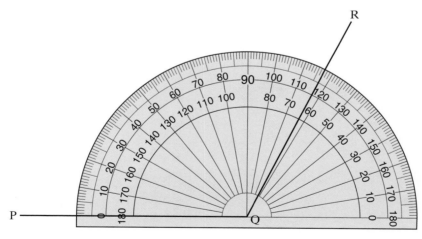

- Cychwynnwch o sero. Ewch o amgylch y raddfa nes cyrraedd braich
  arall yr ongl.
  Darllenwch faint yr ongl oddi ar y raddfa.

  Ongl PQR = 117°

Mesurwch ongl A.

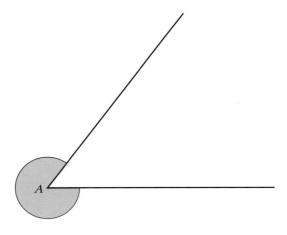

Datrysiad

Maint ongl atblyg yw rhwng 180° a 360°.
Mae'r ongl atblyg hon yn fwy na $\frac{3}{4}$ tro ac felly mae'n fwy na 270°.
Brasamcan o'i maint yw tua 300°.

Gallwch fesur ongl fel hon yn uniongyrchol os oes gennych fesurydd onglau 360°. Fel arall, os yw graddfa eich onglydd ond yn cyrraedd 180°, rhaid cyfrifo yn ogystal â mesur ongl.

- Yn gyntaf, mesurwch yr ongl lem.
  Maint yr ongl lem yw 53°.

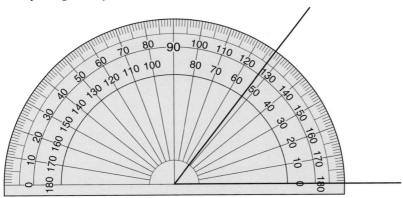

Gyda'i gilydd, mae'r ongl lem a'r ongl atblyg yn gwneud un tro cyfan.
Mae tro cyfan yn 360°.

- Defnyddiwch y ffaith fod y ddwy ongl yn adio i 360° i gyfrifo'r ongl atblyg.

  Ongl $A = 360 - 53$
  $ = 307°$

- Copïwch a chwblhewch y tabl hwn.
- Amcangyfrifwch bob ongl yn gyntaf ac wedyn ei mesur ag onglydd.

Pa mor dda ydych chi am amcangyfrif maint ongl?

Ongl	Amcangyfrif o'i maint	Mesuriad o'i maint	Ongl	Amcangyfrif o'i maint	Mesuriad o'i maint
a			k		
b			l		
c			m		
d			n		
e			o		
f			p		
g			q		
h			r		
i			s		
j			t		

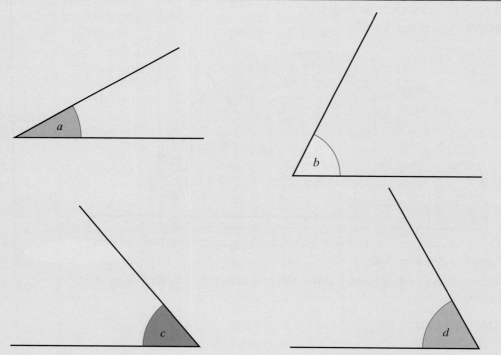

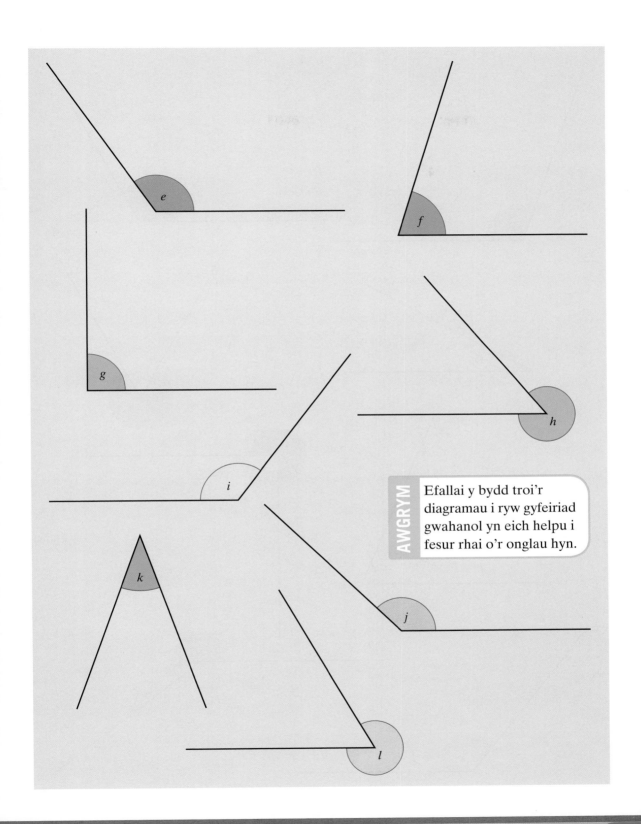

AWGRYM

Efallai y bydd troi'r diagramau i ryw gyfeiriad gwahanol yn eich helpu i fesur rhai o'r onglau hyn.

Byddwch yn cofio dysgu ym Mhennod 23 fod onglau triongl yn adio i 180°.

a) Mesurwch onglau A a B.

b) Cyfrifwch ongl C.

c) Wedyn mesurwch ongl C i wirio eich ateb.

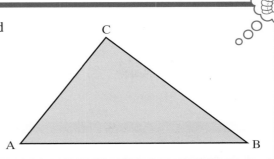

Lluniadu onglau

Gallwn hefyd ddefnyddio onglydd i luniadu onglau.

ENGHRAIFFT 27.4

Lluniadwch ongl 45°.

Datrysiad

Mae'n werth cael syniad o sut olwg fydd ar yr ongl.
Gan fod hon yn llai na 90°, mae'n ongl lem.
Dyma'r camau i'w dilyn.

1 Tynnwch linell.

2 Gosodwch ganol yr onglydd ar un pen i'r llinell gan sicrhau bod llinell sero'r onglydd yn union dros y llinell rydych wedi'i thynnu.

3 Gan gychwyn o sero, ewch o amgylch y raddfa nes cyrraedd 45°.
Marciwch y safle hwn â phwynt.

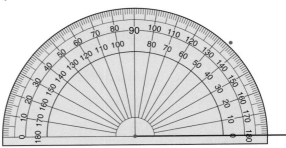

4 Rhowch yr onglydd o'r neilltu a defnyddiwch riwl i dynnu llinell syth o'r pwynt i ddechrau'r llinell.

5 Lluniadwch arc ac ysgrifennwch faint yr ongl ynddi.

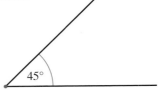

Her 27.1

Sut byddech chi'n lluniadu ongl atblyg 280°?
Ysgrifennwch restr gyfarwyddiadau fel y rhai
ar gyfer Enghraifft 27.4.

AWGRYM

Efallai y cewch help
wrth edrych eto ar
Enghraifft 27.3.

YMARFER 27.3

1 Lluniadwch bob un o'r onglau hyn yn fanwl gywir.

a)
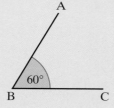

b)
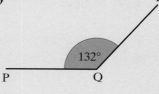

c)
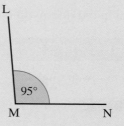

ch)
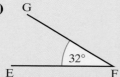

d)

dd)
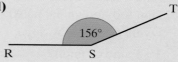

2 Lluniadwch bob un o'r onglau hyn yn fanwl gywir.

a) 40°	**b)** 90°	**c)** 65°	**ch)** 27°
d) 19°	**dd)** 38°	**e)** 81°	**f)** 73°
ff) 150°	**g)** 116°	**ng)** 162°	**h)** 98°
i) 175°	**l)** 144°	**ll)** 109°	**m)** 127°

3 Lluniadwch ongl atblyg 280° yn fanwl gywir.
Dilynwch y camau hyn.
- Yn gyntaf, rhaid i chi gyfrifo.
  $360° - 280° = 80°$
- Wedyn, lluniadwch yr ongl leiaf hon.
- Cofiwch labelu'r ongl gywir ar y diwedd.

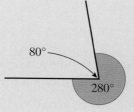

4 Defnyddiwch y dull yng nghwestiwn **3** i luniadu'r onglau atblyg hyn yn fanwl gywir.

a) 310°	**b)** 270°	**c)** 195°	**ch)** 255°
d) 200°	**dd)** 263°	**e)** 328°	**f)** 246°

Defnyddio riwl ac onglydd yn unig i luniadu trionglau

Os ydym yn gwybod hyd dwy ochr triongl a maint yr ongl rhyngddyn nhw, gallwn ddefnyddio riwl ac onglydd i luniadu'r triongl. Mae'r enghraifft nesaf yn dangos y dull.

ENGHRAIFFT 27.5

Lluniadwch y triongl hwn yn fanwl gywir.

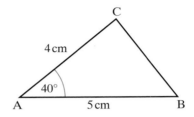

Datrysiad

1 Tynnwch linell AB â'i hyd yn 5 cm. Gosodwch ganol eich onglydd yn A a marciwch yr ongl 40°.

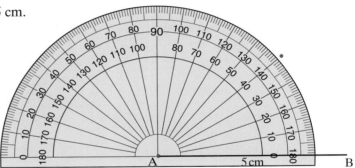

2 Rhowch yr onglydd o'r neilltu. Tynnwch linell o A trwy'r marc a gwnewch ei hyd yn 4 cm. Labelwch y pwynt ar ben pellaf y llinell hon yn C.

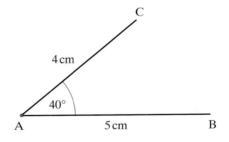

3 Yn olaf, tynnwch linell syth i uno C â B.

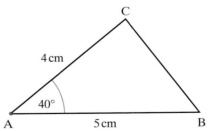

Os ydym yn gwybod maint dwy ongl triongl a hyd yr ochr rhyngddyn nhw, gallwn ddefnyddio riwl ac onglydd yn unig i luniadu'r triongl hwn hefyd. Mae'r enghraifft nesaf yn dangos y dull.

ENGHRAIFFT 27.6

Yn y triongl PQR, PQ = 4.5 cm, ongl QPR = 38° ac ongl PQR = 70°.
Lluniadwch y triongl PQR yn fanwl gywir.

Datrysiad

1   Yn gyntaf, brasluniwch y triongl.

> **AWGRYM**
> Os nad yw'r ochr rhwng y ddwy ongl, cyfrifwch faint y drydedd ongl yn gyntaf.

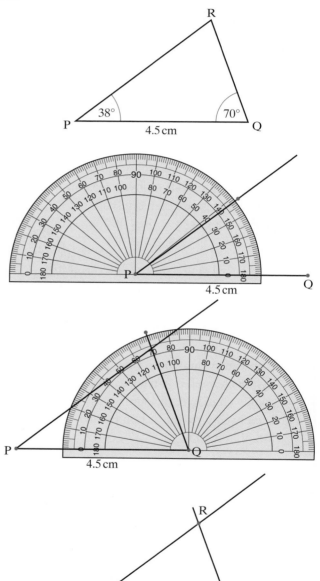

2   Tynnwch linell PQ â'i hyd yn 4.5 cm. Marciwch ongl 38° yn P a thynnwch linell hir o P trwy'r marc.

3   Marciwch ongl 70° yn Q. Tynnwch linell o Q i gyfarfod â'r llinell rydych wedi'i thynnu o P.

4   Labelwch y pwynt lle mae'r ddwy linell yn cyfarfod yn R.

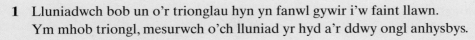

1 Lluniadwch bob un o'r trionglau hyn yn fanwl gywir i'w faint llawn.
   Ym mhob triongl, mesurwch o'ch lluniad yr hyd a'r ddwy ongl anhysbys.

a)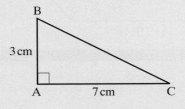

b)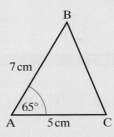

c)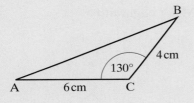

ch)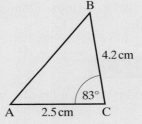

d) Triongl ABC lle mae AB = 7 cm, ongl BAC = 118° ac AC = 4 cm.

2 Lluniadwch bob un o'r trionglau hyn yn fanwl gywir i'w faint llawn.
   Ym mhob triongl, mesurwch o'ch lluniad y ddau hyd a'r ongl anhysbys.

a)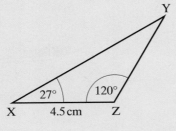

b)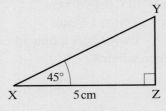

c)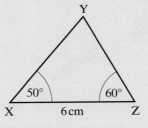

ch)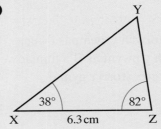

d) Triongl XYZ lle mae YZ = 5.5 cm, ongl XZY = 81° ac ongl ZYX = 34°.

Lluniadwch y paralelogram hwn yn fanwl gywir.
Gwiriwch eich manwl gywirdeb trwy weld
a yw'r ddwy ongl arall yn 45° a 135°.

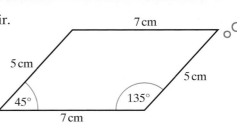

Defnyddio cwmpas i luniadu trionglau

Os gwyddom hyd pob un o dair ochr triongl, ond nid yr un o'r onglau,
gallwn ddefnyddio riwl a chwmpas i luniadu'r triongl. Mae'r enghraifft
nesaf yn dangos y dull.

ENGHRAIFFT 27.7

Lluniadwch y triongl hwn yn fanwl gywir.

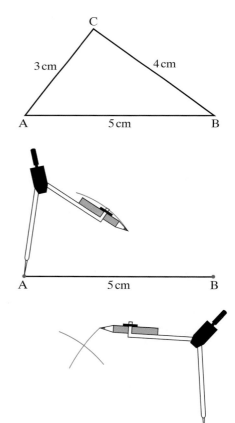

Datrysiad

1   Tynnwch linell AB, hyd 5 cm.
    Agorwch y cwmpas i 3 cm.
    Gosodwch y pwynt ar A a lluniadwch
    arc uwchben y llinell.

2   Wedyn agorwch y cwmpas i 4 cm.
    Gosodwch y pwynt ar B a lluniadwch
    arc arall i groestorri'r gyntaf.

3 Y pwynt lle mae'r ddwy arc yn croesi ei gilydd yw C.
Tynnwch linellau syth i uno C ag A a B.

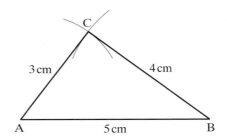

Os ydym yn gwybod hyd dwy ochr triongl a hefyd faint un ongl nad yw rhwng y ddwy ochr hysbys, yna rhaid defnyddio riwl, onglydd a chwmpas i luniadu'r triongl. Mae'r enghraifft nesaf yn dangos y dull.

Lluniadwch, yn fanwl gywir, driongl PQR lle mae PQ = 6.3 cm, ongl RPQ = 60° a QR = 6 cm.

Datrysiad

1 Brasluniwch y triongl.

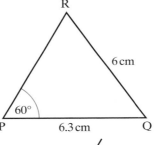

2 Tynnwch linell PQ, hyd 6.3 cm. Marciwch ongl 60° yn P a thynnwch linell hir trwy'r marc.

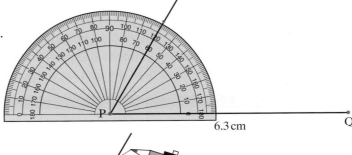

3 Agorwch y cwmpas i 6 cm. Gosodwch bwynt y cwmpas ar Q a lluniadwch arc i groesi'r llinell rydych wedi'i thynnu o P.

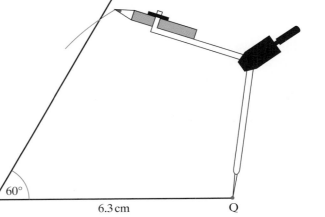

4   Y pwynt lle mae'r arc yn croesi'r llinell yw R.
Tynnwch linellau syth i uno R â P a Q.

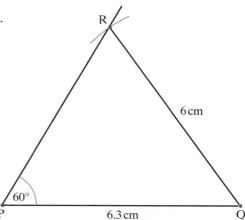

Her 27.3

Defnyddiwch yr wybodaeth sydd yn Enghraifft 26.8 i luniadu triongl gwahanol.
Awgrym: Bydd gan y triongl hwn ongl atblyg yn R.

Sylwi 27.3

Edrychwch eto ar y trionglau rydych wedi'u lluniadu yn y bennod hon.
Gallwch eu dosbarthu i bedwar grŵp yn dibynnu ar y mesuriadau a gawsoch.
Gan ddefnyddio **Och** i gynrychioli ochr rydych chi'n gwybod ei hyd ac **Ong** i
gynrychioli ongl y gwyddoch ei maint, darganfyddwch y pedwar grŵp.
Mae un grŵp yn wahanol i'r lleill. Pa un sy'n wahanol a pham?

◎ YMARFER 27.5

1   Lluniadwch bob un o'r trionglau hyn yn fanwl gywir i'w faint llawn.
Ym mhob triongl, mesurwch o'ch lluniad y tair ongl.

a)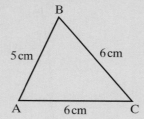

b)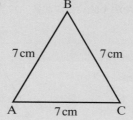

c)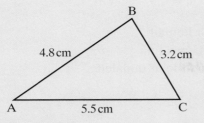

ch)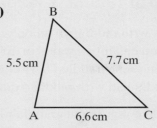

d) Triongl ABC lle mae AB = 7 cm, BC = 6 cm ac AC = 4 cm.

2 Lluniadwch bob un o'r trionglau hyn yn fanwl gywir i'w faint llawn.
Ym mhob triongl, mesurwch o'ch lluniad yr hyd a'r ddwy ongl anhysbys.

a)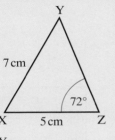

b)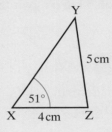

c)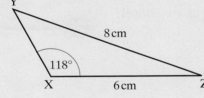

ch)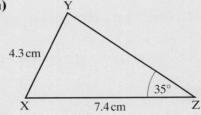

d) Triongl XYZ lle mae YZ = 5.8 cm, ongl XZY = 72°
ac XY = 7 cm.

Her 27.4

Lluniadwch y ddau siâp hyn yn fanwl gywir.

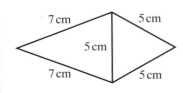

Lluniadau wrth raddfa a mapiau

Mae lluniad sydd 'wrth raddfa' yn union yr un fath â'r lluniad gwreiddiol ond bod ei faint yn wahanol. Er enghraifft, mae llun rhywbeth mawr yn cael ei raddio i lawr er mwyn iddo ffitio ar dudalen llyfr. Mae map yn lluniad wrth raddfa o ddarn o dir.

Dyma ddwy ffordd o ysgrifennu graddfa'r lluniad.

1 cm i 2 m   Ystyr hyn yw bod 1 cm ar y lluniad wrth raddfa yn cynrychioli 2 m o'r gwir faint

2 cm i 5 km   Ystyr hyn yw bod 2 cm ar y lluniad wrth raddfa yn cynrychioli 5 km o'r gwir faint

ENGHRAIFFT 27.9

Dyma lori wedi'i lluniadu wrth raddfa.
Graddfa'r lluniad yw 1 cm i 2 m.

a) Beth yw hyd y lori?

b) Fyddai'r lori'n gallu mynd o dan bont, uchder 4 m, yn ddiogel?

c) Taldra gyrrwr y lori yw 1.8 m.
Beth fyddai ei daldra ar y lluniad wrth raddfa?

Datrysiad

a) Mesurwch hyd y lori ar y lluniad wrth raddfa.

Hyd y lori ar y lluniad = 4 cm

Oherwydd bod 1 cm yn cynrychioli 2 m, lluoswch yr hyd ar y lluniad â 2 a newidiwch yr unedau.

Gwir hyd y lori = 4 × 2 = 8 m

b) Uchder y lori ar y lluniad = 2.5 cm

Gwir uchder y lori = 2.5 × 2 = 5 m

Felly ni fydd y lori'n gallu mynd o dan y bont.

c) I newid gwir fesuriadau yn fesuriadau ar y lluniad wrth raddfa, rhaid rhannu â 2 a newid yr unedau.

Gwir daldra'r gyrrwr = 1.8 m

Taldra'r gyrrwr ar y lluniad = 1.8 ÷ 2 = 0.9 cm

1 Mesurwch bob un o'r llinellau hyn mor fanwl gywir ag y gallwch. Gan ddefnyddio graddfa 1 cm i 4 m, cyfrifwch y gwir hyd sy'n cael ei gynrychioli gan bob llinell.

a) ───────────────

b) ──────────────────

c) ──────────────────────────

ch) ───────────

2 Mesurwch bob un o'r llinellau hyn mor fanwl gywir ag y gallwch. Gan ddefnyddio graddfa 1 cm i 10 km, cyfrifwch y gwir hyd sy'n cael ei gynrychioli gan bob llinell.

a) ──────────────────

b) ────────────────────────────────

c) ──────────────────────

ch) ───────────

3 Defnyddiwch y graddfeydd sy'n cael eu nodi i dynnu llinellau, mor fanwl gywir ag y gallwch, i gynrychioli pob un o'r gwir hydoedd hyn.

a) 5 m   Graddfa: 1 cm i 1 m   b) 10 km   Graddfa: 1 cm i 2 km

c) 30 km   Graddfa: 2 cm i 5 km   ch) 750 m   Graddfa: 1 cm i 100 m

4 Dyma gynllun llawr byngalo.
Graddfa'r lluniad yw 1 cm i 2 m.

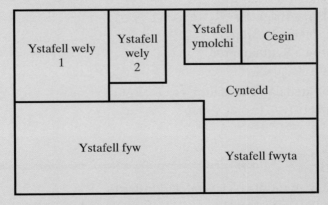

a) Beth yw gwir hyd y cyntedd?

b) Cyfrifwch wir hyd a lled pob un o'r chwe ystafell.

c) Mae'r byngalo ar lecyn o dir sy'n 26 m wrth 15 m.
Beth fydd mesuriadau'r darn o dir ar y lluniad wrth raddfa hwn?

5 Mae'r map yn dangos nifer o drefi a dinasoedd yn ne-ddwyrain Lloegr.
Graddfa'r map yw 1 cm i 20 km.

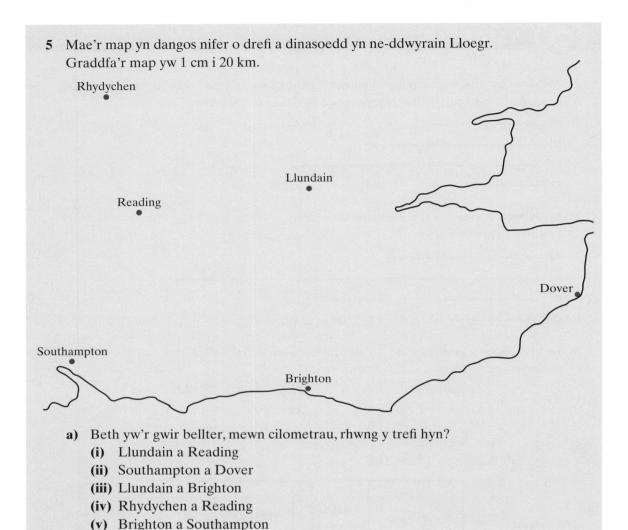

a) Beth yw'r gwir bellter, mewn cilometrau, rhwng y trefi hyn?
  (i) Llundain a Reading
  (ii) Southampton a Dover
  (iii) Llundain a Brighton
  (iv) Rhydychen a Reading
  (v) Brighton a Southampton
  (vi) Dover a Rhydychen

b) Y pellter o Lundain i Fanceinion yw 320 km.
  Sawl centimetr fydd hyn ar y map?

Prawf sydyn 27.2

Paratowch luniad wrth raddfa o'ch ystafell ddosbarth.
Defnyddiwch raddfa 1 cm i 1 m.
Bydd rhaid mesur hyd a lled yr ystafell, a maint pob ffenestr a drws.
Gallech hefyd gynnwys pethau sydd yn yr ystafell, er enghraifft byrddau a
chypyrddau.

Mae'r diagram yn dangos llyn wedi'i luniadu wrth raddfa.

Graddfa'r lluniad yw 2 cm i 1 km.

Mae llwybr yr holl ffordd o amgylch glan y llyn.

Beth yw hyd y llwybr mewn cilometrau?

Gan fod y llwybr yn crymu ac nid yn llinell syth, trafodwch â phartner sut i'w fesur yn fanwl gywir.

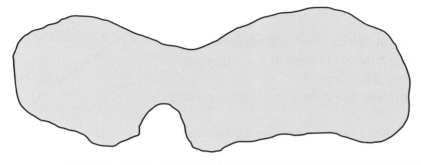

Lluniadau wrth raddfa a chyfeiriannau

Pan fo angen disgrifio'n fanwl gywir ym mha gyfeiriad mae rhywbeth yn teithio, byddwn yn defnyddio **cyfeiriant**.

Cyfeiriant yw ongl, wedi'i mesur mewn graddau, yn glocwedd o linell i gyfeiriad y gogledd.

Bydd pob cyfeiriant yn cael ei ysgrifennu fel ongl tri ffigur. Felly, os yw'r cyfeiriant yn llai na 100°, rhaid rhoi un neu ddau sero o flaen y ffigurau. Er enghraifft, 045° neu 008°.

Mae'n haws mesur cyfeiriant os oes gennych onglydd 360°, sydd weithiau'n cael ei alw'n fesurydd onglau.

Wrth fesur cyfeiriant â'r onglydd 360°, rhaid cofio defnyddio'r raddfa allanol bob tro. Gallwch anwybyddu'r raddfa fewnol gan fod hon yn wrthglocwedd.

Rhaid gosod canol yr onglydd ar y pwynt rydych am fesur y cyfeiriant ohono. Dylai'r llinell sero fod yn syth i fyny, ar ben llinell y gogledd. Wedyn, gan ddefnyddio'r raddfa allanol, darllenwch yr ongl yn y cyfeiriad clocwedd.

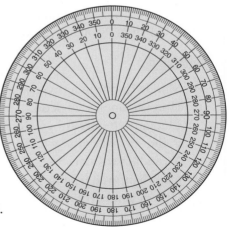

AWGRYM

Chwiliwch am y gair bach *o* yn y cyfarwyddiadau. Hwn sy'n dweud wrthych ble i osod eich onglydd.

Mesurwch gyfeiriant y ddwy
dref o Rydybwa.
Graddfa'r map yw 1 cm i 1 km.
Cyfrifwch bellter y ddwy dref
o Rydybwa.

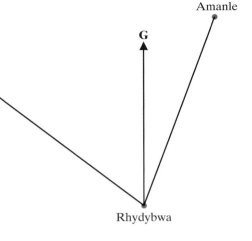

Datrysiad

Gosodwch ganol eich onglydd ar Rydybwa.
Yr ongl rhwng llinell y Gogledd ac Amanle yw 20°.
Felly, cyfeiriant Amanle yw 020°.
Hyd y llinell rhwng Rhydybwa ac Amanle ar y map
yw 5.5 cm.
Felly, y pellter rhwng y ddwy dref yw 5.5 km.
Mae Amanle 5.5 km o Rydybwa ar gyfeiriant 020°.
Yn yr un modd, mae Rhychau 8.5 km o Rydybwa ar gyfeiriant 308°.

Mae awyren yn hedfan am 25 km ar gyfeiriant 070°.
Wedyn mae'n newid cyfeiriad ac yn hedfan am 15 km ar gyfeiriant 220°.

a) Tynnwch luniad manwl gywir o'r hedfaniad. Defnyddiwch raddfa 1 cm i 5 km.

b) Defnyddiwch eich lluniad i ddarganfod pa mor bell yw'r awyren o'i man cychwyn.

c) Defnyddiwch eich lluniad i ddarganfod ar ba gyfeiriant y dylai'r awyren hedfan i
   ddod yn ôl i'w man cychwyn.

Datrysiad

a) Marciwch bwynt a thynnwch linell fertigol.
   Hon yw llinell y gogledd.
   Lluniadwch ongl 70° yn glocwedd o linell y gogledd.
   Pellter cymal cyntaf y daith yw 25 km.
   Y raddfa yw 1 cm i 5 km, felly i gyfrifo'r hyd ar y
   map rhannwch y pellter â 5 a newidiwch yr unedau.
   Hyd y cymal cyntaf ar y map = 25 ÷ 5 = 5 cm.
   Mesurwch 5 cm ar hyd y llinell rydych wedi'i
   thynnu ar gyfeiriant 070°.
   Marciwch bwynt a thynnwch linell fertigol, sef llinell y gogledd, o'r pwynt hwn.
   Hyd ail gymal y daith yw 15 km a'r cyfeiriant yw 220°.
   Hyd yr ail gymal ar y map = 15 ÷ 5 = 3 cm.
   Lluniadwch gyfeiriant 220° a marciwch bwynt 3 cm ar hyd y llinell hon.

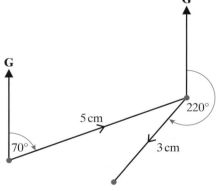

b) I ddarganfod pellter y daith yn ôl i'r man cychwyn, tynnwch linell o ddiwedd yr ail gymal i'r man cychwyn.

Mesurwch y pellter hwn ar y lluniad a'i newid yn wir bellter.

Pellter ar y map = 2.8 cm
Gwir bellter teithio = 2.8 × 5 = 14 km.

c) I ddarganfod y cyfeiriant, tynnwch linell y gogledd ar ddiwedd yr ail gymal.

Wedyn mesurwch y cyfeiriant yn ôl i'r man cychwyn.

Y cyfeiriant yw 280°.

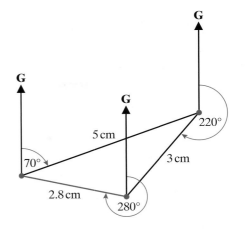

1 Ar y diagram hwn, mesurwch gyfeiriant pob un o'r pwyntiau o O.

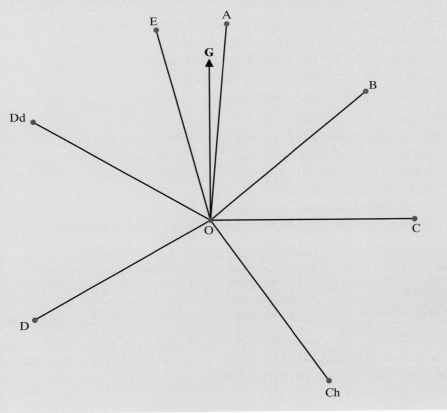

2 Mesurwch gyfeiriant pob un o'r lleoedd ar y map o gartref.
Sawl cilometr yw pob lle o gartref? Graddfa'r map yw 1 cm i 1 km.

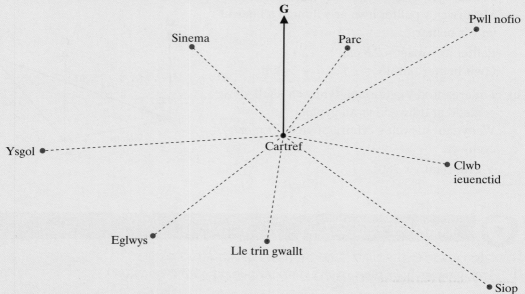

3 Tair tref yw Aberllecyn, Blaenysig a Chaerffosydd.
Mae Blaenysig 10 km o Aberllecyn ar gyfeiriant 085°.
Mae Caerffosydd 8 km o Aberllecyn ar gyfeiriant 150°.
Tynnwch luniad wrth raddfa i ddangos y tair tref.
Defnyddiwch raddfa 1 cm i 2 km.

4 Aeth John am dro yn y parc.
Cychwynnodd o'r maes parcio (MP) a cherddodd 1 km ar gyfeiriant 125° at y llyn (Ll).
O'r llyn cerddodd 1.5 km ar gyfeiriant 250° i'r safle picnic (SP).
a) Tynnwch luniad manwl gywir wrth raddfa i ddangos taith gerdded John.
Defnyddiwch raddfa 5 m i 1 km.
b) Pa mor bell yw John o'r maes parcio?
c) Ar ba gyfeiriant y dylai John gerdded i fynd yn ôl i'r maes parcio?

5 Mae gwyliwr y glannau'n cadw golwg ar gwch sy'n mynd heibio.
Mae'n cofnodi pellter y cwch a'i gyfeiriant o orsaf gwylwyr y glannau.

Lleoliad	A	B	C	Ch	D
Pellter o'r orsaf	4 km	6 km	5.5 km	6.5 km	5 km
Cyfeiriant o'r orsaf	050°	085°	145°	170°	215°

Defnyddiwch yr wybodaeth hon i dynnu lluniad manwl gywir wrth raddfa i ddangos
lleoliadau'r cwch o orsaf gwylwyr y glannau.
Defnyddiwch raddfa 1 cm i 1 km.

Her 27.5

Mae awyren yn hedfan i'r cyfeiriad clocwedd o amgylch gwledydd Prydain. Mae'n hedfan rhwng y trefi a'r dinasoedd hyn.

> Llundain → Plymouth → Caerdydd → Lerpwl → Glasgow →
> Inverness → Newcastle → Norwich → Llundain

Defnyddiwch atlas i ddod o hyd i bellteroedd a chyfeiriannau taith yr awyren. Dewiswch raddfa addas a thynnwch luniad manwl gywir o'r holl daith.

RYDYCH WEDI DYSGU

- sut i dynnu llinellau a lluniadu onglau, a'u mesur yn fanwl gywir
- sut i luniadu triongl o wybod tair ffaith am ei ochrau a'i onglau
- sut i dynnu a darllen lluniadau wrth raddfa a mapiau
- sut i luniadu a mesur cyfeiriannau

◎ YMARFER CYMYSG 27

1 Mesurwch hyd pob un o ochrau'r siâp hwn.

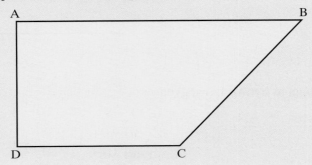

2 Mesurwch faint pob un o'r onglau hyn.

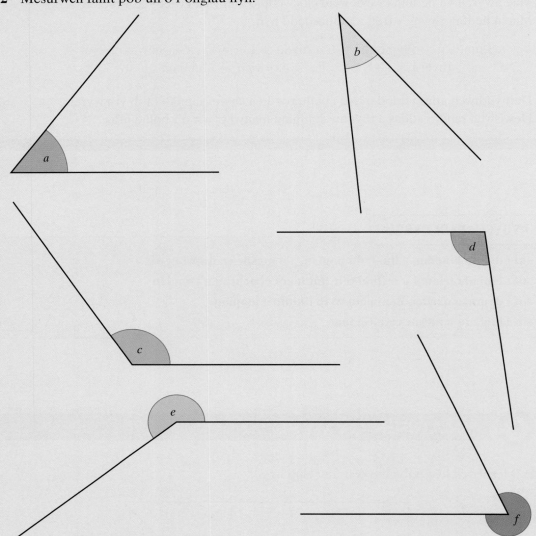

3 Lluniadwch yr onglau hyn yn fanwl gywir.
  a) 75°   **b)** 38°
  c) 104°   **ch)** 93°
  d) 207°   **dd)** 316°

4 Lluniadwch bob un o'r siapiau hyn yn fanwl gywir i'w faint llawn.
Ym mhob siâp, mesurwch o'ch lluniad yr hydoedd a'r onglau anhysbys.

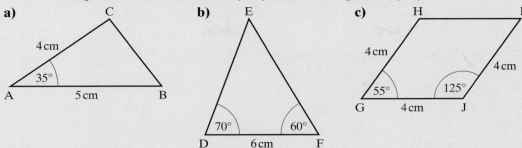

a) 4 cm 35° 5 cm A B C

b) E 70° 60° D 6 cm F

c) H I 4 cm 55° 125° 4 cm G 4 cm J

5 Lluniadwch bob un o'r trionglau hyn yn fanwl gywir i'w faint llawn.
Yn rhannau **a)** a **b)**, mesurwch o'ch lluniadau yr hydoedd ac onglau anhysbys.
Yn rhan **c)** mae dau safle posibl ar gyfer R. Mesurwch hyd QR ar gyfer y naill safle a'r llall.

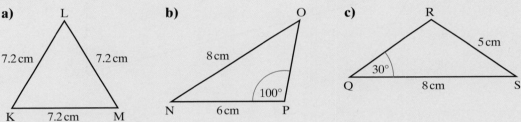

a) L 7.2 cm 7.2 cm K 7.2 cm M

b) O 8 cm 100° N 6 cm P

c) R 5 cm 30° Q 8 cm S

6 Dyma gynllun llawr gwaelod tŷ mawr.
Graddfa'r lluniad yw 1 cm i 2 m.

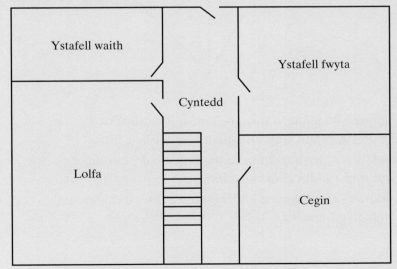

Ystafell waith

Ystafell fwyta

Cyntedd

Lolfa

Cegin

a) Beth yw lled y grisiau?

b) Bydd yw hyd y cyntedd?

c) Cyfrifwch hyd a lled pob un o'r pedair ystafell.

ch) Mae'r tŷ ar lecyn o dir sy'n 226 m wrth 105 m.
Beth fydd mesuriadau'r darn o dir ar y lluniad wrth raddfa hwn?

7 Mae'r diagram yn dangos tri chwch, A, B ac C, ar y môr.
Graddfa'r diagram yw 1 cm i 50 m.
Beth yw pellter a chyfeiriant

a) B o A? **b)** A o C? **c)** C o B?

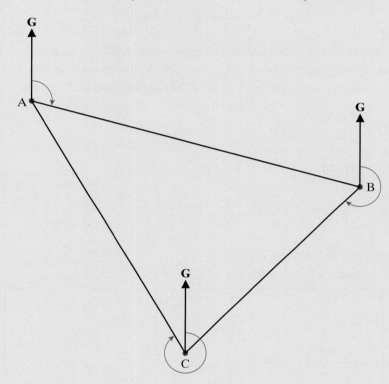

8 Mae Nottingham 45 milltir o Birmingham ar gyfeiriant 045°.
Mae Llundain 100 milltir o Birmingham ar gyfeiriant 130°.

a) Tynnwch luniad wrth raddfa i ddangos lleoliad y tair dinas.
Defnyddiwch raddfa 1 cm i 10 milltir.

b) Defnyddiwch eich diagram i ddarganfod pellter a chyfeiriant
Nottingham o Lundain.

Lluniadau

Dysgoch sut i **lunio** onglau a thrionglau ym Mhennod 26. Gallwn ddefnyddio'r sgiliau hyn mewn lluniadau eraill.

Chwe lluniad pwysig

Mae angen gwybod sut i wneud chwe lluniad pwysig.

Lluniad 1: Hanerydd perpendicwlar llinell

Defnyddiwn y dull canlynol i lunio **hanerydd perpendicwlar** y llinell AB ar y dudalen nesaf.

AWGRYM

Ystyr *perpendicwlar* yw 'ar ongl sgwâr i'.

Hanerydd yw rhywbeth sy'n rhannu yn 'ddwy ran hafal'.

1 Agor y cwmpas i radiws sy'n fwy na hanner hyd y llinell AB.
Rhoi pwynt y cwmpas ar A. Lluniadu un arc uwchlaw'r llinell ac un arc islaw'r llinell.

2 Cadw'r cwmpas ar agor i'r un radiws.
Rhoi pwynt y cwmpas ar B. Lluniadu dwy arc arall i dorri'r arcau cyntaf, sef P a Q.

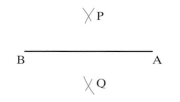

3 Uno'r pwyntiau P a Q. Mae'r llinell hon yn rhannu AB yn ddwy ran hafal ac mae ar ongl sgwâr i AB.

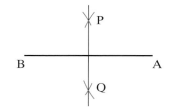

Sylwi 28.1

a) **(i)** Lluniadwch driongl. Gwnewch ef yn ddigon mawr i lenwi tua hanner tudalen.
(ii) Lluniwch hanerydd perpendicwlar pob un o'r tair ochr.
(iii) Os ydych wedi eu llunio'n ddigon manwl gywir, dylai'r haneryddion gyfarfod ar un pwynt.
Rhowch eich cwmpas ar y pwynt hwnnw a'r pensil ar un o gorneli'r triongl. Lluniadwch gylch.

b) Rydych wedi lluniadu **amgylch** y triongl. Beth sy'n tynnu eich sylw am y cylch hwn?

Lluniad 2: Y perpendicwlar o bwynt ar linell

Defnyddiwn y dull canlynol i lunio'r perpendicwlar o bwynt P ar y llinell QR isod.

1 Agor y cwmpas i unrhyw radiws.
Rhoi pwynt y cwmpas ar P. Lluniadu arc i dorri'r llinell ar y naill ochr a'r llall i P, sef yn Q ac R.

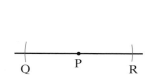

2 Agor y cwmpas i radiws mwy.
Rhoi pwynt y cwmpas ar Q. Lluniadu arc uwchlaw'r llinell. Wedyn rhoi pwynt y cwmpas ar R a lluniadu arc arall, â'r un radiws, i dorri'r arc gyntaf yn X.

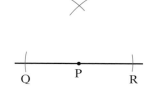

3 Uno'r pwyntiau P ac X. Mae'r llinell hon ar ongl sgwâr i'r llinell wreiddiol.

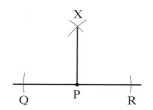

Lluniad 3: Y perpendicwlar o bwynt i linell

Defnyddiwn y dull canlynol i lunio'r perpendicwlar o bwynt P i'r llinell QR isod.

1 Agor y cwmpas i unrhyw radiws.
Rhoi'r cwmpas ar bwynt P.
Lluniadu dwy arc i dorri'r llinell, sef yn Q ac R.

2 Cadw'r cwmpas ar agor i'r un radiws.
Rhoi pwynt y cwmpas ar Q.
Lluniadu arc islaw'r llinell.
Wedyn rhoi pwynt y cwmpas ar R a lluniadu arc arall i dorri'r arc gyntaf yn X.

3 Gosod riwl ar gyfer tynnu llinell o P i X.
Tynnu'r llinell PM.
Mae'r llinell hon ar ongl sgwâr i'r llinell wreiddiol.

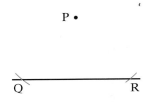

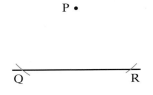

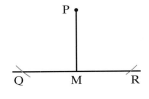

Lluniad 4: Hanerydd ongl

Defnyddiwn y dull canlynol i lunio hanerydd yr ongl isod.

1 Agor y cwmpas i unrhyw radiws.
Rhoi pwynt y cwmpas ar A. Lluniadu dwy arc i dorri 'breichiau' yr ongl, sef yn P a Q.

2 Agor y cwmpas i unrhyw radiws.
Rhoi pwynt y cwmpas ar P. Lluniadu arc y tu mewn i'r ongl.
Wedyn rhoi pwynt y cwmpas ar Q a lluniadu arc arall, â'r un radiws, i dorri'r arc gyntaf yn X.

3 Uno'r pwyntiau A ac X. Mae'r llinell hon yn rhannu'r ongl wreiddiol yn ddwy ran hafal.

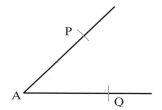
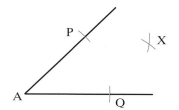
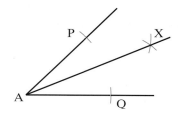

Sylwi 28.4

a) **(i)** Lluniadwch driongl. Gwnewch ef yn ddigon mawr i lenwi tua hanner tudalen.
   (ii) Lluniwch hanerydd pob un o'r tair ongl.
   (iii) Os ydych wedi eu llunio'n ddigon manwl gywir, dylai'r haneryddion gwrdd mewn un pwynt. Labelwch y pwynt hwn yn A.
   Lluniwch y perpendicwlar o A i un o ochrau'r triongl.
   Labelwch y pwynt lle mae'r perpendicwlar yn cwrdd ag ochr y triongl yn B.
   (iv) Rhowch bwynt y cwmpas ar A a'r pensil ar bwynt B.
   Lluniadwch gylch.

b) Rydych wedi lluniadu **mewngylch** y triongl.
   (i) Beth sy'n tynnu eich sylw am y cylch hwn?
   (ii) Beth y gallwch chi ei ddweud am ochr y triongl y gwnaethoch lunio'r perpendicwlar o A iddi?
   Awgrym: Edrychwch ar eich diagram o Sylwi 28.2.
   (iii) Beth y gallwch chi ei ddweud am y naill a'r llall o ochrau eraill y triongl?

1 Agor y cwmpas i unrhyw radiws. Rhoi pwynt y cwmpas ar A. Lluniadu arc i dorri'r llinell yn S.

2 Cadw'r cwmpas ar agor i'r un radiws. Rhoi pwynt y cwmpas ar S. Lluniadu arc i dorri'r arc gyntaf yn R.

3 Uno'r pwyntiau A ac R. Mae ongl RAS yn 60°.

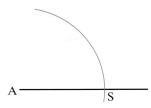

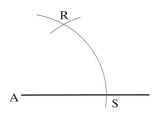

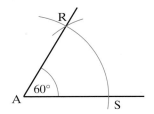

Gallwn dynnu ongl 30° trwy haneru ongl 60° fel yn y diagram isod.

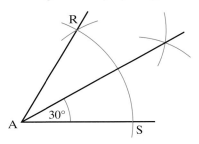

1 Agor y cwmpas i unrhyw radiws. Rhoi pwynt y cwmpas ar B. Lluniadu arc i gwrdd â'r llinell yn B.

2 Cadw'r cwmpas ar agor i'r un radiws. Rhoi pwynt y cwmpas ar S. Lluniadu arc i dorri'r arc gyntaf yn C. Gan gadw'r cwmpas ar agor i'r un radiws, rhoi pwynt y cwmpas ar C. Lluniadu arc i dorri'r arc gyntaf yn D.

3 Agor y cwmpas i unrhyw radiws. Rhoi pwynt y cwmpas ar C a lluniadu arc. Wedyn rhoi pwynt y cwmpas ar D a lluniadu arc arall, â'r un radiws, i dorri'r arc gyntaf yn E. Uno'r pwyntiau A ac E â linell syth. Mae'r ongl EAB yn 90°.

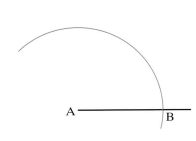

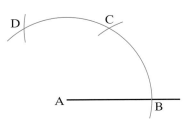

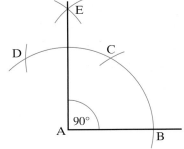

Gallwn dynnu ongl 45° trwy haneru ongl 90° fel yn y diagram isod.

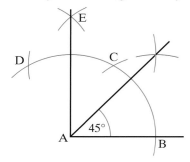

Locysau

Llunio locws

Locws yw llinell, cromlin neu ranbarth o bwyntiau sy'n bodloni rheol benodol. Lluosog locws yw **locysau** ond weithiau bydd pobl yn dweud 'loci', gan mai o'r Lladin y mae'r gair locws wedi dod.

Pedwar locws pwysig

Mae angen gwybod sut i lunio pedwar locws pwysig.

Locws 1: Locws pwyntiau sydd yr un pellter o bwynt penodol

Locws pwyntiau sy'n 2 cm o'r pwynt A isod yw cylch â'i ganol yn A a'i radiws yn 2 cm.

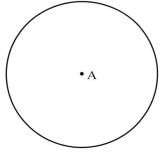

| AWGRYM | Locws pwyntiau sy'n llai na 2 cm o A yw'r rhanbarth y tu mewn i'r cylch. Locws pwyntiau sy'n fwy na 2 cm o A yw'r rhanbarth y tu allan i'r cylch. |

| AWGRYM | Wrth geisio adnabod locws arbennig, darganfyddwch sawl pwynt sy'n bodloni'r rheol a gweld pa fath o linell, cromlin neu ranbarth y maent yn ei ffurfio. |

Locws 2: Locws pwyntiau sydd yr un pellter o ddau bwynt penodol

Locws pwyntiau sydd yr un pellter o'r pwyntiau A a B isod yw hanerydd perpendicwlar y llinell sy'n uno A a B.

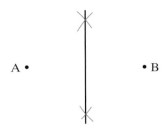

> **AWGRYM**
> Rydych wedi dysgu sut i lunio hanerydd perpendicwlar yn gynharach yn y bennod hon.

Locws 3: Locws pwyntiau sydd yr un pellter o ddwy linell benodol sy'n croestorri

Locws pwyntiau sydd yr un pellter o'r llinellau AB ac AC isod yw hanerydd yr ongl BAC.

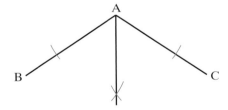

> **AWGRYM**
> Rydych wedi dysgu sut i lunio hanerydd ongl yn gynharach yn y bennod hon.

Locws 4: Locws pwyntiau sydd yr un pellter o linell benodol

Locws pwyntiau sy'n 3 cm o'r llinell AB isod yw pâr o linellau sy'n baralel i AB ac sy'n 3 cm o'r llinell ar y naill ochr a'r llall iddi; ar ddau ben y llinell mae hanner cylch â chanol A neu B a'i radiws yn 3 cm.

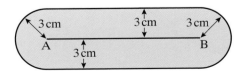

Gallwn ddefnyddio lluniadau a locysau i ddatrys problemau hefyd.

Y pellter rhwng dwy dref, P a Q, yw 5 km.

Mae Gerallt yn byw yn union yr un pellter o P ag o Q.

a) Lluniwch y locws i ddangos lle gallai Gerallt fod yn byw.
Defnyddiwch y raddfa 1 cm i 1 km.

Mae ysgol Gerallt yn agosach at P nag yw at Q.

b) Lliwiwch y rhanbarth lle gallai ysgol Gerallt fod.

Datrysiad

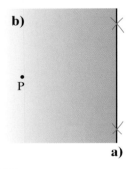

b)

P

Q

a)

Y locws ar gyfer lle gallai Gerallt fod yn byw yw hanerydd perpendicwlar y llinell sy'n uno P a Q.

Mae unrhyw bwynt i'r chwith o'r llinell a dynnoch yn rhan **(a)** yn agosach at bwynt P nag yw at bwynt Q. Mae unrhyw bwynt i'r dde o'r llinell yn agosach at bwynt Q nag yw at bwynt P.

Mae golau diogelwch yn sownd wrth wal.

Mae'r golau'n goleuo ardal hyd at 20 m.

Lluniwch y rhanbarth sy'n cael ei oleuo gan y golau.

Defnyddiwch y raddfa 1 cm i 5 m.

Datrysiad

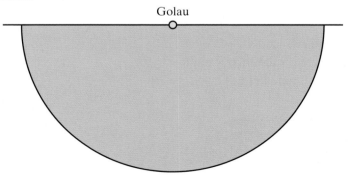

Golau

Cofiwch nad yw'r golau yn gallu goleuo'r ardal sydd y tu ôl i'r wal.

ENGHRAIFFT 28.3

Mae'r diagram yn dangos porthladd, P, a chreigiau.

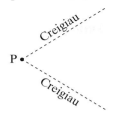

Er mwyn gadael y porthladd yn ddiogel, rhaid i gwch gadw'r un pellter o'r naill set o greigiau a'r llall.

Copïwch y diagram a lluniwch lwybr cwch o'r porthladd.

Datrysiad

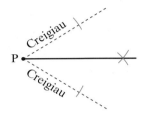

YMARFER 28.1

1 Lluniwch locws pwyntiau sy'n llai na 5 cm o bwynt sefydlog A.

2 Y pellter rhwng dwy graig yw 100 m. Mae cwch yn hwylio rhwng y creigiau yn y fath ffordd fel ei fod bob amser yr un pellter o'r naill graig a'r llall.
Lluniwch locws llwybr y cwch. Defnyddiwch y raddfa 1 cm i 20 m.

3 Yn un o gaeau ffermwr mae coeden sydd yn 60 m o berth hir.
Mae'r ffermwr yn penderfynu adeiladu ffens rhwng y goeden a'r berth.
Rhaid i'r ffens fod mor fyr ag sy'n bosibl.
Gwnewch luniad wrth raddfa o'r goeden a'r berth.
Lluniwch y locws ar gyfer lle mae'n rhaid adeiladu'r ffens.
Defnyddiwch y raddfa 1 cm i 10 m.

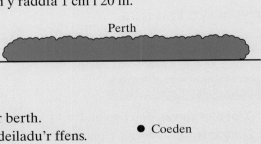

4 Lluniadwch ongl 60°.
Lluniwch hanerydd yr ongl.

5 Lluniadwch sgwâr, ABCD, â'i ochrau'n 5 cm.
Lluniwch locws y pwyntiau y tu mewn i'r sgwâr sy'n llai na 3 cm o gornel C.

6 Mae sied betryal yn mesur 4 m wrth 2 m.
Mae llwybr, sydd â'i led yn 1 m ac sy'n berpendicwlar
i'r sied, i gael ei adeiladu o ddrws y sied.
Lluniwch y locws sy'n dangos ymylon y llwybr.
Defnyddiwch y raddfa 1 cm i 1 m.

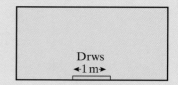

Drws
◄1 m►

7 Lluniwch gwmpawd fel yr un sydd ar y dde.
● Lluniadwch gylch â'i radiws yn 4 cm.
● Lluniadwch ddiamedr llorweddol y cylch.
● Lluniwch hanerydd perpendicwlar y diamedr.
● Hanerwch bob un o'r pedair ongl.

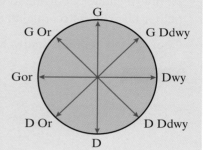

8 Tynnwch linell â'i hyd yn 7 cm.
Lluniwch ranbarth y pwyntiau sy'n llai na 3 cm
o'r llinell.

9 Lluniwch driongl ABC lle mae AB = 8 cm, AC = 7 cm a BC = 6 cm.
Lliwiwch locws y pwyntiau y tu mewn i'r triongl sy'n agosach at AB nag ydynt at AC.

10 Mae perchennog parc thema yn penderfynu adeiladu ffos â'i led yn 20 m o amgylch castell.
Mae'r castell yn betryal sydd â'i hyd yn 80 m a'i led yn 60 m.
Lluniadwch yn fanwl gywir amlinelliad o'r castell a'r ffos.

Locysau sy'n croestorri

Yn aml bydd locws yn cael ei ddiffinio gan fwy nag un rheol.

ENGHRAIFFT 28.4

Y pellter rhwng dau bwynt, P a Q, yw 5 cm.
Darganfyddwch locws y pwyntiau sy'n llai
na 3 cm o P ac sy'n gytbell o P a Q.

AWGRYM

Ystyr *cytbell* yw 'yr un pellter'.

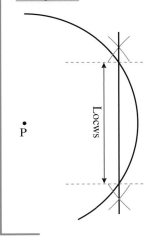

Mae locws y pwyntiau sy'n llai na 3 cm o P o fewn cylch â'i ganol yn P a'i radiws yn 3 cm.

Locws y pwyntiau sy'n gytbell o P a Q yw hanerydd perpendicwlar y llinell sy'n uno P a Q.

Mae'r pwyntiau sy'n bodloni'r ddwy reol i'w cael o fewn y cylch *ac* ar y llinell.

ENGHRAIFFT 28.5

Hyd gardd betryal yw 25 m a'i lled yw 15 m.
Mae coeden i gael ei phlannu yn yr ardd yn y fath ffordd fel ei bod yn fwy na 2.5 m o'r ffin ac yn llai na 10 m o'r gornel dde-orllewinol.
Gan ddefnyddio'r raddfa 1 cm i 5 m, gwnewch luniad wrth raddfa o'r ardd a darganfyddwch y rhanbarth lle mae'r goeden yn gallu cael ei phlannu.

Datrysiad

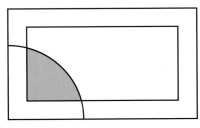

Lluniadwch betryal sy'n mesur 5 cm wrth 3 cm i gynrychioli'r ardd.

Locws y pwyntiau sy'n fwy na 2.5 m o'r ffin yw petryal llai y tu mewn i'r petryal cyntaf. Mae pob un o ochrau'r petryal lleiaf 0.5 cm y tu mewn i ochrau'r petryal mwyaf.

Locws y pwyntiau sy'n llai na 10 m o'r gornel dde-orllewinol yw arc sydd â chornel y petryal mwyaf yn ganol iddi a'i radiws yn 2 cm.

Mae'r pwyntiau sy'n bodloni'r ddwy reol i'w cael o fewn y petryal lleiaf *a'r* arc.

1 Lluniadwch bwynt a'i labelu'n A.
Lluniwch ranbarth y pwyntiau sy'n fwy na 3 cm o A ond sy'n llai na 6 cm o A.

2 Y pellter rhwng dwy dref, P a Q, yw 7 km.
Mae Angharad yn dymuno prynu tŷ sydd o fewn 5 km i P ac sydd hefyd o fewn 4 km i Q.
Gwnewch luniad wrth raddfa i ddangos y rhanbarth lle gallai Angharad brynu tŷ.
Defnyddiwch y raddfa 1 cm i 1 km.

3 Lluniadwch sgwâr ABCD â'i ochrau'n 5 cm.
Darganfyddwch ranbarth y pwyntiau sy'n fwy na 3 cm o AB ac AD.

4 Mae Steffan yn defnyddio hen fap i ddod o hyd i drysor.
Mae'n chwilio mewn darn petryal o dir, EFGH, sy'n
mesur 8 m wrth 5 m.
Yn ôl y map mae'r trysor wedi'i guddio 6 m o E ar
linell sy'n gytbell o F ac H.
Gan ddefnyddio'r raddfa 1 cm i 1m, gwnewch luniad
wrth raddfa i ddangos lleoliad y trysor.
Defnyddiwch y llythyren T i farcio'r safle lle mae'r trysor wedi'i guddio.

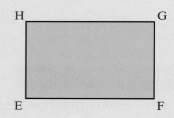

5 Lluniadwch driongl ABC gydag AB = 11 cm, AC = 7 cm a BC = 9 cm.
Lluniwch locws y pwyntiau y tu mewn i'r triongl sy'n agosach at AB nag ydynt at AC
ac sy'n gytbell o A a B.

6 Mae'r diagram yn dangos cornel adeilad fferm, sy'n sefyll
mewn cae.
Mae asyn wedi'i glymu ym mhwynt D â rhaff. Hyd y rhaff yw 5 m.
Lliwiwch y rhanbarth o'r cae lle mae'r asyn yn gallu pori.

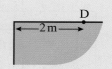

7 Mae merch yn llywio llong ac yn cael ei llongddryllio yn y nos.
Mae hi 140 m o'r arfordir syth. Mae hi'n nofio'n syth am yr arfordir.

a) Gwnewch luniad wrth raddfa o'i llwybr nofio.

Mae gwyliwr y glannau yn sefyll ar y traeth yn yr union le y bydd y forwraig yn glanio.
Mae ganddo chwilolau sy'n gallu goleuo hyd at bellter o 50 m.

b) Marciwch ar eich diagram y rhan o lwybr nofio'r forwraig fydd yn cael ei goleuo.

8 Mae safleoedd tair gorsaf radio, A, B ac C, yn ffurfio triongl yn y fath ffordd fel bod
AB = 7 km, BC = 9.5 km ac ongl ABC = 90°.
Mae'r signal o bob gorsaf radio yn gallu cael ei dderbyn hyd at 5 km i ffwrdd.
Gwnewch luniad wrth raddfa i ddangos lleoliad y rhanbarth lle nad yw'n bosibl
derbyn signal unrhyw un o'r tair gorsaf radio.

9 Mae gardd betryal yn mesur 20 m wrth 14 m. Mae wal y tŷ ar hyd un o ochrau byrraf yr ardd.

Mae Rhys yn mynd i blannu coeden. Rhaid iddi fod yn fwy na 10 m o'r tŷ a mwy nag 8 m o unrhyw gornel o'r ardd.

Darganfyddwch y rhanbarth o'r ardd lle mae'r goeden yn gallu cael ei phlannu.

10 Y pellter rhwng dwy dref, H a K, yw 20 milltir.

Mae canolfan hamdden newydd i gael ei hadeiladu o fewn 15 milltir i H, ond yn agosach at K nag at H.

Gan ddefnyddio'r raddfa 1 cm i 5 milltir, lluniadwch ddiagram i ddangos lle y gallai'r ganolfan hamdden gael ei hadeiladu.

RYDYCH WEDI DYSGU

- **sut i lunio hanerydd perpendicwlar llinell**
- **sut i lunio'r perpendicwlar o bwynt ar linell**
- **sut i lunio'r perpendicwlar o bwynt i linell**
- **sut i lunio hanerydd ongl**
- **sut i lunio onglau 30°, 45°, 60° a 90°**
- **mai locws pwyntiau sydd yr un pellter o bwynt penodol yw cylch**
- **mai locws pwyntiau sydd yr un pellter o ddau bwynt yw hanerydd perpendicwlar y llinell sy'n uno'r ddau bwynt**
- **mai locws pwyntiau sydd yr un pellter o ddwy linell sy'n croestorri yw hanerydd yr ongl y mae'r ddwy linell yn ei ffurfio**
- **mai locws pwyntiau sydd yr un pellter o linell benodol yw pâr o linellau paralel â hanner cylch ar ddau ben y llinell benodol**
- **bod rhaid i rai locysau fodloni mwy nag un rheol**

◎ YMARFER CYMYSG 28

1 Lluniadwch ongl o 100°.
Lluniwch hanerydd yr ongl.

2 Lluniadwch linell â'i hyd yn 8 cm.
Lluniwch locws y pwyntiau sydd yr un pellter o ddau ben y llinell.

3 Lluniadwch linell â'i hyd yn 7 cm.
Lluniwch locws y pwyntiau sy'n 3 cm o'r llinell hon.

4 Lluniadwch y triongl ABC lle mae AB = 9 cm, BC = 8 cm ac CA = 6 cm.
Lluniwch y llinell berpendicwlar o C i AB.
Mesurwch hyd y llinell hon a thrwy hynny cyfrifwch arwynebedd y triongl.

5 Lluniadwch y petryal PQRS lle mae PQ = 8 cm a QR = 5 cm.
Lliwiwch ranbarth y pwyntiau sy'n agosach at QP nag ydynt at QR.

6 Y pellter rhwng dwy orsaf radio yw 40 km. Gall pob gorsaf drosglwyddo signalau hyd at 30 km.
Gwnewch luniad wrth raddfa i ddangos y rhanbarth sy'n gallu derbyn signalau o'r ddwy orsaf radio.

7 Mae gardd yn betryal ABCD lle mae AB = 5 m a BC = 3 m.
Mae coeden yn cael ei phlannu fel ei bod o fewn 5 m i A ac o fewn 3 m i C.
Dangoswch y rhanbarth lle y gallai'r goeden gael ei phlannu.

8 Lluniadwch driongl EFG lle mae EF = 8 cm, EG = 6 cm ac ongl E = 70°.
Lluniwch y pwynt sy'n gytbell o F ac G ac sydd hefyd yn 5 cm o G.

9 Mae lawnt yn sgwâr â'i ochrau'n 5 m.
Mae ysgeintell dŵr yn cwmpasu cylch â'i radiws yn 3 m.
Os bydd y garddwr yn rhoi'r ysgeintell ym mhob cornel yn ei thro, a fydd y lawnt gyfan yn cael ei dyfrhau?

10 Mae'r garddwr yng nghwestiwn **9** yn rhoi benthyg ei ysgeintell i gymdoges.
Mae gan y gymdoges ardd fawr gyda lawnt betryal sy'n mesur 10 m wrth 8 m.
Mae hi'n symud yr ysgeintell yn araf o amgylch ymyl y lawnt. Lluniadwch ddiagram wrth raddfa i ddangos y rhanbarth o'r lawnt a fydd yn cael ei ddyfrhau.

YN Y BENNOD HON

- **Cymesuredd**
- **Adlewyrchiadau**
- **Cylchdroeon**
- **Cyfathiant**

DYLECH WYBOD YN BAROD

- am drionglau a phedrochrau arbennig
- ystyr y geiriau *llorweddol a fertigol*
- am onglau 90° a 180°
- sut i blotio cyfesurynnau

Cymesuredd adlewyrchiad

Sylwi 29.1

Plygwch ddarn o bapur.

Torrwch siâp o'r papur.

Agorwch y papur ac edrychwch ar y siâp rydych wedi'i ffurfio.

Gwnewch yr un peth eto â darn arall o bapur.

Edrychwch ar y siapiau y mae pobl eraill wedi'u ffurfio.

Beth sydd yr un fath ynglŷn â nhw?

Beth sy'n wahanol?

Plygwch ddarn arall o bapur ddwywaith, gan sicrhau bod y plygiadau ar ongl sgwâr.

Torrwch siâp o'r papur ac agorwch y plygiadau.

Sut siapiau gawsoch chi'r tro hwn?

Edrychwch ar y siâp hwn.

Gallwn ei blygu i lawr ei ganol ar hyd y llinell goch fel bod y ddwy ochr yn cyfateb i'w gilydd.

Llinell cymesuredd yw'r llinell goch.
Mae gan rai siapiau fwy nag un llinell cymesuredd.
Mae gan y seren hon bum llinell cymesuredd.
Un sy'n cael ei dangos; mae pedair arall.

Enw arall ar gymesuredd adlewyrchiad yw cymesuredd llinell.

Prawf sydyn 29.1

Edrychwch o'ch cwmpas.
Yn yr ystafell, pa wrthrychau neu siapiau sydd â chymesuredd adlewyrchiad?
Rhestrwch nhw neu tynnwch fraslun o bob un.
Sawl llinell cymesuredd sydd gan bob un?

ENGHRAIFFT 29.1

Lliwiwch dri sgwâr arall er mwyn gwneud y llinell goch yn llinell cymesuredd.

Datrysiad

Cyfrwch sgwariau o'r llinell cymesuredd.
Gwnewch yn siŵr fod y sgwariau lliw yn cyfateb i'w gilydd ar y naill ochr a'r llall i'r llinell.
Er enghraifft, yn y rhes olaf mae angen lliwio'r ail sgwâr o'r dde er mwyn iddo gyfateb i'r ail sgwâr o'r chwith.

ENGHRAIFFT 29.2

Cwblhewch y siâp hwn er mwyn iddo gael dwy
linell cymesuredd.

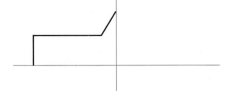

Datrysiad

Yn gyntaf, defnyddiwch y llinell cymesuredd fertigol.

Defnyddiwch bapur dargopïo i wneud dargopi o'r siâp
a'r llinell fertigol goch.

Trowch y dargopi drosodd ac aliniwch y llinellau coch
â'i gilydd.

Dargopïwch dros linellau'r siâp yn ei safle newydd.

Rhowch y papur o'r neilltu a chwblhewch ran uchaf
y siâp.

Nawr gwnewch yr un peth â'r llinell cymesuredd
lorweddol.

Y tro hwn, bydd angen copïo'r siapiau sydd ar y
chwith a'r dde.

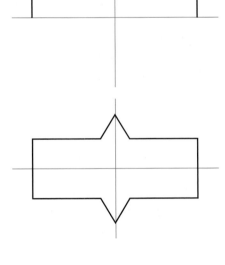

AWGRYM

Ar ôl ei gwblhau, edrychwch ar
eich lluniad i sicrhau ei fod yn
edrych yn gymesur.

YMARFER 29.1

1 Copïwch y siapiau hyn.
Ar bob siâp, tynnwch y llinellau cymesuredd.

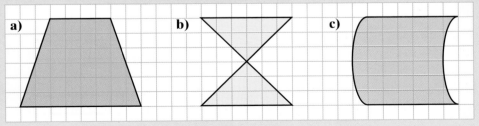

2 Sawl llinell cymesuredd sydd gan y siapiau hyn?

a)   b)   c)

3 Lluniadwch sgwâr.
Mae gan sgwâr bedair llinell cymesuredd.
Tynnwch bob un o'r llinellau cymesuredd ar eich sgwâr.

4 Un llinell cymesuredd sydd gan y triongl hwn.
Pa fath o driongl yw hwn?

5 Copïwch y grid hwn.
Lliwiwch ragor o sgwariau er mwyn i'r groeslin goch fod yn llinell cymesuredd.

6 Copïwch y grid hwn.
Lliwiwch ragor o sgwariau er mwyn i'r grid fod â dwy linell cymesuredd sy'n cael eu dangos gan y llinellau coch.

7 Gwnewch batrwm ac iddo ddwy linell cymesuredd sy'n groesliniau.
Lliwiwch sgwariau ar grid tebyg i hwn.

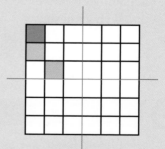

8 Copïwch y diagramau hyn.

Cwblhewch y diagramau er mwyn i'r llinellau coch fod yn llinellau cymesuredd.

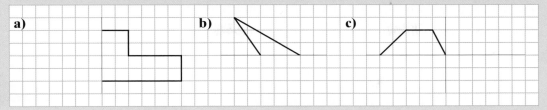

a)   b)   c)

Cymesuredd cylchdro

Sylwi 29.2

Edrychwch ar y siâp hwn.

Dargopïwch y siâp ar ddarn o bapur.
Rhowch flaen pensil neu bin cwmpas yn O a
throwch y papur o amgylch y pwynt nes bod
y copi'n ffitio dros y siâp gwreiddiol eto.

Bydd y siâp hwn yn ffitio drosto'i hun deirgwaith
mewn un tro cyflawn.
Dywedwn fod ganddo gymesuredd cylchdro trefn 3.

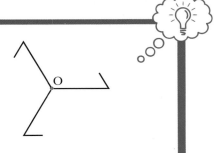

Nid oes gan y siâp hwn gymesuredd cylchdro.

Mewn un safle'n unig y mae'n ffitio drosto'i hun mewn un tro cyflawn.

Byddwn yn dweud bod ganddo gymesuredd cylchdro trefn 1.

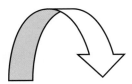

Prawf sydyn 29.2

Edrychwch o'ch cwmpas.

Yn yr ystafell, pa wrthrychau neu siapiau sydd â chymesuredd cylchdro?
Rhestrwch nhw neu tynnwch fraslun o bob un.

Pa drefn cymesuredd cylchdro sydd gan bob un?

ENGHRAIFFT 29.3

O dan bob siâp, ysgrifennwch drefn ei gymesuredd cylchdro.

Os oes gan y siâp gymesuredd cylchdro, nodwch â dot safle ei ganol cylchdro.

Ysgrifennwch hefyd sawl llinell cymesuredd sydd ganddo.

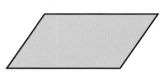 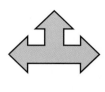

Datrysiad

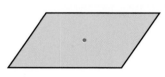 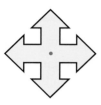 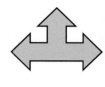

Trefn cymesuredd cylchdro	2	4	1
Nifer y llinellau cymesuredd	0	4	1

Her 29.1

Ysgrifennwch eich enw mewn priflythrennau.

Pa lythrennau yn eich enw sydd â chymesuredd cylchdro?

Ysgrifennwch drefn cymesuredd cylchdro pob un.

Pa lythrennau yn eich enw sydd â chymesuredd adlewyrchiad?

Tynnwch y llinellau cymesuredd ar bob un.

Her 29.2

a) Rwy'n meddwl am fath arbennig o bedrochr.
Mae ganddo bedair llinell cymesuredd.
Mae ganddo gymesuredd cylchdro trefn 4.
Beth yw'r siâp sydd ar fy meddwl?

yn parhau ...

b) Rwy'n meddwl am fath arbennig o bedrochr.
Mae ganddo un llinell cymesuredd.
Nid oes ganddo gymesuredd cylchdro.
Beth yw'r siâp sydd ar fy meddwl?

c) Rwy'n meddwl am fath arbennig o bedrochr.
Mae ganddo ddwy linell cymesuredd.
Mae ganddo gymesuredd cylchdro trefn 2.
Beth yw'r siâp sydd ar fy meddwl?

ch) Pa bedrochrau eraill yr ydych chi'n eu hadnabod?
Gan weithio mewn parau, disgrifiwch nhw i'ch gilydd yn yr un ffordd.
Efallai yr hoffech chi ddisgrifio polygonau rheolaidd hefyd.

YMARFER 29.2

1 Beth yw trefn cymesuredd cylchdro pob un o'r siapiau hyn?

a)

b)

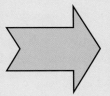

c)

ch)

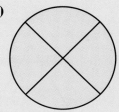

d)

dd)

2 Edrychwch ar yr hecsagon rheolaidd hwn.
Sawl llinell cymesuredd sydd ganddo?
Beth yw trefn ei gymesuredd cylchdro?

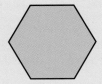

3 Mae gan y triongl hwn gymesuredd cylchdro trefn 3.
Pa fath o driongl yw hwn?

4 Copïwch y grid hwn.
Lliwiwch ragor o sgwariau er mwyn i'r patrwm fod â
chymesuredd cylchdro trefn 2.

5 Copïwch y grid hwn
Lliwiwch ragor o sgwariau er mwyn i'r patrwm fod â
chymesuredd cylchdro trefn 4.

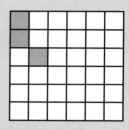

6 Lliwiwch sgwariau ar grid 4 × 4 er mwyn i'ch patrwm fod â
chymesuredd cylchdro trefn 2 ond dim cymesuredd adlewyrchiad.

7 Copïwch y diagram hwn.
Cwblhewch y lluniad er mwyn iddo fod â chymesuredd
cylchdro trefn 2.

8 Copïwch y diagram hwn.
Cwblhewch y lluniad er mwyn iddo fod â chymesuredd
cylchdro trefn 3 ond dim cymesuredd adlewyrchiad.

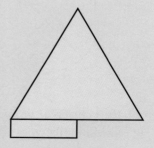

9 Lluniadwch batrwm syml sydd â chymesuredd cylchdro trefn 4.

Trawsffurfiadau

Mae gwneud **trawsffurfiad** yn ffordd arbennig o symud gwrthrych.

Adlewyrchiadau

Gallwn **adlewyrchu** gwrthrych mewn llinell ddrych.

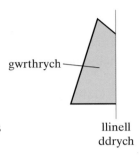

Mae adlewyrchu gwrthrych fel cwblhau diagram er mwyn i siâp gael llinell cymesuredd.

Yma, mae lliwiau gwahanol wedi'u defnyddio er mwyn gallu dangos beth sydd wedi newid. Fel arfer, bydd y lliw yn aros yr un fath!

Y **ddelwedd** yw'r rhan sydd yr ochr arall i'r llinell ddrych ac mae hi y tu ôl ymlaen.

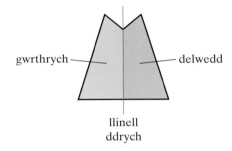

Mae unrhyw bwynt ar y ddelwedd yr un pellter o'r llinell ddrych â'r pwynt cyfatebol ar y gwrthrych.

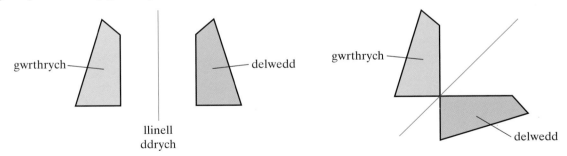

Pan fo gwrthrych yn cael ei adlewyrchu, mae'r ddelwedd a'r gwrthrych yn **gyfath**. Ystyr hyn yw bod y ddau yr un siâp a'r un maint.

Serch hynny, mae'r ddelwedd y tu ôl ymlaen. I luniadu adlewyrchiad, gallwn ddargopïo'r gwrthrych a'r llinell ddrych, ac wedyn troi'r dargopi drosodd i luniadu'r ddelwedd.

Gweithiwch mewn grŵp, fel hyn.

- Pawb yn y grŵp i luniadu yr un siâp ar ddalen o bapur sgwariau.
- Pawb i dynnu llinell ddrych wahanol.
- Adlewyrchwch y gwrthrych yn eich llinell ddrych.
- Cymharwch ddiagramau eich grŵp.
- Sylwch sut mae safle'r ddelwedd yn newid wrth i'r llinell ddrych newid.

AWGRYM

Gallwch gyfrif sgwariau neu ddefnyddio papur dargopïo i'ch helpu i luniadu'r ddelwedd.

ENGHRAIFFT 29.4

Lluniadwch echelinau x ac y o -5 i $+5$.

Plotiwch y pwyntiau $(2, 1)$, $(4, 1)$ a $(2, 4)$.

Unwch y pwyntiau i ffurfio triongl, a labelwch ef yn A.

Adlewyrchwch driongl A yn yr echelin x. Labelwch y ddelwedd yn B.

Adlewyrchwch driongl A yn yr echelin y. Labelwch y ddelwedd yn C.

Datrysiad

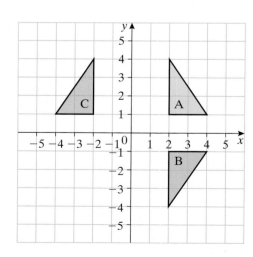

Cylchdroeon

Gallwch **gylchdroi** gwrthrych o amgylch pwynt, C. Yr enw ar y pwynt yw'r canol cylchdro.

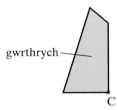

Mae cylchdroi gwrthrych fel cwblhau un cam tuag at ffurfio lluniad sydd â chymesuredd cylchdro.

Dargopïwch y gwrthrych ac wedyn defnyddiwch flaen pensil i gadw'r pwynt C yn llonydd. Trowch y papur dargopïo trwy'r ongl gylchdro angenrheidiol.

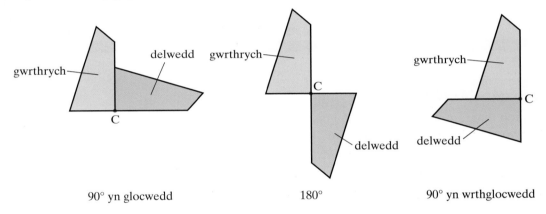

90° yn glocwedd   180°   90° yn wrthglocwedd

Gan fod 180° yn hanner tro, gallwch gylchdroi'n glocwedd neu'n wrthglocwedd.

Mae 90° yn wrthglocwedd yr un fath â 270° yn glocwedd.

Mae unrhyw bwynt ar y ddelwedd yr un pellter o'r canol cylchdro â'r pwynt cyfatebol ar y gwrthrych.

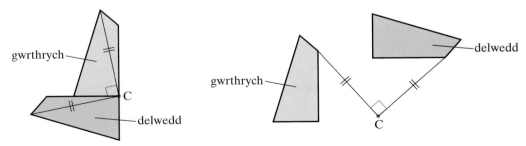

Pan fo gwrthrych yn cael ei gylchdroi, mae'r gwrthrych a'r ddelwedd yn gyfath. Yn wahanol i adlewyrchiadau, nid yw'r ddelwedd y tu ôl ymlaen. I gylchdroi rydym yn troi'r papur dargopïo o amgylch pwynt; i adlewyrchu rydym yn troi'r papur drosodd.

Sylwi 29.4

Gweithiwch mewn grŵp, fel hyn.

- Pawb yn y grŵp i luniadu yr un siâp ar ddalen o bapur sgwariau.
- Dargopïwch eich siâp.
- Pawb i nodi canol cylchdro gwahanol.
- Defnyddiwch flaen pensil i gadw'r canol cylchdro'n llonydd. Trowch eich dargopi trwy 90° yn glocwedd.
- Cymharwch ddiagramau eich grŵp.
- Sylwch sut mae safle'r ddelwedd yn newid wrth i'r canol cylchdro newid.

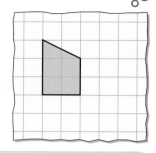

Gallech ail-wneud y gweithgaredd, gan ddefnyddio cylchdro o 180° neu 90° yn wrthglocwedd.

AWGRYM Gallwch gyfrif sgwariau neu ddefnyddio papur dargopïo i'ch helpu i luniadu'r ddelwedd.

ENGHRAIFFT 29.5

Ym mhob diagram, mae'r gwrthrych glas wedi'i gylchdroi o amgylch y pwynt coch i safle'r ddelwedd werdd.

Darganfyddwch yr ongl gylchdro.

a)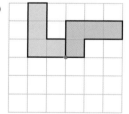

b)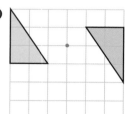

c)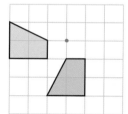

Datrysiad

Dargopïwch y gwrthrych glas. Trowch y papur dargopïo nes bod eich dargopi'n ffitio dros y ddelwedd werdd. Meddyliwch beth yw'r ongl rydych wedi troi'r papur trwyddi.

Dull arall yw uno'r canol cylchdro â phwyntiau cyfatebol ar y gwrthrych glas a'r ddelwedd werdd. Wedyn mesur yr ongl rhwng y llinellau hyn.

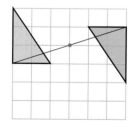

Atebion:

a) 90° yn glocwedd (neu 270° yn wrthglocwedd)

b) 180°

c) 90° yn wrthglocwedd (neu 270° yn glocwedd)

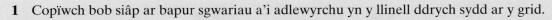

1 Copïwch bob siâp ar bapur sgwariau a'i adlewyrchu yn y llinell ddrych sydd ar y grid.

a)

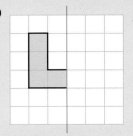

b)

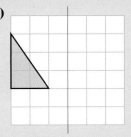

c)

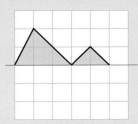

ch)

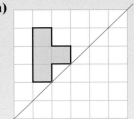

d)

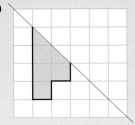

2 Copïwch bob pâr o siapiau ar bapur sgwariau a thynnwch linell ddrych ar gyfer yr adlewyrchiad.

a)

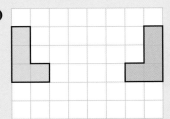

b)

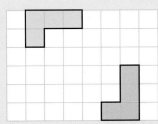

c)

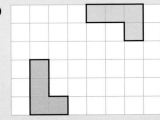

3 Copïwch y diagram.

Adlewyrchwch faner A yn y llinell ddrych. Labelwch y ddelwedd yn B.

Adlewyrchwch faner A yn yr echelin x. Labelwch y ddelwedd yn C.

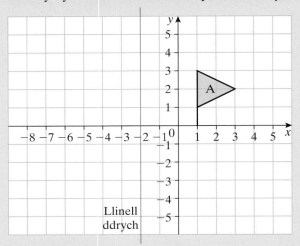

4 Lluniadwch echelinau x ac y o -5 i $+5$.

Plotiwch y pwyntiau $(2, 1), (4, 1), (4, 2)$ a $(2, 5)$.

Unwch y pwyntiau i ffurfio trapesiwm, a labelwch ef yn A.

Adlewyrchwch siâp A yn yr echelin y. Labelwch y ddelwedd yn B.

Adlewyrchwch siâp A yn yr echelin x. Labelwch y ddelwedd yn C.

5 Trwy ba ongl y mae'r gwrthrych glas wedi'i gylchdroi i ffitio'r ddelwedd werdd yn y ddau ddiagram hyn?

a)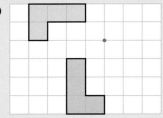

b)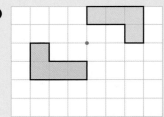

6 Tair baner, A, B ac C, sy'n ffurfio'r siâp hwn.

Mae gan y siâp gymesuredd cylchdro trefn 3.

Pa ongl gylchdro yn y cyfeiriad clocwedd sy'n mapio

a) A ar ben B?

b) A ar ben C?

7 Mynegwch ongl y cylchdroeon hyn.

a)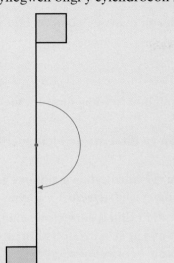

b)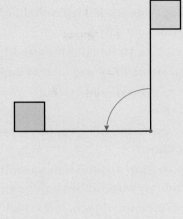

8 Mae triongl A naill ai wedi'i gylchdroi neu wedi'i adlewyrchu i roi'r delweddau hyn.

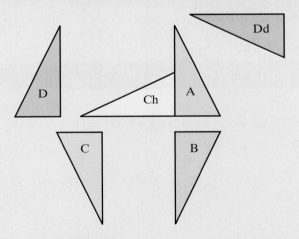

a) Rhestrwch y trionglau sy'n adlewyrchiadau o driongl A.

b) Rhestrwch y trionglau sy'n gylchdroeon o driongl A.

- bod gan siâp gymesuredd adlewyrchiad os gallwch ei blygu i lawr ei ganol fel bod y ddwy ochr yn cyfateb i'w gilydd
- bod y llinell blyg yn llinell cymesuredd
- bod gan rai siapiau fwy nag un llinell cymesuredd
- bod gan siâp gymesuredd cylchdro os yw'n ffitio drosto'i hun fwy nag unwaith mewn cylchdro cyflawn
- mai trefn y cymesuredd cylchdro yw sawl tro mae'r siâp yn ffitio drosto'i hun mewn cylchdro cyflawn
- os yw siâp yn ffitio drosto'i hun unwaith yn unig mewn cylchdro cyflawn, nid oes ganddo gymesuredd cylchdro. Gallwch ddweud mai cymesuredd cylchdro trefn 1 yw hyn
- wrth adlewyrchu gwrthrych, fod y ddelwedd yr ochr arall i'r llinell ddrych. Mae unrhyw bwynt ar y ddelwedd yr un pellter o'r llinell ddrych â'r pwynt sy'n cyfateb iddo ar y gwrthrych. Mae'r gwrthrych a'r ddelwedd yn gyfath ond y tu ôl ymlaen
- sut i gylchdroi gwrthrych o amgylch pwynt. Y pwynt yw'r canol cylchdro. Mae unrhyw bwynt ar y ddelwedd yr un pellter o'r canol cylchdro â'r pwynt sy'n cyfateb iddo ar y gwrthrych. Mae'r gwrthrych a'r ddelwedd yn gyfath ac nid yw'r ddelwedd y tu ôl ymlaen
- bod dau siâp yn gyfath os yw eu siâp a'u maint yr un fath.

YMARFER CYMYSG 29

1 Sawl llinell cymesuredd sydd gan bob un o'r siapiau hyn?

a)
b)
c)

2 Beth yw trefn cymesuredd cylchdro pob siâp yng nghwestiwn 1?

3 Copïwch a chwblhewch y patrwm hwn fel bod ganddo ddwy linell cymesuredd.

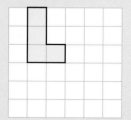

4 Copïwch a chwblhewch y patrwm hwn fel bod ganddo gymesuredd cylchdro trefn 4.

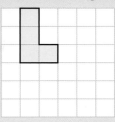

5 Copïwch y diagramau hyn. Adlewyrchwch y siâp yn y llinell ddrych.

a)

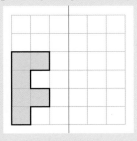

b)

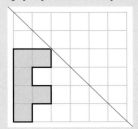

6 a) Pa ongl gylchdro sy'n mapio'r siâp porffor ar ben y siâp melyn?

   b) Pa ongl gylchdro sy'n mapio'r siâp melyn ar ben y siâp porffor?

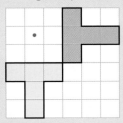

7 Pa rai o'r siapiau hyn sy'n gylchdroeon o siâp A?

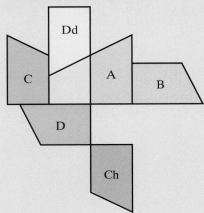

8 Copïwch y diagram hwn.

   a) Adlewyrchwch faner A yn yr echelin *y*.
      Labelwch y ddelwedd yn C.

   b) Adlewyrchwch faner B yn y llinell ddrych.
      Labelwch y ddelwedd yn Ch.

   c) Mae baner A yn cylchdroi o amgylch y
      tarddbwynt er mwyn ffitio ar ben baner B.
      Beth yw ongl y cylchdro hwn?

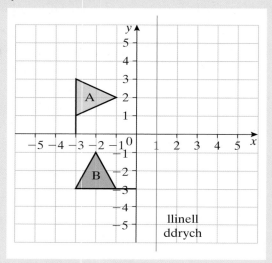

9 Lluniadwch echelinau *x* ac *y* o −5 i +5.
Plotiwch y pwyntiau $(2, 2)$, $(4, 2)$ a $(2, 5)$.
Unwch y pwyntiau i ffurfio triongl, a labelwch ef yn A.
Adlewyrchwch driongl A yn yr echelin *y*. Labelwch y ddelwedd yn B.
Adlewyrchwch driongl A yn yr echelin *x*. Labelwch y ddelwedd yn C.

YN Y BENNOD HON

- **Lluniadu, adnabod a disgrifio adlewyrchiadau, cylchdroeon a thrawsfudiadau**

DYLECH WYBOD YN BAROD

- y termau *gwrthrych* a *delwedd* mewn perthynas â thrawsffurfiadau
- sut i luniadu adlewyrchiad o siâp syml
- sut i gylchdroi siâp syml
- hafaliadau llinellau syth fel $x = 2$, $y = 3$, $y = x$ ac $y = -x$

Adlewyrchiadau

Dysgoch am **adlewyrchiadau** ym Mhennod 29. Pan fo gwrthrych yn cael ei adlewyrchu, mae'r ddelwedd a'r gwrthrych yn **gyfath**. Ystyr hyn yw fod y ddau yn union yr un siâp a'r un maint.

Lluniadu adlewyrchiadau

Prawf sydyn 30.1

Copïwch y diagramau hyn. Adlewyrchwch y ddau siâp yn eu llinell ddrych.

a)

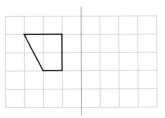

b)

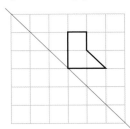

AWGRYM

Pan fyddwch wedi lluniadu adlewyrchiad mewn llinell sy'n goleddu, gwiriwch ef trwy droi'r dudalen fel bo'r llinell yn fertigol. Hefyd gallwch ddefnyddio drych neu bapur dargopïo.

Adnabod a disgrifio adlewyrchiadau

Mae'n bwysig gallu adnabod a disgrifio adlewyrchiadau hefyd.

Gallwn ddefnyddio papur dargopïo er mwyn gwybod a yw siâp wedi cael ei adlewyrchu: os byddwn yn dargopïo **gwrthrych**, rhaid troi'r papur dargopïo drosodd i ffitio'r dargopi dros y **ddelwedd**.

Rhaid inni allu darganfod y **llinell ddrych** hefyd. Gallwn wneud hyn trwy fesur y pellter rhwng pwyntiau ar y gwrthrych a'r ddelwedd.

ENGHRAIFFT 30.1

Disgrifiwch y trawsffurfiad sengl sy'n mapio siâp ABC ar ben siâp A′B′C′.

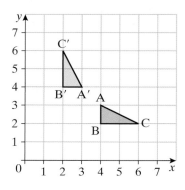

Datrysiad

Yn fwy na thebyg gallwch weld trwy edrych fod y trawsffurfiad yn adlewyrchiad, ond gallech wirio hyn trwy ddefnyddio papur dargopïo.

I ddarganfod y llinell ddrych, rhowch riwl rhwng dau bwynt cyfatebol (B a B′) a marciwch ganolbwynt y llinell rhyngddynt. Y canolbwynt yw $(3, 3)$.

Gwnewch yr un peth i ddau bwynt cyfatebol arall (C ac C′). Y canolbwynt yw $(4, 4)$.

Unwch y pwyntiau i ddarganfod y llinell ddrych. Mae'r llinell ddrych yn mynd trwy $(1, 1), (2, 2), (3, 3), (4, 4) \dots$. Dyma'r llinell $y = x$.

Mae'r trawsffurfiad yn adlewyrchiad yn y llinell $y = x$.

> **AWGRYM**
> Rhaid nodi bod y trawsffurfiad yn adlewyrchiad, a rhoi'r llinell ddrych.

> **AWGRYM**
> Gwiriwch fod y llinell yn gywir trwy droi'r dudalen nes bod y llinell ddrych yn fertigol.

Gall y llinell ddrych fod yn unrhyw linell syth.

YMARFER 30.1

1 Lluniadwch bâr o echelinau x ac y a'u labelu o -4 i 4.

   a) Lluniadwch driongl â'i fertigau yn $(1, 0)$, $(1, -2)$ a $(2, -2)$. Labelwch hwn yn A.

   b) Adlewyrchwch driongl A yn y llinell $y = 1$. Labelwch hwn yn B.

   c) Adlewyrchwch driongl B yn y llinell $y = x$. Labelwch hwn yn C.

2 Lluniadwch bâr o echelinau x ac y a'u labelu o -4 i 4.

   a) Lluniadwch driongl â'i fertigau yn $(1, 1)$, $(2, 3)$ a $(3, 3)$. Labelwch hwn yn A.

   b) Adlewyrchwch driongl A yn y llinell $y = 2$. Labelwch hwn yn B.

   c) Adlewyrchwch driongl A yn y llinell $y = -x$. Labelwch hwn yn C.

3 I ateb pob rhan
   • copïwch y diagram yn ofalus, gan ei wneud yn fwy os dymunwch.
   • adlewyrchwch y siâp yn y llinell ddrych.

a) 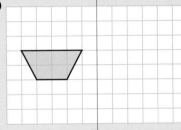 **b)** 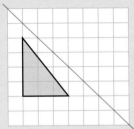 **c)**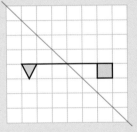

4 Disgrifiwch yn llawn y trawsffurfiad sengl sy'n mapio

   a) baner A ar ben baner B.

   b) baner A ar ben baner C.

   c) baner B ar ben baner Ch.

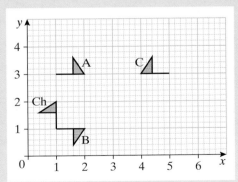

5 Disgrifiwch yn llawn y trawsffurfiad sengl sy'n mapio

   a) triongl A ar ben triongl B.

   b) triongl A ar ben triongl C.

   c) triongl C ar ben triongl Ch.

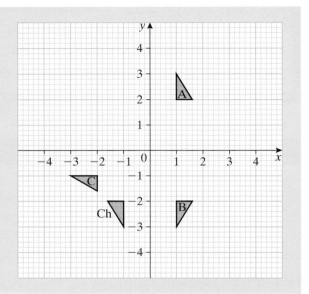

Cylchdroeon

Dysgoch am **gylchdroeon** ym Mhennod 29. Mewn cylchdro, mae'r gwrthrych a'r ddelwedd yn gyfath.

Lluniadu cylchdroeon

— Prawf sydyn 30.3 ▬▬▬▬▬▬▬▬▬▬▬▬▬▬▬▬▬▬▬▬

Cylchdrowch y ddau siâp hyn yn ôl y disgrifiadau.

a) Cylchdro o 90° yn wrthglocwedd o amgylch y tarddbwynt.

b) Cylchdro o 270° yn wrthglocwedd o amgylch ei ganol, A.

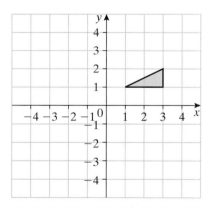

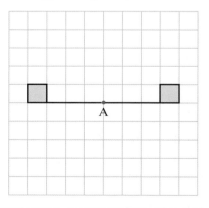

Mae canol cylchdro yn gallu bod yn unrhyw bwynt. Nid oes rhaid iddo fod yn darddbwynt y grid nac yn ganol y siâp.

ENGHRAIFFT 30.2

Cylchdrowch y siâp trwy 90° yn wrthglocwedd o amgylch
y pwynt C(1, 2).

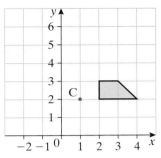

Datrysiad

Gallwch ddefnyddio papur dargopïo i gylchdroi'r
siâp neu gallwch gyfrif sgwariau.

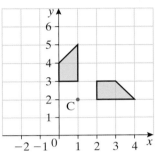

ENGHRAIFFT 30.3

Cylchdrowch driongl ABC trwy 90° yn glocwedd o amgylch C.

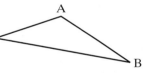

Datrysiad

Gan nad yw'r triongl wedi'i luniadu ar bapur sgwariau, rhaid defnyddio dull arall.

Mesurwch ongl 90° yn glocwedd
ar bwynt C ar y llinell AC,
a thynnwch linell.

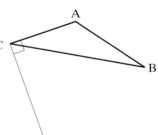

Dargopïwch y siâp ABC.
Rhowch bensil neu bin yn C i ddal
y dargopi ar y diagram yn y pwynt hwnnw.
Cylchdrowch y papur dargopïo nes bod AC yn
cyd-daro â'r llinell rydych wedi'i thynnu.
Defnyddiwch bin neu bwynt cwmpas i bigo trwy'r corneli
eraill, A a B.
Cysylltwch y pwyntiau newydd i wneud y ddelwedd.

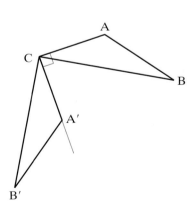

Pan nad yw'r canol cylchdro ar y siâp mae'r dull ychydig yn wahanol.

Cylchdrowch driongl ABC trwy 90°
yn glocwedd o amgylch pwynt P.

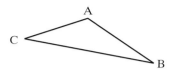

Datrysiad

Cysylltwch P â'r pwynt C ar y gwrthrych.
Mesurwch ongl 90° yn glocwedd
o PC a thynnwch linell.

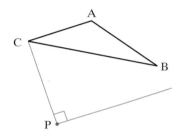

Dargopïwch y triongl ABC a'r llinell PC.
Rhowch bensil neu bin yn P i ddal
y dargopi ar y diagram yn y pwynt hwnnw.
Cylchdrowch y papur dargopïo nes bod
PC yn cyd-daro â'r llinell rydych wedi
ei thynnu.
Defnyddiwch bin neu bwynt cwmpas i
bigo trwy'r corneli A, B ac C.
Cysylltwch y pwyntiau newydd i wneud
y ddelwedd.

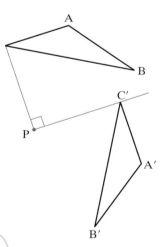

AWGRYM

Bydd pwyntiau cyfatebol yr un
pellter o'r canol cylchdro.

Adnabod a disgrifio cylchdroeon

Her 30.1

Pa rai o'r trionglau B, C, Ch, D ac Dd sy'n adlewyrchiadau o driongl A a pha rai sy'n gylchdroeon o driongl A?

Awgrym: Ar gyfer adlewyrchiadau mae angen troi'r papur dargopïo drosodd, ar gyfer cylchdroeon nid oes angen hynny.

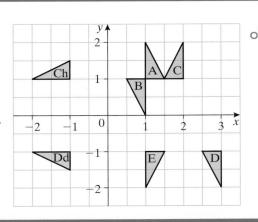

I ddisgrifio cylchdro mae angen gwybod yr **ongl gylchdro** a'r **canol cylchdro**.

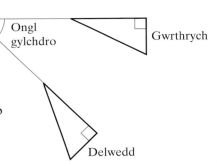

Weithiau gallwn ddweud beth yw'r ongl gylchdro trwy edrych ar y diagram.

Os na allwn, mae angen dod o hyd i bâr o ochrau sy'n cyfateb yn y gwrthrych a'r ddelwedd a mesur yr ongl rhyngddynt. Efallai y bydd angen estyn y llinellau.

Fel arfer gallwn ddarganfod y canol cylchdro trwy gyfrif sgwariau neu ddefnyddio papur dargopïo.

ENGHRAIFFT 30.5

Disgrifiwch yn llawn y trawsffurfiad sengl sy'n mapio baner A ar ben baner B.

Datrysiad

Mae'n amlwg bod y trawsffurfiad yn gylchdro ac mai 90° yn glocwedd yw'r ongl.
Mae hwn yn gylchdro 90° yn glocwedd.

Defnyddiwch bapur dargopïo a phensil neu bwynt cwmpas i ddarganfod y canol cylchdro.
Dargopïwch faner A a defnyddiwch y pensil neu bwynt y cwmpas i ddal y dargopi ar y diagram ar ryw bwynt.

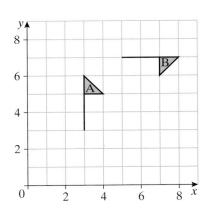

Cylchdrowch y papur dargopïo i weld a yw'r dargopi'n ffitio dros faner B. Daliwch ati i roi cynnig ar wahanol bwyntiau nes darganfod y canol cylchdro. Yma, y canol cylchdro yw (6, 4).

Mae'r trawsffurfiad yn gylchdro 90° yn glocwedd o amgylch y pwynt (6, 4).

> **AWGRYM**
> Rhaid i chi ddweud bod y trawsffurfiad yn gylchdro a rhoi'r ongl gylchdro, cyfeiriad y cylchdro a'r canol cylchdro.

◎ YMARFER 30.2

1 Copïwch y diagram.

a) Cylchdrowch siâp A trwy 90° yn glocwedd o amgylch y tarddbwynt. Labelwch hwn yn B.

b) Cylchdrowch siâp A trwy 180° o amgylch y pwynt (1, 2). Labelwch hwn yn C.

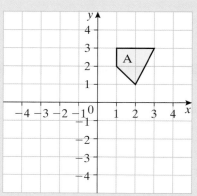

2 Copïwch y diagram.

a) Cylchdrowch faner A trwy 90° yn wrthglocwedd o amgylch y tarddbwynt. Labelwch hwn yn B.

b) Cylchdrowch faner A trwy 90° yn glocwedd o amgylch y pwynt (1, 2). Labelwch hwn yn C.

c) Cylchdrowch faner A trwy 180° o amgylch y pwynt (2, 0). Labelwch hwn yn D.

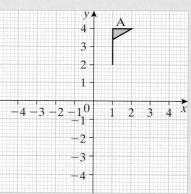

3 Lluniadwch bâr o echelinau x ac y a'u labelu o −4 i 8.

a) Lluniadwch driongl â'i fertigau yn (0, 1), (0, 4) a (2, 3). Labelwch hwn yn A.

b) Cylchdrowch driongl A trwy 180° o amgylch y tarddbwynt. Labelwch hwn yn B.

c) Cylchdrowch driongl A trwy 90° yn wrthglocwedd o amgylch y pwynt (0, 1). Labelwch hwn yn C.

ch) Cylchdrowch driongl A trwy 90° yn glocwedd o amgylch y pwynt (2, −1). Labelwch hwn yn D.

4 Copïwch y diagram.
Cylchdrowch y triongl trwy 90° yn glocwedd o amgylch y pwynt C.

5 Copïwch y diagram.
Cylchdrowch y triongl trwy 90° yn glocwedd o amgylch y pwynt O.

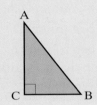

×O

6 Copïwch y diagram.
Cylchdrowch y triongl trwy 120° yn glocwedd o amgylch y pwynt C.

7 Disgrifiwch yn llawn y trawsffurfiad sengl sy'n mapio

a) triongl A ar ben triongl B.

b) triongl A ar ben triongl C.

c) triongl A ar ben triongl Ch.

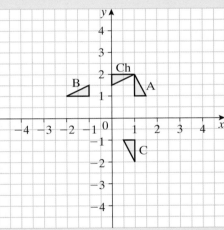

8 Disgrifiwch yn llawn y trawsffurfiad sengl sy'n mapio

a) baner A ar ben baner B.

b) baner A ar ben baner C.

c) baner A ar ben baner Ch.

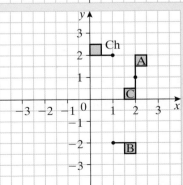

9   Disgrifiwch yn llawn y trawsffurfiad sengl sy'n mapio triongl A ar ben triongl B.

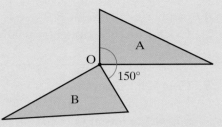

10 Disgrifiwch yn llawn y trawsffurfiad sengl sy'n mapio
    a) triongl A ar ben triongl B.
    b) triongl A ar ben triongl C.
    c) triongl A ar ben triongl Ch.
    ch) triongl A ar ben triongl D.
    d) triongl B ar ben triongl D.
        Awgrym: Mae rhai o'r trawsffurfiadau hyn yn adlewyrchiadau.

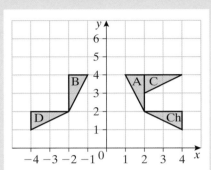

Trawsfudiadau

Mae **trawsfudiad** yn symud holl bwyntiau gwrthrych yr un pellter i'r un cyfeiriad. Mae'r gwrthrych a'r ddelwedd yn gyfath.

Sylwi 30.1

Mae triongl B yn drawsfudiad o driongl A.
a) Sut rydych yn gwybod ei fod yn drawsfudiad?
b) Pa mor bell ar draws y mae wedi symud?
c) Pa mor bell i lawr y mae wedi symud?

AWGRYM
Byddwch yn ofalus wrth gyfrif. Dewiswch bwynt ar y gwrthrych a'r ddelwedd a chyfrwch y sgwariau o'r naill i'r llall.

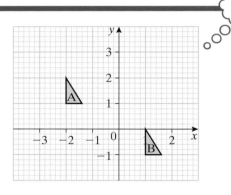

Mae pa mor bell y mae siâp yn symud yn cael ei ysgrifennu fel **fector colofn**.

Mae'r rhif *uchaf* yn dangos pa mor bell y mae'r siâp yn symud *ar draws*, neu i'r cyfeiriad *x*.

Mae'r rhif *isaf* yn dangos pa mor bell y mae'r siâp yn symud *i fyny neu i lawr*, neu i'r cyfeiriad *y*.

Os yw'r rhif uchaf yn *bositif* mae yna symudiad i'r *dde*. Os yw'r rhif uchaf yn *negatif* mae yna symudiad i'r *chwith*.

Os yw'r rhif isaf yn *bositif* mae yna symudiad *i fyny*. Os yw'r rhif isaf yn *negatif* mae yna symudiad *i lawr*.

Byddai trawsfudiad o 3 i'r dde a 2 i lawr yn cael ei ysgrifennu fel $\begin{pmatrix} 3 \\ -2 \end{pmatrix}$.

ENGHRAIFFT 30.6

Trawsfudwch y triongl â $\begin{pmatrix} -3 \\ 4 \end{pmatrix}$.

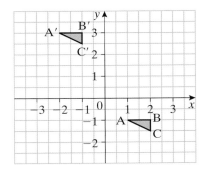

Datrysiad

Ystyr $\begin{pmatrix} -3 \\ 4 \end{pmatrix}$ yw symud 3 uned i'r chwith a 4 uned i fyny.

Mae pwynt A yn symud o $(1, -1)$ i $(-2, 3)$.
Mae pwynt B yn symud o $(2, -1)$ i $(-1, 3)$.
Mae pwynt C yn symud o $(2, -1.5)$ i $(-1, 2.5)$.

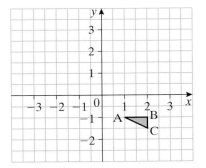

ENGHRAIFFT 30.7

Disgrifiwch yn llawn y trawsffurfiad sengl sy'n mapio siâp A ar ben siâp B.

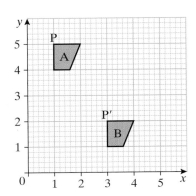

Mae'n amlwg bod hwn yn drawsfudiad gan fod y siâp yn dal i wynebu yr un ffordd.

I ddarganfod y symudiad dewiswch un pwynt ar y gwrthrych a'r ddelwedd a chyfrwch sawl sgwâr yw'r symudiad.

Er enghraifft, mae P yn symud o $(1, 5)$ i $(3, 2)$. Mae hwn yn symudiad o 2 i'r dde a 3 i lawr.

Mae'r trawsffurfiad yn drawsfudiad â'r fector $\begin{pmatrix} 2 \\ -3 \end{pmatrix}$.

◎ YMARFER 30.3

1 Lluniadwch bâr o echelinau *x* ac *y* a'u labelu o -2 i 6.

   a) Lluniadwch driongl â'i fertigau yn $(1, 2), (1, 4)$ a $(2, 4)$. Labelwch hwn yn A.

   b) Trawsfudwch driongl A â'r fector $\begin{pmatrix} 2 \\ 1 \end{pmatrix}$. Labelwch hwn yn B.

   c) Trawsfudwch driongl A â'r fector $\begin{pmatrix} 4 \\ -2 \end{pmatrix}$. Labelwch hwn yn C.

   ch) Trawsfudwch driongl A â'r fector $\begin{pmatrix} -2 \\ -3 \end{pmatrix}$. Labelwch hwn yn Ch.

2 Lluniadwch bâr o echelinau *x* ac *y* a'u labelu o -2 i 6.

   a) Lluniadwch drapesiwm â'i fertigau yn $(2, 1), (4, 1), (3, 2)$ a $(2, 2)$. Labelwch hwn yn A.

   b) Trawsfudwch drapesiwm A â'r fector $\begin{pmatrix} 2 \\ 3 \end{pmatrix}$. Labelwch hwn yn B.

   c) Trawsfudwch drapesiwm A â'r fector $\begin{pmatrix} -4 \\ 0 \end{pmatrix}$. Labelwch hwn yn C.

   ch) Trawsfudwch drapesiwm A â'r fector $\begin{pmatrix} -3 \\ 2 \end{pmatrix}$. Labelwch hwn yn Ch.

3 Disgrifiwch y trawsffurfiad sengl sy'n mapio

   a) triongl A ar ben triongl B.

   b) triongl A ar ben triongl C.

   c) triongl A ar ben triongl Ch.

   ch) triongl B ar ben triongl Ch.

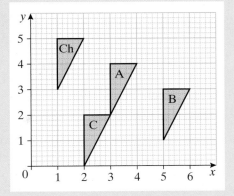

4 Disgrifiwch y trawsffurfiad sengl sy'n mapio

   a) baner A ar ben baner B.

   b) baner A ar ben baner C.

   c) baner A ar ben baner Ch.

   ch) baner A ar ben baner D.

   d) baner A ar ben baner Dd.

   dd) baner D ar ben baner E.

   e) baner B ar ben baner D.

   f) baner C ar ben baner Ch.

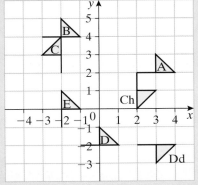

Awgrym: Nid yw pob trawsffurfiad yn drawsfudiad.

Her 30.2

Lluniadwch bâr o echelinau x ac y a'u labelu o -6 i 6.

a) Lluniadwch siâp yn y rhanbarth positif yn agos at y tarddbwynt. Labelwch hwn yn A.

b) Trawsfudwch siâp A â'r fector $\begin{pmatrix} 2 \\ 1 \end{pmatrix}$. Labelwch hwn yn B.

c) Trawsfudwch siâp B â'r fector $\begin{pmatrix} 3 \\ -2 \end{pmatrix}$. Labelwch hwn yn C.

ch) Trawsfudwch siâp C â'r fector $\begin{pmatrix} -6 \\ -1 \end{pmatrix}$. Labelwch hwn yn Ch.

d) Trawsfudwch siâp Ch â'r fector $\begin{pmatrix} 1 \\ 2 \end{pmatrix}$. Labelwch hwn yn D.

dd) Beth sy'n tynnu eich sylw ynghylch siapiau A a D? Allwch chi awgrymu pam mae hyn yn digwydd? Ceisiwch ddarganfod cyfuniadau eraill o drawsfudiadau lle mae hyn yn digwydd.

- bod y gwrthrych a'r ddelwedd yn gyfath mewn adlewyrchiadau, cylchdroeon a thrawsfudiadau
- er mwyn disgrifio adlewyrchiad fod rhaid dweud bod y trawsffurfiad yn adlewyrchiad a rhoi'r llinell ddrych
- sut i ddarganfod y llinell ddrych
- er mwyn disgrifio cylchdro fod rhaid dweud bod y trawsffurfiad yn gylchdro a rhoi'r canol cylchdro, yr ongl gylchdro a chyfeiriad y cylchdro
- sut i ddarganfod y canol cylchdro a'r ongl gylchdro
- bod y gwrthrych a'r ddelwedd yn wynebu'r un ffordd mewn trawsfudiad
- er mwyn disgrifio trawsfudiad fod rhaid dweud bod y trawsffurfiad yn drawsfudiad a rhoi'r fector colofn
- yr hyn y mae'r fector colofn $\begin{pmatrix} a \\ b \end{pmatrix}$ yn ei gynrychioli

YMARFER CYMYSG 30

1 Lluniadwch bâr o echelinau x ac y a'u labelu o -4 i 4.

   a) Lluniadwch driongl â'i fertigau yn $(2, -1)$, $(4, -1)$ a $(4, -2)$. Labelwch hwn yn A.

   b) Adlewyrchwch driongl A yn y llinell $y = 0$. Labelwch hwn yn B.

   c) Adlewyrchwch driongl A yn y llinell $y = -x$. Labelwch hwn yn C.

2 Copïwch y diagramau hyn, gan eu gwneud yn fwy o faint os dymunwch. Adlewyrchwch y ddau siâp yn eu llinell ddrych.

   a)

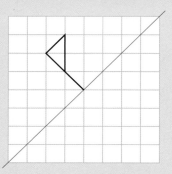

   b)

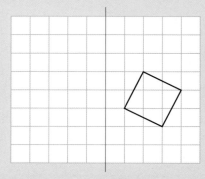

3 Copïwch y diagram.

a) Cylchdrowch siâp A trwy 90° yn wrthglocwedd o amgylch y tarddbwynt. Labelwch hwn yn B.

b) Cylchdrowch siâp A trwy 180° o amgylch y pwynt (2, −1). Labelwch hwn yn C.

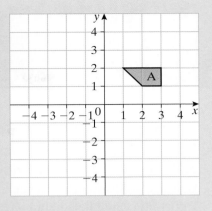

4 Copïwch y diagram.

a) Trawsfudwch siâp A â'r fector $\begin{pmatrix} 1 \\ -6 \end{pmatrix}$. Labelwch hwn yn B.

b) Trawsfudwch siâp A â'r fector $\begin{pmatrix} -3 \\ 0 \end{pmatrix}$. Labelwch hwn yn C.

c) Trawsfudwch siâp A â'r fector $\begin{pmatrix} -5 \\ -4 \end{pmatrix}$. Labelwch hwn yn D.

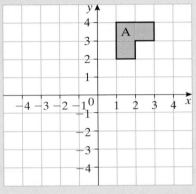

YN Y BENNOD HON

- Helaethu siâp â ffactor graddfa
- Darganfod ffactor graddfa helaethiad
- Defnyddio canol helaethiad i helaethu siâp
- Darganfod canol helaethiad
- Lluniadu, adnabod a disgrifio helaethiadau â ffactorau graddfa ffracsiynol positif

DYLECH WYBOD YN BAROD

- sut i fesur hydoedd yn fanwl gywir
- sut i fesur onglau'n fanwl gywir
- sut i ddefnyddio cyfesurynnau

Ffactor graddfa

Sylwi 31.1

Copïwch y tablau.
Mesurwch hydoedd ac onglau'r ddau siâp.
Cwblhewch y tablau.

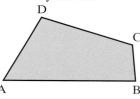

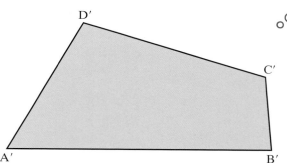

Ochr	Hyd	Ochr	Hyd
AB		A′B′	
BC		B′C′	
CD		C′D′	
DA		D′A′	

Ongl	Maint	Ongl	Maint
Ongl A		Ongl A′	
Ongl B		Ongl B′	
Ongl C		Ongl C′	
Ongl D		Ongl D′	

a) Beth y gallwch chi ei ddweud am hydoedd ochrau'r ddau siâp?

b) Beth y gallwch chi ei ddweud am onglau'r ddau siâp?

- Mewn **helaethiad**, mae hyd pob ochr siâp yr un faint yn fwy na hyd ochrau cyfatebol y siâp gwreiddiol.
- Dywedwn mai'r **gwrthrych** yw'r siâp gwreiddiol. Dywedwn mai **delwedd** yw'r siâp newydd.
- Mae hydoedd y gwrthrych a hydoedd y ddelwedd **mewn cyfrannedd** â'i gilydd.
- Mae sawl gwaith y mae hydoedd y ddelwedd yn fwy na hydoedd cyfatebol y gwrthrych yn cael ei alw'n **ffactor graddfa** yr helaethiad.
- Mae onglau'r gwrthrych ac onglau'r ddelwedd yr un faint. Yr hydoedd yn unig sy'n newid.
- Dywedwn fod gwrthrych a delwedd helaethiad yn siapiau **cyflun**.

Mae ffactor graddfa helaethiad yn dweud wrthym sawl gwaith mae'r ddelwedd yn fwy na'r gwrthrych. Os lluniadwn ni'r ddau siâp ar bapur sgwariau, gallwn gyfrif unedau. Fel arall, rhaid defnyddio riwl i fesur yr hydoedd.

Mewn helaethiad, mae'r gwrthrych a'r ddelwedd yn gyflun. Mae pob ochr wedi'i helaethu â'r un ffactor graddfa. Mae'r onglau yn y gwrthrych a'r ddelwedd yn aros yr un fath.

Lluniadwch helaethiad o'r siâp hwn â ffactor graddfa 2.

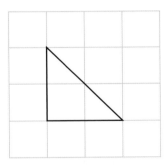

Datrysiad

Yn y gwrthrych, hyd yr ochr fertigol a hyd yr ochr lorweddol yw 2 sgwâr.

Felly, yn y ddelwedd, rhaid i hyd yr ochr fertigol a hyd yr ochr lorweddol fod yn $2 \times 2 = 4$.

Unwch y ddwy ochr rydych wedi'u lluniadu, i ffurfio triongl.

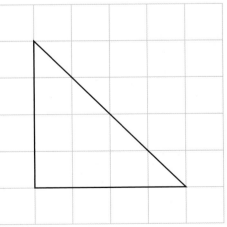

AWGRYM

Gallwch fesur hyd yr ochr sy'n goleddu yn y ddelwedd a gwirio ei fod yn ddwywaith hyd yr ochr sy'n goleddu yn y gwrthrych. Os nad yw hyn yn gywir, byddwch yn gwybod bod gennych gamgymeriad yn eich diagram.

ENGHRAIFFT 31.2

Darganfyddwch ffactor graddfa'r helaethiad hwn.

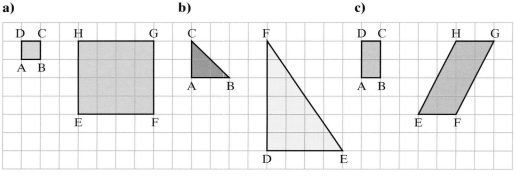

Datrysiad

Ochr	Hyd	Ochr	Hyd
AB	3	A'B'	9
BC	2	B'C'	6

Mae hyd ochrau'r ddelwedd yn deirgwaith hyd ochrau'r gwrthrych.
Felly, y ffactor graddfa yw 3.

ENGHRAIFFT 31.3

Ym mhob un o'r parau hyn o siapiau, ydy'r siâp mawr yn
helaethiad o'r siâp bach? Rhowch reswm dros eich ateb.

a)   b)   c)

Datrysiad

a) Hyd ochr y sgwâr bach yw 1 sgwâr.
    Hyd ochr y sgwâr mawr yw 4 sgwâr.
    Mae'r onglau yr un fath.
    Mae hwn yn helaethiad oherwydd bod y siapiau'n gyflun.

b)

Ochr	Hyd	Ochr	Hyd
AB	2	DE	4
AC	2	DF	6

Oherwydd bod ffactorau graddfa gwahanol wedi'u defnyddio i helaethu'r ochrau, nid yw hwn yn helaethiad.

> **AWGRYM**
>
> Dwy ochr yn unig sydd raid i chi eu mesur i ddechrau. Gwnewch yn siŵr, serch hynny, eu bod yn ochrau cyfatebol. Yma, yr ochrau gafodd eu cymharu yw'r ddwy sy'n ffurfio'r ongl sgwâr.

c)

Ongl	Maint	Ongl	Maint
Ongl A	90°	Ongl E	Nid 90°
Ongl B	90°	Ongl F	Nid 90°

Oherwydd bod yr onglau sydd yn y ddau siâp yn wahanol, nid yw hwn yn helaethiad.

> **AWGRYM**
>
> Nid oedd angen i chi fesur hyd ochrau'r siapiau hyn oherwydd y gallwch weld bod yr onglau sydd yn y ddau siâp yn wahanol. Mae hyn yn golygu nad yw'r siapiau'n gyflun ac nad yw hwn yn gallu bod yn helaethiad. Mae hyn yn wir er bod hyd ochrau EF ac GH y paralelogram yn ddwywaith hyd ochrau AB ac CD y petryal.

Prawf sydyn 31.1

Ysgrifennwch eich enw cyntaf neu eich blaenlythrennau ar bapur sgwariau.

Helaethwch bob llythyren â ffactor graddfa 3.

1 I bob un o'r siapiau hyn

- Copïwch y siâp ar bapur sgwariau.
- Lluniadwch helaethiad o'r siâp gan ddefnyddio'r ffactor graddfa sydd wedi'i nodi.

a) Ffactor graddfa 2   **b)** Ffactor graddfa 3   **c)** Ffactor graddfa 3

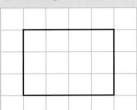 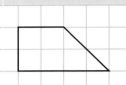

ch) Ffactor graddfa 2   **d)** Ffactor graddfa 2

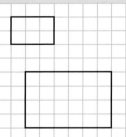 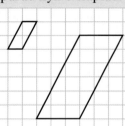

2 Cyfrifwch ffactor graddfa helaethiad pob un o'r parau hyn o siapiau.

a) 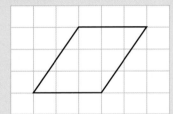   **b)**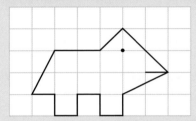

c) 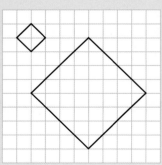   **ch)**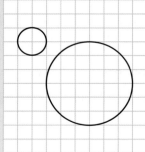

3 Yn y parau hyn o siapiau, a yw'r siâp mawr yn helaethiad o'r siâp bach?

Rhowch reswm dros eich atebion.

a)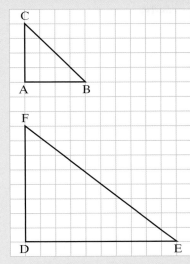

b)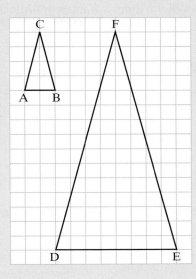

Canol helaethiad

Byddai'n bosibl lluniadu pob helaethiad sydd yn y bennod hon hyd yma mewn unrhyw safle ar y papur. Yn aml, bydd cwestiwn yn gofyn i chi luniadu'r helaethiad o bwynt penodol. **Canol yr helaethiad** yw'r pwynt hwn, ac wedyn rhaid i'r helaethiad fod y maint cywir *a hefyd* yn y safle cywir.

I gael helaethiad â ffactor graddfa 2, rhaid i bob cornel o'r ddelwedd fod ddwywaith cyn belled o ganol yr helaethiad â'r gornel gyfatebol yn y siâp gwreiddiol. Mae Enghraifft 31.4 yn dangos sut i luniadu helaethiad pan fo canol yr helaethiad wedi'i nodi.

Weithiau bydd cwestiwn yn gofyn i ni ddarganfod canol helaethiad siâp a'i ddelwedd. Mae Enghraifft 31.5 yn dangos sut i wneud hyn.

Os bydd cwestiwn yn gofyn i chi ddisgrifio helaethiad, rhaid rhoi'r ffactor graddfa a chanol yr helaethiad.

Lluniadwch driongl â'i fertigau yn $(3, 2)$, $(5, 2)$ a $(2, 4)$.

Helaethwch y triongl â ffactor graddfa 3. Defnyddiwch y pwynt $(1, 1)$ fel canol yr helaethiad.

Datrysiad

Cyfrwch nifer yr unedau ar draws ac wedyn i fyny o ganol yr helaethiad i un o gorneli'r triongl.

Wedyn, lluoswch y pellterau â 3 i ddarganfod safle'r gornel honno yn y ddelwedd.

Nodwch ei safle.

Gwnewch yr un peth i'r ddwy gornel arall.

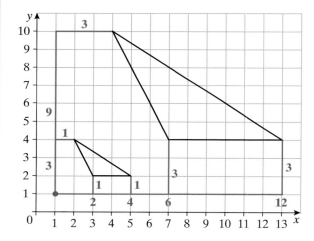

AWGRYM Mesurwch bob un o hydoedd y ddelwedd i sicrhau eu bod i gyd yn deirgwaith (neu beth bynnag yw'r ffactor graddfa) yr hydoedd yn y siâp gwreiddiol.

Darganfyddwch ffactor graddfa a chanol helaethiad y siapiau
hyn.

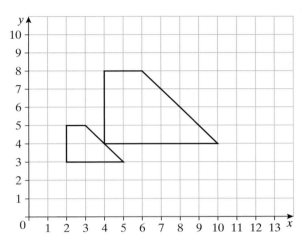

Datrysiad

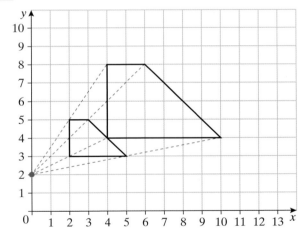

Fel o'r blaen, gallwch ddarganfod y ffactor graddfa trwy fesur hyd
ochrau cyfatebol yn y gwrthrych a'i ddelwedd.

Y ffactor graddfa yw 2.

I ddarganfod canol yr helaethiad, unwch gorneli cyfatebol y ddau
siâp ac estyn y llinellau hyd nes eu bod yn croesi ei gilydd. Y
pwynt lle maen nhw'n croesi yw canol yr helaethiad.

Canol yr helaethiad yw'r pwynt $(0, 2)$.

1   Copïwch y siapiau hyn ar bapur sgwariau.
    Helaethwch bob un â'r ffactor graddfa sydd wedi'i nodi.
    Defnyddiwch y dot fel canol yr helaethiad.

a)   Ffactor graddfa 3

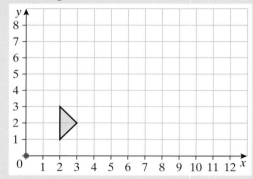

b)   Ffactor graddfa 2

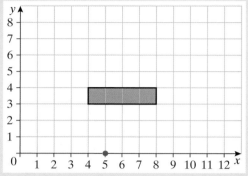

c)   Ffactor graddfa 4

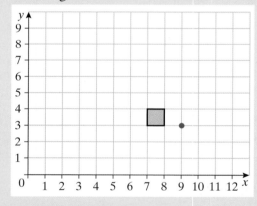

ch) Ffactor graddfa 3

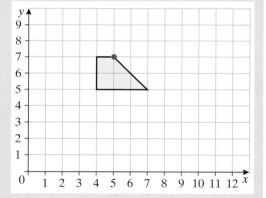

d)   Ffactor graddfa 2

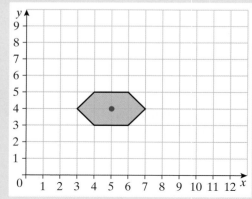

2 Copïwch y diagramau hyn ar bapur sgwariau. I bob diagram, darganfyddwch

(i) ffactor graddfa'r helaethiad.

(ii) cyfesurynnau canol yr helaethiad.

a)

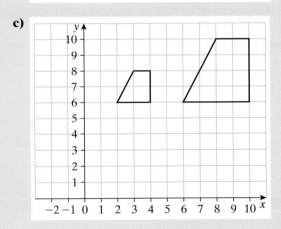

b)

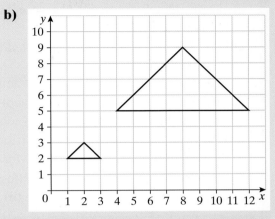

c)

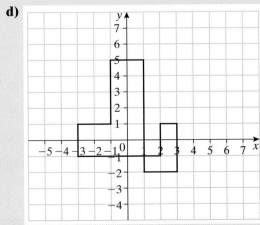

ch)

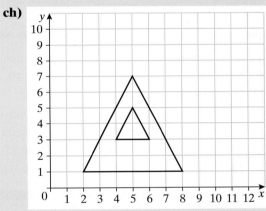

d)

a) Ar bapur sgwariau centimetr, lluniadwch echelin x o 0 i 18 ac echelin y o 0 i 10.

b) Plotiwch y pwyntiau P(3, 4), Q(3, 6) ac R(6, 4).
Unwch y pwyntiau i ffurfio triongl.

c) Defnyddiwch y pwynt (1, 5) fel canol yr helaethiad er mwyn helaethu'r triongl â ffactor graddfa 3.

ch) (i) Mesurwch yr ochrau sy'n goleddu a chyfrifwch berimedr PQR a pherimedr ei ddelwedd.

(ii) Cyfrifwch arwynebedd PQR ac arwynebedd ei ddelwedd.

d) (i) Sawl gwaith yn fwy na pherimedr PQR yw perimedr y ddelwedd?

(ii) Sawl gwaith yn fwy nag arwynebedd PQR yw arwynebedd y ddelwedd?

dd) Ar yr un diagram, helaethwch y triongl PQR â ffactor graddfa 2.

e) Cwblhewch rannau **ch)** a **d)** ar gyfer PQR a'i ddelwedd newydd.

f) Pan fo siâp yn cael ei helaethu â ffactor graddfa k, beth yw'r effaith ar
(i) y perimedr? **(ii)** yr arwynebedd?

Her 31.2

a) Lluniadwch echelin x o 0 i 18 ac echelin y o 0 i 10.

b) Plotiwch y pwyntiau A(10, 2), B(10, 8), C(16, 8) a D(16, 2).
Unwch y pwyntiau i ffurfio sgwâr.

c) Defnyddiwch y pwynt (2, 4) yn ganol yr helaethiad er mwyn 'helaethu' y sgwâr
â ffactor graddfa $\frac{1}{2}$. (I wneud hyn, darganfyddwch y pwyntiau sydd hanner ffordd
o ganol yr helaethiad i bob fertig.)

ch) Beth y gallwch chi ei ddweud am y ddelwedd?

Helaethiadau ffracsiynol

Sylwi 31.2

a) (i) Ystyriwch beth sy'n digwydd i hydoedd ochrau gwrthrych pan fydd yn
cael ei helaethu â ffactor graddfa 2.
Beth, yn eich barn chi, fydd yn digwydd i hydoedd ochrau gwrthrych os yw'n
cael ei helaethu â ffactor graddfa $\frac{1}{2}$?

(ii) Ystyriwch safle'r ddelwedd pan fydd gwrthrych yn cael ei helaethu â ffactor
graddfa 2. Beth sy'n digwydd i'r pellter rhwng canol yr helaethiad a'r gwrthrych?
Beth, yn eich barn chi, fydd safle'r ddelwedd os yw'r gwrthrych yn cael ei
helaethu â ffactor graddfa $\frac{1}{2}$?

yn parhau ...

b) Lluniadwch bâr o echelinau x ac y a'u labelu o 0 i 6.

(i) Lluniadwch driongl â'i fertigau yn $(2, 4)$, $(6, 4)$ a $(6, 6)$. Labelwch hwn yn A.

(ii) Helaethwch y triongl â ffactor graddfa $\frac{1}{2}$, gan ddefnyddio'r tarddbwynt yn ganol yr helaethiad. Labelwch hwn yn B.

Helaethiad â ffactor graddfa $\frac{1}{2}$ yw **gwrthdro** helaethiad â ffactor graddfa 2.

AWGRYM

Er bod y ddelwedd yn llai na'r gwrthrych, mae helaethiad â ffactor graddfa $\frac{1}{2}$ yn dal i gael ei alw'n helaethiad.

Gallwn luniadu helaethiadau â ffactorau graddfa ffracsiynol eraill hefyd.

ENGHRAIFFT 31.6

Lluniadwch bâr o echelinau x ac y a'u labelu o 0 i 8.

a) Lluniadwch driongl â'i fertigau yn $P(5, 1)$, $Q(5, 7)$ ac $R(8, 7)$.

b) Helaethwch y triongl PQR â ffactor graddfa $\frac{1}{3}$, canol $C(2, 1)$.

Datrysiad

Mae ochrau'r helaethiad yn $\frac{1}{3}$ o hydoedd y gwreiddiol.

Y pellter o ganol yr helaethiad, C, i P yw 3 ar draws.
Felly y pellter o C i P' yw $3 \times \frac{1}{3} = 1$ ar draws.

Y pellter o C i Q yw 3 ar draws a 6 i fyny.
Felly y pellter o C i Q' yw $3 \times \frac{1}{3} = 1$ ar draws a $6 \times \frac{1}{3} = 2$ i fyny.

Y pellter o C i R yw 6 ar draws a 6 i fyny.
Felly y pellter o C i R' yw $6 \times \frac{1}{3} = 2$ ar draws a $6 \times \frac{1}{3} = 2$ i fyny.

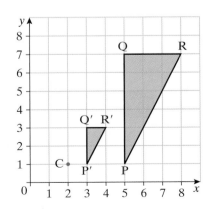

Disgrifiwch yn llawn y trawsffurfiad sengl sy'n mapio triongl PQR ar ben triongl P'Q'R'.

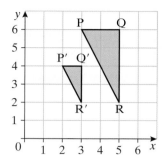

Datrysiad

Mae'n amlwg bod y siâp wedi cael ei helaethu.

Mae hyd pob ochr yn y triongl P'Q'R' yn hanner hyd yr ochr gyfatebol yn y triongl PQR, felly y ffactor graddfa yw $\frac{1}{2}$.

I ddarganfod canol yr helaethiad, cysylltwch gorneli cyfatebol y ddau driongl ac estynnwch y llinellau nes iddynt groesi ei gilydd.

Y pwynt lle byddant yn croesi yw canol yr helaethiad, C. Yma, C yw'r pwynt $(1, 2)$.

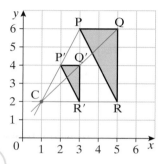

> **AWGRYM**
>
> I wirio canol yr helaethiad, darganfyddwch y pellter o ganol yr helaethiad i bâr cyfatebol o bwyntiau. Er enghraifft, y pellter o C i P yw 2 ar draws a 4 i fyny, ac felly dylai'r pellter o C i P' fod yn 1 ar draws a 2 i fyny.

Mae'r trawsffurfiad yn helaethiad â ffactor graddfa $\frac{1}{2}$, canol $(1, 2)$.

> **AWGRYM**
>
> Rhaid i chi ddweud bod y trawsffurfiad yn helaethiad a rhoi'r ffactor graddfa a chanol yr helaethiad.

YMARFER 31.3

1 Lluniadwch bâr o echelinau a'u labelu o 0 i 6 ar gyfer x ac y.

    a) Lluniadwch driongl â'i fertigau yn $(4, 2)$, $(6, 2)$ a $(6, 6)$. Labelwch hwn yn A.

    b) Helaethwch driongl A â ffactor graddfa $\frac{1}{2}$, gan ddefnyddio'r tarddbwynt yn ganol yr helaethiad. Labelwch hwn yn B.

    c) Disgrifiwch yn llawn y trawsffurfiad sengl sy'n mapio triongl B ar ben triongl A.

2 Lluniadwch bâr o echelinau x ac y a'u labelu o 0 i 8.

   a) Lluniadwch driongl â'i fertigau yn $(4, 5)$, $(4, 8)$ a $(7, 8)$. Labelwch hwn yn A.

   b) Helaethwch driongl A â ffactor graddfa $\frac{1}{3}$, gyda chanol yr helaethiad yn $(1, 2)$. Labelwch hwn yn B.

   c) Disgrifiwch yn llawn y trawsffurfiad sengl sy'n mapio triongl B ar ben triongl A.

3 Lluniadwch bâr o echelinau x ac y a'u labelu o 0 i 8.

   a) Lluniadwch driongl â'i fertigau yn $(0, 2)$, $(1, 2)$ a $(2, 1)$. Labelwch hwn yn A.

   b) Helaethwch y triongl A â ffactor graddfa 4, gan ddefnyddio'r tarddbwynt yn ganol yr helaethiad. Labelwch hwn yn B.

   c) Disgrifiwch yn llawn y trawsffurfiad sengl sy'n mapio triongl B ar ben triongl A.

4 Lluniadwch bâr o echelinau x ac y a'u labelu o 0 i 8.

   a) Lluniadwch driongl â'i fertigau yn $(4, 3)$, $(4, 5)$ a $(6, 2)$. Labelwch hwn yn A.

   b) Helaethwch driongl A â ffactor graddfa $1\frac{1}{2}$, gyda chanol yr helaethiad yn $(2, 1)$. Labelwch hwn yn B.

   c) Disgrifiwch yn llawn y trawsffurfiad sengl sy'n mapio triongl B ar ben triongl A.

5 Disgrifiwch y trawsffurfiad sengl sy'n mapio

   a) triongl A ar ben triongl B.

   b) triongl B ar ben triongl A.

   c) triongl A ar ben triongl C.

   ch) triongl C ar ben triongl A.

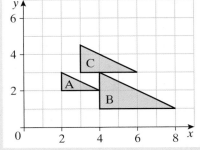

Awgrym: Yng nghwestiynau **6**, **7** ac **8**, nid yw pob trawsffurfiad yn helaethiad.

6 Disgrifiwch yn llawn y trawsffurfiad sengl sy'n mapio

   a) triongl A ar ben triongl B.

   b) triongl A ar ben triongl C.

   c) triongl C ar ben triongl Ch.

   ch) triongl A ar ben triongl D.

   d) triongl A ar ben triongl Dd.

   dd) triongl E ar ben triongl A.

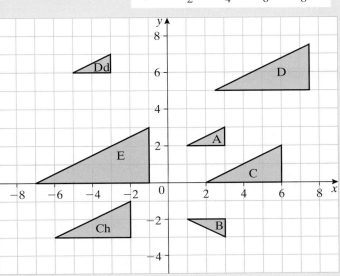

7 Disgrifiwch yn llawn y trawsffurfiad sengl sy'n mapio

    a) baner A ar ben baner B.

    b) baner A ar ben baner C.

    c) baner A ar ben baner Ch.

    ch) baner A ar ben baner D.

    d) baner Dd ar ben baner D.

    dd) baner D ar ben baner E.

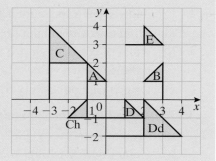

8 Disgrifiwch yn llawn y trawsffurfiad sengl sy'n mapio

    a) triongl A ar ben triongl B.

    b) triongl A ar ben triongl C.

    c) triongl B ar ben triongl Ch.

    ch) triongl C ar ben triongl D.

    d) triongl Dd ar ben triongl E.

    dd) triongl F ar ben triongl E.

    e) triongl E ar ben triongl F.

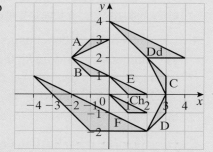

Her 31.3

Ochrau triongl ABC yw AB = 9 cm, AC = 7 cm a BC = 6 cm. Mae llinell XY yn cael ei thynnu yn baralel i BC trwy bwynt X ar AB a phwynt Y ar AC. AX = 5 cm.

a) Brasluniwch y trionglau.

b) **(i)** Disgrifiwch yn llawn y trawsffurfiad sy'n mapio ABC ar ben AXY.

      (ii) Cyfrifwch hyd XY, yn gywir i 2 le degol.

   RYDYCH WEDI DYSGU

- **sut i luniadu helaethiad o wybod y ffactor graddfa ac o wybod canol yr helaethiad**
- **bod y gwrthrych a'r ddelwedd yn gyflun mewn helaethiad. Os yw'r ffactor graddfa yn ffracsiwn rhwng 0 ac 1, bydd y ddelwedd yn llai na'r gwrthrych**
- **er mwyn disgrifio helaethiad fod rhaid dweud bod y trawsffurfiad yn helaethiad a rhoi'r ffactor graddfa a chanol yr helaethiad**
- **sut i ddod o hyd i'r ffactor graddfa a chanol yr helaethiad**

1   I bob un o'r siapiau hyn

- Copïwch y siâp ar bapur sgwariau.
- Lluniadwch helaethiad o'r siâp gan ddefnyddio'r ffactor graddfa sydd wedi'i nodi.

a)   Ffactor graddfa 3   **b)**   Ffactor graddfa 2

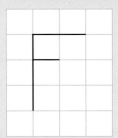
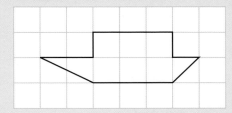

2   Copïwch y siâpiau hyn ar bapur sgwariau.
Helaethwch bob un â'r ffactor graddfa sydd wedi'i nodi.
Defnyddiwch y dot fel canol yr helathiad.

a)   Ffactor graddfa 2

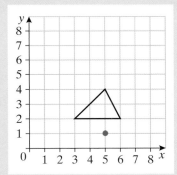

b)   Ffactor graddfa 4

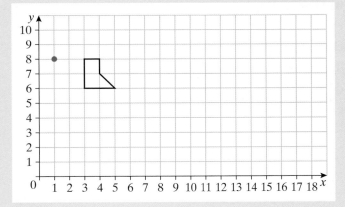

3 Copïwch y diagramau hyn ar bapur sgwariau. I bob diagram, darganfyddwch

    (i) ffactor graddfa'r helaethiad.

    (ii) cyfesurynnau canol yr helaethiad.

a)

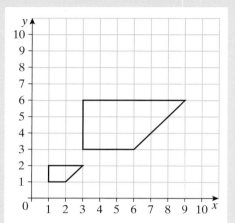

b)

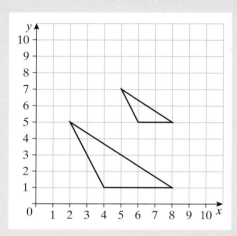

4 Lluniadwch bâr o echelinau x ac y a'u labelu o 0 i 9.

    a) Lluniadwch driongl â'i fertigau yn $(6, 3)$, $(6, 6)$ a $(9, 3)$. Labelwch hwn yn A.

    b) Helaethwch y triongl â ffactor graddfa $\frac{1}{3}$, â chanol yr helaethiad yn $(0, 0)$. Labelwch hwn yn B.

5 Lluniadwch bâr o echelinau x ac y a'u labelu o 0 i 8.

    a) Lluniadwch driongl â'i fertigau yn $(6, 4)$, $(6, 6)$ ac $(8, 6)$. Labelwch hwn yn A.

    b) Helaethwch y triongl â ffactor graddfa $\frac{1}{2}$, â chanol yr helaethiad yn $(2, 0)$. Labelwch hwn yn B.

6 Disgrifiwch yn llawn y trawsffurfiad sengl sy'n mapio

    a) baner A ar ben baner B.

    b) baner A ar ben baner C.

    c) baner A ar ben baner Ch.

    ch) baner B ar ben baner D.

    d) baner Dd ar ben baner C.

    dd) baner C ar ben baner E.

    e) baner B ar ben baner C.

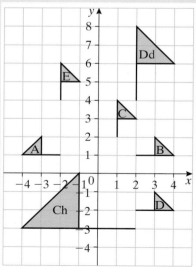

7 Disgrifiwch yn llawn y trawsffurfiad sengl
   sy'n mapio

   a) triongl A ar ben triongl B.

   a) triongl A ar ben triongl C.

   c) triongl B ar ben triongl Ch.

   ch) triongl C ar ben triongl D.

   d) triongl Dd ar ben triongl C.

   dd) triongl A ar ben triongl E.

   e) triongl F ar ben triongl E.

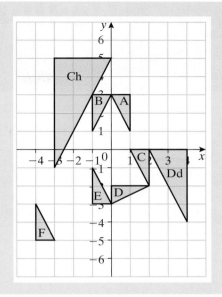

32 → MESURAU 1

YN Y BENNOD HON

- Defnyddio graddfeydd ac unedau
- Newid unedau
- Amcangyfrif hyd a mesurau eraill

DYLECH WYBOD YN BAROD

- unedau sylfaenol hyd, pwysau, cyfaint a chynhwysedd
- sut i ddarllen a defnyddio cloc 24 awr
- sut i adio a thynnu degolion
- sut i luosi a rhannu â 10, 100 a 1000

Defnyddio a darllen graddfeydd

Mae gan bob graddfa raniadau sydd i gyd yr un pellter oddi wrth ei gilydd. I ddarllen graddfa, rhaid gwybod beth mae pob rhaniad yn ei gynrychioli.

ENGHRAIFFT 32.1

Beth yw'r darlleniadau ar y raddfa hon?

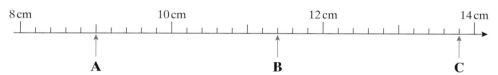

Datrysiad

Mae A hanner ffordd rhwng 8 cm a 10 cm.
Mae A ar 9 cm.

Mae pum rhaniad rhwng 9 cm a 10 cm.
Felly mae pob rhaniad bach yn 0.2 cm.
Mae B ddau raniad y tu draw i 11 cm.
Mae B ar 11.4 cm.

Mae C un rhaniad cyn cyrraedd 14 cm.
Mae C ar 14 − 0.2 = 13.8 cm.

AWGRYM

Gwiriwch eich atebion trwy gyfrif ymlaen fesul 0.2 o'r rhaniadau sydd wedi'u labelu.

ENGHRAIFFT 32.2

Amcangyfrifwch ddarlleniad y raddfa hon.

Datrysiad

Un marc yn unig sydd rhwng 60 kg ac 80 kg.
Felly mae'r marc hwnnw'n cynrychioli 70 kg.
Mae'r saeth yn pwyntio ychydig y tu hwnt i 70 kg.
Rhaid i chi amcangyfrif i ble mae'r saeth yn pwyntio.
Yn sicr, mae'n llai na hanner ffordd rhwng 70 kg ac 80 kg.
Mae tua 72 kg yn amcangyfrif da.

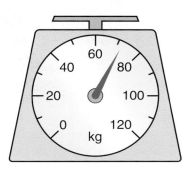

Her 32.1

Mae rhai cloriannau cegin yn defnyddio pwysynnau.
Rydych yn gosod y peth rydych am ei
bwyso yn un badell.

Wedyn rydych yn ychwanegu pwysynnau at y
badell arall nes bod y ddwy badell yn cydbwyso.

Mae gennych y pwysynnau hyn.

1 g	2 g	2 g	5 g	10 g
10 g	20 g	50 g	100 g	100 g
200 g	200 g	500 g	1 kg	2 kg

Pa bwysynnau sydd eu hangen i bwyso'r rhain?

a) 157 g   **b)** 567 g   **c)** 1.283 kg   **ch)** 2091 g   **d)** 2.807 kg

Sylwi 32.1

- Tynnwch linell syth, hyd 10 cm, ar nifer o stribedi papur.
  Marciwch un pen yn 0 a'r pen arall yn 10.
- Tynnwch linell syth, hyd 20 cm, ar nifer o stribedi papur gwahanol.
  Marciwch un pen yn 0 a'r pen arall yn 10.
- Dangoswch linell 10 cm i rai pobl. Gofynnwch iddyn nhw nodi ar y llinell ble maen
  nhw'n meddwl y bydd 3 a 6.
- Wedyn dangoswch y llinell 20 cm iddyn nhw. Gofynnwch iddyn nhw nodi eto ble
  maen nhw'n meddwl y bydd 3 a 6.

A yw pobl yn well am amcangyfrif safle 3 a 6 ar y llinell 10 cm neu ar y llinell 20 cm?

1 Beth yw hyd y pensil hwn?

2 Beth yw'r darlleniad ar y raddfa hon?

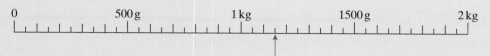

3 Faint o hylif y mae'n rhaid i chi ei ychwanegu i wneud 2 litr?

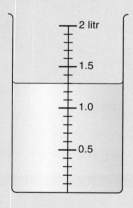

4 Mae chwe phêl, pob un yn union yr un fath, ar y glorian hon.

   a) Beth yw cyfanswm pwysau'r peli?

   b) Beth yw pwysau un bêl?

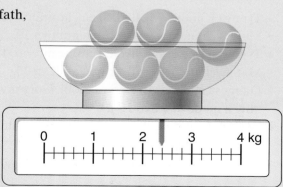

5 a) Pa ddau dymheredd sy'n cael eu dangos gan y saethau A a B?

b) Beth yw'r gwahaniaeth rhwng y ddau dymheredd?

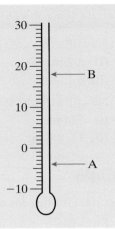

Newid o un uned i'r llall

Mae'n bwysig eich bod yn gwybod sut i newid rhwng yr unedau mesur metrig.

Hyd	Màs	Cynhwysedd/Cyfaint
1 cilometr = 1000 metr	1 cilogram = 1000 gram	1 litr = 1000 mililitr
1 metr = 100 centimetr	1 dunnell fetrig = 1000 cilogram	1 litr = 100 centilitr
1 metr = 1000 milimetr		1 centilitr = 10 mililitr
1 centimetr = 10 milimetr		

ENGHRAIFFT 32.3

a) Newidiwch y pwysau hyn yn gramau.

   (i) 3 kg   **(ii)** 4.26 kg

b) Newidiwch y pwysau hyn yn gilogramau.

   (i) 5000 g   **(ii)** 8624 g

Datrysiad

Mae 1000 gram mewn cilogram.

a) I newid cilogramau yn gramau, lluoswch â 1000.

   (i) 3 × 1000 = 3000 g   **(ii)** 4.26 × 1000 = 4260 g

b) I newid gramau yn gilogramau, rhannwch â 1000.

   (i) 5000 ÷ 1000 = 5 kg   **(ii)** 8624 ÷ 1000 = 8.624 kg

ENGHRAIFFT 32.4

a) Newidiwch y cyfeintiau hyn yn fililitrau.
  (i) 5.2 litr
  (ii) 0.12 litr

b) Newidiwch y cyfeintiau hyn yn litrau.
  (i) 724 ml
  (ii) 13 400 ml

Datrysiad

Mae 1000 mililitr mewn litr.

a) I newid litrau yn fililitrau, lluoswch â 1000.
  (i) $5.2 \times 1000 = 5200$ ml
  (ii) $0.12 \times 1000 = 120$ ml

b) I newid mililitrau yn litrau, rhannwch â 1000.
  (i) $724 \div 1000 = 0.724$ litr
  (ii) $13\,400 \div 1000 = 13.4$ litr

ENGHRAIFFT 32.5

Rhowch yr hydoedd hyn yn eu trefn, y lleiaf yn gyntaf.

3.25 m	415 cm	302 mm	5012 mm	62.3 cm

Datrysiad

Fel arfer, mae'n haws newid i'r uned leiaf, sef i filimetrau yn yr enghraifft hon.

3.25 m $= 3.25 \times 1000$ mm $= 3250$ mm
415 cm $= 415 \times 10$ mm $= 4150$ mm
62.3 cm $= 62.3 \times 10$ mm $= 623$ mm

Dyma'r hydoedd, mewn milimetrau, yn eu trefn.

302 mm	623 mm	3250 mm	4150 mm	5012 mm

Yn eich ateb, rhaid i chi roi pob mesuriad yn yr un ffurf ag yr oedd yn y cwestiwn, fel hyn.

302 mm	62.3 cm	3.25 m	415 cm	5012 mm

1 Rhowch y cyfeintiau hyn yn eu trefn, y lleiaf yn gyntaf.

   2 litr   1500 ml   1.6 litr   100 ml   0.75 litr

2 Pa unedau metrig y byddech chi'n eu defnyddio i fesur yr hydoedd hyn?
   a) Lled llyfr
   b) Lled ystafell
   c) Lled car
   ch) Y pellter rhwng dwy dref
   d) Y pellter o amgylch trac rhedeg
   dd) Hyd bws
   e) Hyd eich bys

3 Hyd teigr yw 240 cm.
  Hyd tsita yw 1.3 m.
  Faint yw'r gwahaniaeth rhwng hyd y teigr a hyd y tsita?

4 Edrychwch ar y rhestr hon o fesuriadau.

   72.0   7.2   0.72   0.072

   Dewiswch fesuriad addas o'r rhestr i
   gwblhau'r frawddeg hon.
   Uchder y bwrdd yw
   .... metr.

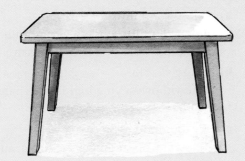

5 Rhowch y pwysau hyn yn eu trefn, y lleiaf yn gyntaf.

   2 kg   1500 g   1.6 kg   10 000 g $\frac{3}{4}$ kg

6 Newidiwch y cyfeintiau hyn yn filimetrau.
   a) 14 cl   b) 2.5 cl   c) 5 litr   ch) 5.23 litr

7 Mae Harri yn prynu bag o datws sy'n pwyso 1.5 kg, swp o fananas sy'n pwyso 900 g,
  bag o siwgr sy'n pwyso 1 kg a phecyn o goffi sy'n pwyso 227 g.
  Faint, mewn cilogramau, yw cyfanswm pwysau holl siopa Harri?

Cywerthoedd bras

Dyma rai cywerthoedd bras rhwng unedau imperial ac unedau metrig.

Ystyr yr arwydd ≈ yw 'yn fras hafal i' neu 'tua'.

Hyd	Pwysau	
8 km ≈ 5 milltir	1 kg ≈ 2.2 pwys (lb)	
1 m ≈ 40 modfedd	**Cynhwysedd**	
1 fodfedd ≈ 2.5 cm	4 litr ≈ 7 peint (pt)	
1 droedfedd (tr) ≈ 30 cm		

Bydd y cwestiynau'n dweud wrthych pa drawsnewidiadau i'w defnyddio. Gan mai brasamcanion ydyn nhw, efallai y bydd y cywerthoedd a gewch mewn cwestiwn ychydig bach yn wahanol.

AWGRYM Bob amser, defnyddiwch y trawsnewidiad sy'n cael ei roi i chi, hyd yn oed os ydych yn gwybod un gwahanol.

ENGHRAIFFT 32.6

Newidiwch y mesurau imperial hyn i'w cywerthoedd metrig bras.

a) 15 milltir **b)** 11 pwys **c)** 5 troedfedd **ch)** 5 peint

Datrysiad

Yn y cwestiwn hwn, defnyddiwch y trawsnewidiadau sydd yn y tabl uchod.

a) 8 km ≈ 5 milltir
I newid milltiroedd yn gilometrau, lluoswch ag 8 ac wedyn rhannwch â 5.
15 milltir ≈ 15 × 8 ÷ 5 = 24 km

b) 1 kg ≈ 2.2 lb
I newid pwysi yn gilogramau, rhannwch â 2.2.
11 lb ≈ 11 ÷ 2.2 = 5 kg

c) 1 droedfedd ≈ 30 cm
I newid troedfeddi yn gentimetrau, lluoswch â 30.
5 troedfedd ≈ 5 × 30 = 150 cm
Wedyn rhannwch â 100 i gael yr ateb mewn metrau.
150 ÷ 100 = 1.5 m

ch) 4 litr ≈ 7 peint
I newid peintiau yn litrau, lluoswch â 4 ac wedyn rhannwch â 7.
5 peint ≈ 5 × 4 ÷ 7 = 2.86 litr

AWGRYM Wrth newid rhwng unedau imperial a metrig, penderfynwch a oes angen lluosi neu rannu trwy ystyried pa un yw'r uned leiaf. Os yw'r uned rydych yn newid iddi yn llai, bydd nifer yr unedau yn fwy.

Sylwi 32.2

a) Pa unedau *metrig* y byddech chi'n eu defnyddio i bwyso'r rhain?

   (i) Darn arian 1c   **(ii)** Bag o datws

   (iii) Bar bach o siocled   **(iv)** Buwch

b) Pa unedau *imperial* y byddech chi'n eu defnyddio i bwyso'r gwrthrychau uchod? Efallai bydd rhaid i chi wneud rhywfaint o waith ymchwil.

Prawf sydyn 32.1

Mae gan Simon nifer o ffeithiau ynglŷn â thennis.

Hyd cwrt tennis yw 78 troedfedd a'i led yw 27 troedfedd.

Rhaid i uchder y rhwyd fod yn 3 troedfedd a rhaid i bêl tennis bwyso 2 owns.

Dylai'r bêl sboncio i uchder sydd rhwng 53 modfedd a 58 modfedd pan gaiff ei gollwng o uchder o 100 modfedd uwchben llawr concrit.

Mae eisiau cael syniad bras o'r mesuriadau mewn unedau metrig. Defnyddiwch y trawsnewidiadau canlynol i lenwi'r bylchau.

     1 droedfedd (tr) ≈ 0.3 m   1 owns (oz) ≈ 25 g   1 fodfedd ≈ 25 mm

Hyd cwrt tennis yw .... metr a'i led yw .... metr.

Rhaid i uchder y rhwyd fod yn .... metr a rhaid i bêl tennis bwyso

.... g.

Dylai'r bêl sboncio i uchder sydd rhwng .... cm a .... cm

pan gaiff ei gollwng o uchder .... cm uwchben llawr concrit.

YMARFER 32.3

1 Mae 1 pwys (lb) tua 450 g.

Ysgrifennwch y pwysau hyn mewn cilogramau a gramau.

   a) 2 lb   **b)** 5 lb

   c) 24 lb   **ch)** $\frac{1}{2}$ lb

2 Dyma rai trawsnewidiadau.

$$\text{milltiroedd} \xrightarrow{\times 1.6} \text{cilometrau}$$

$$\text{cilometrau} \xrightarrow{\div 1.6} \text{milltiroedd}$$

$$\text{cilogramau} \xrightarrow{\times 2.2} \text{pwysi}$$

$$\text{pwysi} \xrightarrow{\div 2.2} \text{cilogramau}$$

Defnyddiwch y rheolau hyn i newid
a) 30 milltir yn gilometrau.
b) 10 kg yn bwysi.
c) 120 kg yn bwysi.
ch) 64 km yn filltiroedd.
d) 44 pwys yn gilogramau.

3 Y pellter rhwng Aberle a Bryngwyn yw 320 km.
Yn fras, mae 5 milltir tua 8 cilometr.
Defnyddiwch y ffaith hon i gyfrifo'n fras y pellter mewn milltiroedd rhwng Aberle a Bryngwyn.

Amcangyfrif mesurau

I amcangyfrif hyd, màs a chynhwysedd, mae'n werth gwybod beth yw hyd, màs a chynhwysedd rhai pethau cyfarwydd.

Dyma rai enghreifftiau defnyddiol.
• Yr uchder o'r llawr i wasg dyn yw oddeutu 1 m (= 100 cm).
• Taldra dyn yw oddeutu 1.8 m.
• Màs bag o siwgr yw 1 kg.
• Mae poteli mawr o lemonêd neu cola'n dal 2 litr.

I gymharu mesurau yn eich pen, gallwch ddefnyddio pethau cyfarwydd eraill. Er enghraifft, eich pwysau chi eich hun, hyd eich riwl a chynhwysedd can o cola.

Oni bai eich bod yn cael cyfarwyddyd gwahanol, dylech amcangyfrif mewn unedau metrig.

ENGHRAIFFT 32.7

Amcangyfrifwch y rhain.
a) Uchder drws
b) Màs cwpanaid o siwgr
c) Cynhwysedd gwydraid o lemonêd
ch) Hyd car

Datrysiad

a) 2 m (neu 200 cm)   Meddyliwch am ddyn yn cerdded trwy ddrws.

b) 150 g   Byddai unrhyw ateb o tua 100 g i 300 g yn dderbyniol.
Bydd cwpan yn dal llawer llai na hanner bag o siwgr.

c) 300 ml (neu 30 cl)   Byddai unrhyw ateb o 200 ml i 500 ml yn dderbyniol.
Mae meintiau gwydrau yfed yn amrywio ond bydd gwydryn yn
dal llai na litr.

ch) 4 m   Byddai unrhyw ateb rhwng tua 3 m a 5 m yn dderbyniol.
Yn eich pen, cymharwch yr hyd â thaldra dyn.

◎ YMARFER 32.4

1 Amcangyfrifwch y rhain.
   a) Uchder bws unllawr
   c) Màs afal
   d) Màs dyn cyffredin
   b) Hyd eich troed
   ch) Cynhwysedd bwced
   dd) Hyd eich braich

2 Amcangyfrifwch y rhain.
   a) Uchder y ffens
   b) Hyd y ffens

3 Hyd y car yw tua 4 m.
   Amcangyfrifwch hyd y lori.

4 Amcangyfrifwch uchder y polyn lamp.

- sut i ddarllen graddfeydd
- sut i newid rhwng gwahanol unedau metrig
- sut i newid rhwng unedau imperial ac unedau metrig
- sut i amcangyfrif mesuriadau

YMARFER CYMYSG 32

1 Newidiwch yr hydoedd hyn yn filimetrau.

a) 6 cm   **b)** 35 cm   **c)** 4.5 m

ch) 62 cm   **d)** 3.72 cm

2 Newidiwch yr hydoedd hyn yn fetrau.

a) 5 km   **b)** 4.32 km   **c)** 46.7 km   **ch)** 1.234 km

3 Newidiwch yr hydoedd hyn yn gilometrau.

a) 5000 m   **b)** 6700 m   **c)** 12 345 m   **ch)** 543.21 m

4 Ysgrifennwch yr hydoedd hyn yn nhrefn eu maint, y lleiaf yn gyntaf.

2.42 m   1623 mm   284 cm   9.044 m   31.04 cm

5 Pa unedau metrig y byddech chi'n eu defnyddio i fesur y rhain?

a) Hyd pwll nofio

b) Uchder tŵr

c) Hyd nodwydd

ch) Y pellter o amgylch eich gwasg

6 Newidiwch y masau hyn yn gramau.

a) 9 kg   **b)** 1.129 kg   **c)** 3.1 kg   **ch)** 0.3 kg

7 Trawsnewidiwch y mesuriadau hyn o unedau imperial i'w cywerthoedd metrig bras. Defnyddiwch y tabl ar dudalen 414.

a) 3 troedfedd   **b)** 25 milltir   **c)** 1 lb   **ch)** 16 lb

8 Mae Pedr yn gyrru o Gaernarfon i gyfeiriad
Aberystwyth.
Mae'n gweld yr arwydd hwn ac mae'n
gwybod y bydd yn mynd trwy Borthmadog
i gyrraedd Aberystwyth.
Yn fras, pa mor bell yw Aberystwyth o
Borthmadog, mewn cilometrau?

> **Aberystwyth 70 milltir**
> **Porthmadog 15 milltir** ▶

9 Hyd y car sydd yn y llun hwn yw tua 3 m.
Amcangyfrifwch hyd y bws.

10 Mae Glenys yn prynu bag o siwgr sy'n pwyso 1 kg, bag o flawd sy'n pwyso 1.5 kg,
blwch o rawnfwyd sy'n pwyso 450 g a dau dun o gawl sy'n pwyso 400 g yr un.
Beth, mewn cilogramau, yw cyfanswm pwysau ei holl siopa?

33 → MESURAU 2

Trawsnewid rhwng mesurau

Rydych yn gwybod yn barod y perthnasoedd **llinol** sylfaenol rhwng mesurau metrig. Ystyr llinol yw 'o ran hyd'.

Gallwn ddefnyddio'r perthnasoedd hyn i gyfrifo'r perthnasoedd rhwng unedau metrig o arwynebedd a chyfaint.

Er enghraifft:

$1\,cm = 10\,mm$ $1\,m = 100\,cm$

$1\,cm^2 = 1\,cm \times 1\,cm$ $1\,m^2 = 1\,m \times 1\,m$
$1\,cm^2 = 10\,mm \times 10\,mm$ $1\,m^2 = 100\,cm \times 100\,cm$
$1\,cm^2 = 100\,mm^2$ $1\,m^2 = 10\,000\,cm^2$

$1\,cm^3 = 1\,cm \times 1\,cm \times 1\,cm$ $1\,m^3 = 1\,m \times 1\,m \times 1\,m$
$1\,cm^3 = 10\,mm \times 10\,mm \times 10\,mm$ $1\,m^3 = 100\,cm \times 100\,cm \times 100\,cm$
$1\,cm^3 = 1000\,mm^3$ $1\,m^3 = 1\,000\,000\,cm^3$

Trawsnewidiwch y mesurau hyn i'r unedau sy'n cael eu rhoi.

a) $5\,m^3$ yn cm^3 **b)** $5600\,cm^2$ yn m^2

Datrysiad

a) $5\,m^3 = 5 \times 1\,000\,000\,cm^3$ Trawsnewidiwch $1\,m^3$ yn cm^3 a'i luosi â 5.
$= 5\,000\,000\,cm^3$

b) $5600\,cm^2 = 5600 \div 10\,000\,m^2$ Rhaid lluosi i drawsnewid m^2 yn cm^2, ac felly rhaid
$= 0.56\,m^2$ rhannu i drawsnewid cm^2 yn m^2. Gwnewch yn sicr eich
bod wedi gwneud y peth iawn drwy wirio a yw'r ateb
yn gwneud synnwyr. Pe byddech wedi lluosi â $10\,000$
byddech wedi cael $56\,000\,000\,m^2$, sydd yn amlwg yn
arwynebedd mwy o lawer na $5600\,cm^2$.

YMARFER 33.1

1 Trawsnewidiwch y mesurau hyn i'r unedau sy'n cael eu rhoi.
     a) 25 m yn cm   **b)** 42 cm yn mm   **c)** 2.36 m yn cm   **ch)** 5.1 m yn mm

2 Trawsnewidiwch y mesurau hyn i'r unedau sy'n cael eu rhoi.
     a) $3\,m^2$ yn cm^2 **b)** $2.3\,cm^2$ yn mm^2 **c)** $9.52\,m^2$ yn cm^2 **ch)** $0.014\,cm^2$ yn mm^2

3 Trawsnewidiwch y mesurau hyn i'r unedau sy'n cael eu rhoi.
     a) $90\,000\,mm^2$ yn cm^2 **b)** $8140\,mm^2$ yn cm^2
     c) $7\,200\,000\,cm^2$ yn m^2 **ch)** $94\,000\,cm^2$ yn m^2

4 Trawsnewidiwch y mesurau hyn i'r unedau sy'n cael eu rhoi.
     a) $3.2\,m^3$ yn cm^3 **b)** $42\,cm^3$ yn m^3 **c)** $5000\,cm^3$ yn m^3 **ch)** $6.42\,m^3$ yn cm^3

5 Trawsnewidiwch y mesurau hyn i'r unedau sy'n cael eu rhoi.
     a) 2.61 litr yn cm^3 **b)** 9500 ml yn litrau   **c)** 2.4 litr yn ml   **ch)** 910 ml yn litrau

6 Beth sydd o'i le ar y gosodiad hwn?
     Rydw i newydd gloddio ffos sydd â'i hyd yn 5 m, ei lled yn 2 m a'i dyfnder yn 50 cm.
     I'w llenwi bydd angen $500\,m^3$ o goncrit arna i.

Her 33.1

Yn ôl pob sôn byddai bath Cleopatra yn cael ei lenwi â llaeth asyn.
Heddiw efallai mai cola fyddai'n cael ei ddefnyddio!

A thybio bod tun o ddiod yn dal 33 centilitr, tua faint o duniau y byddai eu hangen arni
i gael bath mewn cola?

Manwl gywirdeb wrth fesur

Mae pob mesuriad yn **frasamcan**. Byddwn yn nodi mesuriadau i'r uned ymarferol agosaf.

Mae mesur gwerth i'r uned agosaf yn golygu penderfynu ei fod yn agosach at un marc ar raddfa na marc arall; hynny yw, bod y gwerth o fewn hanner uned i'r marc hwnnw.

Edrychwch ar y diagram hwn.

Mae unrhyw werth o fewn y rhan sydd wedi'i lliwio yn 5 i'r uned agosaf.

Ffiniau'r cyfwng hwn yw 4.5 a 5.5. Ysgrifennwn hwn fel $4.5 \leqslant x < 5.5$.

> **AWGRYM**
>
> Cofiwch fod $4.5 \leqslant x < 5.5$ yn golygu pob gwerth x sy'n fwy na neu'n hafal i 4.5 ond sy'n llai na 5.5.
> Mae $x < 5.5$ oherwydd pe bai $x = 5.5$ byddai'n talgrynnu i fyny i 6.
> Er nad yw x yn gallu bod yn hafal i 5.5, mae'n gallu bod mor agos ato ag y mynnwch. Felly 5.5 yw'r ffin uchaf. Peidiwch â defnyddio 5.499 neu 5.4999, ac ati.

4.5 yw'r ffin isaf a 5.5 yw'r ffin uchaf.
Mae unrhyw werth sy'n llai na 4.5 yn agosach at 4 (4 i'r uned agosaf).
Mae unrhyw werth sy'n fwy na neu'n hafal i 5.5 yn agosach at 6 (6 i'r uned agosaf).

ENGHRAIFFT 33.2

a) Enillodd Tomos y ras 100 m gydag amser o 12.2 eiliad, i'r degfed agosaf o eiliad.
Beth yw ffiniau uchaf ac isaf yr amser hwn?

b) Copïwch a chwblhewch y gosodiad hwn.

> Mae màs sy'n cael ei nodi fel 46 kg, i'r cilogram agosaf, rhwng .... kg a .... kg.

Datrysiad

a) Ffin isaf = 12.15 eiliad, ffin uchaf = 12.25 eiliad.

b) Mae màs sy'n cael ei nodi fel 46 kg, i'r cilogram agosaf, rhwng 45.5 kg a 46.5 kg.

1 Copïwch a chwblhewch bob un o'r gosodiadau hyn.

a) Mae uchder sy'n cael ei nodi fel 57 m, i'r metr agosaf, rhwng .... m a .... m.

b) Mae cyfaint sy'n cael ei nodi fel 568 ml, i'r mililitr agosaf, rhwng .... ml a .... ml.

c) Mae amser ennill sy'n cael ei nodi fel 23.93 eiliad, i'r canfed agosaf o eiliad, rhwng .... eiliad a .... eiliad.

2 Copïwch a chwblhewch y gosodiadau hyn.

a) Mae màs sy'n cael ei nodi fel 634 g, i'r gram agosaf, rhwng .... g a .... g.

b) Mae cyfaint sy'n cael ei nodi fel 234 ml, i'r mililitr agosaf, rhwng .... ml a .... ml.

c) Mae uchder sy'n cael ei nodi fel 8.3 m, i 1 lle degol, rhwng .... m a .... m.

3 a) Beth yw'r arwynebedd arwyneb lleiaf a'r arwynebedd arwyneb mwyaf y bydd 3 litr o'r paent yn ei orchuddio?

b) Faint o duniau o'r paent sydd eu hangen i sicrhau gorchuddio arwynebedd o 100 m²?

> **Paent Sglein**
>
> Yn gorchuddio 7 i 8 metr sgwâr yn dibynnu ar yr arwyneb
>
> 750 ml

4 Mae Eirina'n mesur trwch llen metel â medrydd.
Y darlleniad yw 4.97 mm, yn gywir i'r $\frac{1}{100}$fed agosaf o filimetr.

a) Beth yw'r trwch lleiaf y gallai'r llen fod?

b) Beth yw'r trwch mwyaf y gallai'r llen fod??

5 Mae Gwen yn gosod cegin newydd.
Mae ganddi ffwrn sydd â'i lled yn 595 mm, i'r milimetr agosaf.
A fydd y ffwrn yn bendant yn ffitio mewn bwlch sydd â'i led yn 60 cm, i'r centimetr agosaf?

6 Mae dau floc metel yn cael eu rhoi at ei gilydd fel hyn.
Hyd y bloc ar y chwith yw 6.3 cm a hyd y bloc ar y dde yw 8.7 cm.
Lled y ddau floc yw 2 cm a'u dyfnder yw 2 cm.
Mae pob mesuriad yn gywir i'r milimetr agosaf.

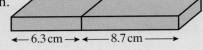

← 6.3 cm → ← 8.7 cm →

a) Beth yw hyd cyfunol lleiaf a hyd cyfunol mwyaf y ddau floc?

b) Beth yw dyfnder lleiaf a dyfnder mwyaf y blociau?

c) Beth yw lled lleiaf a lled mwyaf y blociau?

7 Mae cwmni'n gweithgynhyrchu cydrannau ar gyfer y diwydiant ceir. Mae un gydran yn cynnwys bloc metel â thwll wedi'i ddrilio ynddo. Mae rhoden blastig yn cael ei gosod yn y twll.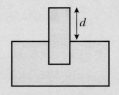

Mae'r twll yn cael ei ddrilio i ddyfnder o 20 mm, i'r milimetr agosaf. Hyd y rhoden yw 35 mm, i'r milimetr agosaf.
Beth yw gwerthoedd mwyaf a lleiaf d (uchder y rhoden uwchlaw'r bloc).

8 Mae'r diagram yn dangos petryal ABCD.
Mae AB = 15 cm a BC = 9 cm.
Mae pob mesuriad yn gywir i'r centimetr agosaf.
Cyfrifwch werthoedd lleiaf a mwyaf perimedr y petryal.

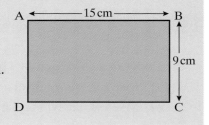

Gweithio i ateb o fanwl gywirdeb priodol

Ni ddylai mesuriadau a chyfrifiadau fod yn rhy fanwl gywir i'w pwrpas.

Mae'n amlwg yn wirion honni bod:

taith mewn car wedi cymryd 4 awr, 56 munud ac 13 eiliad,

neu   mai'r pellter rhwng dau dŷ yw 93 cilometr, 484 metr a 78 centimetr.

Byddai'n fwy synhwyrol talgrynnu atebion fel y ddau hyn i 5 awr a 93 km.

Wrth gyfrifo mesuriad, mae angen i chi roi ateb **o fanwl gywirdeb priodol**.

Fel rheol gyffredinol ni ddylech roi ateb mwy manwl gywir na'r gwerthoedd sy'n cael eu defnyddio yn y cyfrifiad.

ENGHRAIFFT 33.3

Hyd bwrdd yw 1.8 m a'i led yw 1.3 m. Mae'r ddau fesuriad yn gywir i 1 lle degol.
Cyfrifwch arwynebedd y bwrdd.
Rhowch eich ateb o fanwl gywirdeb priodol.

Datrysiad

Arwynebedd = hyd × lled
$\qquad$ = 1.8 × 1.3
$\qquad$ = 2.34
$\qquad$ = 2.3 m² (i 1 lle degol) Mae 2 le degol yn yr ateb. Fodd bynnag, ni ddylai'r ateb fod yn fwy manwl gywir na'r mesuriadau gwreiddiol. Felly mae angen talgrynnu'r ateb i 1 lle degol.

1 Ailysgrifennwch bob un o'r gosodiadau hyn gan ddefnyddio gwerthoedd priodol ar gyfer y mesuriadau.

   a) Mae'n cymryd 3 munud a 24.8 eiliad i ferwi wy.

   b) Bydd yn cymryd 2 wythnos, 5 diwrnod, 3 awr ac 13 munud i mi beintio eich tŷ chi.

   c) Pwysau hoff lyfr Helen yw 2.853 kg.

   ch) Uchder drws yr ystafell ddosbarth yw 2 fetr, 12 centimetr a 54 milimetr.

2 Rhowch ateb o fanwl gywirdeb priodol i bob un o'r cwestiynau hyn.

   a) Darganfyddwch hyd ochr cae sgwâr sydd â'i arwynebedd yn 33 m^2.

   b) Mae tri ffrind yn rhannu £48.32 yn gyfartal. Faint y bydd pob un yn ei dderbyn?

   c) Mae'n cymryd 1.2 awr i hedfan rhwng dwy ddinas ar 554 km/awr. Beth yw'r pellter rhyngddynt?

   ch) Hyd stribed o gerdyn yw 2.36 cm a'i led yw 0.041 cm. Cyfrifwch arwynebedd y cerdyn.

Mesurau cyfansawdd

Ym Mhennod 15 daethoch ar draws y fformiwla sy'n cyfrifo buanedd.

Mae buanedd yn enghraifft o **fesur cyfansawdd**.

Gallwn gyfrifo rhai mesurau trwy ddefnyddio'r un math o fesuriadau. I gyfrifo arwynebedd, er enghraifft, byddwn yn defnyddio hyd a lled, sydd ill dau yn fesurau o hyd.

I gyfrifo mesurau cyfansawdd, byddwn yn defnyddio dau fath gwahanol o fesur. Byddwn yn cyfrifo buanedd trwy ddefnyddio pellter ac amser.

$$\text{Buanedd} = \frac{\text{pellter}}{\text{amser}}$$

Mae'r unedau ar gyfer mesurau cyfansawdd yn **unedau cyfansawdd** hefyd.

Yr unedau ar gyfer buanedd yw pellter am bob uned amser. Er enghraifft, os yw'r pellter mewn cilometrau a'r amser mewn oriau, byddwn yn nodi buanedd fel cilometrau yr awr, neu km/awr.

Mesur cyfansawdd arall yw **dwysedd**. Mae dwysedd yn gysylltiedig â **màs** a **chyfaint**.

$$\text{Dwysedd} = \frac{\text{màs}}{\text{cyfaint}}$$

ENGHRAIFFT 33.4

a) Cyfrifwch fuanedd cyfartalog car sy'n teithio 80 km mewn 2 awr.

b) Dwysedd aur yw 19.3 g/cm³.
Cyfrifwch fàs bar aur sydd â'i gyfaint yn 30 cm³.

Datrysiad

a) Buanedd $= \dfrac{\text{pellter}}{\text{amser}}$

$= \frac{80}{2}$

$= 40$ km/awr

b) Dwysedd $= \dfrac{\text{màs}}{\text{cyfaint}}$ Yn gyntaf ad-drefnwch y fformiwla i wneud màs yn destun.

Màs $=$ dwysedd $\times$ cyfaint

$= 19.3 \times 30$

$= 579$ g

YMARFER 33.4

1 Mae trên yn teithio pellter o 1250 metr mewn 20 eiliad.
Cyfrifwch ei fuanedd cyfartalog.

2 Mae car Carol yn teithio 129 o filltiroedd mewn 3 awr. Cyfrifwch ei buanedd cyfartalog.

3 Mae Pat yn loncian ar fuanedd cyson o 6 milltir yr awr.
Pa mor bell y mae hi'n rhedeg mewn awr a chwarter?

4 Faint o amser y bydd cwch sy'n hwylio ar 12 km/awr yn ei gymryd i deithio 60 km?

5 Dwysedd alwminiwm yw 2.7 g/cm³. Beth yw cyfaint bloc o alwminiwm sydd â'i fàs yn 750 g? Rhowch eich ateb yn gywir i'r rhif cyfan agosaf.

6 Darganfyddwch fuanedd cyfartalog car a deithiodd 150 o filltiroedd mewn dwy awr a hanner.

7 Cyfrifwch ddwysedd carreg sydd â'i màs yn 780 g a'i chyfaint yn 84 cm³.
Rhowch ateb o fanwl gywirdeb priodol.

8 Mae car yn teithio 20 km mewn 12 munud. Beth yw'r buanedd cyfartalog mewn km/awr?

9 Cyfrifwch ddwysedd carreg sydd â'i màs yn 350 g a'i chyfaint yn 45 cm³.

10 **a)** Cyfrifwch ddwysedd bloc $3\,cm^3$ o gopr sydd â'i fàs yn 26.7 g.

b) Beth fyddai màs bloc $17\,cm^3$ o gopr?

11 Dwysedd aur yw $19.3\,g/cm^3$. Cyfrifwch fàs bar o aur sydd â'i gyfaint yn $1000\,cm^3$. Rhowch eich ateb mewn cilogramau.

12 Dwysedd aer ar dymheredd a gwasgedd normal ystafell yw $1.3\,kg/m^3$.

a) Pa fàs o aer sydd mewn ystafell sy'n giwboid yn mesur 3 m wrth 5 m wrth 3 m?

b) Pa gyfaint o aer fyddai â'i fàs yn
(i) 1 kg?   **(ii)** 1 dunnell fetrig?

13 **a)** Darganfyddwch fuanedd car sy'n teithio 75 km mewn 1 awr 15 munud.

b) Mae car yn teithio 15 km mewn 14 munud. Darganfyddwch ei fuanedd mewn km/awr.
Rhowch eich ateb yn gywir i 1 lle degol.

14 Cyfrifwch ddwysedd carreg sydd â'i màs yn 730 g a'i chyfaint yn $69\,cm^3$. Rhowch eich ateb yn gywir i 1 lle degol.

15 Poblogaeth tref yw 74 000 ac mae'n cwmpasu arwynebedd o 64 cilometr sgwâr. Cyfrifwch ddwysedd poblogaeth y dref (y nifer o bobl am bob cilometr sgwâr). Rhowch eich ateb yn gywir i 1 lle degol.

RYDYCH WEDI DYSGU

- **sut i drawsnewid rhwng mesurau metrig o hyd, arwynebedd a chyfaint**
- **mai brasamcan yw pob mesuriad**
- **wrth gyfrifo mesuriad, fod angen i chi roi ateb o fanwl gywirdeb priodol. Fel rheol gyffredinol ni ddylech roi ateb mwy manwl gywir na'r gwerthoedd sy'n cael eu defnyddio yn y cyfrifiad**
- **bod mesurau cyfansawdd yn cael eu cyfrifo o ddau fesuriad arall. Enghreifftiau yw buanedd, sy'n cael ei gyfrifo trwy ddefnyddio pellter ac amser ac sy'n cael ei fynegi mewn unedau fel m/s, a dwysedd, sy'n cael ei gyfrifo trwy ddefnyddio màs a chyfaint ac sy'n cael ei fynegi mewn unedau fel g/cm^3**

1 Trawsnewidiwch y mesurau hyn i'r unedau sy'n cael eu rhoi.
   a) $12\,m^2$ yn cm^2
   b) $3.71\,cm^2$ yn mm^2
   c) $0.42\,m^2$ yn cm^2
   ch) $0.05\,cm^2$ yn mm^2

2 Trawsnewidiwch y mesurau hyn i'r unedau sy'n cael eu rhoi.
   a) $3\,m^2$ yn mm^2
   b) $412\,500\,cm^2$ yn m^2
   c) $9400\,mm^2$ yn cm^2
   ch) $0.06\,m^2$ yn cm^2

3 Trawsnewidiwch y mesurau hyn i'r unedau sy'n cael eu rhoi.
   a) 2.13 litr yn cm^3
   b) 5100 ml yn litrau
   c) 421 litr yn ml
   ch) 91.7 ml yn litrau

4 Rhowch ffiniau isaf ac uchaf pob un o'r mesuriadau hyn.
   a) 27 cm i'r centimetr agosaf
   b) 5.6 cm i'r milimetr agosaf
   c) 1.23 m i'r centimetr agosaf

5 Amserodd plismon gar yn teithio ar hyd 100 m o ffordd.
   Cymerodd y car 6 eiliad.
   Cafodd hyd y ffordd ei fesur yn gywir i'r 10 cm agosaf, a chafodd yr amser ei fesur yn gywir i'r eiliad agosaf.
   Beth oedd y buanedd mwyaf y gallai'r car fod wedi bod yn teithio arno?

6 a) Mae peiriant yn cynhyrchu darnau o bren.
      Hyd pob darn yw 34 mm, yn gywir i'r milimetr agosaf.
      Rhwng pa derfynau y mae'r hyd gwirioneddol?
   b) Caiff tri o'r darnau o bren eu rhoi at ei gilydd i wneud triongl.
      Beth yw perimedr mwyaf posibl y triongl?

7 Mewn ras ffordd 10 km, cychwynnodd un rhedwr am 11.48 a gorffen am 13.03.
   a) Faint o amser gymerodd y rhedwr hwn i gwblhau'r ras?
   b) Beth oedd ei fuanedd cyfartalog?

8 a) Mae Elin yn gyrru i Birmingham ar draffordd.
      Mae'n teithio 150 o filltiroedd mewn 2 awr 30 munud. Beth yw ei buanedd cyfartalog?
   b) Mae Elin yn gyrru i Gaergrawnt ar fuanedd cyfartalog o 57 m.y.a.
      Mae'r daith yn cymryd 3 awr 20 munud. Faint o filltiroedd yw'r daith?

9 Hyd cae yw 92.43 m a'i led yw 58.36 m.
   Cyfrifwch arwynebedd y cae.
   Rhowch ateb o fanwl gywirdeb priodol.

34 → PERIMEDR, ARWYNEBEDD A CHYFAINT

YN Y BENNOD HON

- Darganfod perimedr siapiau syml
- Darganfod arwynebedd petryalau, trionglau a pharalelogramau
- Darganfod cyfaint ciwboidau

DYLECH WYBOD YN BAROD

- sut i adio, tynnu a lluosi rhifau
- sut i newid rhwng yr unedau metrig sy'n mesur hyd
- ystyr y geiriau *petryal, sgwâr, triongl, hafalochrog, isosgeles, polygon, ciwb a chiwboid*

Perimedr

Perimedr siâp yw'r pellter yr holl ffordd o'i gwmpas. Mae'n hyd ac felly bydd gan yr ateb unedau hyd, er enghraifft centimetrau (cm) neu fetrau (m).

ENGHRAIFFT 34.1

Cyfrifwch berimedr y ddau siâp hyn.

a)

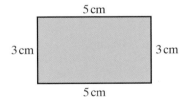

b)

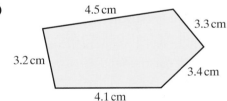

Datrysiad

I gyfrifo'r perimedr, adiwch hyd pob ochr.

a) Perimedr $= 3 + 5 + 3 + 5 = 16\,\text{cm}$

b) Perimedr $= 3.2 + 4.5 + 3.3 + 3.4 + 4.1 = 18.5\,\text{cm}$

AWGRYM

Cofiwch roi'r unedau gyda'ch ateb bob tro.

Mae'n werth tynnu braslun a labelu pob ochr â'i hyd.
Weithiau bydd rhaid i chi ddefnyddio eich gwybodaeth am siapiau i ddarganfod yr hydoedd.

Prawf sydyn 34.1

Darganfyddwch berimedr y siapiau hyn.

a) Sgwâr â hyd pob un o'i ochrau'n 3 cm

b) Triongl hafalochrog â hyd pob un o'i ochrau'n 3 cm

⊙ YMARFER 34.1

1 Cyfrifwch berimedr pob un o'r siapiau hyn.

a)
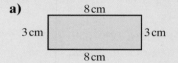

b)

c)
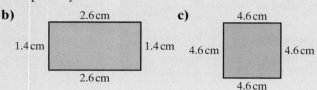

ch)
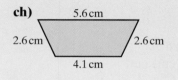

d)
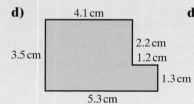

dd)
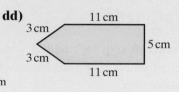

2 Hyd ochrau sgwâr yw 4.2 cm. Beth yw ei berimedr?

3 Hyd dwy ochr petryal yw 5.3 cm a 4.1 cm. Beth yw ei berimedr?

4 Hyd ochrau hecsagon rheolaidd yw 2.5 m. Beth yw ei berimedr?

5 Hyd ochrau cae â phum ochr yw 15.3 m, 24.5 m, 17.3 m, 16 m a 10.2 m. Beth yw ei berimedr?

Her 34.1 ?

Cyfrifwch berimedr y ddau siâp hyn. Mae pob hyd mewn centimetrau.

a)
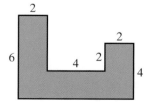

b)
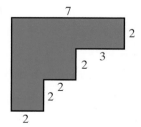

Her 34.2

Mesuriadau dalen betryal o bapur yw 20 cm wrth 15 cm.

Mae sgwâr, ochr 4 cm, yn cael ei dorri o un gornel.

Brasluniwch y darn papur sy'n weddill a chyfrifwch ei berimedr.

Arwynebedd

Sylwi 34.1

Ar bapur sgwariau lluniadwch betryal, hyd 4 sgwâr a lled 5 sgwâr.
Cyfrwch sawl sgwâr sydd y tu mewn i'r petryal.

Arwynebedd siâp yw swm y lle gwag gwastad sydd y tu mewn iddo.

Yr hyn a wnaethoch yn Sylwi 34.1 oedd darganfod arwynebedd y petryal.

Byddwn bob amser yn mesur arwynebedd mewn sgwariau. Os yw hyd pob un o'r sgwariau'n 1 cm, yna mae pob sgwâr yn gentimetr sgwâr.

Arwynebedd y petryal yn Sylwi 34.1 yw 20 centimetr sgwâr. Byddwn yn ysgrifennu hyn fel 20 cm^2.

YMARFER 34.2

1   Darganfyddwch arwynebedd pob un o'r siapiau hyn.
    Rhowch eich atebion mewn cm^2.

a)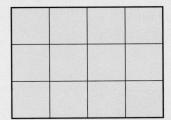

b)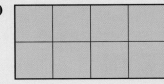

c)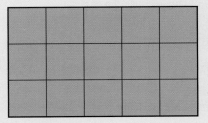

ch)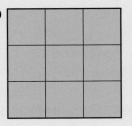

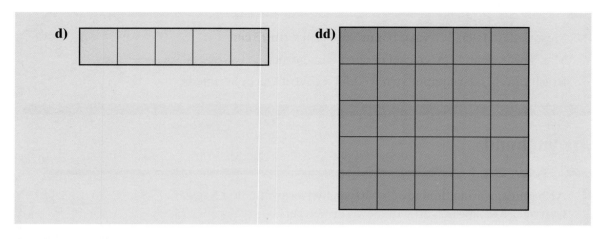

d)   dd)

Arwynebedd petryal

Sylwi 34.2

Ar bapur sgwariau, lluniadwch bedwar petryal gwahanol fel bod arwynebedd pob un yn 24 sgwâr.

Ysgrifennwch hyd a lled pob un o'ch petryalau.

Beth yw'r berthynas rhwng hyd a lled petryal, a'i arwynebedd?

Gallwn ddefnyddio'r fformiwla hon i gyfrifo arwynebedd petryal.

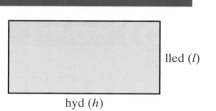

Arwynebedd petryal = hyd × lled
neu
$A = hl$

lled (l)

hyd (h)

Byddwn yn mesur arwynebedd mewn unedau sgwâr, er enghraifft centimetrau sgwâr (cm^2), metrau sgwâr (m^2) a chilometrau sgwâr (km^2).

ENGHRAIFFT 34.2

Cyfrifwch arwynebedd y petryal hwn.

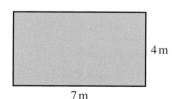

4 m

Datrysiad

Arwynebedd = hyd × lled
= 7 × 4 = 28 m^2

7 m

Sylwch yn Enghraifft 34.2 fod yr hyd a'r lled mewn metrau, ac felly fod yr arwynebedd mewn metrau sgwâr (m^2).

ENGHRAIFFT 34.3

Cyfrifwch arwynebedd sgwâr sydd â hyd ei ochrau'n 4.5 cm.

Datrysiad

Yn aml, mae'n werth tynnu braslun a labelu'r hyd a'r lled.

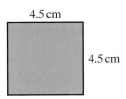

4.5 cm

4.5 cm

$$\text{Arwynebedd} = \text{hyd} \times \text{lled}$$
$$= 4.5 \times 4.5$$
$$= 20.25 \text{ cm}^2$$

> **AWGRYM**
> Cofiwch roi'r unedau bob tro. Weithiau cewch farc am wneud hynny.

YMARFER 34.3

1 Cyfrifwch arwynebedd pob un o'r petryalau hyn.
  Cofiwch roi'r unedau cywir ym mhob ateb.

a)
6 m

4 m

b)
6 cm

6 cm

c)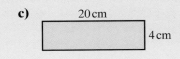
20 cm

4 cm

ch)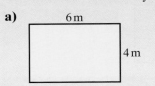
15 m

5 m

d)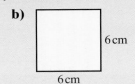
5 cm

1.6 cm

dd)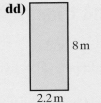
8 m

2.2 m

e)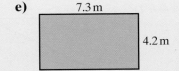
7.3 m

4.2 m

f)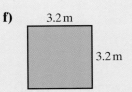
3.2 m

3.2 m

ff)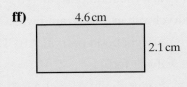
4.6 cm

2.1 cm

2 Mesuriadau petryal yw 4.7 cm wrth 3.6 cm. Cyfrifwch ei arwynebedd.

3 Hyd ochrau sgwâr yw 2.6 m. Cyfrifwch ei arwynebedd.

4 Hyd dwy ochr petryal yw 3.62 cm a 4.15 cm. Cyfrifwch ei arwynebedd.

5 Mesuriadau gardd betryal yw 5.6 m wrth 2.8 m. Cyfrifwch ei harwynebedd.

6 Mesuriadau llyn petryal yw 4.5 m wrth 8 m. Cyfrifwch arwynebedd arwyneb y llyn.

7 Mae patio gardd yn betryal, hyd 4 metr a lled 3.5 metr.

   a) Cyfrifwch arwynebedd y patio.

   Pris palmantu'r patio â cherrig yw £24.50 y metr sgwâr.

   b) Faint yw cost palmantu'r patio?

8 Mesuriadau llawr petryal yw 2.5 m wrth 6 m.

   a) Cyfrifwch arwynebedd y llawr.

   Mae Ifan yn gorchuddio'r llawr â charped sy'n costio £25 y metr sgwâr.

   b) Faint yw pris y carped ar gyfer y llawr?

Her 34.3

Mae'r diagram yn dangos siâp gardd.

Cyfrifwch arwynebedd yr ardd.

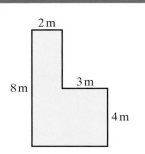

Arwynebedd triongl

Rydych wedi dysgu bod

   arwynebedd petryal = hyd × lled

neu

   arwynebedd petryal = $h \times l$.

Edrychwch ar y diagram hwn.

   arwynebedd petryal ABCD = $h \times l$

Fe welwch fod

   arwynebedd triongl ABC = $\frac{1}{2}$ × arwynebedd ABCD

   $\qquad = \frac{1}{2} \times h \times l.$

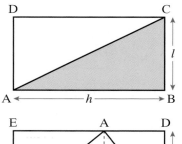

Nawr edrychwch ar driongl gwahanol.

O'r diagram fe welwch fod

   arwynebedd triongl ABC = $\frac{1}{2}$ arwynebedd BEAF

   $\qquad + \frac{1}{2}$ arwynebedd FADC

   $\qquad = \frac{1}{2}$ arwynebedd BEDC

   $\qquad = \frac{1}{2} \times h \times l.$

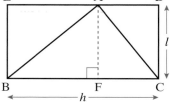

Mae hyn yn dangos y gallwn ddarganfod arwynebedd unrhyw driongl gan ddefnyddio'r fformiwla isod.

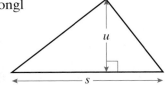

> Arwynebedd triongl = $\frac{1}{2}$ × sail × uchder
> neu
> $A = \frac{1}{2} \times s \times u$

Sylwch fod uchder y triongl, u, yn cael ei fesur ar ongl sgwâr i'r sail.
Dyma **uchder perpendicwlar** y triongl.

AWGRYM

Gallwch ddefnyddio unrhyw un o'r ochrau fel sail ar yr amod eich bod yn defnyddio'r uchder perpendicwlar sy'n mynd gyda'r ochr honno.

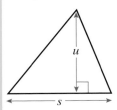
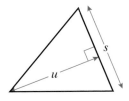
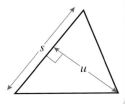

ENGHRAIFFT 34.4

Darganfyddwch arwynebedd y triongl hwn.

Datrysiad

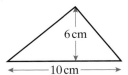

Defnyddiwch y fformiwla.

$A = \frac{1}{2} \times s \times u$
$= \frac{1}{2} \times 10 \times 6 = 30 \, cm^2$

AWGRYM

Peidiwch ag anghofio'r unedau, ond sylwch mai dim ond yn yr ateb y mae angen rhoi'r unedau. Cofiwch sicrhau bod gan y ddau fesuriad yr un unedau.

YMARFER 34.4

Darganfyddwch arwynebedd pob un o'r trionglau hyn.

1
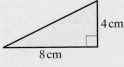

2
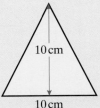

3

4
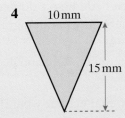

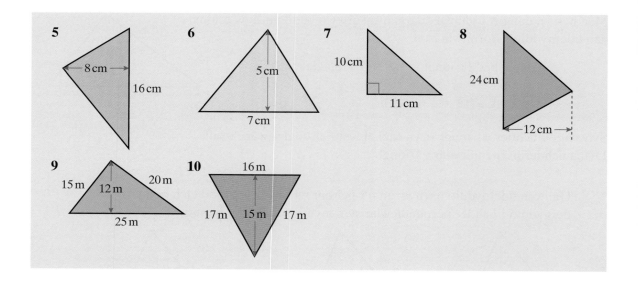

Arwynebedd paralelogram

Mae dwy ffordd o ddarganfod arwynebedd paralelogram.

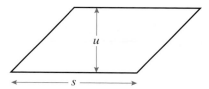

Gallwn ei dorri a'i ad-drefnu i ffurfio petryal. Felly
$A = s \times u$.

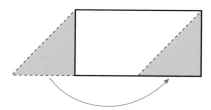

Neu gallwn ei hollti'n ddau driongl cyfath ar hyd croeslin.
(Cofiwch fod cyfath yn golygu unfath neu yn union yr un fath.)

Arwynebedd un o'r ddau driongl yw $A = \frac{1}{2} \times s \times u$, felly
arwynebedd y paralelogram yw

$$A = 2 \times \frac{1}{2} \times s \times u$$
$$= s \times u$$

Sylwch mai uchder y paralelogram yw'r uchder *perpendicwlar*, yn
union fel yn y fformiwla ar gyfer arwynebedd triongl.

$$\text{Arwynebedd paralelogram} = s \times u$$
$$\text{neu}$$
$$A = s \times u$$

ENGHRAIFFT 34.5

Darganfyddwch arwynebedd y paralelogram hwn.

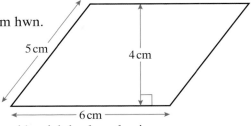

Datrysiad

Defnyddiwch y fformiwla. Rhaid gwneud yn siŵr eich bod yn dewis y mesuriad cywir ar gyfer yr uchder.

$$A = s \times u$$
$$= 6 \times 4$$
$$= 24 \text{ cm}^2$$

YMARFER 34.5

Darganfyddwch arwynebedd pob un o'r paralelogramau hyn.

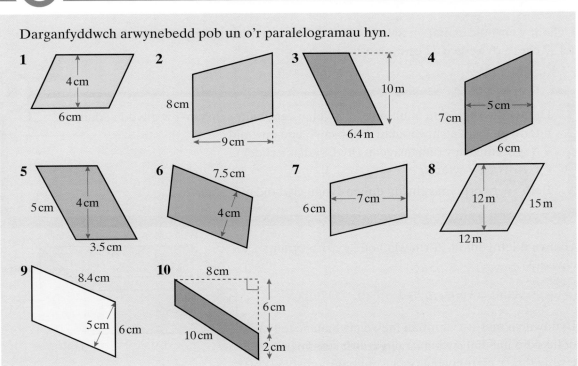

Cyfaint ciwbiau a chiwboidau

Ym Mhennod 23 gwelsoch mai siâp 3 dimensiwn ag wynebau petryal yw ciwboid ac mai ciwb yw ciwboid â phob ochr yr un hyd.

Sylwi 34.3

Mae'r diagram yn dangos ciwboid wedi'i wneud o giwbiau centimetr.

a) Sawl ciwb centimetr sydd yn yr haen uchaf?

b) Sawl ciwb centimetr sydd yn y ciwboid cyfan?

Mae gan giwboid arall 5 haen. Mae gan bob haen 4 rhes o 3 chiwb centimetr.

c) Sawl ciwb sydd yn y ciwboid hwn?

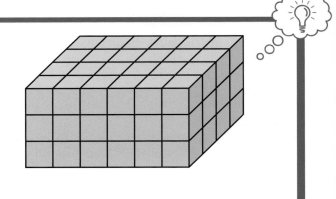

Yr enw ar nifer y ciwbiau centimetr sydd mewn ciwboid yw **cyfaint** y ciwboid.

Byddwn bob amser yn mesur cyfeintiau mewn ciwbiau. Os yw hyd ochr pob ciwb yn 1 cm, yna mae pob ciwb yn giwb centimetr.

Cyfaint y ciwboid cyntaf yn Sylwi 34.3 yw 72 ciwb centimetr. Ysgrifennwn hwn fel 72 cm^3, a dywedwn 72 centimetr ciwbig.

Sylwi 34.4

Defnyddiwch flociau 'multilink' o giwbiau centimetr sy'n cloi i'w gilydd i adeiladu nifer o giwbiau a chiwboidau. I bob ciwb neu giwboid
- Ysgrifennwch y dimensiynau (hyd, lled ac uchder).
- Cyfrifwch y cyfaint.

Beth yw'r berthynas rhwng dimensiynau ciwboid a'i gyfaint?

Gallwn ddefnyddio'r fformiwla hon i gyfrifo cyfaint ciwboid.

> Cyfaint ciwboid = hyd × lled × uchder

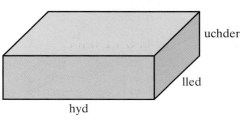

Byddwn yn mesur cyfeintiau mewn ciwbiau ac felly'n defnyddio unedau ciwbig, er enghraifft centimetr ciwbig (cm^3), metr ciwbig (m^3) a chilometr ciwbig (km^3).

ENGHRAIFFT 34.6

Cyfrifwch gyfaint y ciwboid hwn.

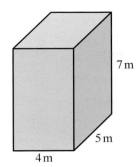

Datrysiad

Cyfaint = hyd × lled × uchder
$$= 4 \times 5 \times 7$$
$$= 140 \, m^3$$

Sylwch yn Enghraifft 34.6 fod y dimensiynau mewn metrau (m), ac felly fod y cyfaint mewn metrau ciwbig (m³).

Rhaid bod yn ofalus â'r unedau. Cofiwch sicrhau bod y dimensiynau i gyd yn yr un unedau.

ENGHRAIFFT 34.7

Mae llwybr concrit yn cael ei osod. Mae'n giwboid, hyd 20 m, lled 1.5 m a thrwch 10 cm.
Cyfrifwch gyfaint y concrit sy'n cael ei ddefnyddio.

Datrysiad

Yma eto, mae'n werth tynnu braslun.

Rhaid i'r unedau i gyd fod yr un fath. Newidiwch y trwch (uchder) o gentimetrau i fetrau trwy rannu â 100.

$$10 \div 100 = 0.1 \, m$$

Nawr cyfrifwch y cyfaint.

Cyfaint = hyd × lled × uchder
$$= 20 \times 1.5 \times 0.1$$
$$= 3 \, m^3$$

1   Cyfrifwch gyfaint y ddau giwboid hyn.

a)

4 cm

5 cm

3 cm

b)

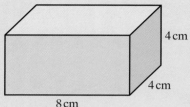

4 cm

4 cm

8 cm

2   Mae gan giwboid uchder 10 m, hyd 5 m a lled 3 m.
Cyfrifwch ei gyfaint.

3   Hyd ymylon ciwb yw 5 cm. Cyfrifwch ei gyfaint.

4   Mae gwaelod blwch esgidiau yn mesur 10 cm wrth 15 cm ac mae dyfnder y blwch
yn 30 cm. Cyfrifwch ei gyfaint.

5   Mae gan ystafell hyd 6 m, lled 4 m ac uchder 3 m. Cyfrifwch ei chyfaint.

6   Cyfrifwch gyfaint ciwb sydd â hyd ymylon yn 3.5 cm.

7   Mae gan giwboid uchder 6 cm, hyd 12 cm a lled 3.5 cm.
Cyfrifwch ei gyfaint.

8   Mesuriadau wyneb uchaf cwpwrdd ffeilio yw 45 cm wrth 60 cm ac uchder y cwpwrdd
yw 70 cm. Cyfrifwch ei gyfaint.

9   Mae wyneb desg yn ddarn o bren sydd â'i led yn 40 cm, ei ddyfnder yn 30 cm a'i
drwch yn 1.5 cm. Cyfrifwch ei gyfaint.

10   Mae lled darn o wydr yn 25 cm, ei hyd yn 60 cm, a'i drwch yn 5 mm.
Cyfrifwch gyfaint y darn gwydr.
Awgrym: byddwch yn ofalus â'r unedau.

Her 34.4

Cyfaint ciwboid yw 96 cm^3.

Gan ddefnyddio rhifau cyfan yn unig, darganfyddwch ddimensiynau cymaint ag
y gallwch o giwboidau sydd â'r cyfaint hwn.

- mai perimedr siâp yw'r pellter yr holl ffordd o'i gwmpas
- bod perimedr yn hyd
- bod hydoedd yn cael eu mesur mewn centimetrau (cm), metrau (m) a chilometrau (km)
- mai arwynebedd petryal = hyd × lled
- bod arwynebedd yn cael ei fesur mewn unedau sgwâr, er enghraifft centimetrau sgwâr (cm²), metrau sgwâr (m²) a chilometrau sgwâr (km²)
- mai cyfaint ciwboid = hyd × lled × uchder
- bod cyfaint yn cael ei fesur mewn unedau ciwbig, er enghraifft centimetrau ciwbig (cm³), metrau ciwbig (m³) a chilometrau ciwbig (km³)
- bod arwynebedd triongl = $\frac{1}{2}$ × sail × uchder perpendicwlar neu $A = \frac{1}{2} \times s \times u$
- bod arwynebedd paralelogram = sail × uchder perpendicwlar neu $A = s \times u$

YMARFER CYMYSG 34

1 Cyfrifwch berimedr pob un o'r siapiau hyn.

a)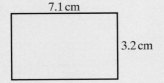

b)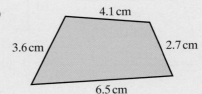

c)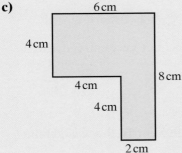

ch)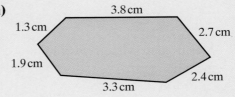

2 Mesuriadau petryal yw 5.3 cm wrth 3.4 cm. Cyfrifwch ei berimedr a'i arwynebedd.

3 Hyd cae petryal yw 12 m a'i led yw 15 m. Cyfrifwch ei berimedr a'i arwynebedd.

3 Hyd ochrau sgwâr yw 4.6 cm. Cyfrifwch ei berimedr a'i arwynebedd.

5 Hyd patio petryal yw 4 m a'i led yw 2.5 m. Cyfrifwch ei berimedr a'i arwynebedd.

6 Mae'r diagram yn dangos siâp lawnt.

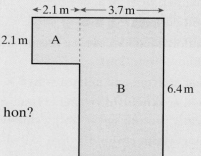

a) Cyfrifwch arwynebedd rhan A.

b) Cyfrifwch arwynebedd rhan B.

c) Cyfrifwch arwynebedd y lawnt gyfan.

Pris gwrtaith yw 75c y metr sgwâr.

ch) Beth yw cost digon o wrtaith ar gyfer y lawnt hon?

7 Darganfyddwch arwynebedd pob un o'r trionglau hyn.

a) 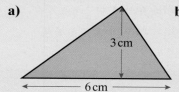 b) 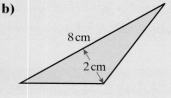 c)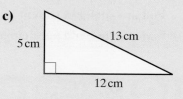

8 Darganfyddwch arwynebedd pob un o'r paralelogramau hyn.

a) 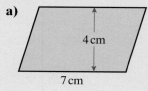 b) 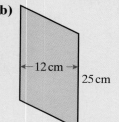 c)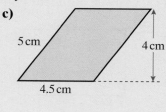

9 Mesuriadau sylfaen ciwboid yw 4 cm wrth 5 cm. Ei uchder yw 6 cm. Cyfrifwch ei gyfaint.

10 Cyfrifwch gyfaint ciwb sydd â hyd pob un o'i ymylon yn 2.7 cm.

11 Mesuriadau pecyn o bapur yw 30 cm wrth 20 cm wrth 5 cm. Beth yw ei gyfaint?

12 Mae gan ddarn o bren hyd 4 m, lled 6 m a thrwch 1.5 cm.
Cyfrifwch gyfaint y darn pren. Awgrym: Byddwch yn ofalus â'r unedau.

35 → ARWYNEBEDD, CYFAINT A CHYNRYCHIOLIAD 2-D

YN Y BENNOD HON

- **Ystyr termau sy'n gysylltiedig â chylchoedd**
- **Cylchedd ac arwynebedd cylch**
- **Arwynebedd a chyfaint siapiau cymhleth**
- **Cyfaint prism**
- **Cyfaint ac arwynebedd arwyneb silindr**
- **Uwcholygon a golygon**

DYLECH WYBOD YN BAROD

- ystyr *cylchedd*, *diamedr* a *radiws*
- ystyr *arwynebedd* a *chyfaint*
- sut i ddarganfod arwynebedd petryal a thriongl
- sut i ddarganfod cyfaint ciwboid

Cylchoedd

Fel y dysgoch ym Mhennod 24, **cylchedd** yw'r pellter yr holl ffordd o amgylch cylch.

Sylwch hefyd mai **cylchyn** yw'r enw ar y llinell gron sy'n ffurfio cylch. Felly, y cylchedd yw hyd y cylchyn. Ceisiwch beidio â drysu rhwng dau derm mor debyg!

Mae **diamedr** yn llinell yr holl ffordd ar draws cylch ac yn mynd trwy ei ganol. Dyma'r hyd mwyaf ar draws y cylch.

Radiws yw'r term am linell o ganol cylch i'r cylchyn. Yn unrhyw gylch, mae'r radiws yr un fath bob amser, hynny yw, mae'n gyson.

Dyma rai termau eraill sy'n gysylltiedig â chylchoedd.

Mae **tangiad** yn 'cyffwrdd' â chylch ac mae ar ongl sgwâr i'r radiws.
Rhan o'r cylchyn yw **arc**.

Mae **sector** yn rhan o gylch rhwng dau radiws, fel tafell o deisen.
Mae **cord** yn llinell syth sy'n rhannu'r cylch yn ddwy ran.
Segment yw'r enw ar y rhan sy'n cael ei thorri ymaith gan gord. **Y segment lleiaf** yw'r un sy'n cael ei ddangos yn y diagram. Mae'r **segment mwyaf** ar yr ochr arall i'r cord.

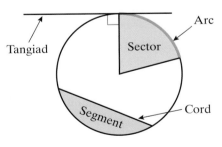

Dylech ddefnyddio'r termau mathemategol hyn wrth sôn am rannau cylch.

Cylchedd cylch

Sylwi 35.1

Casglwch nifer o eitemau crwn neu silindrog.

Mesurwch gylchedd a diamedr pob eitem a chwblhewch dabl fel hwn.

Enw'r eitem	Cylchedd	Diamedr	Cylchedd ÷ Diamedr

Beth welwch chi?

Ar gyfer unrhyw gylch, $\dfrac{\text{cylchedd}}{\text{diamedr}} \approx 3$.

Pe bai'n bosibl cael mesuriadau manwl gywir iawn, byddem yn gweld bod $\dfrac{\text{cylchedd}}{\text{diamedr}} = 3.141\ 592\ldots$

Y term am y rhif hwn yw **pi** ac mae'n cael ei gynrychioli gan y symbol π.

Mae hyn yn golygu y gallwn ysgrifennu fformiwla ar gyfer cylchedd unrhyw gylch.

Diamedr

Cylchedd

> Cylchedd = π × diamedr   neu $C = \pi d$

Mae π yn rhif degol nad yw'n derfynus nac yn gylchol; mae'n parhau yn ddiddiwedd. Wrth wneud cyfrifiadau, gallwch naill ai defnyddio'r botwm $\boxed{\pi}$ ar gyfrifiannell neu ddefnyddio brasamcan: mae 3.142 yn addas.

ENGHRAIFFT 35.1

Darganfyddwch gylchedd cylch sydd â'i ddiamedr yn 45 cm.

Datrysiad

Cylchedd = π × diamedr
$= 3.142 \times 45$
$= 141.39$
$= 141.4$ cm

Brasamcan ar gyfer π yw 3.142, felly ni fydd eich ateb yn union gywir a dylai gael ei dalgrynnu. Yn aml bydd cwestiwn yn dweud wrthych i ba raddau o fanwl gywirdeb i roi eich ateb. Yma mae'r ateb yn cael ei roi yn gywir i 1 lle degol.

Gallech wneud y cyfrifiad hwn ar gyfrifiannell, gan ddefnyddio'r botwm $\boxed{\pi}$.

Gwasgwch $\boxed{\pi}$ $\boxed{\times}$ $\boxed{4}$ $\boxed{5}$ $\boxed{=}$. Yr ateb ar y sgrin fydd 141.371 669 4.

 YMARFER 35.1

Defnyddiwch $C = \pi d$ i ddarganfod cylchedd cylchoedd sydd â'r diamedrau hyn.

1	12 cm	**2**	25 cm	**3**	90 cm	**4**	37 mm	**5**	66 mm	**6**	27 cm
7	52 cm	**8**	4.7 cm	**9**	9.2 cm	**10**	7.3 m	**11**	2.9 m	**12**	1.23 m

Gan fod diamedr wedi'i wneud o ddau radiws, $d = 2r$, mae hefyd yn bosibl mynegi'r fformiwla fel hyn

$$\text{Cylchedd} = \pi \times 2r = 2\pi r$$

Her 35.1

Darganfyddwch gylchedd cylchoedd sydd â'r radiysau hyn.

a) 8 cm   **b)** 30 cm   **c)** 65 cm

ch) 59 mm   **d)** 0.7 m   **dd)** 1.35 m

Arwynebedd cylch

Ystyr arwynebedd cylch yw'r arwyneb y mae'n ei orchuddio.

Sylwi 35.2

Cymerwch ddisg o bapur a'i dorri'n 12 sector cul, pob un ohonynt yr un maint. Torrwch un sector yn ei hanner.

Trefnwch nhw, gan wrthdroi'r darnau bob yn ail, fel hyn, gyda hanner sector ar bob pen.

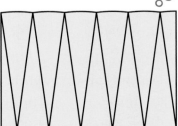

Mae hyn bron â bod yn betryal. Pe byddech wedi torri'r disg yn 100 o sectorau byddai'n fwy manwl gywir.

a) Beth yw mesuriadau'r petryal?

b) Beth yw ei arwynebedd?

Uchder y petryal yn Sylwi 35.2 yw radiws y cylch, r.
Y lled yw hanner cylchedd y cylch, $\frac{1}{2}\pi d$ neu πr.

Mae hyn yn rhoi fformiwla i gyfrifo arwynebedd cylch.

> Arwynebedd $= \pi r^2$ lle mae r yn radiws y cylch

AWGRYM

Y fformiwla yw Arwynebedd$= \pi r^2$. Mae hyn yn golygu $\pi \times r^2$, hynny yw sgwario r yn gyntaf ac yna lluosi â π. Peidiwch â chyfrifo $(\pi r)^2$.

ENGHRAIFFT 35.2

Darganfyddwch arwynebedd cylch sydd â'i radiws yn 23 cm.

Datrysiad

$$\begin{aligned} \text{Arwynebedd} &= \pi r^2 \\ &= 3.142 \times 23^2 \\ &= 1662.118 \\ &= 1662 \text{ cm}^2 \text{ (i'r rhif cyfan agosaf)} \end{aligned}$$

AWGRYM

Gallech wneud y cyfrifiad hwn ar gyfrifiannell, gan ddefnyddio'r botwm $\boxed{\pi}$.
Gwasgwch $\boxed{\pi}$ $\boxed{\times}$ $\boxed{2}$ $\boxed{3}$ $\boxed{x^2}$ $\boxed{=}$. Yr ateb ar y sgrin fydd 1661.902 514.

◎ YMARFER 35.2

1 Defnyddiwch $A = \pi r^2$ i ddarganfod arwynebedd cylchoedd sydd â'r radiysau hyn.

a) 14 cm	**b)** 28 cm	**c)** 80 cm	**ch)** 35 mm
d) 62 mm	**dd)** 43 cm	**e)** 55 cm	**f)** 4.9 cm
ff) 9.7 cm	**g)** 3.4 m	**ng)** 2.6 m	**h)** 1.25 m

2 Darganfyddwch arwynebedd cylchoedd sydd â'r diamedrau hyn.

a) 16 cm	**b)** 24 cm	**c)** 70 cm	**ch)** 36 mm
d) 82 mm	**dd)** 48 cm	**e)** 54 cm	**f)** 4.4 cm
ff) 9.8 cm	**g)** 3.8 m	**ng)** 2.8 m	**h)** 2.34 m

Arwynebedd siapiau cymhleth

Gwelsoch ym Mhennod 34 mai'r fformiwla ar gyfer arwynebedd petryal yw

> Arwynebedd = hyd × lled   neu $A = h \times l$

Y fformiwla ar gyfer arwynebedd triongl yw

> Arwynebedd = $\frac{1}{2}$ × sail × uchder   neu $A = \frac{1}{2} \times s \times u$

Gallwn ddefnyddio'r fformiwlâu hyn i ddarganfod arwynebedd siapiau mwy cymhleth, trwy eu gwahanu'n betryalau a thrionglau ongl sgwâr.

ENGHRAIFFT 35.3

Darganfyddwch arwynebedd y siâp hwn.

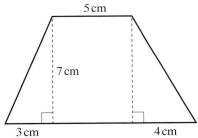

Datrysiad

Cyfrifwch arwynebedd y petryal a phob un o'r trionglau ar wahân ac wedyn adiwch y rhain i gael arwynebedd y siâp cyfan.

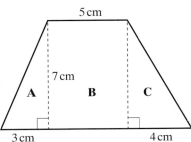

Arwynebedd y siâp = Arwynebedd triongl **A** + Arwynebedd petryal **B** + Arwynebedd triongl **C**

$$= \quad \frac{3 \times 7}{2} \quad + \quad 5 \times 7 \quad + \quad \frac{4 \times 7}{2}$$

$$= \quad 10.5 \quad + \quad 35 \quad + \quad 14$$

$$= 59.5 \ \text{cm}^2$$

Darganfyddwch arwynebedd pob un o'r siapiau hyn.

Gwahanwch nhw'n betryalau a thrionglau ongl sgwâr yn gyntaf.

1

13 cm

4 cm

7 cm

18 cm

2

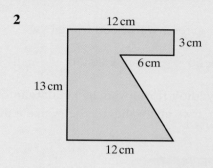

12 cm

3 cm

6 cm

13 cm

12 cm

3

19 cm

7 cm

25 cm

12 cm

10 cm

4

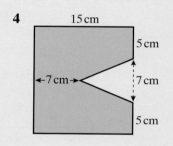

15 cm

5 cm

←7 cm→

7 cm

5 cm

5

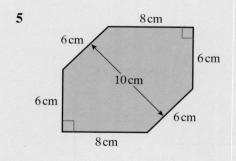

8 cm

6 cm

6 cm

10 cm

6 cm

6 cm

8 cm

6

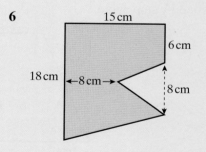

15 cm

6 cm

18 cm

←8 cm→

8 cm

Cyfaint siapiau cymhleth

Gwelsoch ym Mhennod 34 mai'r fformiwla ar gyfer cyfaint ciwboid yw

> Cyfaint = hyd × lled × uchder   neu $C = h \times l \times u$

Mae'n bosibl darganfod cyfaint siapiau sydd wedi'u gwneud o giwboidau trwy eu gwahanu'n rhannau llai.

ENGHRAIFFT 35.4

Darganfyddwch gyfaint y siâp hwn.

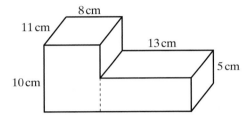

Datrysiad

Gallwch wahanu'r siâp hwn yn ddau giwboid, **A** a **B**. Cyfrifwch gyfaint y ddau giwboid ac wedyn adiwch y rhain i gael cyfaint y siâp cyfan.

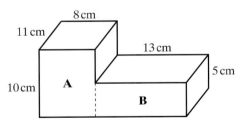

Cyfaint y siâp = cyfaint ciwboid **A** + cyfaint ciwboid **B**

$$= 8 \times 11 \times 10 \quad + \quad 13 \times 11 \times 5$$
$$= \quad\quad 880 \quad\quad + \quad\quad 715$$
$$= 1595 \text{ cm}^3$$

Mae lled ciwboid **B** yr un fath â lled ciwboid **A**.

1 Darganfyddwch gyfaint pob un o'r siapiau hyn.

a)

b)

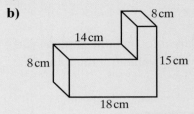

c)

ch)

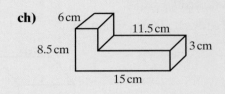

d)

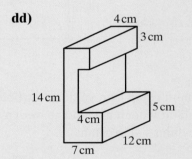

dd)

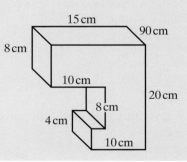

2 Mae'r diagram yn dangos capan drws concrit sy'n cael ei ddefnyddio gan adeiladwyr. Cyfrifwch gyfaint y concrit sydd ei angen i wneud y capan drws.

(Sylwch: *Nid* yw'r diagram wedi'i luniadu wrth raddfa.)

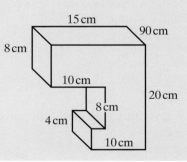

Cyfaint prism

Mae **prism** yn wrthrych tri dimensiwn sydd â'r un 'siâp' trwyddo i gyd.
Y diffiniad cywir yw fod gan y gwrthrych **drawstoriad unffurf**.

Yn y diagram hwn y rhan sydd wedi'i lliwio yw'r trawstoriad.

O edrych ar y siâp o bwynt F, gwelwn y trawstoriad fel siâp L. Pe byddem yn torri trwy'r siâp ar hyd y llinell doredig byddem yn dal i weld yr un trawstoriad.

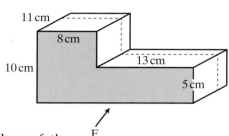

Gallem dorri'r siâp yn dafellau, pob un â thrwch 1 cm. Cyfaint pob tafell, mewn centimetrau ciwbig, fyddai arwynebedd y trawstoriad × 1.

Gan mai trwch y siâp yw 11 cm, byddai gennym 11 o dafellau unfath. Felly cyfaint y siâp cyfan fyddai arwynebedd y trawstoriad × 11.

Mae hyn yn dangos mai'r fformiwla ar gyfer cyfaint prism yw

> Cyfaint = arwynebedd trawstoriad × hyd

Arwynebedd y trawstoriad (wedi'i lliwio) = $(10 \times 8) + (13 \times 5)$
$$= 80 + 65$$
$$= 145 \, cm^2$$

Cyfaint $= 145 \times 11$
$$= 1595 \, cm^3$$

Dyma'r un ateb ag a gawsom yn Enghraifft 35.4, pan ddaethom o hyd i gyfaint y siâp hwn trwy ei wahanu'n giwboidau.

Mae'r fformiwla'n gweithio ar gyfer unrhyw brism.

ENGHRAIFFT 35.5

Arwynebedd trawstoriad y prism hwn yw $374 \, cm^2$, a'i hyd yw 26 cm.

Darganfyddwch ei gyfaint.

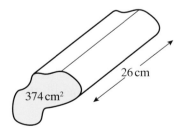

Datrysiad

Cyfaint $=$ arwynebedd trawstoriad × hyd
$$= 374 \times 26$$
$$= 9724 \, cm^3$$

1 Darganfyddwch gyfaint pob un o'r prismau hyn.

a)

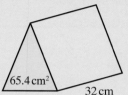

9 cm · 137 cm²

b)

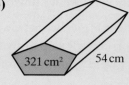

321 cm² · 54 cm

c)

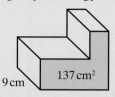

65.4 cm² · 32 cm

d)

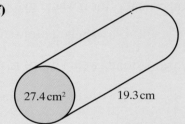

24.8 cm² · 16 cm

e)

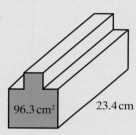

96.3 cm² · 23.4 cm

f)

27.4 cm² · 19.3 cm

2 Mae'r diagram yn dangos addurn wedi'i wneud o glai i ddal potiau planhigion ac mae ganddo drawstoriad unffurf.

Arwynebedd y trawstoriad yw 3400 mm² a hyd yr addurn clai yw 35 mm.

Beth yw cyfaint y clai yn yr addurn?

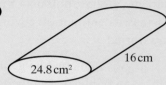

35 mm

Cyfaint silindr

Mae **silindr** yn fath arbennig o brism; mae'r trawstoriad yn gylch bob tro.

Mae silindr **A** a silindr **B** yn brismau unfath.

Gallwn ddarganfod cyfaint y ddau silindr gan ddefnyddio'r fformiwla ar gyfer cyfaint prism.

Cyfaint silindr **A** = arwynebedd trawstoriad × hyd
= 77 × 18
= 1386 cm³

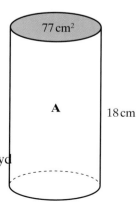

77 cm² · **A** · 18 cm

πr^2 cm² · **B** · h cm

Cyfaint silindr **B** = arwynebedd trawstoriad (arwynebedd cylch) $\times$ hyd (uchder)

$= \pi r^2 \times u \, \text{cm}^3$

Mae hyn yn rhoi'r fformiwla ar gyfer cyfaint unrhyw silindr:

Cyfaint $= \pi r^2 u$ lle mae r yn radiws y cylch
ac u yn uchder y silindr

ENGHRAIFFT 35.6

Darganfyddwch gyfaint silindr sydd â'i radiws yn 13 cm a'i uchder yn 50 cm.

Datrysiad

Cyfaint $= \pi r^2 u$

$= 3.142 \times 13^2 \times 50$

$= 26\,549.9$

$= 26\,550 \, \text{cm}^3$ (i'r rhif cyfan agosaf)

AWGRYM

Gallech wneud y cyfrifiad hwn ar gyfrifiannell, gan ddefnyddio'r botwm $\boxed{\pi}$.

Gwasgwch $\boxed{\pi}$ $\boxed{\times}$ $\boxed{1}$ $\boxed{3}$ $\boxed{x^2}$ $\boxed{\times}$ $\boxed{5}$ $\boxed{0}$ $\boxed{=}$. Yr ateb ar y sgrin fydd 26 546.457 92.

O dalgrynnu hyn i'r rhif cyfan agosaf, yr ateb yw $26\,546 \, \text{cm}^3$.
Mae hyn yn wahanol i'r ateb a gewch wrth ddefnyddio 3.142 fel brasamcan ar gyfer π oherwydd bod y cyfrifiannell yn defnyddio gwerth mwy manwl gywir ar gyfer π.

YMARFER 35.6

1 Defnyddiwch y fformiwla i ddarganfod cyfaint silindrau sydd â'r mesuriadau hyn.

a) Radiws 8 cm ac uchder 35 cm
b) Radiws 14 cm ac uchder 42 cm
c) Radiws 20 cm ac uchder 90 cm
ch) Radiws 12 mm ac uchder 55 mm
d) Radiws 25 mm ac uchder 6 mm
dd) Radiws 0.7 mm ac uchder 75 mm
e) Radiws 3 m ac uchder 25 m
f) Radiws 5.8 m ac uchder 3.5 m

2 Mae'r diagram yn dangos capfaen sy'n cael ei osod ar ben wal.

Cyfrifwch gyfaint y capfaen.

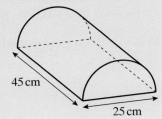

45 cm

25 cm

Arwynebedd arwyneb silindr

Mae'n debyg y gallwch feddwl am lawer o enghreifftiau o silindrau. Yn achos rhai ohonynt, fel tiwb mewnol rholyn o bapur cegin, does dim pennau iddynt: caiff y rhain eu galw'n **silindrau agored**. Yn achos eraill, fel tun o ffa pob, mae pennau iddynt: caiff y rhain eu galw'n **silindrau caeedig**.

Arwynebedd arwyneb crwm

Pe byddem yn cymryd silindr agored, yn torri'n syth i lawr ei hyd ac yn ei agor allan, byddem yn cael petryal. Mae **arwynebedd arwyneb crwm** y silindr wedi dod yn siâp gwastad.

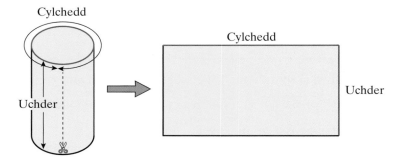

Arwynebedd y petryal yw cylchedd × uchder.

Rydym yn gwybod mai'r fformiwla ar gyfer cylchedd cylch yw

$$\text{Cylchedd} = \pi \times \text{diamedr} \quad \text{neu} \quad C = \pi d$$
$$\text{neu} \quad C = 2\pi r \text{ (ar gyfer radiws } r)$$

Felly y fformiwla ar gyfer arwynebedd arwyneb crwm unrhyw silindr yw

$$\text{Arwynebedd arwyneb crwm} = \pi \times \text{diamedr} \times \text{uchder} \quad \text{neu} \quad \pi d u$$

Fel arfer caiff y fformiwla hon ei hysgrifennu yn nhermau'r radiws. Rydym yn gwybod bod y radiws yn hanner hyd y diamedr, neu $d = 2r$.

Felly gallwn ysgrifennu'r fformiwla ar gyfer arwynebedd arwyneb crwm unrhyw silindr fel

$$\text{Arwynebedd arwyneb crwm} = 2 \times \pi \times \text{radiws} \times \text{uchder} \quad \text{neu} \quad 2\pi r u$$

ENGHRAIFFT 35.7

Darganfyddwch arwynebedd arwyneb crwm silindr sydd â'i radiws yn 4 cm a'i uchder yn 0.7 cm.

Datrysiad

$$\begin{aligned}
\text{Arwynebedd arwyneb crwm} &= 2\pi r u \\
&= 2 \times 3.142 \times 4 \times 0.7 \\
&= 17.5952 \\
&= 17.6 \, \text{cm}^2 \, \text{(yn gywir i 1 lle degol)}
\end{aligned}$$

AWGRYM

Gallech wneud y cyfrifiad hwn ar gyfrifiannell, gan ddefnyddio'r botwm $\boxed{\pi}$.

Gwasgwch $\boxed{2}$ $\boxed{\times}$ $\boxed{\pi}$ $\boxed{\times}$ $\boxed{4}$ $\boxed{\times}$ $\boxed{0}$ $\boxed{\cdot}$ $\boxed{7}$ $\boxed{=}$.

Yr ateb ar y sgrin fydd 17.592 918 86.

Cyfanswm arwynebedd arwyneb

Mae cyfanswm arwynebedd arwyneb silindr caeedig yn cynnwys arwynebedd yr arwyneb crwm ac arwynebedd y ddau ben crwn.

Felly y fformiwla ar gyfer cyfanswm arwynebedd arwyneb silindr (caeedig) yw

$$\text{Cyfanswm arwynebedd arwyneb} = 2\pi r u + 2\pi r^2$$

ENGHRAIFFT 35.8

Darganfyddwch gyfanswm arwynebedd arwyneb silindr caeedig sydd â'i radiws yn 13 cm a'i uchder yn 1.5 cm.

Datrysiad

$$\begin{aligned}
\text{Cyfanswm arwynebedd arwyneb} &= 2\pi r u + 2\pi r^2 \\
&= (2 \times 3.142 \times 13 \times 1.5) + (2 \times 3.142 \times 13^2) \\
&= 122.538 + 1061.996 \\
&= 1184.534 \\
&= 1185 \, \text{cm}^2 \, \text{(yn gywir i'r rhif cyfan agosaf)}
\end{aligned}$$

AWGRYM

Gallech wneud y cyfrifiad hwn ar gyfrifiannell, gan ddefnyddio'r botwm $\boxed{\pi}$.

Gwasgwch

$\boxed{(}$ $\boxed{2}$ $\boxed{\times}$ $\boxed{\pi}$ $\boxed{\times}$ $\boxed{1}$ $\boxed{3}$ $\boxed{\times}$ $\boxed{1}$ $\boxed{\cdot}$ $\boxed{5}$ $\boxed{)}$ $\boxed{+}$ $\boxed{(}$ $\boxed{2}$ $\boxed{\times}$ $\boxed{\pi}$ $\boxed{1}$ $\boxed{3}$ $\boxed{\times}$ $\boxed{x^2}$ $\boxed{)}$ $\boxed{=}$.

Yr ateb ar y sgrin fydd 1184.380 43.

O dalgrynnu hyn i'r rhif cyfan agosaf, yr ateb yw 1184 cm². Mae hyn yn wahanol i'r ateb a gewch wrth ddefnyddio 3.142 fel brasamcan ar gyfer π oherwydd bod y cyfrifiannell yn defnyddio gwerth mwy manwl gywir ar gyfer π.

1 Darganfyddwch arwynebedd arwyneb crwm silindrau sydd â'r mesuriadau hyn.

   a) Radiws 12 cm ac uchder 24 cm

   b) Radiws 11 cm ac uchder 33 cm

   c) Radiws 30 cm ac uchder 15 cm

   ch) Radiws 18 mm ac uchder 35 mm

   d) Radiws 15 mm ac uchder 4 mm

   dd) Radiws 1.3 mm ac uchder 57 mm

   e) Radiws 2.1 m ac uchder 10 m.

   f) Radiws 3.5 m ac uchder 3.5 m

2 Darganfyddwch gyfanswm arwynebedd arwyneb silindrau sydd â'r mesuriadau hyn.

   a) Radiws 14 cm ac uchder 10 cm

   b) Radiws 21 cm ac uchder 32 cm

   c) Radiws 35 cm ac uchder 12 cm

   ch) Radiws 18 mm ac uchder 9 mm

   d) Radiws 25 mm ac uchder 6 mm

   dd) Radiws 3.5 mm ac uchder 50 mm

   e) Radiws 1.8 m ac uchder 15 m

   f) Radiws 2.5 m ac uchder 1.3 m

Uwcholygon a golygon

Mae'r diagram hwn yn rhan o gynllun adeiladwr ar gyfer stad o dai.

Mae'n dangos siapiau'r tai o'u gweld oddi uchod. **Uwcholwg** yw'r term mathemategol am hyn.

Dim ond siâp yr adeiladau oddi uchod y gallwn ei nodi o'r cynllun. Ni allwn ddweud ai byngalos ydynt neu dai dau lawr neu floc o fflatiau hyd yn oed.

Blaenolwg yw'r term am yr olwg ar wrthrych o'r tu blaen, ac **ochrolwg** yw'r term am yr olwg o'r ochr. Mae golwg yn dangos uchder gwrthrych i ni.

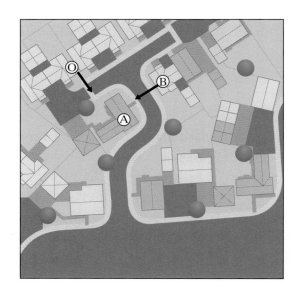

ENGHRAIFFT 35.9

Ar gyfer tŷ A, brasluniwch

a) golwg bosibl o B.

b) golwg bosibl o O.

Datrysiad

a) Golwg o B

b) Golwg o O

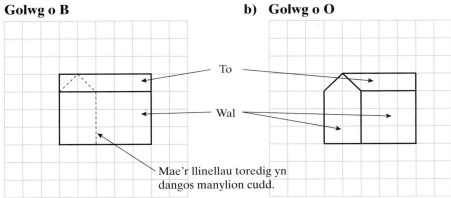

To

Wal

Mae'r llinellau toredig yn dangos manylion cudd.

ENGHRAIFFT 35.10

Ar gyfer y siâp hwn, lluniadwch

a) yr uwcholwg.

b) y blaenolwg (yr olwg o B).

c) yr ochrolwg o O.

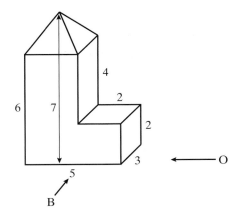

Datrysiad

a) Uwcholwg

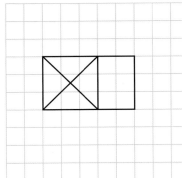

Mae'r groes yn dangos ymylon y pyramid sydd ar ben y twr.
Y petryal ar y dde yw top gwastad rhan isaf y siâp.

b) Blaenolwg

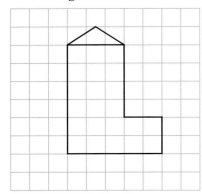

c) Ochrolwg

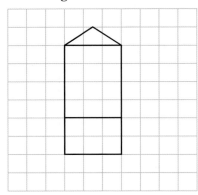

Lluniadwch yr uwcholwg, y blaenolwg a'r ochrolwg ar y bloc adeiladu hwn sy'n degan plentyn.

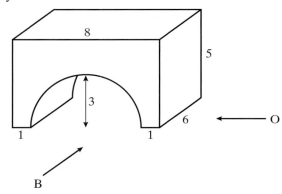

Datrysiad

a) Uwcholwg

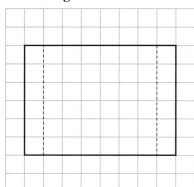

Gallwch ddefnyddio llinellau toredig i ddangos manylion cudd.

Yn yr uwcholwg, mae'r llinellau toredig yn dangos ochrau'r twnnel ar lefel y llawr.

Yn yr ochrolwg, mae'r llinell doredig yn dangos top y twnnel.

b) Blaenolwg

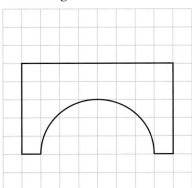

c) Ochrolwg

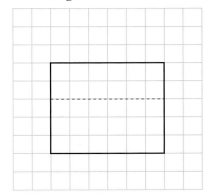

YMARFER 35.8

Lluniadwch yr uwcholwg, y blaenolwg a'r ochrolwg ar bob un o'r gwrthrychau hyn.

1

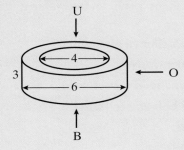

2

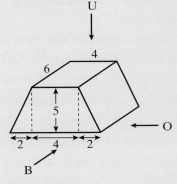

3

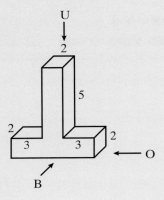

4

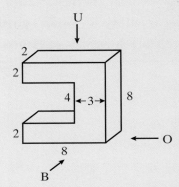

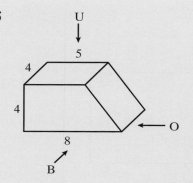

5 U↓
5
4
4
O←
8
B↗

6 U↓
6 8
↕1
6 ←4→ ←2→
O←
B↗

1 Darganfyddwch gylchedd cylchoedd sydd â'r diamedrau hyn.

   a) 14.2 cm   **b)** 29.7 cm   **c)** 65 cm   **ch)** 32.1 mm

2 Darganfyddwch arwynebedd cylchoedd sydd â'r mesuriadau hyn.

   a) Radiws 6.36 cm   **b)** Radiws 2.79 m   **c)** Radiws 8.7 mm

   ch) Diamedr 9.4 mm   **d)** Diamedr 12.6 cm   **dd)** Diamedr 9.58 m

3 Lluniadwch gylch sydd â'i radiws yn 4 cm. Ar y cylch lluniadwch a labelwch

   a) cord.   **b)** sector.   **c)** tangiad.

4 Cyfrifwch arwynebedd pob un o'r siapiau hyn.

a)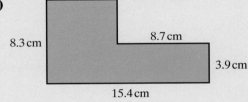

b)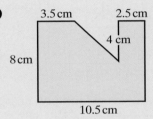

c)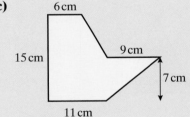

ch)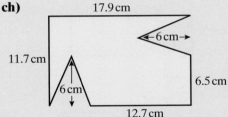

5 Darganfyddwch gyfaint pob un o'r siapiau hyn.

a)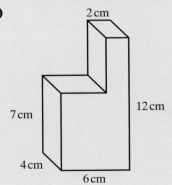

b)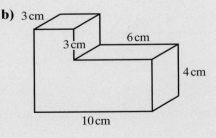

c)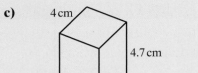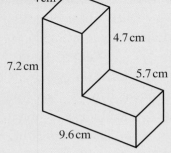

4 cm

4.7 cm

7.2 cm

5.7 cm

9.6 cm

ch)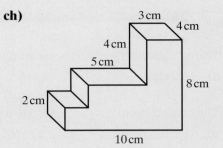

3 cm

4 cm

4 cm

5 cm

8 cm

2 cm

10 cm

d)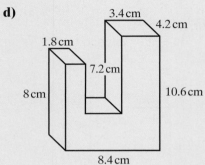

3.4 cm

4.2 cm

1.8 cm

7.2 cm

8 cm

10.6 cm

8.4 cm

dd)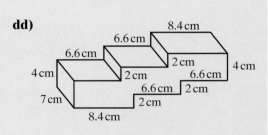

8.4 cm

6.6 cm

6.6 cm

2 cm

4 cm

4 cm

2 cm

6.6 cm

7 cm

6.6 cm

2 cm

8.4 cm

2 cm

6 Darganfyddwch gyfaint pob un o'r prismau hyn.

a)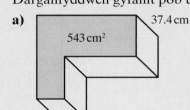

37.4 cm

543 cm²

b)

93.4 mm²

16.9 mm

c)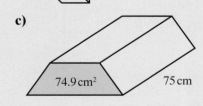

74.9 cm²

75 cm

ch)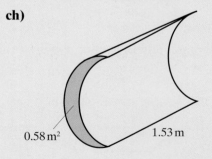

0.58 m²

1.53 m

7 Darganfyddwch gyfaint silindrau sydd â'r mesuriadau hyn.

a) Radiws 6 mm ac uchder 23 mm

b) Radiws 17 mm ac uchder 3.6 mm

c) Radiws 22 cm ac uchder 70 cm

ch) Radiws 12 cm ac uchder 0.4 cm

e) Radiws 35 m ac uchder 6 m

dd) Radiws 1.8 m ac uchder 2.7 m

8 Darganfyddwch arwynebedd arwyneb crwm silindrau sydd â'r mesuriadau hyn.

a) Radiws 9.6 m ac uchder 27.5 m   b) Radiws 23.6 cm ac uchder 16.4 cm

c) Radiws 1.7 cm ac uchder 1.5 cm   ch) Radiws 16.7 mm ac uchder 6.4 mm

9 Darganfyddwch gyfanswm arwynebedd arwyneb silindrau sydd â'r mesuriadau hyn.

a) Radiws 23 mm ac uchder 13 mm   b) Radiws 3.6 m ac uchder 1.4 m

c) Radiws 2.65 cm ac uchder 7.8 cm   ch) Radiws 4.7 cm ac uchder 13.8 cm

10 Lluniadwch yr uwcholwg, y blaenolwg a'r ochrolwg ar y gwrthrychau hyn.

a)
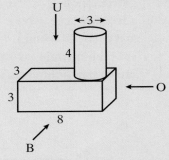

b)
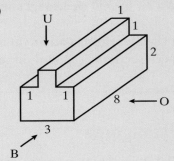

c)
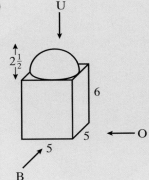

ch)
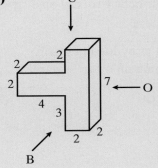

36 → THEOREM PYTHAGORAS

YN Y BENNOD HON

- **Cyfrifo hyd un o ochrau triongl ongl sgwâr o wybod hyd y ddwy ochr arall**
- **Penderfynu a yw triongl yn driongl ongl sgwâr ai peidio**
- **Darganfod y pellter rhwng dau bwynt ar graff**
- **Darganfod cyfesurynnau canolbwynt segment llinell**

DYLECH WYBOD YN BAROD

- **sut i sgwario rhifau a darganfod eu hail israddau ar gyfrifiannell**
- **y fformiwla ar gyfer arwynebedd triongl**
- **sut i ddefnyddio cyfesurynnau mewn dau ddimensiwn**

Theorem Pythagoras

Sylwi 36.1

Mesurwch dair ochr y triongl ongl sgwâr yn y diagram.

Defnyddiwch yr hydoedd i gyfrifo arwynebedd pob un o'r tri sgwâr lliw.

Beth welwch chi?

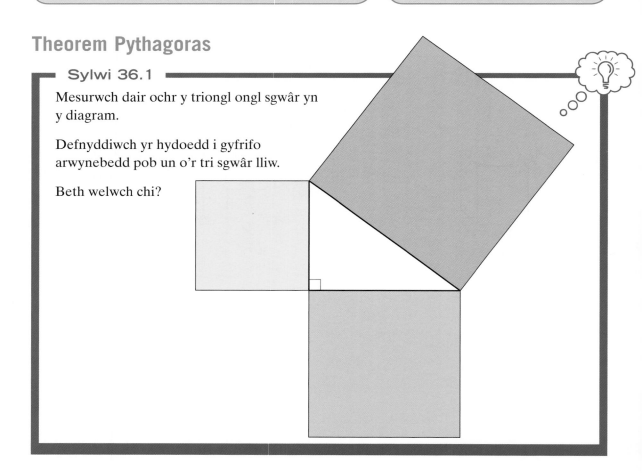

O adio arwynebedd y sgwâr melyn at arwynebedd y sgwâr glas mae'r ateb yn hafal i arwynebedd y sgwâr coch.

Yr **hypotenws** yw'r term am ochr hiraf triongl ongl sgwâr.
Dyma'r ochr sydd gyferbyn â'r ongl sgwâr.

Mae'r hyn a welsoch yn Sylwi 36.1 yn wir am bob triongl ongl sgwâr. Cafodd hyn ei 'ddarganfod' gyntaf gan Pythagoras, mathemategwr Groegaidd, oedd yn byw tua 500 cc.

Yn ôl theorem Pythagoras:

> Mae arwynebedd y sgwâr ar hypotenws triongl ongl sgwâr yn hafal i swm arwynebeddau'r sgwariau ar y ddwy ochr arall.

Hynny yw:

$$P + Q = R$$

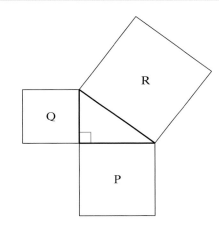

I bob un o'r diagramau hyn, darganfyddwch arwynebedd y trydydd sgwâr.

1

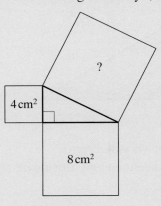

4 cm²

8 cm²

?

2

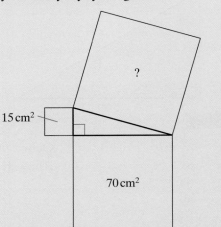

15 cm²

70 cm²

?

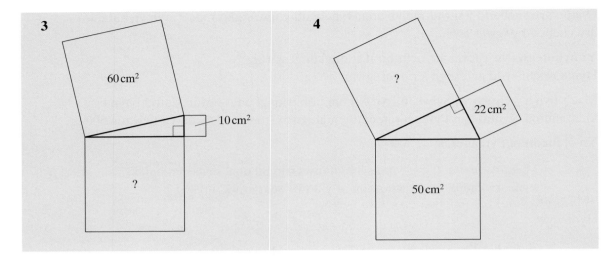

Defnyddio theorem Pythagoras

Er bod y theorem yn seiliedig ar arwynebedd mae'n cael ei defnyddio fel arfer i ddarganfod hyd ochr.

Pe byddech yn lluniadu sgwariau ar dair ochr y triongl hwn eu harwynebeddau fyddai a^2, b^2 ac c^2.

Felly gallwn ysgrifennu theorem Pythagoras fel hyn hefyd:

$$a^2 + b^2 = c^2$$

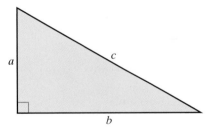

ENGHRAIFFT 36.1

Darganfyddwch hyd ochr x yn y ddau driongl hyn.

a)

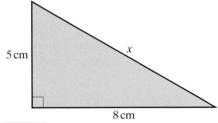

b)

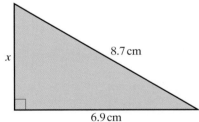

Datrysiad

a)
$$c^2 = a^2 + b^2$$
$$x^2 = 8^2 + 5^2$$
$$x^2 = 64 + 25$$
$$x^2 = 89$$
$$x = \sqrt{89}$$
$$x = 9.43 \text{ cm (i 2 le degol)}$$

Ochr x yw'r hypotenws (sef c yn y theorem).

Rhowch y rhifau yn lle'r llythrennau yn y fformiwla.

Ysgrifennwch ail isradd y ddwy ochr.

b) $a^2 + b^2 = c^2$ Y tro hwn ochr x yw'r ochr fyrraf (sef a yn y theorem).

$x^2 + 6.9^2 = 8.7^2$

$\quad x^2 = 8.7^2 - 6.9^2$ Tynnwch 6.9^2 o'r ddwy ochr.

$\quad x^2 = 75.69 - 47.61$

$\quad x^2 = 28.08$

$\quad x = \sqrt{28.08}$ Ysgrifennwch ail isradd y ddwy ochr.

$\quad x = 5.30$ (i 2 le degol)

AWGRYM

Gwiriwch bob amser a ydych yn ceisio darganfod yr ochr hiraf (yr hypotenws) neu un o'r ochrau byrraf.

Os ydych yn chwilio am yr ochr hiraf, adiwch y sgwariau.

Os ydych yn chwilio am yr ochr fyrraf, tynnwch y sgwariau.

◉ YMARFER 36.2

1 Darganfyddwch hyd x ym mhob un o'r trionglau hyn.
Lle nad yw'r ateb yn union gywir, rhowch eich ateb yn gywir i 2 le degol.

a)

5 cm, x, 12 cm

b)

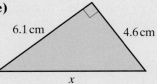

5 m, x, 3 m

c)

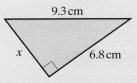

5 cm, 8 cm, x

ch)

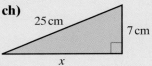

25 cm, 7 cm, x

e)

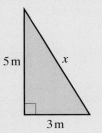

6.1 cm, 4.6 cm, x

dd)

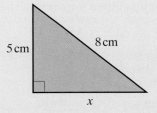

9.3 cm, x, 6.8 cm

e)

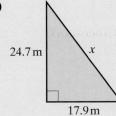

24.7 m, x, 17.9 m

f)

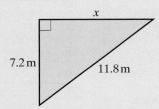

x, 7.2 m, 11.8 m

ff)

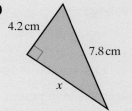

4.2 cm, 7.8 cm, x

2 Mae'r diagram yn dangos ysgol yn sefyll ar lawr llorweddol ac yn pwyso yn erbyn wal fertigol.

Hyd yr ysgol yw 4.8 m ac mae gwaelod yr ysgol 1.6 m o'r wal.

Pa mor bell i fyny'r wal y mae'r ysgol yn cyrraedd?

Rhowch eich ateb yn gywir i 2 le degol.

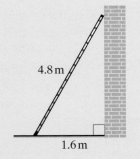

4.8 m

1.6 m

3 Maint sgrin deledu yw hyd y croeslin.

Maint sgrin y set deledu hon yw 27 modfedd.
Os 13 modfedd yw uchder y sgrin beth yw ei lled?
Rhowch eich ateb yn gywir i 2 le degol.

Gallwn ysgrifennu theorem Pythagoras hefyd yn nhermau'r llythrennau sy'n enwi triongl.

Mae ABC yn driongl sydd ag ongl sgwâr yn B.

Felly gallwn ysgrifennu theorem Pythagoras fel

$$AC^2 = AB^2 + BC^2$$

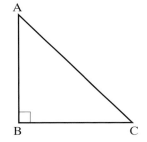

ENGHRAIFFT 36.2

Petryal yw ABCD sydd â'i hyd yn 8 cm a'i led yn 6 cm.
Darganfyddwch hyd ei groesliniau.

Datrysiad

Gan ddefnyddio theorem Pythagoras

$$
\begin{aligned}
DB^2 &= DA^2 + AB^2 \\
&= 36 + 64 \\
&= 100 \\
DB &= \sqrt{100} = 10 \text{ cm}
\end{aligned}
$$

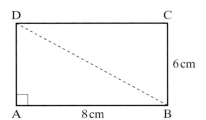

Mae croesliniau petryal yn hafal, felly AC = DB = 10 cm.

Her 36.1

a) Cyfrifwch arwynebedd y triongl isosgeles ABC.

Awgrym: Lluniadwch uchder AD y triongl.
Cyfrifwch hyd AD.

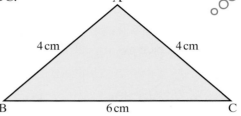

b) Cyfrifwch arwynebedd y ddau driongl isosgeles isod.
Rhowch eich atebion yn gywir i 1 lle degol.

(i)

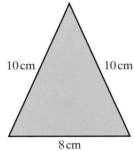

(ii)

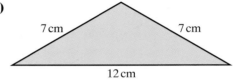

Triawdau Pythagoreaidd

Edrychwch eto ar atebion rhannau **a)** ac **ch)** i gwestiwn **1** yn Ymarfer 36.2.
Roedd yr atebion yn union gywir.
Yn rhan **a)** $5^2 + 12^2 = 13^2$
Yn rhan **ch)** $7^2 + 24^2 = 25^2$

Mae'r rhain yn enghreifftiau o **driawdau Pythagoreaidd**, neu dri rhif sy'n cydweddu yn union â'r berthynas Pythagoreaidd.

Triawd Pythagoreaidd arall yw 3, 4, 5.
Gwelsoch hynny yn y diagram ar ddechrau'r bennod.

3, 4, 5   5, 12, 13   a   7, 24, 25   yw'r triawdau Pythagoreaidd mwyaf adnabyddus.

Gallwn hefyd ddefnyddio theorem Pythagoras tuag yn ôl.

Os bydd hydoedd tair ochr triongl yn ffurfio triawd Pythagoreaidd, bydd y triongl yn driongl ongl sgwâr.

Darganfyddwch a yw'r trionglau hyn yn drionglau ongl sgwâr ai peidio.
Dangoswch eich gwaith cyfrifo.

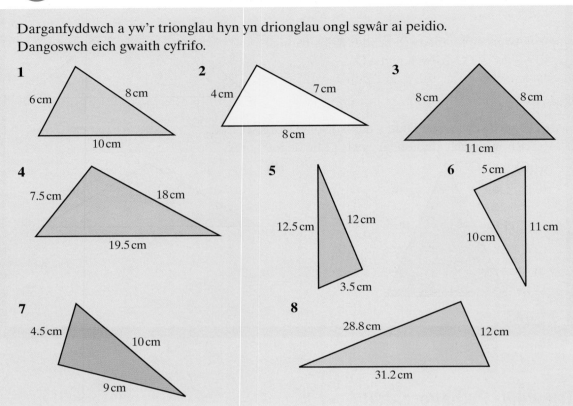

1 6 cm, 8 cm, 10 cm

2 4 cm, 7 cm, 8 cm

3 8 cm, 8 cm, 11 cm

4 7.5 cm, 18 cm, 19.5 cm

5 12.5 cm, 12 cm, 3.5 cm

6 5 cm, 11 cm, 10 cm

7 4.5 cm, 10 cm, 9 cm

8 28.8 cm, 12 cm, 31.2 cm

Cyfesurynnau a chanolbwyntiau

Cyfesurynnau

Gallwn ddefnyddio theorem Pythagoras i ddarganfod y pellter rhwng dau bwynt ar grid.

ENGHRAIFFT 36.3

Darganfyddwch hyd AB.

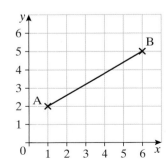

Datrysiad

Yn gyntaf, lluniadwch driongl ongl sgwâr drwy dynnu llinell ar draws o A ac i lawr o B.

Trwy gyfrif sgwariau, fe welwch mai hydoedd yr ochrau byr yw 5 a 3.

Wedyn, gallwch ddefnyddio theorem Pythagoras i gyfrifo hyd AB.

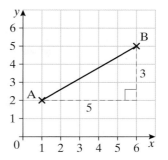

$AB^2 = 5^2 + 3^2$

$AB^2 = 25 + 9$

$AB^2 = 34$

$AB = \sqrt{34}$

$AB = 5.83$ uned (yn gywir i 2 le degol)

ENGHRAIFFT 36.4

A yw'r pwynt $(-5, 4)$ a B yw'r pwynt $(3, 2)$. Darganfyddwch hyd AB.

Datrysiad

Plotiwch y pwyntiau a chwblhewch y triongl ongl sgwâr.

Yna defnyddiwch theorem Pythagoras i gyfrifo hyd AB.

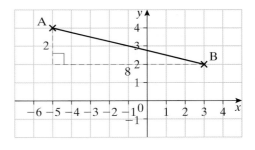

$AB^2 = 8^2 + 2^2$

$AB^2 = 64 + 4$

$AB^2 = 68$

$AB = \sqrt{68}$

$AB = 8.25$ uned (yn gywir i 2 le degol)

Mae'n bosibl hefyd ateb Enghraifft 36.4 heb ddefnyddio diagram.

O bwynt A $(-5, 4)$ i B $(3, 2)$ mae gwerth x wedi cynyddu o -5 i 3. Hynny yw, mae wedi cynyddu 8.

O bwynt A $(-5, 4)$ i B $(3, 2)$ mae gwerth y wedi gostwng o 4 i 2. Hynny yw, mae wedi gostwng 2.

Felly ochrau byr y triongl yw 8 uned a 2 uned.

Fel o'r blaen, gallwch ddefnyddio theorem Pythagoras i gyfrifo hyd AB.

Efallai, fodd bynnag, y byddai'n well gennych luniadu'r diagram yn gyntaf.

Canolbwyntiau

Sylwi 36.2

Ar gyfer pob un o'r parau hyn o bwyntiau:
- Lluniadwch ddiagram ar bapur sgwariau. Mae'r un cyntaf wedi'i wneud i chi.
- Darganfyddwch ganolbwynt y llinell sy'n uno'r ddau bwynt a'i labelu'n M.
- Ysgrifennwch gyfesurynnau M.

a) A(1, 3) a B(5, 7) **b)** C(1, 5) a D(7, 1)

c) E(2, 5) ac F(6, 6) **ch)** G(3, 7) ac H(6, 0)

Beth welwch chi?

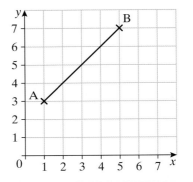

Cyfesurynnau canolbwynt llinell yw cymedrau cyfesurynnau'r ddau bwynt terfyn.

> Canolbwynt llinell â'r cyfesurynnau $(a, b), (c, d) = \left(\dfrac{a + c}{2}, \dfrac{b + d}{2}\right)$

ENGHRAIFFT 36.5

Darganfyddwch gyfesurynnau canolbwyntiau'r parau hyn o bwyntiau heb luniadu'r graff.

a) A(2, 1) a B(6, 7) **b)** C(−2, 1) a D(2, 5)

Datrysiad

a) A(2, 1) a B(6, 7)
$a = 2, b = 1, c = 6, d = 7$

Canolbwynt $= \left(\dfrac{a + c}{2}, \dfrac{b + d}{2}\right)$

Canolbwynt $= \left(\dfrac{2 + 6}{2}, \dfrac{1 + 7}{2}\right)$

$= (4, 4)$

b) C(−2, 1) a D(2, 5)
$a = -2, b = 1, c = 2, d = 5$

Canolbwynt $= \left(\dfrac{a + c}{2}, \dfrac{b + d}{2}\right)$

Canolbwynt $= \left(\dfrac{-2 + 2}{2}, \dfrac{1 + 5}{2}\right)$

$= (0, 3)$

Gallwch wirio'r atebion drwy luniadu graff y llinell.

1 Darganfyddwch gyfesurynnau canolbwynt pob un o'r llinellau yn y diagram.

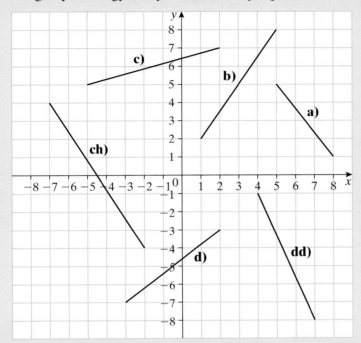

2 Darganfyddwch gyfesurynnau canolbwynt y llinell sy'n uno pob un o'r parau hyn o bwyntiau. Ceisiwch eu gwneud heb blotio'r pwyntiau.

a) $A(1, 4)$ a $B(1, 8)$

b) $C(1, 5)$ a $D(7, 3)$

c) $E(2, 3)$ ac $F(8, 6)$

ch) $G(3, 7)$ ac $H(8, 2)$

d) $I(-2, 3)$ a $J(4, 1)$

dd) $K(-4, -3)$ ac $L(-6, -11)$

Her 36.2

a) Canolbwynt AB yw $(5, 3)$.
A yw'r pwynt $(2, 1)$.
Beth yw cyfesurynnau B?

b) Canolbwynt CD yw $(-1, 2)$.
C yw'r pwynt $(3, 6)$.
Beth yw cyfesurynnau D?

- mai'r hypotenws yw'r term am ochr hiraf triongl ongl sgwâr
- bod theorem Pythagoras yn nodi bod arwynebedd y sgwâr ar hypotenws triongl ongl sgwâr yn hafal i swm arwynebeddau'r sgwariau ar y ddwy ochr arall, hynny yw, os yw hypotenws triongl ongl sgwâr yn c a bod yr ochrau eraill yn a a b, yna $a^2 + b^2 = c^2$

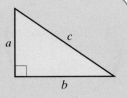

- er mwyn darganfod hyd yr ochr hiraf gan ddefnyddio theorem Pythagoras, y byddwch yn adio'r sgwariau
- er mwyn darganfod hyd un o'r ochrau byrraf gan ddefnyddio theorem Pythagoras, y byddwch yn tynnu'r sgwariau
- os yw hydoedd tair ochr triongl yn driawd Pythagoreaidd, fod y triongl yn driongl ongl sgwâr
- mai'r tri thriawd Pythagoreaidd mwyaf adnabyddus yw 3, 4, 5; 5, 12, 13 a 7, 24, 25
- mai cyfesurynnau canolbwynt y llinell sy'n uno (a, b) â (c, d) yw $\left(\dfrac{a + c}{2}, \dfrac{b + d}{2}\right)$

YMARFER CYMYSG 36

1 Ar gyfer pob un o'r trionglau hyn, darganfyddwch arwynebedd y trydydd sgwâr.

a)

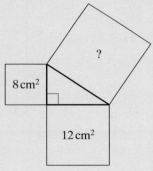

b)

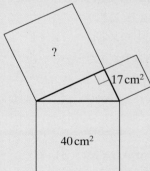

2 Ar gyfer pob un o'r trionglau hyn, darganfyddwch yr hyd x.
Rhowch eich atebion yn gywir i 2 le degol.

a)

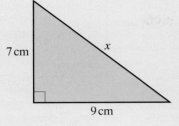

7 cm
x
9 cm

b)

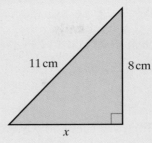

11 cm
8 cm
x

c)

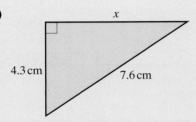

x
4.3 cm
7.6 cm

ch)

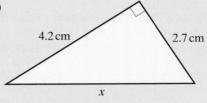

4.2 cm
2.7 cm
x

3 Darganfyddwch a yw pob un o'r trionglau hyn yn driongl ongl sgwâr ai peidio.
Dangoswch eich gwaith cyfrifo.

a)

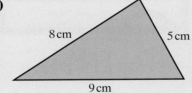

8 cm
5 cm
9 cm

b)

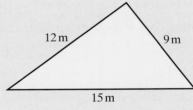

12 m
9 m
15 m

c)

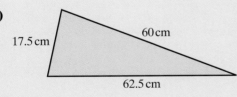

17.5 cm
60 cm
62.5 cm

ch)

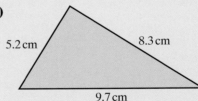

5.2 cm
8.3 cm
9.7 cm

4 Darganfyddwch gyfesurynnau canolbwynt y llinell sy'n uno pob un o'r parau hyn o
bwyntiau.
Ceisiwch eu gwneud heb blotio'r pwyntiau.

  a) A(2, 1) a B(4, 7)

  b) C(2, 3) a D(6, 8)

  c) E(2, 0) ac F(7, 9)

5 Mae'r diagram yn dangos golwg ochrol ar sied
Uchder yr ochrau fertigol yw 2.8 m a 2.1 m.
Lled y sied yw 1.8 m.
Cyfrifwch hyd goleddol y to.
Rhowch eich ateb yn gywir i 2 le degol.

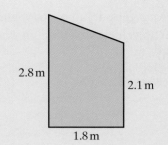

6 Darganfyddwch arwynebedd y triongl
isosgeles hwn.
Rhowch eich ateb yn gywir i 1 lle degol.

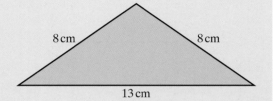

7 Mae'r diagram yn dangos llidiart fferm sydd
wedi'i gwneud o saith darn o fetel.

Lled y llidiart yw 2.6 m a'i huchder yw 1.2 m.

Cyfrifwch gyfanswm hyd y metel a gafodd
ei ddefnyddio i wneud y llidiart.

Rhowch eich ateb yn gywir i 2 le degol.

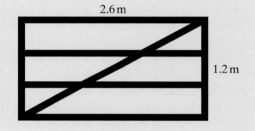

37 → DATRYS PROBLEMAU 1

Problemau'n ymwneud ag amser

Wrth drin a thrafod amserau, rhaid cofio beth yw'r berthynas rhwng y gwahanol unedau.

- 1 diwrnod = 24 awr
- 1 awr = 60 munud
- 1 munud = 60 eiliad

ENGHRAIFFT 37.1

Sawl munud sydd rhwng yr amserau hyn?

a) 8:18 ac 8:45

b) $\frac{1}{4}$ wedi 3 a 10 munud wedi 4

c) 13:20 ac 14:19

ch) 14:25 ac 16:09

Datrysiad

a) Un dull hawdd ei ddefnyddio yw cyfrif ymlaen o'r amser dechrau.
Mae o 18 munud i 30 munud yn 12 munud.
Mae o 30 munud i 45 munud yn 15 munud.
12 + 15 = 27
Mae 27 munud rhwng 8:18 ac 8:45.

b) Mae o $\frac{1}{4}$ wedi 3 i 4 o'r gloch yn 45 munud.
Mae o 4 o'r gloch i 10 munud wedi 4 yn 10 munud.
Mae 55 munud rhwng $\frac{1}{4}$ wedi 3 a 10 munud wedi 4.

c) Weithiau mae angen cyfuno cyfrif ymlaen a thalu'n ôl.

Mae o 13:20 i 14:20 yn 60 munud.

Mae o 13:20 i 14:19 yn 1 munud yn llai.

Mae 59 munud rhwng 13:20 ac 14:19.

ch) Mae o 14:25 i 16:25 yn 2 awr = 120 munud.

Mae o 16:09 i 16:25 yn 16 munud ac felly rhaid tynnu 16 munud o 120 munud.

120 − 16 = 104

Mae 104 munud rhwng 14:25 ac 16:09.

ENGHRAIFFT 37.2

Darganfyddwch amser gorffen y ddwy raglen deledu hyn.

a) Mae'r rhaglen yn dechrau am 1:25 a'i hyd yw 25 munud.

b) Mae'r rhaglen yn dechrau am $\frac{1}{2}$ awr wedi 10 a'i hyd yw 45 munud.

Datrysiad

a) Adiwch 25 at y 25 i roi amser gorffen o 1:50.

b) Adiwch 30 o'r 45 munud i ddod â'r amser i 11 o'r gloch.
Wedyn adiwch y 15 munud sy'n weddill i roi amser gorffen o 11:15 neu $\frac{1}{4}$ wedi 11.

YMARFER 37.1

1 Yn Ysgol y Werin, hyd pob gwers yw 55 munud.

Mae'r wers olaf yn dod i ben am 15:20.

Faint o'r gloch mae'n dechrau?

2 a) Mae trên yn gadael Caergybi am Landudno am 07:55.

Hyd y daith yw 1 awr a 40 munud.

Faint o'r gloch mae'r trên yn cyrraedd Llandudno?

b) Mae trên yn gadael Llandudno am Gaergybi am 22:38.

Hyd y daith yw 1 awr a 35 munud.

Faint o'r gloch mae'r trên yn cyrraedd Caergybi?

3 Mae Jên yn recordio'r rhaglenni hyn ar ddisg sy'n gallu dal 3 awr o ddeunydd.

- Pobl y Cwm, sy'n cael ei darlledu o 6:00 p.m. i 7:30 p.m.
- Tocyn Penwythnos, sy'n cael ei darlledu o 9 p.m. i 9:35 p.m.
- Gofod, sy'n dilyn Tocyn Penwythnos ac yn gorffen am 10:10 p.m.

Mae Jên yn defnyddio disg 3 awr newydd.

Faint o amser sy'n weddill ar y disg ar ôl iddi recordio'r tair rhaglen?

4 Ar oriawr Steffan, yr amser yw 2 funud wedi 6.

Mae oriawr Steffan 7 munud ar y blaen.

Beth yw'r amser cywir?

5 Sawl munud sydd rhwng yr amserau hyn?

a) 9:00 a 9:33   **b)** 5:33 a 5:53

c) 4:10 a 4:49   **ch)** 12:33 ac 13:13

d) $\frac{1}{4}$ i 10 a $\frac{1}{2}$ awr wedi 10   **dd)** 10 munud i 5 a 23 munud wedi 5

6 Faint o'r gloch mae'r rhaglenni hyn yn dod i ben?

a) Mae'n dechrau am 3:05 a'i hyd yw 30 munud.

b) Mae'n dechrau am 2:15 a'i hyd yw 50 munud.

c) Mae'n dechrau am 12:25 a'i hyd yw 45 munud.

ch) Mae'n dechrau am 12:33 a'i hyd yw 50 munud.

d) Mae'n dechrau am $\frac{1}{4}$ i 10 a'i hyd yw 20 munud.

dd) Mae'n dechrau am 10 munud i 5 a'i hyd yw 35 munud.

7 Mae trên yn gadael Caerdydd am 07:46.

Mae'n cyrraedd Pen-y-bont ar Ogwr 35 munud yn ddiweddarach.

Faint o'r gloch mae'r trên yn cyrraedd Pen-y-bont ar Ogwr?

8 Mae ffilm yn dechrau am 7:25 a'i hyd yw 1 awr a 55 munud.

Faint o'r gloch mae'r ffilm yn gorffen?

9 Mae trên i fod i gyrraedd Caerfyrddin am 15:40.

Mae'r trên 55 munud yn hwyr.

Faint o'r gloch mae'n cyrraedd?

10 Mae Meleri yn gadael Pwllheli am 8:40.

Mae ei thaith i'r Drenewydd yn cymryd 2 awr a 35 munud.

Faint o'r gloch mae hi'n cyrraedd y Drenewydd?

11 Mae Iestyn yn gosod lamp ddiogelwch i gynnau am 21:35 a diffodd am 23:10.

Am faint o amser mae'r lamp yn olau?

Problemau'n ymwneud â buanedd, pellter ac amser

Dyma arwydd ffordd sy'n rhybuddio gyrwyr mai'r buanedd uchaf y dylen nhw fod yn teithio yw 30 milltir yr awr (mya).

Os yw car yn teithio 30 milltir mewn 1 awr, ei fuanedd cyfartalog yw 30 milltir yr awr neu 30 mya.

Her 37.1

a) Mae Tom yn cerdded 6 milltir mewn 2 awr. Beth yw ei fuanedd mewn milltiroedd yr awr?

b) Mae Rashid yn beicio ar 10 milltir yr awr am 3 awr. Pa mor bell mae'n teithio?

c) Mae Mrs Jones yn gyrru am 150 milltir ar 50 milltir yr awr. Faint o amser y mae hi'n ei gymryd?

Mae'n debygol iawn y byddwch yn gwybod atebion Her 37.1 heb sylweddoli eich bod wedi defnyddio'r tri hafaliad hyn.

$$\text{Buanedd} = \frac{\text{pellter}}{\text{amser}}$$

$$\text{Pellter} = \text{buanedd} \times \text{amser}$$

$$\text{Amser} = \frac{\text{pellter}}{\text{buanedd}}$$

Dylech ddysgu'r rhain.

Un ffordd o'u cofio yw defnyddio'r triongl hwn.

I gael y buanedd (B), rhowch eich bys dros y llythyren B.

Mae hyn yn gadael $\frac{P}{A}$. Felly $B = \frac{P}{A}$.

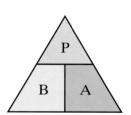

I gael y pellter (P), rhowch eich bys dros y llythyren P.
Mae hyn yn gadael BA. Felly $P = B \times A$.

I gael yr amser (A), rhowch eich bys dros y llythyren A.

Mae hyn yn gadael $\frac{P}{B}$. Felly $A = \frac{P}{B}$.

Buanedd cyfartalog

Yn Her 37.1, roedd Mrs Jones yn teithio 150 milltir ar 50 milltir yr awr. Go brin fod ei buanedd yn 50 mya drwy'r adeg. Mae'n fwy tebygol fod rhannau o'i thaith wedi bod ar fuanedd uwch na 50 mya a rhannau eraill yn arafach na hynny. 50 milltir yr awr oedd ei **buanedd cyfartalog**.

$$\text{Buanedd cyfartalog} = \frac{\text{Cyfanswm y pellter}}{\text{Cyfanswm yr amser}}$$

Fel arfer, wrth ddefnyddio'r tri hafaliad sy'n cysylltu buanedd, pellter ac amser, bydd y buanedd yn fuanedd cyfartalog.

Unedau

Hyd yn hyn, rydym wedi defnyddio'r uned milltiroedd yr awr (mya) ar gyfer buanedd. Y rheswm dros hyn yw ein bod wedi mesur pob pellter mewn milltiroedd a phob amser mewn oriau.

Os yw'r pellter mewn cilometrau (km) a'r amser mewn oriau, yr uned ar gyfer buanedd yw cilometrau yr awr (km/awr).

Os yw'r pellter mewn metrau (m) a'r amser mewn eiliadau (s), yr uned ar gyfer buanedd yw metrau yr eiliad (m/s).

ENGHRAIFFT 37.3

a) Teithiodd trên 210 milltir mewn 3 awr.
Beth oedd ei fuanedd cyfartalog?

b) Teithiodd Rhian ar ei beic am $2\frac{1}{2}$ awr ar fuanedd cyfartalog 13 km/awr.
Beth oedd y pellter deithiodd Rhian?

c) Rhedodd Sioned 100 m ar fuanedd cyfartalog 8.2 m/s.
Beth oedd ei hamser yn y ras?

Datrysiad

a) $\text{Buanedd} = \dfrac{\text{pellter}}{\text{amser}}$

$= \dfrac{210}{3}$

$= 70$ mya

b) $\text{Pellter} = \text{buanedd} \times \text{amser}$

$= 13 \times 2\frac{1}{2}$

$= 32.5$ km

c) $\text{Amser} = \dfrac{\text{pellter}}{\text{buanedd}}$

$= \dfrac{100}{8.2}$

$= 12.2$ eiliad (yn gywir i 1 lle degol)

1 Teithiodd Alys ar ei beic am 4 awr ar fuanedd cyfartalog 13.5 km/awr.
Pa mor bell y teithiodd hi?

2 Cerddodd Caerwyn 14 milltir mewn 5 awr.
Beth oedd ei fuanedd cyfartalog? Rhowch unedau eich ateb.

3 Teithiodd trên 180 milltir ar fuanedd cyfartalog 60 mya.
Faint o amser gymerodd y daith?

4 Teithiodd Catrin 42 km ar ei beic mewn $3\frac{1}{2}$ awr.
Beth oedd ei buanedd cyfartalog? Rhowch unedau eich ateb.

5 Nofiodd Harri ar 98 metr y munud am 15 munud.
Pa mor bell y nofiodd Harri?

6 Gyrrodd Menna 270 km yn ei char ar fuanedd cyfartalog 60 km/awr.
Faint o amser gymerodd y daith?

7 Record y byd i ddynion yn 2009 am y ras 100 metr oedd 9.58 eiliad.
Beth oedd y buanedd cyfartalog am y ras hon?
Rhowch eich ateb mewn metrau yr eiliad yn gywir i 2 le degol.

8 Yn Ewrop, ac eithrio yng ngwledydd
Prydain, mae'r cyfyngiadau buanedd
mewn cilometrau yr awr.
Gyrrodd Emma 13 km ar y ffordd
ar y dde mewn 15 munud.

 a) Pa ffracsiwn o awr yw 15 munud?

 b) Cyfrifwch y buanedd cyfartalog.
  Ydy'r car yn torri'r cyfyngiad buanedd?

9 Nofiodd Jessica 180 metr mewn 2 funud 30 eiliad.

 a) Sawl eiliad yw 2 funud 30 eiliad?

 b) Beth oedd buanedd cyfartalog Jessica mewn metrau yr eiliad?

10 Gyrrodd Mathew ar fuanedd cyfartalog 65 km/awr am $2\frac{1}{2}$ awr.
Pa mor bell y gyrrodd Mathew?

Her 37.2

a) Mae Tomos yn loncian o'i gartref i'r parc.

Y pellter yw 2.5 milltir ac mae Tomos yn cymryd 20 munud.

Wedyn mae'n rhedeg yn ôl adref mewn 10 munud.

Beth oedd ei fuanedd cyfartalog dros yr holl daith?

b) Mae Samantha yn cerdded o'i chartref i'r orsaf.

Y pellter yw 1.5 milltir ac mae hi'n cymryd 24 munud.

Mae hi'n cyrraedd yn union mewn pryd i ddal ei thrên.

Hyd ei thaith trên yw 38 milltir ac mae'n cymryd 43 munud.

Yn olaf mae hi'n cerdded yr hanner milltir i'w swyddfa mewn 8 munud.

Beth oedd ei buanedd cyfartalog dros yr holl daith?

Problemau'n ymwneud ag unedau

Ar gyfer rhai problemau rhaid gwybod sut i drawsnewid rhwng un uned fetrig ac un arall. Rhaid gwybod y cyfraddau trawsnewid. Mewn problemau eraill rhaid newid rhwng unedau metrig ac unedau imperial. Ar gyfer y rhain cewch wybod pa gyfradd drawsnewid i'w defnyddio.

ENGHRAIFFT 37.4

a) Mae ffermwr yn cyflenwi llaethdy â 500 litr o laeth.

Yn fras, mae 1 litr yn 1.75 peint.

Sawl peint o laeth y mae'r ffermwr yn ei gyflenwi?

b) Hyd ffens yw 20 metr.

Yn fras, mae 1 metr yn 3.3 troedfedd.

Beth yw hyd y ffens mewn troedfeddi?

Datrysiad

a) 1 litr = 1.75 peint

500 litr = 500 × 1.75 = 875 peint

b) 1 metr = 3.3 troedfedd

20 metr = 20 × 3.3 = 66 troedfedd

> **AWGRYM**
>
> Gallwch wirio eich atebion. Mae litr yn fwy na pheint, felly rhaid i nifer y peintiau fod yn fwy na nifer y litrau. Yn yr un ffordd, mae metr yn fwy na throedfedd, felly rhaid i nifer y troedfeddi fod yn fwy na nifer y metrau.

Dyma rai bras drawsnewidiadau.

> Mae
> 8 km tua 5 milltir.
> 1 m tua 40 modfedd.
> 1 droedfedd tua 30 cm.
> 1 fodfedd tua 2.5 cm.
> 1 kg tua 2 bwys.
> 25 g tuag 1 owns.
> 4 litr tua 7 peint.

1   Mae rysáit ar gyfer pastai bysgod yn defnyddio 350 g o bysgod.
    Tua faint yw hyn mewn ownsys?

2   I wneud cawl cennin ar gyfer pump o bobl mae angen 750 g o gennin.
    Tua faint yw hyn mewn pwysi?

3   **a)** Copïwch y tabl hwn.
    Defnyddiwch y trawsnewidiadau
    uchod i roi'r meintiau hyn mewn
    unedau metrig.

Imperial	Metrig
5 troedfedd	
12 pwys	
5 peint	

    b) Copïwch y tabl hwn.
    Defnyddiwch y trawsnewidiadau
    uchod i roi'r meintiau hyn mewn
    unedau imperial.

Metrig	Imperial
20 km	
3 m	
10 litr	
15 kg	

Darllen tablau

Yn aml, mae angen casglu gwybodaeth o dablau. Rhaid bod yn ofalus
a gwneud yn sicr eich bod yn edrych yn y lle cywir yn y tabl.

Mae siartiau milltiroedd mewn llawer o atlasau ffyrdd, ac mae'n werth
gwybod sut i ddefnyddio'r rhain.

Defnyddiwch y siart milltiroedd i ddarganfod y pellter o Gaerliwelydd i Fort William.

	Aberdeen	Caerliwelydd	Dundee	Caeredin	Fort William	Glasgow	Hull
	382						
	114	272					
	210	162	99				
	258	327	197	221			
	243	154	134	72	173		
	619	288	509	408	614	440	

(Pellter (cilometrau))

Datrysiad

Edrychwch i lawr colofn Caerliwelydd ac ar draws rhes Fort William.
Lle mae'r golofn a'r rhes yn cyfarfod fe welwch yr wybodaeth angenrheidiol.
Mae'r wybodaeth wedi'i lliwio yn y siart isod.

	Aberdeen	Caerliwelydd	Dundee	Caeredin	Fort William	Glasgow	Hull
	382						
	114	272					
	210	162	99				
	258	327	197	221			
	243	154	134	72	173		
	619	288	509	408	614	440	

(Pellter (cilometrau))

Y pellter o Gaerliwelydd i Fort William yw 327 km.

1 Mae'r tabl yn dangos y pris y munud am alwadau ffôn i wahanol rannau o'r byd.

Gwlad	Pris y munud	Gwlad	Pris y munud
Almaen, Yr	3.5	India	12.5
Awstralia	3.5	Iwerddon	3.5
Canada	4.16	Jamaica	7.5
China	3	Lithuania	9
De Affrica	6	Pakistan	16.66
DU, Y	3.5	Pilipinas, Y	14.18
Eidal, Yr	3.5	Rwsia	5
Ffrainc	3.5	Sbaen	3.5
Gwlad Pwyl	3.5	Seland Newydd	4.16
Gwlad Thai	7.5	UDA	3.5
Hwngari	4.5	Zimbabwe	6.5

a) Beth yw cost galwad ffôn 5 munud i Wlad Pwyl?

b) Pa un yw'r drutaf, ac o faint:
galwad 7 munud i Jamaica neu alwad 8 munud i Zimbabwe?

c) Ar gyfer sawl gwlad mae'r pris y munud yn fwy na 10c?

2 Edrychwch ar y siart milltiroedd yn Enghraifft 37.5.

a) Beth yw'r pellter o Hull i Dundee?

b) Faint yn fwy yw'r pellter o Aberdeen i Fort William na'r pellter o Aberdeen i Glasgow?

RYDYCH WEDI DYSGU

- sut i fesur cyfnodau amser a chyfrifo amserau dechrau a gorffen
- bod $Buanedd = \dfrac{pellter}{amser}$
- bod Pellter = buanedd × amser
- bod $Amser = \dfrac{pellter}{buanedd}$
- sut i ddefnyddio ffactorau trawsnewid rhwng unedau metrig ac imperial
- sut i ddarllen tablau

1 Mae Anwen eisiau recordio ffilm 2 awr sy'n dechrau am ddeng munud i hanner nos. Beth fydd yr amserau dechrau a gorffen recordio? Rhowch eich atebion ar ffurf y cloc 24 awr.

2 Cyfrifwch gost pob un o'r rhain.
Rhowch eich atebion mewn punnoedd (£).
a) Pedwar llyfr am 225c yr un
b) Wyth bar siocled am 75c yr un
c) 3.5 kg o datws am £1.46 y cilogram

3 Cyfrifwch gost pob un o'r rhain.
Rhowch eich atebion mewn punnoedd (£).
a) Saith fideo am 995c yr un
b) Pum potel o lemonêd am 79c yr un
c) Pedwar twba o fenyn am 63c yr un

4 Mae trên yn teithio 750 metr mewn 15 eiliad.
Cyfrifwch ei fuanedd cyfartalog.

5 Mae car yn teithio 120 milltir mewn 4 awr. Cyfrifwch ei fuanedd cyfartalog.

6 Mae Angharad yn loncian ar fuanedd cyson 7 milltir yr awr. Pa mor bell mae hi'n loncian mewn $1\frac{1}{2}$ awr?

7 Mae llong yn hwylio ar 6 km/awr. Faint o amser y mae'n ei gymryd i deithio 45 km?

8 Mae car yn teithio ar 25 m/s. Faint o amser y mae'n ei gymryd i deithio
a) 1 m?   **b)** 1 km?

9 I gyfrifo sawl rholyn o bapur wal sydd ei angen i bapuro ystafell, mae siop nwyddau'r cartref yn dangos y tabl hwn.

Uchder yr ystafell (troedfeddi)	Pellter o amgylch yr ystafell (troedfeddi)						
	40	45	50	55	60	65	70
8	7	8	8	9	10	11	12
10	8	9	10	11	12	13	14
12	10	11	12	14	15	16	17

a) Y pellter o amgylch ystafell Tom yw 65 troedfedd a'r uchder yw 10 troedfedd. Sawl rholyn sydd ei angen ar Tom?

b) Y pellter o amgylch ystafell Phoebe yw 50 troedfedd a'r uchder yw 8 troedfedd. Sawl rholyn sydd ei angen arni hi?

10 Yn fras, mae 1 filltir yn 1.6 cilometr.

a) Ar un o ffyrdd Cymru, mae'r cyfyngiad buanedd yn 30 m.y.a. Newidiwch hwn yn gilometrau yr awr.

b) Ar un o ffyrdd yr Eidal, mae'r cyfyngiad buanedd yn 80 km/awr. Newidiwch hwn yn filltiroedd yr awr.

11 Mae'r tabl yn dangos yn fras y berthynas rhwng galwyni a litrau.

Galwyni	1	2	5	10	15	20	100	200
Litrau	4.5	9	22.5	45	67.5	90	450	900

Defnyddiwch y tabl i gyfrifo sawl litr yw pob un o'r cyfeintiau hyn.

a) 7 galwyn   **b)** 50 galwyn   **c)** 300 galwyn

Trefn gweithrediadau

Mae cyfrifiannell yn dilyn y drefn gweithrediadau gywir bob amser. Mae hynny'n golygu ei fod yn trin unrhyw gromfachau gyntaf, wedyn pwerau (fel sgwario), wedyn lluosi a rhannu, ac yn olaf adio a thynnu.

Os byddwn eisiau newid y drefn arferol o wneud pethau bydd angen rhoi cyfarwyddiadau gwahanol i'r cyfrifiannell.

Weithiau y ffordd hawsaf o wneud hyn yw gwasgu'r botwm $=$ yn ystod cyfrifiad. Mae'r enghraifft ganlynol yn dangos hyn.

ENGHRAIFFT 38.1

Cyfrifwch $\dfrac{5.9 + 3.4}{3.1}$.

Datrysiad

Mae angen cyfrifo'r adio gyntaf.

Gwasgwch ⑤ · ⑨ ⊞ ③ · ④ ⊜. Dylech weld 9.3.

Nawr gwasgwch ÷ ③ · ① ⊜. Yr ateb yw 3.

Defnyddio cromfachau

Weithiau mae angen ffyrdd eraill o newid y drefn gweithrediadau.

Er enghraifft, yn y cyfrifiad $\dfrac{5.52 + 3.34}{2.3 + 1.6}$, mae angen adio 5.52 + 3.45,

ac yna adio 2.3 + 1.6 cyn rhannu.

Un ffordd o wneud hyn yw ysgrifennu'r atebion i'r ddau gyfrifiad adio ac yna rhannu.

$$\frac{5.52 + 3.34}{2.3 + 1.6} = \frac{8.98}{3.9} = 2.3$$

Ffordd fwy effeithlon o'i wneud yw defnyddio cromfachau.

Gallwn wneud y cyfrifiad fel (5.52 + 3.45) ÷ (2.3 + 1.6).

Rydym yn gwasgu'r botymau yn y drefn hon.

(⑤ · ⑤ ② ⊞ ③ · ④ ⑤) ÷ (② · ③ ⊞ ① · ⑥) ⊜

Prawf sydyn 38.1

Bwydwch y dilyniant uchod i gyfrifiannell a gwiriwch eich bod yn cael 2.3.

ENGHRAIFFT 38.2

Defnyddiwch gyfrifiannell i gyfrifo'r rhain heb ysgrifennu'r atebion i'r camau canol.

a) $\sqrt{5.2} + 2.7$

b) $\dfrac{5.2}{3.7 \times 2.8}$

Datrysiad

a) Mae angen cyfrifo 5.2 + 2.7 cyn darganfod yr ail isradd.
Rhaid defnyddio cromfachau fel y bydd yr adio'n cael ei wneud gyntaf.
$\sqrt{(5.2 + 2.7)} = 2.811$ yn gywir i 3 lle degol.

b) Mae angen cyfrifo 3.7 × 2.8 cyn gwneud y rhannu.
Rhaid defnyddio cromfachau fel y bydd y lluosi'n cael ei wneud gyntaf.
$5.2 \div (3.7 \times 2.8) = 0.502$ yn gywir i 3 lle degol.

YMARFER 38.1

Cyfrifwch y rhain ar gyfrifiannell heb ysgrifennu'r atebion i'r camau canol.
Os na fydd yr atebion yn union, rhowch nhw yn gywir i 2 le degol.

1 $\dfrac{5.2 + 10.3}{3.1}$

2 $\dfrac{127 - 31}{25}$

3 $\dfrac{9.3 + 12.3}{8.2 - 3.4}$

4 $\sqrt{15.7 - 3.8}$

5 $6.2 + \dfrac{7.2}{2.4}$

6 $(6.2 + 1.7)^2$

7 $\dfrac{5.3}{2.6 \times 1.7}$

8 $\dfrac{2.6^2}{1.7 + 0.82}$

9 $2.8 \times (5.2 - 3.6)$

10 $\dfrac{6.2 \times 3.8}{22.7 - 13.8}$

11 $\dfrac{5.3}{\sqrt{6.2 + 2.7}}$

12 $\dfrac{5 + \sqrt{25 + 12}}{6}$

Amcangyfrif a gwirio

Sylwi 38.1

Heb gyfrifo'r rhain, nodwch ar bapur a yw pob un yn gywir ai peidio.

Rhowch eich rhesymau dros bob ateb.

a) 1975 × 43 = 84 920   **b)** 697 × 0.72 = 5018.4   **c)** 3864 ÷ 84 = 4.6

ch) 19 × 37 = 705   **d)** 306 ÷ 0.6 = 51   **dd)** 6127 × 893 = 54 714.11

Cymharwch eich atebion â gweddill y dosbarth.

A wnaethoch chi i gyd ddefnyddio'r un rhesymau bob tro?

A gafodd unrhyw un syniadau nad oeddech chi wedi eu hystyried ac sydd, yn eich barn chi, yn gweithio'n dda?

Mae nifer o ffeithiau y gallwch eu defnyddio i wirio cyfrifiad.

- odrif × odrif = odrif, eilrif × odrif = eilrif, eilrif × eilrif = eilrif
- Bydd rhif sy'n cael ei luosi â 5 yn terfynu â 0 neu 5
- Mae'r digid olaf mewn lluosiad yn dod o luosi digidau olaf y rhifau
- Mae lluosi â rhif rhwng 0 ac 1 yn gwneud y rhif gwreiddiol yn llai
- Mae rhannu â rhif sy'n fwy nag 1 yn gwneud y rhif gwreiddiol yn llai
- Mae cyfrifo amcangyfrif trwy dalgrynnu'r rhifau i 1 ffigur ystyrlon yn dangos a yw'r ateb o'r maint cywir

Wrth wirio cyfrifiad, mae tair prif strategaeth y gallwch eu defnyddio.

- Synnwyr cyffredin
- Amcangyfrifon
- Gweithrediadau gwrthdro

Yn aml mae defnyddio **synnwyr cyffredin** yn wiriad cyntaf da; a yw'r ateb tua'r maint roeddech yn ei ddisgwyl?

Efallai eich bod yn defnyddio **amcangyfrifon** yn barod wrth siopa, er mwyn gwneud yn siŵr bod gennych ddigon o arian a gweld eich bod yn cael y newid cywir.

AWGRYM

Ewch i'r arfer o wirio'ch atebion i gyfrifiadau wrth ddatrys problemau, i weld a yw'r ateb yn gwneud synnwyr.

ENGHRAIFFT 38.3

Amcangyfrifwch gost pum cryno ddisg sy'n £5.99 yr un a dau DVD sy'n £14.99 yr un.

Datrysiad

Cryno ddisgiau: $5 \times 6 = 30$ Gwahanwch y cyfrifiad yn ddwy ran a thalgrynnwch y rhifau i 1 ffigur ystyrlon

DVDau: $2 \times 15 = 30$

Cyfanswm $= 30 + 30$

$\qquad = £60$

ENGHRAIFFT 38.4

Amcangyfrifwch yr ateb i $\dfrac{\sqrt{394} \times 3.7}{49.2}$.

Datrysiad

$$\dfrac{\sqrt{394} \times 3.7}{49.2} \approx \dfrac{\sqrt{400} \times 4}{50}$$

$$= \dfrac{20 \times 4}{50}$$

$$= \dfrac{80}{50}$$

$$= \dfrac{8}{5}$$

$$= 1.6$$

> **AWGRYM**
>
> Ystyr ≈ yw 'yn fras hafal i'

Gall **gweithrediadau gwrthdro** fod yn arbennig o ddefnyddiol pan fyddwch yn cyfrifo â chyfrifiannell ac yn dymuno gwirio eich bod wedi gwasgu'r botymau cywir y tro cyntaf.

Er enghraifft, i wirio'r cyfrifiad $920 \div 64 = 14.375$, gallwch wneud $14.375 \times 64 = 920$.

Manwl gywirdeb atebion

Weithiau, bydd cwestiwn yn gofyn am ateb **o fanwl gywirdeb penodol**: er enghraifft, i dalgrynnu ateb i 3 lle degol.

Dro arall, bydd cwestiwn yn gofyn am ateb **o fanwl gywirdeb priodol**. Gwelsoch ym Mhennod 43 na ddylai ateb gael ei roi â mwy o fanwl gywirdeb na'r gwerthoedd sy'n cael eu defnyddio yn y cyfrifiad.

ENGHRAIFFT 38.5

Cyfrifwch hyd hypotenws triongl ongl sgwâr, o wybod bod hyd y ddwy ochr arall yn 4.2 cm a 5.8 cm.

Datrysiad

Gan ddefnyddio theorem Pythagoras
$$c^2 = 4.2^2 + 5.8^2$$
$$c^2 = 51.28$$
$$c = \sqrt{51.28}$$
$$c = 7.161\,005\ ...$$
$$c = 7.2 \text{ cm (i 1 lle degol)}$$

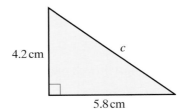

Her 38.1

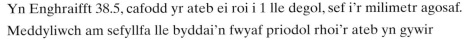

Yn Enghraifft 38.5, cafodd yr ateb ei roi i 1 lle degol, sef i'r milimetr agosaf.

Meddyliwch am sefyllfa lle byddai'n fwyaf priodol rhoi'r ateb yn gywir

a) i 2 le degol.   **b)** i'r 100 agosaf.

YMARFER 38.2

Peidiwch â defnyddio cyfrifiannell i ateb cwestiynau **1** i **4**.

1 Mae'r cyfrifiadau hyn i gyd yn anghywir. Gallwch weld hynny yn fuan heb eu cyfrifo. Ar gyfer pob un, rhowch reswm pam mae'n anghywir.

    a) $6.3 \times -5.1 = 32.13$ **b)** $8.7 \times 0.34 = 29.58$

    c) $3.7 \times 60 = 22.2$ **ch)** $\sqrt{62.41} = 8.9$

2 Mae'r cyfrifiadau hyn i gyd yn anghywir. Gallwch weld hynny yn fuan heb eu cyfrifo. Ar gyfer pob un, rhowch reswm pam mae'n anghywir.

    a) $5.4 \div 0.9 = 60$ **b)** $-7.2 \div -0.8 = -9$

    c) $5.7^2 = 44.89$ **ch)** $13.8 + 9.3 = 22.4$

3 Amcangyfrifwch yr ateb i bob un o'r cyfrifiadau hyn. Dangoswch eich gwaith cyfrifo.

    a) 972×18 **b)** 0.39^2 **c)** $-19.6 \div 5.2$

4 Amcangyfrifwch yr ateb i bob un o'r cyfrifiadau hyn. Dangoswch eich gwaith cyfrifo.

    a) Cost 7 cryno ddisg sy'n £8.99 yr un.

    b) Cost 29 tocyn theatr sy'n £14.50 yr un.

    c) Cost 3 pryd o fwyd sy'n £5.99 yr un a 3 diod sy'n £1.95 yr un.

Cewch ddefnyddio cyfrifiannell i ateb cwestiynau **5** i **9**.

5 Defnyddiwch weithrediadau gwrthdro i wirio'r cyfrifiadau hyn. Ysgrifennwch y gweithrediadau a ddefnyddiwch.

    a) $762.5 \times 81.4 = 62\,067.5$ **b)** $38.3^2 = 1466.89$

    c) $66.88 \div 3.8 = 17.6$ **ch)** $69.1 \times 4.3 - 18.2 = 278.93$

6 Cyfrifwch y rhain. Talgrynnwch eich atebion i 2 le degol.

    a) $(48.2 - 19.5) \times 16.32$ **b)** $\dfrac{14.6 + 17.3}{13.8 \times 0.34}$

7 Cyfrifwch y rhain. Talgrynnwch eich atebion i 3 lle degol.

a) $\dfrac{47.3}{6.9 - 3.16}$

b) $\dfrac{17.6^3 \times 94.1}{572}$

8 Cyfrifwch y rhain. Talgrynnwch eich atebion i 1 lle degol.

a) 6.3×9.7

b) 57×0.085

9 a) Defnyddiwch dalgrynnu i 1 ffigur ystyrlon i amcangyfrif yr ateb i bob un o'r cyfrifiadau hyn. Dangoswch eich gwaith cyfrifo.

(i) 39.2^3 **(ii)** 18.4×0.19 **(iii)** $\sqrt{7.1^2 - 3.9^2}$ **(iv)** $\dfrac{11.6 + 30.2}{0.081}$

b) Defnyddiwch gyfrifiannell i ddarganfod yr ateb cywir i'r cyfrifiadau yn rhan **a)**. Lle bo'n briodol, talgrynnwch eich ateb i fanwl gywirdeb priodol.

Her 38.2   **?**

Yng nghwestiwn **9** yn Ymarfer 38.2 mae'r amcangyfrifon a'r gwir atebion yn cytuno i 1 ffigur ystyrlon, ac eithrio yn rhan **(ii)**.

Dyfeisiwch ragor o gwestiynau amcangyfrif a chyfrifo.
Chwiliwch am ragor o enghreifftiau lle nad yw'r amcangyfrif a'r ateb manwl gywir yn cytuno i 1 ffigur ystyrlon.

Mesurau cyfansawdd

Ym Mhennod 43 dysgoch am ddau **fesur cyfansawdd**, sef **buanedd** a **dwysedd**.

Mesur cyfansawdd arall y byddwch yn debygol o'i weld yw **dwysedd poblogaeth**.
Mae hwn yn mesur nifer y bobl sy'n byw mewn ardal benodol.

ENGHRAIFFT 38.6

a) Yn 2007 cafodd ffigurau eu cyhoeddi a oedd yn dangos bod tua 118 400 o bobl yn byw yng Ngwynedd. Arwynebedd Gwynedd yw 2535 km². Cyfrifwch ddwysedd poblogaeth Gwynedd yn 2007.

b) Y ffigurau cyfatebol ar gyfer Bro Morgannwg oedd tua 124 000 o bobl ac arwynebedd o 331 km². Cyfrifwch ddwysedd poblogaeth Bro Morgannwg yn 2007.

c) Rhowch sylwadau ar eich atebion i rannau **a)** a **b)**.

Datrysiad

a) Dwysedd poblogaeth $= \dfrac{\text{Poblogaeth}}{\text{Arwynebedd}}$

Dwysedd poblogaeth Gwynedd $= \dfrac{118\,400}{2535}$

$= 46.706\ldots$

$= 47$ o bobl am bob km² (i'r rhif cyfan agosaf)

b) Dwysedd poblogaeth Bro Morgannwg $= \dfrac{124\,000}{331}$

$= 374.622\ldots$

$= 375$ o bobl am bob km² (i'r rhif cyfan agosaf)

c) Mae dwysedd poblogaeth Bro Morgannwg bron 8 gwaith cymaint â dwysedd poblogaeth Gwynedd. Mae hyn yn adlewyrchu natur drefol Bro Morgannwg yn gyffredinol o'i chymharu â natur fwy gwledig Gwynedd.

Peidiwch ag anghofio mai ffigurau cyfartalog yw ystadegau fel dwysedd poblogaeth. Yn y ddwy ardal mae yna drefi sydd â phoblogaeth sylweddol, ond yn gyffredinol mae poblogaeth Bro Morgannwg yn fwy dwys na phoblogaeth Gwynedd.

Her 38.3

O'r rhyngrwyd neu rywle arall, darganfyddwch boblogaeth ac arwynebedd eich tref/pentref chi.

Cyfrifwch ddwysedd poblogaeth eich ardal chi.

Cymharwch ddwysedd poblogaeth dau le gwahanol yn lleol – efallai tref â phentref, neu'r naill neu'r llall o'r rhain â dinas.

Amser

Wrth ddatrys problemau sy'n cynnwys mesurau, gwnewch yn siŵr eich bod yn gwirio pa unedau rydych yn eu defnyddio. Efallai y bydd angen i chi drawsnewid rhwng unedau.

ENGHRAIFFT 38.7

Mae trên yn teithio ar 18 metr yr eiliad. Cyfrifwch ei fuanedd mewn cilometrau yr awr.

Datrysiad

18 metr yr eiliad $= 18 \times 60$ metr y munud	1 munud = 60 eiliad
$= 18 \times 60 \times 60$ metr yr awr	1 awr = 60 munud
$= 64\,800$ metr yr awr	
$= 64.8$ km/awr	1 km = 1000 m

ENGHRAIFFT 38.8

Mae Pat yn mynd ar ei gwyliau. Mae tair rhan i'w thaith.

Mae'r rhannau'n cymryd 3 awr 43 munud, 1 awr 29 munud a 4 awr 17 munud.

Faint o amser y mae ei thaith gyfan yn ei gymryd?

Datrysiad

Adiwch yr oriau a'r munudau ar wahân.

$3 + 1 + 4 = 8$ awr

$43 + 29 + 17 = 89$ munud

89 munud $= 1$ awr 29 munud

Mae 60 munud mewn 1 awr

8 awr $+ 1$ awr 29 munud $= 9$ awr 29 munud

> **AWGRYM**
>
> Byddwch yn ofalus wrth ddefnyddio cyfrifiannell i ddatrys problemau amser.
> Er enghraifft, nid yw 3 awr 43 munud yn 3.43 awr, gan mai 60 munud sydd mewn awr, nid 100. Mae'n fwy diogel adio'r munudau ar wahân, fel yn Enghraifft 38.8.

ENGHRAIFFT 38.9

Mae Penri'n teithio 48 milltir ar fuanedd cyfartalog o 30 milltir yr awr.

Faint o amser y mae ei daith yn ei gymryd? Rhowch eich ateb mewn oriau a munudau.

Datrysiad

$$\text{Amser} = \frac{\text{pellter}}{\text{buanedd}} = \frac{48}{30} = 1.6 \text{ awr}$$

0.6 awr $= 0.6 \times 60$ munud $= 36$ munud

Felly mae taith Penri yn cymryd 1 awr 36 munud.

Sylwi 38.2

Mae gan rai cyfrifianellau fotwm $[\,''']$. Gallwch ddefnyddio hwn ar gyfer gweithio gydag amser ar y cyfrifiannell.

Os yw eich ateb i ryw gwestiwn yn ymddangos mewn oriau ond mae eich cyfrifiannell yn dangos degolyn, gallwch ei newid yn oriau a munudau trwy bwyso $[\,''']$ ac yna'r botwm $[=]$.

I newid amser mewn oriau a munudau yn ôl yn amser degol, defnyddiwch y botwm $[\text{SHIFT}]$.

Fel arfer y botwm $[\text{SHIFT}]$ yw'r un uchaf ar y chwith ar y cyfrifiannell, ond gallai gael ei alw'n rhywbeth arall.

I fwydo'r amser 8 awr 32 munud i'r cyfrifiannell, gwasgwch y dilyniant hwn o fotymau.

$[8]\ [\,''']\ [3]\ [2]\ [\,''']\ [=]$

Dylai'r sgrin edrych fel hyn. $[8° \ 32° \ 0]$

Efallai yr hoffech arbrofi â'r botwm hwn a dysgu sut i'w ddefnyddio i fwydo amserau i'r cyfrifiannell a'u trawsnewid.

Datrys problemau

Wrth ddatrys problem, rhannwch y gwaith yn gamau.

Darllenwch y cwestiwn yn ofalus ac yna gofynnwch y cwestiynau hyn i chi eich hun.
- Beth mae'r cwestiwn yn gofyn i mi ei ddarganfod?
- Pa wybodaeth sydd gen i?
- Pa ddulliau y gallaf eu defnyddio?

Os na allwch weld ar unwaith sut i ddarganfod yr hyn sydd ei angen, gofynnwch i'ch hun beth y gallwch chi ei ddarganfod â'r wybodaeth sydd gennych. Yna, o ystyried yr wybodaeth honno, gofynnwch beth y gallwch chi ei ddarganfod sy'n berthnasol.

Mae llawer o'r problemau cymhleth a wynebwn o ddydd i ddydd yn ymwneud ag arian. Er enghraifft, rhaid i bobl dalu **treth incwm**. Mae hon yn cael ei chyfrifo ar sail canran o'r hyn rydych chi'n ei ennill.

Mae gan bawb hawl i lwfans personol (incwm na chaiff ei drethu). Ar gyfer y flwyddyn dreth 2009–2010 roedd hwnnw'n £6475.

Y term am incwm sy'n fwy na'r lwfans personol yw incwm trethadwy ac mae hwnnw'n cael ei drethu ar wahanol raddfeydd. Ar gyfer y flwyddyn dreth 2009–2010 roedd y cyfraddau fel a ganlyn.

Haenau treth		Incwm trethadwy (£)
Cyfradd gychwynnol	10%*	0–2440
Cyfradd sylfaenol	22%	0–37 400
Cyfradd uwch	40%	dros 37 400

*incwm cynilo yn unig

ENGHRAIFFT 38.10

Yn y flwyddyn dreth 2009–2010, enillodd Siriol £48 080. Cyfrifwch faint o dreth roedd rhaid iddi ei thalu.

Datrysiad

Incwm trethadwy = £48 080 − £6475
$\qquad\qquad$ = £41 605

Yn gyntaf tynnwch y lwfans personol o gyfanswm incwm Siriol i ddarganfod ei hincwm trethadwy.

Treth sy'n daladwy ar y gyfradd sylfaenol
$\qquad$ = 22% o £37 400
$\qquad$ = 0.22 × £37 400
$\qquad$ = £8228

Mae incwm trethadwy Siriol yn fwy na £37 400. Felly mae'n talu treth sylfaenol ar £37 400.

Incwm i'w drethu ar y gyfradd uwch
= £41 605 − £37 400
= £4205

I gyfrifo'r swm sydd i'w drethu ar y gyfradd hon tynnwch y £37 400 sydd i'w drethu ar y gyfradd sylfaenol o gyfanswm incwm trethadwy Siriol.

Treth sy'n daladwy ar y gyfradd uwch
= 0.40 × £4205
= £1682

Cyfrifwch y dreth y mae'n rhaid i Siriol ei thalu ar y £4205 sy'n weddill o'i hincwm trethadwy.

Cyfanswm y dreth sy'n daladwy
= £8228 + £1682
= £9910

Yn olaf, adiwch y ddau swm o dreth at ei gilydd i ddarganfod y cyfanswm y mae'n rhaid i Siriol ei dalu.

Mynegrifau

Defnyddir y **Mynegai Nwyddau Adwerthu (MNA)** gan y llywodraeth i helpu cadw golwg ar gost eitemau sylfaenol penodol. Mae'n helpu dangos gwerth ein harian o un flwyddyn i'r nesaf.

Dechreuodd y system yn yr 1940au, a chafodd y pris sylfaenol ei ailosod yn 100 ym mis Ionawr 1987. Gallwch ystyried y rhif sylfaenol hwn ar gyfer y Mynegai Nwyddau Adwerthu fel 100% o'r pris ar y pryd.

Ym mis Hydref 2009 y Mynegai Nwyddau Adwerthu ar gyfer pob eitem oedd 216.0. Roedd hynny'n dangos bod pris yr eitemau hyn wedi cynyddu 116% er Ionawr 1987.

Fodd bynnag, roedd yr MNA ar gyfer pob eitem ac eithrio costau tai yn 198.8, oedd yn dangos cynnydd llai, sef 98.8% heb gynnwys costau tai.

Mae'r cyfryngau yn sôn am yr MNA yn aml pan fydd ffigurau misol yn cael eu cyhoeddi: mae angen i godiadau prisiau gael eu cadw'n fach neu bydd pobl yn dlotach oni fydd eu hincwm yn cynyddu.

Gallwch weld mwy o wybodaeth am hyn a mynegeion eraill ar wefan ystadegau'r llywodraeth, www.statistics.gov.uk.

AWGRYM

Efallai fod hyn yn ymddangos yn gymhleth, ond mewn gwirionedd nid yw mynegrifau yn ddim mwy na chanrannau. Rydych wedi dysgu am gynnydd a gostyngiad canrannol ym Mhennod 8.

ENGHRAIFFT 38.11

Ym mis Hydref 2008, roedd yr MNA ar gyfer pob eitem ac eithrio taliadau llog morgais yn 211.1.
Ym mis Hydref 2009, roedd yr un MNA yn 215.1.
Cyfrifwch y cynnydd canrannol yn ystod y cyfnod hwnnw o 12 mis.

Cynnydd yn yr MNA yn ystod y flwyddyn $= 215.1 - 211.1$ Yn gyntaf, cyfrifwch y
$$= 4$$ cynnydd yn yr MNA.

Cynnydd canrannol $= \dfrac{\text{cynnydd}}{\text{pris gwreiddiol}} \times 100$ Wedyn, cyfrifwch y cynnydd canrannol mewn perthynas â'r ffigur yn y flwyddyn 2008

$$= \dfrac{4}{211.1} \times 100$$

$$= 1.89\% \text{ (i 2 le degol)}$$

◎ YMARFER 38.3

1 Ysgrifennwch bob un o'r amserau hyn mewn oriau a munudau.

   a) 2.85 awr   **b)** 0.15 awr

2 Ysgrifennwch bob un o'r amserau hyn fel degolyn.

   a) 1 awr 27 munud   **b)** 54 munud

3 Cymerodd Iwan ran mewn ras tri chymal. Ei amserau ar gyfer y tri chymal oedd 43 munud, 58 munud ac 1 awr 34 munud.
Beth oedd ei amser am y ras gyfan? Rhowch eich ateb mewn oriau a munudau.

4 Mae negesydd yn teithio o Gaerfyrddin i Rydaman ac yna o Rydaman i Lanymddyfri, cyn gyrru'n syth yn ôl o Lanymddyfri i Gaerfyrddin.
Cymerodd y daith o Gaerfyrddin i Rydaman 37 munud.
Cymerodd y daith o Rydaman i Lanymddyfri 29 munud.
Cymerodd y daith o Lanymddyfri i Gaerfyrddin 42 munud.
Am faint o amser roedd y negesydd wedi bod yn teithio i gyd?
Rhowch eich ateb mewn oriau a munudau.

5 Prynodd Prys 680 g o gaws am £7.25 y cilogram.
Prynodd hefyd bupurau am 69c yr un.
Cyfanswm y gost oedd £8.38.
Faint o bupurau a brynodd?

6 Mae dau deulu'n rhannu cost pryd o fwyd yn ôl y gymhareb $3:2$.
Maen nhw'n gwario £38.40 ar fwyd ac £13.80 ar ddiodydd.
Faint y bydd y naill deulu a'r llall yn ei dalu am y pryd?

7 Mae rysáit ar gyfer pedwar person yn defnyddio 200 ml o laeth.

Mae Sioned yn gwneud y rysáit ar gyfer chwe pherson. Mae hi'n defnyddio llaeth o garton 1 litr llawn.

Faint o laeth sy'n weddill ar ôl iddi wneud y rysáit?

8 Ar ddechrau taith, mae'r mesurydd milltiroedd yng nghar Siôn yn dangos 18 174.

Ar ddiwedd y daith mae'n dangos 18 309.

Cymerodd ei daith 2 awr 30 munud.

Cyfrifwch ei fuanedd cyfartalog.

9 Dangosodd bil trydan Mr Bowen ei fod wedi defnyddio 2316 o unedau o drydan am 7.3c yr uned.

Mae hefyd yn talu tâl sefydlog o £12.95.

Roedd TAW ar gyfanswm y bil ar y gyfradd 5%.

Cyfrifwch gyfanswm y bil gan gynnwys TAW.

10 Dwysedd poblogaeth Ynys Môn oedd 94 o bobl/km^2 yn 2007.

Arwynebedd Ynys Môn yw 711 km^2.

Faint o bobl oedd yn byw ar Ynys Môn yn 2007?

11 Ym mis Ionawr 2009 roedd y Mynegai Nwyddau Adwerthu ac eithrio tai yn 190.6.

Yn ystod y 12 mis nesaf cynyddodd 5.35%.

Beth oedd yr MNA ym mis Ionawr 2010?

12 Mae bricsen degan bren yn giwboid sy'n mesur 2 cm wrth 3 cm wrth 5 cm.

Ei màs yw 66 g.

Cyfrifwch ddwysedd y pren.

13 Radiws sylfaen jwg ddŵr silindrog yw 5.6 cm.

Cyfrifwch ddyfnder y dŵr pan fo'r jwg yn cynnwys 1.5 litr.

Her 38.4

Gweithiwch mewn parau.

Defnyddiwch ddata o bapur newydd neu o'ch profiad i ysgrifennu problem arian.

Ysgrifennwch y broblem ar un ochr dalen o bapur ac wedyn, ar yr ochr arall, datryswch eich problem. Cyfnewidiwch eich problemau gyda'ch partner a datryswch eich problemau eich gilydd.

Gwiriwch eich atebion yn erbyn y datrysiadau a thrafodwch achosion lle rydych wedi defnyddio dulliau gwahanol.

Os oes gennych amser, gwnewch y gweithgaredd eto gyda phroblem arall; efallai un sy'n cynnwys buanedd neu lle mae angen newid yr unedau.

- sut i newid y drefn gweithrediadau trwy ddefnyddio'r botwm $=$ a chromfachau
- mai tair strategaeth dda ar gyfer gwirio atebion yw synnwyr cyffredin, amcangyfrif a defnyddio gweithrediadau gwrthdro
- bod buanedd, dwysedd a dwysedd poblogaeth yn enghreifftiau o fesurau cyfansawdd
- wrth ddatrys problem, y dylech ei rhannu'n gamau. Ystyriwch beth y mae'n rhaid i chi ei ddarganfod, pa wybodaeth sydd gennych, a pha ddulliau y gallwch eu defnyddio. Os na allwch weld ar unwaith sut i ddarganfod yr hyn sydd ei angen, ystyriwch beth y gallwch chi ei ddarganfod â'r wybodaeth sydd gennych ac yna edrychwch ar y broblem eto
- gwirio eich bod wedi defnyddio'r unedau cywir
- sut i ddehongli ystadegau cymdeithasol

YMARFER CYMYSG 38

1 Cyfrifwch y rhain heb ysgrifennu'r atebion i unrhyw gamau canol.

   a) $\dfrac{7.83 - 3.24}{1.53}$
                         b) $\dfrac{22.61}{1.7 \times 3.8}$

2 Cyfrifwch $\sqrt{5.6^2 - 4 \times 1.3 \times 5}$.
Rhowch eich ateb yn gywir i 2 le degol.

3 Mae'r cyfrifiadau hyn i gyd yn anghywir. Gallwch weld hyn yn fuan heb eu cyfrifo.
Ar gyfer pob un, rhowch reswm pam ei fod yn anghywir.

   a) $7.8^2 = 40.64$
                         b) $2.4 \times 0.65 = 15.6$

   c) $58\,800 \div 49 = 120$
                     ch) $-6.3 \times 8.7 = 2.4$

4 Amcangyfrifwch yr atebion i'r cyfrifiadau hyn. Dangoswch eich gwaith cyfrifo.

   a) 894×34
              b) 0.58^2
                 c) $-48.2 \div 6.1$

5 Defnyddiwch gyfrifiannell i gyfrifo'r rhain. Talgrynnwch eich atebion i 2 le degol.

   a) $(721.5 - 132.6) \times 2.157$
             b) $\dfrac{19.8 + 31.2}{47.8 \times 0.37}$

6 a) Defnyddiwch dalgrynnu i 1 ffigur ystyrlon i amcangyfrif yr ateb i bob un o'r cyfrifiadau hyn. Dangoswch eich gwaith cyfrifo.

(i) 21.4^3 **(ii)** 26.7×0.29 **(iii)** $\sqrt{8.1^2 - 4.2^2}$ **(iv)** $\dfrac{31.9 + 48.2}{0.039}$

b) Defnyddiwch gyfrifiannell i ddarganfod yr ateb cywir i'r cyfrifiadau yn rhan **a)**. Lle bo'n briodol, talgrynnwch eich ateb i fanwl gywirdeb priodol.

Cewch ddefnyddio cyfrifiannell i ateb cwestiynau **7** i **12**.

7 Prynodd Cai 400 g o gig am £6.95 y cilogram.
Prynodd hefyd felonau am £1.40 yr un.
Talodd £6.98.
Faint o felonau a brynodd?

8 Ysgrifennwch bob un o'r amserau hyn mewn oriau a munudau.

a) 3.7 awr   **b)** 2.75 awr   **c)** 0.8 awr   **ch)** 0.85 awr

9 Cymerodd taith Steffan i'r gwaith 42 munud. Teithiodd 24 milltir.
Cyfrifwch ei fuanedd cyfartalog mewn milltiroedd yr awr.

10 Mae dwysedd bloc o bren yn 3.2g/cm^3. Ei fàs yw 156g.
Cyfrifwch gyfaint y bloc o bren.

11 Dangosodd bil trydan Mrs Huws ei bod wedi defnyddio 1054 o unedau o drydan am 7.5c yr uned.
Roedd rhaid iddi hefyd dalu tâl sefydlog o £13.25.
Roedd TAW ar gyfanswm y bil ar y gyfradd 5%.
Cyfrifwch gyfanswm y bil gan gynnwys TAW.

YN Y BENNOD HON

- **Iaith tebygolrwydd**
- **Y raddfa debygolrwydd**
- **Cyfrifo tebygolrwyddau**
- **Defnyddio'r ffaith fod y tebygolrwydd na fydd rhywbeth yn digwydd a'r tebygolrwydd y bydd rhywbeth yn digwydd yn adio i 1**
- **Rhestru canlyniadau dau ddigwyddiad yn systematig**
- **Amcangyfrif tebygolrwyddau**

DYLECH WYBOD YN BAROD

- **ystyr y geiriau *tebygol, annhebygol, siawns deg, sicr* ac *amhosibl***
- **sut i ddarllen graddfeydd sydd â ffracsiynau neu ddegolion wedi'u nodi arnyn nhw**

Iaith tebygolrwydd a'r raddfa debygolrwydd

Byddwn yn defnyddio geiriau fel y rhain i nodi pa mor debygol ydyw y bydd rhywbeth yn digwydd.

sicr	tebygol	siawns deg	annhebygol	amhosibl

Dyma rai enghreifftiau.

- Yng Nghymru, mae'n debygol y bydd hi'n bwrw glaw yn ystod y mis hwn.
- Mae hi'n sicr y bydd rhai pobl yn dathlu'r Nadolig ar y 25ain o fis Rhagfyr.

Gallwn osod y geiriau hyn ar raddfa debygolrwydd.

Amhosibl	Annhebygol	Siawns deg	Tebygol	Sicr

ENGHRAIFFT 39.1

Lluniadwch raddfa debygolrwydd.

Rhowch saethau ar y raddfa i ddangos beth yw'r siawns y bydd y pethau hyn yn digwydd.

a) Cael 'pen' wrth daflu darn arian.

b) Bydd rhywun o'ch dosbarth yn mynd heibio i arhosfan bws wrth fynd adref.

c) Byddwch chi'n mynd i gysgu yn ystod yr wythnos nesaf.

Datrysiad

Lluniadwch raddfa debygolrwydd fel yr un sydd ar y dudalen flaenorol.

Penderfynwch pa air i'w ddefnyddio ym mhob sefyllfa a thynnwch lun saeth yn pwyntio tuag ato.

Bydd safle'r saeth yn **b)** yn dibynnu ar eich ysgol, pa mor agos yw hi at daith bws, ac ati.

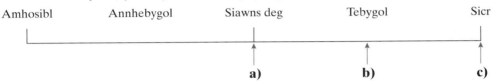

Her 39.1

Gweithiwch mewn grwpiau.

Meddyliwch am bethau y mae eu tebygolrwydd o ddigwydd yn amhosibl.

Gwnewch yr un peth ar gyfer geiriau eraill sydd ar y raddfa debygolrwydd. Ceisiwch restru pum digwyddiad ar gyfer pob gair.

Yn aml, rhaid bod yn fwy manwl wrth benderfynu pa mor debygol o ddigwydd yw rhywbeth. Er enghraifft, efallai fod rhagolygon y tywydd yn dweud bod siawns o 0.2 y bydd hi'n bwrw glaw ym Mlaenau Ffestiniog yfory. Gallai pobl ddefnyddio'r wybodaeth hon i'w helpu i gynllunio beth i'w wneud yfory.

Nawr gallwn ddefnyddio graddfa debygolrwydd wedi'i rhifo o 0 i 1.

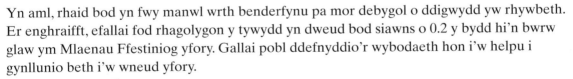

Ar y raddfa hon

- 0 yw'r tebygolrwydd os yw'n amhosibl i rywbeth ddigwydd.
- 1 yw'r tebygolrwydd os yw rhywbeth yn sicr o ddigwydd.

ENGHRAIFFT 39.2

Lluniadwch raddfa debygolrwydd.

Rhowch saethau ar y raddfa i ddangos beth yw'r siawns y bydd y pethau hyn yn digwydd.

a) Dewis siocled tywyll o flwch o siocledi gwyn.

b) Bydd y person nesaf ddaw i gyfarfod â chi yn cael ei ben-blwydd ym mis Awst.

c) Car fydd y cerbyd nesaf i fynd heibio i'r ysgol.

Datrysiad

Lluniadwch raddfa debygolrwydd fel yr un sydd ar y dudalen flaenorol.

Penderfynwch pa mor debygol yw pob sefyllfa a rhowch saeth yn y safle hwnnw.

Bydd safle'r saeth yn (c) yn dibynnu ar y math o ffordd sy'n mynd heibio i'ch ysgol chi.

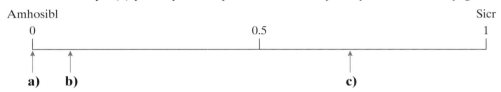

Her 39.2

Ar ddarn o bapur, ysgrifennwch rywbeth sydd heb ddigwydd hyd yn hyn.
Er enghraifft, 'Bydd hi'n bwrw eira yma yfory.'

Dychmygwch fod llinell debygolrwydd ar draws yr ystafell ddosbarth, gyda 0 ar un pen ac 1 ar y pen arall.

Fel dosbarth, penderfynwch gyda'ch gilydd ym mha le ar y llinell y dylai pawb sefyll yn dal y darnau papur sy'n nodi'r digwyddiadau y maen nhw wedi eu dewis.

⊙ YMARFER 39.1

1 Dewiswch y gair tebygolrwydd gorau i gwblhau pob un o'r brawddegau hyn.

amhosibl   annhebygol   siawns deg   tebygol   sicr

a) Mae hi'n .... y bydd hi'n bwrw eira yng Nghymru ar ddiwrnod Hirddydd Haf.

b) Mae hi'n .... y byddaf yn cael odrif wrth daflu dis cyffredin.

c) Mae hi'n .... y bydd o leiaf un plentyn yn fachgen mewn teulu sydd â thri phlentyn.

2 Copïwch y raddfa hon.

Amhosibl   Annhebygol   Annhebygol   Siawns deg   Tebygol   Tebygol iawn   Sicr
iawn

Rhowch saethau i ddangos y siawns y bydd y pethau hyn yn digwydd.

a) Byddwch yn gwlychu wrth nofio.

b) Byddwch yn gwylio'r teledu am 12 awr yn ystod diwrnod ysgol.

c) Byddwch yn bwyta rhywbeth o fewn y 5 awr nesaf.

3 Mae 20 pin ysgrifennu mewn blwch. Mae 6 yn goch, 4 yn ddu a 10 yn las.
Mae un pin ysgrifennu'n cael ei dynnu o'r blwch, heb edrych.
Dewiswch y gair tebygolrwydd cywir i gwblhau'r brawddegau hyn.

a) Mae hi'n .... fod y pin ysgrifennu'n goch.

b) Mae hi'n .... fod y pin ysgrifennu'n las.

c) Mae hi'n .... fod y pin ysgrifennu'n wyrdd.

4 Ym mhob rhan o'r cwestiwn hwn, ysgrifennwch rif ar bob cerdyn i wneud y
datganiadau'n wir pan fydd un cerdyn yn cael ei droi drosodd.

☐ ☐ ☐ ☐ ☐

a) Mae'n sicr o fod yn 1.   **b)** Mae'n amhosibl iddo fod yn 1.

c) Mae'n annhebygol o fod yn 1.   **ch)** Mae'n debygol o fod yn 1.

Cyfrifo tebygolrwyddau

Sylwi 39.1

Gweithiwch mewn parau a thaflwch ddis 60 gwaith. Cofnodwch sawl tro rydych
yn cael 6.

Gawsoch chi gymaint ag yr oeddech wedi'i ddisgwyl?

Rhowch ganlyniadau pawb yn y dosbarth at ei gilydd a'u trafod.

Mae llawer o gemau bwrdd chwarae yn defnyddio dis cyffredin.
Weithiau rhaid taflu 6 cyn cael dechrau gêm. Rydych yn annhebygol o
wneud hyn y tro cyntaf. Gallwch gyfrifo tebygolrwydd taflu 6.

Mae chwe rhif ar ddis ac un rhif yn unig sy'n 6.
Tebygolrwydd taflu 6 yw 1 siawns mewn 6, sef $\frac{1}{6}$.

Yr un modd, mae tri odrif ar ddis.

Tebygolrwydd taflu odrif yw 3 siawns mewn 6, sef $\frac{3}{6} = \frac{1}{2}$ neu 0.5.

Pan fo **canlyniadau** unrhyw **ddigwyddiad** yr un mor ddebygol, fel dis yn glanio ar unrhyw un o'i wynebau, darn arian yn dangos pen neu gynffon, neu gerdyn chwarae yn un o'r 52 cerdyn gwahanol, gallwn gyfrifo tebygolrwyddau.

$$\text{Y tebygolrwydd y bydd rhywbeth yn digwydd} = \frac{\text{Sawl ffordd mae'n gallu digwydd}}{\text{Cyfanswm y canlyniadau posibl}}$$

AWGRYM

Cofiwch eich bod wedi dysgu am ffracsiynau ym Mhennod 2.

Wrth ysgrifennu tebygolrwyddau, canslwch y ffracsiynau bob tro os yw'n bosibl.

ENGHRAIFFT 39.3

Mae 10 o felysion mewn bag. Mae 5 yn wyrdd, 2 yn felyn a 3 yn oren.
Mae un o'r melysion yn cael ei dynnu o'r bag, heb edrych.
Cyfrifwch y tebygolrwydd ei fod

a) yn wyrdd.   **b)** yn oren.   **c)** yn goch.

Rhowch saethau ar raddfa debygolrwydd i ddangos y tebygolrwyddau hyn.

Datrysiad

a) Mae 5 o'r 10 o felysion posibl yn wyrdd.
Tebygolrwydd tynnu un gwyrdd o'r bag yw $\frac{5}{10} = 0.5$.

b) Mae 3 o'r melysion yn oren. Felly, tebygolrwydd tynnu un oren yw $\frac{3}{10} = 0.3$.

c) Nid oes melysion coch yn y bag. Felly, tebygolrwydd tynnu un coch yw $\frac{0}{10} = 0$.

Wrth luniadu graddfa debygolrwydd, dewiswch raddfa sy'n addas ar gyfer y sefyllfa. Yma mae gennych 10 canlyniad posibl, felly byddai'n addas nodi'r raddfa mewn degfedau.

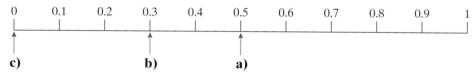

AWGRYM

Peidiwch byth â rhoi eich ateb fel '3 mewn 10' neu '3 allan o 10'.

Rhowch debygolrwyddau fel ffracsiynau neu ddegolion bob amser, er enghraifft $\frac{3}{10}$ neu 0.3.

Mae 10 o felysion mewn bag. Mae 5 yn wyrdd, 2 yn felyn a 3 yn oren.

Mae un o'r melysion yn cael ei dynnu o'r bag, heb edrych.

Cyfrifwch y tebygolrwydd nad yw'n un o'r melysion oren.

Datrysiad Datrysiad

Mae 3 o felysion oren yn y bag, ac mae 10 o felysion i gyd.

Felly nid yw 7 o'r melysion yn rhai oren.

Tebygolrwydd peidio â bod yn oren yw $= \frac{7}{10} = 0.7$.

Sylwch mai tebygolrwydd peidio â bod yn oren yw $1 - 0.3$, a 0.3 yw'r tebygolrwydd o fod yn oren.

Mae hyn yn enghraifft o ganlyniad pwysig.

Y tebygolrwydd na fydd rhywbeth yn digwydd $= 1 -$ Y tebygolrwydd y bydd yn digwydd

Prawf sydyn 39.1

a) Mae rhagolygon y tywydd yn dweud bod siawns o 0.2 y bydd hi'n bwrw glaw yn Abertawe yfory.
Beth yw'r tebygolrwydd na fydd hi'n bwrw glaw yn Abertawe yfory?

b) Meddyliwch am barau eraill o debygolrwyddau tebyg i'r un yn **a)** a'r un yn Enghraifft 39.4.
Gweithiwch mewn parau, un ohonoch yn ysgrifennu'r tebygolrwydd y bydd rhywbeth yn digwydd a'r llall yn ysgrifennu'r tebygolrwydd na fydd yn digwydd.

Tebygolrwydd dau ddigwyddiad

Wrth ddod o hyd i'r tebygolrwydd y bydd dau, neu ragor, o bethau'n digwydd, mae'n werth paratoi rhestr neu dabl o'r canlyniadau posibl.

Edrychwch ar y tabl nesaf. Mae'n dangos y sgorau cyfanswm sy'n bosibl os byddwn yn taflu dau ddis, un coch ac un glas, fel sy'n digwydd yn aml mewn gemau bwrdd.

		Dis glas					
		1	2	3	4	5	6
	1	2	3	4	5	6	7
	2	3	4	5	6	7	8
Dis	3	4	5	6	7	8	9
coch	4	5	6	7	8	9	10
	5	6	7	8	9	10	11
	6	7	8	9	10	11	12

Mae'r tabl yn dangos bod 36 ffordd wahanol i'r ddau ddis lanio.
Er enghraifft, y dis coch yn dangos 1 a'r dis glas yn dangos 4.

ENGHRAIFFT 39.5

Mae dau ddis cyffredin yn cael eu taflu.

Darganfyddwch debygolrwydd cael sgôr gyfanswm sy'n

a) 12. **b)** 4. **c)** 1.

Datrysiad

a) Yn y tabl uchod, un ffordd yn unig sydd o gael 12 yn gyfanswm.
Felly, tebygolrwydd sgorio $12 = \frac{1}{36}$.

b) Mae'r tabl yn dangos bod tair ffordd o gael 4 yn gyfanswm.
Felly, tebygolrwydd sgorio $4 = \frac{3}{36} = \frac{1}{12}$.

c) Nid oes unrhyw ffordd o gael 1 yn gyfanswm.
Felly, tebygolrwydd sgorio $1 = \frac{0}{36} = 0$.

Her 39.3

Gweithiwch mewn parau.
Mae un ohonoch yn dewis pedwar o'i hoff brif gyrsiau bwyd.
Mae'r llall yn dewis tri o'i hoff bwdinau.
Mewn tabl fel hwn, rhestrwch bob un o'r prydau bwyd dau gwrs y gallech eu gwneud o'ch dewisiadau.

Prif gwrs	Pwdin

1 Mae chwe cherdyn wedi'u gosod wyneb i lawr a'u cymysgu. Mae un cerdyn yn cael ei ddewis ar hap.

| 1 | 2 | 1 | 1 | 4 | 3 |

Copïwch y raddfa debygolrwydd hon.

Amhosibl   Sicr
0   0.5   1

Rhowch saethau i ddangos tebygolrwydd pob un o'r digwyddiadau hyn.
Mae'r rhif ar y cerdyn

  a) yn 1.   **b)** yn llai na 5.   **c)** yn eilrif.

2 Mae 10 o beli mewn bag. Mae 5 yn goch, 3 yn wyrdd a'r gweddill yn felyn.
Mae un o'r peli yn cael ei thynnu o'r bag, heb edrych.

  a) Defnyddiwch air tebygolrwydd i gwblhau'r frawddeg hon.
     Mae'n .... y bydd yn un o'r peli melyn.

  b) Lluniadwch raddfa debygolrwydd wedi'i rhifo o 0 i 1.
     Ar y raddfa, nodwch debygolrwydd pob un o'r datganiadau hyn.
     Defnyddiwch saethau a'u labelu'n C, Gw a Gl.
     C: Mae'n un o'r peli coch.
     Gw: Mae'n un o'r peli gwyrdd.
     Gl: Mae'n un o'r peli glas.

3 Mae hwn yn droellwr teg.
Cyfrifwch debygolrwydd ei droelli a chael

  a) 4.

  b) eilrif.

4 Mae dis cyffredin yn cael ei daflu.
Darganfyddwch debygolrwydd sgorio

  a) 2.   **b)** 3 neu fwy.   **c)** 7.

5 Mae 10 cownter mewn bag. Mae 7 yn ddu, 2 yn wyn ac 1 yn goch.
Mae cownter yn cael ei dynnu o'r bag, heb edrych.
Gan roi eich ateb fel degolyn, cyfrifwch debygolrwydd tynnu cownter

  a) sy'n goch.   **b)** sy'n ddu.   **c)** nad yw'n ddu.

6 Mae llythyren yn cael ei dewis ar hap o'r gair TRECELYN.
Darganfyddwch y tebygolrwydd mai'r llythyren yw

a) E. **b)** T. **c)** W.

7 Mae gan Siwan 12 crys T. Heb edrych mae hi'n dewis un.
Ar faint o'i chrysau T mae logo

a) os oes siawns deg ei bod yn dewis crys T â logo arno?

b) os yw hi'n sicr o ddewis crys T â logo arno?

8 Mae 10 cownter mewn bag.
Mae'r raddfa debygolrwydd yn dangos tebygolrwyddau dewis cownter o liw arbennig.

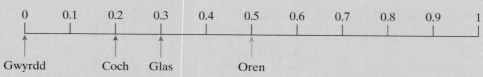

Sawl cownter o bob lliw sydd yn y bag?

9 Mae gan Alys 12 o felysion mewn bag. Mae 7 o'r melysion yn goch ac mae'r 5 arall yn borffor.

a) Heb edrych, mae Alys yn tynnu un o'r melysion o'r bag.
Pa liw mae hi fwyaf tebygol o'i gael?

b) Mae hi'n tynnu 4 o'r melysion o'r bag.
Nawr mae ganddi hi siawns deg fod un o'i melysion yn goch.
Faint o felysion o bob lliw y mae hi wedi'u tynnu o'r bag?

10 Mae gan Siôn 10 crys T. Mae logo ar 4 ohonyn nhw.
Mae'n dewis crys T, heb edrych.
Lluniadwch raddfa debygolrwydd a'i rhifo o 0 i 1, fel yng nghwestiwn **8**.
Ar eich graddfa, nodwch debygolrwydd pob un o'r datganiadau hyn.

a) Mae logo ar y crys T.

b) Nid oes logo ar y crys T.

11 Mewn teulu sydd â 3 phlentyn, y tebygolrwydd eu bod i gyd yn fechgyn yw $\frac{1}{8}$.
Beth yw'r tebygolrwydd nad bechgyn yw pob un o'r plant?

12 Mewn bag mae 5 pêl werdd, 7 pêl goch a 4 pêl ddu.
Heb edrych, mae Sam yn tynnu un bêl o'r bag.
Beth yw'r tebygolrwydd fod Sam yn tynnu pêl

a) sy'n wyrdd? **b)** sy'n goch? **c)** nad yw'n goch?

13 **a)** Copïwch a chwblhewch y tabl hwn i ddangos cyfanswm y sgôr wrth daflu un dis cyffredin a throelli troellwr sydd wedi'i rifo 1 i 4.

		Dis					
		1	2	3	4	5	6
Troellwr	1	2	3				
	2						
	3						
	4						

b) Beth yw'r sgôr uchaf sy'n bosibl?

c) Mewn sawl gwahanol ffordd mae'n bosibl i'r dis a'r troellwr lanio?

ch) Beth yw tebygolrwydd sgorio 9?

14 Mae gan fam Jan hufen iâ blas siocled, fanila a mefus.
Mae hi'n caniatáu i Jan ddewis dwy lwyaid o hufen iâ. Mae'r ddwy lwyaid yn gallu bod yr un blas.

a) Copïwch a chwblhewch y tabl hwn i ddangos holl gyfuniadau'r blasau mae Jan yn gallu eu dewis. Mae dau wedi'u gwneud yn barod i chi.

Llwyaid gyntaf	S	S							
Ail lwyaid	S	F							

b) Mae Jan yn hoffi pob un o'r blasau gystal â'i gilydd ac felly'n dewis cyfuniad ar hap. Darganfyddwch y tebygolrwydd fod gan Jan un llwyaid blas siocled ac un llwyaid blas mefus.

Tebygolrwydd arbrofol

Weithiau, nid yw canlyniadau yn hafal debygol. Er enghraifft, gallai dis fod yn un tueddol, fel ei fod yn fwy tebygol o lanio mewn un ffordd arbennig. Mewn sefyllfaoedd o'r fath, rhaid i ni ddibynnu ar dystiolaeth arbrawf neu dystiolaeth arall i **amcangyfrif** tebygolrwyddau.

$$\text{Tebygolrwydd arbrofol digwyddiad} = \frac{\text{Sawl gwaith mae'n digwydd}}{\text{Cyfanswm nifer y treialon}}$$

Sylwi 39.2

Rhaid cynnal nifer fawr o dreialon cyn y gallwch benderfynu bod dis yn un tueddol.
Edrychwch ar y gwahaniaethau yn y canlyniadau a gawsoch yn Sylwi 39.1.
Faint oedden nhw'n amrywio?
Oedd canlyniadau'r dosbarth cyfan gyda'i gilydd yn agosach at y canlyniad y byddech wedi'i ddisgwyl?
Cymharwch eich canlyniadau chi â'r canlyniadau yn Enghraifft 39.6.

Cafodd dis tueddol ei daflu 1000 gwaith a dyma'r canlyniadau.

Rhif ar y dis	1	2	3	4	5	6
Amlder	60	196	84	148	162	350

Defnyddiwch y canlyniadau hyn i amcangyfrif tebygolrwydd cael 6 wrth daflu'r dis hwn.

Datrysiad

Roedd 6 wedi ymddangos 350 gwaith mewn 1000 tafliad.

Felly amcangyfrifwch debygolrwydd cael 6 trwy gyfrifo $\frac{350}{1000} = 0.35$.

AWGRYM

Fel arfer, mae tebygolrwyddau arbrofol yn cael eu hysgrifennu fel degolion.

Sylwi 39.3

Pa dystiolaeth y mae pobl sy'n paratoi rhagolygon y tywydd yn ei defnyddio i ddarganfod y tebygolrwydd y bydd hi'n bwrw glaw?

YMARFER 39.3

1 Mae Bethan wedi cynnal arolwg o liwiau'r ceir sy'n mynd heibio'r ysgol. Dyma ei chanlyniadau.

Lliw	Coch	Du	Arian	Gwyrdd	Gwyn	Arall
Amlder	5	9	24	4	12	10

Cyfrifwch amcangyfrif o'r tebygolrwydd mai car lliw arian fydd y nesaf i fynd heibio i'r ysgol.

2 Mae Ifan yn meddwl bod ei ddarn arian yn un tueddol.
Wrth ei daflu 200 gwaith, mae'n cael 130 pen a 70 cynffon.

a) Beth yw'r tebygolrwydd arbrofol o gael pen wrth daflu'r darn arian hwn?

b) Mewn 200 tafliad, sawl pen y byddech chi'n disgwyl ei gael petai'r darn arian yn un teg?

c) Beth ddylai Ifan ei wneud i wirio a yw ei ddarn arian yn un tueddol mewn gwirionedd?

3 Dyma ganlyniadau taflu dis 300 gwaith.

Rhif ar y dis	1	2	3	4	5	6
Amlder	41	39	51	63	49	57

a) Ar gyfer y dis hwn, cyfrifwch y tebygolrwydd arbrofol o sgorio
(i) 6. (ii) 2.

b) Ar gyfer dis teg, cyfrifwch, fel degolyn yn gywir i dri lle degol, debygolrwydd sgorio
(i) 6. (ii) 2.

c) A yw eich atebion yn awgrymu bod y dis yn un teg? Rhowch eich rhesymau.

RYDYCH WEDI DYSGU

- ystyr y geiriau *amhosibl, annhebygol, siawns deg, tebygol* a *sicr*
- bod y raddfa debygolrwydd yn mynd o 0 i 1
- y cewch fynegi tebygolrwyddau fel ffracsiynau neu ddegolion
- mai'r
$$\text{Tebygolrwydd y bydd rhywbeth yn digwydd} = \frac{\text{Sawl ffordd mae'n gallu digwydd}}{\text{Cyfanswm y canlyniadau posibl}}$$
- mai'r
  Tebygolrwydd na fydd rhywbeth yn digwydd = 1 − Y Tebygolrwydd y bydd yn digwydd
- wrth restru canlyniadau dau ddigwyddiad, rhaid bod yn systematig er mwyn sicrhau eich bod yn cynnwys yr holl ganlyniadau
- mai
$$\text{Tebygolrwydd arbrofol digwyddiad} = \frac{\text{Sawl gwaith mae'n digwydd}}{\text{Cyfanswm nifer y treialon}}$$
- fod rhaid cynnal nifer fawr o dreialon er mwyn cael amcangyfrif da o debygolrwydd arbrofol

1 Dewiswch y gair tebygolrwydd gorau i gwblhau pob un o'r brawddegau isod.

amhosibl   annhebygol   siawns deg   tebygol   sicr

   a) Mae hi'n .... y byddaf yn 392 oed ar fy mhen-blwydd nesaf.

   b) Mae hi'n .... y byddaf yn cael pen wrth daflu darn arian £1.

   c) Mae hi'n .... y bydd o leiaf un awr o heulwen yn ystod yr wythnos hon.

2 Mae'r chwe cherdyn hyn yn cael eu gosod wyneb i lawr a'u cymysgu. Wedyn mae un cerdyn yn cael ei ddewis.

| 5 | 8 | 4 | 3 | 4 | 4 |

Copïwch y raddfa debygolrwydd hon.

Amhosibl   Sicr

0   0.5   1

Rhowch saethau i ddangos tebygolrwydd pob un o'r digwyddiadau hyn.
Mae'r rhif ar y cerdyn

   a) yn 4.   b) yn llai na 9.   c) yn odrif.

3 Yn ei chas pensiliau, mae gan Mari 10 pin ysgrifennu. Mae hi'n tynnu un o'r cas, heb edrych.

   a) Mae siawns deg y bydd hi'n tynnu pin ysgrifennu glas o'r cas.
   Sawl pin ysgrifennu glas sydd yna?

   b) Mae'n amhosibl iddi dynnu pin ysgrifennu gwyrdd o'r cas.
   Sawl pin ysgrifennu gwyrdd sydd yna?

4 Mae troellwr teg wedi'i labelu 1 i 5.
Mae'n cael ei droelli unwaith.

Gan roi eich ateb fel ffracsiwn, darganfyddwch
y tebygolrwydd y bydd yn glanio

   a) ar 2.

   b) ar odrif.

   c) ar rif sy'n fwy na 3.

5 Mae llythyren yn cael ei dewis ar hap o'r gair SGWARIAU.
Darganfyddwch y tebygolrwydd mai'r llythyren yw

   a) U.   **b)** A.   **c)** B.

6 **a)** Beth yw tebygolrwydd cael 6 wrth daflu dis cyffredin di-duedd unwaith?

   b) Mae dis Bethan yn un tueddol. Tebygolrwydd cael 6 wrth ei daflu yw 0.3.
Beth yw'r tebygolrwydd na fydd dis Bethan yn rhoi 6 wrth gael ei daflu?

7 Mae 20 marblen mewn bag.
Tebygolrwydd tynnu marblen werdd o'r bag ar hap yw $\frac{1}{5}$.
Sawl marblen werdd sydd yn y bag?

8 Heb edrych, mae cownter yn cael ei dynnu o fag.
Y tebygolrwydd ei fod yn goch yw 0.35.
Beth yw'r tebygolrwydd nad yw'n goch?

9 Mae Gareth wedi cynnal arolwg i gael gwybod pa weithgareddau y mae pobl yn eu gwneud mewn canolfan hamdden.
Dyma ei ganlyniadau.

Gweithgaredd	Y gampfa	Nofio	Bowlio deg	Sglefrio rhew	Arall
Amlder	45	72	40	16	27

Cyfrifwch amcangyfrif o'r tebygolrwydd y bydd y person nesaf a ddaw i'r ganolfan hamdden yn mynd i nofio.

10 Mae gan Karen dri chrys T: un coch, un gwyn ac un melyn.
Mae ganddi ddau jîns: un glas ac un du.

   a) Copïwch y tabl hwn a'i gwblhau i ddangos y gwahanol liwiau y mae hi'n gallu eu gwisgo gyda'i gilydd.

Crys T	Jîns

   b) Un diwrnod mae hi'n dewis crys T a jîns ar hap.
Beth yw'r tebygolrwydd fod y crys T yn felyn *a hefyd* fod y jîns yn las?

Y tebygolrwydd na fydd canlyniad yn digwydd

Dysgoch ym Mhennod 39 sut i gyfrifo tebygolrwydd.

Prawn sydyn 40.1

Mae tri phin ysgrifennu a phum pensil mewn blwch.
Mae un o'r rhain yn cael ei ddewis ar hap.

a) Beth yw'r tebygolrwydd o gael pin ysgrifennu, T(pin)?

b) Beth yw'r tebygolrwydd o gael pensil, T(pensil)?

c) Beth yw'r tebygolrwydd o beidio â chael pin ysgrifennu, T(nid pin)?

ch) Beth y gallwch chi ei ddweud am eich atebion i rannau **b)** ac **c)**?

d) Beth yw T(pin) + T(nid pin)?

AWGRYM

Yn aml byddwn yn defnyddio T( ) wrth ysgrifennu tebygolrwydd am ei fod yn arbed amser a lle.

Y tebygolrwydd na fydd rhywbeth yn digwydd = 1 − y tebygolrwydd y bydd rhywbeth yn digwydd

Os t yw'r tebygolrwydd y bydd rhywbeth yn digwydd, gallwn ysgrifennu hyn fel

T(na fydd yn digwydd) = 1 − t

ENGHRAIFFT 40.1

a) Y tebygolrwydd y bydd hi'n bwrw glaw yfory yw $\frac{1}{5}$.
Beth yw'r tebygolrwydd na fydd hi'n bwrw glaw yfory?

b) Y tebygolrwydd y bydd Owain yn sgorio gôl yn y gêm nesaf yw 0.6.
Beth yw'r tebygolrwydd na fydd Owain yn sgorio gôl?

Datrysiad

a) T(dim glaw) = 1 − T(glaw)
$$= 1 - \frac{1}{5}$$
$$= \frac{4}{5}$$

b) T(ddim yn sgorio) = 1 − T(glaw)
$$= 1 - 0.6$$
$$= 0.4$$

YMARFER 40.1

1 Y tebygolrwydd y bydd Meic yn cyrraedd yr ysgol yn hwyr yfory yw 0.1.
Beth yw'r tebygolrwydd na fydd Meic yn hwyr i'r ysgol yfory?

2 Y tebygolrwydd y bydd Cenwyn yn cael brechdanau caws am ei ginio yw $\frac{1}{6}$.
Beth yw'r tebygolrwydd na fydd Cenwyn yn cael brechdanau caws i ginio?

3 Y tebygolrwydd y bydd Anna'n llwyddo yn ei phrawf gyrru yw 0.85.
Beth yw'r tebygolrwydd y bydd Anna'n methu ei phrawf gyrru?

4 Mae'r tebygolrwydd y bydd mam Berwyn yn coginio heno yn $\frac{7}{10}$.
Beth yw'r tebygolrwydd na fydd hi'n coginio heno?

5 Mae'r tebygolrwydd y bydd Wrecsam yn ennill eu gêm nesaf yn 0.43.
Beth yw'r tebygolrwydd na fydd Wrecsam yn ennill eu gêm nesaf?

6 Mae'r tebygolrwydd y bydd Alec yn gwylio'r teledu un noson yn $\frac{32}{49}$.
Beth yw'r tebygolrwydd na fydd yn gwylio'r teledu y noson honno?

Tebygolrwydd pan fo nifer penodol o ganlyniadau gwahanol

Yn aml mae mwy na dau ganlyniad posibl.

Os ydym yn gwybod tebygolrwydd y canlyniadau i gyd heblaw am un, gallwn gyfrifo tebygolrwydd y canlyniad sy'n weddill.

ENGHRAIFFT 40.2

Mae bag yn cynnwys cownteri coch, gwyn a glas yn unig.

Tebygolrwydd dewis cownter coch yw $\frac{1}{12}$.

Tebygolrwydd dewis cownter gwyn yw $\frac{7}{12}$.

Beth yw tebygolrwydd dewis cownter glas?

Datrysiad

Gwyddoch fod T(ddim yn digwydd) = 1 − T(yn digwydd)

Felly T(ddim yn digwydd) + T(yn digwydd) = 1

$$T(\text{nid glas}) + T(\text{glas}) = 1$$
$$T(\text{coch}) + T(\text{gwyn}) + T(\text{glas}) = 1$$
$$T(\text{glas}) = 1 - [T(\text{coch}) + T(\text{gwyn})]$$
$$= 1 - \left(\tfrac{1}{12} + \tfrac{7}{12}\right)$$
$$= 1 - \tfrac{8}{12}$$
$$= \tfrac{4}{12}$$
$$= \tfrac{1}{3}$$

Cownteri coch, gwyn a glas yn unig sydd yn y bag, felly os nad yw cownter yn las rhaid ei fod yn goch neu'n wyn.

Pan fo nifer penodol o ganlyniadau posibl, mae swm y tebygolrwyddau yn hafal i 1.

Er enghraifft, os oes pedwar canlyniad posibl, A, B, C a D, yna

$$T(A) + T(B) + T(C) + T(D) = 1$$

Felly, er enghraifft,

$$T(B) = 1 - [T(A) + T(C) + T(D)]$$
$$\text{neu}$$
$$T(B) = 1 - T(A) - T(C) - T(D)$$

1   Mewn siop mae gwisgoedd du, llwyd a glas ar reilen. Mae Ffion yn dewis un ar hap.
    Tebygolrwydd dewis gwisg lwyd yw 0.2 a thebygolrwydd dewis gwisg ddu yw 0.1.
    Beth yw tebygolrwydd dewis gwisg las?

2   Mae Heulwen yn dod i'r ysgol mewn car neu mewn bws neu ar feic.
    Ar unrhyw ddiwrnod, y tebygolrwydd fod Heulwen yn dod mewn car yw $\frac{3}{20}$ a'r
    tebygolrwydd ei bod hi'n dod mewn bws yw $\frac{11}{20}$.
    Beth yw'r tebygolrwydd fod Heulwen yn dod i'r ysgol ar feic?

3   Mae'r tebygolrwydd y bydd tîm hoci yr ysgol yn ennill eu gêm nesaf yn 0.4.
    Y tebygolrwydd y byddant yn colli yw 0.25.
    Beth yw'r tebygolrwydd y byddant yn cael gêm gyfartal?

4   Mae Pat yn cael wyau wedi'u berwi neu rawnfwyd neu dost i frecwast.
    Mae'r tebygolrwydd y bydd hi'n cael tost yn $\frac{2}{11}$ a'r tebygolrwydd y bydd hi'n cael
    grawnfwyd yn $\frac{5}{11}$.
    Beth yw'r tebygolrwydd y bydd hi'n cael wyau wedi'u berwi?

5   Mae'r tabl yn dangos tebygolrwydd cael rhai o'r sgorau wrth daflu dis tueddol â chwe ochr.

Sgôr	1	2	3	4	5	6
Tebygolrwydd	0.27	0.16	0.14		0.22	0.1

    Beth yw tebygolrwydd cael 4?

6   Pan fydd Jac yn cael ei ben-blwydd, mae ei Fodryb Ceridwen yn rhoi arian neu docyn
    rhodd iddo neu'n anghofio'n gyfan gwbl.
    Mae'r tebygolrwydd y bydd Modryb Ceridwen yn rhoi arian i Jac ar ei ben-blwydd
    yn $\frac{3}{4}$ a'r tebygolrwydd y bydd hi'n rhoi tocyn rhodd iddo yn $\frac{1}{5}$.
    Beth yw'r tebygolrwydd y bydd hi'n anghofio ei ben-blwydd?

Her 40.1

Yn ôl rhagolygon y tywydd mae'r tebygolrwydd y bydd hi'n heulog yfory yn 0.4.

Mae Tim yn dweud bod hynny'n golygu mai'r tebygolrwydd y bydd hi'n bwrw
glaw yw 0.6.

A yw Tim yn gywir? Pam?

Mae bag arian yn cynnwys darnau 5c, 10c, a 50c yn unig.
Cyfanswm yr arian yn y bag yw £5.

Mae darn arian yn cael ei ddewis o'r bag ar hap.

$T(5c) = \frac{1}{2}$

$T(10c) = \frac{3}{8}$

a) Cyfrifwch T(50c).

b) Faint o bob math o ddarn arian sydd yn y bag?

Amlder disgwyliedig

Gallwn ddefnyddio tebygolrwydd hefyd i ragfynegi pa mor aml y bydd
canlyniad yn digwydd, neu **amlder disgwyliedig** y canlyniad.

ENGHRAIFFT 40.3

Bob tro y bydd Ron yn chwarae gêm o snwcer,
mae'r tebygolrwydd y bydd e'n ennill yn $\frac{7}{10}$.

Yn ystod tymor, bydd Ron yn chwarae 30 gêm.
Faint o'r gemau y mae disgwyl iddo eu hennill?

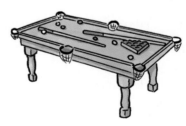

Datrysiad

Mae'r tebygolrwydd T(ennill) $= \frac{7}{10}$ yn dangos y bydd Ron yn ennill,

ar gyfartaledd, saith gwaith ym mhob deg gêm y bydd yn eu chwarae.

Hynny yw, bydd e'n ennill $\frac{7}{10}$ o'i gemau.

Yn ystod tymor, bydd disgwyl iddo ennill $\frac{7}{10}$ o 30 gêm.

$\frac{7}{10} \times 30 = \frac{210}{10}$

$\qquad\quad = 21$

Dyma enghraifft o ganlyniad pwysig.

> Amlder disgwyliedig = tebygolrwydd × nifer y cynigion

ENGHRAIFFT 40.4

Mae'r tebygolrwydd y bydd plentyn yn cael y frech goch yn 0.2.

O'r 400 o blant mewn ysgol gynradd, faint ohonynt y byddech yn disgwyl iddynt gael y frech goch?

Datrysiad

Amlder disgwyliedig = tebygolrwydd × nifer y cynigion
= 0.2 × 400
= 80 o blant.

Yma mae gan bob un o'r 400 o blant 0.2 o siawns o gael y frech goch. Mae nifer y cynigion yr un fath â nifer y plant: 400.

YMARFER 40.3

1 Y tebygolrwydd y bydd Branwen yn hwyr i'r gwaith yw 0.1.
Sawl gwaith y byddech chi'n disgwyl iddi fod yn hwyr yn ystod 40 diwrnod gwaith?

2 Y tebygolrwydd y bydd hi'n heulog ar unrhyw ddiwrnod ym mis Ebrill yw $\frac{2}{5}$.
Faint o'r 30 o ddiwrnodau ym mis Ebrill y byddech yn disgwyl iddynt fod yn heulog?

3 Y tebygolrwydd y bydd Bangor yn ennill eu gêm nesaf yw 0.85.
Faint o'u 20 gêm nesaf y byddech chi'n disgwyl iddynt eu hennill?

4 Pan fydd Iwan yn chwarae dartiau, mae'r tebygolrwydd y bydd e'n sgorio bwl yn $\frac{3}{20}$.
Mae Iwan yn cymryd rhan mewn gêm i godi arian ac mae'n taflu 400 o ddartiau.
Mae pob dart sy'n sgorio bwl yn ennill £5 i elusen.
Faint y gallech chi ddisgwyl iddo ei ennill i'r elusen?

5 Mae dis cyffredin â chwe ochr yn cael ei daflu 300 o weithiau.
Sawl gwaith y gallech ddisgwyl sgorio:
a) 5?   b) eilrif?

6 Mae blwch yn cynnwys 2 bêl felen, 3 pêl las a 5 pêl werdd.
Mae pêl yn cael ei dewis ar hap ac mae ei lliw yn cael ei nodi.
Yna mae'r bêl yn cael ei rhoi yn ôl yn y blwch. Mae hyn yn cael ei wneud 250 o weithiau.
Faint o beli o bob lliw y gallech chi ddisgwyl eu cael?

Amlder cymharol

Rydych yn gwybod eisoes o gyfnod allweddol 3 sut i **amcangyfrif** tebygolrwydd gan ddefnyddio **tystiolaeth arbrofol**.

$$\text{Tebygolrwydd arbrawf digwyddiad} = \frac{\text{sawl gwaith mae'n digwydd}}{\text{cyfanswm nifer y cynigion}}$$

Amlder cymharol yw'r term am yr amcangyfrif o'r tebygolrwydd.

Prawn sydyn 40.2

Copïwch y tabl hwn a'i gwblhau trwy ddilyn y cyfarwyddiadau isod.

Nifer y cynigion	20	40	60	80	100
Nifer y 'pennau'					
Amlder cymharol $= \dfrac{\text{Nifer y 'pennau'}}{\text{Nifer y cynigion}}$					

- Taflwch ddarn arian 20 gwaith a chofnodwch, gan ddefnyddio marciau rhifo, sawl tro y byddwch yn cael pen.
- Nawr taflwch y darn arian 20 gwaith arall a chofnodwch nifer y 'pennau' ar gyfer y 40 tafliad.
- Parhewch i wneud hyn mewn grwpiau o 20 a chofnodwch nifer y 'pennau' ar gyfer 60, 80 a 100 tafliad.
- Cyfrifwch amlder cymharol 'pennau' ar gyfer 20, 40, 60, 80 a 100 tafliad. Rhowch eich atebion yn gywir i 2 le degol.

a) Beth sy'n eich taro ynglŷn â gwerthoedd yr amlderau cymharol?

b) Tebygolrwydd cael pen ag un tafliad yw $\frac{1}{2}$ neu 0.5. Pam?

c) Sut mae gwerth terfynol eich amlder cymharol yn cymharu â'r gwerth hwn o 0.5?

Mae'r amlder cymharol yn dod yn fwy manwl gywir po fwyaf o gynigion a wnewch. Wrth ddefnyddio tystiolaeth arbrawf i amcangyfrif tebygolrwydd, mae'n well gwneud o leiaf 100 o gynigion.

1 Mae Ping yn rholio dis 500 o weithiau ac mae'n cofnodi sawl tro y bydd pob sgôr yn ymddangos.

Sgôr	1	2	3	4	5	6
Amlder	69	44	85	112	54	136

a) Cyfrifwch amlder cymharol pob un o'r sgorau. Rhowch eich ateb yn gywir i 2 le degol.

b) Beth yw'r tebygolrwydd o gael pob sgôr ar ddis cyffredin sydd â chwe wyneb?

c) Yn eich barn chi, a yw dis Ping yn ddis tueddol? Rhowch reswm dros eich ateb.

2 Mae Rhun yn sylwi bod 7 o'r 20 car ym maes parcio'r ysgol yn goch.
Mae'n dweud bod tebygolrwydd o $\frac{7}{20}$ y bydd y car nesaf sy'n dod i mewn i'r maes parcio yn goch.
Eglurwch beth sydd o'i le ar hyn.

3 Mewn etholiad lleol, gofynnwyd i 800 o bobl i ba blaid y byddent yn pleidleisio.
Mae'r tabl yn dangos y canlyniadau.

Plaid	Plaid Cymru	Llafur	Dem. Rhydd.	Ceidwadol
Amlder	240	376	139	45

a) Cyfrifwch amlder cymharol pob plaid.
Rhowch eich atebion yn gywir i 2 le degol.

b) Amcangyfrifwch y tebygolrwydd y bydd y person nesaf sy'n cael ei holi yn pleidleisio i Lafur.

4 Mae Emma a Rebecca yn credu bod ganddynt ddarn arian tueddol.
Maen nhw'n penderfynu cynnal arbrawf i wirio hyn.

a) Mae Rebecca'n taflu'r darn arian 20 gwaith ac yn cael pen 10 gwaith.
Mae hi'n dweud nad oes tuedd gan y darn arian.
Yn eich barn chi, pam mae hi wedi dod i'r casgliad hwn?

b) Mae Emma'n taflu'r darn arian 300 o weithiau ac mae'n cael pen 102 o weithiau.
Mae hi'n dweud bod tuedd gan y darn arian.
Yn eich barn chi, pam mae hi wedi dod i'r casgliad hwn?

c) Pwy sy'n gywir? Rhowch reswm dros eich ateb.

5 Gwnaeth Iolo droellwr â'r rhifau 1, 2, 3 a 4 arno.
Rhoddodd brawf ar y troellwr i weld a oedd yn un teg.
Troellodd y troellwr 600 o weithiau.
Mae'r canlyniadau yn y tabl.

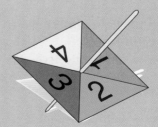

Sgôr	1	2	3	4
Amlder	160	136	158	146

a) Cyfrifwch amlder cymharol pob un o'r sgorau.
Rhowch eich atebion yn gywir i 2 le degol.

b) Yn eich barn chi, a yw'r troellwr yn un teg?
Rhowch reswm dros eich ateb.

c) Pe bai Iolo'n rhoi prawf ar y troellwr eto ac yn ei droelli 900 o weithiau, sawl gwaith y byddech chi'n disgwyl i bob un o'r sgorau ymddangos?

6 Mae Samantha wedi cynnal arolwg o sut mae disgyblion yn teithio i'r ysgol. Holodd 200 o ddisgyblion. Dyma'r canlyniadau.

Dull teithio	Bws	Car	Beic	Cerdded
Nifer y disgyblion	49	48	23	80

a) Eglurwch pam mae'n rhesymol i Samantha ddefnyddio'r canlyniadau hyn i amcangyfrif tebygolrwyddau'r disgyblion sy'n teithio yn y dulliau gwahanol.

b) Amcangyfrifwch y tebygolrwydd y bydd disgybl sy'n cael ei ddewis ar hap yn defnyddio pob un o'r dulliau gwahanol i fynd i'r ysgol.

Her 40.3   **?**

Gweithiwch mewn parau.

Rhowch 10 cownter, rhai'n goch a'r gweddill yn wyn, mewn bag.

Heriwch eich partner i ddarganfod faint o gownteri o bob lliw sydd yno.

Awgrym: Mae angen i chi ddyfeisio arbrawf sy'n defnyddio 100 o gynigion.
Ar ddechrau pob cynnig, rhaid i bob un o'r 10 cownter fod yn y bag.

RYDYCH WEDI DYSGU

- bod y tebygolrwydd na fydd rhywbeth yn digwydd yn $1 -$ y tebygolrwydd y bydd rhywbeth yn digwydd
- os bydd tri digwyddiad, A, B ac C, yn cwmpasu pob canlyniad posibl yna, er enghraifft, bydd $T(A) = 1 - T(B) - T(C)$
- mai amlder disgwyliedig = Tebygolrwydd × Cyfanswm nifer y cynigion
- mai amlder cymharol = $\dfrac{\text{Sawl gwaith mae rhywbeth yn digwydd}}{\text{Cyfanswm nifer y cynigion}}$
- bod amlder cymharol yn amcangyfrif da o debygolrwydd os oes digon o gynigion

1 Y tebygolrwydd y gall Penri sgorio 20 ag un dart yw $\frac{2}{9}$.
Beth yw'r tebygolrwydd na fydd yn sgorio 20 ag un dart?

2 Y tebygolrwydd y bydd Carmen yn mynd i'r sinema yn ystod unrhyw wythnos yw 0.65.
Beth yw'r tebygolrwydd na fydd hi'n mynd i'r sinema yn ystod un wythnos?

3 Mae'r tabl yn dangos rhai o'r tebygolrwyddau ar gyfer faint o amser y bydd unrhyw gar yn aros mewn maes parcio.

Amser	Hyd at 30 munud	30 munud hyd at 1 awr	1 awr hyd at 2 awr	Mwy na 2 awr
Tebygolrwydd	0.15	0.32	0.4	

Beth yw'r tebygolrwydd y bydd car yn aros yn y maes parcio am fwy na 2 awr?

4 Mae 20 cownter mewn bag. Maent i gyd yn goch, gwyn neu las.
Mae cownter yn cael ei ddewis o'r bag ar hap.
Y tebygolrwydd ei fod yn goch yw $\frac{1}{4}$. Y tebygolrwydd ei fod yn wyn yw $\frac{2}{5}$.

a) Beth yw'r tebygolrwydd ei fod yn las?

b) Faint o gownteri o bob lliw sydd yno?

5 Mae'r tebygolrwydd y bydd Robert yn mynd i nofio ar unrhyw ddiwrnod yn 0.4.
Mae 30 o ddiwrnodau ym mis Mehefin.
Ar faint o ddiwrnodau ym mis Mehefin y gallech chi ddisgwyl i Robert fynd i nofio?

6 Mae Hefina yn credu efallai fod tuedd gan ddarn arian.
Er mwyn rhoi prawf ar hyn, mae hi'n taflu'r darn arian 20 gwaith.
Mae'n cael pen 10 gwaith.
Mae Hefina'n dweud, 'Mae'r darn arian yn un teg.'

a) Pam mae Hefina'n dweud hyn?

b) A yw hi'n gywir? Rhowch reswm dros eich ateb.

7 Mewn arbrawf gyda dis tueddol, dyma'r canlyniadau ar ôl 400 o dafliadau.

Sgôr	1	2	3	4	5	6
Amlder	39	72	57	111	25	96

a) Pe bai'r dis yn un teg, beth fyddech chi'n disgwyl i amlder pob sgôr fod?

b) Defnyddiwch y canlyniadau i amcangyfrif tebygolrwydd taflu'r dis hwn a chael
  (i) rhif 1.   **(ii)** eilrif.   **(iii)** rhif sy'n fwy na 4.

Casglu data

Gwahanol fathau o ddata

Gallwn gyfrif neu fesur y rhan fwyaf o bethau mewn rhyw ffordd neu'i gilydd. Mae data sy'n ganlyniad i gyfrif pethau yn cael eu galw'n **ddata arwahanol**, ac mae data sy'n ganlyniad i wneud mesuriadau'n cael eu galw'n **ddata di-dor**.

ENGHRAIFFT 41.1

Pa rai o'r rhain sy'n ddata arwahanol a pha rai sy'n ddi-dor?

Uchder	Nifer plant	Swm arian	Maint esgid	Amser

Datrysiad

Data arwahanol yw nifer plant, swm arian a maint esgid.
Maen nhw i gyd yn cael eu cyfrif.

Efallai nad oeddech yn rhy sicr ynglŷn â maint esgid. Byddech yn mesur eich traed ond rhif yw maint eich esgid.

Data di-dor yw uchder ac amser.
Mae'r naill a'r llall yn cael eu mesur.

Dulliau casglu data

Fel arfer, byddwn yn dangos canlyniadau casglu data mewn tabl neu fel diagram o ryw fath. Wrth gasglu data mae'n werth meddwl sut y gwnewch chi ddangos y canlyniadau oherwydd gallai hynny effeithio ar eich dull o'u casglu.

Gallech yn hawdd gasglu data oddi wrth bob disgybl yn eich dosbarth ynglŷn â nifer y plant sydd yn eu teulu. Un dull o gasglu'r data hyn fyddai gofyn i bob disgybl yn unigol a llunio rhestr fel hon.

Dosbarth 10G														
1	2	1	1	2	3	2	1	2	1	1	2	4	2	1
5	2	3	1	1	4	10	3	2	5	1	2	1	1	2

Gallai defnyddio yr un dull i gasglu data oddi wrth bob disgybl yn eich blwyddyn fynd yn anniben iawn. Un ffordd o wneud y casglu'n haws yw defnyddio taflen casglu data. Gallech ddylunio taflen fel yr un ar y chwith isod i wneud casglu'r data yn dasg hawdd a sydyn.

Mae'r data ar gyfer Dosbarth 10G i'w gweld yn y tabl ar y dde isod. Mae llinell fertigol, sef **marc rhifo**, yn cael ei thynnu am bob ymateb, gan dynnu pob pumed llinell ar oledd er mwyn casglu'r marciau rhifo yn fwndeli. Mae hyn yn gwneud eu cyfrif yn haws.

Enw arall ar sawl tro mae rhywbeth yn digwydd yw **amlder**, ac weithiau byddwn yn galw'r tabl terfynol yn dabl amlder. Mae tabl amlder yn dangos sawl tro y cawsoch chi ymateb arbennig.

Nifer y plant	Marciau rhifo
1	
2	
3	
4	
5	
6	
7	
8	
9	
10	

Nifer y plant	Marciau rhifo	Cyfanswm (Amlder)
1	|||| |||| ||	12
2	|||| ||||	10
3	|||	3
4	||	2
5	||	2
6		0
7		0
8		0
9		0
10	|	1

Cyn mynd ati i ddylunio taflen casglu data byddai'n werth gwybod sut atebion i'w disgwyl, ond nid yw hynny bob amser yn bosibl. Er enghraifft, beth fyddai'n digwydd pe byddech chi'n defnyddio'r tabl uchod a bod rhywun yn dweud 13?

Un ffordd o drin y broblem hon yw cael llinell ychwanegol ar waelod y tabl i gofnodi pob ymateb arall. Mae'r tabl gyferbyn yn dangos y syniad.

Ar ôl ychwanegu llinell 'Mwy na 5' gallwn gofnodi pob ymateb posibl a chael gwared â rhai o'r llinellau sydd heb gael unrhyw ymatebion. Gallem yr un mor hawdd fod wedi'i galw'n llinell 'Mwy na 6' a chael llinell â sero ynddi ar gyfer amlder o 6 uwchben y llinell hon. Mae'r cyfan yn dibynnu ar yr atebion rydym ni'n eu disgwyl.

Nifer y plant	Marciau rhifo	Amlder
1	ⵂ ⵂ ‖	12
2	ⵂ ⵂ	10
3	‖‖	3
4	‖	2
5	‖	2
Mwy na 5	‖	1

(◉) YMARFER 41.1

1 Pa rai o'r rhain sy'n ddata arwahanol a pha rai sy'n ddata di-dor?

Pwysau   Pellter   Nifer anifeiliaid anwes   Tymheredd   Swm arian
Oedran mewn blynyddoedd

2 Rhestrwch o leiaf tair enghraifft arall o
   a) data di-dor.   **b)** data arwahanol.

3 Dyluniwch daflen casglu data ar gyfer pob un o'r rhain.
   a) Mis geni   **b)** Diwrnod geni   **c)** Maint esgid
   ch) Lliwiau ceir teulu   **d)** Hoff ddiod ysgafn

4 Ar gyfer pob un o'r eitemau yng nghwestiwn 3, casglwch y data ar gyfer eich dosbarth chi a pharatowch dabl amlder .

Her 41.1

Ar gyfer pob un o'r canlynol, casglwch y data ar gyfer eich grŵp blwyddyn a gwnewch dabl amlder.
a) Y math o anifail anwes sydd ganddyn nhw   **b)** Hoff fath o gerddoriaeth
c) Hoff ffrwyth   **ch)** Hoff lysieuyn

Arddangos data

Gallwn ddefnyddio diagram i arddangos canlyniadau'r data sydd mewn tabl amlder. Dyma ddwy ffordd o wneud hyn â data arwahanol. Sylwch fod bwlch rhwng pob llinell neu far. Pan fyddwn yn lluniadu siart bar ar gyfer data di-dor, nid oes bwlch rhwng y barrau. Nid ydym yn lluniadu graffiau llinell fertigol ar gyfer data di-dor. Mae'r ddau ddiagram hyn yn dangos y canlyniadau ar gyfer nifer y plant mewn teulu.

Graff llinell fertigol

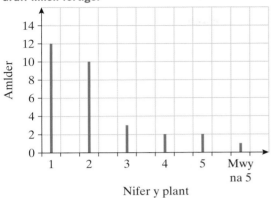

Siart bar

ENGHRAIFFT 41.2

Lluniadwch graff llinell fertigol a siart bar i ddangos y data hyn.

Nifer yr anifeiliaid anwes	Amlder
0	7
1	9
2	5
3	2
4	2
5	1
Mwy na 5	4

Datrysiad

Tynnwch linell neu far ar gyfer pob dosbarth. Mae uchder y linell neu'r bar yn dangos amlder y dosbarth.

Graff llinell fertigol

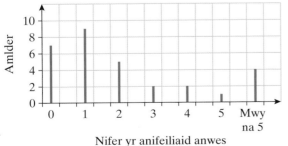

Siart bar

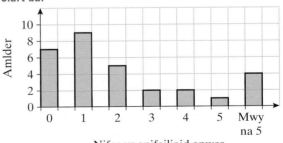

1 Lluniadwch graff llinell fertigol i ddangos pob un o'r setiau hyn o ddata.

a)

Y math o ddarn arian	Amlder
1c	6
2c	8
5c	12
10c	7
20c	9
50c	4
£1	2
£2	1

b)

Nifer y ceir	Amlder
0	3
1	9
2	11
3	4
4	2
Mwy na 4	1

c)

Nifer yr ystafelloedd gwely	Amlder
1	1
2	8
3	10
4	7
5	3
Mwy na 5	1

2 Lluniadwch siart bar i ddangos pob un o'r setiau hyn o ddata.

a)

Y math o anifail anwes	Amlder
Aderyn	3
Cath	9
Ci	7
Pysgodyn	6
Ceffyl	1
Cwningen	3
Arall	1

b)

Y nifer o frodyr	Amlder
0	7
1	11
2	9
3	1
Mwy na 3	2

c)

Lliw llygaid	Amlder
Glas	5
Brown	7
Gwyrdd	10
Llwyd	7
Arall	1

ch)

Nifer y llenwadau	Amlder
0	15
1	12
2	8
3	5
Mwy na 3	2

d)

Hoff greision	Amlder
Plaen	55
Eidion	31
Cyw iâr	12
Caws a nionyn	15
Halen a finegr	23
Arall	14

Her 41.2

Paratowch gwestiwn o'ch dewis eich hun sy'n sôn am ddata arwahanol.
Dyluniwch daflen casglu data.
Casglwch y data am eich dosbarth neu eich grŵp blwyddyn chi.
Lluniadwch graff addas i ddangos y canlyniadau.

Tablau dwyffordd

Weithiau bydd mwy nag un ffactor yn y data sy'n cael eu casglu. Edrychwch ar yr enghraifft hon.

ENGHRAIFFT 41.3

Mae Pedr wedi casglu data am y ceir sydd mewn maes parcio. Ar gyfer pob car, mae Pedr
wedi cofnodi'r lliw ac ym mhle y cafodd y car ei wneud.
Mae'n gallu dangos y ddau ffactor hyn mewn tabl dwyffordd.
Rhai o'r manylion yn unig sydd wedi'u cofnodi ganddo. Cwblhewch y tabl.

	Wedi'i wneud yn Ewrop	Wedi'i wneud yn Asia	Wedi'i wneud yn UDA	Cyfanswm
Coch	15	4	2	
Nid coch	83			154
Cyfanswm		73		

Datrysiad

	Wedi'i wneud yn Ewrop	Wedi'i wneud yn Asia	Wedi'i wneud yn UDA	Cyfanswm
Coch	15	4	2	21
Nid coch	83	69	2	154
Cyfanswm	98	73	4	175

Cyfanswm nifer y ceir sydd wedi'u gwneud yn Asia yw 73. Felly mae
$73 - 4 = 69$ car wedi'i wneud yn Asia a heb fod yn gar goch.
Cyfanswm nifer y ceir nad ydyn nhw'n geir coch yw 154. Felly mae
$154 - 83 - 69 = 2$ gar nad yw'n coch ac sydd wedi'i wneud yn UDA.
Gallwch yn awr gwblhau pob cyfanswm trwy adio ar draws y rhesi neu i lawr y colofnau.

AWGRYM

Ffordd dda o wirio'r canlyniadau yw cyfrifo'r prif gyfanswm (y rhif yn y gornel
isaf ar y dde yn y tabl) ddwywaith. Dylai'r rhif a gewch wrth adio i lawr y
golofn olaf fod yr un faint â'r rhif a gewch wrth adio ar draws y rhes isaf.

1 Dyma dabl dwyffordd yn dangos canlyniadau arolwg ceir.

a) Copïwch a chwblhewch y tabl.

	O Japan	Nid o Japan	Cyfanswm
Coch	35	65	
Nid coch	72	438	
Cyfanswm			

b) Sawl car oedd yn yr arolwg?

c) Sawl car o Japan oedd yn yr arolwg?

ch) Sawl un o'r ceir o Japan nad oedd yn gar coch?

d) Sawl car coch oedd yn yr arolwg?

2 Mae cwmni cyffuriau wedi bod yn cymharu math newydd o gyffur trin clefyd y gwair â chyffur sydd ar gael yn barod. Mae'r tabl dwyffordd yn dangos canlyniadau profion y cwmni.

a) Copïwch a chwblhewch y tabl.

	Cyffur presennol	Cyffur newydd	Cyfanswm
Yn lleddfu'r symptomau	700	550	
Dim newid yn y symptomau	350	250	
Cyfanswm			

b) Faint o bobl gymerodd ran yn y profion?

c) O'r bobl a ddefnyddiodd y cyffur newydd, faint brofodd leddfu eu symptomau?

3 Pleidleisiodd grŵp o ddisgyblion i ddewis beth i'w wneud ar ddiwrnod gweithgareddau. Copïwch a chwblhewch y tabl.

	Marchogaeth	Chwaraeon	Cyfanswm
Bechgyn		18	
Merched	15		
Cyfanswm		25	48

4 Atebodd grŵp o ddisgyblion arolwg ynglŷn â pha gemau y maen nhw'n eu chwarae.

a) Copïwch a chwblhewch y tabl.

b) Sawl disgybl nad oedd yn chwarae na hoci na badminton?

	Hoci	Nid hoci	Cyfanswm
Badminton	33		
Nid badminton			39
Cyfanswm	57		85

5   Yn ystod pencampwriaeth athletau dan do, UDA, yr Almaen a China enillodd y mwyaf o fedalau.

a)   Copïwch a chwblhewch y tabl.

	Aur	Arian	Efydd	Cyfanswm
UDA	31		10	
Yr Almaen	18	16		43
China		9	11	42
Cyfanswm		43		

b)   Pa wlad enillodd y mwyaf o fedalau aur?

c)   Pa wlad enillodd y mwyaf o fedalau efydd?

Grwpio data

Gallwn baratoi tablau amlder a lluniadu siartiau bar i ddangos meintiau mawr o ddata ond, pan fo gennym lawer o eitemau gwahanol, mae'n aml yn well eu trefnu'n grwpiau.
Gallwn wneud hyn â data arwahanol neu ddata di-dor. Mae'r enghraifft nesaf yn defnyddio data arwahanol.

ENGHRAIFFT 41.4

Dyma ddata sy'n dangos nifer yr afalau mae 100 coeden wedi'u cynhyrchu.

43	56	89	64	74	52	48	55	63	74
52	75	59	46	77	55	80	93	63	58
63	57	81	57	58	59	51	63	67	62
81	62	68	68	59	61	39	78	46	49
57	66	57	79	48	72	47	54	70	34
49	54	37	67	83	67	78	47	59	84
53	59	79	53	69	53	67	66	83	89
77	70	42	48	72	64	56	52	73	71
38	84	62	32	78	77	41	64	58	44
48	90	57	50	49	60	36	72	48	68

Defnyddiwch farciau rhifo i baratoi tabl amlder a lluniadwch siart bar i ddangos y data hyn.

Wrth i chi grwpio data, dylech wneud pob grŵp yr un maint.

Yma mae'r grwpiau fesul cyfwng o 10.

Nifer yr afalau	Marciau rhifo	Amlder
30 i 39	ⅢⅠ	6
40 i 49	Ⅲ Ⅲ Ⅲ Ⅰ	16
50 i 59	Ⅲ Ⅲ Ⅲ Ⅲ Ⅲ ⅠⅠ	27
60 i 69	Ⅲ Ⅲ Ⅲ Ⅲ ⅠⅠ	22
70 i 79	Ⅲ Ⅲ Ⅲ ⅠⅠⅠ	18
80 i 89	Ⅲ ⅠⅠⅠⅠ	9
90 i 99	ⅠⅠ	2

Mae uchder y barrau'n dangos amlder pob grŵp

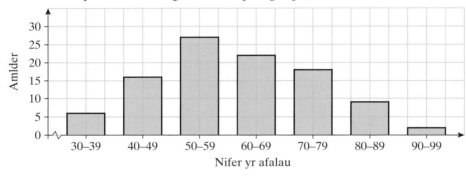

YMARFER 41.4

1 Defnyddiwch farciau rhifo i lunio tabl amlder ar gyfer pob un o'r setiau data hyn.

a) Nifer yr adar sydd mewn gardd

Defnyddiwch y grwpiau 1 i 5, 6 i 10, 11 i 15, 16 i 20, … .

4	26	11	24	3	7	8	12	23	14
22	15	5	6	7	8	11	3	8	28
3	7	5	7	17	9	1	13	7	12
1	2	8	18	13	12	3	6	6	9
17	15	11	9	8	17	7	14	16	4
9	7	9	7	3	7	8	7	9	13

b) Nifer y stampiau sydd wedi'u casglu bob dydd

Defnyddiwch y grwpiau 1 i 10, 11 i 20, 21 i 30, … .

41	64	12	34	17	32	18	27	37	14
23	25	15	43	3	24	33	13	28	21
13	37	45	27	18	39	31	23	6	19
14	2	28	19	35	41	33	46	27	16
7	35	24	19	9	23	37	24	10	17
26	27	39	26	23	37	28	17	8	13

c) Nifer y ceir sydd mewn maes parcio

Defnyddiwch y grwpiau 1 i 20, 21 i 40, 41 i 60, 61 i 80, … .

41	84	42	34	67	37	88	37	67	74
63	65	55	43	53	44	63	53	48	61
33	67	47	27	48	59	51	73	36	59
14	52	28	17	35	51	43	86	47	46
7	35	14	39	49	63	37	74	50	37
56	27	39	56	53	77	68	57	38	43

2 Lluniadwch siart bar ar gyfer pob un o'r setiau data hyn.

a)

Grawnwin ym mhob clwstwr	Amlder
30 i 49	35
50 i 69	49
70 i 89	27
90 i 109	18
110 neu fwy	0

b)

Dail ar bob cangen	Amlder
1 i 25	12
26 i 50	23
51 i 75	31
76 i 100	17
101 neu fwy	9

c)

Llyslau ar bob planhigyn	Amlder
0 i 19	15
20 i 39	32
40 i 59	45
60 i 79	41
80 i 99	24
100 neu fwy	43

ch)

Nifer y morgrug	Amlder
Llai na 30	15
30 i 49	37
50 i 69	46
70 i 89	29
90 neu fwy	13

d)	Wyau bob dydd	Amlder
	0 i 9	21
	10 i 19	65
	20 i 29	88
	30 i 39	59
	40 neu fwy	17

dd)	Afalau ym mhob bocs	Amlder
	140 i 149	1
	150 i 159	13
	160 i 169	38
	170 i 179	49
	180 i 189	16
	190 i 199	6
	200 neu fwy	2

RYDYCH WEDI DYSGU

- **mai data di-dor yw data sy'n cael eu mesur; mai data arwahanol yw data sy'n cael eu cyfrif**
- **sut i gasglu a chofnodi data**
- **bod graffiau llinell fertigol a siartiau bar yn ddulliau o arddangos data arwahanol**

YMARFER CYMYSG 41

1 Pa rai o'r rhain sy'n ddata arwahanol a pha rai sy'n ddata di-dor?

Lliw gwallt   Y math o gerbyd   Taldra   Y nifer o chwiorydd

Maint torf   Hyd   Y sgôr ar ddis

2 Dyluniwch daflen casglu data ar gyfer pob un o'r rhain.

a) Lliw gwallt

b) Hoff fath o afal

c) Lliw drws tŷ

ch) Rhychwant llaw

3 Lluniadwch graff llinell fertigol ar gyfer pob un o'r setiau data hyn.

a)

Y sgôr wrth daflu dis	Amlder
1	7
2	10
3	6
4	12
5	9
6	6

b)

Nifer y goliau ym mhob gêm	Amlder
1	4
2	11
3	15
4	7
5	2
Mwy na 5	1

c)

Lliw gwallt	Amlder
Brown	26
Du	8
Melyn	21
Coch	7
Brith	3
Arall	5

ch)

Yn berchen peiriant gemau	Amlder
Playstation	45
X-box	17
Gamecube	9
PC	26
Arall	3

4 Lluniadwch siart bar ar gyfer pob un o'r setiau data hyn.

a)

Y math o gar	Amlder
Ford	31
Vauxhall	28
Toyota	7
Nissan	6
Volkswagen	15
Volvo	3
Arall	10

b)

Nifer yr anifeiliaid anwes	Amlder
0	15
1	12
2	7
3	2
Mwy na 3	4

c)

Y math o ffôn	Amlder
Motorola	12
Samsung	7
Nokia	19
Ericsson	7
Siemens	1
Arall	4

5 Pleidleisiodd grŵp o ddisgyblion i ddewis ble i fynd am ddiwrnod i ddathlu diwedd tymor. Mae'r tabl dwyffordd yn dangos rhai o'u pleidleisiau.
Copïwch a chwblhewch y tabl.

	Parc Oakwood	Parc Margam	Porthcawl	Cyfanswm
Merched	31	25		
Bechgyn		11		75
Cyfanswm	74		48	

6 Defnyddiwch farciau rhifo i lunio tabl amlder ar gyfer pob un o'r setiau data hyn.

a) Nifer y cryno ddisgiau sydd gan bobl

Defnyddiwch y grwpiau 1 i 10, 11 i 20, 21 i 30, 31 i 40, … .

43	25	51	24	43	23	52	62	23	24
27	14	15	16	37	34	10	34	38	38
31	7	55	8	26	45	41	13	27	15
67	13	48	18	13	56	39	53	3	39
16	35	31	50	18	67	57	44	18	46

b) Nifer y blodau ar bob planhigyn

Defnyddiwch y grwpiau 1 i 20, 21 i 40, 41 i 60, 61 i 80, … .

41	74	43	37	57	27	58	26	64	68
63	45	50	45	43	54	43	43	38	51
33	57	41	28	47	51	31	54	46	39
24	62	29	16	25	55	46	66	42	40
37	35	19	34	39	43	37	73	55	32
55	28	36	36	56	77	48	59	28	49

7 Lluniadwch siart bar ar gyfer pob un o'r setiau data hyn.

a)

Blodau ar blanhigyn	Amlder
1 to 5	8
6 to 10	19
11 to 15	14
16 to 20	6
21 to 25	13

b)

Teithwyr mewn bws	Amlder
0 to 9	13
10 to 19	31
20 to 29	39
30 to 39	37
40 to 49	22
50 to 59	8

c)

Llygod mewn nyth	Amlder
1 to 5	4
6 to 10	15
11 to 15	26
16 to 20	27
21 to 25	18

42 → ARDDANGOS DATA

YN Y BENNOD HON

- Lluniadu pictogramau
- Lluniadu siartiau cylch
- Lluniadu graffiau llinell di-dor

DYLECH WYBOD YN BAROD

- sut i luniadu graffiau syml
- sut i fesur onglau
- sut i gyfrifo ffracsiwn o rywbeth

Pictogramau

Un ffordd o arddangos data arwahanol yw lluniadu **pictogram**.

ENGHRAIFFT 42.1

Cafodd nifer y cwsmeriaid mewn archfarchnad eu cofnodi bob diwrnod am wythnos.

Dyma'r canlyniadau.

Dydd Llun	200	Dydd Mawrth	250	Dydd Mercher	300
Dydd Iau	325	Dydd Gwener	500	Dydd Sadwrn	575
Dydd Sul	450				

Lluniadwch bictogram i ddangos yr wybodaeth hon.

Defnyddiwch ▢ i gynrychioli 100 cwsmer.

Datrysiad

Mae ▢ yn cynrychioli 100 cwsmer.

Ar y dydd Llun roedd yna 200 cwsmer, felly lluniadwch
$200 \div 100 = 2$ symbol.

Ar y dydd Mawrth roedd yna 250 cwsmer, felly lluniadwch
$250 \div 100 = 2\frac{1}{2}$ symbol.

Ar gyfer y dydd Iau rhaid i chi ddefnyddio $\frac{1}{4}$ symbol, ac ar gyfer y dydd Sadwrn rhaid defnyddio $\frac{3}{4}$ symbol.

Mae ▨ yn cynrychioli 100 cwsmer.

Diwrnod	Amlder	Cyfanswm
Dydd Llun	▨ ▨	200
Dydd Mawrth	▨ ▨ ▮	250
Dydd Mercher	▨ ▨ ▨	300
Dydd Iau	▨ ▨ ▨ ▪	325
Dydd Gwener	▨ ▨ ▨ ▨ ▨	500
Dydd Sadwrn	▨ ▨ ▨ ▨ ▨ ◣	575
Dydd Sul	▨ ▨ ▨ ▨ ▨	450

Rhaid i'r symbol a ddefnyddiwch yn eich pictogram fod yr un fath bob tro. Gallwch ddewis unrhyw symbol ond, os yw'n cynrychioli mwy nag un eitem, rhaid gallu ei rannu'n ddarnau cyfartal, fel arfer yn ddau neu bedwar ond weithiau mewn ffyrdd eraill hefyd. Rhaid cynnwys allwedd i egluro beth mae eich symbol yn ei gynrychioli. Fel mewn tablau amlder, a welsoch ym Mhennod 41, gallwch gynnwys colofn gyfanswm os yw'n well gennych.

Her 42.1

Mae'r diagram yn dangos y gwerthiant am wythnos mewn bwyty pizza.

Mae ◎ yn cynrychioli 20 pizza.

Dydd Llun	◎ ◎
Dydd Mawrth	◎ ☾
Dydd Mercher	◎ ◎ ◎
Dydd Iau	◎ ◎ ⌐
Dydd Gwener	◎ ◎ ◎ ◎ ◎
Dydd Sadwrn	◎ ◎ ◎ ◎
Dydd Sul	◎ ◎

a) Sawl pizza gafodd ei werthu ar y dydd Gwener?

b) Beth, yn eich barn chi, y mae ☾ yn ei gynrychioli?

c) Pa symbol sy'n cynrychioli 5 pizza?

ch) Pa symbol sy'n cynrychioli 15 pizza?

d) Sawl pizza gafodd ei werthu yn ystod yr wythnos gyfan?

1 Dyma nifer y cilogramau o afalau a gafodd eu gwerthu mewn archfarchnad yn ystod wythnos.

Dydd Llun   40   Dydd Mawrth   20   Dydd Mercher 30
Dydd Iau   50   Dydd Gwener   80   Dydd Sadwrn 100
Dydd Sul   70

Lluniadwch bictogram i ddangos y data hyn, gan ddefnyddio 🍎 i gynrychioli 10 kg o afalau.

2 Dyma sawl pâr o sbectol a gafodd ei werthu gan optegydd yn ystod wythnos.

Dydd Llun   16   Dydd Mawrth   10   Dydd Mercher   12
Dydd Iau   15   Dydd Gwener   18   Dydd Sadwrn   24
Dydd Sul   19

Lluniadwch bictogram i ddangos y data hyn, gan ddefnyddio ◯◯ i gynrychioli 2 bâr o sbectol.

3 Dyma nifer y bobl oedd yn mynd â'u cŵn am dro yn y parc bob prynhawn am wythnos.

Dydd Llun   16   Dydd Mawrth   12   Dydd Mercher   20
Dydd Iau   14   Dydd Gwener   18   Dydd Sadwrn   26
Dydd Sul   36

Gan ddefnyddio 🙂 i gynrychioli 4 o bobl, lluniadwch bictogram i ddangos y data hyn.

4 Dyma nifer y blychau o fananas a gafodd eu gwerthu mewn archfarchnad yn ystod 2009.

Ion   400   Chwe   360   Maw   360   Ebr   320
Mai   380   Meh   340   Gorff   280   Awst   300
Medi   360   Hyd   380   Tach   360   Rhag   380

Gan ddefnyddio ▪ i gynrychioli 20 blwch o fananas, lluniadwch bictogram i ddangos y data hyn.

5 Dyma sawl hufen iâ a gafodd ei werthu mewn stondin bob dydd am wythnos.

Dydd Llun   80   Dydd Mawrth   20   Dydd Mercher   60
Dydd Iau   50   Dydd Gwener   70   Dydd Sadwrn   130
Dydd Sul   85

Dewiswch eich symbol eich hun i gynrychioli 10 hufen iâ a lluniadwch bictogram i ddangos y data hyn.

Siartiau cylch

Ym Mhennod 41 gwelsom sut i gymryd y data sydd mewn tabl amlder a'u defnyddio i luniadu graff llinellau fertigol neu siart bar er mwyn dangos y canlyniadau.
Mae **siart cylch** yn ffordd arall o ddangos y canlyniadau hyn.

Mae'r tabl yn dangos rhywfaint o ddata am nifer y plant sydd mewn teuluoedd. Siart cylch sy'n dangos yr un wybodaeth yw'r diagram ar y dde.

Nifer y plant	Amlder
1	12
2	10
3	3
4	2
5	2
Mwy na 5	1
Cyfanswm	30

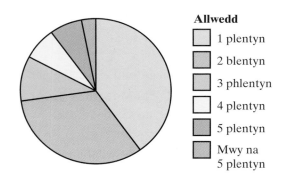

Allwedd

- 1 plentyn
- 2 blentyn
- 3 phlentyn
- 4 plentyn
- 5 plentyn
- Mwy na 5 plentyn

I luniadu'r siart cylch, rhaid cyfrifo'r ongl ar gyfer pob **sector**, sef tafell, o'r cylch.

Cyfanswm nifer y teuluoedd yw 30 ac mae 360° mewn cylch. Felly, yr ongl ar gyfer 1 teulu yw

$$360° \div 30 = 12°.$$

Mae'r tabl hwn yn dangos sut i gyfrifo pob ongl ar gyfer y siart cylch.

Nifer y plant	Gwaith cyfrifo	Ongl
1	12 × 12° =	144°
2	10 × 12° =	120°
3	3 × 12° =	36°
4	2 × 12° =	24°
5	2 × 12° =	24°
Mwy na 5	1 × 12° =	12°

AWGRYM
Gwiriwch fod yr onglau ar gyfer eich siart cylch yn adio i 360° cyn i chi ddechrau lluniadu.

Wrth luniadu'r sectorau, rhaid mesur yr onglau'n fanwl gywir.
Rhaid sicrhau hefyd fod y sector nesaf yn dechrau lle mae'r un blaenorol yn gorffen.

Mae'n syniad da mesur ongl y sector olaf. Bydd hyn yn ffordd o wirio eich bod wedi lluniadu'r onglau eraill i gyd yn gywir. Os nad yw'r mesuriad yr un fath â'r maint rydych chi wedi'i gyfrifo, gwiriwch yr onglau rydych wedi'u lluniadu ar gyfer y sectorau eraill.

Lluniadwch siart cylch i gynrychioli'r data hyn.

Math o anifail anwes	Amlder
Cath	18
Ci	14
Ceffyl	3
Cwningen	7
Aderyn	5
Arall	13

Datrysiad

Cyfanswm nifer yr anifeiliaid anwes yw 60. Felly, yr ongl ar gyfer un anifail anwes yw $360° \div 60 = 6°$.

Math o anifail anwes	Cyfrifiad	Ongl
Cath	$18 \times 6° =$	$108°$
Ci	$14 \times 6° =$	$84°$
Ceffyl	$3 \times 6° =$	$18°$
Cwningen	$7 \times 6° =$	$42°$
Aderyn	$5 \times 6° =$	$30°$
Arall	$13 \times 6° =$	$78°$

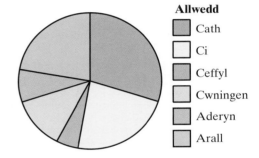

Allwedd
- Cath
- Ci
- Ceffyl
- Cwningen
- Aderyn
- Arall

YMARFER 42.2

1   Lluniadwch siart cylch ar gyfer pob un o'r setiau data hyn.

a)

Nifer y ceir	Amlder
Dim	2
1	12
2	10
3	5
Mwy na	1
Cyfanswm	30

b)

Nifer yr ystafelloedd gwely	Amlder
1	2
2	8
3	14
4	11
Mwy na 4	1
Cyfanswm	36

c)

Nifer yr anifeiliaid anwes	Amlder
0	9
1	7
2	2
3	5
Mwy na 3	1
Cyfanswm	24

2 Lluniadwch siart cylch ar gyfer pob un o'r setiau data hyn.

a)

Hoff flas ar greision	Amlder
Eidion	21
Cyw iâr	8
Caws a nionyn	10
Halen a finegr	12
Arall	9

b)

Lliw llygaid	Amlder
Glas	18
Brown	29
Gwyrdd	9
Llwyd	14
Arall	2

c)

Lliw gwallt	Amlder
Du	8
Melyn	12
Brown	22
Coch	4
Arall	2

3 Lluniadwch siart cylch ar gyfer pob un o'r setiau data hyn.

a)

Gwlad	Poblogaeth (miliynau)
Lloegr	50.0
Cymru	3.0
Yr Alban	5.5
Gogledd Iwerddon	1.5
Cyfanswm	60.0

b)

Cynhwysyn crymbl ffrwythau	Pwysau (gramau)
Ffrwyth	900
Blawd	140
Menyn	140
Siwgr	140
Ceirch a chnau	120
Cyfanswm	1440

Her 42.2

Sut byddech chi'n cyfrifo'r onglau ar gyfer y data hyn?
Cyfrifwch yr onglau a lluniadwch y siart cylch.

Gwlad	Arwynebedd tir (milltiroedd sgwâr)
Lloegr	50 304
Cymru	8 122
Yr Alban	30 392
Gogledd Iwerddon	5 502
Cyfanswm	94 320

Graffiau llinell

Mae gorsaf dywydd yn cofnodi'r tymheredd bob tair awr.
Dyma ganlyniadau un diwrnod.

Amser	00:00	03:00	06:00	09:00	12:00	15:00	18:00	21:00	24:00
Tym. (°C)	10	12	13	15	19	21	16	14	11

Mae'r graff llinell fertigol ar gyfer y data hyn ar y chwith isod.
Wrth uno brig pob un o'r llinellau fertigol, cawn y diagram sydd ar y dde.
Graff llinell yw hwn. Mae graff llinell yn ddefnyddiol ar gyfer dangos tueddiadau.

Graff llinell fertigol

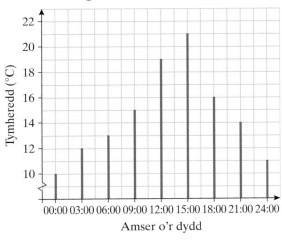

Graff llinell

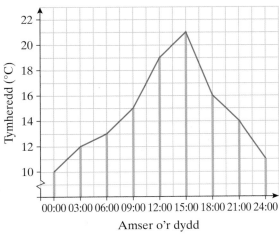

YMARFER 42.3

1   Mae'r tabl yn dangos y tymheredd uchaf bob diwrnod am wythnos yn Wrecsam.

Diwrnod	Llun	Maw	Mer	Iau	Gwe	Sad	Sul
Tymheredd (°C)	17	19	22	21	23	20	18

Lluniadwch graff llinell i ddangos yr wybodaeth hon.

2   Mae'r tabl yn dangos gwerthiant misol cwmni yn 2009.

Mis	Ion	Chwe	Maw	Ebr	Mai	Meh	Gorff	Awst	Medi	Hyd	Tach	Rhag
Gwerthiant (× £1000)	17	14	12	13	17	16	15	11	14	16	19	22

Lluniadwch graff llinell i ddangos yr wybodaeth hon.

3 Mae dŵr yn cael ei gynhesu mewn cynhwysydd.

Mae'r tabl yn dangos tymheredd y dŵr wrth iddo gynhesu.

Munudau o'r dechrau	0	5	10	15	20	25	30
Tymheredd (°C)	52	55	60	67	75	86	100

Lluniadwch graff llinell i ddangos yr wybodaeth hon.

4 Mae'r tabl yn dangos nifer y bobl sy'n ymweld ag amgueddfa bob diwrnod am wythnos.

Diwrnod	Llun	Maw	Mer	Iau	Gwe	Sad	Sul
Nifer yr ymwelwyr	350	425	475	450	375	700	550

Lluniadwch graff llinell i ddangos yr wybodaeth hon.

5 Mae'r tabl yn dangos y gwerthiant mewn siop elusen dros gyfnod o bythefnos.

Diwrnod	1	2	3	4	5	6	7	8	9	10	11	12	13	14
Gwerthiant (£)	75	85	30	80	95	116	0	69	78	27	77	89	108	0

Lluniadwch graff llinell i ddangos yr wybodaeth hon.

RYDYCH WEDI DYSGU

- **sut i luniadu pictogramau**
- **sut i luniadu siartiau cylch**
- **sut i luniadu graffiau llinell**

⊙ YMARFER CYMYSG 42

1 Dyma nifer y sgipiau a gafodd eu gwacáu i domen sbwriel mewn wythnos.

Dydd Llun   28   Dydd Mawrth   22   Dydd Mercher   15

Dydd Iau   12   Dydd Gwener   17   Dydd Sadwrn   3

Dydd Sul   1

Lluniadwch bictogram i ddangos y data hyn, gan ddefnyddio ▮ i gynrychioli 4 sgip.

2 Dyma nifer y tocynnau parcio a gafodd eu prynu o beiriant tocynnau bob diwrnod am wythnos.

Dydd Llun 200 Dydd Mawrth 175 Dydd Mercher 250

Dydd Iau 225 Dydd Gwener 325 Dydd Sadwrn 450

Dydd Sul 275

Lluniadwch bictogram i ddangos y data hyn, gan ddefnyddio ■ i gynrychioli 100 tocyn parcio.

3 Mae'r tabl yn dangos gwerthoedd maethol, yn ôl pwysau, dogn 72 gram o rawnfwyd. Lluniadwch siart cylch i ddangos y data hyn.

Y math o fwyd	Pwysau (g)
Carbohydrad	67
Protein	3
Arall	2

4 Cyflog Sara, ar ôl ei drethu a thynnu cyfraniadau eraill ohono, yw £720 y mis. Mae'r tabl yn dangos sut mae Sara yn gwario ei harian. Lluniadwch siart cylch i ddangos y data hyn.

Eitem	Swm sy'n cael ei wario (£)
Rhent	252
Bwyd	180
Dillad	108
Adloniant	144
Cynilion	36
Cyfanswm	720

5 Mae'r tabl yn dangos y tymheredd yn Nefyn bob dydd am wythnos yn yr haf. Lluniadwch graff llinell i ddangos yr wybodaeth hon.

Diwrnod	Llun	Maw	Mer	Iau	Gwe	Sad	Sul
Tymheredd (°C)	17	19	22	21	23	20	18

6 Mae'r tabl yn dangos gwerthiant misol cwmni yn Japan yn 2009. Lluniadwch graff llinell i ddangos yr wybodaeth hon.

Mis	Ion	Chwe	Maw	Ebr	Mai	Meh	Gorff	Awst	Medi	Hyd	Tach	Rhag
Gwerthiant (¥ miliwn)	16	17	19	23	21	20	18	15	17	21	22	25

43 → MESURAU CYFARTALEDD AC AMREDIAD

YN Y BENNOD HON

- Darganfod cymedr, canolrif, modd ac amrediad setiau o ddata
- Darganfod dosbarth modd data sydd wedi'u grwpio

DYLECH WYBOD YN BAROD

- sut i osod rhifau mewn trefn
- sut i rannu, gan ddefnyddio cyfrifiannell os oes angen

Canolrif

Y **canolrif** yw'r gwerth canol mewn set o ddata sydd wedi'u gosod mewn trefn. Os oes nifer eilrif o werthoedd, mae'r canolrif hanner ffordd rhwng y ddau werth canol.

ENGHRAIFFT 43.1

a) Dyma ganlyniad arolwg o bris cryno ddisg mewn pum siop.

> £7.50　£9.00　£12.50　£10.00　£9.00

Beth yw'r pris canolrif?

b) Mae siop arall yn cael ei chynnwys yn yr arolwg. Pris y cryno ddisg yno yw £11.00. Beth yw'r pris canolrif nawr?

Datrysiad

a) Yn gyntaf, rhowch y prisiau yn eu trefn. Fel arfer, byddech yn dechrau â'r lleiaf.

> £7.50　£9.00　£9.00　£10.00　£12.50

Y pris yn y canol yw £9.00. Felly dyma'r canolrif.

b) Ychwanegwch y pris newydd, gan ei osod yn ei le cywir yn nhrefn y rhestr.

> £7.50　£9.00　£9.00　£10.00　£11.00　£12.50

Nawr mae nifer y gwerthoedd yn eilrif.
Felly adiwch y ddau rif canol a rhannu'r ateb â 2.
Nawr y pris canolrif yw (£9.00 + £10.00) ÷ 2 = £9.50.

1 Darganfyddwch ganolrif pob un o'r setiau data hyn.

a) 1   3   5   6   7   9   10

b) 1   3   5   7   9   11   13

c) 2   8   9   4   3   7   3   1   7

ch) 4   2   5   4   2   8   8   9   3

d) 3   7   8   8   8   8   7   7   8   8   8   7

dd) 5   7   8   6   7   10   15   9   11   7

2 Dyma nifer y matsys oedd mewn deg blwch gwahanol.

48   47   47   50   46   50   48   49   47   50

Darganfyddwch nifer canolrif y matsys mewn blwch.

3 **a)** Dyma farciau Awen mewn pedwar prawf.
Beth oedd ei marc mewn pumed prawf os oedd ei marc canolrif yn 5?

8   1   5   2

b) Dyma farciau Mathew mewn wyth prawf.
Beth oedd ei farc mewn nawfed prawf os oedd ei farc canolrif yn 6?

5   9   7   3   7   4   5   8

Modd

Y **modd** yw'r gwerth sy'n ymddangos amlaf mewn set o ddata.

Gallwn gael mwy nag un modd.

ENGHRAIFFT 43.2

Darganfyddwch fodd y rhifau hyn.

1   5   2   4   8   3   1

Datrysiad

Mae ailysgrifennu'r rhifau yn eu trefn yn help.

1   1   2   3   4   5   8

Y modd yw 1.

1 Dyma'r marciau gafodd disgyblion mewn prawf.

   20   16   18   17   16   18   14   13
   18   18   15   18   19   9   12   13

   Darganfyddwch rif moddol y marciau.

2 Dyma restr o bwysau pobl mewn dosbarth 'Cadw'n Heini'.

   73 kg   58 kg   61 kg   43 kg   81 kg   53 kg   73 kg   70 kg   62 kg

   Darganfyddwch y pwysau moddol.

3 Dyma oedrannau grŵp o bobl.

   19   23   53   19   16   26   77   19   27

   Darganfyddwch yr oedran moddol.

4 Dyma nifer y matsys mewn deg blwch gwahanol.

   48   47   47   50   46   50   49   49   47   50

   Darganfyddwch nifer moddol y matsys mewn blwch.

Her 43.1

a) Ysgrifennwch set o bum marc sydd â'u canolrif yn 3 a'u modd yn 2.

b) Ysgrifennwch set o chwe marc sydd â'u canolrif yn 1 a'u modd yn 0.

Cymedr

I gyfrifo **cymedr** set o ddata rydym yn adio eu gwerthoedd ac yn rhannu'r cyfanswm â nifer y gwerthoedd sydd yn y set. Cofiwch fod gwerth sy'n sero yn cael ei gyfrif yn ganlyniad hefyd.

ENGHRAIFFT 43.3

Cyfrifwch gymedr y set ddata hon.

   5   7   8   6   7   10   15   9   11   7

Datrysiad $\text{Cymedr} = \dfrac{\text{Swm y gwerthoedd}}{\text{Nifer y gwerthoedd}}$

$$= \frac{5 + 7 + 8 + 6 + 7 + 10 + 15 + 9 + 11 + 7}{10}$$

$$= \frac{85}{10} = 8.5$$

Y cymedr yw 8.5.

1 Cyfrifwch gymedr y setiau data hyn.

   a) 3   12   4   6   8   5   4

   b) 7   21   2   17   3   13   7   4   9   7   9

   c) 12   1   10   1   9   3   4   9   7   9

2 Dyma farciau'r bechgyn mewn prawf mathemateg.

   6   3   9   8   2   2

Dyma farciau'r merched yn yr un prawf.

   9   7   8   7   5

   a) Cyfrifwch farc cymedrig y bechgyn.

   b) Cyfrifwch farc cymedrig y merched.

   c) Cyfrifwch farc cymedrig y dosbarth cyfan.

3 Dyma amserau, mewn munudau, taith bws.

   15   7   9   12   9   19   6   11   9   14

Cyfrifwch amser cymedrig y daith.

Amrediad

Amrediad set o ddata yw'r gwahaniaeth rhwng y gwerth mwyaf a'r gwerth lleiaf.

Mae'r amrediad yn rhoi syniad i ni o ymlediad y data (neu sut maen nhw wedi'u lledaenu).

ENGHRAIFFT 43.4

Dyma amserau, mewn munudau, taith bws.

   15   7   9   12   9   19   6   11   9   14

Darganfyddwch yr amrediad.

Datrysiad

Amrediad = Gwerth mwyaf − Gwerth lleiaf

           = 19 − 6

           = 13 munud

1 Darganfyddwch amrediad pob un o'r setiau data hyn.

   a)   15   17   12   29   21   18   31   22

   b)   2.7   3.8   3.9   5.0   4.5   1.8   2.3   4.7

   c)   313   550   711   365   165   439   921   264

2 Mae pump o bobl yn gweithio mewn siop. Dyma eu cyflogau wythnosol.

    £157   £185   £189   £177   £171

   a) Darganfyddwch amrediad y cyflogau hyn.

   Mae'r siop yn cyflogi gweithiwr newydd sy'n ennill £249.

   b) Beth yw amrediad newydd y cyflogau?

Her 43.2

   a) Darganfyddwch set o bum rhif sydd â chymedr 6, canolrif 5 ac amrediad 4.

   b) Darganfyddwch set o ddeg rhif sydd â chymedr 5, canolrif 6 ac amrediad 7.

Dosbarth modd

Os ydym wedi grwpio data, ni allwn wedyn wybod union werth pob eitem unigol o ddata. Yn yr enghraifft nesaf gallai hydoedd y dail yn y grŵp cyntaf fod yn unrhyw werth o 8 cm hyd at, ond heb gynnwys, 9 cm. Felly, nid yw'n bosibl darganfod y modd. Serch hynny, gallwn ddarganfod y grŵp modd neu'r **dosbarth modd**.

ENGHRAIFFT 43.5

Mae'r tabl yn dangos hyd (h cm) 100 o ddail coeden dderwen.

Hyd (h cm)	$8 \leqslant h < 9$	$9 \leqslant h < 10$	$10 \leqslant h < 11$	$11 \leqslant h < 12$	$12 \leqslant h < 13$
Nifer y dail	8	18	35	23	16

Darganfyddwch y dosbarth modd.

Sylwch: mae $8 \leqslant h < 9$ yn cynnwys dail sydd yn 8 cm neu'n hirach hyd at, ond heb gynnwys, 9 cm.

Bydd deilen sydd â'i hyd yn 9 cm yn cael ei rhoi yn y dosbarth nesaf, $9 \leqslant h < 10$.

AWGRYM Cofiwch ysgrifennu'r dosbarth ac nid yr amlder.

Datrysiad

Mae'r amlder mwyaf, sef 35, ar gyfer y dosbarth $10 \leqslant h < 11$.

Y dosbarth modd yw $10 \leqslant h < 11$.

1   Mae Sue yn mesur taldra'r disgyblion yn ei dosbarth.
    Mae'r tabl hwn yn dangos ei data.

Taldra mewn cm (i'r cm agosaf)	111–120	121–130	131–140	141–150	151–160
Nifer y disgyblion	8	12	5	4	3

Ysgrifennwch y dosbarth modd.

2   Mae'r tabl yn dangos faint o arian poced y mae disgyblion Dosbarth 10Y yn ei gael.

Arian poced (£)	0–3.99	4–7.99	8–11.99	12–15.99
Nifer y disgyblion	3	10	12	5

Ysgrifennwch y dosbarth modd.

3   Ar gyfer ei waith cwrs, mae Aled yn ymchwilio i nifer y geiriau sydd mewn
    brawddegau mewn llyfr.
    Mae'n cofnodi nifer y geiriau sydd ym mhob brawddeg yn y bennod gyntaf.
    Dyma'r data.

Nifer y geiriau	1–5	6–10	11–15	16–20	21–25	26–30	31–35
Amlder	16	27	29	12	10	6	3

Ysgrifennwch y dosbarth modd.

4   Roedd yr heddlu'n cofnodi cyflymder ceir ar ran o ffordd rhwng 08:00 a 08:30 un bore.
    Dyma gyflymder pob car, mewn milltiroedd yr awr.

```
40    32    43    47    42    48    51    47    46    45
38    36    35    39    43    42    39    46    45    41
42    38    35    33    41    46    36    44    39    40
```

Copïwch a chwblhewch y tabl amlder ac ysgrifennwch y dosbarth modd.

Cyflymder (m.y.a.)	Marciau rhifo	Amlder
$30 \leqslant c < 35$		
$35 \leqslant c < 40$		
$40 \leqslant c < 45$		
$45 \leqslant c < 50$		
$50 \leqslant c < 55$		

- mai'r canolrif yw'r gwerth canol mewn set o ddata sydd wedi'u gosod mewn trefn neu, os oes dau werth canol, ei fod hanner ffordd rhwng y ddau werth canol
- mai'r modd yw'r rhif neu'r gwerth sy'n digwydd amlaf
- sut i gyfrifo'r cymedr trwy adio'r gwerthoedd i gyd ac wedyn rhannu'r cyfanswm â nifer y gwerthoedd
- mai'r amrediad yw'r gwahaniaeth rhwng y gwerth mwyaf a'r gwerth lleiaf
- mai'r dosbarth modd yw'r grŵp neu'r dosbarth sydd â'r amlder mwyaf

YMARFER CYMYSG 43

1 Mae Tom a Ffion yn bowlio deg. Dyma eu sgorau.

Tom	7	8	5	3	7
Ffion	10	8	3	1	3

a) Darganfyddwch fodd, canolrif, cymedr ac amrediad sgorau Tom a sgorau Ffion.

b) Ysgrifennwch ddau sylw am eu sgorau.

2 Mae rhychwant llaw 12 o bobl yn cael ei fesur. Dyma'r canlyniadau, mewn milimetrau.

225 216 188 212 205 198
194 180 194 198 200 194

a) Sawl person yn y grŵp sydd â rhychwant llaw sy'n fwy na 200 mm?

b) Beth yw amrediad y rhychwantau llaw?

c) Beth yw'r rhychwant llaw cymedrig?

3 Mae athrawon addysg gorfforol ysgol yn mesur, mewn eiliadau, yr amser y mae aelodau'r tîm pêl-droed a'r tîm hoci yn ei gymryd i redeg 100 metr.

Y tîm pêl-droed
13 14 15 11 14 12 12 13 11 13 14

Y tîm hoci
12 13 14 11 12 14 15 13 15 14 11

a) Cyfrifwch y cymedr, y canolrif a'r amrediad ar gyfer y naill dîm a'r llall.

Wedyn cafodd yr athrawon addysg gorfforol eu hamseru'n rhedeg yr un pellter.

Dyma eu hamserau, mewn eiliadau.

12 11 13 15 11

b) Cyfrifwch y cymedr, y canolrif a'r amrediad ar gyfer yr athrawon.

c) Pa grŵp, yn eich barn chi, yw'r cyflymaf?

4 a) Darganfyddwch amrediad, cymedr, canolrif a modd pob un o'r setiau data hyn.

Set ddata A	1	2	2	3	3	3	4	5	6	7
Set ddata B	1	2	2	3	3	3	4	5	6	7
	1	2	2	3	3	3	4	5	6	7
Set ddata C	2	4	4	6	6	6	8	10	12	14

b) Ysgrifennwch unrhyw beth sy'n tynnu eich sylw.

5 a) Darganfyddwch gymedr, canolrif a modd pob un o'r setiau data hyn.

    (i) 1, 2, 3, 3, 4, 5   **(ii)** 10, 20, 20, 30, 70

    (iii) 110, 120, 120, 130, 170   **(iv)** 7, 10, 13, 16, 19

b) Beth sy'n tynnu eich sylw ynglŷn â'ch atebion i rannau **(ii)** a **(iii)**?

6 Mewn arolwg, roedd grŵp o fechgyn a grŵp o ferched yn nodi sawl awr o deledu roedden nhw'n ei wylio mewn wythnos.

Bechgyn	17	22	21	23	16	12	15	**Merched**	9	13	15	17	10	12	11
	0	5	13	15	13	14	20		9	8	12	14	15		

a) Darganfyddwch gymedr, canolrif, modd ac amrediad yr amserau hyn.

b) Ydy'r bechgyn yn gwylio mwy o deledu na'r merched?

7 Darganfyddwch ganolrif a modd pob un o'r setiau data hyn.

    a) 4, 3, 15, 9, 7, 6, 11   **b)** 60 kg, 12 kg, 48 kg, 36 kg, 24 kg

8 Mae garddwr yn mesur taldra, mewn centimetrau, planhigion blodyn yr haul.

    140   123   131 89   125   123   115   138

Darganfyddwch ganolrif a modd taldra'r planhigion.

9 Dyma fasau, mewn gramau, y tatws gafodd eu prynu mewn bagiau o archfarchnad.

    202   417   301   258   284   290

    329   381   315   283   216   329

    231   405   350   382   278   394

    416   374   367   381   419   381

Copïwch a chwblhewch y tabl amlder ac ysgrifennwch y dosbarth modd.

Màs (grams)	Marciau rhifo	Amlder
$200 \leqslant m < 220$		
$220 \leqslant m < 240$		
$240 \leqslant m < 260$		
$260 \leqslant m < 280$		
$280 \leqslant m < 300$		
$300 \leqslant m < 320$		
$320 \leqslant m < 340$		
$340 \leqslant m < 360$		
$360 \leqslant m < 380$		
$380 \leqslant m < 400$		
$400 \leqslant m < 420$		

44 → DEHONGLI YSTADEGAU

YN Y BENNOD HON

- **Dehongli a chymharu diagramau ystadegol**

DYLECH WYBOD YN BAROD

- **sut i luniadu pictogramau, siartiau cylch a graffiau llinell**
- **sut i gyfrifo cymedr, canolrif, modd ac amrediad set o ddata**

Dehongli pictogramau

Ym Mhennod 42 dysgoch sut i luniadu pictogram. Roedd gennych symbol i gynrychioli nifer penodol o eitemau data. Roedd y symbol bob amser yn cynrychioli'r un nifer o eitemau data, ond roedd hi'n bosibl defnyddio rhannau o'r symbol.

ENGHRAIFFT 44.1

Dyma bictogram i ddangos nifer y cwsmeriaid sy'n ymweld â siop.

Mae ◯ yn cynrychioli 200 cwsmer.

Wythnos 1	◯ ◯ ◖
Wythnos 2	◯ ◖
Wythnos 3	◯ ◯ ◖
Wythnos 4	◯ ◯ ◯ ◖
Wythnos 5	◯ ◯ ◖
Wythnos 6	◯ ◯ ◯

Sawl cwsmer sy'n ymweld â'r siop

a) yn ystod Wythnos 3?

b) yn ystod Wythnos 5?

c) yn ystod yr holl gyfnod o 6 wythnos?

a) Mae pob symbol yn cynrychioli 200 cwsmer.
Mae'r hanner symbol yn cynrychioli 200 ÷ 2 = 100 cwsmer.
Mae 200 × 2 + 100 = 500 cwsmer yn ymweld â'r siop yn ystod Wythnos 3.

b) Mae tri chwarter y symbol yn cynrychioli 200 ÷ 4 × 3 = 150 cwsmer.
200 × 2 + 150 = 550 cwsmer yn ymweld â'r siop yn ystod Wythnos 5.

c) Gallwch wneud hyn mewn dwy ffordd.
Naill ai cyfrifwch y cyfanswm am bob wythnos ac adio'r cyfan
(rydych wedi gwneud dwy eisoes)
450 + 350 + 500 + 650 + 550 + 600 = 3100 cwsmer

Neu gallwch gyfrif y symbolau ac wedyn lluosi â beth bynnag yw gwerth pob symbol.
Mae yna 13 symbol cyfan, sy'n cynrychioli 13 × 200 = 2600 cwsmer.
Mae yna 2 dri chwarter symbol, sy'n cynrychioli 2 × 150 = 300 cwsmer.
Mae yna 1 hanner symbol, sy'n cynrychioli 100 cwsmer.
Mae yna 2 chwarter symbol, sy'n cynrychioli 2 × 50 = 100 cwsmer.
Felly, y cyfanswm yw 2600 + 300 + 100 + 100 = 3100 cwsmer.

(Petaech chi'n teimlo'n hyderus, gallech adio pob symbol cyfan a rhannau o symbol.
Gyda'i gilydd, mae $15\frac{1}{2}$ symbol. Mae hyn yn cynrychioli
$15 \times 200 + \frac{1}{2} \times 200 = 3000 + 100 = 3100$ cwsmer.)

YMARFER 44.1

1 Dyma bictogram i ddangos nifer y cwsmeriaid sy'n prynu cryno ddisgiau sengl mewn siop bob dydd am wythnos.

Mae ⊙ yn cynrychioli 60 gwerthiant.

Dydd Llun	⊙ ⊙ ⊙ (
Dydd Mawrth	⊙ (
Dydd Mercher	⊙ ⌐
Dydd Iau	(
Dydd Gwener	⊙ ⌐
Dydd Sadwrn	⊙ ⊙ ⌐

a) Sawl cryno ddisg sengl a werthodd y siop yn ystod yr wythnos?

b) Sawl cryno ddisg sengl a gafodd eu gwerthu ar y diwrnod oedd â'r gwerthiant lleiaf?

c) Yn eich barn chi, ar ba ddiwrnod mae cryno ddisgiau sengl yn cael eu rhyddhau?

2 Dyma bictogram i ddangos sawl beic gafodd ei werthu mewn siop bob dydd am wythnos.

Mae ◯-◯ yn cynrychioli 12 beic.

Dydd Llun	◯-◯ ◯-
Dydd Mawrth	◯-◯ ⌒
Dydd Mercher	◯-
Dydd Iau	◯-◯ ◯-
Dydd Gwener	◯-◯ ◯⌣
Dydd Sadwrn	◯-◯ ◯-◯ ◯-◯ ◯-◯
Dydd Sul	◯-◯ ◯-◯

a) Ar ba ddiwrnod y cafodd y mwyaf o feiciau eu gwerthu?

b) Ar ba ddiwrnod mae'r siop yn debygol o fod wedi cau am y prynhawn?

c) Sawl beic gafodd ei werthu ar y dydd Gwener?

ch) Sawl beic gafodd ei werthu yn ystod yr wythnos?

3 Dyma bictogram i ddangos sawl set deledu gafodd ei gwerthu mewn siop ddisgownt bob dydd am wythnos.

a) Sawl set deledu gafodd ei gwerthu ar y dydd Gwener?

b) Sawl set deledu gafodd ei gwerthu ar y diwrnod oedd â'r gwerthiant lleiaf?

c) Sawl set deledu gafodd ei gwerthu yn ystod yr wythnos?

Mae ▢ yn cynrychioli 20 set deledu.

Dydd Llun	▢
Dydd Mawrth	▢ ⌐
Dydd Mercher	⌞
Dydd Iau	▢ ▢ ⌐
Dydd Gwener	▢ ▢ ▢
Dydd Sadwrn	▢ ▢ ▢ ⌐
Dydd Sul	▢ ⌞

4 Dyma bictogram i ddangos faint o bobl sy'n ymweld â banc bob dydd am wythnos.

a) Faint o bobl sy'n ymweld â'r banc ar y dydd Llun?

b) Faint o bobl sy'n ymweld â'r banc ar y dydd Gwener?

c) Faint o bobl sy'n ymweld â'r banc yn ystod yr wythnos?

Mae ◯ yn cynrychioli 20 o bobl.

Dydd Llun	◯ ◯ ◯ (
Dydd Mawrth	◯ ◯ (
Dydd Mercher	◯ ◯ ⌒
Dydd Iau	◯ ◯ ◯ (
Dydd Gwener	◯ ◯ ◯ ◯ ◯ ⌐
Dydd Sadwrn	◯ ◯ ◯ ⌐

5 Dyma bictogram i ddangos sawl cacen gafodd ei gwerthu mewn caffi bob dydd am wythnos.

Mae 🧁 yn cynrychioli 10 cacen.

Dydd Llun	🧁🧁🧁
Dydd Mawrth	🧁🧁
Dydd Iau	🧁
Dydd Gwener	🧁🧁🧁
Dydd Sadwrn	🧁🧁🧁🧁🧁
Dydd Sul	🧁🧁🧁🧁🧁🧁🧁🧁

a) Ar ba ddiwrnod mae'r caffi wedi cau?

b) Sawl cacen gafodd ei gwerthu ar y dydd Sul?

c) Sawl cacen gafodd ei gwerthu yn ystod yr wythnos?

6 Dyma bictogram i ddangos sawl blwch o fananas gafodd ei werthu gan gyfanwerthwr bob mis.

Mae 🗄 yn cynrychioli 100 blwch o fananas.

Ionawr	🗄 🗄 🗄 🗄 🗄
Chwefror	🗄 🗄 🗄 🗄 🗄
Mawrth	🗄 🗄 🗄 🗄 🗄
Ebrill	🗄 🗄 🗄 🗄
Mai	🗄 🗄 🗄 🗄 🗄
Mehefin	🗄 🗄 🗄 🗄
Gorffennaf	🗄 🗄 🗄 🗄
Awst	🗄 🗄 🗄 🗄
Medi	🗄 🗄 🗄 🗄 🗄
Hydref	🗄 🗄 🗄 🗄 🗄
Tachwedd	🗄 🗄 🗄 🗄 🗄
Rhagfyr	🗄 🗄 🗄 🗄 🗄

a) Sawl blwch o fananas gafodd ei werthu yn ystod y mis oedd â'r gwerthiant lleiaf?

b) Sawl blwch o fananas gafodd ei werthu yn ystod y mis oedd â'r gwerthiant mwyaf?

c) Sawl blwch o fananas gafodd ei werthu yn ystod y flwyddyn?

ch) Beth yw cymedr nifer y blychau o fananas gafodd eu gwerthu bob mis?

Dehongli siartiau cylch

Mae siartiau cylch yn ddefnyddiol iawn i gymharu cyfrannau, er enghraifft y pleidleisiau gafodd pob ymgeisydd mewn etholiad. Rydym yn galw tafellau siart cylch yn **sectorau**.

ENGHRAIFFT 44.2

Mae'r siart cylch hwn yn dangos pa ffonau symudol sydd gan grŵp o bobl.

a) Pa gwmni yw'r mwyaf poblogaidd?

b) Pa gwmni yw'r lleiaf poblogaidd?

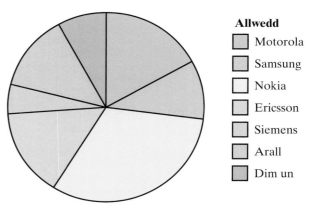

Allwedd

- Motorola
- Samsung
- Nokia
- Ericsson
- Siemens
- Arall
- Dim un

Datrysiad

a) Cwmni Nokia sydd â'r sector mwyaf.
   Nokia yw'r cwmni mwyaf poblogaidd.

b) Cwmni Siemens sydd â'r sector lleiaf.
   Siemens yw'r cwmni lleiaf poblogaidd.

Yn Enghraifft 44.2, nid oedd yn bosibl dweud faint o bobl oedd â ffôn Nokia. Petai'r cwestiwn yn dweud faint o eitemau data mae'r siart yn ei gynrychioli, gallem gyfrifo nifer yr eitemau ym mhob categori. I wneud hyn, rhaid mesur onglau'r sectorau. Wedyn rhaid ysgrifennu'r ongl fel ffracsiwn o dro cyfan ac, yn olaf, rhaid cyfrifo'r ffracsiwn hwn o gyfanswm yr amlder. (Byddwch yn cofio dysgu sut i ddarganfod ffracsiwn o rywbeth ym Mhennod 2.)

ENGHRAIFFT 44.3

Nifer y bobl gafodd eu holi yn Enghraifft 44.2 oedd 60.

a) Faint o bobl sydd â ffôn Nokia?

b) Faint o bobl sydd â ffôn pob un o'r cwmnïau eraill?

Datrysiad

a) Mae $360°$ mewn tro cyfan.
   Yr ongl ar gyfer cwmni Nokia yw $114°$.
   I gyfrifo faint o bobl sydd â ffôn Nokia, rhaid rhannu'r ongl ar gyfer Nokia â $360°$ ac wedyn lluosi'r ffracsiwn hwn â chyfanswm nifer y bobl yn yr arolwg.

   $\frac{114}{360} \times 60 = 19$ o bobl

b) Gallwch osod eich gwaith cyfrifo mewn tabl.

Math o ffôn	Gwaith cyfrifo	Amlder
Motorola	$\frac{60}{360} \times 60$	10
Samsung	$\frac{36}{360} \times 60$	6
Ericsson	$\frac{54}{360} \times 60$	9
Siemens	$\frac{18}{360} \times 60$	3
Arall	$\frac{48}{360} \times 60$	8
Dim un	$\frac{30}{360} \times 60$	5

AWGRYM

Gallwch wirio eich ateb trwy adio'r amlderau. Dylai'r cyfanswm fod yn hafal i nifer y bobl yn yr arolwg.

$$19 + 10 + 6 + 9 + 3 + 8 + 5 = 60$$

Petaech chi'n holi grŵp gwahanol o 60 o bobl, efallai y byddech yn cael yr un canlyniad ond mae hynny'n annhebygol iawn.

Os ystyriwch chi faint o bobl sydd â ffôn symudol, cyfran fach iawn yw 60. Byddai 60 o bobl gwahanol yn debygol o fod wedi dewis ffonau gwahanol, ac felly byddai'r amlderau'n wahanol. Mae'n bosibl y byddai ffôn un o'r cwmnïau sydd yn y categori 'arall' yn ddigon poblogaidd i gael dosbarth iddo'i hun.

Her 44.1

Faint o ddisgyblion yn eich dosbarth chi sydd â ffôn symudol?
Beth am bobl eraill yn eich cartrefi?

Ai ffôn gan gwmni Nokia yw'r mwyaf poblogaidd?
Ydych chi'n meddwl bod y cyfrannau ar gyfer eich dosbarth chi'n debyg i'r cyfrannau ar gyfer dosbarthiadau eraill yn eich ysgol?
Beth am ysgol wahanol neu grŵp o bobl rydych chi'n eu holi mewn canolfan siopa?
Allwch chi gynnig rhesymau dros eich atebion?

Dysgoch sut i lunio siartiau cylch ym Mhennod 42.
Lluniadwch siart cylch i ddangos pa fathau o ffonau symudol sydd gan bobl yn eich dosbarth chi neu yn eich cartrefi.

1 Dyma siart cylch yn dangos cynnwys maethol pecyn o greision.

   a) Pa gyfran o'r creision sy'n garbohydrad?

   b) Tua pha gyfran o'r creision sy'n fraster?

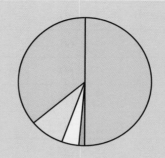

Allwedd

- ☐ Carbohydrad
- ☐ Halen
- ☐ Ffibr
- ☐ Protein
- ☐ Braster

2 Dyma siart cylch yn dangos cyfrannau'r gwahanol bapurau newydd a chylchgronau y mae Meirion yn eu dosbarthu yn ystod ei rownd bapur.

   a) Beth y mae Meirion yn ei ddosbarthu fwyaf?

   b) Pa gategorïau sydd â'r un gyfran?

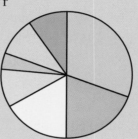

Allwedd

- ☐ Western Mail
- ☐ Daily Post
- ☐ Daily Express
- ☐ Sun
- ☐ Mirror
- ☐ Cylchgronau
- ☐ Papurau newydd eraill

3 Dyma siart cylch yn dangos sawl car sydd gan deuluoedd 90 o bobl gafodd eu holi mewn arolwg.

   a) Sawl teulu sydd ag un car?

   b) Sawl teulu sydd heb gar o gwbl?

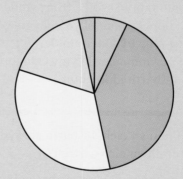

Allwedd

- ☐ Dim car
- ☐ 1 car
- ☐ 2 gar
- ☐ 3 char
- ☐ Mwy na 3 char

4 Dyma siart cylch yn dangos sawl ystafell wely sydd yng nghartrefi 72 o bobl gafodd eu holi mewn arolwg.

   a) Faint oedd â thair ystafell wely?

   b) Faint oedd â dwy ystafell wely?

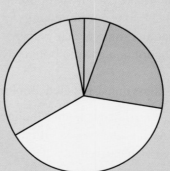

Allwedd

- ☐ 1 ystafell wely
- ☐ 2 ystafell wely
- ☐ 3 ystafell wely
- ☐ 4 ystafell wely
- ☐ Mwy na 4 ystafell wely

5 Dyma siart cylch yn dangos sawl anifail anwes sydd gan 48 o bobl gafodd eu holi mewn arolwg.

a) Faint oedd ag un anifail anwes?

b) Faint oedd â thri anifail anwes?

c) Faint oedd heb anifail anwes?

Allwedd

- Dim anifail anwes
- 1 anifail anwes
- 2 anifail anwes
- 3 anifail anwes
- Mwy na 3 anifail anwes

6 Dyma siart cylch yn dangos lliw gwallt 96 o bobl gafodd eu holi mewn arolwg.

a) Faint oedd â gwallt brown?

b) Faint oedd â gwallt du?

c) Faint oedd â gwallt golau?

Allwedd

- Du
- Golau
- Brown
- Coch
- Arall

Dehongli graffiau llinell

Ym Mhennod 42 gwelsoch sut i luniadu graffiau llinell. Roedd data'n cael eu rhoi, ac roedd rhaid plotio pwyntiau i'w cynrychioli. Wedyn roeddech yn tynnu llinell i uno'r pwyntiau. Weithiau nid oes synnwyr i werthoedd rhwng y pwyntiau sydd wedi'u plotio ond, dro arall, maen nhw'n werthfawr.

Byddwch yn cofio ym Mhennod 41 ddysgu gwahaniaethu rhwng data arwahanol a data di-dor. Os yw'r gwerthoedd sydd ar echelin lorweddol eich graff yn werthoedd arwahanol, er enghraifft dyddiau'r wythnos neu fisoedd y flwyddyn, yna nid oes synnwyr i werthoedd rhwng y pwyntiau sydd wedi'u plotio. Nid yw'n bosibl cael dydd Mercher a hanner ac felly nid ydym yn darllen y graff rhwng y pwyntiau. Fel arfer, llinellau toredig sy'n uno pwyntiau ar y graffiau hyn.

Ar y llaw arall, os yw'r gwerthoedd ar yr echelin lorweddol yn werthoedd di-dor, er enghraifft yr amser o'r dydd neu gyfnod o amser mewn oriau, yna bydd synnwyr i werthoedd rhwng y pwyntiau sydd wedi'u plotio. Gallwch gael amser sy'n 12:30 neu $2\frac{1}{2}$ awr. Mae'n bwysig cofio mai **amcangyfrif** yn unig yw unrhyw bwynt sy'n cael ei ddarllen oddi ar y llinell rhwng y pwyntiau sydd wedi'u plotio. Nid ydym yn gwybod y gwerth cywir gan nad ydym wedi'i fesur ar y pwynt hwnnw.

Un diwrnod, cafodd y tymheredd ei fesur bob 3 awr yng Nghaerfyrddin.
Mae'r graff yn dangos y canlyniadau.

a) Beth oedd y tymheredd am hanner dydd?

b) Ar ba amserau roedd y tymheredd yn 16°C?

c) Amcangyfrifwch y tymheredd am 07:00.

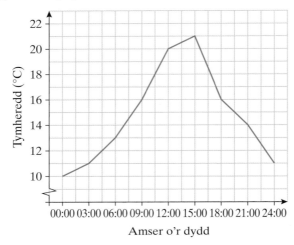

Datrysiad

a) Darllenwch y graff yn yr un ffordd â'r graffiau trawsnewid ym
Mhennod 25.
Darganfyddwch 12:00 ar yr echelin lorweddol.
Dilynwch y llinell grid i linell y graff.
Dilynwch y llinell grid i'r echelin fertigol a darllenwch y gwerth.
Y tymheredd am hanner dydd oedd 20°C.

b) Sylwch ar yr awgrym yn y cwestiwn: mae'n gofyn am fwy nag un
amser.
Y tro hwn dechreuwch ar yr echelin fertigol a darllenwch y
gwerthoedd oddi ar yr echelin lorweddol.
Yr amserau pan oedd y tymheredd yn 16°C oedd 09:00 ac 18:00.

c) O'r graff, gallwch amcangyfrif mai'r tymheredd am 07:00 oedd 14°C.

Mae'n bosibl dangos mwy nag un set o ddata ar yr un diagram ac, ar
adegau, mae hyn yn gallu bod yn ddefnyddiol iawn.

Mae'r graff llinell yn dangos sut roedd pobl wedi teithio bob diwrnod gwaith am wythnos i gwrs hyfforddi.

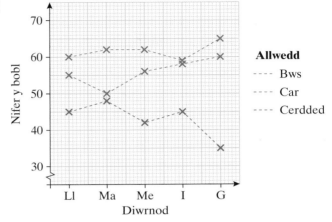

Allwedd

---- Bws

---- Car

---- Cerdded

a) Faint o bobl oedd wedi teithio i'r cwrs mewn car ar y dydd Mawrth?

b) Faint oedd wedi cerdded yno ar y dydd Iau?

c) Ar ba ddiwrnodau roedd yr un nifer wedi defnyddio'r bws?

ch) Pa ddull teithio oedd wedi'i ddefnyddio fwyaf?

d) Faint o bobl oedd ar y cwrs?

dd) Beth oedd cymedr y nifer o bobl oedd yn cerdded bob dydd?

e) Oes unrhyw synnwyr i'r gwerthoedd rhwng y pwyntiau sydd wedi'u plotio?

Datrysiad

Darllenwch y gwerthoedd oddi ar y graff yn yr un ffordd ag yn Enghraifft 44.4. Cofiwch sicrhau eich bod yn deall y raddfa. Mae'r symbol ar yr echelin fertigol yn dangos nad yw'r raddfa'n cychwyn o sero.

a) 50

b) 45

c) Dydd Mawrth a dydd Mercher

ch) Bws. Nid oes raid cyfrifo'r niferoedd. Gallwch weld bod y llinell ar gyfer y nifer oedd yn defnyddio'r bws yn uwch na'r llinellau eraill.

d) Darllenwch y gwerthoedd ar gyfer pob dull teithio am un diwrnod. Wedyn adiwch y niferoedd.
Er enghraifft, wrth ddewis y dydd Gwener: $65 + 60 + 35 = 160$.

dd) Cymedr $= \dfrac{\text{Cyfanswm y nifer yn cerdded bob dydd}}{\text{Nifer y diwrnodau}}$

$= \dfrac{45 + 48 + 42 + 45 + 35}{5}$

$= \dfrac{215}{5} = 43$

Cymedr y nifer o bobl yn cerdded bob dydd oedd 43.

e) Nid oes synnwyr i'r gwerthoedd rhwng y pwyntiau sydd wedi'u plotio gan mai pwyntiau arwahanol yw dyddiau'r wythnos. Y cyfan y mae'r llinellau ar y graff yn ei ddangos yw'r tueddiadau.

1   Cafodd tymheredd hylif ei gofnodi bob 5 munud wrth iddo oeri.
    Mae'r graff llinell hwn yn dangos y canlyniadau.

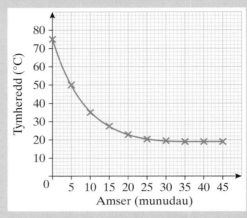

a)   Beth oedd tymheredd yr hylif ar ddechrau'r arbrawf?

b)   Sawl munud gymerodd yr hylif i gyrraedd 50°C?

c)   Beth oedd tymheredd yr hylif ar ôl 25 munud?

ch) Beth oedd y tymheredd isaf a gyrhaeddodd yr hylif?

2   Cafodd anafiadau pobl oedd yn cyrraedd uned ddamweiniau ysbyty eu cofnodi bob
    dydd am wythnos.
    Mae'r graff llinell hwn yn dangos y canlyniadau.

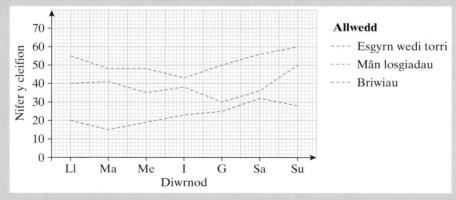

a)   Faint o gleifion oedd ag esgyrn wedi torri ar y dydd Iau?

b)   Ar ba ddiwrnod roedd y nifer lleiaf o gleifion â llosgiadau?

c)   Beth oedd cyfanswm nifer y cleifion ddaeth i'r uned ar y dydd Llun?

ch) Beth oedd cyfanswm nifer y cleifion â briwiau yn ystod yr wythnos?

3 Mae'r graff llinell hwn yn dangos y tymheredd am hanner dydd yn Aberteifi bob dydd am wythnos.

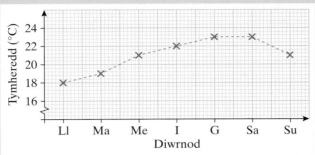

a) Beth oedd y tymheredd am hanner dydd ar y dydd Iau?

b) Beth oedd y tymheredd isaf am hanner dydd yn ystod yr wythnos?

c) Beth oedd amrediad y tymheredd am hanner dydd yn ystod yr wythnos?

ch) Cyfrifwch gymedr y tymheredd am hanner dydd ar gyfer yr wythnos.

4 Mae'r graff llinell hwn yn dangos gwerthiant misol cwmni ymbarelau am flwyddyn.

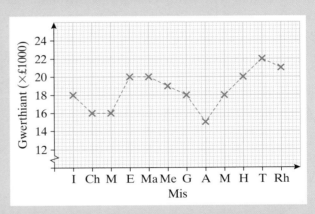

a) Ym mha fis oedd y gwerthiant mwyaf?

b) Beth oedd amrediad y gwerthiant misol?

c) Beth oedd gwerth cyfanswm yr holl werthiant am y flwyddyn?

ch) Beth oedd cymedr y gwerthiant misol?

5 Mae'r graff llinell hwn yn dangos nifer yr ymwelwyr ddaeth i barc adloniant yn ystod un wythnos.

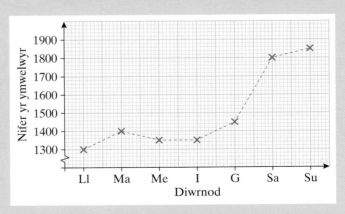

a) Faint o ymwelwyr ddaeth i'r parc yn ystod yr wythnos?

b) Beth oedd cymedr nifer yr ymwelwyr bob dydd?

c) Beth oedd amrediad y nifer oedd yn ymweld â'r parc bob dydd?

6 Mae'r graff llinell hwn yn dangos gwerthiant diodydd mewn caffi yn ystod cyfnod o 10 diwrnod.

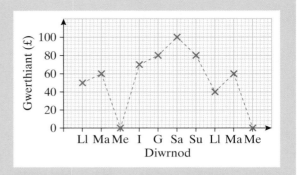

a) Yn eich barn chi, beth sy'n digwydd ar ddydd Mercher?

b) Faint oedd y gwerthiant diodydd ar y dydd Sadwrn?

c) Ar ba ddiwrnod, pan oedd y caffi ar agor, roedd y gwerthiant diodydd ar ei isaf?

ch) Beth oedd cymedr y gwerthiant am y diwrnodau pan oedd y caffi ar agor?

Cymharu

Mae'r siartiau cylch hyn yn dangos pa gyfran o'r pleidleisiau gafodd y pleidiau, a chyfran yr Aelodau Seneddol a gafodd eu hethol o bob plaid, yn etholiad cyffredinol y Deyrnas Unedig yn 2005.

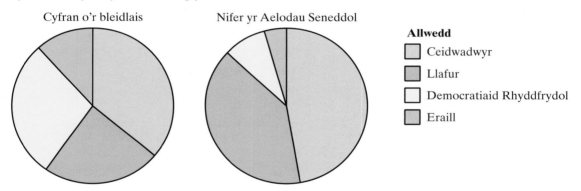

Nid yw'n bosibl dweud o'r siartiau cylch faint o bobl bleidleisiodd i bob plaid na sawl Aelod Seneddol gafodd ei ethol o bob plaid oherwydd nid yw'r wybodaeth yn dweud beth oedd cyfanswm nifer y bobl a bleidleisiodd na chwaith gyfanswm nifer yr Aelodau Seneddol gafodd eu hethol. Fodd bynnag, gallwn gymharu'r ddau ddiagram trwy ddefnyddio'r cyfrannau.

Dyma rai pethau y gallwn eu dweud am y siartiau cylch hyn.

- Mae cyfran y bleidlais i bob plaid a chyfran y nifer o Aelodau Seneddol o bob plaid a gafodd eu hethol yn ddwy gyfran debyg.
- Cafodd y Democratiaid Rhyddfrydol a'r pleidiau 'eraill' lai o Aelodau Seneddol na'u cyfran o'r bleidlais.
- Cafodd y Blaid Lafur gyfran uwch o Aelodau Seneddol na'u cyfran o'r bleidlais.

Her 44.2

Os ydych am fod yn fwy manwl, rhaid defnyddio rhifau.
Gallwch ddefnyddio onglau'r gwahanol sectorau yn y siart cylch.

Er enghraifft, mae cyfran y bleidlais i'r Democratiaid Rhyddfrydol yn cael ei chynrychioli gan ongl 83°. Yr ongl ar gyfer nifer yr Aelodau Seneddol gafodd y Democratiaid Rhyddfrydol yw 62°.

Gallech ysgrifennu'r rhain fel ffracsiynau o 360°. Maen nhw'n $\frac{83}{360}$ a $\frac{62}{360}$, yn ôl eu trefn. (Peidiwch â'u canslo gan fod angen i'r ddau enwadur fod yr un fath er mwyn gallu cymharu.) Serch hynny, nid yw hyn chwaith yn rhoi darlun clir iawn o'r sefyllfa.

Gallwch gael gwell darlun trwy newid y ffracsiynau'n ganrannau.
(Dysgoch sut i wneud hyn ym Mhennod 4.)

Fel canran, cyfran y Democratiaid Rhyddfrydol o'r bleidlais yw

$\frac{83}{360} \times 100 = 23\%$ (i'r rhif cyfan agosaf).

Fel canran, cyfran y Democratiaid Rhyddfrydol o'r Aelodau Seneddol gafodd eu hethol yw

$\frac{62}{360} \times 100 = 17\%$ (i'r rhif cyfan agosaf).

Mesurwch yr onglau eraill yn y siartiau cylch a chymharwch gyfran y bleidlais â chyfran yr Aelodau Seneddol gafodd eu hethol ar gyfer y Blaid Lafur, y Ceidwadwyr a'r pleidiau 'eraill'.

ENGHRAIFFT 44.6

Mae'r graffiau llinell hyn yn dangos y tymheredd ym Mangor a Wrecsam ar yr un diwrnod.
Cymharwch y tymheredd yn y ddwy dref.

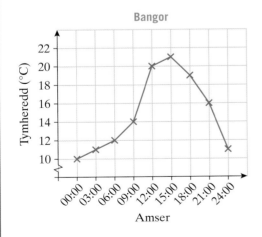

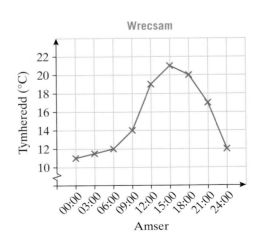

Datrysiad

Yn debyg

- Mae'r tymheredd uchaf yr un fath yn y ddwy dref (21°C).
- Am 06:00 a 09:00 mae'r tymheredd yr un fath yn y ddwy dref.
- Yn y ddwy dref, mae'r tymheredd ar ddiwedd y dydd un radd yn uwch na'r tymheredd ar ddechrau'r dydd.

Yn wahanol

- Mae'r tymheredd yn is ym Mangor nag yn Wrecsam ar ddechrau a diwedd y dydd.
- Rhwng 09:00 a 12:00, mae Bangor yn cynhesu'n gyflymach na Wrecsam.
- Mae amrediad y tymheredd ychydig yn fwy ym Mangor.

Her 44.3

Allwch chi ddangos y data sydd yn Enghraifft 44.6 mewn ffordd sy'n eu gwneud yn haws eu cymharu?

Lluniadwch graff addas.

YMARFER 44.4

1 Mae'r siartiau cylch hyn yn dangos poblogaeth ac arwynebedd tir gwledydd y Deyrnas Unedig.

Poblogaeth

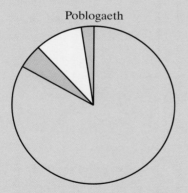

Arwynebedd tir

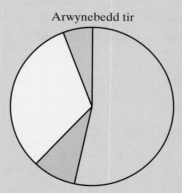

Allwedd

- Lloegr
- Cymru
- Yr Alban
- Gogledd Iwerddon

a) Pa wlad sydd â'r arwynebedd tir mwyaf a hefyd y boblogaeth fwyaf?

b) Pa wlad sydd â chyfran ei harwynebedd tir bron yr un fath â chyfran ei phoblogaeth?

c) Cymharwch arwynebedd tir a phoblogaeth yr Alban.

2 Mae'r siartiau bar hyn yn dangos y marciau gafodd bechgyn a merched mewn prawf sillafu.

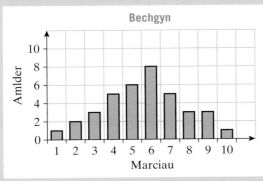

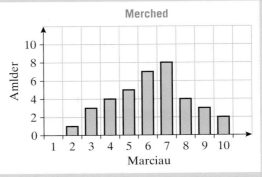

a) Sawl bachgen sgoriodd 6 yn y prawf? b) Sawl merch sgoriodd 1 yn y prawf?

c) Beth oedd sgôr moddol y merched?

ch) Beth oedd amrediad sgorau'r bechgyn?

d) Ai'r bechgyn neu'r merched wnaeth orau yn y prawf? Rhowch resymau dros eich ateb.

3 Gallwn fesur cyfoeth gwlad yn ôl ei Chynnyrch Mewnwladol Crynswth (CMC) y person. Mae'r diagramau yn dangos yr CMC y person ar gyfer pum gwlad yn 2003 ac yn 2009.

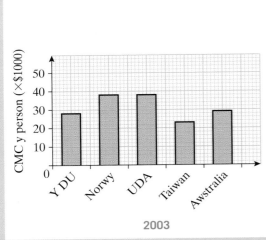

2003

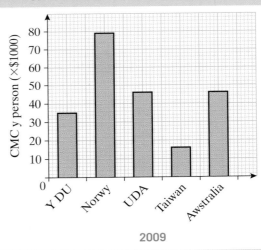

2009

a) Beth yw'r CMC y person yn Norwy yn 2003?

b) Beth yw'r CMC y person yn y DU yn 2009?

c) Beth yw cymedr yr CMC y person yn 2003 a beth yw cymedr yr CMC y person yn 2009?

ch) Beth yw amrediad yr CMC y person yn 2003 a beth yw amrediad yr CMC y person yn 2009?

d) Rhowch sylwadau ar yr CMC y person yn 2003 o'i gymharu â 2009.

dd) Lluniadwch y ddau siart bar ar yr un diagram, gan ddefnyddio graddfa addas.

Yng nghwestiwn **3** yn Ymarfer 44.4, roeddech yn lluniadu dau siart bar ar yr un diagram.

Wrth ddefnyddio yr un raddfa, roeddech yn gallu dangos yn gliriach y gwahaniaeth rhwng CMC y ddau grŵp o wledydd.

Allwch chi newid unrhyw rai o'r diagramau eraill yn Ymarfer 44.4 i wneud y gwaith cymharu'n haws?

RYDYCH WEDI DYSGU

- **sut i ddehongli pictogramau**
- **sut i ddehongli siartiau cylch**
- **sut i ddehongli graffiau llinell**
- **bod synnwyr weithiau i bwyntiau ar y llinellau rhwng y pwyntiau sydd wedi'u plotio ar graff llinell, ond nid dro arall, yn dibynnu ar beth sydd wedi'i blotio ar yr echelin lorweddol**
- **sut i gymharu'r wybodaeth sydd mewn diagramau ystadegol**

◎ YMARFER CYMYSG 44

1 Dyma bictogram i ddangos sawl presgripsiwn gafodd ei gyflenwi gan fferyllfa mewn wythnos.

Mae 🞣 yn cynrychioli 20 presgripsiwn.

Dydd Llun	🞣 🞣 🞣 🞣
Dydd Mawrth	🞣 🞣 ⌐
Dydd Mercher	🞣 🞣
Dydd Iau	🞣 ⌐
Dydd Gwener	🞣 🞣 🞣
Dydd Sadwrn	🞣

a) Sawl presgripsiwn gafodd ei gyflenwi ar y dydd Gwener?

b) Sawl presgripsiwn gafodd ei gyflenwi ar y dydd Llun?

c) Sawl presgripsiwn gafodd ei gyflenwi yn ystod yr wythnos?

ch) Beth yw cymedr nifer y presgripsiynau gafodd eu cyflenwi bob dydd?

2 Dyma bictogram i ddangos sawl tusw gafodd ei bacio gan dyfwr blodau mewn wythnos.

Mae ✿ yn cynrychioli 80 tusw.

Dydd Llun	✿ ✿ ✿ ✿
Dydd Mawrth	✿ ✿ ✿ ✿
Dydd Mercher	✿ ✿ ✿ ✿ ✿
Dydd Iau	✿ ✿ ✿ ✿
Dydd Gwener	✿ ✿ ✿
Dydd Sadwrn	✿ ✿
Dydd Sul	✿

a) Sawl tusw o flodau gafodd ei bacio yn ystod y penwythnos?

b) Sawl tusw gafodd ei bacio yn ystod yr wythnos gyfan?

c) Beth oedd cymedr nifer y tuswau gafodd eu pacio bob dydd?

ch) Beth oedd amrediad nifer y tuswau gafodd eu pacio bob dydd?

3 Dyma siart cylch yn dangos sut mae arian taliadau treth cyngor yn cael ei wario.

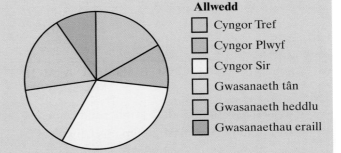

Allwedd
☐ Cyngor Tref
☐ Cyngor Plwyf
☐ Cyngor Sir
☐ Gwasanaeth tân
☐ Gwasanaeth heddlu
☐ Gwasanaethau eraill

a) Ar beth mae'r rhan fwyaf o'r arian yn cael ei wario?

b) Bil treth y cyngor i un teulu yw £900.
Defnyddiwch y siart cylch i gyfrifo faint y mae'r teulu yn ei gyfrannu tuag at y rhain.
(i) Y Cyngor Sir
(ii) Y gwasanaeth heddlu
(iii) Gwasanaethau eraill

4 Mewn arolwg, cafodd 120 o bobl eu holi am ble'r hoffen nhw fynd ar wyliau. Mae'r siart cylch yn dangos canlyniadau'r arolwg.

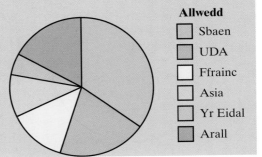

Allwedd
☐ Sbaen
☐ UDA
☐ Ffrainc
☐ Asia
☐ Yr Eidal
☐ Arall

a) Pa le gwyliau oedd y mwyaf poblogaidd?

b) Faint o bobl oedd wedi dewis pob un o'r gwahanol leoedd gwyliau?

5 Mae'r graff llinell hwn yn dangos sawl car gafodd ei werthu gan fodurdy dros gyfnod o 9 wythnos.

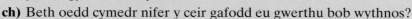

a) Yn ystod pa wythnos y cafodd y mwyaf o geir eu gwerthu?

b) Sawl car gafodd ei werthu yn ystod Wythnos 5?

c) Sawl car gafodd ei werthu yn ystod yr holl gyfnod o 9 wythnos?

ch) Beth oedd cymedr nifer y ceir gafodd eu gwerthu bob wythnos?

6 Dyma graff llinell sy'n dangos y tymheredd cymedrig a'r glawiad bob mis ym Mhontyllaid am flwyddyn.

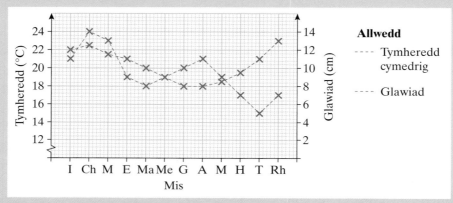

a) Pa fisoedd gafodd y tymheredd cymedrig isaf?

b) Beth oedd y glawiad ym mis Chwefror?

c) Beth oedd amrediad y tymereddau cymedrig misol?

ch) Beth oedd cyfanswm y glawiad am y flwyddyn?

7 Dyma siartiau cylch i ddangos sut mae tir yn cael ei ddefnyddio ar ddau gyfandir.

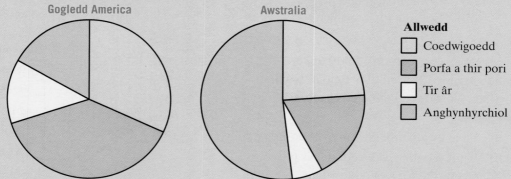

a) Tua, faint o Awstralia sy'n anghynhyrchiol?

b) Pa wlad sydd â'r gyfran fwyaf o goedwigoedd? Dangoswch sut rydych yn penderfynu.

c) Pam, efallai, nad yw'n wir dweud bod mwy o dir âr yng Ngogledd America nag yn Awstralia?

ch) Gwnewch un gymhariaeth arall rhwng y ffordd mae tir yn cael ei ddefnyddio yng Ngogledd America ac Awstralia.

8 Dyma ddau siart bar sy'n dangos faint gafodd ei wario ar dwristiaeth a beth oedd yr enillion mewn pum gwlad am un flwyddyn.

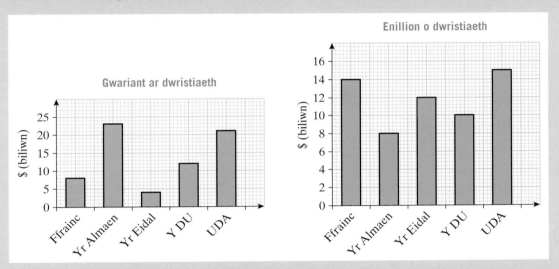

a) Pa wlad oedd wedi gwario fwyaf? Faint oedd hyn?

b) Pa wlad oedd wedi gwario leiaf? Faint oedd hyn?

c) Pa wledydd oedd wedi ennill mwy nag yr oedden nhw wedi'i wario?

ch) Lluniadwch un diagram, gan ddefnyddio graddfa addas, i ddangos yr holl wybodaeth hon.

45 → DIAGRAMAU YSTADEGOL

Diagramau amlder

Pan fydd gennym lawer o ddata, mae'n aml yn fwy cyfleus grwpio'r data yn fandiau neu yn gyfyngau. Byddwch yn cofio lluniadu siartiau bar i arddangos data arwahanol wedi'u grwpio.

I arddangos **data di-dor wedi'u grwpio**, gallwn ddefnyddio **diagram amlder**. Mae hwn yn debyg iawn i siart bar: y prif wahaniaeth yw nad oes bylchau rhwng y barrau.

AWGRYM

Cofiwch y dylai'r cyfyngau, fel arfer, fod yr un maint.

ENGHRAIFFT 45.1

Mesurodd Rhys daldra 34 o ddisgyblion. Grwpiodd y data'n gyfyngau o 5 cm. Dyma ei dabl gwerthoedd.

Taldra (*t* cm)	$140 < t \leq 145$	$145 < t \leq 150$	$150 < t \leq 155$	$155 < t \leq 160$	$160 < t \leq 165$	$165 < t \leq 170$
Amlder	3	8	8	9	2	4

a) Lluniadwch ddiagram amlder grŵp i ddangos y data hyn.

b) Pa un o'r cyfyngau yw'r dosbarth modd?

c) Pa un o'r cyfyngau sy'n cynnwys y gwerth canolrifol?

AWGRYM

Mae $145 < t \leq 150$ yn golygu pob taldra, *t*, sy'n fwy na 145 cm (ond nid yn hafal i 145 cm) ac i fyny at ac yn cynnwys 150 cm.

Datrysiad

a)

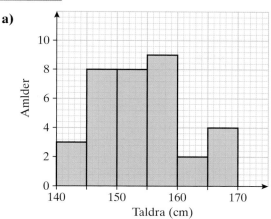

Taldra (cm)

Cofiwch labelu'r echelinau.

Mae'r echelin lorweddol yn dangos y math o ddata sy'n cael eu casglu.

Mae'r echelin fertigol yn dangos yr **amlder**, neu faint o eitemau data sydd ym mhob un o'r cyfyngau.

b) $155 < t \leqslant 160$ Y dosbarth sydd â'r amlder uchaf yw'r dosbarth modd. Hwn sydd â'r nifer mwyaf yn rhes yr 'amlder' yn y tabl a'r bar uchaf yn y diagram amlder grŵp.

c)   Y gwerth canolrifol yw'r gwerth hanner ffordd ar hyd y rhestr sydd wedi'i gosod yn nhrefn taldra.

Gan fod 34 gwerth, bydd y canolrif rhwng yr 17eg gwerth a'r 18fed gwerth.

Adiwch yr amlder ar gyfer pob cyfwng nes cyrraedd y cyfwng sy'n cynnwys yr 17eg gwerth a'r 18fed gwerth:

                 Mae 3 yn llai nag 17. Nid yw'r 17eg gwerth a'r 18fed gwerth i'w cael yn y cyfwng $140 < t \leqslant 145$.

$3 + 8 = 11$ Mae 11 yn llai nag 17. Nid yw'r 17eg gwerth a'r 18fed gwerth i'w cael yn y cyfwng $145 < t \leqslant 150$.

$11 + 8 = 19$ Mae 19 yn fwy nag 18. Rhaid bod yr 17eg gwerth a'r 18fed gwerth i'w cael yn y cyfwng $150 < t \leqslant 155$.

Y cyfwng $150 < t \leqslant 155$ yw'r un sy'n cynnwys y gwerth canolrifol.

◎ YMARFER 45.1

1   Cofnododd rheolwr canolfan hamdden oedrannau'r menywod a ddefnyddiodd y pwll nofio un bore. Dyma'r canlyniadau.

Oedran (b o flynyddoedd)	$15 \leqslant b < 20$	$20 \leqslant b < 25$	$25 \leqslant b < 30$	$30 \leqslant b < 35$	$35 \leqslant b < 40$	$40 \leqslant b < 45$	$45 \leqslant b < 50$
Amlder	4	12	17	6	8	3	12

Lluniadwch ddiagram amlder grŵp i ddangos y data hyn.

2 Mewn arolwg, cafodd y glawiad blynyddol ei fesur mewn 100 o drefi gwahanol. Dyma ganlyniadau'r arolwg.

Glawiad (g cm)	$50 \leqslant r < 70$	$70 \leqslant r < 90$	$90 \leqslant r < 110$	$110 \leqslant r < 130$	$130 \leqslant r < 150$	$150 \leqslant r < 170$
Amlder	14	33	27	8	16	2

    a) Lluniadwch ddiagram amlder grŵp i ddangos y data hyn.

    b) Pa un o'r cyfyngau yw'r dosbarth modd?

    c) Pa un o'r cyfyngau sy'n cynnwys y gwerth canolrifol?

3 Fel rhan o ymgyrch ffitrwydd, roedd cwmni'n cofnodi pwysau pob un o'i weithwyr. Dyma'r canlyniadau.

Pwysau (p kg)	$60 \leqslant w < 70$	$70 \leqslant w < 80$	$80 \leqslant w < 90$	$90 \leqslant w < 100$	$100 \leqslant w < 110$
Amlder	3	18	23	7	2

    a) Lluniadwch ddiagram amlder grŵp i ddangos y data hyn.

    b) Pa un o'r cyfyngau yw'r dosbarth modd?

    c) Pa un o'r cyfyngau sy'n cynnwys y gwerth canolrifol?

4 Dyma ddiagram amlder.

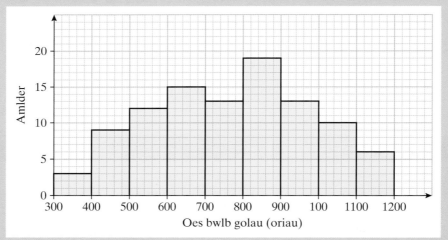

Defnyddiwch y diagram amlder grŵp i wneud tabl amlder grŵp yn debyg i'r rhai sydd yng nghwestiynau **1** i **3**. Mae'r cyfwng cyntaf yn cynnwys 300 o oriau, ond nid yw'n cynnwys 400 o oriau.

Her 45.1

Mae Lisa wedi bod yn edrych ar brisiau tegellau ar y rhyngrwyd.
Dyma brisiau'r 30 tegell cyntaf a welodd.

£9.60	£6.54	£8.90	£12.95	£13.90	£13.95
£14.25	£16.75	£16.90	£17.75	£17.90	£19.50
£19.50	£21.75	£22.40	£23.25	£24.50	£24.95
£26.00	£26.75	£27.00	£27.50	£29.50	£29.50
£29.50	£29.50	£32.25	£34.50	£35.45	£36.95

Cwblhewch siart cyfrif a lluniadwch ddiagram amlder grŵp i ddangos y data hyn.
Defnyddiwch gyfyngau addas ar gyfer eich grwpiau.

AWGRYM

Pan fyddwch yn dewis maint y cyfwng, gwnewch yn siŵr
nad ydych yn cael gormod, na rhy ychydig, o grwpiau. Mae
rhwng pump a deg cyfwng yn iawn fel arfer. Cofiwch y dylai'r
cyfyngau fod yn hafal fel rheol.

Her 45.2

a) Mesurwch daldra pawb yn eich dosbarth a chofnodwch y data mewn dwy restr,
y naill ar gyfer y bechgyn a'r llall ar gyfer y merched.

b) Dewiswch gyfyngau addas ar gyfer y data.

c) Lluniadwch ddau ddiagram amlder, y naill ar gyfer data'r bechgyn a'r llall ar gyfer
data'r merched.
Defnyddiwch yr un graddfeydd ar gyfer y ddau ddiagram fel y gallwch eu
cymharu'n hawdd.

ch) Cymharwch y ddau ddiagram.
Beth y mae siapiau'r graffiau yn ei ddangos, yn gyffredinol, ynglŷn â thaldra'r
bechgyn a'r merched yn eich dosbarth chi?

d) Cymharwch eich diagramau amlder chi â diagramau aelodau eraill o'ch dosbarth.
Ydyn nhw wedi defnyddio'r un cyfyngau â chi ar gyfer y data?
Os nad ydynt, a yw hynny wedi gwneud gwahaniaeth i'w hatebion i ran **ch)**?
Pa un o'r diagramau sy'n edrych orau? Pam?

Polygonau amlder

Mae **polygon amlder** yn ffordd arall o gynrychioli data di-dor wedi'u grwpio.

Byddwn yn ffurfio polygon amlder trwy uno, â llinellau syth, ganolbwyntiau pen ucha'r barrau mewn diagram amlder. Nid ydym yn lluniadu'r barrau. Mae hynny'n golygu y gallwn luniadu sawl polygon amlder ar yr un grid, sy'n ei gwneud hi'n haws eu cymharu.

I ddarganfod canolbwynt pob cyfwng, rydym yn adio ffiniau pob cyfwng a rhannu'r cyfanswm â 2.

ENGHRAIFFT 45.2

Mae'r tabl amlder grŵp yn dangos nifer y diwrnodau roedd disgyblion yn absennol o'u gwersi yn ystod un tymor.

Diwrnodau'n absennol (d)	$0 \leqslant d < 5$	$5 \leqslant d < 10$	$10 \leqslant d < 15$	$15 \leqslant d < 20$	$20 \leqslant d < 25$
Amlder	11	8	6	0	5

Lluniadwch bolygon amlder i ddangos y data hyn.

Datrysiad

Yn gyntaf, darganfyddwch ganolbwynt pob grŵp.

$$\frac{0 + 5}{2} = 2.5 \qquad \frac{5 + 10}{2} = 7.5 \qquad \frac{10 + 15}{2} = 12.5 \qquad \frac{15 + 20}{2} = 17.5 \qquad \frac{20 + 25}{2} = 22.5$$

> **AWGRYM**
>
> Sylwch fod y canolbwyntiau yn codi fesul 5; y rheswm yw mai 5 yw maint y cyfyngau.

Nawr gallwch luniadu'r polygon amlder.

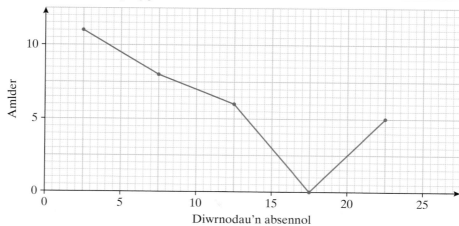

1 Mae'r tabl yn dangos faint o bwysau gollodd y bobl mewn clwb colli pwysau dros 6 mis.

Pwysau (p kg)	$0 \leq w < 6$	$6 \leq w < 12$	$12 \leq w < 18$	$18 \leq w < 24$	$24 \leq w < 30$
Amlder	8	14	19	15	10

Lluniadwch bolygon amlder i ddangos y data hyn.

2 Mae'r tabl yn dangos am faint o amser mae ceir yn aros mewn maes parcio un diwrnod.

Amser (a mun)	$15 \leq a < 30$	$30 \leq a < 45$	$45 \leq a < 60$	$60 \leq a < 75$	$75 \leq a < 90$	$90 \leq a < 105$
Amlder	56	63	87	123	67	22

Lluniadwch bolygon amlder i ddangos y data hyn.

3 Mae'r tabl yn dangos taldra 60 o ddisgyblion.

Taldra (t cm)	$168 \leq h < 172$	$172 \leq h < 176$	$176 \leq h < 180$	$180 \leq h < 184$	$184 \leq h < 188$	$188 \leq h < 192$
Amlder	2	6	17	22	10	3

Lluniadwch bolygon amlder i ddangos y data hyn.

4 Mae'r tabl yn dangos nifer y geiriau am bob brawddeg yn y 50 cyntaf o frawddegau mewn dau lyfr.

Nifer y geiriau (g)	$0 < w \leq 10$	$10 < w \leq 20$	$20 < w \leq 30$	$30 < w \leq 40$	$40 < w \leq 50$	$50 < w \leq 60$	$60 < w \leq 70$
Amlder Llyfr 1	2	9	14	7	4	8	6
Amlder Llyfr 2	27	11	9	0	3	0	0

a) Ar yr un grid, lluniadwch bolygon amlder ar gyfer y naill lyfr a'r llall.

b) Defnyddiwch y polygonau amlder i gymharu nifer y geiriau am bob brawddeg yn y naill lyfr a'r llall.

Diagramau gwasgariad

Gallwn ddefnyddio diagram gwasgariad i ddarganfod a oes **cydberthyniad**, neu berthynas, rhwng dwy set o ddata.

Mae'r data yn cael eu cyflwyno fel parau o werthoedd, a bydd pob un o'r parau hyn yn cael ei blotio fel pwynt cyfesurynnol ar graff.

Dyma rai enghreifftiau o sut y gallai diagram gwasgariad edrych a sut y gallwn eu dehongli.

Cydberthyniad positif cryf

Yma, mae un maint yn cynyddu wrth i'r llall gynyddu.
Cydberthyniad positif yw'r term am hyn.
Mae'r duedd o'r rhan waelod ar y chwith i'r rhan uchaf ar y dde.
Pan fydd y pwyntiau'n agos mewn llinell, byddwn yn dweud bod y cydberthyniad yn **gryf**.

Cydberthyniad positif gwan

Yma eto mae'r pwyntiau'n dangos cydberthyniad positif.
Mae'r pwyntiau'n fwy gwasgaredig, felly byddwn yn dweud bod y cydberthyniad yn **wan**.

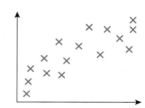

Cydberthyniad negatif cryf

Yma, mae un maint yn gostwng wrth i'r llall gynyddu.
Cydberthyniad negatif yw'r term am hyn.
Mae'r duedd o'r rhan uchaf ar y chwith i'r rhan waelod ar y dde.
Eto mae'r pwyntiau'n agos mewn llinell, felly byddwn yn dweud bod y cydberthyniad yn **gryf**.

Cydberthyniad negatif gwan

Yma eto mae'r pwyntiau'n dangos cydberthyniad negatif.
Mae'r pwyntiau'n fwy gwasgaredig, felly mae'r cydberthyniad yn **wan**.

Dim cydberthyniad

Pan fydd y pwyntiau'n llwyr wasgaredig ac nid oes unrhyw batrwm clir, byddwn yn dweud nad oes **dim cydberthyniad** rhwng y ddau faint.

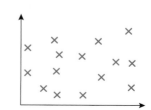

Os bydd diagram gwasgariad yn dangos cydberthyniad, bydd yn bosibl tynnu **llinell ffit orau** arno. I wneud hyn gallwn osod riwl mewn gwahanol safleoedd ar y diagram gwasgariad nes bod y goledd yn cyd-fynd â goledd cyffredinol y pwyntiau. Dylai fod tua'r un nifer o bwyntiau ar y naill ochr a'r llall i'r llinell.

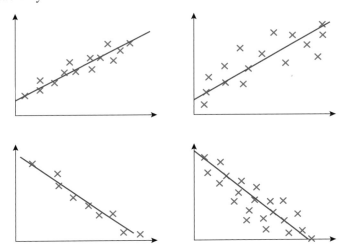

Ni allwn dynnu llinell ffit orau ar ddiagram gwasgariad sydd heb ddim cydberthyniad.

Gallwn ddefnyddio'r llinell ffit orau i ragfynegi gwerth pan fydd un yn unig o'r pâr o feintiau yn hysbys.

ENGHRAIFFT 45.3

Mae'r tabl yn dangos pwysau a thaldra 12 o bobl.

Taldra (cm)	150	152	155	158	158	160	163	165	170	175	178	180
Pwysau (kg)	56	62	63	64	57	62	65	66	65	70	66	67

a) Lluniadwch ddiagram gwasgariad i ddangos y data hyn.

b) Rhowch sylwadau ar gryfder y cydberthyniad a'r math o gydberthyniad rhwng y taldra a'r pwysau.

c) Tynnwch linell ffit orau ar eich diagram gwasgariad.

ch) Taldra Tom yw 162 cm. Defnyddiwch eich llinell ffit orau i amcangyfrif ei bwysau.

Datrysiad

a), c)

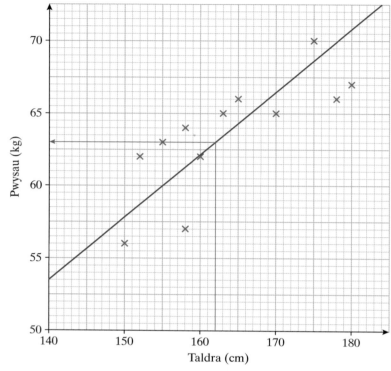

Taldra (cm)

b) Cydberthyniad positif gwan.

ch) Tynnwch linell o 162 cm ar echelin y Taldra i gyfarfod â'ch linell ffit orau.
Yna, tynnwch linell lorweddol a darllenwch y gwerth yn y man lle mae'n
cyfarfod echelin y Pwysau.
Pwysau tebygol Tom yw tua 63 kg.

Wrth dynnu llinell ffit orau mae pwynt arbennig y gallwch ei blotio fydd yn
helpu i wneud eich llinell yn un dda.

Gadewch i ni edrych ar y data yn Enghraifft 39.3 unwaith eto.
Cymedr taldra'r 12 person yw:

$$\frac{(150 + 152 + 155 + 158 + 158 + 160 + 163 + 165 + 170 + 175 + 178 + 180)}{12}$$

$= 163.67 = 163.7$ (yn gywir i 1 lle degol).

Cymedr pwysau'r bobl yw 63.6 (yn gywir i 1 lle degol).

Plotiwch y pwynt $(163.7, 63.6)$ ar y diagram gwasgariad yn Enghraifft 45.3.
Dylech weld bod y pwynt hwn ar y llinell ffit orau.

Gallwn ddangos y dylai'r llinell ffit orau rhwng dau newidyn x ac y fynd trwy'r pwynt $(\bar{x}, \bar{y})$, lle mae $\bar{x}$, sy'n cael ei alw'n 'x bar', yn cynrychioli cymedr gwerthoedd x ac $\bar{y}$ sy'n cael ei alw'n 'y bar', yn cynrychioli cymedr gwerthoedd y.

◎ YMARFER 45.3

1. Mae'r tabl yn dangos nifer yr afalau drwg ym mhob blwch ar ôl gwahanol amserau dosbarthu.

Amser dosbarthu (oriau)	10	4	14	18	6
Nifer yr afalau drwg	2	0	4	5	2

   a) Lluniadwch ddiagram gwasgariad i ddangos yr wybodaeth hon.

   b) Disgrifiwch y cydberthyniad y mae'r diagram gwasgariad yn ei ddangos.

   c) Nifer cymedrig yr afalau drwg yw 2.6. Cyfrifwch gymedr yr amser dosbarthu.

   ch) Plotiwch y pwynt sydd â'r ddau gymedr hyn yn gyfesurynnau.

   d) Tynnwch linell ffit orau ar eich diagram gwasgariad.

   dd) Defnyddiwch eich llinell ffit orau i amcangyfrif nifer yr afalau drwg sydd i'w disgwyl ar ôl amser dosbarthu o 12 awr.

2. Mae'r tabl yn dangos marciau 15 disgybl a safodd Bapur 1 a Phapur 2 mewn arholiad mathemateg.
   Cafodd y ddau bapur eu marcio allan o 40.

Papur 1	36	34	23	24	30	40	25	35	20	15	35	34	23	35	27
Papur 2	39	36	27	20	33	35	27	32	28	20	37	35	25	33	30

   a) Lluniadwch ddiagram gwasgariad i ddangos yr wybodaeth hon.

   b) Disgrifiwch y cydberthyniad y mae'r diagram gwasgariad yn ei ddangos.

   c) Cyfrifwch y marc cymedrig ar gyfer Papur 1. Y marc cymedrig ar gyfer Papur 2 yw 30.5.

   ch) Plotiwch y pwynt sydd â'r ddau farc cymedrig hyn yn gyfesurynnau.

   d) Tynnwch linell ffit orau ar eich diagram gwasgariad.

   dd) Sgoriodd Ioan 32 ar Bapur 1 ond roedd yn absennol ar gyfer Papur 2. Defnyddiwch eich llinell ffit orau i amcangyfrif ei sgôr ar Bapur 2.

3 Mae'r tabl yn dangos maint y peiriant a thraul petrol ar gyfer naw car.

Maint y peiriant (litrau)	1.9	1.1	4.0	3.2	5.0	1.4	3.9	1.1	2.4
Traul petrol (m.y.g.)	34	42	23	28	18	42	27	48	34

    a) Lluniadwch ddiagram gwasgariad i ddangos yr wybodaeth hon.

    b) Disgrifiwch y cydberthyniad y mae'r diagram gwasgariad yn ei ddangos.

    c) Cymedr meintiau'r peiriannau yw 2.7. Cyfrifwch gymedr y traul petrol.

    ch) Plotiwch y pwynt sydd â'r ddau gymedr hyn yn gyfesurynnau.

    d) Tynnwch linell ffit orau ar eich diagram gwasgariad.

    dd) Maint y peiriant sydd gan gar arall yw 2.8 litr.
        Defnyddiwch eich llinell ffit orau i amcangyfrif traul petrol y car hwn.

4 Ym marn Tracy po fwyaf yw eich pen, y mwyaf clyfar rydych chi.
Mae'r tabl yn dangos nifer y marciau a sgoriodd deg disgybl mewn prawf, a chylchedd eu pennau.

Cylchedd y pen (mm)	600	500	480	570	450	550	600	460	540	430
Marc	43	33	45	31	25	42	23	36	24	39

    a) Lluniadwch ddiagram gwasgariad i ddangos yr wybodaeth hon.

    b) Disgrifiwch y cydberthyniad y mae'r diagram gwasgariad yn ei ddangos.

    c) Cymedr cylchedd y pen yw 518. Cyfrifwch y marc cymedrig.

    ch) Plotiwch y pwynt sydd â'r ddau gymedr hyn yn gyfesurynnau.

    d) A yw Tracy yn gywir?

    dd) Allwch chi feddwl am unrhyw resymau pam efallai nad yw'r gymhariaeth yn ddilys?

RYDYCH WEDI DYSGU

- **sut i luniadu a dehongli diagramau amlder, polygonau amlder a diagramau gwasgariad**
- **am y gwahanol fathau o gydberthyniad**
- **sut i dynnu llinellau ffit gorau a'u defnyddio**

1 Mae Emma wedi cadw cofnod o'r amser, mewn munudau, roedd rhaid iddi aros am fws yr ysgol bob bore am 4 wythnos.

11	5	7	4	2	18	3	10	8	1
13	4	9	10	14	4	5	17	6	7

a) Gwnewch dabl amlder grŵp ar gyfer y gwerthoedd hyn gan ddefnyddio'r grwpiau $0 \leq a < 5, 5 \leq a < 10, 10 \leq a < 15$ ac $15 \leq a < 20$.

b) Lluniadwch ddiagram amlder grŵp ar gyfer y data hyn.

c) Pa un o'r cyfyngau yw'r dosbarth modd?

ch) Pa un o'r cyfyngau sy'n cynnwys y gwerth canolrifol?

2 Mae'r tabl yn dangos y marciau a gafodd disgyblion mewn arholiad.

Marc	$30 \leq m < 40$	$40 \leq m < 50$	$50 \leq m < 60$	$60 \leq m < 70$	$70 \leq m < 80$	$80 \leq m < 90$
Amlder	8	11	18	13	8	12

a) Lluniadwch bolygon amlder grŵp i ddangos y data hyn.

b) Disgrifiwch sut mae'r marciau wedi eu gwasgaru (dosraniad y marciau).

c) Pa un yw'r dosbarth modd?

ch) Faint o fyfyrwyr safodd yr arholiad?

d) Pa ffracsiwn o'r myfyrwyr sgoriodd 70 neu fwy yn yr arholiad?
Rhowch eich ateb yn ei ffurf symlaf.

3 Cynhaliodd perchennog siop anifeiliaid anwes arolwg i ymchwilio i bwysau cyfartalog brid arbennig o gwningod ar wahanol oedrannau. Mae'r tabl yn dangos ei ganlyniadau.

Oedran y gwningen (misoedd)	1	2	3	4	5	6	7	8
Pwysau cyfartalog (g)	90	230	490	610	1050	1090	1280	1560

a) Lluniadwch ddiagram gwasgariad i ddangos yr wybodaeth hon.

b) Disgrifiwch y cydberthyniad y mae'r diagram gwasgariad yn ei ddangos.

c) Tynnwch linell ffit orau ar eich diagram gwasgariad.

ch) Defnyddiwch eich llinell ffit orau i amcangyfrif:
   (i) pwysau cwningen o'r brid hwn sy'n $4\frac{1}{2}$ mis oed.
   (ii) pwysau cwningen o'r brid hwn sy'n 9 mis oed.

d) Pe bai'r llinell ffit orau yn cael ei hestyn gallech amcangyfrif pwysau cwningen o'r brid hwn sy'n 20 mis oed.
A fyddai hynny'n synhwyrol? Rhowch reswm dros eich ateb.

Cyfrifo'r cymedr o dabl amlder

Ym Mhennod 43 dysgoch sut i gyfrifo **cymedr** set o ddata trwy adio eu gwerthoedd at ei gilydd ac yna rhannu'r cyfanswm â nifer y gwerthoedd sydd yn y set.

Er enghraifft, mae'r set hon o ddata yn dangos nifer yr anifeiliaid anwes sydd gan naw o ddisgyblion Blwyddyn 10.

8	4	4	6	3	7	3	2	8

Y cymedr yw $45 \div 9 = 5$.

Yr hyn rydym yn ei gyfrifo yw (cyfanswm nifer yr anifeiliaid anwes) ÷ (cyfanswm nifer y disgyblion a holwyd).

Pe byddem wedi holi 150 o bobl byddai gennym restr o 150 o rifau. Byddai'n bosibl darganfod y cymedr trwy adio'r holl rifau a'u rhannu â 150, ond byddai hynny'n cymryd amser hir.

Yn hytrach, gallwn roi'r data mewn tabl amlder a defnyddio dull arall i gyfrifo'r cymedr.

Gofynnodd Bethan i'r holl ddisgyblion ym Mlwyddyn 10 yn ei hysgol faint o frodyr oedd ganddynt. Mae'r tabl yn dangos ei chanlyniadau.

Cyfrifwch gymedr nifer y brodyr sydd gan y disgyblion hyn.

Nifer y brodyr	Amlder (nifer y merched)
0	24
1	60
2	47
3	11
4	5
5	2
6	0
7	0
8	1
Cyfanswm	150

Datrysiad

Cymedr y data hyn yw (cyfanswm nifer y brodyr) ÷ (cyfanswm nifer y merched a holwyd).

Yn gyntaf, rhaid cyfrifo cyfanswm nifer y brodyr.

Gallwch weld o'r tabl

- nad oes brodyr gan 24 o'r merched. Mae ganddynt $24 \times 0 = 0$ o frodyr rhyngddynt.
- bod un brawd yr un gan 60 o'r merched. Mae ganddynt $60 \times 1 = 60$ o frodyr rhyngddynt.
- bod dau frawd yr un gan 47 o'r merched. Mae ganddynt $47 \times 2 = 94$ o frodyr rhyngddynt.

ac yn y blaen.

Os adiwch ganlyniadau pob rhes yn y tabl, fe gewch gyfanswm nifer y brodyr.

Gallwch adio mwy o golofnau at y tabl i ddangos hyn.

Nifer y brodyr (x)	Nifer y merched (f)	Nifer y brodyr × amlder	Cyfanswm nifer y brodyr (fx)
0	24	0×24	0
1	60	1×60	60
2	47	2×47	94
3	11	3×11	33
4	5	4×5	20
5	2	5×2	10
6	0	6×0	0
7	0	7×0	0
8	1	8×1	8
Cyfanswm	150		225

Y golofn 'Nifer y brodyr' yw'r newidyn ac fel rheol mae'n cael ei labelu'n x.
Y golofn 'Nifer y merched' yw'r amlder ac fel rheol mae'n cael ei labelu'n f.
Fel arfer mae'r golofn 'Cyfanswm nifer y brodyr' yn cael ei labelu'n fx am fod
y swm hwn yn cynrychioli (Nifer y brodyr) $\times$ (Nifer y merched) $= x \times f$.

Cyfanswm nifer y brodyr $= 225$
Cyfanswm nifer y merched a holwyd $= 150$
Felly y cymedr $= 225 \div 150 = 1.5$ o frodyr.

Gallwch fwydo'r cyfrifiadau i gyfrifiannell fel cadwyn o rifau ac yna gwasgu'r botwm
$\boxed{=}$ i ddarganfod y cyfanswm cyn rhannu â 150.

Gwasgwch

$\boxed{0}\,\boxed{\times}\,\boxed{2}\,\boxed{4}\,\boxed{+}\,\boxed{1}\,\boxed{\times}\,\boxed{6}\,\boxed{0}\,\boxed{+}\,\boxed{2}\,\boxed{\times}\,\boxed{4}\,\boxed{7}\,\boxed{+}\,\boxed{3}\,\boxed{\times}\,\boxed{1}\,\boxed{1}\,\boxed{+}\,\boxed{4}\,\boxed{\times}\,\boxed{5}$
$\boxed{+}\,\boxed{5}\,\boxed{\times}\,\boxed{2}\,\boxed{+}\,\boxed{6}\,\boxed{\times}\,\boxed{0}\,\boxed{+}\,\boxed{7}\,\boxed{\times}\,\boxed{0}\,\boxed{+}\,\boxed{8}\,\boxed{\times}\,\boxed{1}\,\boxed{=}\,\boxed{\div}\,\boxed{1}\,\boxed{5}\,\boxed{0}\,\boxed{=}$

Gallwn hefyd ddefnyddio'r tabl i gyfrifo'r **modd**, y **canolrif** a'r **amrediad**.

Modd nifer y brodyr yw 1.
Dyma nifer y brodyr sydd â'r amlder mwyaf (60).

Canolrif nifer y brodyr yw 1.
Gan fod 150 o werthoedd, bydd y canolrif rhwng y 75ed gwerth a'r 76ed gwerth.
Rydym yn adio'r amlder ar gyfer pob nifer o frodyr (rhes) nes cyrraedd y cyfwng sy'n
cynnwys y 75ed gwerth a'r 76ed gwerth:

Mae 24 yn llai na 75. Nid yw'r 75ed gwerth a'r 76ed gwerth i'w cael yn rhes 0.
$24 + 60 = 84$ Mae 84 yn fwy na 76. Rhaid bod y 75ed gwerth a'r 76ed gwerth i'w cael yn
rhes 1.

Amrediad nifer y brodyr yw 8.
Hwn yw (y nifer mwyaf o frodyr) $-$ (y nifer lleiaf o frodyr) $= 8 - 0 = 8$.

Defnyddio taenlen i ddarganfod y cymedr

Gallwn hefyd gyfrifo'r cymedr trwy ddefnyddio taenlen gyfrifiadurol. Dilynwch y camau ar y
dudalen gyferbyn i gyfrifo'r cymedr ar gyfer y data yn Enghraifft 46.1.

Teipiwch y rhannau sydd mewn teip trwm yn
ofalus: peidiwch â chynnwys unrhyw fylchau.

1 Agor taenlen newydd.

2 Yng nghell A1 teipio'r teitl 'Nifer y brodyr (x)'.
Yng nghell B1 teipio'r teitl 'Nifer y merched (f)'.
Yng nghell C1 teipio'r teitl 'Cyfanswm nifer y brodyr (fx)'.

3 Yng nghell A2 teipio'r rhif 0. Yna teipio'r rhifau 1 i 8 yng nghelloedd A3 i A10.

4 Yng nghell B2 teipio'r rhif 24. Yna teipio'r amlderau eraill yng nghelloedd B3 i B10.

5 Yng nghell C2 teipio **=A2*B2** a gwasgu'r botwm *Enter*.
Clicio ar gell C2, clicio ar Golygu (*Edit*) yn y bar offer a dewis Copïo (*Copy*).
Clicio ar gell C3, a dal botwm y llygoden i lawr a llusgo i lawr i gell C10.
Yna clicio ar Golygu (*Edit*) yn y bar offer a dewis Gludo (*Paste*).

6 Yng nghell A11 teipio'r gair 'Cyfanswm'.

7 Yng nghell B11 teipio **=SUM(B2:B10)** a gwasgu'r botwm *Enter*.
Yng nghell C11 teipio **=SUM(C2:C10)** a gwasgu'r botwm *Enter*.

8 Yng nghell A12 teipio'r gair 'Cymedr'.

9 Yng nghell B12 teipio **=C11/B11** a gwasgu'r botwm *Enter*.

Dylai eich taenlen edrych fel hyn.

	A	B	C
1	Nifer y brodyr (x)	Nifer y merched (f)	Cyfanswm nifer y brodyr (fx)
2	0	24	0
3	1	60	60
4	2	47	94
5	3	11	33
6	4	5	20
7	5	2	10
8	6	0	0
9	7	0	0
10	8	1	8
11	Cyfanswm	150	225
12	Cymedr	1.5	

Defnyddiwch daenlen gyfrifiadurol i ateb un o'r cwestiynau yn yr ymarfer nesaf.

1 Ar gyfer pob un o'r setiau hyn o ddata
   (i) darganfyddwch y modd.
   (ii) darganfyddwch y canolrif.
   (iii) darganfyddwch yr amrediad.
   (iv) cyfrifwch y cymedr.

a)

Sgôr ar y dis	Nifer y tafliadau
1	89
2	77
3	91
4	85
5	76
6	82
Cyfanswm	500

b)

Nifer y matsys	Nifer y blychau
47	78
48	82
49	62
50	97
51	86
52	95
Cyfanswm	500

c)

Nifer y damweiniau	Nifer y gyrwyr
0	65
1	103
2	86
3	29
4	14
5	3
Cyfanswm	300

ch)

Nifer y ceir am bob tŷ	Nifer y disgyblion
0	15
1	87
2	105
3	37
4	6
Cyfanswm	250

2 Cyfrifwch gymedr pob un o'r setiau hyn o ddata.

a)

Nifer y teithwyr mewn tacsi	Amlder
1	84
2	63
3	34
4	15
5	4
Cyfanswm	200

b)

Nifer yr anifeiliaid anwes	Amlder
0	53
1	83
2	23
3	11
4	5
Cyfanswm	175

c)

Nifer y llyfrau'n cael eu darllen mewn mis	Amlder
0	4
1	19
2	33
3	42
4	29
5	17
6	6
Cyfanswm	150

ch)

Nifer y diodydd mewn diwrnod	Amlder
3	81
4	66
5	47
6	29
7	18
8	9
Cyfanswm	250

3 Cyfrifwch gymedr pob un o'r setiau hyn o ddata.

a)

x	Amlder
1	47
2	36
3	28
4	57
5	64
6	37
7	43
8	38

b)

x	Amlder
23	5
24	9
25	12
26	15
27	13
28	17
29	14
30	15

c)

x	Amlder
10	5
11	8
12	6
13	7
14	3
15	9
16	2

ch)

x	Amlder
0	12
1	59
2	93
3	81
4	43
5	67
6	45

4 Yn nhref Maesgubor mae tocynnau bws yn costio 50c, £1.00, £1.50 neu £2.00 yn dibynnu ar hyd y daith. Mae'r tabl amlder yn dangos nifer y tocynnau a gafodd eu gwerthu un dydd Gwener. Cyfrifwch y tâl cymedrig am docynnau ar y dydd Gwener hwnnw.

Pris tocyn (£)	0.50	1.00	1.50	2.00
Nifer y tocynnau	140	207	96	57

5 Cafodd 800 o bobl eu holi faint o bapurau newydd roedden nhw wedi eu prynu yn ystod un wythnos. Mae'r tabl yn dangos y data.

Nifer y papurau newydd	0	1	2	3	4	5	6	7	8	9	10	11	12	13	14
Amlder	20	24	35	26	28	49	97	126	106	54	83	38	67	21	26

Cyfrifwch nifer cymedrig y papurau newydd a gafodd eu prynu.

Her 46.1

a) Cynlluniwch daflen casglu data ar gyfer nifer y parau o esgidiau ymarfer sydd gan bob un o ddisgyblion eich dosbarth.

b) Casglwch y data ar gyfer eich dosbarth.

c) **(i)** Darganfyddwch fodd eich data.
(ii) Darganfyddwch amrediad eich data.
(iii) Cyfrifwch nifer cymedrig y parau o esgidiau ymarfer sydd gan ddisgyblion eich dosbarth.

Grwpio data

Mae'r tabl yn dangos nifer y cryno ddisgiau y mae grŵp o 75 o bobl wedi'u prynu ym mis Ionawr.

Mae grwpio data yn gwneud gweithio gyda'r data yn haws, ond mae hefyd yn achosi problemau wrth gyfrifo'r modd, y canolrif, y cymedr neu'r amrediad.

Er enghraifft, dosbarth modd y data hyn yw 0–4, oherwydd mai dyna'r dosbarth sydd â'r amlder mwyaf.

Fodd bynnag, mae'n amhosibl dweud pa nifer o gryno ddisgiau oedd y modd gan nad ydym yn gwybod faint yn union o bobl yn y dosbarth hwn a brynodd pa nifer o gryno ddisgiau.

Nifer y cryno ddisgiau a brynwyd	Nifer y bobl
0–4	35
5–9	21
10–14	12
15–19	5
20–24	2

Mae'n bosibl (ond nid yn debygol iawn) na phrynodd saith person unrhyw gryno ddisgiau, y prynodd saith person un cryno ddisg, y prynodd saith person ddau gryno ddisg, y prynodd saith person dri chryno ddisg ac y prynodd saith person bedwar cryno ddisg. Pe bai wyth neu fwy o bobl wedi prynu naw cryno ddisg, yna 9 fyddai'r modd, er mai 0–4 yw'r dosbarth modd!

Mae'r canolrif yn achosi'r un math o broblem: gallwn weld pa ddosbarth sy'n cynnwys y gwerth canolrifol, ond ni allwn gyfrifo'r gwir werth canolrifol.

Mae hefyd yn amhosibl cyfrifo'r cymedr yn union gywir o dabl amlder grŵp. Gallwn, fodd bynnag, gyfrifo amcangyfrif gan ddefnyddio gwerth sengl i gynrychioli pob dosbarth; mae'n arferol defnyddio'r gwerth canol.

Gallwn ddefnyddio'r gwerthoedd canol hyn hefyd i gyfrifo amcangyfrif o'r amrediad. Ni allwn ddarganfod yr amrediad yn union gywir am ei bod hi'n amhosibl dweud beth yw'r niferoedd mwyaf a lleiaf o gryno ddisgiau a gafodd eu prynu. Y pryniant mwyaf posibl yw 24, ond ni allwn ddweud a wnaeth unrhyw un brynu 24 mewn gwirionedd. Y pryniant lleiaf posibl yw 0, ond eto ni allwn ddweud a oedd yna unrhyw un na wnaeth brynu dim cryno ddisgiau.

ENGHRAIFFT 46.2

Defnyddiwch y data yn y tabl uchod i gyfrifo

a) amcangyfrif o nifer cymedrig y cryno ddisgiau a gafodd eu prynu.

b) amcangyfrif o amrediad nifer y cryno ddisgiau a gafodd eu prynu.

c) pa ddosbarth sy'n cynnwys y gwerth canolrifol.

Datrysiad

a)

Nifer y cryno ddisgiau a brynwyd (x)	Nifer y bobl (f)	Gwerth canol (x)	$f \times$ canol x	fx
0–4	35	2	35×2	70
5–9	21	7	21×7	147
10–14	12	12	12×12	144
15–19	5	17	5×17	85
20–24	2	22	2×22	44
Cyfanswm	75			490

Yr amcangyfrif o nifer cymedrig y cryno ddisgiau a gafodd eu prynu yw $490 \div 75 = 6.5$ (i 1 lle degol).

AWGRYM

Mae pum grŵp yn y tabl ond cyfanswm nifer y bobl yw 75.

Peidiwch â chael eich temtio i rannu â 5!

b) Yr amcangyfrif o amrediad nifer y cryno ddisgiau a gafodd eu prynu yw $22 - 2 = 20$, ond gallai fod mor uchel â 24 neu mor isel ag 16.

c) Gan fod 75 o werthoedd, y canolrif fydd y 38fed gwerth.

Adiwch yr amlder ar gyfer pob dosbarth nes dod o hyd i'r dosbarth sy'n cynnwys y 38fed gwerth.

Mae 35 yn llai na 38. Nid yw'r 38fed gwerth i'w gael yn y dosbarth 0–4.

$35 + 21 = 56$ Mae 56 yn fwy na 38. Rhaid bod y 38fed gwerth i'w gael yn y dosbarth 5–9.

Felly y dosbarth 5–9 sy'n cynnwys y gwerth canolrifol.

Defnyddio taenlen i ddarganfod cymedr data wedi'u grwpio

Hefyd mae'n bosibl amcangyfrif cymedr data wedi'u grwpio trwy ddefnyddio taenlen gyfrifiadurol. Mae'r dull yr un fath ag o'r blaen, ar wahân i ychwanegu colofn 'Gwerth canol (x)'. Gallwn ddefnyddio'r golofn hon i gyfrifo amcangyfrif o'r amrediad hefyd.

Dilynwch y camau isod i gyfrifo amcangyfrifon o gymedr ac amrediad y data yn Enghraifft 46.2.

AWGRYM

Teipiwch y rhannau sydd mewn teip trwm yn ofalus: peidiwch â chynnwys unrhyw fylchau.

1 Agor taenlen newydd.

2 Yng nghell A1 teipio'r teitl 'Nifer y cryno ddisgiau a brynwyd (x)'.
Yng nghell B1 teipio'r teitl 'Nifer y bobl (f)'.
Yng nghell C1 teipio'r teitl 'Gwerth canol (x)'.
Yng nghell D1 teipio'r teitl 'Cyfanswm nifer y cryno ddisgiau a brynwyd (fx)'.

3 Yng nghell A2 teipio 0–4. Yna teipio'r dosbarthiadau eraill yng nghelloedd A3 i A6.

4 Yng nghell B2 teipio'r rhif 35. Yna teipio'r amlderau eraill yng nghelloedd B3 i B6.

5 Yng nghell C2 teipio **=(0+4)/2** a gwasgu'r botwm *Enter*.
Yng nghell C3 teipio **=(5+9)/2** a gwasgu'r botwm *Enter*.
Yng nghell C4 teipio **=(10+14)/2** a gwasgu'r botwm *Enter*.
Yng nghell C5 teipio **=(15+19)/2** a gwasgu'r botwm *Enter*.
Yng nghell C6 teipio **=(20+24)/2** a gwasgu'r botwm *Enter*.

6 Yng nghell D2 teipio **=B2*C2** a gwasgu'r botwm *Enter*.
Clicio ar gell D2, clicio ar Golygu (*Edit*) yn y bar offer a dewis Copïo (*Copy*).
Clicio ar gell D3, a dal botwm y llygoden i lawr a llusgo i lawr i gell D6.
Yna clicio ar Golygu (*Edit*) yn y bar offer a dewis Gludo (*Paste*).

7 Yng nghell A7 teipio'r gair 'Cyfanswm'.

8 Yng nghell B7 teipio **=SUM(B2:B6)** a gwasgu'r botwm *Enter*.
Yng nghell D7 teipio **=SUM(D2:B6)** a gwasgu'r botwm *Enter*.

9 Yng nghell A8 teipio'r gair 'Cymedr'.

10 Yng nghell B8 teipio **=D7/B7** a gwasgu'r botwm *Enter*.

11 Yng nghell A9 teipio'r gair 'Amrediad'.

12 Yng nghell B9 teipio **=C6−C2** a gwasgu'r botwm *Enter*.

Dylai eich taenlen edrych fel hyn.

	A	B	C	D
1	Nifer y cryno ddisgiau a brynwyd (x)	Nifer y bobl (f)	Gwerth canol (x)	Cyfanswm nifer y cryno ddisgiau a brynwyd (fx)
2	0-4	35	2	70
3	5-9	21	7	147
4	10-14	12	12	144
5	15-19	5	17	85
6	20-24	2	22	44
7	Cyfanswm	75		490
8	Cymedr	6.533333333		
9	Amrediad	20		

Defnyddiwch daenlen gyfrifiadurol i ateb un o'r cwestiynau yn yr ymarfer nesaf.

YMARFER 46.2

1 Ar gyfer pob un o'r setiau hyn o ddata cyfrifwch amcangyfrif o'r canlynol:
(i) yr amrediad. **(ii)** y cymedr.

a)

Nifer y negesau testun a dderbyniwyd	Nifer y bobl	Gwerth canol
0–9	99	4.5
10–19	51	14.5
20–29	28	24.5
30–39	14	34.5
40–49	7	44.5
50–59	1	54.5
Cyfanswm	200	

b)

Nifer y galwadau ffôn	Nifer y bobl	Gwerth canol
0–4	118	2
5–9	54	7
10–14	39	12
15–19	27	17
20–24	12	22
Cyfanswm	250	

c)

Nifer y negesau testun a anfonwyd	Nifer y bobl	Gwerth canol
0–9	79	4.5
10–19	52	14.5
20–29	31	24.5
30–39	13	34.5
40–49	5	44.5
Cyfanswm	180	

ch)

Nifer y galwadau a dderbyniwyd	Amlder	Gwerth canol
0–4	45	2
5–9	29	7
10–14	17	12
15–19	8	17
20–24	1	22
Cyfanswm	100	

2 Ar gyfer pob un o'r setiau hyn o ddata
   (i)   darganfyddwch y dosbarth modd.
   (ii) cyfrifwch amcangyfrif o'r amrediad.
   (iii) cyfrifwch amcangyfrif o'r cymedr.

a)

Nifer y DVDau sydd ganddynt	Nifer y bobl
0–4	143
5–9	95
10–14	54
15–19	26
20–24	12
Cyfanswm	330

b)

Nifer y llyfrau sydd ganddynt	Nifer y bobl
0–9	54
10–19	27
20–29	19
30–39	13
40–49	7
Cyfanswm	120

c)

Nifer y teithiau trên mewn blwyddyn	Nifer y bobl
0–49	118
50–99	27
100–149	53
150–199	75
200–249	91
250–299	136

ch)

Nifer y blodau ar blanhigyn	Amlder
0–14	25
15–29	52
30–44	67
45–59	36

3   Ar gyfer pob un o'r setiau hyn o ddata
    (i)   darganfyddwch y dosbarth modd.
    (ii) cyfrifwch amcangyfrif o'r cymedr.

a)

Nifer yr wyau mewn nyth	Amlder
0–2	97
3–5	121
6–8	43
9–11	7
12–14	2

b)

Nifer y pys mewn coden	Amlder
0–3	15
4–7	71
8–11	63
12–15	9
16–19	2

c)

Nifer y dail ar gangen	Amlder
0–9	6
10–19	17
20–29	27
30–39	34
40–49	23
50–59	10
60–69	3

ch)

Nifer y bananas mewn bwnsiad	Amlder
0–24	1
25–49	29
50–74	41
75–99	52
100–124	24
125–149	3

4   Mae cwmni'n cofnodi nifer y cwynion maen nhw'n eu derbyn am eu cynhyrchion bob wythnos.
    Mae'r tabl yn dangos y data ar gyfer un flwyddyn.

Nifer y cwynion	Amlder
1–10	12
11–20	5
21–30	10
31–40	8
41–50	9
51–60	5
61–70	2
71–80	1

Cyfrifwch amcangyfrif o nifer cymedrig y cwynion bob wythnos.

5 Mae rheolwr swyddfa yn cofnodi nifer y llungopïau sy'n cael eu gwneud gan ei staff bob dydd ym mis Medi.

Mae'r tabl yn dangos y data hyn.

Cyfrifwch amcangyfrif o nifer cymedrig y copïau bob dydd.

Nifer y llungopïau	Amlder
0–99	13
100–199	8
200–299	3
300–399	0
400–499	5
500–599	1

Data di-dor

Hyd yma mae'r holl ddata yn y bennod hon wedi bod yn **ddata arwahanol** (canlyniad cyfrif gwrthrychau).

Wrth drin **data di-dor** (canlyniad mesur), mae'r cymedr yn cael ei amcangyfrif yn yr un ffordd ag ar gyfer data arwahanol wedi'u grwpio.

ENGHRAIFFT 46.3

Mae rheolwraig yn cofnodi hyd y galwadau ffôn sy'n cael eu gwneud gan ei gweithwyr. Mae'r tabl yn dangos y canlyniadau am un wythnos.

Hyd y galwadau ffôn mewn munudau (x)	Amlder (f)
$0 \leqslant x < 5$	86
$5 \leqslant x < 10$	109
$10 \leqslant x < 15$	54
$15 \leqslant x < 20$	27
$20 \leqslant x < 25$	16
$25 \leqslant x < 30$	8
Cyfanswm	300

AWGRYM

Cofiwch fod $15 \leqslant x < 20$ yn golygu pob hyd, x, sy'n fwy na neu'n hafal i 15 munud ond sy'n llai nag 20 munud.

Datrysiad

Hyd y galwadau ffôn mewn munudau (x)	Amlder (f)	Gwerth canol (x)	$f \times$ canol x
$0 \leqslant x < 5$	86	2.5	215
$5 \leqslant x < 10$	109	7.5	817.5
$10 \leqslant x < 15$	54	12.5	675
$15 \leqslant x < 20$	27	17.5	472.5
$20 \leqslant x < 25$	16	22.5	360
$25 \leqslant x < 30$	8	27.5	220
Cyfanswm	300		2760

Yr amcangyfrif o'r cymedr yw 2760 ÷ 300 = 9.2 munud neu 9 munud ac 12 eiliad.

AWGRYM

Cofiwch fod 60 eiliad mewn 1 munud. 60 × 0.2 = 12 eiliad.

YMARFER 46.3

Defnyddiwch daenlen i ateb un o'r cwestiynau yn yr ymarfer hwn.

1 Ar gyfer pob un o'r setiau hyn o ddata, cyfrifwch amcangyfrif o'r canlynol:
   (i) yr amrediad.
   (ii) y cymedr.

a)

Taldra planhigyn mewn centimetrau (x)	Nifer y planhigion (f)
$0 \leqslant x < 10$	5
$10 \leqslant x < 20$	11
$20 \leqslant x < 30$	29
$30 \leqslant x < 40$	26
$40 \leqslant x < 50$	18
$50 \leqslant x < 60$	7
Cyfanswm	96

b)

Pwysau wy mewn gramau (x)	Nifer yr wyau (f)
$0 \leqslant x < 8$	3
$8 \leqslant x < 16$	18
$16 \leqslant x < 24$	43
$24 \leqslant x < 32$	49
$32 \leqslant x < 40$	26
$40 \leqslant x < 48$	5
Cyfanswm	144

c)

Hyd llinyn mewn centimetrau (x)	Amlder (f)
$60 \leqslant x < 64$	16
$64 \leqslant x < 68$	28
$68 \leqslant x < 72$	37
$72 \leqslant x < 76$	14
$76 \leqslant x < 80$	5
Cyfanswm	100

ch)

Glawiad y dydd mewn mililitrau (x)	Nifer y planhigion (f)
$0 \leqslant x < 10$	151
$10 \leqslant x < 20$	114
$20 \leqslant x < 30$	46
$30 \leqslant x < 40$	28
$40 \leqslant x < 50$	17
$50 \leqslant x < 60$	9
Cyfanswm	365

2 Ar gyfer pob un o'r setiau hyn o ddata:
   (i) ysgrifennwch y dosbarth modd.
   (ii) cyfrifwch amcangyfrif o'r cymedr.

a)

Oedran cyw mewn diwrnodau (x)	Nifer y cywion (f)
$0 \leqslant x < 3$	61
$3 \leqslant x < 6$	57
$6 \leqslant x < 9$	51
$9 \leqslant x < 12$	46
$12 \leqslant x < 15$	44
$15 \leqslant x < 18$	45
$18 \leqslant x < 21$	46

b)

Pwysau afal mewn gramau (x)	Nifer yr afalau (f)
$90 \leqslant x < 100$	5
$100 \leqslant x < 110$	24
$110 \leqslant x < 120$	72
$120 \leqslant x < 130$	81
$130 \leqslant x < 140$	33
$140 \leqslant x < 150$	10

c)

Hyd ffeuen ddringo mewn centimetrau (x)	Amlder (f)
$10 \leqslant x < 14$	16
$14 \leqslant x < 18$	24
$18 \leqslant x < 22$	25
$22 \leqslant x < 26$	28
$26 \leqslant x < 30$	17
$30 \leqslant x < 34$	10

ch)

Amser i gwblhan ras mewn munudau (x)	Amlder (f)
$40 \leqslant x < 45$	1
$45 \leqslant x < 50$	8
$50 \leqslant x < 55$	32
$55 \leqslant x < 60$	26
$60 \leqslant x < 65$	5
$65 \leqslant x < 70$	3

3 Mae'r tabl yn dangos cyflogau wythnosol y gweithwyr llaw mewn ffatri.

Cyflog mewn £ (x)	$150 \leqslant x < 200$	$200 \leqslant x < 250$	$250 \leqslant x < 300$	$300 \leqslant x < 350$
Amlder (f)	4	14	37	15

a) Beth yw'r dosbarth modd?

b) Ym mha ddosbarth y mae'r cyflog canolrifol?

c) Cyfrifwch amcangyfrif o'r cyflog cymedrig.

4 Mae'r tabl yn dangos, mewn gramau, masau'r 100 cyntaf o lythyrau a gafodd eu postio un diwrnod.

Màs mewn gramau (x)	$0 \leqslant x < 15$	$15 \leqslant x < 30$	$30 \leqslant x < 45$	$45 \leqslant x < 60$
Amlder (f)	48	36	12	4

Cyfrifwch amcangyfrif o fàs cymedrig llythyr.

5 Mae'r tabl yn dangos prisiau'r cardiau pen-blwydd a gafodd eu gwerthu un diwrnod gan siop gardiau cyfarch.

Pris cerdyn pen-blwydd mewn ceiniogau (x)	Amlder (f)
$100 \leqslant x < 125$	18
$125 \leqslant x < 150$	36
$150 \leqslant x < 175$	45
$175 \leqslant x < 200$	31
$200 \leqslant x < 225$	17
$225 \leqslant x < 250$	9

Cyfrifwch amcangyfrif o'r pris cymedrig a gafodd ei dalu am gerdyn pen-blwydd y diwrnod hwnnw.

Her 46.2

a) Cynlluniwch daflen casglu data, gan ddefnyddio grwpiau priodol, a gwnewch un o'r tasgau canlynol. Defnyddiwch y disgyblion yn eich dosbarth fel ffynhonnell eich data.
  • Gofynnwch i bob person faint o arian roedden nhw wedi'i wario ar ginio ar ddiwrnod penodol.
  • Cymerwch linyn a'i osod mewn llinell nad yw'n syth a gofynnwch i bob person amcangyfrif hyd y llinyn.

b) Cyfrifwch amcangyfrif o   (i) amrediad eich data.   (ii) cymedr eich data.

YMARFER CYMYSG 46

1 Ar gyfer pob un o'r setiau hyn o ddata
   (i) darganfyddwch y modd. **(ii)** darganfyddwch yr amrediad. **(iii)** cyfrifwch y cymedr.

a)

Sgôr ar ddis wyth ochr	Nifer y tafliadau
1	120
2	119
3	132
4	126
5	129
6	142
7	123
8	109
Cyfanswm	1000

b)

Nifer y marblis mewn bag	Nifer y bagiau
47	11
48	25
49	47
50	63
51	54
52	38
53	17
54	5
Cyfanswm	260

c)

Nifer yr anifeiliaid anwes am bob tŷ	Amlder
0	64
1	87
2	41
3	26
4	17
5	4
6	1

ch)

Nifer y ffa mewn coden	Amlder
4	17
5	36
6	58
7	49
8	27
9	13

d)

x	f
1	242
2	266
3	251
4	252
5	259
6	230

dd)

x	f
15	9
16	13
17	18
18	27
19	16
20	7

2   Mae'r cardiau ychwanegu credyd sydd gan y cwmni ffonau symudol Clyw yn costio
£5, £10, £20 neu £50 yn dibynnu ar faint o gredyd sy'n cael ei brynu.
Mae'r tabl amlder yn dangos nifer y cardiau o bob gwerth a gafodd eu gwerthu mewn
un siop un dydd Sadwrn.

Pris y cardiau ychwanegu credyd (£)	5	10	20	50
Nifer y cardiau ychwanegu credyd	34	63	26	2

Cyfrifwch werth cymedrig y cardiau ychwanegu credyd a gafodd eu prynu yn y siop y
dydd Sadwrn hwnnw.

3   Gofynnwyd i sampl o 350 o bobl faint o gylchgronau roedden nhw wedi'u prynu ym
mis Medi. Mae'r tabl isod yn dangos y data.

Nifer y cylchgronau	0	1	2	3	4	5	6	7	8	9	10
Amlder	16	68	94	77	49	27	11	5	1	0	2

Cyfrifwch nifer cymedrig y cylchgronau a gafodd eu prynu ym mis Medi.

4   Ar gyfer pob un o'r setiau hyn o ddata, cyfrifwch amcangyfrif o'r canlynol:
   (i) yr amrediad.   **(ii)** y cymedr.

a)

Taldra cactws mewn centimetrau (x)	Nifer y planhigion (f)
$10 \leqslant x < 15$	17
$15 \leqslant x < 20$	49
$20 \leqslant x < 25$	66
$25 \leqslant x < 30$	38
$30 \leqslant x < 35$	15
Cyfanswm	185

b)

Buanedd y gwynt ganol dydd mewn km/awr (x)	Nifer y diwrnodau (f)
$0 \leqslant x < 20$	164
$20 \leqslant x < 40$	98
$40 \leqslant x < 60$	57
$60 \leqslant x < 80$	32
$80 \leqslant x < 100$	11
$100 \leqslant x < 120$	3
Cyfanswm	365

c)

Amser yn dal anadl mewn eiliadau (x)	Amlder (f)
$30 \leqslant x < 40$	6
$40 \leqslant x < 50$	29
$50 \leqslant x < 60$	48
$60 \leqslant x < 70$	36
$70 \leqslant x < 80$	23
$80 \leqslant x < 90$	8

ch)

Màs disgybl mewn cilogramau (x)	Amlder (f)
$40 \leqslant x < 45$	5
$45 \leqslant x < 50$	13
$50 \leqslant x < 55$	26
$55 \leqslant x < 60$	31
$60 \leqslant x < 65$	17
$65 \leqslant x < 70$	8

5 Mae'r tabl isod yn dangos hyd 304 o alwadau ffôn, i'r munud agosaf.

Hyd mewn munudau (x)	$0 \leqslant x < 10$	$10 \leqslant x < 20$	$20 \leqslant x < 30$	$30 \leqslant x < 40$	$40 \leqslant x < 50$
Amlder (f)	53	124	81	35	11

a) Beth yw'r dosbarth modd?

b) Ym mha ddosbarth y mae'r hyd galwad canolrifol?

c) Mae'r tabl yn dangos cyflogau blynyddol y gweithwyr mewn cwmni.

6 Cyfrifwch amcangyfrif o'r hyd galwad cymedrig.

Cyflog blynyddol mewn miloedd o £ (x)	Amlder (f)
$10 \leqslant x < 15$	7
$15 \leqslant x < 20$	18
$20 \leqslant x < 25$	34
$25 \leqslant x < 30$	12
$30 \leqslant x < 35$	9
$35 \leqslant x < 40$	4
$40 \leqslant x < 45$	2
$45 \leqslant x < 50$	1
$50 \leqslant x < 55$	2
$55 \leqslant x < 60$	0
$60 \leqslant x < 65$	1

Cyfrifwch amcangyfrif o gyflog blynyddol cymedrig y gweithwyr hyn.

47 → CYNLLUNIO A CHASGLU

YN Y BENNOD HON

- Gosod cwestiynau ystadegol a chynllunio sut i'w hateb
- Data cynradd ac eilaidd
- Dewis sampl a dileu tuedd
- Manteision a phroblemau hapsamplau
- Llunio holiadur
- Casglu data
- Ysgrifennu adroddiad ystadegol

DYLECH WYBOD YN BAROD

- sut i wneud a defnyddio siartiau cyfrif
- sut i gyfrifo'r cymedr, y canolrif, y modd a'r amrediad
- sut i luniadu diagramau i gynrychioli data, fel siartiau bar, siartiau cylch a diagramau amlder

Cwestiynau ystadegol

Sylwi 47.1

A yw bechgyn yn dalach na merched?

Trafodwch sut i fynd ati i ateb y cwestiwn hwn.
- Pa wybodaeth fyddai angen i chi ei chasglu?
- Sut y byddech chi'n ei chasglu?
- Sut y byddech chi'n dadansoddi'r canlyniadau?
- Sut y byddech chi'n cyflwyno'r wybodaeth yn eich adroddiad?

I ateb cwestiwn gan ddefnyddio dulliau ystadegol, y peth cyntaf sydd angen ei wneud yw paratoi cynllun ysgrifenedig.

Mae angen penderfynu pa gyfrifiadau ystadegol a diagramau sy'n berthnasol i'r broblem. Rhaid ystyried hyn cyn dechrau casglu data, er mwyn eu casglu mewn ffurf ddefnyddiol.

Mae'n syniad da ailysgrifennu'r cwestiwn fel **rhagdybiaeth**, sef gosodiad fel 'mae bechgyn yn dalach na merched'. Dylai'r adroddiad gyflwyno tystiolaeth naill ai o blaid neu yn erbyn y rhagdybiaeth.

> **AWGRYM**
>
> Os byddwch yn dewis eich problem eich hun, gwnewch yn siŵr bod ganddi fwy nag un agwedd y gallwch eu harchwilio. Bydd hynny'n eich helpu i gael marciau uwch.

Mathau gwahanol o ddata

Wrth ymchwilio i broblem ystadegol fel 'mae bechgyn yn dalach na merched', gallwn ddefnyddio dau fath o ddata.

- **Data cynradd** yw data y byddwn ni ein hunain yn eu casglu. Er enghraifft, gallem fesur taldra grŵp o ferched a bechgyn.
- **Data eilaidd** yw data sydd wedi'u casglu gan rywun arall. Er enghraifft, gallem ddefnyddio cronfa ddata'r rhyngrwyd *CensusAtSchool*, sydd eisoes wedi casglu taldra nifer mawr o ddisgyblion. Ffynonellau eraill o ddata eilaidd yw pethau fel llyfrau a phapurau newydd.

Samplau data

Nid oes ateb amlwg pendant i'r rhan fwyaf o ymchwiliadau ystadegol. Er enghraifft, mae rhai merched yn dalach na rhai bechgyn, ac mae rhai bechgyn yn dalach na rhai merched. Yr hyn rydym yn ceisio ei ddarganfod yw ai merched neu fechgyn sydd dalaf fwyaf aml. Ni allwn fesur taldra pob bachgen a phob merch, ond gallwn fesur taldra grŵp o fechgyn a merched ac ateb y cwestiwn ar gyfer y grŵp hwnnw. Y term ystadegol am grŵp fel hwn yw **sampl**.

Mae maint y sampl yn bwysig. Os yw'r sampl yn rhy fach, mae'n bosibl na fydd y canlyniadau'n ddibynadwy. Yn gyffredinol, mae angen i faint y sampl fod o leiaf 30. Os yw'r sampl yn rhy fawr, gall gymryd amser hir i gasglu a dadansoddi'r data. Mae angen penderfynu beth yw maint sampl rhesymol ar gyfer y rhagdybiaeth dan sylw.

Mae angen dileu **tuedd** hefyd. Mae sampl tueddol yn annibynadwy am ei fod yn golygu bod rhai canlyniadau yn fwy tebygol. Er enghraifft, pe bai'r holl fechgyn yn ein sampl yn aelodau tîm pêl-fasged, gallai'r data awgrymu bod bechgyn yn dalach na merched. Ond, byddai'r canlyniadau hyn yn annibynadwy oherwydd bod chwaraewyr pêl-fasged yn aml yn dalach na'r taldra cyfartalog.

Yn aml mae'n syniad da dewis **hapsampl**, lle mae gan bob person neu ddarn o ddata yr un siawns o gael ei ddewis. Mae'n bosibl, fodd bynnag, y byddwch yn dymuno sicrhau bod nodweddion penodol i'ch sampl. Er enghraifft, gallai hapsamplu o fewn yr ysgol gyfan olygu bod yr holl fechgyn sy'n cael eu dewis yn digwydd bod ym Mlwyddyn 7 a bod yr holl ferched ym Mlwyddyn 11: byddai hynny'n rhoi sampl tueddol, gan fod plant hŷn yn tueddu i fod yn dalach. Felly, gallem hapsamplu i ddewis pum merch a phum bachgen o bob grŵp blwyddyn.

Gall haprifau gael eu cynhyrchu gan gyfrifiannell neu daenlen. I ddewis hapsampl o 5 merch o Flwyddyn 7, er enghraifft, gallem roi haprif i bob merch ym Mlwyddyn 7 ac yna dewis y 5 merch â'r haprifau lleiaf.

Wrth ysgrifennu'r adroddiad, dylem gynnwys rhesymau dros ein dewis o sampl.

ENGHRAIFFT 47.1

Mae Catrin yn cynnal arolwg o brydau bwyd yr ysgol. Mae hi'n holi pob degfed person sy'n mynd i gael cinio.

Pam nad yw hwn, efallai, yn ddull da o samplu?

Datrysiad

Ni fydd hi'n cael barn disgyblion nad ydynt yn hoffi bwyd ysgol ac sydd wedi rhoi'r gorau i'w gael.

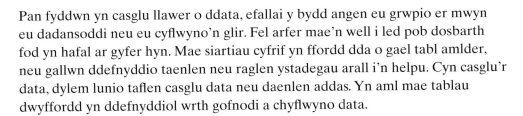

Sylwi 47.2

Mae cyngor bwrdeistref yn dymuno cynnal arolwg i gael barn y cyhoedd am ei gyfleusterau llyfrgell.
Sut y dylai ddewis sampl o bobl i'w holi?
Trafodwch fanteision ac anfanteision pob dull a awgrymwch.

Pan fyddwn yn casglu llawer o ddata, efallai y bydd angen eu grwpio er mwyn eu dadansoddi neu eu cyflwyno'n glir. Fel arfer mae'n well i led pob dosbarth fod yn hafal ar gyfer hyn. Mae siartiau cyfrif yn ffordd dda o gael tabl amlder, neu gallwn ddefnyddio taenlen neu raglen ystadegau arall i'n helpu. Cyn casglu'r data, dylem lunio taflen casglu data neu daenlen addas. Yn aml mae tablau dwyffordd yn ddefnyddiol wrth gofnodi a chyflwyno data.

Llunio holiadur

Mae **holiadur** yn ffordd dda o gasglu data.

Mae angen ystyried yn ofalus pa wybodaeth sydd ei hangen a sut y byddwn yn dadansoddi'r atebion i bob cwestiwn. Bydd hyn yn ein helpu i gael y data yn y ffurf sydd ei hangen arnom.

Er enghraifft, os byddwn yn ymchwilio i'r rhagdybiaeth 'mae bechgyn yn dalach na merched', mae angen gwybod rhyw y person yn ogystal â'r taldra. Os byddwn yn gwybod yr oedran hefyd, gallwn weld a yw'r rhagdybiaeth yn wir ar gyfer bechgyn a merched o bob oedran. Fodd bynnag, mae'n debyg nad gofyn i bobl beth yw eu taldra fyddai'r ffordd orau o gael yr wybodaeth hon – byddem yn fwy tebygol o gael canlyniadau dibynadwy trwy ofyn am gael mesur eu taldra.

Dyma rai pwyntiau i'w cofio wrth lunio holiadur.

- Defnyddio cwestiynau sy'n gryno, yn glir ac yn berthnasol i'r dasg.
- Gofyn un peth yn unig ar y tro.
- Gwneud yn siŵr nad yw'r cwestiynau'n 'arweiniol'. Mae cwestiynau arweiniol yn dangos tuedd. Maen nhw'n 'arwain' y person sy'n eu hateb tuag at ateb arbennig: er enghraifft, 'ydych chi'n cytuno y dylai'r gamp greulon o hela llwynogod gael ei gwneud yn anghyfreithlon?'
- Os oes dewis o atebion, rhaid gwneud yn siŵr nad oes rhy ychydig na gormod.

ENGHRAIFFT 47.2

Awgrymwch ffordd synhwyrol o ofyn i oedolyn beth yw ei (h)oedran.

Datrysiad

Ticiwch eich grŵp oedran:

☐ 18–25 oed   ☐ 26–30 oed   ☐ 31–40 oed
☐ 41–50 oed   ☐ 51–60 oed   ☐ Dros 60 oed

Mae hyn yn golygu nad oes raid i'r person ddweud ei (h)union oedran wrthych, sy'n rhywbeth nad yw llawer o oedolion yn hoffi ei wneud.

Ar ôl ysgrifennu'r holiadur, mae'n syniad da rhoi prawf arno gydag ychydig o bobl, hynny yw cynnal **arolwg peilot**. Hefyd mae'n werth ceisio dadansoddi'r data o'r arolwg peilot i weld a yw hynny'n bosibl. Efallai wedyn y byddwn yn dymuno aralleirio un neu ddau gwestiwn, ailgrwpio'r data neu newid y dull samplu, cyn cynnal yr arolwg go iawn.

Os oes problemau ymarferol wrth gasglu'r data, dylai'r rhain gael eu disgrifio yn yr adroddiad.

Sylwi 47.3

- Meddyliwch am bwnc ar gyfer arolwg ynglŷn â chinio ysgol. Gwnewch yn siŵr ei fod yn berthnasol i'ch ysgol chi. Er enghraifft, efallai y byddwch yn dymuno rhoi prawf ar y rhagdybiaeth 'pysgod a sglodion yw'r hoff bryd bwyd'.
- Ysgrifennwch gwestiynau addas ar gyfer arolwg i roi prawf ar eich rhagdybiaeth.
- Rhowch gynnig ar y rhain mewn arolwg peilot. Trafodwch y canlyniadau a sut y gallech wella eich cwestiynau.

Ysgrifennu'r adroddiad

Dylai'r adroddiad ddechrau â datganiad clir o'r amcanion a gorffen â chasgliad. Bydd y casgliad yn dibynnu ar ganlyniadau'r cyfrifiadau ystadegol a gafodd eu gwneud â'r data ac ar unrhyw wahaniaethau neu bethau tebyg a gafodd eu dangos gan y diagramau ystadegol. Trwy'r adroddiad i gyd, dylem roi ein rhesymau dros yr hyn a wnaethom a disgrifio unrhyw anawsterau a gawsom a sut y gwnaethom ymdrin â'r rhain.

Dyma restr wirio i wneud yn siŵr bod y project cyfan yn glir.

- Defnyddio termau ystadegol lle bynnag y bo'n bosibl.
- Cynnwys cynllun ysgrifenedig.
- Egluro sut y cafodd y sampl ei ddewis a pham y cafodd ei ddewis yn y ffordd hon.
- Dangos sut y cawsom hyd i'r data.
- Nodi pam yr aethom ati i luniadu diagram neu lunio tabl arbennig, a'r hyn y mae'n ei ddangos.
- Cysylltu'r casgliadau â'r broblem wreiddiol. Ydy'r rhagdybiaeth wedi'i phrofi neu ei gwrthbrofi?
- Ceisio estyn y broblem wreiddiol, gan ddefnyddio ein syniadau ein hunain.

⊙ YMARFER 47.1

1 Nodwch ai data cynradd neu ddata eilaidd yw'r canlynol.
   a) Mesur hyd traed pobl
   b) Defnyddio cofnodion yr ysgol o oedrannau'r myfyrwyr
   c) Llyfrgellydd yn defnyddio catalog llyfrgell i gofnodi llyfrau newydd ar y system
   ch) Benthyciwr yn defnyddio catalog llyfrgell

2 Mae cyngor bwrdeistref yn dymuno cynnal arolwg i gael barn y cyhoedd am y pwll nofio lleol. Rhowch un anfantais o bob un o'r sefyllfaoedd samplu canlynol.
   a) Dewis pobl i'w ffonio ar hap o'r cyfeiriadur ffôn lleol
   b) Holi pobl sy'n siopa fore Sadwrn

3 Mae Meilir yn bwriadu gofyn i 50 o ddisgyblion ar hap faint o amser maen nhw wedi'i dreulio'n gwneud gwaith cartref neithiwr.

Amser a dreuliwyd	Marciau rhifo	Amlder
Hyd at 1 awr		
1–2 awr		
2–3 awr		

Dyma'r drafft cyntaf o'i daflen casglu data.

Rhowch ddwy ffordd y gallai Meilir wella ei daflen casglu data.

4 Ar gyfer pob un o'r cwestiynau arolwg hyn:
- nodwch beth sydd o'i le arno.
- ysgrifennwch fersiwn gwell.

a) Beth yw eich hoff gamp: criced, tennis neu athletau?

b) Ydych chi'n gwneud llawer o ymarfer bob wythnos?

c) Oni ddylai'r llywodraeth hon annog mwy o bobl i ailgylchu gwastraff?

5 Mae Marged yn cynnal arolwg ynglŷn â pha mor aml y bydd pobl yn cael pryd o fwyd allan mewn tŷ bwyta. Dyma ddau o'i chwestiynau.

C1. Pa mor aml y byddwch chi'n bwyta allan?

☐ Llawer   ☐ Weithiau   ☐ Byth

C2. Pa fwyd a gawsoch y tro diwethaf y gwnaethoch fwyta allan?

a) Rhowch reswm pam mae pob un o'r cwestiynau hyn yn anaddas.

b) Ysgrifennwch fersiwn gwell o C1.

6 Lluniwch holiadur i ymchwilio i'r ffordd y mae llyfrgell neu ganolfan adnoddau yr ysgol yn cael ei defnyddio. Mae angen i chi wybod:
- ym mha flwyddyn y mae'r disgybl sy'n cael ei holi.
- pa mor aml y bydd yn defnyddio'r llyfrgell.
- faint o lyfrau y bydd yn benthyca fel arfer ar bob ymweliad.

Lluniwch dablau dwyffordd i ddangos sut y gallwch drefnu'r data.

RYDYCH WEDI DYSGU

- **mai data cynradd yw data y byddwch chi eich hun yn eu casglu**
- **mai data eilaidd yw data a gafodd eu casglu gan rywun arall yn barod ac sydd i'w cael mewn llyfrau neu ar y rhyngrwyd, er enghraifft**
- **bod angen i chi gynllunio sut i gael hyd i dystiolaeth o blaid neu yn erbyn eich rhagdybiaeth, gan roi tystiolaeth o'ch cynllunio**
- **y dylech osgoi tuedd wrth samplu**
- **mewn hapsampl, fod gan bob aelod o'r boblogaeth dan sylw siawns gyfartal o gael ei ddewis**
- **y dylech wneud yn siŵr bod maint y sampl yn synhwyrol**
- **y dylai'r cwestiynau mewn holiadur fod yn gryno, yn glir ac yn berthnasol i'ch tasg**
- **y gallwch gynnal arolwg peilot i roi prawf ar holiadur neu daflen casglu data**
- **y dylech yn eich adroddiad roi rhesymau dros yr hyn a wnaethoch a chysylltu eich casgliadau â'r broblem wreiddiol, gan nodi a ddangosoch fod y rhagdybiaeth yn gywir ai peidio**

1   Mae Jan yn defnyddio amserau trenau o'r rhyngrwyd.
    Ai data cynradd neu eilaidd yw'r rhain? Rhowch reswm dros eich ateb.

2   Mae Alun yn dymuno rhoi prawf ar y rhagdybiaeth 'mae disgyblion hŷn yn yr ysgol
    uwchradd yn amcangyfrif onglau yn well na disgyblion iau'.
    a) Beth allai Alun ofyn i bobl ei wneud er mwyn rhoi prawf ar y rhagdybiaeth hon?
    b) Sut y dylai ddewis sampl addas o bobl?
    c) Lluniwch daflen casglu i Alun gael cofnodi ei ddata.

3   Ysgrifennwch dri chwestiwn addas ar gyfer holiadur sy'n holi sampl o bobl am eu hoff
    gerddoriaeth neu gerddorion.
    Os defnyddiwch gwestiynau sydd heb gategorïau penodol i'w hatebion, dangoswch
    sut y byddech yn grwpio'r atebion i'r cwestiynau wrth ddadansoddi'r data.

1 Mae wyth cystadleuydd yn rhedeg mewn ras mewn cyfarfod athletau.
Mae'r tabl isod yn dangos enw ac amser pob cystadleuydd.

a) Copïwch a chwblhewch golofn y Safle i ddangos safle pob cystadleuydd.

Enw	Amser	Safle
Khan	2 funud 10 eiliad	
Allen	1 munud 42 eiliad	1af
Lewis	2 funud 00 eiliad	
Peters	1 munud 47 eiliad	2il
Wong	1 munud 55 eiliad	5ed
Durman	2 funud 04 eiliad	7fed
Evans	1 munud 50 eiliad	
Selby	1 munud 54 eiliad	

b) Mewn faint o eiliadau yn llai na 2 funud y cwblhaodd Allen y ras?

c) Pa ddau gystadleuydd orffennodd agosaf at ei gilydd?

2 Mae brig y tabl medalau yng Ngemau Olympaidd Beijing wedi'i ddangos isod.

Gwlad	Aur	Arian	Efydd
1. China	51	21	28
2. UDA	36	38	36
3. Rwsia	23	21	28
4. Prydain Fawr	19	13	15
5. Yr Almaen	16	10	15

a) Beth oedd cyfanswm y medalau a gafodd eu hennill gan dîm Prydain?

b) Darganfyddwch gyfanswm y medalau aur a gafodd eu hennill gan y pum gwlad hyn.

c) Pe bai 3 phwynt yn cael eu rhoi am aur, 2 bwynt am arian ac 1 pwynt am efydd, faint o bwyntiau yn fwy na'r Almaen fyddai gan Brydain?

3 Mae Huw yn penderfynu ymweld â'i ffrind sy'n byw 24 milltir i ffwrdd. Nid yw'n siŵr a ddylai alw am dacsi, defnyddio'r gwasanaeth bysiau lleol neu feicio i dŷ ei ffrind. Bydd ei ffrind yn mynd ag ef adref yn ei gar felly nid oes angen iddo boeni am y daith adref.

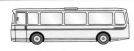

TACSI
£2.50 + £1.25 y filltir
Amser y daith
$\frac{1}{2}$ awr

BWS (bob awr)
Pris tocyn £5.36
Amser y daith
55 munud

BEIC
Buanedd cyfartalog
12 milltir yr awr

Cymharwch y costau a'r amser sy'n cael ei gymryd ar gyfer y tri dull hyn o deithio, gan ddangos eich holl waith cyfrifo.
Pa ddull teithio y byddech chi'n argymell bod Huw yn ei ddefnyddio?
Rhowch un fantais ac un anfantais o'ch argymhelliad.

4 Mae gardd tŷ yn betryal sydd â'i hyd yn 12 metr a'i led yn 10 metr fel sydd wedi'i ddangos isod.

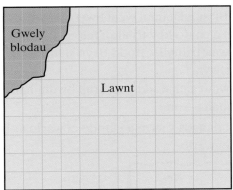

Gwely blodau

Lawnt

a) Cyfrifwch arwynebedd yr ardd, gan nodi'n glir yr unedau sy'n cael eu defnyddio.

b) Amcangyfrifwch arwynebedd y lawnt.

c) Mae'r ardd i gael ffens ar hyd y ddwy ochr hir ac ar hyd un o'r ochrau byr.
Mae pyst i gael eu rhoi bob dau fetr ar hyd y tair ochr hyn.
Mae'r pyst cornel a'r pyst pen yn costio £3.50 yr un ac mae'r pyst eraill yn costio £2 yr un.
Cyfrifwch gyfanswm yr holl byst y mae eu hangen.

5   Mae gan dŷ bwyta y fwydlen ganlynol ar gyfer ei gwsmeriaid.

Tŷ bwyta Cae Glas

Bwydlen y dydd

Cwrs Cyntaf

Cawl y dydd	£3.50
Melon	£4.25
Cacennau pysgod Thai	£4.75

Prif Gwrs

Penfras a sglodion	£7.50
Siancen cig oen	£8.75
Brithyll	£11.50
Stecen syrlwyn	£13.25

Pwdin

Hufen iâ	£3.00
Pastai afalau	£4.25
Cacen gaws lemwn	£4.50
Pwdin haf	£4.75
Te neu goffi	£1.75

Mae pedwar ffrind, Ann, Siwan, Bryn a Deiniol wedi bwyta yn y tŷ bwyta.
Fel cwrs cyntaf, cafodd Ann gawl a chafodd y tri arall felon.
Am y prif gwrs, cafodd Ann a Siwan frithyll, cafodd Bryn siancen cig
oen a chafodd Deiniol stecen syrlwyn.
Cafodd Bryn bastai afalau am bwdin a chafodd y tri arall bwdin haf.
Cafodd bawb de neu goffi, ar wahân i Ann.

a)   Cwblhewch y bil canlynol yn dangos y swm a gafodd ei wario ar bob
     cwrs a'r cyfanswm a gafodd ei wario.

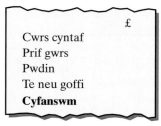

	£
Cwrs cyntaf	
Prif gwrs	
Pwdin	
Te neu goffi	
Cyfanswm	

b)   Maen nhw'n penderfynu rhannu'r bil yn gyfartal rhyngddynt.
     A fyddai wedi costio mwy neu lai i Ann pe bai pawb wedi talu am
     eu pryd eu hunain?
     Beth yw'r gwahaniaeth?

6 Mae taflen amser Angharad Rhys am yr wythnos yn dechrau 16 Mawrth 2010 wedi'i dangos isod.
Mae rhai o'r cofnodion heb eu dangos.

Enw: Angharad Rhys			Wythnos yn dechrau: 16-03-2010		
	Dechrau	Gorffen	Cyfanswm yr oriau	Cinio	Oriau o waith
Dydd Llun	08:00	17:30	$9\frac{1}{2}$	1	$8\frac{1}{2}$
Dydd Mawrth	08:00	17:00		1	
Dydd Mercher	08:30		8	$\frac{1}{2}$	
Dydd Iau		17:00	9		$8\frac{1}{2}$
Dydd Gwener	07:30	16:30	9		$7\frac{1}{2}$
Dydd Sadwrn	08:00	13:00	5	0	5

a) Copïwch a chwblhewch y daflen amser trwy lenwi'r bylchau â'r rhifau cywir.

b) Mae Angharad yn cael ei thalu £7.50 yr awr o ddydd Llun i ddydd Gwener.
Ar ddydd Sadwrn mae hi'n cael ei thalu £12 yr awr am weithio hyd at 13:00.
Cyfrifwch gyflog Angharad am yr wythnos sydd wedi'i dangos.

c) Mae unrhyw oriau sy'n cael eu cwblhau ar ôl 13:00 ar ddydd Sadwrn yn ennill dwbl cyfradd yr awr ar gyfer bore Sadwrn.
A yw hi'n gallu mynd â'i chyflog i fyny at o leiaf £400 trwy weithio ar brynhawn Sadwrn, o gofio bod yn rhaid iddi adael ei gweithle erbyn 15:30?
Dangoswch eich holl waith cyfrifo.

7 Mae grŵp cefnogi ysgol sy'n cael ei redeg gan rieni wedi cael cais i brynu 20 cyfrifiannell ar gyfer eu defnyddio gyda Blwyddyn 7.
Pris y cyfrifianellau mewn tair siop yn y dref yw £5 yr un ond mae gan bob un o'r tair siop gynigion gwahanol ar y cyfrifianellau hyn fel sydd wedi'u dangos isod.

Pethau Ysgol a Swyddfa (PYS)	Taclau Trydanol (TT)	Cydrannau Ann a Ben (CAB)
Cyfrifianellau *3 am bris 2*	Cyfrifianellau *30% i ffwrdd*	Cyfrifianellau *Prynu 3, cael yr un nesaf am ddim*

Pa un o'r tair siop sy'n cynnig y fargen orau i grŵp cefnogi'r ysgol?
Dangoswch eich gwaith cyfrifo a nodwch eich rhesymau yn glir.

8 Mae trefnwyr ffair bentref wedi gofyn i chi gyfrifo faint o elw y gall y ffair ddisgwyl ei wneud eleni.

Mae'r wybodaeth ganlynol wedi'i rhoi i chi.

- Mae disgwyl y bydd 250 o bobl yno.
- Bydd tua 50% o'r rhai fydd yno yn oedolion.
- Bydd oedolion yn gwario £7 yr un ar gyfartaledd yn y ffair. Bydd plant yn gwario £3 yr un ar gyfartaledd yn y ffair.
- Mae cost trefnu'r ffair yn cael ei rhoi gan y fformiwla

Cost = £400 + £2 × Nifer y bobl sy'n mynd

Cyflwynwch adroddiad manwl ar gyfer y trefnwyr, gan ddangos eich holl waith cyfrifo.

9 a) Mae 652 o bobl yn byw yng Ngogledd Caerle a 578 o bobl yn byw yn Ne Caerle. Faint yn fwy o bobl sy'n byw yng Ngogledd Caerle nag yn Ne Caerle?

b) Mae'r siop groser yng Ngogledd Caerle yn archebu 11 cawell o laeth bob dydd. Os bydd pob cawell yn cynnwys 12 potel, faint o boteli sy'n cael eu harchebu bob dydd?

c) Mae clwb pêl-droed De Caerle yn chwarae yng ngêm derfynol cystadleuaeth gwpan. Mae bysiau sy'n gallu cludo 40 teithiwr yn cael eu harchebu i fynd â 226 o gefnogwyr i'r gêm.

  (i) Faint o'r bysiau 40-sedd hyn y mae eu hangen?

  (ii) Faint o seddau sbâr fydd?

10 Mae rhan o dudalen destun sianel deledu sy'n rhoi rhagolygon y tywydd wedi'i dangos isod. Mae'n dangos y tymheredd uchaf a'r tymheredd isaf mewn °C sy'n cael eu disgwyl mewn pedair dinas dros gyfnod o 5 diwrnod.

RHAGOLYGON 5-DIWRNOD EWROP (°C) O 23 IONAWR

PRAHA		Uchaf	Isaf		SOFIA		Uchaf	Isaf
	Mer	4	−1			Mer	−1	−2
	Iau	7	2			Iau	−1	−4
	Gwe	9	4			Gwe	0	3
	Sad	7	1			Sad	3	−1
	Sul	7	3			Sul	4	2

RHUFAIN		Uchaf	Isaf		STOCKHOLM		Uchaf	Isaf
	Mer	11	−2			Mer	4	−4
	Iau	12	−1			Iau	7	−1
	Gwe	13	1			Gwe	2	0
	Sad	10	1			Sad	2	−2
	Sul	10	4			Sul	0	−5

a) Beth yw'r tymheredd isaf sy'n cael ei ragfynegi yn Sofia ar ddydd Sadwrn?

b) Ym mha un o'r pedwar lle hyn y mae'r tymheredd isaf yn cael ei ragfynegi?

c) Yn ôl y rhagolygon pa ddiwrnod fydd y diwrnod cynhesaf yn Praha?

ch) Beth yw'r gwahaniaeth rhwng y tymereddau uchaf ac isaf sy'n cael eu rhagfynegi yn Rhufain ar ddydd Iau?

11 Mae garddwr yn dymuno creu lawnt. Mae siâp y lawnt wedi'i ddangos isod.

Mae pob un o'r onglau yn y diagram yn ongl sgwâr.

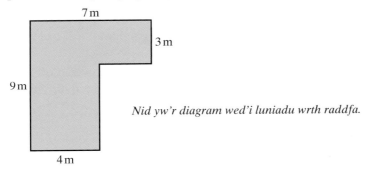

Nid yw'r diagram wed'i luniadu wrth raddfa.

a) Darganfyddwch arwynebedd y lawnt mewn metrau sgwâr.

b) Rhaid i'r garddwr benderfynu a fydd yn defnyddio had gwair neu dywarch i greu'r lawnt.
Mae blwch o had yn costio £6 a bydd yn gorchuddio 12 metr sgwâr.
Caiff tywarch ei werthu am £1.55 y metr sgwâr.
Pa un yw'r dewis rhataf a faint yn rhatach yw'r dewis hwnnw?

c) Mae e'n clywed bod yr had yn gallu cael eu prynu mewn blwch mawr neu flwch bach.
Mae blwch bach yn costio £6 ac yn gorchuddio 12 metr sgwâr, ac mae blwch mawr yn costio £8 ac yn gorchuddio 20 metr sgwâr.

    (i) Beth yw cost yr had am bob metr sgwâr yn achos pob blwch?

    (ii) Beth yw'r ffordd rataf o brynu digon o had i greu'r lawnt?

12 Mae Susan ac Alun yn ymweld â siop adrannol mewn stryd fawr er mwyn prynu anrhegion bach ar gyfer eu ffrindiau. Mae dau gynnig arbennig sydd i'w gweld yn y siop wedi'u dangos gyferbyn.

a) Mae Susan yn dymuno prynu 10 cylch allweddi fel anrhegion i'w ffrindiau.
Faint o arian y mae hi'n ei arbed trwy wneud defnydd llawn o'r cynnig?

b) Mae Alun yn dymuno prynu 7 potel fawr, 4 potel ganolig a 4 potel fach o olew ymolchi. Ymchwiliwch i sut y gall brynu'r 15 potel hyn er mwyn arbed y swm mwyaf o arian.
Faint o arian y mae'n ei arbed?

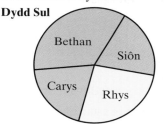

> **CYLCHAU ALLWEDDI**
> Fel arfer £1.25 yr un
>
> **CYNNIG ARBENNIG**
> 3 am bris 2

> **OLEW YMOLCHI**
> **Prynwch 3 a chael yr un rhataf AM DDIM**
> Potel fawr £3.25
> Potel ganolig £2.75
> Potel fach £2.25

13 a) Fe wnaeth pedwar person wirfoddoli i gasglu arian yng nghanol tref ar gyfer elusen leol dros un penwythnos.
Lluniadodd y trefnydd y ddau siart cylch canlynol i gymharu'r gyfran o'r arian a gafodd ei chasglu gan bob un o'r gwirfoddolwyr ddydd Sadwrn a dydd Sul.

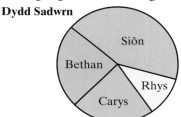

Dydd Sadwrn — Siôn, Bethan, Carys, Rhys

Dydd Sul — Bethan, Siôn, Carys, Rhys

(i) Y cyfanswm a gafodd ei gasglu ar ddydd Sadwrn oedd £520.
Amcangyfrifwch faint o arian a gasglodd Bethan ar ddydd Sadwrn.

(ii) A allwch chi ddweud ar sail y siartiau cylch ar ba un o'r ddau ddiwrnod y casglodd Rhys fwyaf o arian? Rhowch reswm dros eich ateb.

b) Cafodd arolwg ei gynnal er mwyn casglu data ynghylch pa mor aml roedd pobl yn mynd i wylio eu tîm rygbi lleol yn chwarae.
Cafodd y cwestiwn canlynol ei ofyn y tu allan i uwchfarchnad un prynhawn Sadwrn ym mis Hydref.

> Sawl gwaith rydych chi'n mynd i wylio eich tîm rygbi lleol yn chwarae? Ticiwch un blwch.
>
> 1 neu 2 waith ☐   2 neu 3 waith ☐   3 gwaith neu fwy ☐

(i) Rhowch **ddau** reswm pam nad yw'r cwestiwn yn addas.
(ii) Rhowch **un** feirniadaeth o'r ffordd y cafodd yr arolwg ei gynnal.

14 Mae Sarah a Mandy yn byw yn Nottingham ac maen nhw'n cynllunio taith i Lerpwl. Mae angen iddyn nhw fod yn Lerpwl erbyn 2 p.m. Maen nhw'n gallu teithio mewn trên, ar fws neu yng nghar Sarah.

Gan ddangos eich holl resymu, sut y byddech chi'n argymell iddyn nhw deithio o Nottingham i Lerpwl?

Rhowch **un** fantais ac **un** anfantais ar gyfer eich dewis o gludiant.

Amserlen trenau

Nottingham	0927	1052	1144	1253
Chesterfield	1020	1131	1232	1332
Manceinion	1137	1237	1337	1437
Warrington	1157	1257	1357	1457
Lerpwl	1227	1327	1428	1529

Pris tocyn trên dwyffordd o Nottingham i Lerpwl yw £39.50 **yr un**.

Amserlen bysiau

Gadael Nottingham	0715	0750	0900
trwy	Sheffield	Birmingham	Leeds
Cyrraedd Lerpwl	1155	1335	1440

Pris tocyn bws dwyffordd o Nottingham i Lerpwl yw £32 ar gyfer **dau berson** yn teithio gyda'i gilydd.

Teithio mewn car

Y pellter o Nottingham i Lerpwl yw 105 o filltiroedd.
Buanedd cyfartalog disgwyliedig y car ar y daith hon yw 35 mya.
Cost rhedeg car Sara yw 30c y filltir.

15 Mae Elin wedi trefnu pythefnos o wyliau. Mae'r wythnos gyntaf yn UDA, a'r ail wythnos yng Nghanada.

Rhoddodd ei thad 920 o ddoleri UDA iddi a oedd yn weddill ganddo ar ôl gwyliau blaenorol, a defnyddiodd hi £450 i brynu doleri Canada.

Y cyfraddau cyfnewid oedd £1 = 1.84 o ddoleri UDA a £1 = 2.24 o ddoleri Canada.

a) Cyfrifwch faint o ddoleri Canada a brynodd Elin.

b) Darganfyddwch, mewn punnoedd, gyfanswm gwerth doleri UDA a doleri Canada oedd gan Elin ar gyfer eu gwyliau.

16 Mae Mr a Mrs Crawford a'u tri phlentyn sy'n 15, 13 ac 8 oed yn cynllunio gwyliau yng Ngogledd Cymru. Mae angen llety arnyn nhw am chwe noson. Maen nhw'n ystyried y tri dewis canlynol.

GWESTY'R DDRAIG

****

Tŷ Bwyta: Ganol dydd – 10 p.m.
Pwll, Sawna a Champfa
6 a.m. – 9 p.m.

Ystafelloedd Dwbl (lle i 2) – £110 y noson.
Ystafelloedd Sengl (lle i 1) – £70 y noson.
Yn cynnwys brecwast

Gwesty Bach
PEN Y BRYN
Pryd gyda'r hwyr (7 p.m.),
Gwely a Brecwast

CYNNIG ARBENNIG

2 oedolyn, 2 blentyn – £150 y noson
(pob plentyn ychwanegol £40 y noson)

BWTHYN BRIALLU

Bwthyn Gwyliau ar Osod (Lle i 6 pherson)

Ffi

£160 y diwrnod am y 4 diwrnod cyntaf

£120 y diwrnod am bob diwrnod ychwanegol

Ymchwiliwch i gost **pob** dewis a thrafodwch fanteision ac anfanteision pob un.

17 Mae tri batiwr yn cael eu hystyried ar gyfer yr un lle sy'n weddill yn nhîm criced y sir.

Mae nifer y rhediadau y mae pob cricedwr wedi'u sgorio yn eu pum gêm blaenorol wedi'u dangos isod.

Chwaraewr A	49	55	48	51	47
Chwaraewr B	7	15	113	21	9
Chwaraewr C	102	3	5	60	80

a) Ar gyfer pob chwaraewr, cyfrifwch amrediad a chymedr nifer y rhediadau a sgoriodd am bob gêm yn ei bum gêm flaenorol.

b) Gan ddefnyddio eich cyfrifiadau, penderfynwch pa chwaraewr y byddech chi'n ei ddewis. Rhowch reswm dros eich dewis.

18 **a)** Mae dwy siec o gêm plentyn wedi'u dangos isod.

(i) Ysgrifennwch y swm cywir mewn ffigurau ar y siec hon.

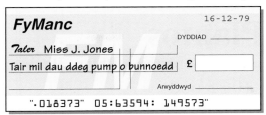

(ii) Ysgrifennwch y swm cywir mewn geiriau ar y siec hon.

b) Mewn gêm arall, mae rhifau wedi'u hysgrifennu ar gardiau. Mae pedwar o'r cardiau hyn wedi'u dangos isod.

| 4 | 5 | 1 | 6 |

Ad-drefnwch y pedwar cerdyn hyn i ffurfio'r rhif pedwar-digid mwyaf posibl.

19 Perfformiodd band am dair noson, ddydd Iau i ddydd Sadwrn, yn y theatr leol.

Maint y gynulleidfa ar y tair noson oedd 348 ar ddydd Iau, 450 ar ddydd Gwener a 412 ar ddydd Sadwrn.

a) Beth yw'r gwahaniaeth ym maint y gynulleidfa rhwng y gynulleidfa fwyaf a'r gynulleidfa leiaf?

b) Cafodd perfformiad ychwanegol ei drefnu ar gyfer y dydd Sul. Cafodd tocynnau eu gwerthu am £12 yr un. Cyfanswm gwerthiant y tocynnau ar gyfer perfformiad y dydd Sul oedd £3804. Faint o docynnau gafodd eu gwerthu?

20 Mae gwasanaeth gwarchod babanod yn hysbysebu ei gyfraddau fel sydd wedi'i ddangos isod.

Plantos
Gwasanaeth Gwarchod Babanod a Phlant Bach
(0 i 5 oed)
Cyfraddau isod
COST = NIFER yr ORIAU × £6 + COST TACSI

a) Beth fyddai cost llogi gwarchodwr o 6 p.m. hyd at 10 p.m. pan oedd cost y tacsi ar gyfer y gwarchodwr yn £9?

b) Talodd Mr a Mrs Thomas £30.55 i *Plantos* am rywun i warchod eu plentyn bach am 3 awr.
Faint oedd cost y tacsi?

21 Rydych chi a'ch ffrindiau yn aros mewn bwthyn gwyliau yn Ffrainc.
Maen nhw'n gofyn i chi fynd i'r pentref agosaf i brynu bwyd.

a) Mae'r pentref 16 cilometr i ffwrdd.
Tua faint o filltiroedd yw hyn?

b) Mae dwy eitem wedi cael eu hysgrifennu ar eich rhestr siopa.

O'r tabl, ysgrifennwch y cywerthyddion metrig agosaf ar gyfer cyfaint y llaeth a phwysau'r tatws y dylech chi eu prynu.

1 peint o laeth
4 lb o datws

Llaeth	Tatws
$\frac{1}{2}$ litr	$\frac{1}{2}$ kg
1 litr	1 kg
2 litr	2 kg

22 Mae ugain punt yn cael eu rhannu rhwng tri pherson.
Mae Ann yn derbyn dwywaith gymaint yn union â Gareth.
Mae Llinos yn derbyn llai na Gareth.
Ysgrifennwch symiau posibl y gallai pob un ohonynt fod wedi eu derbyn.

23 **a)** Fe wnaeth Steffan gyfnewid £400 yn ewros er mwyn ymweld â Milan.
Y gyfradd cyfnewid oedd £1 = 1.14 ewro.
Faint o ewros gafodd ef?

b) Tra oedd ym Milan talodd 60 ewro am docyn i wylio gêm bêl-droed.
Gan ddefnyddio'r un gyfradd cyfnewid, beth yw gwerth y tocyn hwn, mewn £oedd, yn gywir i'r bunt agosaf?

Rhif

Ceisiwch beidio â defnyddio cyfrifiannell i ateb y cwestiynau hyn.

1. a) Un o'r rhifau canlynol yw'r ateb i 48 × 26. Heb gyfrifo'r lluosiad llawn, ysgrifennwch pa un yw'r ateb.

   1252   1246   1276   1248   1286

   b) Mae Susan yn meddwl am rif.
      Mae hi'n lluosi ei rhif â 5 ac yn tynnu 6.
      Ei hateb yw 34.
      Beth oedd y rhif y meddyliodd Susan amdano yn wreiddiol?

2. Mae'r arwydd yn dangos cost ymweld â Chastell Arthur.
   Mae grŵp o dri oedolyn a rhai plant yn teithio mewn minibws i ymweld â Chastell Arthur.
   Mae'n costio cyfanswm o £58 i barcio'r minibws a thalu am y tocynnau i bawb gael ymweld â'r castell.
   Faint o bobl oedd yn y grŵp i gyd?

Castell Arthur

Mynediad
Oedolyn £7   Plentyn £4

Parcio
Ceir £3   Minibysiau £5   Bysiau £8

3. Mae Mari ac Ioan yn trefnu cinio pecyn a photelaid o ddŵr ar gyfer pob disgybl sy'n mynd i ddiwrnod chwaraeon rhwng ysgolion.
   Mae Mari yn rhoi'r ciniawau pecyn i mewn i flychau, ac mae pob blwch yn dal 20 cinio.
   Mae Ioan yn rhoi'r poteli dŵr i mewn i gewyll, ac mae pob cawell yn dal 18 potel.
   Ar ôl iddyn nhw orffen, mae Mari wedi llenwi 45 blwch ac mae Ioan wedi llenwi 52 cawell.
   Gan ddangos eich holl waith cyfrifo, eglurwch a oes gan Ioan ddigon o ddŵr i roi un botel gyda phob cinio ai peidio.

4. Defnyddiwch y ffaith bod 63 × 87 = 5481 i ysgrifennu'r atebion i bob un o'r canlynol.

   a) 6.3 × 8.7   b) 630 × 0.87   c) 54.81 ÷ 87

5. Mae angen i Aled fynd ag o leiaf £1200 mewn doleri ($) ar ei ymweliad ag America.
   Yr arian papur doleri isaf y bydd y banc yn ei roi iddo yw'r papur $5.
   Y gyfradd gyfnewid yw £1 = $1.48.

   a) Faint o ddoleri y mae angen i Aled eu prynu er mwyn sicrhau bod ganddo werth £1200 o leiaf?

   b) Faint mae e'n ei dalu amdanynt?

6   Mae gan rysáit ar gyfer gwneud 10 Bar Ceirch Ffrwythau y cynhwysion canlynol.

> **10 Bar Ceirch Ffrwythau**
>
> 80 gram Menyn
> 80 gram Siwgr Brown
> 2 lwy fwrdd Triog Melyn
> 130 gram Ceirch Uwd
> 140 gram Ffrwythau Sych
> 2 lwy fwrdd Hadau Blodau Haul

a) Mae Gwen yn gwneud Barrau Ceirch Ffrwythau ar gyfer stondin elusen. Copïwch a chwblhewch y tabl canlynol i ddangos faint o bob cynhwysyn sy'n angenrheidiol ar gyfer gwneud 150 o Farrau Ceirch Ffrwythau.

> **150 Bar Ceirch Ffrwythau**
>
> .... gram Menyn
> .... gram Siwgr Brown
> .... lwy fwrdd Triog Melyn
> .... gram Ceirch Uwd
> .... gram Ffrwythau Sych
> .... lwy fwrdd Hadau Blodau Haul

b) Pan fydd Linda yn gwneud 100 o Farrau Ceirch Ffrwythau, mae hi'n prynu bag 2 gilogram o geirch uwd. Darganfyddwch bwysau'r ceirch uwd sy'n weddill ar ôl gwneud y barrau. Rhowch eich ateb mewn gramau.

c) Mae llyfr ryseitiau yn nodi bod 1 owns yn gywerth â 25 gram. Gan ddefnyddio'r wybodaeth hon darganfyddwch a yw 5 owns o fenyn yn ddigon i wneud 20 Bar Ceirch Ffrwythau. Dangoswch waith cyfrifo i ategu eich ateb.

7   Odrifau sydd gan y tai ar un ochr stryd hir ac eilrifau sydd gan y tai ar ochr arall y stryd.

1	3	5	7	9		

2	4	6			

a) Copïwch y diagram isod a llenwch y rhifau ar y tai hyn.

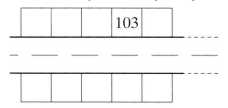

b) Cyfanswm y rhifau ar bum tŷ sydd nesaf at ei gilydd ar un ochr y stryd yw 65. Beth yw'r rhifau ar y pum tŷ hyn?

c) Lluoswm y rhifau ar ddau dŷ sy'n union gyferbyn â'i gilydd yw 90. Beth yw'r rhifau ar y ddau dŷ hyn?

8   Mae Mr Roberts yn teithio i Hong Kong ar fusnes.

Mae gwahaniaeth amser rhwng y DU a Hong Kong.

Pan fydd yr amser yn 6 a.m. yn y DU, yr amser fydd 2 p.m. yn Hong Kong.

a)   Faint o'r gloch yw hi yn Hong Kong pan fydd yn 10 a.m. yn y DU?

b)   Mae Mrs Roberts yn aros yn y DU ac mae hi wedi rhoi ei hamserlen i'w gŵr.

6 a.m.	Codi, mynd â'r ci am dro, brecwast
6:30 a.m.	Gadael y tŷ i fynd i'r gwaith
7:30 a.m.	Cyrraedd y gwaith
11:30 a.m.	Gorffen gwaith, cychwyn am adref
12:30 p.m.	Cyrraedd adref am ginio
2 p.m.	Gadael y tŷ i fynd i'r dosbarth ymarfer dyddiol
4 p.m.	Gartref
6 p.m.	Mynd allan i swydd yr hwyr
9 p.m.	Gartref
10 p.m.	Mynd i'r gwely (paid â'm galw)

Bydd Mr Roberts mewn cyfarfodydd o 8 a.m. hyd at 11 a.m. ac o 12 ganol dydd hyd at 6 p.m.

Mae e'n bwriadu ffonio ei wraig ar adeg gyfleus yn ystod y dydd.

Yn ystod pa gyfnod amser y dylai Mr Roberts ffonio ei wraig?

Rhowch eich ateb yn amserau'r DU ac amserau Hong Kong.

c)   Mae Mr Roberts yn mynd i fod yn Hong Kong am bedair noson. Mae e'n darganfod dau westy addas ar y rhyngrwyd.

GWESTY GELTON
★★★
Gwely a brecwast
£80 y noson
y person

GWESTY'R ARTH
★★★
Cinio, gwely a brecwast
£107 y noson y person
CYNNIG ARBENNIG
Arhoswch 3 noson a bydd eich pedwaredd noson am ddim!

Pa westy y dylai Mr Roberts ei ddewis? Rhaid i chi ddangos eich gwaith cyfrifo a rhoi rheswm dros eich ateb.

9   A yw pob un o'r gosodiadau canlynol yn gywir neu'n anghywir. **Rhaid** i chi roi esboniad am eich dewis.

a)   Mae pob rhif cyfan sy'n gallu cael ei rannu â 5 yn diweddu â 5.

b)   Os gwnewch chi haneru rhif cyfan sy'n diweddu â 4, byddwch bob tro yn cael rhif sy'n diweddu â 2.

c)   Os gwnewch chi luosi unrhyw rif cyfan â'r rhif sy'n ei ddilyn, bydd yr ateb bob tro yn eilrif.

10 Mae'r rysáit ar gyfer Ysgytiogwrt Aeron Cymysg i'w gweld mewn hen lyfr coginio. Y tu mewn i'r clawr mae'r llyfr yn dweud wrth y darllenydd bod 1 cwpan = 250 ml, bod 4 owns tua 115 g a bod 1 llwy fwrdd yn 15 ml.

> **Ysgytiogwrt Aeron Cymysg**
>
> Digon i 8 person
>
> Cynhwysion: 4 cwpan o laeth hanner sgim
> 4 cwpan o iogwrt naturiol braster isel
> 16 owns o ffrwythau haf cymysg
> 4 llwy fwrdd o fêl

a) Copïwch a chwblhewch y rysáit gyferbyn sy'n ddigon i 8 person gan ddefnyddio mesurau metrig.

> **Ysgytiogwrt Aeron Cymysg**
>
> Digon i 8 person
>
> Cynhwysion: .... ml o laeth hanner sgim
> .... ml o iogwrt naturiol braster isel
> .... g o ffrwythau haf cymysg
> .... ml o fêl

b) Mae gan Sioned feintiau mawr o iogwrt naturiol, ffrwythau haf cymysg a mêl ond mae ganddi 5.5 litr yn unig o laeth hanner sgim. Darganfyddwch y nifer mwyaf o bobl y gall Sioned wneud Ysygtiogwrt Aeron Cymysg ar eu cyfer.

11 Mae gorchudd llawr ar gyfer ystafell ymolchi yn cael ei werthu mewn stribedi petryal sy'n cael eu torri o roliau sydd â'u lled yn 3 metr neu'n 4 metr fel sydd wedi'i ddangos isod.

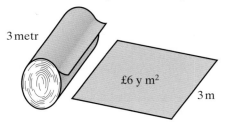

3 metr £6 y m² 3 m

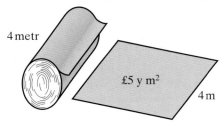

4 metr £5 y m² 4 m

Gall stribedi o unrhyw hyd gael eu torri, ond rhaid i'r lled fod naill ai'n 3 metr neu'n 4 metr. Mae'r swm a gaiff ei godi yn seiliedig ar arwynebedd y stribed petryal.

Mae Mr Bowen yn mesur llawr ei ystafell ymolchi ac mae'n lluniadu braslun, fel sydd wedi'i ddangos isod, i'w gymryd i'r siop.

Mae Mr Bowen yn dymuno prynu stribed sengl o orchudd llawr.

Mae'n dymuno gwario cyn lleied ag sy'n bosibl a pheidio â chael uniad yn y gorchudd llawr.

```
                    ┌──────┐
                    │      │
        280 cm      │  Ystafell ymolchi    │ 220 cm
                    │                      │
                    └──────────────────────┘
                           350 cm
```

A ddylai Mr Bowen brynu stribed sengl o orchudd llawr o'r rholyn â'i led yn 3 metr neu o'r rholyn â'i led yn 4 metr?

Rhaid i chi ddangos eich holl waith cyfrifo i gyfiawnhau eich ateb.

12 Mae perchennog siop goffi mynd allan yn defnyddio dau fath o gwpan.

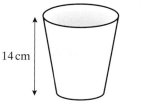 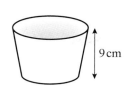

Cwpan ymyl uchel   Cwpan gwaelod llydan

Nid yw'r diagram wedi'i luniadu wrth raddfa

Mae'r diagramau ar y dde yn dangos sut mae'r cwpanau'n cael eu pentyrru.

a) Pa mor uchel yw pentwr o 25 o Gwpanau ymyl uchel?

b) Uchder pentwr o Gwpanau gwaelod llydan yw 18.6 cm. Faint o Gwpanau gwaelod llydan sydd yn y pentwr?

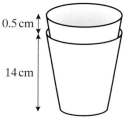

Cwpan ymyl uchel   Cwpan gwaelod llydan

Nid yw'r diagram wedi'i luniadu wrth raddfa

c) Mae gan bentwr o Gwpanau ymyl uchel yr un uchder â phentwr o Gwpanau gwaelod llydan. Mae 21 o Gwpanau gwaelod llydan yn y pentwr. Faint o gwpanau sydd yn y pentwr o Gwpanau ymyl uchel?

Algebra

Ceisiwch beidio â defnyddio cyfrifiannell i ateb y cwestiynau hyn.

1 a) Mae cyfesurynnau pob un o'r pwyntiau (1, 4), (2, 8) a (3,12) yn bodloni rheol.
Mae cyfesurynnau'r pwynt (m, n) yn bodloni'r un rheol.
Ysgrifennwch y rheol sy'n cysylltu m ac n.

b) Mae cysylltiad rhwng cyfesuryn x a chyfesuryn y pob un o'r pwyntiau canlynol.
(1, 4)   (2, 5)   (3, 6)   (4, 7) (x, y)
Ysgrifennwch y fformiwla sy'n cysylltu x ac y.

c) Mae cyfesurynnau pob un o'r pwyntiau (2, 10), (3, 15) a (4, 20) yn bodloni rheol.
(i) Mae'r pwynt $(10, y)$ yn bodloni'r un rheol.
Darganfyddwch werth y.
(ii) Mae'r pwynt $(x, 100)$ yn bodloni'r un rheol.
Darganfyddwch werth x.

ch) Darganfyddwch werth ongl z.

2   Mae'r pwyntiau A i C wedi'u plotio ar
    grid cyfesurynnau.

    a) Ysgrifennwch gyfesurynnau'r pwynt A.

    b) Mae'r pwynt D yn y fath fodd fel bod ABCD
        yn betryal.
        Plotïwch a marciwch y pwynt D ar gopi o'r
        grid cyfesurynnau.

    c) Mae E a F yn 2 bwynt fel bod BEFC yn
        betryal sy'n gyfath ag ABCD.
        Ysgrifennwch gyfesurynnau E a F.

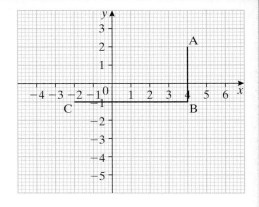

3   Mae'r pwyntiau A, B a D wedi'u plotio ar grid
    cyfesurynnau.

    a) Ysgrifennwch gyfesurynnau'r pwyntiau
        A a B.

    b) C yw canolbwynt AB.
        Marciwch y pwynt C ar gopi o'r grid
        cyfesurynnau.

    c) Mae'r perpendicwlar o'r pwynt D yn cwrdd
        ag AB yn y pwynt E.
        Marciwch y pwynt E ar gopi o'r grid
        cyfesurynnau.

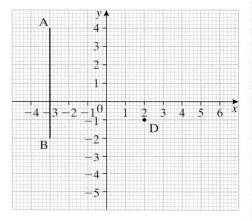

4   a) Yn y diagram isod, caiff y rhif yn y cylch ei wneud trwy adio'r rhif yn y sgwâr cyntaf â
        theirgwaith y rhif yn yr ail sgwâr.

        $\boxed{5}$ $\bigcirc\!\!\!65$ $\boxed{20}$

        Mae'r rhifau yn y diagram isod yn dilyn yr un rheol.
        Copïwch y diagram ac ysgrifennwch y rhif coll.

    b) Mae dilyniant o rifau yn dechrau â 7 ac yn diweddu â 72.
        Mae symiau cyfartal yn cael eu hadio bob tro i gael y rhif nesaf.
        Copïwch y diagram ac ysgrifennwch y rhifau coll.

        $\boxed{7}$ $\boxed{}$ $\boxed{}$ $\boxed{}$ $\boxed{}$ $\boxed{72}$

5   Mae'r diagram isod yn dangos pedwar petryal unfath.
    Darganfyddwch gyfesurynnau'r pwyntiau A, B ac C.

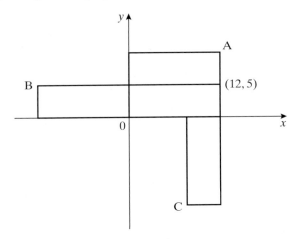

6   Yn y tabl hwn, mae'r llythrennau a, b, c a d yn
    cynrychioli rhifau gwahanol.
    Mae'r cyfanswm ar gyfer pob rhes wedi'i roi
    wrth ymyl y tabl.
    Darganfyddwch werthoedd a, b, c a d.

a	a	a	a	12
b	b	a	a	18
c	b	b	a	22
d	c	b	a	21

7   Mae'r diagram isod yn dangos 3 phetryal gyda phob un o'r rhain yn 12 uned wrth 4 uned.
    Darganfyddwch gyfesurynnau'r pwyntiau A, B a C.

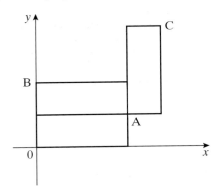

8 Mae'r diagram yn darlunio mynydd sydd yn rhannol uwchlaw lefel y môr ac yn rhannol islaw lefel y môr.

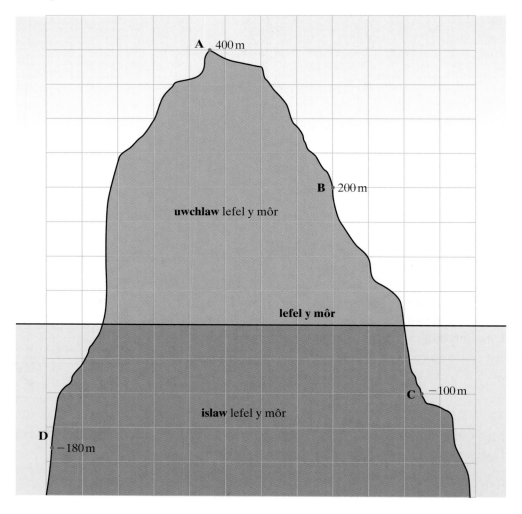

Mae'r pwynt A yn 400 m uwchlaw lefel y môr.

Mae'r pwynt C yn 100 m islaw lefel y môr. Mae ei uchder wedi'i ddangos fel −100 m ar y diagram.

a) Ar gopi o'r diagram
   (i) marciwch bwynt X sydd yn 100 m uwchlaw lefel y môr.
   (ii) marciwch bwynt Y sydd yn 50 m islaw lefel y môr.

b) Faint yn uwch na'r pwynt C yw'r pwynt B?

c) Mae'r pwynt E yn 40 m islaw lefel D. Ysgrifennwch ei uchder islaw lefel y môr.

9   Mae'r pwyntiau A, B a C wedi'u plotio ar y grid cyfesurynnau isod.

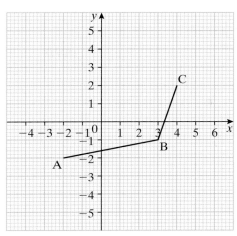

a)   Ysgrifennwch gyfesurynnau'r pwynt C.

b)   Mae gan y pwynt T y cyfesurynnau $(-3, 2)$. Plotiwch a labelwch y pwynt T ar gopi o'r grid cyfesurynnau.

c)   Mae'r pwynt D o'r fath fel bod ABCD yn baralelogram. Ysgrifennwch gyfesurynnau D.

10   Mae'r diagram yn dangos pedrochr.
Mae hydoedd yr ochrau i gyd wedi'u rhoi mewn centimetrau.

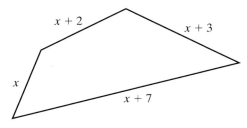

a)   Ysgrifennwch fynegiad ar gyfer perimedr y pedrochr yn nhermau x.

b)   Perimedr y pedrochr yw 40 cm.
  (i)   Ysgrifennwch hafaliad yn nhermau x.
  (ii) Datryswch yr hafaliad i ddarganfod x.

c)   Ysgrifennwch hydoedd pedair ochr y pedrochr.

Geometreg a mesurau

Ceisiwch beidio â defnyddio cyfrifiannell i ateb cwestiynau **1–14**.

1   Mae'r diagram yn dangos triongl hafalochrog sydd â'i fertigau ar dair o ochrau sgwâr.

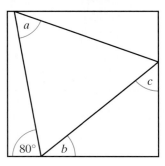

Nid yw'r diagram wedi'i luniadu wrth raddfa

   a)   Ysgrifennwch faint ongl *a*.

   b)   Darganfyddwch faint ongl *b*.

   c)   Darganfyddwch faint ongl *c*.

2   Mae dau betryal, y naill a'r llall yn 7 cm wrth 4 cm, wedi'u cysylltu â'i gilydd fel sydd wedi'i ddangos yn y diagram.

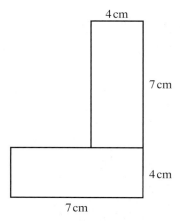

Nid yw'r diagram wedi'i luniadu wrth raddfa

   a)   Cyfrifwch berimedr y siâp cyflawn.

   b)   Cyfrifwch arwynebedd y siâp cyflawn.
          Nodwch unedau eich ateb.

3   Mae'r diagram isod yn dangos triongl y tu mewn i betryal.

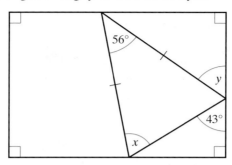

   a)   Darganfyddwch faint ongl x.

   b)   Darganfyddwch faint ongl y.

4   Mae ciwboid wedi'i labelu'n **P**.
    Mae prism trionglog wedi'i labelu'n **Q**.
    Mae pyramid sylfaen sgwâr wedi'i labelu'n **R**.
    Mae hecsagon wedi'i labelu'n **S**.
    Copïwch a chwblhewch y tabl canlynol.

Priodwedd y siâp	Label ar y siâp
Nid yw'n siâp 3-D.	
Mae ganddo 12 ymyl.	
Mae ganddo 5 wyneb, mae 2 o'r rhain yn drionglog.	
Mae ganddo 5 wyneb, mae 4 o'r rhain yn drionglog.	

5   Mae'r diagram yn dangos nifer o giwbiau â'u hochrau yn 1 cm yn ffurfio siâp solet.

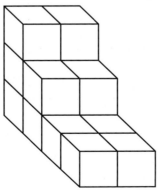

   Trwy gyfrif y ciwbiau, cyfrifwch gyfaint y siâp. Nodwch unedau eich ateb.

6 a) Mae'r diagram yn cynrychioli petryal 9 cm wrth 4 cm.

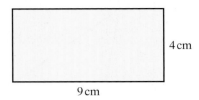

4 cm

9 cm

    (i) Cyfrifwch berimedr y petryal.

    (ii) Beth yw hyd ochr sgwâr sydd â'i berimedr yn hafal i berimedr y petryal?

  b) (i) Cyfrifwch arwynebedd y petryal.

    (ii) Beth yw hyd ochr sgwâr sydd â'i arwynebedd yn hafal i arwynebedd y petryal?

7 Darganfyddwch faint ongl x.

Dangoswch eich holl waith cyfrifo.

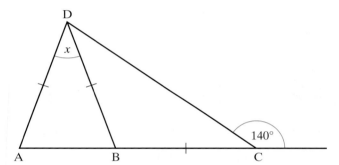

8 Tair tref yw Aber, Borth a Chwm. Mae'r pellterau llinell syth rhyngddynt, mewn cilometrau, wedi'u rhoi yn y tabl canlynol.

	Aber	Borth	Cwm
Aber		120	140
Borth	120		180
Cwm	140	180	

Mae Cwm i'r Dwyrain o Borth.

Mae Aber i'r gogledd o'r llinell sy'n cysylltu Borth â Chwm.

Gan ddefnyddio'r raddfa 1 cm i gynrychioli 20 km, lluniadwch a labelwch ddiagram wrth raddfa, sy'n rhoi safle pob un o'r tair tref.

9　**a)**　Copïwch a chwblhewch y tabl canlynol drwy roi tic (✓) mewn unrhyw flwch lle mae'r gosodiad sydd wedi'i roi yn wir.

Gosodiad	Petryal	Paralelogram	Rhombws
Nid yw hyd y croesliniau yn hafal			
Mae pob ongl yn hafal			
Swm yr onglau mewnol yw 360^0			

　b)　Ysgrifennwch
　　(i)　enw'r solid tri dimensiwn sydd â phedwar wyneb trionglog ac un wyneb sgwâr.
　　(ii)　enw'r solid tri dimensiwn sydd â dau wyneb trionglog a thri wyneb petryal.

10　Yn yr ysgol mae Nia wedi dysgu am amser, ffracsiynau a degolion.
Mae hi'n gwneud camgymeriadau yn ei gwaith fel sydd wedi'u dangos isod.

$$20 \text{ munud} = \tfrac{1}{3} \text{ awr} = 0.3 \text{ awr}$$
$$40 \text{ munud} = \tfrac{2}{3} \text{ awr} = 0.6 \text{ awr}$$
Adio
$$60 \text{ munud} = 1 \text{ awr} = 0.9 \text{ awr}$$

Eglurwch y camgymeriadau y mae Nia wedi'u gwneud.

11　Mae polygon chwe ochr i gael ei luniadu gan ddefnyddio rhaglen gyfrifiadurol.
Mae'r dylunydd wedi nodi y dylai tair o'r onglau mewnol fod yn 140° yr un ac y dylai'r tair ongl arall i gyd fod yn onglau llym.
Eglurwch a yw'r dyluniad hwn yn bosibl ai peidio.
Dangoswch eich gwaith cyfrifo a rhowch reswm dros eich ateb.

12 Mae'r diagram yn cynrychioli golwg o'r awyr ar adeilad.
Mae ci, *D*, ar dennyn wedi'i glymu wrth ochr yr adeilad yn *X*.
Lluniadwch ffin y rhanbarth y gall y ci grwydro ynddo.

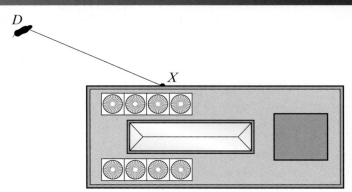

13 Yn y diagram hwn, petryal yw ABCD.

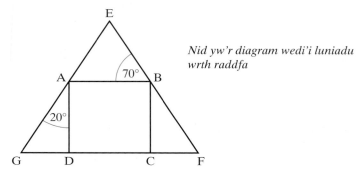

Nid yw'r diagram wedi'i luniadu wrth raddfa

Eglurwch pam mae'r triongl EFG yn isosgeles.

14 a) Copïwch a chwblhewch y tabl canlynol drwy roi tic (✓) mewn unrhyw flwch lle mae'r gosodiad sydd wedi'i roi yn wir.

Gosodiad	Sgwâr	Paralelogram	Trapesiwm
Mae hyd y croesliniau yn hafal			
Mae ochrau cyferbyn yn hafal			
Dim ond un pâr o ochrau cyferbyn sy'n baralel			
Mae'r croesliniau yn llinellau cymesuredd			

b) Eglurwch pam nad yw tair llinell sydd â'u hydoedd yn 3 cm, 5 cm a 10 cm yn gallu cael eu defnyddio i ffurfio triongl.

c) Mae dwy o onglau allanol triongl yn 150° a 110°. Cyfrifwch faint trydedd ongl allanol y triongl.

15 Yn y diagram isod, mae gan y triongl ABC ongl sgwâr yn B ac mae gan y triongl ACD ongl sgwâr yn C. Mae AB = 6 cm, BC = 8 cm ac CD = 5 cm.
Cyfrifwch hyd AD.

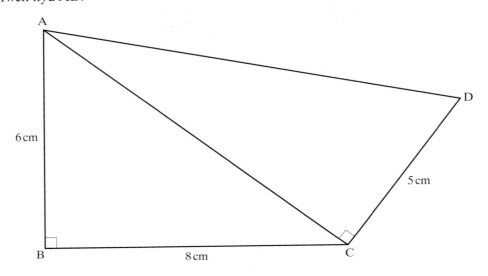

16 Mae gan brism drawstoriad unffurf sydd â siâp triongl ongl sgwâr ABC.

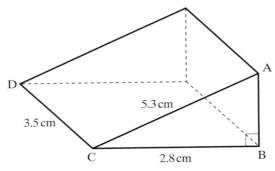

Nid yw'r diagram wedi'i luniadu wrth raddfa

Mae'r ongl ABC = 90°, CB = 2.8 cm, CA = 5.3 cm ac mae hyd y prism, CD = 3.5 cm.

a) Darganfyddwch hyd AB.

b) Cyfrifwch gyfaint y prism.

17   Mae'r canlynol yn rhan o amserlen trenau ar gyfer trenau o Amwythig i Birmingham.

Amwythig	13 35	14 22	14 35	15 22	15 35	16 22	16 35
Wellington	13 48	14 35	14 48	15 35	15 48	16 35	16 48
Oakengates	13 54	— —	14 54	— —	15 54	— —	16 54
Telford Central	13 57	14 41	14 57	15 41	15 57	16 41	16 57
Shifnal	14 02	— —	15 02	— —	16 02	— —	17 02
Cosford	14 07	— —	15 07	— —	16 07	— —	17 07
Albrighton	14 10	— —	15 10	— —	16 10	— —	17 10
Codsall	14 16	— —	15 16	— —	16 16	— —	17 16
Bilbrook	14 18	— —	15 18	— —	16 18	— —	17 18
Wolverhampton	14 27	14 58	15 27	15 58	16 27	16 58	17 27
Birmingham New Street	14 48	15 18	15 48	16 18	16 48	17 18	17 48
Birmingham International	15 09	15 39	16 35	16 39	17 09	17 39	18 09

a)   Mae Rhian yn dal y trên 14:48 o Wellington.
   (i)   Pryd y dylai'r trên gyrraedd Wolverhampton?
   (ii) Faint o amser y dylai ei gymryd i fynd o Wellington i Wolverhampton?

b)   Mae Ioan yn teithio ar y trên 15:35 o Amwythig.
   Faint o amser y dylai'r trên hwn ei gymryd i deithio o Wellington i Birmingham
   International?

c)   Mae Bryn a Llinos yn hedfan i Rufain o faes awyr Birmingham International, sydd
   wedi'i gysylltu â gorsaf reilffordd Birmingham International gan rodfa.
   Mae eu taith hedfan yn dechrau am 6:20 p.m., ond mae'n rhaid iddyn nhw gofnodi eu
   henwau 2 awr cyn iddynt hedfan.
   Hefyd mae angen iddyn nhw ganiatáu $\frac{1}{2}$ awr i fynd o'r orsaf reilffordd i'r maes awyr.
   Faint o'r gloch mae'r trên diweddaraf y gallan nhw ei ddal yn gadael Telford Central?

Ystadegaeth

Ceisiwch beidio â defnyddio cyfrifiannell i ateb y cwestiynau hyn.

1 Mae'r tabl isod yn dangos cost anfon parseli, mewn £oedd.

Pwysau mewn kg	I gyrraedd erbyn 9:00 a.m. drannoeth	I gyrraedd erbyn 10:00 a.m. drannoeth	I gyrraedd erbyn 12:00 ganol dydd drannoeth
1–10	42.99	34.99	20.99
11	44.89	36.69	22.64
12	46.79	38.39	24.29
13	48.69	40.09	25.94
14	50.59	41.79	27.59
15	52.49	43.49	29.24
16	54.39	45.19	30.89

a) Mae Hywel yn anfon parsel sy'n pwyso 13 kg i gyrraedd erbyn 10:00 a.m. drannoeth. Faint gostiodd hyn?

b) Mae parsel yn pwyso 5 kg.
Faint yn fwy yw cost anfon y parsel hwn i gyrraedd erbyn 9:00 a.m. drannoeth yn hytrach nag erbyn 12:00 ganol dydd drannoeth?

c) Mae Meinir yn anfon 2 barsel, y naill yn pwyso 9 kg a'r llall yn pwyso 12 kg.
Mae hi'n anfon y parsel 9 kg drwy'r gwasanaeth cyrraedd erbyn 12:00 ganol dydd drannoeth.
Cyfanswm y gost ar gyfer y 2 barsel oedd £59.38.
Pa wasanaeth y gwnaeth hi ei ddefnyddio ar gyfer y parsel 12 kg?

2 Mae'r siart yn dangos yr amser a dreuliodd pum ffrind mewn campfa.

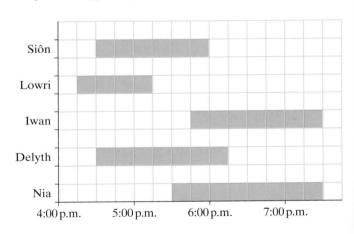

a) Pwy oedd y person cyntaf i gyrraedd y gampfa?

b) Am faint o amser roedd Delyth yn y gampfa?

c) Pwy arhosodd yn y gampfa am yr amser hiraf?

ch) Rhwng pa amserau roedd pedwar o'r ffrindiau yn y gampfa yr un pryd?

3 Mae Siwan wedi sefyll profion mewn pum pwnc, gyda phob un yn cael ei farcio allan o 40. Mae'r diagram yn dangos ei chanlyniadau.

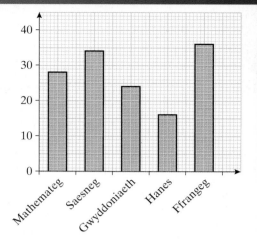

a) Gan ddangos eich holl waith cyfrifo, darganfyddwch gyfanswm y marciau a sgoriodd Siwan.

b) Beth yw amrediad y marciau a sgoriodd Siwan?

c) Ysgrifennwch farc canolrifol Siwan.

4 Roedd gofyn i ddisgyblion Blwyddyn 11 mewn ysgol gyfun bleidleisio dros Alun, Beth neu Carys ar gyfer cyngor y myfyrwyr.

Cafodd y ddau siart cylch isod eu lluniadu gan Harri i ddarlunio'r canlyniadau ar gyfer y bechgyn a'r merched ar wahân.

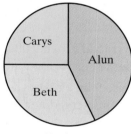

Bechgyn

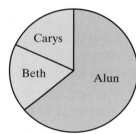

Merched

a) Amcangyfrifwch ganran y bechgyn a bleidleisiodd dros Carys.

b) A allwch chi ddweud ar sail y siartiau cylch a wnaeth mwy o ferched na bechgyn bleidleisio dros Alun? Cyfiawnhewch eich ateb.

5 Mae rhif wedi'i ysgrifennu ar bob un o bum cerdyn.
Mae'r cardiau wedi'u trefnu yn y drefn esgynnol.

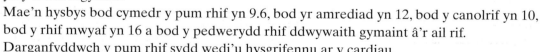

Mae'n hysbys bod cymedr y pum rhif yn 9.6, bod yr amrediad yn 12, bod y canolrif yn 10, bod y rhif mwyaf yn 16 a bod y pedwerydd rhif ddwywaith gymaint â'r ail rif.
Darganfyddwch y pum rhif sydd wedi'u hysgrifennu ar y cardiau.

6 Mae gan bum rhif ganolrif o 9, modd o 10, amrediad o 5 a chymedr o 8.
Darganfyddwch y pum rhif.
Ysgrifennwch eich rhifau mewn trefn.

→ MYNEGAI